EUL VERLAG

Reihe: Personal, Organisation und Arbeitsbeziehungen · Band 53
Herausgegeben von Prof. Dr. Fred G. Becker, Bielefeld, und Prof. Dr. Walter A. Oechsler, Mannheim

Dr. Astrid Meißner

Lerntransfer in der betrieblichen Weiterbildung

Theoretische und empirische Exploration der Lerntransferdeterminanten im Rahmen des Training off-the-job

Mit einem Geleitwort von Prof. Dr. Fred G. Becker, Universität Bielefeld

EUL VERLAG

Bibliografische Information der Deutschen Nationalbibliothek

Die Deutsche Nationalbibliothek verzeichnet diese Publikation in der Deutschen Nationalbibliografie; detaillierte bibliografische Daten sind im Internet über <http://dnb.d-nb.de> abrufbar.

Dissertation, Universität Bielefeld, 2012

Dissertation zur Erlangung des Grades eines Doktors der Wirtschaftswissenschaften der Fakultät für Wirtschaftswissenschaften der Universität Bielefeld

Erstgutachter: Prof. Dr. Fred G. Becker
Zweitgutachter: Prof. Dr. Reinhold Decker

ISBN 978-3-8441-0168-3
1. Auflage Juli 2012

JOSEF EUL VERLAG GmbH
Brandsberg 6
53797 Lohmar
Tel.: 0 22 05 / 90 10 6-6
Fax: 0 22 05 / 90 10 6-88
E-Mail: info@eul-verlag.de
http://www.eul-verlag.de

Bei der Herstellung unserer Bücher möchten wir die Umwelt schonen. Dieses Buch ist daher auf säurefreiem, 100% chlorfrei gebleichtem, alterungsbeständigem Papier nach DIN 6738 gedruckt.

Geleitwort

Unternehmungen betreiben Personalentwicklung im Generellen und Weiterbildung im Speziellen eigentlich darum, dass die – idealtypisch bzw. im Grunde selbstverständlich – vorab formulierten Entwicklungsziele sich letztlich in einem verbesserten Arbeitsverhalten nach der Qualifizierungsmaßnahme zeigen. Weiterbildung um ihrer selbst willen oder Weiterbildungserfolg allein im off-the-job-Lernfeld kann (sollte!) kein ökonomisches Ziel sein. Insofern bedarf es eines spezifischen Transfermanagements, dass durch vor- wie nachsteuernde Maßnahmen dazu beiträgt, das zu Lernende respektive das Gelernte auch am Arbeitsplatz kompetent anzuwenden.

Um ein solches Transfermanagement gezielt konzipieren und einsetzen zu können, bedarf es Informationen darüber, was überhaupt den Transfer des off-the-job Gelernten in das Verhalten im Arbeitsfeld beeinflusst. Hierüber gibt es in der einschlägigen Forschung verschiedener Disziplinen zwar eine Vielzahl an Einzeluntersuchungen, auch Rahmenmodelle, eine überblicksartige, die gesamten Transferdeterminanten umfassende Untersuchung – und dann noch mit einer managementbezogenen Gestaltungsperspektive – lag bislang jedoch nicht vor.

Frau Meißner hat sich in ihrer exzellenten Dissertation dieser Problematik gewidmet – und zwar auf Basis einer qualitativ angelegten Studie, wenngleich mit vielen quantitativen Auswertungen. Sie gibt mit dem nunmehr vorliegenden Ergebnis einen treffenden Überblick über einschlägige Forschungsergebnisse sowie erweitert den Forschungsstand durch ihre eigene empirische Studie. Mit der Wahl und der problemadäquat gestalteten Umsetzung einer Delphi-Studie intendierte sie zwar keine repräsentativen Ergebnisse hinsichtlich der wichtigsten Transferdeterminanten, aber – im vorliegenden Forschungsstand eigentlich viel wichtiger – die Entwicklung eines sowohl theoretisch wie empirisch fundierten Determinantenmodells des Transfer. Gerade die profunde Auseinandersetzung mit den erhobenen Ergebnissen sowie den Expertenurteilen generell bietet den interessierten Leser(inne)n einen tiefen Einblick in die Problematik des Transfermanagements – zumindest von off-the-job-Maßnahmen. Insofern sind der vorliegenden Arbeit eine weite Verbreitung sowie eine aufmerksame Lektüre in Wissenschaft und Weiterbildungspraxis zu wünschen.

Bielefeld, im Juni 2012 Prof. Fred G. Becker

Vorwort

Die vorliegende Arbeit wurde im Februar 2012 von der Fakultät für Wirtschaftswissenschaften der Universität Bielefeld unter dem Titel „Lerntransfer in der betrieblichen Weiterbildung: Theoretische und empirische Exploration der Lerntransferdeterminanten im Rahmen des Training off-the-job" als Dissertation angenommen. Bei der Bewältigung dieses großen Projekts haben mir eine Vielzahl an Menschen zur Seite gestanden:

Besonderen Dank möchte ich zunächst Prof. Dr. Fred G. Becker aussprechen, der mir die Möglichkeit gegeben hat an seinem Lehrstuhl zu arbeiten und zu promovieren und in konstruktiven Diskussionen zum Gelingen der Arbeit beigetragen hat. Zudem möchte ich Prof. Dr. Reinhold Decker für die Übernahme der Zweitbegutachtung danken.

Eine große Unterstützung waren insbesondere meine Kollegen und Mit-Doktoranden Dr. Christian Brinkkötter, Dr. Swantje Dierks, Dipl.-Kffr. Vanessa Friske, Ann Kristin Gosewehr (M. Sc.), Dipl.-Kfm. Hendrik Langen, Dr. Cornelia Meurer, Dr. Yves Ostrowski, Dipl.-Ök. Sascha Piezonka, Dr. Michael Ruppel, Dipl.-Kfm. Wögen Tadsen und Dipl.-Kffr. Ellena Werning. Ihnen danke ich für die freundschaftliche Zusammenarbeit und den konstruktiven Diskurs. Besonders hervorheben möchte ich Ellena und Yves, die mit großer Akribie das inhaltliche Korrekturlesen meiner Arbeit übernommen haben. Ebenso betonen möchte ich die unschätzbare Unterstützung von Erika Mohnhardt, die mir nicht nur im Hinblick auf Orthografie und Interpunktion tatkräftig zu Seite stand, sondern auch immer ein offenes Ohr für mich hatte. Eine sehr große Hilfe waren zudem Dipl.-Finw'in (FH) Renate Meißner, Dipl.-Wirt.-Ing. Sven Eickmeyer sowie Dr. Jürgen Hansen, welche ebenfalls die aufwendige Arbeit des inhaltlichen wie formalen Korrekturlesens übernommen haben.

Meine Arbeit wäre ohne meine zahlreichen Experten und „Pretester" nicht möglich gewesen! All ihnen danke ich von Herzen für die ausführliche Beantwortung der Fragebögen. Ein besonderer Dank gilt auch all denjenigen, die mich bei dem Aufbau dieses hochkarätigen Expertenpools unterstützt haben sowie Dipl.-Kffr. Silvia Raskovic und Dr. Martin Meißner für ihre tatkräftigen Hilfestellungen in Bezug auf meine Forschungsmethodik.

Zu guter Letzt bin ich meiner Familie zu tiefstem Dank verpflichtet! Sie hat mich in allen Belangen kompromisslos unterstützt. Besonders hervorzuheben ist die Unterstützung meiner Mutter, die Stunde um Stunde damit verbracht meine Texte akribisch Korrektur zu lesen. Besonderer Dank gilt auch meinem Freund Jochen Mülder. Ihm widme ich diese Arbeit.

Hamburg, im Juni 2012 Astrid Meißner

Inhaltsübersicht

Inhaltsverzeichnis

Abbildungsverzeichnis

Tabellenverzeichnis

Abkürzungsverzeichnis

Abb.	Abbildung(en)
BBiG	Berufsbildungsgesetz
CV	Variationskoeffizient (coefficient of variation)
LTSI	Lerntransfer-System-Inventar
Max	Maximum
Md	Median
Min	Minimum
Mw	Mittelwert
P.	Punkt(e)
r_s	Rangkorrelationskoeffizient nach Spearman
Sd	Standardabweichung (standard deviation)
SGB	Sozialgesetzbuch
Tab.	Tabelle(n)
WBT	Weiterbildungsträger
WIRT	Wirtschaft
WISS	Wissenschaft

1 Einleitung

1.1 Forschungsanlass und Erkenntnisziel

Die zunehmende Flexibilisierung und Dynamisierung des Wettbewerbs, mit denen sich Unternehmen gegenwärtig und auch zukünftig konfrontiert sehen, sowie der Trend hin zu einer Dienstleistungs- und Wissensgesellschaft stellen spezifische Anforderungen an die Qualifikation der Mitarbeiter. Die Mitarbeiter und ihre personenbezogenen Qualifikationen verkörpern immer mehr die zentralen Quellen von Wettbewerbsvorteilen für die Unternehmen.[1] Durch die höheren Anforderungen ist es unumgänglich, die Qualifikationen der Mitarbeiter an die sich ständig ändernden Umweltbedingungen durch eine systematische betriebliche Weiterbildung anzupassen, um auf dem Markt wettbewerbsfähig zu bleiben.[2]

Unternehmen in Deutschland gaben 2007 und 2008 laut einer Studie des Statistischen Bundesamtes jeweils 8,3 Milliarden Euro für die betriebliche Weiterbildung aus, was 0,3 % des damaligen Bruttoinlandsproduktes entspricht.[3] Häufig wird die betriebliche Weiterbildung jedoch nur als leidlicher Kostenfaktor angesehen, und nicht als rentable Investition in die Zukunftsfähigkeit des Unternehmens eingestuft.[4] Durch den hohen Kostendruck ist es daher unumgänglich, dass die Ausgaben ihr intendiertes Ziel auch erreichen und das Gelernte im Arbeitsalltag Anwendung findet, oder wie RICHMAN-HIRSCH (2001) es ausdrückt: „The sine qua non of training is the successful transfer of trained skills to the job.“[5] MANDL, PRENZEL & GRÄSEL (1992) fordern daher in diesem Zusammenhang den Einsatz des Gelernten zum maßgeblichen Kriterium für die Evaluation der Weiterbildung zu machen.[6] Verschiedene Schätzungen gehen jedoch davon aus, dass – in Abhängigkeit vom Zeitraum zwischen Maßnahme und Anwendungsmöglichkeit – lediglich 10 bis 40 % der vermittelten Inhalte in der Praxis angewendet werden.[7] Unabhängig von einer genauen quantitativen Schätzung

[1] Vgl. KAUFFELD (2010), S. 6 f.; PAWLOWSKY & BÄUMER (1996), S. 3 ff.; RIDDER (2007), S. 84 ff.

[2] Vgl. BERTHEL & BECKER (2010), S. 400; MENTZEL (2005), S. 1 f.; AUTORENGRUPPE BILDUNGSBERICHTERSTATTUNG (2008), S. 137; BRONNER & SCHRÖDER (1983), S. 21; BECKER (2006a), S. 169; KAUFFELD (2010), S. 6 ff.; GERSTENMAIER & MANDL (2010), S. 171; CAMPBELL (1988), S. 179.

[3] Vgl. BAUMANN & EICHSTÄDT (2010), S. 7; AUTORENGRUPPE BILDUNGSBERICHTERSTATTUNG (2010), S. 221 f.

[4] Vgl. BERTHEL & BECKER (2010), S. 402.

[5] RICHMAN-HIRSCH (2001), S. 105.

[6] Vgl. MANDL ET AL. (1992), S. 126.

[7] Vgl. GEORGENSON (1982), S. 57; BALDWIN & FORD (1988), S. 63; WEXLEY & LATHAM (2002), S. 108; BROAD & NEWSTROM (1992), S. 7; SOLGA (2005), S. 269; BERGMANN & SONNTAG (2006), S. 356; LEMKE

des Lerntransfers ist sich die Literatur unter Bezugnahme auf empirische Erhebungen einig, dass ein Transfer des Gelernten eingeschränkt oder auch überhaupt nicht stattfindet.[8] Das bedeutet also, dass nur ein geringer Teil der Weiterbildungsausgaben auch tatsächlich einen positiven Effekt im Unternehmen erzielt, und die restlichen Ausgaben ihre intendierte Wirkung verfehlen.

Umso wichtiger ist es für die Unternehmen zu wissen, ob und wie der Lerntransfer in ihrem Unternehmen stattfindet. Voraussetzung dafür ist die Kenntnis der transferdeterminierenden Faktoren. Das Wissen um diese Determinanten kann helfen, Schwachstellen in der betrieblichen Weiterbildung aufzudecken und die Effizienz derselbigen zu steigern.[9] Eine systematische Überprüfung des Lerntransfers wird in den Unternehmen jedoch nur gelegentlich durchgeführt.[10] Die alleinige Kenntnis der Einflussfaktoren reicht allerdings nicht aus. Unternehmen sind in einem hohen Maße gefordert, – im Idealfall – auf alle Stellgrößen positiv einzuwirken.

Die Suche nach dem sogenannten „heiligen Gral der Pädagogik“ kann auf eine circa hundertjährige Forschung zurückblicken, in der sich bis dato jedoch noch keine umfassende und auch befriedigende Transfertheorie herausgebildet hat.[11] Studien zur Untersuchung spezieller Teilprobleme des Lerntransfers gibt es viele,[12] um einen ganzheitlichen Überblick bemühen sich jedoch nur wenige Forscher. Viele Autoren beschränken sich zudem auf die Aufzählung von transferförderlichen Konzepten und Maßnahmen, ohne einen umfassenden und integrativen Überblick zu geben.[13] BALDWIN & FORD (1988) geben dazu erstmals einen breiten Literaturüberblick über die im englischsprachigen Raum durchgeführten Studien zum Lerntransfer und entwickeln als Grundlage für ihre Literatursichtung ein umfassendes und viel beachtetes Modell zum Lerntransfer in der betrieblichen Weiterbildung.[14]

(1995), S. 1; KAUFFELD, BATES ET AL. (2008a), S. 51; BROAD & NEWSTROM (1992), S. 7; WEXLEY & LATHAM (2002), S. 108. SAKS & BELCOURT (2006) konnten allerdings in ihrer Studie nachweisen, dass zunächst 62 % der betreffenden Teilnehmer das Erlernte anwenden, jedoch nach einem Jahr lediglich 34 % (S. 642).

[8] Vgl. STEINER (2006), S. 193; PAWLOWSKY & BÄUMER (1996), S. 105; BROAD & NEWSTROM (1992), S. 7.

[9] Vgl. HOLTON III, BATES & RUONA (2000), S. 334.

[10] Vgl. BERGMANN & SONNTAG (2006), S. 366; SOLGA (2011b), S. 339; BECKER, MEISSNER & WERNING (2008), S. 23.

[11] Vgl. RESNICK (1989), S. 8. Ähnlich bei COHEN (1991), S. 136.

[12] Vgl. zu einem Überblick über verschiedene Studien der Lerntransferforschung BLUME, FORD ET AL. (2010); VELADA & CAETANO (2007); HOLTON III & BALDWIN (2003); SALAS & CANNON-BOWERS (2001); FORD & WEISSBEIN (1997); TANNENBAUM & YUKL (1992).

[13] Vgl. BERGMANN & SONNTAG (2006), S. 359. Die Autoren verweisen u. a. auf DETTERMAN & STERNBERG (1996); SINGLEY & ANDERSON (1989); CORMIER & HAGMAN (1987); SALOMON & PERKINS (1989); BENDORF (2002).

[14] Vgl. BALDWIN & FORD (1988), S. 64 f. sowie Abschnitt 3.3.2.1 („Rahmenmodell des Transferprozesses von BALDWIN & FORD“).

Die Tatsache, dass nicht alle Determinanten den Lerntransfer in der betrieblichen Weiterbildung in einem gleich hohen Maße beeinflussen, bedeutet für ein leistungsorientiertes Unternehmen, stärker wirkenden Faktoren eine höhere Aufmerksamkeit zu schenken als schwächer wirkenden. Dazu bedarf es allerdings zunächst einer Identifikation der möglichen Determinanten und darauf aufbauend einer Bewertung und Priorisierung derselbigen im Hinblick auf ihre Bedeutung für den Lerntransfer.

Ausgehend vom gegenwärtigen Stand der Forschung lässt sich konstatieren, dass die in o. g. Kontext durchgeführten Untersuchungen sich bis dato meist auf spezielle Forschungsarrangements beziehen, die den Einfluss der Determinanten unter besonderen Bedingungen und/oder aus Sicht der Teilnehmer[15] untersuchen. Sowohl eine ganzheitliche Bewertung der Determinanten in Bezug auf ihren Einfluss auf den Lerntransfer als auch die Erforschung der Thematik aus Sicht einer Expertengruppe ist bislang nur unzureichend durchgeführt worden. Daher lehnt sich die durchzuführende Studie an die Methodologie der bezugsrahmenorientierten explorativen Forschung an, um zunächst ein fundiertes und breites Vorverständnis der Thematik zu erhalten.[16]

Zur Erforschung dieses Gebietes wird in diesem Zusammenhang die Befragung einer Expertengruppe als sinnvoll erachtet, da davon auszugehen ist, dass diese sich durch ein hohes Maß an fachlicher Expertise auf dem Gebiet des Lerntransfers auszeichnet und auf diese Weise einen substanziellen Beitrag zur Erforschung des Untersuchungsgegenstandes leisten kann. Zudem eröffnet die Befragung von Experten mit einem adäquaten Befragungsinstrument einen neuen und differenzierten Blickwinkel auf das Forschungsfeld über die bislang eingenommenen Perspektiven hinaus.[17]

Existiert über einen Untersuchungsgegenstand lediglich unsicheres und unvollständiges Wissen, so bietet sich der Einsatz der Delphimethode an, welche es ermöglicht, in der Tradition der explorativen Forschung kreativ und ohne Anspruch auf Allgemeingültigkeit der Ergebnisse an komplexe Fragestellungen heranzugehen. Die Methode bietet die Möglichkeit, die Meinung einer Gruppe von Experten über ein komplexes Problem zu erheben, und schafft eine Umgebung, in der Meinungen offen geäußert und reflektiert werden können.[18]

[15] Aus Gründen der Lesbarkeit wird im Folgenden auf geschlechtsspezifische Differenzierungen, wie z. B. Teilnehmer/Innen, verzichtet. Es sind jedoch in solche Formulierungen explizit beide Geschlechter mit eingeschlossen.

[16] Vgl. dazu Abschnitt 1.2 („Methodologie“).

[17] Vgl. dazu Abschnitt 4.2 („Auswahl der Untersuchungseinheiten“).

[18] Vgl. LUDLOW (1970), S. 41 sowie Abschnitt 4.1 („Untersuchungsdesign“).

Aufgrund der weiten Distanz von Lern- und Funktionsfeld ist die Problematik des Lerntransfers in der betrieblichen Weiterbildung ein immanenter Bestandteil des Training off-the-job.[19] Um das Forschungsfeld sinnvoll einzugrenzen und dadurch greif- und handhabbar zu machen, sollen speziell die Determinanten des Training off-the-job untersucht werden.

> *Das Ziel der Arbeit liegt daher in der theoretischen und empirischen Identifikation und Bewertung von Determinanten, die auf den Lerntransfer der betrieblichen Weiterbildung im Rahmen des Training off-the-job Einfluss nehmen. Im Rahmen einer Erhebung sollen dabei die Determinanten durch Experten mittels der Delphimethode sowohl identifiziert als auch im Hinblick auf ihre Bedeutung für den Lerntransfer bewertet werden.*

1.2 Methodologie

Die Methodologie beschreibt das substanzielle Vorgehen eines Forschungsprojektes und übt somit einen wesentlichen Einfluss auf den Aufbau wissenschaftlicher Arbeiten aus.[20] Daher ist es notwendig, die hier vertretene Methodologie näher zu spezifizieren, um daraus den Aufbau abzuleiten. Die vorliegende Arbeit in die Methodologie der empirischen Sozialforschung einzuordnen, welche sich mit der „systematische[n] Erfassung und Deutung sozialer Erscheinungen“[21] befasst. Seinen empirischen Charakter erhält diese Forschungsrichtung durch die Überprüfung theoretisch formulierter Annahmen an der Wirklichkeit, wobei eine regelgeleitete systematische Vorgehensweise unbedingte Voraussetzung ist.[22]

Ein mögliches methodologisches Instrument im Rahmen der empirischen Forschung ist die explorative Studie.[23] Bei der explorativen Forschung stehen die systematische Erfassung, Präzisierung, Strukturierung und Erklärung bislang weitgehend unbearbeiteter und schwer erfassbarer Problemfelder im Mittelpunkt („weiße Flecken“ der Forschung). Ziel ist die Entwicklung von Theorien und/oder Hypothesen durch die „informationale Ausschöpfung von systematisch gewonnenem Erfahrungswissen“[24], um bestehende Forschungslücken nach Abschluss der empirischen Phase schließen zu können. Die explorative Forschungsmethodologie

---

[19] Vgl. STAEHLE (1999), S. 887; BERTHEL & BECKER (2010), S. 484; CONRADI (1983), S. 25; JUNG (2011), S. 307; LEMKE (1995), S. 1 sowie Abschnitt 2.1.2 („Prozess, Handlungsfelder und Ausgestaltungsformen“).

[20] Vgl. BECKER (2006b), S. 285. Ähnlich bei SCHANZ (1988), S. 1 ff.; KAMITZ (1980), S. 430 f.; ALBERT (1967), S. 38.

[21] ATTESLANDER (2008), S. 4.

[22] Vgl. ATTESLANDER (2008), S. 4 f. Hier lassen sich verschiedene Forschungsparadigmen und -strategien unterscheiden. Vgl. KROMREY (2006), S. 26 ff.; LAMNEK (2005), S. 90 ff.

[23] Vgl. BECKER (2006b), S. 285. ATTESLANDER (2008) verweist hier auf die Möglichkeit der Wahl zwischen einer repräsentativen und einer explorativen Vorgehensweise (S. 8).

[24] WOLLNIK (1977), S. 44.

soll diesen Prozess anleiten und fördern, wobei kreativ und flexibel sowie ohne Anspruch auf Allgemeingültigkeit der Ergebnisse an komplexe Fragestellungen herangegangen werden soll.[25]

Da den explorativen Forscher das Erkenntnisziel leitet und nicht die Methode, kennzeichnet die explorative Forschung ein ausgeprägter Methodenpluralismus,[26] der sich sowohl auf die Auswertungs-, aber auch auf die Erhebungsmethoden bezieht. Die explorative Forschung erfolgt jedoch häufig qualitativ orientiert.[27] Dies schließt allerdings eine Verwendung quantitativer Methoden nicht aus. Eine Gleichsetzung der Verwendung von quantitativen Methoden mit Prüfung und qualitativer Methoden mit Exploration ist hier nicht zutreffend. Sowohl die quantitativen als auch die qualitativen Methoden und Daten können zur Prüfung, aber auch zur Exploration herangezogen werden.[28]

Mit der explorativen Forschung sollen, wie bei anderen Forschungsstrategien auch, drei wesentlichen Funktionen erfüllt werden: Es sollen reale Phänomene umfassend beschrieben (deskriptive Funktion), erkannte und vermutete Beziehungen in hypothetischer Form empirisch begründet erfasst (erklärende Funktion) sowie handlungsanleitende Aussagen zur Lösung realer Probleme formuliert werden (praktische Funktion).[29]

Um diese Funktionen erfüllen zu können, bedarf es nach BECKER (2006b) einer sinnvollen Strukturierung des gesamten Forschungsprozesses. Damit wird sowohl für die Forscher als auch für Adressaten der Forschungsergebnisse der Prozess mit all seinen wesentlichen Aspekten steuer- und nachvollziehbar. Eine solche Strukturierung wird mit der bezugsrahmenorientierten explorativen Forschung angestrebt. Hierbei ist eine hohe Disziplin des Forschers gefordert, da das Forschungsfeld als noch weitgehend unbearbeitet gilt, und daher keine theoretischen und anleitenden Konzepte zur Verfügung stehen.[30] Theorien und/oder

---

[25] Vgl. BECKER (2006b), S. 286; WOLLNIK (1977), S. 43 f. Ähnlich bei BLUMER (1979), S. 54.

[26] BLUMER (1979) betont die ausgeprägte Flexibilität der explorativen Forschung (S. 55).

[27] Eine konsequente Dichotomisierung der Methoden der empirischen Sozialforschung in qualitativ und quantitativ spiegelt nicht die interne Verschiedenartigkeit der Methoden wider. Das qualitative und das quantitative Paradigma bedingen sich vielmehr gegenseitig und sind zumeist in jedem Forschungs- und Erkenntnisprozess zu finden. Vgl. LAMNEK (2005), S. 242; ATTESLANDER (2008), S. 5; MAYRING (2002), S. 19; BECKER (1993), S. 115. Vgl. für weitergehende Ausführungen zur der qualitativen und quantitativen Forschung LAMNEK (2005), S. 242 ff.; BORTZ & DÖRING (2006), S. 296 ff.; FLICK (2002), S. 30 ff.

[28] Vgl. WOLLNIK (1977), S. 51 f.; BECKER (2006b), S. 287; GLASER & STRAUSS (2005), S. 26.

[29] Vgl. BECKER (2006b), S. 287. Vgl. hierzu auch die Grundlagen qualitativen Denkens nach MAYRING (2002), S. 19 ff.

[30] Vgl. BECKER (2006b), S. 290. Vgl. hierzu auch die Konstruktionsstrategie empirischer Forschung nach KUBICEK (1977), S. 12 ff.

Hypothesen werden, der explorativen Forschungsstrategie folgend, erst nach Abschluss der empirischen Phase entwickelt.[31]

Ein konzeptioneller Bezugsrahmen fungiert als Erfassungsmodell für die Realität, in dem alternative Vorschläge für die Betrachtung des Forschungsgegenstandes generiert sowie weitergehende, sich ergänzende und/oder aufeinander aufbauende Fragestellungen erarbeitet werden. Durch einen anleitenden konzeptionellen Rahmen sowie eine systematische und nachvollziehbare Datenerhebung sollen die an eine explorative Forschung gestellten Anforderungen (s. o.) Erfüllung finden. Ergebnis dieser Forschungsbemühungen ist ein gut dokumentierter, systematisch geplanter und durchgeführter Erkenntnisprozess, der intersubjektiv nachvollzogen werden kann. Bezugsrahmen helfen, diese Struktur in einen Forschungsprozess zu bringen, und verhindern eine unreflektierte Datenerhebung und -auswertung.[32]

Tabelle 1.1: Forschungsprozess einer explorativen Studie. Quelle: In enger Anlehnung an BECKER (2006b), S. 301.

Bezugs-rahmen	Forschungs-episoden	Aktivitäten	Methoden	Probleme/Grenzen
Forschungs-rahmen	Entwicklungs-phase	- Problemspezifikation - Entwicklung von Grundbegriffen - Darlegung des Grundverständnisses - Erstellung von Arbeitshypothesen	- Intuition, Kreativität - Gespräche - Literaturlektüre - Auswertung sekundärer Daten - Infragestellen	- Nichtthematisierung des Vorverständnisses - Fantasie - Akzeptanz - Subjektivität
	Erprobungs-phase	- Modifikation - Methodentest - Inhaltliche Überprüfung - Erprobung	- Pretest - Experteninterviews	- Einzelaussagen - Wahl der Experten
	Forschungs-methodik	- Auswahl des Untersuchungsverfahrens - Erhebungs- und Auswertungsmethodik - Auswahl der Untersuchungseinheiten	- Interviews, Fragebögen, Fallstudien etc. - Qualitative Inhaltsanalyse - Faktorenanalyse etc.	- Adäquatheit der Methoden zum Forschungsinteresse - Samplewahl
	Anwendungs-phase	- Modifikation - Einsatz des Erhebungsinstrumentes		- Qualität des Instrumentes - Qualifikation
Erklärungs-rahmen	Auswertungs-phase	- Problembeschreibung - Problemerklärung - Aufstellung der Forschungshypothesen	- Induktion - Kreativität - Interpretation	- Kleines Sample - Vage Aussagen - Begrenzte Aussagefähigkeit - Subjektivität

[31] Vgl. BECKER (2006b), S. 286.

[32] Vgl. BECKER (2006b), S. 289 f.; WOLLNIK (1977), S. 44 f.; GROCHLA (1978), S. 65.

Eine Untergliederung des Bezugsrahmens in einen Forschungs- und einen Erklärungsrahmen ermöglicht nicht nur eine weitere Strukturierung des Forschungsprozesses, sondern bietet auch eine sinnvolle Grundlage für die Strukturierung der vorliegenden Arbeit. Je nach Prozessphase können – wie in Tabelle 1.1 dargestellt – unterschiedliche Methoden Anwendung finden, welche einzelfallbezogen und begründet auszuwählen sind. Zu beachten ist hierbei, dass die im Folgenden dargestellten Zusammenhänge jedoch nicht als Verhaltensvorschriften fehlinterpretiert werden sollen. Die bezugsrahmenorientierte explorative Studie bietet lediglich Hinweise für ein methodisches und nachvollziehbares Vorgehen:[33]

- Im *Forschungsrahmen* wird zunächst ein theoretisches Vorverständnis für das Erkenntnisobjekt erarbeitet und konkretisiert, wobei der Forscher auf verschiedene Methoden zurückgreifen kann. So sind neben intensiver Literaturrecherche u. a. auch Gespräche, Praxiserfahrungen oder die eigene Intuition mögliche Quellen in dieser Prozessphase. Der Forschungsrahmen dient als Orientierungshilfe für den Forscher, indem er das zu untersuchende Forschungsfeld abgrenzt und das Forschungsobjekt in seiner Breite und Tiefe erörtert. Es werden Zusammenhänge und Ausprägungen des Objekts transparent gemacht, um alle möglichen Facetten der Problemstellung abzubilden. Es erfolgt eine Darstellung des grundsätzlich Möglichen, um eine wertfreie Annäherung an das Untersuchungsobjekt zu gewährleisten. So soll die empirische Forschung systematisch und objektiv angeleitet werden, um eine intersubjektive Nachvollziehbarkeit der Ergebnisse zu gewährleisten.[34]

- Der Forschungsrahmen bereitet nach seiner inhaltlichen und methodischen *Erprobung* (z. B. durch Pretests und/oder Experteninterviews) die Wahl der *Forschungsmethodik* vor.[35] Die Forschungsmethodik beinhaltet neben Erläuterungen des Einsatzes der Forschungsinstrumente und des Forschungsprozesses auch die Auswahl der Erhebungs-, Auswertungs- und Darstellungsmethodik sowie die Festlegung der Untersuchungseinheiten. Die Forschungsmethodik ist, genauso wie die Erhebung selber (*Anwendungsphase*), nicht mehr Bestandteil des Forschungsrahmens, sondern diesem nachgelagert.

- Der Anwendungsphase schließt sich der *Erklärungsrahmen* an. Er dient der Analyse der Erkenntnisse im Hinblick auf die Problemstellung und stellt das Ergebnis des

[33] Vgl. zu den folgenden Ausführungen insb. BECKER (2006b), S. 290 ff. KIRSCH (1984) weist zudem auf die Bedeutung eines gut strukturierten Bezugsrahmens als Grundlage für eine Delphierhebung hin (S. 759).

[34] Ähnlich bei KIRSCH (1971), S. 241 f.; KUBICEK (1977), S. 14; GROCHLA (1978), S. 65; ATTESLANDER (2008), S. 6.

[35] Die Termini Methodik und Methodologie sind strikt voneinander zu trennen. Die Methodik beschreibt die verwendeten Untersuchungsverfahren und das Untersuchungsdesign, während die Methodologie, die dem Forschungsprojekt zugrunde liegende Vorgehensweise wiedergibt. Vgl. BECKER (2006b), S. 296.

Forschungsprojekts dar. Hier steht die Ergebnisdarstellung und -interpretation im Fokus. Es werden die aus dem Forschungsrahmen abgeleiteten und vermuteten Zusammenhänge einem Vergleich mit den empirischen Erkenntnissen unterzogen. Im Optimalfall ergeben sich hier empirisch begründete, jedoch noch nicht bewiesene, Forschungshypothesen. Sofern entwickelt, stellen diese eine gute Basis für anschließende großzahlige Untersuchungen dar.

1.3 Aufbau der Arbeit

Nach der Darstellung des Forschungsanlasses und des Erkenntnisziels erfolgte die Betrachtung der zugrunde gelegten Methodologie als Ausgangspunkt für den nun zu beschreibenden Aufbau der Arbeit. Abbildung 1.1 bietet dazu unterstützend einen zusammenfassenden Überblick über die Struktur der Arbeit sowie die Interdependenzen der einzelnen Bausteine.

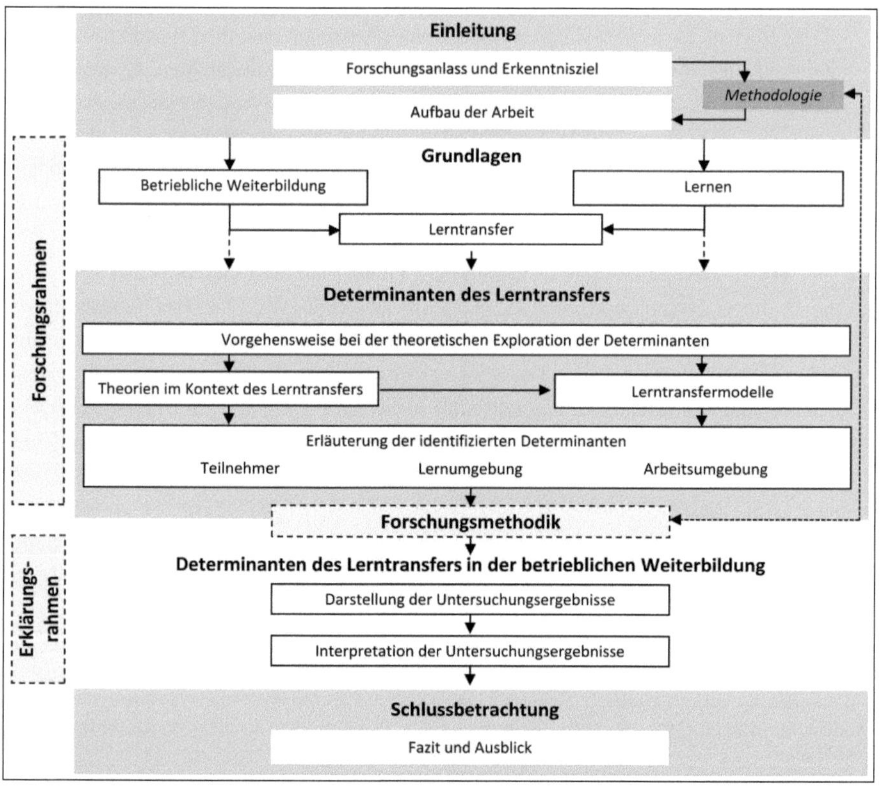

Abbildung 1.1: Aufbau der Arbeit.

Mit den theoretischen Grundlagen und der sich anschließenden theoretischen Exploration wird zunächst der Forschungsrahmen als Vorbereitung für die empirische Erhebung aufgespannt. Hierfür ist es in einem ersten Schritt notwendig, die Untersuchungsgegenstände darzustellen und definitorisch abzugrenzen. Dazu wird in Abschnitt 2.1 zuerst der Begriff der betrieblichen Weiterbildung von tangierenden Begriffen abgegrenzt, und eine Arbeitsdefinition ausgewählt. Eine Betrachtung des Weiterbildungsprozesses sowie der Handlungsfelder und Ausgestaltungsformen der betrieblichen Weiterbildung rundet Abschnitt 2.1 ab. Im Mittelpunkt dieser Arbeit steht der Lerntransfer. Folglich ist es zweckmäßig, den Begriff zu explizieren, um ein der Arbeit zugrunde liegendes Begriffsverständnis herauszuarbeiten. Dazu wird der Begriff zunächst in seine zwei Einzelkomponenten „Lernen“ und „Transfer“ zerlegt. In Abschnitt 2.2 wird daher als Vorbereitung auf die Begriffsexplikation der Lernbegriff präzisiert. Dazu wird auf Grundlage des in Abschnitt 2.2.1 konkretisierten lerntheoretischen Paradigmas erörtert, was unter dem Begriff zu verstehen ist, um dann Implikationen für den Lerntransfer zu konkludieren (2.2.2). Aufbauend auf den Erkenntnissen der vorangegangenen Abschnitte wird anschließend der Begriff des Lerntransfers expliziert (2.3.1) und nach Darstellung der verschiedenen Arten des Lerntransfers (2.3.2) die Transferproblematik und das Transfermanagement angesprochen (2.3.3).

Der Abgrenzung der Untersuchungsgegenstände schließt sich die theoretische Exploration der Determinanten an, welche dieser Vorgehensweise folgt: Begründet ausgewählte Theorien (3.2) sowie Lerntransfermodelle (3.3) bilden die Grundlage für die Identifikation der Lerntransferdeterminanten. Unter Zuhilfenahme von relevanten Studien sowie der vorgestellten Theorien und Modelle werden in Abschnitt 3.5 mögliche Determinanten dargestellt und erläutert. Dies geschieht innerhalb der drei Bereiche „Teilnehmer“ (3.5.1), „Lernumgebung“ (3.5.2) und „Arbeitsumgebung“ (3.5.3) und eingebettet in ein in Abschnitt 3.1 in seiner Grundstruktur entwickeltes und in 3.4 weiterentwickeltes Rahmenmodell. Das Ergebnis dieser Ausführungen ist in einem nächsten Entwicklungsschritt ein umfassendes Rahmenmodell (3.5.4), welches die Ergebnisse des Forschungsrahmens strukturiert visualisiert.

Die Forschungsmethodik (Kapitel 4) bedient sich der Delphimethode. Dazu wird zunächst die Methode vorgestellt, um dann das spezifische Design der Studie zu beschreiben (4.1). Anschließend werden die Untersuchungseinheiten begründend ausgewählt (4.2), um dann die inhaltliche Ausgestaltung der Befragungsrunden (4.3) sowie die Durchführung und Auswertung der Untersuchung (4.4) zu thematisieren.

Im Erklärungsrahmen werden schlussendlich die Ergebnisse der empirischen Exploration präsentiert und – auch im Hinblick auf die Ergebnisse der theoretischen Exploration – kritisch bewertet. Dazu werden die Darstellung der Untersuchungsergebnisse (5.1) und deren Interpretation (5.2) getrennt vorgenommen. Die Ergebnisdarstellung erfolgt in vier Schritten: Es werden zunächst die Ergebnisse der drei Befragungsrunden getrennt voneinander betrachtet, um dann abschließend Zusammenhänge zwischen den Runden herzustellen. Die Interpretation der Ergebnisse findet jedoch Runden übergreifend statt.

Einen zusammenfassenden Überblick bietet die Schlussbetrachtung (Kapitel 6). Hier werden die Ergebnisse der Arbeit im Hinblick auf das formulierte Forschungsziel geprüft und ein Fazit aus der Exploration gezogen (6.1). Zusätzlich werden in einem Ausblick weitergehende Forschungsmöglichkeiten aufgezeigt (6.2).

2 Abgrenzung der Untersuchungsgegenstände

2.1 Betriebliche Weiterbildung

2.1.1 Abgrenzung und Definition

Betriebliche Weiterbildung wird häufig mit Personalentwicklung gleichgesetzt, da die zentrale Aufgabe der Personalentwicklung in der betrieblichen Weiterbildung liegt.[36] Personalentwicklung umfasst jedoch weitaus mehr als nur die betriebliche Weiterbildung. Das Begriffsverständnis von BERTHEL & BECKER (2010) ist daher sehr weit gefasst und umschließt die wesentlichen Merkmale gängiger Personalentwicklungsdefinitionen. Nach ihrer Auffassung ist *Personalentwicklung* die Summe aller systematisch vollzogenen Tätigkeiten, welche nach einem einheitlichen Konzept für das Personal durchgeführt werden. Gegenstand dieser Tätigkeiten ist dabei die Veränderung der Qualifikationen und/oder Leistungen einzelner Mitarbeiter aller Hierarchieebenen eines Unternehmens durch Bildung, Karriereplanung und Arbeitsstrukturierung.[37] Nach diesem Verständnis unterteilt sich Personalentwicklung in explizite Qualifizierungsmaßnahmen, welche die Bildung von Mitarbeitern betrifft, und implizite Qualifizierungsmaßnahmen wie Karriereplanung und Arbeitsstrukturierung.[38] Die expliziten Bildungsmaßnahmen werden in einem nächsten Schritt in Ausbildung und Weiterbildung spezifiziert. PAWLOWSKY & BÄUMER (1996) untergliedern Weiterbildung wiederum in allgemeine, politische und berufliche Weiterbildung mit der betrieblichen Weiterbildung als Teilgebiet der beruflichen Weiterbildung.[39] Berufliche im Gegensatz zur betrieblichen Weiterbildung umfasst dabei diejenigen Tätigkeiten, die dazu dienen, berufliche Kenntnisse zu erhalten, anzupassen, zu erweitern (Anpassungsweiterbildung) oder auch beruflich aufzusteigen (Aufstiegsweiterbildung).[40] Unter betrieblicher Weiterbildung werden jedoch nur solche

---

[36] Vgl. STAEHLE (1999), S. 879; BERTHEL & BECKER (2010), S. 428 f. Zahlreiche Autoren sehen die betriebliche Weiterbildung als integralen Bestandteil der Personalentwicklung an. Vgl. BERTHEL & BECKER (2010), S. 423; BECKER (2009), S. 5, 272; RIDDER (2009), S. 143 f.; MEIFERT (2008), S. 4; SCHANZ (2000), S. 484; STAEHLE (1999), S. 880; CONRADI (1983), S. 7 f.; THOM (1992), Sp. 1676.

[37] Vgl. BERTHEL & BECKER (2010), S. 388. Ähnlich bei CONRADI (1983), S. 3; MEIFERT (2008), S. 4. Anders bei HOLTBRÜGGE (2007), S. 116; JUNG (2011), S. 250; RIDDER (2009), S. 143; BECKER (2009), S. 5; SOLGA, RYSCHKA & MATTENKLOTT (2011), S. 19. Einen umfassenden Überblick über die verschiedenen Verständnisse gibt NEUBERGER (1994), S. 4 f.

[38] Vgl. BERTHEL & BECKER (2010), S. 390; STAEHLE (1999), S. 880.

[39] Vgl. PAWLOWSKY & BÄUMER (1996), S. 10.

[40] Vgl. § 1 Abs. 4 BBiG (Das BBiG verwendet den Begriff Fortbildung); BECKER (2009), S. 192, 272. Eine Unterscheidung der Termini Fortbildung und Weiterbildung, sofern sie überhaupt vorgenommen wird, ist

Aktivitäten subsumiert, die von einem Unternehmen veranlasst und/oder durchgeführt und finanziert werden.[41]

Das in dieser Arbeit vertretene Verständnis von betrieblicher Weiterbildung verbindet die Definition nach BERTHEL & BECKER (2010) mit dem Qualifikationsbegriff nach MENTZEL (2005)[42], da auf diese Weise sowohl das Wirkungsfeld als auch die Lerninhalte der betrieblichen Weiterbildung im Hinblick auf den Untersuchungsgegenstand treffend spezifiziert werden können. Betriebliche Weiterbildung ist insofern,

> *die Vermittlung von Wissen, Fähigkeiten und Fertigkeiten sowie Einstellungen, welche dem Zweck dient, die Qualifikationen der Mitarbeiter zu erhalten oder durch Erweiterung und/oder Vertiefung zu verbessern. Einschränkend werden hierunter allerdings nur Maßnahmen gefasst, die durch das Unternehmen bewusst, planmäßig und gezielt eingesetzt werden.*[43]

Als betriebliche Weiterbildung werden demnach keine unplanmäßigen sowie der Sozialisation im Unternehmen zuzuschreibenden Veränderungen der Qualifikation der Mitarbeiter verstanden. Auch allgemeinbildende Weiterbildungen werden hierdurch ausgeklammert.[44]

Der Erfolg der betrieblichen Weiterbildung hängt maßgeblich von ihrer Effektivität und Effizienz ab. Eine Weiterbildungsmaßnahme ist genau dann effektiv, wenn sie ihre intendierten Lern- und Anwendungsziele erreicht. Nach dem Verständnis dieser Arbeit bedeutet dies, dass die Effektivität einer Maßnahme von dem Transfer des Gelernten abhängig ist:[45] „The goal of training is transfer“[46]. Hierbei kann es jedoch durchaus zu Abstufungen kommen: Auch Transferergebnisse von weniger als 100 % können als Erfolg der Weiterbildungsmaßnahme gewertet werden. Bis zu welchem Transfergrad eine Maßnahme als effektiv zu bezeichnen ist, ist – abhängig von der Zielstellung der Maßnahme – einzelfallbezogen zu entscheiden. Eng damit verbunden sind Effizienzüberlegungen, welche sich in der Wirtschaftlichkeit der

---

lediglich von marginaler Natur. Vgl. SCHANZ (2000), S. 485; § 1 AbS. 4 BBiG. Synonymität unterstellen PAWLOWSKY & BÄUMER (1996), S. 8; BERTHEL & BECKER (2010), S. 429; KOLB (1995), S. 175.

[41] Vgl. BECKER (2009), S. 272; PAWLOWSKY & BÄUMER (1996), S. 10.

[42] Vgl. dazu Abschnitt 2.1.2, S. 17 („Prozess, Handlungsfelder und Ausgestaltungsformen“).

[43] Vgl. BERTHEL & BECKER (2010), S. 429; MENTZEL (2005), S. 176.

[44] Vgl. BERTHEL & BECKER (2010), S. 429. Werden im Verlauf der Arbeit die Termini *Weiterbildung(smaßnahme)* oder synonym *Training(smaßnahme)* verwendet, so stehen diese immer im Bezug zu dem Begriff „betriebliche Weiterbildung“.

[45] Vgl. CANNON-BOWERS, SALAS ET AL. (1995); BARNARD, VELDHUISE & VAN ROOIJ (2001), S. 270. CHIABURU & TEKLEAB (2005) verweisen auf die Multidimensionalität der Weiterbildungseffektivität (S. 606).

[46] YELON & FORD (1999), S. 58.

betrieblichen Weiterbildung niederschlagen.[47] So ist die Effektivität einer Maßnahme und damit der Lerntransfer Voraussetzung für die Effizienz. Denn eine Maßnahme kann nur dann als wirtschaftlich angesehen werden, wenn den investierten Ressourcen die Erreichung der gesetzten Ziele gegenübersteht.

2.1.2 Prozess, Handlungsfelder und Ausgestaltungsformen

Eine systematische betriebliche Weiterbildung setzt eine strukturierte Konzeptionierung voraus. Die Betrachtung der Konzeptionierung kann anhand von Phasen stattfinden, welche den Ablauf und die Handlungsfelder der betrieblichen Weiterbildung beschreiben. Hierzu liegen eine Vielzahl an Phasenmodellen mit unterschiedlichen Schwerpunktsetzungen vor, welche u. a. als Ansatzpunkt für die Evaluation des Lerntransfers genutzt werden können.[48] Hieraus können vier verschiedene Phasen extrahiert werden: Analyse, Planung, Durchführung und Evaluation.[49]

- In der *Analysephase* wird der Weiterbildungsbedarf im Unternehmen unter Berücksichtigung der Merkmale und Restriktionen der Arbeitsumgebung ermittelt.
- Die sich anschließende *Planungsphase* bereitet auf Grundlage der vorliegenden Bedarfe die Weiterbildungsmaßnahmen vor. Dabei müssen die Ziele, Inhalte und Methoden untereinander sowie im Hinblick auf den Bedarf und die Adressaten abgestimmt werden. Gleichzeitig sind die anschließenden Transfersicherungsmaßnahmen Bestandteil dieser Weiterbildungsphase.
- Der eigentliche Qualifizierungsprozess findet in der *Durchführungsphase* statt, welche verschiedenartig ausgestaltet sein kann.
- Den Abschluss bildet die *Überprüfung des Weiterbildungsprozesses*, welcher Input, Prozess, Output und Konzept des Weiterbildungssystems überprüft (Abb. 2.1).[50]

Neben den verschiedenen Prozessphasen lässt sich die betriebliche Weiterbildung des Weiteren in fünf Bereiche gliedern, durch welche die Handlungsfelder und Ausgestaltungsformen innerhalb der Phasen aus verschiedenen Blickwinkeln betrachtet werden können. Diese Unterteilung ermöglicht eine Systematisierung der folgenden Ausführungen in (a) Ziele, (b)

---

[47] Vgl. PAWLOWSKY & BÄUMER (1996), S. 160 ff.

[48] Vgl. BERTHEL & BECKER (2010), S. 407; BECKER (2006a), S. 169 f.; BECKER (1996), Sp. 1373 f.; BECKER (1999), S. 113; SONNTAG (2006), S. 25; SONNTAG (2002), S. 61; SOLGA ET AL. (2011), S. 24; PAWLOWSKY & BÄUMER (1996), S. 96; GOLDSTEIN & FORD (2002), S. 24; BROAD & NEWSTROM (1992), S. 38; PIEZZI (2002), S. 183; BIHLER (2006), S. 60. Tlw. breiter mit Bezugnahme auf die Personalentwicklung.

[49] Vgl. BERTHEL & BECKER (2010), S. 407 f.; BECKER (2006a), S. 169; SONNTAG (2006), S. 25; SONNTAG (2002), S. 61.

[50] Vgl. BECKER (2006a), S. 170 f. mit Bezug auf die Personalentwicklung.

Inhalte, (c) Methoden, (d) Träger und (e) Adressaten der Weiterbildung und bereitet so die Möglichkeit zur differenzierten Betrachtung des Untersuchungsgegenstandes mit Blick auf die empirische Erhebung vor.[51] Alle Bereiche bieten die Möglichkeit, die betriebliche Weiterbildung im Folgenden zu segmentieren, zu spezifizieren und auf dieser Grundlage die für die Arbeit relevanten Elemente – sofern notwendig – begründend auszuwählen. Dabei soll ein Fokus auf die Inhalte der betrieblichen Weiterbildung gelegt werden, da es für eine eingehende Betrachtung des Lerntransfers notwendig ist, festzulegen, welche Inhalte im Rahmen einer Weiterbildungsmaßnahme transferiert werden.

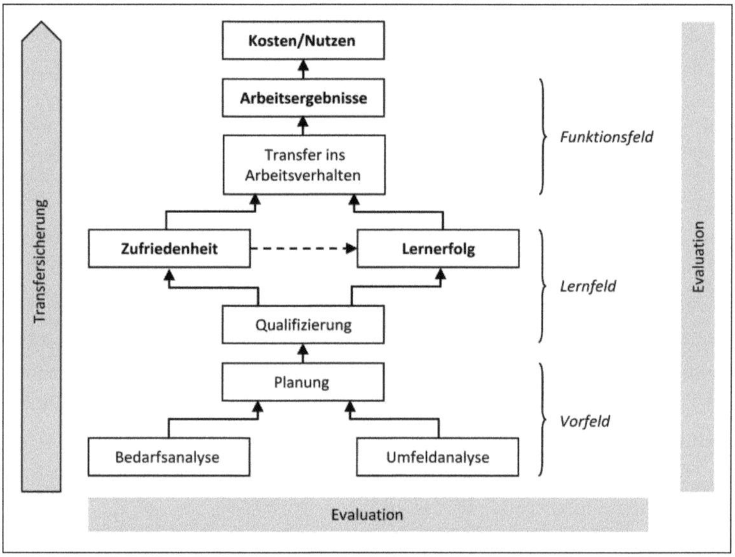

Abbildung 2.1: Prozess der betrieblichen Weiterbildung. Quelle: BERTHEL & BECKER (2010), S. 407.[52]

ad (a) Ziele: Betriebliche Weiterbildung kann eine Reihe von Zielen verfolgen, die sich drei unterschiedlichen Kategorien zuordnen lassen. Neben den individuellen Zielen der Mitarbeiter gilt es auch die betrieblichen Ziele des Unternehmens sowie gesellschaftspolitische Ziele miteinander zu vereinbaren.[53] Diese heterogene Interessenlage kann zu Konflikten führen,

[51] Vgl. BECKER (2009), S. 292 f. Ähnlich bei BERTHEL & BECKER (2010), S. 430; MARR & STITZEL (1979), S. 340. BECKER (2009) führt als weitere Differenzierungsmöglichkeit die Zeit an (S. 298).

[52] BERTHEL & BECKER (2010) stellen den Prozess in Bezug auf die vollständige Personalentwicklung dar.

[53] Vgl. BECKER (2009), S. 293; BERTHEL & BECKER (2010), S. 396 ff. Ähnlich bei BIEKER & MERKENS (1993), S. 164 f.

insbesondere dann, wenn die individuellen Ziele der Mitarbeiter außer Acht gelassen werden, und so die Anreizfunktion der betrieblichen Weiterbildung ihr intendiertes Ziel verfehlt:[54]

- Die *individuellen Ziele* der Mitarbeiter betreffen im Speziellen Aspekte der persönlichen und beruflichen Entfaltung, wobei im besonderen Fokus die Sicherung von Beschäftigung und Einkommen steht. Diese erfolgt bspw. über die Aufrechterhaltung der persönlichen Leistungsfähigkeit zur Bewältigung sich verändernder Anforderungen des beruflichen Alltags oder die Vorbereitung auf berufliche Veränderungen, wie einen Arbeitsplatzwechsel oder einen beruflichen Aufstieg.[55] Welche Ziele konkret verfolgt werden, hängt jedoch vollständig von der Motivstruktur des individuellen Mitarbeiters ab.[56]
- Betrachtet man die *betrieblichen Ziele*, so wird deutlich, dass eine enge Bindung zu den individuellen Zielen der Mitarbeiter besteht. Das Unternehmen kann seine Mitarbeiter bei der Erfüllung ihrer eigenen Ziele unterstützen und die daraus generierten positiven Effekte für die eigene Zielerreichung nutzen. Es besteht eine grundsätzliche Zweck-Mittelbeziehung, so dass die betriebliche Weiterbildung immer auch direkt oder indirekt die Erreichung von ökonomischen Wettbewerbsvorteilen verfolgt.[57]
- Neben den individuellen und den betrieblichen Zielen wird auch den *gesellschaftspolitischen Zielen* eine große Bedeutung zugesprochen. Diese Sichtweise geht davon aus, dass nur über die Weiterbildungsaktivitäten der einzelnen Unternehmen eine Volkswirtschaft auf dem internationalen globalisierten Markt wettbewerbsfähig wird. Zudem wird durch betriebliche Weiterbildung die Erreichung struktur- und arbeitsmarktpolitischer Ziele gefördert und dem Recht auf Bildung Rechnung getragen.[58]

ad (b) Inhalte: Von besonderer Bedeutung ist des Weiteren die Abgrenzung der Inhalte der Weiterbildung, die Auskunft darüber gibt, was genau in der Weiterbildung vermittelt und von den Mitarbeitern im Funktionsfeld angewendet werden soll. In diesem Kontext stößt man auf die Begriffe Qualifikation und Kompetenz sowie ihre zugeordneten Begriffssysteme. Über eine genaue Definition und Abgrenzung der beiden Begriffe herrscht jedoch weitgehende Uneinigkeit. So werden diese von einigen Autoren gleichgesetzt,[59] von anderen hingegen klar unterschieden.[60]

---

[54] Vgl. Hentze (2001), S. 347.

[55] Vgl. Becker (2009), S. 283; Pawlowsky & Bäumer (1996), S. 12 f.; Becker (1996), Sp. 1372 f.; Conradi (1983), S. 8.

[56] Vgl. Berthel & Becker (2010), S. 398.

[57] Vgl. Becker (2009), S. 283 f.; Berthel & Becker (2010), S. 398; Becker (1996), Sp. 1373; Thom (1992), Sp. 1678; Conradi (1983), S. 7.

[58] Vgl. Becker (2009), S. 283; Berthel & Becker (2010), S. 396 f.

[59] Vgl. Berthel & Becker (2010), S. 394; Schneider (1988), S. 278 f.; Pichler (1992), Sp. 2011.

[60] Vgl. Staudt, Kailer et al. (1997), S. 72 f.; Lichtenberger (1999), S. 279; Staudt & Kriegesmann (2000), S. 176; Erpenbeck & von Rosenstiel (2003), S. XI; Becker (1998), S. 173.

Unter *Qualifikation* wird das individuelle Arbeitsvermögen einer Person verstanden, welches ihr zur Bewältigung verschiedener Aufgabenstellungen zur Verfügung steht.[61] Im Gegensatz zu der Subjektzentrierung der *Kompetenzen*[62] sind Qualifikationen sachverhaltszentriert und anwendungsorientiert, da hier objektive Leistungsresultate der Mitarbeiter im Mittelpunkt stehen. Qualifikationen stellen die notwendige Voraussetzung dar, um Kompetenzen selbst organisiert herausbilden zu können.[63] Qualifikationen spiegeln objektiv beschreibbare Bildungspositionen wider, die ihren Ausdruck im Verhalten der Person finden. Sie sind damit unabhängig von selbst organisiertem Handeln, sicht- und überprüfbar[64] und eignen sich daher gut, dem Gegenstand der betrieblichen Weiterbildung und dem Lerntransfer ein festes Fundament für die weiteren Untersuchungen zu bieten.[65]

Die Komponenten der Qualifikation umfassen in der Literatur üblicherweise drei Bestandteile:[66]

- *Wissen/Kenntnisse* sind Informationen über Begriffe und Sachverhalte, die erworben und im Gedächtnis gespeichert werden. Unter Gleichsetzung der Begriffe Kenntnisse und Wissen ist dabei zwischen explizitem (subjektungebundenem, reproduzierbarem) und implizitem (subjektgebundenem) Wissen zu unterscheiden.[67]
- Unter *Fähigkeiten* ist die angeborene Ausstattung mit elementaren geistigen, motorischen und körperlichen Funktionen zu verstehen, welche partiell veränder- und aktivierbar sind und die Grundlage für verschiedene Handlungen bilden.[68]

[61] Vgl. Berthel & Becker (2010), S. 89.

[62] Kompetenzen sind die Fähigkeit, „in offenen, komplexen und dynamischen Situationen selbstorganisiert [!] zu denken und zu handeln" Sonntag & Schmidt-Rathjens (2004), S. 18. Ähnlich bei Erpenbeck & Heyse (2007), S. 157; Erpenbeck & von Rosenstiel (2003), S. XI; Wilkens (2005), S. 7; Maag Merki & Grob (2003), S. 125; Bergmann & Sonntag (1999), S. 34; Bunk (1994), S. 10.

[63] Vgl. Becker (2009), S. 700; Becker (1998), S. 174; Heyse & Erpenbeck (1997), S. 49.

[64] Vgl. Erpenbeck & von Rosenstiel (2003), S. XI; Heyse & Erpenbeck (1997), S. 50; Arnold (1997), S. 270 ff.; Staudt et al. (1997), S. 65. „Unter Dispositionen versteht man die Bereitschaft des Organismus, sich [...] in einer bestimmten Weise zu verhalten [...]." Perrez & Patry (1981), S. 231. Dispositionen sind im Gegensatz zum Verhalten nicht direkt beobachtbar (vgl. Asendorpf (2007), S. 3).

[65] Staudt & Kriegesmann (2000) betonen, dass, aufgrund der Fokussierung auf die Vermittlung von explizitem Wissen, die traditionelle Weiterbildung lediglich Qualifikationen weitergeben kann. Vgl. Staudt & Kriegesmann (2000), S. 174, 176. Ähnlich bei Hensge (1993), S. 98; Erpenbeck & von Rosenstiel (2003), S. XI; Becker (2009), S. 273 f., 700; Bronner & Schröder (1983), S. 21. Anderes bei Bullinger & Gidion (1994), S. 7.

[66] Vgl. Berthel & Becker (2010), S. 89; Conradi (1983), S. 8; Teichler (1995), S. 501; Staudt et al. (1997), S. 64.

[67] Vgl. Conradi (1983), S. 8; Becker (2009), S. 7; Schreyögg & Geiger (2003), S. 14; Hacker (2005), S. 317.

[68] Vgl. Fleishman (1972), S. 1018; Hoyos (1974), S. 126; Hacker (1978), S. 377; Kirchhöfer (2004), S. 61; Plath (2002), S. 525. Conradi (1983) sieht die Fähigkeiten schwerpunktmäßig als angeboren (S. 8).

- *Fertigkeiten* sind im Gegensatz dazu auf ein Objekt oder eine Situation gerichtete, organisierte und koordinierte Handlungen, welche abhängig von einer Reihe sensorischer, zentraler und motorischer Mechanismen sind und durch Übung erlernt werden können. Fertigkeiten sind somit spezifischer als Fähigkeiten, da letztere allgemeine Eigenschaften des Individuums umfassen, die das Erlernen und Beherrschen von Fertigkeiten erst ermöglichen.[69]

Teilweise wird diese Aufgliederung um das Element *Einstellungen* ergänzt. Auf diese Weise finden neben kognitiven (Wissen, Fähigkeiten) und psychomotorischen Komponenten (Fertigkeiten), auch affektive Aspekte Berücksichtigung.[70] Da diese Strukturierung alle drei Verhaltensbereiche abdeckt und so ein ganzheitliches Verständnis – auch für den Lern- und Lerntransferbegriff – ermöglicht, wird im Folgenden der Qualifikationsbegriff nach MENTZEL (2005) verwendet, der alle vier Komponenten einbezieht und Weiterbildung auf drei inhaltlichen Ebenen ansiedelt:[71]

- Vermittlung von Wissen (synonym Fach-/Sachwissen, Kenntnisse),
- Erweiterung von Fähigkeiten und Fertigkeiten sowie
- Bildung neuer Einstellungen.

ad (c) Methoden: Die Vermittlung der Inhalte der betrieblichen Weiterbildung kann mit Hilfe unterschiedlicher Methoden erfolgen. Grundsätzlich können diese im Hinblick auf ihre Nähe zum Arbeitsplatz in on-the-job (am Arbeitsplatz) und off-the-job (außerhalb des Arbeitsplatzes) Maßnahmen unterschieden werden.[72]

Training off-the-job findet gemeinhin mit räumlicher, zeitlicher und inhaltlicher Distanz zum eigentlichen Arbeitsplatz statt, so dass die Problematik des Lerntransfers aufgrund der Distanz von Lern- und Funktionsfeld ein immanenter Bestandteil dieser Methode ist.[73] Daher eignet sich das Training off-the-job in besonderer Weise als Untersuchungsgegenstand für die vorliegende Arbeit. Durch die Einschränkung auf diesen ausgewählten Teilbereich der

---

[69] Vgl. CONRADI (1983), S. 8 f.; FLEISHMAN (1972), S. 1018; HOYOS (1974), S. 127; WELFORD (1968), S. 12 f.; HACKER (2005), S. 660; KIRCHHÖFER (2004), S. 61; PLATH (2002), S. 525; STAUDT & KRIEGESMANN (2000), S. 175; BECKER (2009), S. 7.

[70] Vgl. KRATHWOHL, BLOOM & MASIA (1964), S. 6 f.

[71] Vgl. MENTZEL (2005), S. 176 ff.; MENTZEL (1997), S. 166. So auch bei HOLTBRÜGGE (2007), S. 116 f.; STAEHLE (1999), S. 884; MARR & STITZEL (1979), S. 340; HAWRYLYSHYN (1983), S. 251. KOKAVECZ & HOLLING (1999) geben außerdem einen kurzen Überblick über mögliche Inhaltsbereiche (S. 598 f.).

[72] Vgl. BERTHEL & BECKER (2010), S. 470; MENTZEL (2005), S. 181; JUNG (2011), S. 281; HENTZE (2001), S. 377. CONRADI (1983) ergänzt um into-the-job, near-the-job und out-of-the-job (S. 22 ff.).

[73] Vgl. STAEHLE (1999), S. 887; BERTHEL & BECKER (2010), S. 484; JUNG (2011), S. 290; CONRADI (1983), S. 25; LEMKE (1995), S. 1.

betrieblichen Weiterbildung können der Lerntransfer und seine determinierenden Faktoren gezielt betrachtet und analysiert werden. Off-the-job Maßnahmen sind zudem als Untersuchungsgegenstand greifbarer, als on-the-job Maßnahmen, welche nur eine geringe Distanz von Lern- und Funktionsfeld aufweisen. Diesem Postulat folgend, beziehen sich somit alle nun folgenden Ausführungen auf betriebliche Weiterbildung im Sinne eines Training off-the-job.

Beim Training off-the-job ist zwischen individuellen und kollektiven Verfahren, d. h. Verfahren, die einzeln oder in Gruppen stattfinden, zu unterscheiden.[74] *Individuelle Maßnahmen* zeichnen sich dadurch aus, dass keine Interaktion mit weiteren Lernenden möglich ist, wohingegen *kollektive Maßnahmen* die Interaktion häufig als Teil des Lernziels betrachten und über die Vermittlung von Wissen hinaus auch soziale Fähigkeiten transportieren wollen.[75]

Eine weitere Strukturierungsmöglichkeit ist die Unterteilung nach den zu vermittelnden Inhalten. So können zur Vermittlung von Wissen im Besonderen das programmierte Selbststudium, Vorlesungen oder Diskussion eingesetzt werden. Sollen hingegen Fähigkeiten und Fertigkeiten erweitert werden, so bieten sich Fallstudien, Plan- oder Rollenspiele an. Gruppendynamische Übungen, wie bspw. Sensitivity Trainings oder auch Rollenspiele, versuchen zudem, Einfluss auf die Einstellungen der Teilnehmer zu nehmen.[76]

ad (d) Träger: Betriebliche Weiterbildung im Rahmen des training off-the-job findet meistens institutionalisiert statt[77] und kann daher, je nach Träger der Maßnahme, in extern und intern differenziert werden:[78]

- Eine *interne Weiterbildungsmaßnahme* wird in Eigenregie durch unternehmenseigene Trainer oder externe Trainer vollzogen. Einigen Unternehmen stehen dafür eigene Weiterbildungszentren zur Verfügung.
- Als *externe Weiterbildung* werden diejenigen Maßnahmen verstanden, die außerhalb des Unternehmens durch einen externen Weiterbildungsträger (Weiterbildungsunternehmen, -institute, -kammern, -verbände oder externe Trainer) entwickelt und durchgeführt werden. Die Konzeptionierung und inhaltliche Ausgestaltung der Maßnahme

[74] Vgl. Berthel & Becker (2010), S. 484; Mentzel (2005), S. 179; Jung (2011), S. 281; Hentze (2001), S. 377. Vgl. für eine Abwägung der Vor- und Nachteile beider Sozialformen Mentzel (2005), S. 179 ff.

[75] Vgl. Oechsler (2006), S. 522 f.

[76] Vgl. Staehle (1999), S. 886. Vgl. für einen Überblick Conradi (1983), S. 100; Oechsler (2006), S. 523; Marr & Stitzel (1979), S. 344; Berthel & Becker (2010), S. 484 ff.

[77] Vgl. Oechsler (2006), S. 523.

[78] Vgl. Lipsmeier (1987), S. 198; Marr & Stitzel (1979), S. 342; Thom (1992), Sp. 1688; Staehle (1999), S. 886 f.; Jung (2011), S. 281.

kann in Absprache mit dem beauftragenden Unternehmen oder eigenständig durch den Träger erfolgen.[79]

ad (e) Adressaten: Je nach intendiertem Adressatenkreis werden spezifische Maßnahmen konzipiert und eingesetzt, die an die charakteristischen Qualifikationserfordernisse der Zielgruppe angepasst werden. In vielen Fällen wird zwischen Führungskräften, Fachkräften (Facharbeiter, technische und kaufmännische Angestellte) sowie un- und angelernten Arbeitskräften und u. U. weiteren Adressaten unterschieden. Die Weiterbildung von Führungskräften fokussiert hauptsächlich die Vermittlung kommunikativ-sozialer Fähigkeiten im Rahmen der Mitarbeiterführung wie Kommunikationstraining, Rede- und Gesprächstechniken, Moderation und Teamarbeit. Aber auch aufgabenorientierte Methoden wie Entscheidungs-, Problemlösungs- und Kreativitätstraining finden hier häufige Anwendung. Bei der Weiterbildung von Fachkräften werden häufig Qualifikationen vermittelt, die es ihnen ermöglichen, flexibel eigenverantwortlich und teamorientiert zu arbeiten. Un- und angelernten Arbeitskräften werden hingegen speziell in Fähig- und Fertigkeiten zur unmittelbaren Ausübung ihrer Funktion weitergebildet.[80]

Abbildung 2.2 gibt einen abschließenden und zusammenfassenden Überblick über die Handlungsfelder und Ausgestaltungsformen der betrieblichen Weiterbildung.

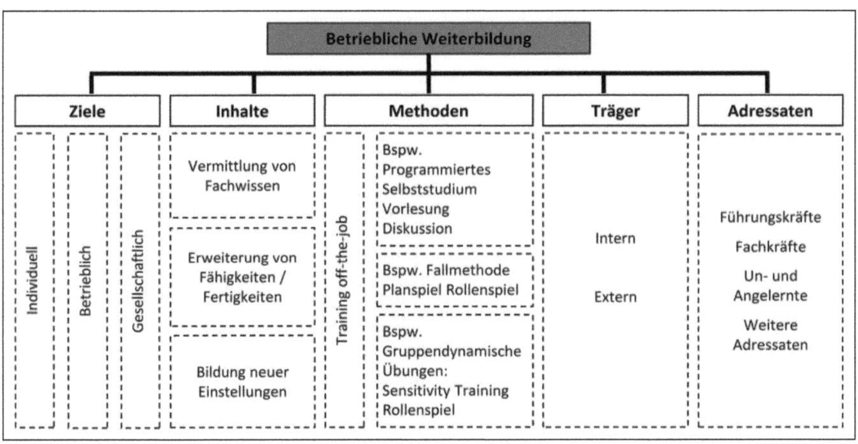

Abbildung 2.2: Handlungsfelder und Ausgestaltungsformen der betrieblichen Weiterbildung. Quelle: Eigene Darstellung in Anlehnung an PAWLOWSKY & BÄUMER (1996), S. 10, sowie STAEHLE (1999), S. 886.

---

[79] Vgl. LIPSMEIER (1987), S. 198 f.; OECHSLER (2006), S. 523; HOLTBRÜGGE (2007), S. 122 f.

[80] Vgl. BECKER (2009), S. 293 ff.; SCHANZ (2000), S. 488 ff.; MARR & STITZEL (1979), S. 344; STAEHLE (1999), S. 879.

2.2 Lernen

2.2.1 Lerntheoretische Paradigmen

Eine fundierte Auseinandersetzung mit den Inhalten des Forschungs- und Erklärungsrahmens erfordert eine Reflexion über das theoretische Grundverständnis der zentralen Begriffe. Daher müssen lerntheoretische Erkenntnisse sowohl für ein eindeutiges Verständnis eines Lernbegriffs als auch des Transferbegriffs zu Rate gezogen werden. Die gängigen Lerntheorien lassen sich drei Hauptparadigmen zuordnen, welche Leitbilder für die Bildung der einzelnen – später betrachteten – Theorien darstellen:[81] (a) der Behaviorismus, (b) der Kognitivismus und (c) der Konstruktivismus.

ad (a) Behaviorismus: Anfang des 20. Jahrhunderts entstand der Behaviorismus aus der konsequenten Abkehr der zu der Zeit vorherrschenden Bewusstseinspsychologie, welche menschliches Verhalten in dessen Bewusstsein begründet sah. Ziel der Behavioristen war es, die Psychologie als exakte Naturwissenschaft zu begreifen und sich somit auf die Erklärung beobachtbaren Verhaltens sowie die Bedingungen für Verhaltensänderungen und deren Kontrolle zu beschränken.[82] Die Grundidee des Behaviorismus lässt sich auf einige zentrale Annahmen reduzieren. Menschliches wie auch tierisches Verhalten ist Ergebnis einer Reaktion auf die Umwelt, an die sich das Individuum anpasst. Dem Lernenden wird nach diesem Verständnis ein Stimulus (Reiz) dargeboten, der ein bestimmtes Verhalten (Response/Reaktion) auslösen soll. Somit kann Verhalten in diesem Kontext als nach außen sichtbares Resultat eines Reiz-Reaktions-Schemas (Stimulus-Response-Verbindung) gesehen werden, welches ein Individuum erlernt hat.

Lernen wird also als ein konditionierter – durch Adaption angeeigneter – Reflex betrachtet. Es werden dabei neue Reiz-Reaktions-Schemata entwickelt, welche zu mehr oder weniger beständigen Änderungen im individuellen Verhalten führen.[83] Daher wird das Gehirn als eine Black Box verstanden, bei der ein Input eine deterministische Reaktion hervorruft.[84] Was genau unter einem Reiz oder einer Reaktion verstanden wird, hat sich im Zuge der Weiterentwicklung des Behaviorismus ständig verändert. Zu Beginn wurden lediglich externe physikalische Reize sowie physiologisch messbare Reaktionen berücksichtigt, während spätere Theorien die Betrachtungsweise entscheidend ausweiteten, indem sie externe und interne

---

[81] Vgl. Klimsa (1993), S. 242.

[82] Vgl. Baumgart (2007), S. 109; Watson (1913), S. 158; Watson (1968), S. 35 ff.

[83] Vgl. Baumgart (2007), S. 109; Baumgartner & Payr (1997), S. 88. Ähnlich bei Arnold (2004), Sp. 1097.

[84] Vgl. Baumgartner & Payr (1997), S. 89.

Reize, die von außen durch Beobachtung wahrnehm- und messbar waren, in die Betrachtung mit einbezogen. Zudem fanden auch komplexere Reaktionen wie Emotionen oder kognitive Wahrnehmungs-, Erinnerungs- und Bewertungsvorgänge Eingang in die Betrachtung.[85]

ad (b) Kognitivismus: Im Gegensatz zum Behaviorismus rückt der Kognitivismus den kognitiven Reflexionsprozess mit seinen Wahrnehmungen, Gedanken und Bewertungen ins Zentrum des Forschungsinteresses.[86] Dem Individuum wurde nun eine aktive Rolle im Lernprozess zugesprochen.[87] Das menschliche Gehirn ist nach dieser Sichtweise keine einfache Black Box mehr, bei der lediglich der Input und der Output erforscht werden, sondern es interessieren die innenliegenden Informationsverarbeitungsprozesse. Die im Gehirn ablaufenden Mechanismen werden exploriert und strukturiert, um daraus abgeleitet auf Regelmäßigkeiten schließen zu können. Diese Prozesse entziehen sich jedoch der direkten Beobachtung durch den Forscher. Somit müssen die Kognitivisten ihre Schlussfolgerungen über den menschlichen Lernprozess aus indirekter Evidenz ziehen. Im Zentrum steht dabei das Lösen von bereits vorhandenen Problemen durch schlussfolgerndes Denken, wobei das Vorwissen eine entscheidende Rolle bei der Verarbeitung und Entwicklung von neuem Wissen einnimmt. Charakteristisch für die kognitivistische Lerntheorie ist das Verständnis des Lernprozesses als eine Veränderung von psychischen Dispositionen, die die Anwendung und Übertragung des Gelernten auf andere Situationen ermöglichen. Von besonderer Bedeutung ist im kognitiven Paradigma das Lernen von Symbolen resp. Begriffen. Die Fokussierung auf die kognitiven Verarbeitungsprozesse erschwert jedoch die Erklärung und Simulation von körperlichen Fähig- und Fertigkeiten.[88] Wie auch der Behaviorismus wendet sich der Kognitivismus dem objektivistischen Paradigma zu, da die Existenz objektiv bestimmbaren Wissens zur Erklärung der Wirklichkeit vorausgesetzt wird.[89]

ad (c) Konstruktivismus: Die konstruktivistische Lerntheorie geht davon aus, dass es kein objektiv bestimm- und vermittelbares Wissen gibt (Subjektivismus). Dies wird darauf zurückgeführt, dass Wissen einer ständigen Dynamik unterliegt und von jedem Menschen anders wahrgenommen und verarbeitet wird. Aus konstruktivistischer Perspektive ist es nicht möglich Wissen zu vermitteln, da es situationsspezifisch aus der eigenen Erfahrung heraus durch den Lernenden konstruiert werden muss. Das auf diese Weise erlangte Wissen kann so in die eigenen Strukturen eingebettet und damit besser internalisiert und behalten werden. In Folge dessen spricht der Konstruktivismus dem interaktiven Lernen in Gruppen eine große

[85] Vgl. Baumgart (2007), S. 109; Trautner (1992), S. 104.

[86] Vgl. Klimecki & Gmür (2001), S. 200; Lefrançois (2006), S. 120.

[87] Vgl. Trautner (1992), S. 86.

[88] Vgl. Baumgartner & Payr (1997), S. 90 ff.; Seel (2000), S. 21.

[89] Vgl. Duffy & Jonassen (1992), S. 2 f.

Bedeutung zu, da dort der Lernende sein selbst interpretiertes Wissen in Interaktion mit anderen erproben, vertiefen und letztendlich endgültig verstehen kann. Weiterhin distanzieren sich radikale Vertreter dieses Paradigmas strikt von der Reduktion und Generalisierung von Wissen, da sie die Möglichkeit eines positiven Transfers von generalisiertem Wissen aus der Lernumgebung auf komplexe Probleme des Lebens- und Berufsalltags in Frage stellen.[90] Dennoch schließen sich Instruktion und Konstruktion in gemäßigt konstruktivistischen Ansätzen nicht aus, sondern ergänzen sich gegenseitig. Ihre vollständige Leistungsfähigkeit erreichen konstruktivistisch gestaltete Lernumgebungen nach diesem Verständnis erst dann, wenn sie mit instruktionaler Förderung gekoppelt werden.[91] Lerntransfer ist demnach möglich, wenn einige Einschränkungen und Anregungen bei dem Wechsel von Lern- zu Anwendungssituation unverändert bleiben.[92] Lernen ist gemäß dem konstruktivistischen Paradigma als ein Prozess zu verstehen, bei dem Informationen aus gemachten Erfahrungen und aus der Interaktion mit der Umwelt entstehen und so das vorhandene Wissen erweitern. Das Wissen wird von den Lernenden dabei so konstruiert, dass es komplexen Sachverhalten gerecht wird.[93] Der Lernprozess findet somit durch Restrukturierung in einem geschlossenen autopoietischen System statt und kann lediglich von außen angestoßen werden. Der Lehrer kann also das Wissen nicht in dem Lernenden erzeugen, sondern es muss eigenständig entwickelt werden.[94] Ein wichtiger Aspekt ist dabei, dass im Gegensatz zum Kognitivismus keine vorgegebenen Probleme gelöst, sondern eigenständige generiert werden.[95]

Keines der vorgestellten Paradigmen kann alle Aspekte des Lernprozesses in der betrieblichen Weiterbildung erklären, da nur begrenzte Aussagen über diesen Prozess möglich sind. Alle drei beschriebenen Sichtweisen können herangezogen werden, um jeweils einen Teil des Lernprozesses zu erklären.[96]

Um zu einer eindeutigen Betrachtungsweise der zu präzisierenden Begriffe und damit verbundenen Prozesse zu gelangen, muss jedoch eine Festlegung auf ein lerntheoretisches Verständnis vorgenommen werden:

---

[90] Vgl. Dubs (1993), S. 449. Ähnlich bei Gerstenmaier & Mandl (1995), S. 867 f.; Gerstenmaier & Mandl (2001a), S. 2654; Knuth & Cunnigham (1991), S. 164. Vgl. für die radikale Position Lave (1991) und Clancey (1993).

[91] Vgl. Gerstenmaier & Mandl (2010), S. 173.

[92] Vgl. Greeno (1998), S. 24; Greeno, Smith & Moore (1993), S. 102 f. Vgl. zu den verschiedenen Richtungen des Konstruktivismus Gerstenmaier & Mandl (2001a), S. 2654 f.

[93] Vgl. Dubs (1993), S. 452; Klimsa (1993), S. 255; Schunk (1996), S. 209.

[94] Vgl. Arnold (2004), Sp. 1098; Luhmann (1987), S. 60; Knuth & Cunnigham (1991), S. 167; Dubs (1993), S. 452.

[95] Vgl. Baumgartner & Payr (1997), S. 93.

[96] Vgl. Delhees (1980), S. 296; Arnold (2004), Sp. 1097; Baumgartner & Payr (1997), S. 96.

- *Behavioristische Theorien* reichen nicht aus, die Entwicklung komplexer Qualifikationen zu erklären, sondern erweisen sich insbesondere bei einfachen Problemstellungen als anwendbar. Aufgrund der Vermittlung von fragmentarischem Wissen kann zudem nur schwerlich ein Transfer der erlernten Inhalte auf neue Problemstellungen erfolgen sowie die Fähigkeit zur Lösung komplexer und neuartiger Problemstellungen geschult werden.[97]
- Weiterhin scheint auch das *konstruktivistische Paradigma* in diesem Kontext ungeeignet zu sein, da die hohe Komplexität, insbesondere der radikalen, aber auch der moderaten Denkweise, keine allgemeine und breite Begriffsdefinition zulässt.[98] Zudem wird von den Vertretern des radikalen Konstruktivismus die Existenz objektiv vermittelbaren Wissens und somit auch des Lerntransfers als Untersuchungsgegenstand vollständig negiert.
- *Kognitivistische Lerntheorien* eignen sich hingegen zur Erklärung komplexer Lernprozesse, wie es bei der betrieblichen Weiterbildung der Fall ist, und lehnen die Möglichkeit des Lerntransfers nicht ab.[99] Daher soll dieser Arbeit ein kognitives Verständnis der Begriffe Lernen und Transfer zu Grunde gelegt werden.

Trotzdem soll – im Sinne einer wertfreien Annäherung an das Untersuchungsobjekt – der Erkenntnisgewinn aus den anderen beiden Paradigmen nicht vernachlässigt werden. Daher werden auch behavioristische und konstruktivistische Theorien auf eine mögliche Ableitung von Determinanten untersucht und auch Instruktionstechniken dieser lerntheoretischen Strömungen berücksichtigt.

2.2.2 Begriffsverständnis und Implikationen für den Lerntransfer

„Lernen" ist ein viel verwendeter Begriff. Doch was genau darunter zu verstehen ist, ist sehr komplex.[100] Aufgrund der grundlegenden Bedeutung des Begriffs für die vorliegende Arbeit, soll dieser im Folgenden kurz präzisiert werden.

Vereinfacht betrachtet lassen sich zwei unterschiedliche Arten des Begriffs unterscheiden: der pädagogische und der psychologische Lernbegriff.

---

[97] Vgl. Arnold (2004), Sp. 1097; Bendorf (2002), S. 12 f.

[98] Vgl. zu den Erfordernissen bei der Auseinandersetzung mit Lernprozessen Gee (1999), S. 89; Gerstenmaier & Mandl (2010), S. 170.

[99] Vgl. Arnold (2004), Sp. 1098.

[100] Vgl. Bower & Hilgard (1981), S. 11; Lefrançois (2006), S. 6; Schmid (2006), S. 34; Haseloff & Jorswieck (1971), S. 4.

- Der allgemeine Sprachgebrauch begreift Lernen aus der *pädagogischen Perspektive* als einen Leistungsfortschritt, der durch gezielte Anstrengung bzw. Übung erreicht wird. Diese Lerntätigkeit erfolgt bspw. dann, wenn eine Person bewusst versucht, bestimmte Inhalte in einem Buch (auswendig) zu lernen.[101] Vielfach wird die Lerntätigkeit explizit mit bestimmten Lernorten (Schulen, Universitäten oder andere Weiterbildungseinrichtungen) in Verbindung gebracht, so dass Lernen vereinfacht als Aneignung von Wissen an bestimmten Lernorten angesehen wird.[102]
- Der *psychologische Lernbegriff* greift weiter, indem er auch jegliche Bildung von Erfahrung – auch sozialer Art – umfasst. Daher handelt es sich bei diesem Verständnis um einen Lernprozess der Aufnahme und Speicherung von Informationen und nicht allein um die Tätigkeit des Lernens.[103] Dem kognitiv orientierten Begriffsverständnis entsprechend erwirbt und verändert der Lernprozess Qualifikationen und Dispositionen[104], die Optionen auf bestimmte Verhaltensweisen und Handlungen ermöglichen. Die Tatsache, dass ein Lernprozess stattgefunden hat, bedeutet somit nicht, dass auch tatsächlich eine Leistungsänderung stattfindet. Die Leistung – verstanden als Leistungsverhalten und sich daraus ergebenes Leistungsergebnis[105] – ist in einem hohen Maße von situativen und motivationalen Komponenten abhängig. Die Begriffe Lernen und Leistung sind somit strikt zu trennen. Der Lernende kann also als Folge des Lernprozesses, „sich anders verhalten, anders denken, anders wollen, anders handeln“[106], muss es aber nicht.[107]

Dieses Verständnis des Lernbegriffes zeigt, dass sich Lernprozesse nicht zwangsläufig in einer nach außen sichtbaren Verhaltensänderung manifestierten (latentes Lernen), sondern auf kognitive Abläufe im Individuum zurück zu führen sind.[108] Änderungen im Verhalten stellen lediglich einen sichtbaren Beleg für einen Lernprozess dar und nicht den Lernprozess

[101] Vgl. Trautner (1992), S. 84; Mielke (2001), S. 12; Bodenmann, Perrez et al. (2004), S. 14. Ähnlich bei Edelmann (2000), S. 277; Seel (2000), S. 17.

[102] Vgl. Winkel, Petermann & Petermann (2006), S. 11.

[103] Vgl. Mielke (2001), S. 12; Edelmann (2000), S. 277.

[104] Vgl. zu der Definition Fußnote Nr. 64, S. 16.

[105] Vgl. Berthel & Becker (2010), S. 93 f.

[106] Edelmann (2000), S. 278.

[107] Vgl. Edelmann (2000), S. 278; Zimbardo & Gerrig (2008), S. 192; Lefrançois (2006), S. 6 f.; Mielke (2001), S. 13; Mednick (1964), S. 18; Anderson (2000), S. 5; Trautner (2003), S. 86 f.; Trautner (1992), S. 84 f.; Hoffman (1983), S. 57.

[108] Vgl. für Definitionen, welche Lernen in Anlehnung an den Behaviorismus mit einer sichtbaren Verhaltensänderung gleichsetzen bspw. Atkinson, Atkinson et al. (2001), S. 231; Steiner (2006), S. 140.

selber.[109] Daher betonen viele Definitionen den Aufbau eines Verhaltenspotenzials oder von Verhaltensdispositionen.[110]

Die kognitive Sichtweise eignet sich gut, Lernprozesse im Kontext des Lerntransfers in der betrieblichen Weiterbildung abzubilden, denn nach dieser Auffassung kann Lernen stattgefunden haben, ohne dass der Lernprozess nach außen sichtbar wird. Ein Transfer des Gelernten in den Arbeitsalltag ist also keine logische Konsequenz aus einem erfolgreichen Lernprozess. Es muss sich somit nicht, trotz eines Lernerfolges, zwangsläufig eine Änderung der Leistung des Teilnehmers nach der Weiterbildungsmaßnahme einstellen. Dies lässt darauf schließen, dass es spezielle Hinderungsgründe gibt, die den Transfer des Gelernten blockieren. Daher soll im Folgenden in Anlehnung an PERREZ & PATRY (1981) unter Lernen in dieser Arbeit

> *„der Aufbau [...] von relativ stabilen Verhaltensdispositionen im weitesten Sinne [..], also Dispositionen zu offenem (direkt beobachtbarem) und/oder verdecktem, zu psychomotorischem, affektivem und kognitivem Verhalten aufgrund von Erfahrung"*[111]

verstanden werden. Diese Definition schließt den Erwerb von (intellektuellem, kulturellen und sozialem) Wissen als Teilaspekt der Aneignung von Verhaltensdispositionen explizit mit ein.[112] Nach diesem Verständnis kann ein Lernprozess somit bewusst, aber auch unbewusst vollzogen und auch auf eine einmalige Erfahrung zurückgeführt werden. Verhaltensänderungen aufgrund von Funktionsreifung ohne Bezug auf Erfahrungen oder Übungen, aufgrund von zeitweisen physiologischen Situationen (bspw. Erschöpfung) oder aufgrund von angeborenen Reflexen oder Instinkten sollen jedoch nicht unter diesen Lernbegriff gefasst werden.[113]

Über die Lernzieltaxonomie nach KRATHWOHL ET AL. (1964) kann belegt werden, dass die vorgestellte Lerndefinition die herausgearbeiteten Inhalte der betrieblichen Weiterbildung impliziert. Demnach schließt der Lernbegriff die Aneignung von Wissen, Fähigkeiten

---

[109] Vgl. TRAUTNER (1978), S. 76; HILLNER (1978), S. 72; MIELKE (2001), S. 13.

[110] Vgl. EDELMANN (2000), S. 278; ZIMBARDO & GERRIG (2008), S. 192; KLEIN (1987), S. 2; ANDERSON (2000), S. 4; LEFRANÇOIS (2006), S. 6; BOWER & HILGARD (1981), S. 11; MEDNICK (1964), S. 18. Ähnlich bei TRAVERS (1975), S. 22; TRAUTNER (1992), S. 84 f.

[111] PERREZ & PATRY (1981), S. 231. So auch bei BODENMANN ET AL. (2004), S. 15. Erfahrung bedeutet Informationen aufnehmen sowie Reaktionen zu zeigen, welche die Umwelt beeinflussen. Vgl. ZIMBARDO & GERRIG (2008), S. 193.

[112] Vgl. BODENMANN ET AL. (2004), S. 15.

[113] Vgl. TRAUTNER (1992), S. 84. Elemente der Definition finden sich auch bei BODENMANN ET AL. (2004), S. 14 f.; TREML (2000), S. 97; HASELOFF & JORSWIECK (1971), S. 15; GAGNÉ (1985), S. 2 f.; ZIMBARDO & GERRIG (2008), S. 192; PERREZ & PATRY (1981), S. 231; MEDNICK (1964), S. 16 ff.; BOWER & HILGARD (1981), S. 11; BÖHM (2005), S. 407; ATKINSON ET AL. (2001), S. 231; DELHEES (1980), S. 294 f.

(kognitiver Verhaltensbereich), Fertigkeiten (psychomotorischer Verhaltensbereich) und Einstellungen (affektiver Verhaltensbereich) ein.[114]

2.3 Lerntransfer

2.3.1 Begriffsexplikation

Vor dem Hintergrund der Ausführungen der vorherigen Abschnitte ist es nun notwendig, den Begriff des Lerntransfers zu explizieren.[115] Trotz eines vermeintlich einfachen Begriffsinhalts finden sich in der Literatur zahlreiche Definitionen und Akzentuierungen. Diese Vielfalt macht es notwendig, eine klare Abgrenzung nicht nur von anderen Verwendungszusammenhängen, sondern auch von verschiedenen Definitionsversuchen vorzunehmen, um letztendlich eine Arbeitsdefinition herauszuarbeiten. Das wesentliche Auswahlkriterium für die zu erarbeitende Definition ist hierbei das kognitivistische Verständnis von Lernen im Allgemeinen und von Lerntransfer im Speziellen. Dazu soll zunächst dargestellt werden, was unter Lerntransfer im allgemeinen Kontext verstanden wird, um daraufhin den Lerntransfer in der betrieblichen Weiterbildung zu explizieren.

Der Terminus „Transfer“ geht etymologisch auf das lateinischen Verb „transferre“ zurück („übertragen, hinüberbringen“) und findet – abhängig davon, in welcher Disziplin er genutzt wird – in verschiedenen Zusammenhängen Verwendung. In der Wissenschaft versteht man z. B. unter dem Begriff Transfer allgemein die Übertragung von Erkenntnissen aus der Theorie in die Praxis,[116] wohingegen in der pädagogischen Psychologie der Begriff spezifischer gefasst wird. Die alleinige Verwendung des Terminus Transfer kann hier jedoch leicht zu Missverständnissen im Hinblick auf den gemeinten Kontext führen. Zur Verdeutlichung des Sinnzusammenhanges wird Transfer daher in der deutschen Literatur häufig durch das Präfix „Lern-“ präzisiert. Auch in der englischen Sprache ist eine solche Präzisierung möglich.

[114] Vgl. KRATHWOHL ET AL. (1964), S. 6 f.; MÖLLER (1975), S. 413. Ähnlich bei KRAIGER, FORD & SALAS (1993), S. 312. Organisationales Lernen nach dem Verständnis von MARCH & OLSEN (1975/1976) wird in dieser Arbeit ausgeklammert, da betriebliche Weiterbildung per definitionem nicht Teil der Organisationsentwicklung, sondern der Personalentwicklung ist. PAWLOWSKY & BÄUMER (1996) greifen allerdings das organisationale Lernen unter dem Begriff „Transfer zweiter Ordnung“ auf (S. 156).

[115] Die Explikation erfolgt in dem von CARNAP & STEGMÜLLER (1959) eingeführten Sinne. Wobei allerdings kein neuer Begriff definiert werden soll, sondern vielmehr mehrere Begriffsdeutungen erläutert, auf ihre Zweckmäßigkeit bzgl. der Zielsetzung dieser Arbeit überprüft und anschließend ein Begriffsverständnis ausgewählt und präzisiert wird. Vgl. CARNAP & STEGMÜLLER (1959), S. 12 ff.; BECKER (2007), S. 22; BECKER (2004), S. 86 f.; OPP (2005), S. 139.

[116] Vgl. bspw. STARK & MANDL (2000), S. 3 ff.

Daher wird mitunter nicht nur von „transfer" gesprochen, sondern genauer von „transfer of learning"[117].

Den nachfolgenden Definitionen ist gemein, dass sie den Lerntransfer aus dem Blickwinkel der pädagogischen Psychologie betrachten; sie unterscheiden sich jedoch durch die Verwendung unterschiedlicher Elemente und Schlüsselworte. So kommt es zu einer Sammlung von verschiedenen Informationen über Lerninhalte und Indikatoren, welche den Lerntransfer kennzeichnen. Die Verwendung bestimmter Schlüsselworte und Formulierungen wird von den definierenden Autoren jedoch nur selten begründet. Daher geben die Definitionen keinen Hinweis darauf, ob eine präzise Unterscheidung der Lerninhalte (Wissen, Fähigkeiten, Fertigkeiten, Einstellungen) im Sinne des in der Arbeit vertretenen Verständnisses durch die Autoren vorgenommen wurde. Somit lassen sich keine eindeutigen Schlüsse im Hinblick auf die konkreten Lerninhalte als Bestandteile der Definitionen ziehen. Auch eine differenzierte Unterscheidung der darüber hinaus verwendeten Schlüsselworte wird an dieser Stelle als nicht zielführend erachtet.[118] Kernpunkt der folgenden Ausführungen ist daher, zur Verfolgung des Erkenntnisziels, die Identifikation der Transferindikatoren in den Definitionen, um darauf aufbauend eine treffende und zielbezogene Lerntransferdefinition zu entwickeln.

Ein gängiges Verständnis des Transferbegriffs ist die *Anwendung* des in einer Situation Gelernten in einer anderen Situation.[119] Andere Deutungen verstehen den Transfer nicht nur als Anwendung, sondern als die *Übertragung* des Gelernten von einer Situation in eine andere Situation.[120] Über diese sehr allgemeinen Definitionen hinaus versuchen weitere Autoren, ihr Verständnis von Transfer zu konkretisieren. GORDON (1989) sieht in Transfer „[...] the effect of knowledge or abilities acquired in one area on a person's subsequent ability to acquire knowledge or skills in other areas"[121]. Er hebt somit den *Einfluss von Gelerntem* auf weiteres Lernen hervor. Auch ELLIS (1969) versteht Transfer in einem ähnlichen Zusammenhang, wenn er – bezogen auf nachfolgende Leistungen – schreibt: „[t]ransfer of learning means that experience or performance on one task influences performance on some subsequent task".[122] CORMIER (1987) fasst die Ansätze von GORDON (1989) und ELLIS (1969) zusammen, indem er betont, dass Lerntransfer immer dann auftritt, wenn „[...] prior-learned knowledges and skills affect the way in which new knowledges and skills are learned and performed"[123]. Die

[117] Vgl. bspw. ELLIS (1969); EHRENBERG (1983).

[118] Vgl. SCHMID (2006) für weitere Schlüsselbegriffe sowie die allgemeine Struktur des Begriffs (S. 203).

[119] Vgl. SINGLEY & ANDERSON (1989), S. 1; GREENO, COLLINS & RESNICK (1996), S. 21; BUTTERFIELD & NELSON (1989), S. 5; TALLMAN & HOLT (1987), S. 15; HOLDING (1991), S. 93; STEINER (2006), S. 193.

[120] Vgl. STERNBERG & FRENSCH (1996), S. 25; HAGEN (1984), S. 427.

[121] GORDON (1989), S. 72. Ähnlich bei GOSKA & ACKERMANN (1996), S. 249; WEINERT (1974), S. 687 f.

[122] ELLIS (1969), S. 3.

[123] CORMIER (1987), S. 1.

Deutung von DETTERMAN (1996) umfasst noch eine weitere Perspektive, wenn er Transfer als den *Umfang der Anwendung* resp. die Wiederholung von Verhaltensweisen in neuen Situationen versteht.[124]

Die wiedergegebenen Definitionen fassen übereinstimmend den Lerntransfer allgemein und unabhängig vom Kontext der betrieblichen Weiterbildung auf. Unterschiede ergeben sich allerdings daraus, ob der Transfer als Anwendung, Übertragung, Einfluss des Gelernten oder Umfang der Anwendung in anderen Situationen verstanden wird.[125] Dieses einfache Verständnis findet sich speziell bei Vertretern der älteren Transferforschung.[126]

Die neuere Transferforschung teilt dieses Verständnis, geht aber einen Schritt darüber hinaus. Da das allgemeine Begriffsverständnis auch dem Lernen im Allgemeinen oder auch dem Lösen von Problemen zugeordnet werden kann,[127] müssen sowohl der Zusammenhang, in dem der Prozess des Lernens vollzogen wurde („source") als auch der Zusammenhang, in dem der Lerner mit einer Situation konfrontiert wird und in der die Anwendung des Gelernten zweckmäßig ist („target"), spezifiziert werden.[128] Durch diese Unterscheidung findet der Lerntransfer seine konzeptionelle Verankerung. Das in der neueren Transferforschung verwendete Konzept ist jedoch nicht auf die betriebliche Weiterbildung im Speziellen ausgerichtet. Dazu präzisieren MANDL ET AL. (1992) „source" als das Lernen innerhalb einer systematisch geplanten Weiterbildungsmaßnahme (Lernfeld) und „target" als das Funktionsfeld, in dem das Gelernte Anwendung finden soll.[129] Um diesen Kontext klarer herauszustellen, verzichtet SCHARPF (1999) auf die Verwendung des Begriffes „Lerntransfer" und führt stattdessen den Begriff „Praxistransfer" ein.[130] Im englischen Sprachgebrauch wird zur eindeutigen Unterscheidung vom allgemeinen Lerntransfer („transfer of learning") beim Lerntransfer in der betrieblichen Weiterbildung daher häufig auch präziser von „transfer of training" gesprochen.[131] Für diese Arbeit bedeutet dies: Ist im Folgenden von Transfer oder Lerntransfer die Rede, so ist ausschließlich, in Abgrenzung zu weiteren Transferbegriffen, der Lerntransfer im Kontext der betrieblichen Weiterbildung gemeint.

---

[124] Vgl. DETTERMAN (1996), S. 4.

[125] Vgl. dazu die Hervorhebungen im Text sowie die Tab. A.1 auf S. 256 im Anhang dieser Arbeit.

[126] Vgl. MANDL ET AL. (1992), S. 127.

[127] Vgl. MAYER & WITTROCK (1996), S. 47.

[128] Vgl. HOLYOAK & THAGARD (1989), S. 295 ff.; SINGLEY & ANDERSON (1989), S. 20; MANDL ET AL. (1992), S. 127; SOLGA (2011b), S. 342; BERGMANN & SONNTAG (2006) S. 357.

[129] Vgl. MANDL ET AL. (1992), S. 127.

[130] Vgl. SCHARPF (1999), S. 4. Weitere angrenzende Begriffe sind neben Wissens- oder Problemlösetransfer u. a. Kompetenztransfer, Aufgaben- und Kontexttransfer, Situationstransfer, Fertigkeits- und Inhaltstransfer. Vgl. SCHMID (2006), S. 221 ff.

[131] Vgl. BALDWIN & FORD (1988); BROAD & NEWSTROM (1992); CLARK & VOOGEL (1985); FORD (1997); GEORGENSON (1982).

Die Vielzahl der Definitionen dieses Lerntransfers ist nur schwer miteinander vergleichbar. Sie gleichen sich an vielen Stellen, beleuchten jedoch vielfach unterschiedliche Kernaspekte. In Analogie zu den zuvor vorgestellten Definitionen differiert erneut das Verständnis des eigentlichen Transferbegriffes. Eine sehr einfache Definition bietet SOLGA (2005). Er definiert Lerntransfer als „*Anwendungen* des in Personalentwicklungsmaßnahmen Gelernten auf die Herausforderungen des beruflichen Alltags“[132], wohingegen RANK & WAKENHUT (1998a) die *Übertragung* von Gelerntem in die Praxis hervorheben.[133] Im Gegensatz dazu sieht ROYER (1979) den Begriff dynamisch, wie auch GORDON (1989), GOSKA & ACKERMANN (1996), ELLIS (1969) und CORMIER (1987). D. h. er geht über die einfache Anwendung von Gelerntem hinaus und sieht in dem Begriff den *Umfang*, in dem das Lernen in einer Weiterbildungsmaßnahme, das Lösen von Problemen sowie das nachfolgende Lernen in Weiterbildungsmaßnahmen positiv wie negativ beeinflusst.[134] BARNARD ET AL. (2001) verbinden in ihrer Definition sowohl den *Umfang der Anwendung* des Gelernten als auch die *Effektivität der Anwendung*: „Transfer of training can be defined as the extent to which trainees are able to use effectively in their work situations the knowledge, skills and attitudes acquired during training.“[135]

Die vorgestellten Definitionen stimmen darin überein, dass sie den Lerntransfer aus einer eindimensionalen Perspektive betrachten, weil sie zumeist nur einen Teilaspekt des Transfers aufgreifen bzw. die Mehrdimensionalität des Begriffes nicht betonen.[136] Einen ersten Hinweis auf die Mehrdimensionalität des Lerntransferbegriffes liefert GEORGENSON (1982), indem er den Aspekt der kontinuierlichen Nutzung des Erlernten aufgreift und damit zusätzlich zu den Elementen von BARNARD ET AL. (2001) (Umfang und Effektivität der Anwendung), die *Aufrechterhaltung über die Zeit* in sein Begriffsverständnis einbindet.[137] Auch BALDWIN & FORD (1988) kommen zu dem Schluss, dass „[f]or transfer to have occured, learned behavior must be generalized to the job context and maintained over a period of time“[138]. Dabei verweisen die Autoren darauf, dass die Generalisierung des Gelernten erst durch den Umfang der Anwendung im Funktionsfeld sichtbar gemacht wird.[139] Gleichzeitig impliziert eine Generalisierung der erlernten Inhalte – im Sinne eines weiten bzw. adaptiven Lerntrans-

[132] SOLGA (2005), S. 269. Eigene Hervorhebung. In späteren Veröffentlichungen bezieht er zusätzlich den Indikator „Übertragung“ in seine Definition mit ein. Vgl. SOLGA (2008), S. 305; SOLGA (2011b), S. 342.

[133] Vgl. RANK & WAKENHUT (1998a), S. 5.

[134] Vgl. ROYER (1979), S. 53.

[135] BARNARD ET AL. (2001), S. 269. Ähnlich bei WEXLEY & LATHAM (2002), S. 107 mit Bezug auf positiv ausgeprägten Transfer.

[136] Vgl. LAKER (1990), S. 210.

[137] Vgl. GEORGENSON (1982), S. 75.

[138] BALDWIN & FORD (1988), S. 63.

[139] Vgl. BALDWIN & FORD (1988), S. 95.

fers – eine Übertragung auf neue Arbeitssituationen und Sinnzusammenhänge.[140] BALDWIN & FORD (1988) fassen somit die Indikatoren (Umfang der) Anwendung und Übertragung auf eine andere Situation unter den Begriff *Generalisierung* zusammen. Dies belegt die enge Verknüpfung der einzelnen Lerntransferindikatoren und damit auch der vorgestellten Definitionen. Konkret auf einen mehrdimensionalen Zusammenhang weist allerdings erst LAKER (1990) hin, indem er ein zweidimensionales Transferkonzept vorschlägt. Dazu unterteilt er Transfer in eine zeitliche Dimension und eine die Generalisierbarkeit beschreibende Dimension. Die zeitliche Dimension beinhaltet zum einen die Transferinitialisierung, d. h. den Umfang, in dem der Teilnehmer die Anwendung des Gelernten am Arbeitsplatz initiiert und die Transfer*aufrechterhaltung*, d. h. den Umfang, in dem der Teilnehmer diese Anwendung aufrechterhält. Die Dimension der Generalisierung wird über das Konzept der Transferdistanzen beschrieben und beinhaltet den Umfang der Anwendung in ähnlichen Situationen (naher Transfer) und in neu- und andersartigen Situationen (weiter Transfer).[141] In Anlehnung an MÜHLHOFF (1978) u. a. hat LEMKE (1995) den wohl breitesten Definitionsansatz entwickelt, welcher zusätzlich Interventionen vor, während und nach der Weiterbildungsmaßnahme einschließt.[142] Da es aber gerade diese Interventionen und Einflüsse sind, die nach dem hier vertretenen Verständnis Determinanten des Lerntransfers sind, können sie nicht Teil der Transferdefinition sein, sondern müssen getrennt betrachtet werden.

Festzuhalten bleibt, welches Verständnis des Transferbegriffs sich als gangbare Arbeitsdefinition eignet. Dazu sei erneut auf die Vielschichtigkeit dieses Begriffes verwiesen, welche die Bestimmung einer Definition erschwert. Nichtsdestotrotz ist eine Festlegung gerade im Hinblick auf die Auswahl relevanter Transferdeterminanten unumgänglich. Im Zentrum dieses Definitionsansatzes steht dabei die Frage, was genau vom Lernfeld ins Funktionsfeld übertragen werden soll (Lerninhalt) und ab wann ein Transfer vorliegt (Indikatoren für Lerntransfer). In Anlehnung an die in Abschnitt 2.1.2 vorgestellten Inhalte einer betrieblichen Weiterbildung sollen im Rahmen der Definition daher die Lerninhalte Wissen, Fähigkeiten und Fertigkeiten sowie Einstellungen aufgegriffen werden.[143]

Die Definition von BALDWIN & FORD (1988) stellt dabei eine geeignete Grundlage dar, den Untersuchungsgegenstand zu präzisieren. Das mehrdimensionale Verständnis von BALDWIN

[140] LAKER (1990) setzt in seiner Transferdefinition Generalisierung und Übertragung gleich: „[...] they are ‚generalized‘ or ‚carried over‘ to the job [...]“. LAKER (1990), S. 210. JUDD (1939) betrachtet Generalisierung und Transfer als zwei synonyme Termini (S. 514).

[141] Vgl. LAKER (1990), S. 210. Vgl. zu verschiedenen Arten des Transfers Abschnitt 2.3.2 („Arten des Lerntransfers“). SCHARPF (1999) erweitert das zweidimensionale Verständnis von LAKER (1990) – in Anlehnung an GAGNÉ (1969) – um die *Komplexität der Problemstellung* als dritte Dimension (S. 4 f.).

[142] Vgl. LEMKE (1995), S. 7; MÜHLHOFF (1978), S. 66 f.

[143] Vgl. Abschnitt 2.1.2 („Prozess, Handlungsfelder und Ausgestaltungsformen“), S. 17.

& Ford (1988) ist einfach, verständlich und nachvollziehbar, hat einen expliziten Bezug zur betrieblichen Weiterbildung und vereint die gängigen Lerntransferindikatoren miteinander. Somit wird in dieser Arbeit unter Lerntransfer

> *die Übertragung und Anwendung sowie im Speziellen die Generalisierung und Aufrechterhaltung von in einer Weiterbildungsmaßnahme Erlerntem (Wissen, Fähigkeiten und Fertigkeiten, Einstellungen) im Funktionsfeld, verstanden.*

Diese Definition macht deutlich, dass Lerntransfer einen kognitiven Lernprozess in einer Weiterbildungsmaßnahme voraussetzt, dieser Lernprozess aber nicht automatisch in einer Verhaltensänderung im Funktionsfeld und damit mit dem Ergebnis Lerntransfer enden muss. Nach diesem Verständnis liegt dem Lerntransfer implizit eine positive Ausprägung zugrunde. Voraussetzung für das Vorliegen eines Lerntransfers und somit auch des Erfolgs einer Weiterbildungsmaßname ist, dass das Gelernte tatsächlich transferiert, also übertragen, angewendet, d. h. generalisiert und aufrechterhalten wird.[144] Die durch den Lernprozess aufgebauten kognitiven, psychomotorischen und affektiven Verhaltensdispositionen müssen somit per definitionem in eine stabile Verhaltensänderung münden.[145] Verhaltensänderungen, die nicht direkt oder indirekt auf eine Weiterbildungsmaßnahme zurückzuführen sind, werden dabei explizit ausgeschlossen. Insofern werden nach dieser Definition Einflüsse (also Determinanten) auf den eigentlichen Lerntransfer getrennt betrachtet.

2.3.2 Arten des Lerntransfers

Über die vorgestellten Definitionen hinaus kann der Lerntransferbegriff nach der Art des Transfers differenziert und konkretisiert werden. Dazu bietet die Literatur eine Vielzahl an Termini, die sich sowohl begrifflich als auch inhaltlich decken, jedoch auch stark voneinander unterscheiden können. Am häufigsten wird dabei im Zusammenhang mit der betrieblichen Weiterbildung auf die Dichotomien positiver versus negativer sowie horizontaler versus vertikaler Transfer zurückgegriffen.[146]

Zumeist wird Transfer konnotativ ausschließlich als positiv angesehen. Eine (erfolgreiche oder effektive) Anwendung und Übertragung des Gelernten ist häufig Bestandteil der verschiedenen Lerntransferdefinitionen und so auch Teil der ausgewählten Arbeitsdefinition. Eine

---

144 Vgl. Yamnill & McLean (2001), S. 195 f.; Holton III, Bates et al. (1997b), S. 95; Krapp & Weidenmann (1992), S. 73; Wilkening (1983), S. 29; Gagné (1969), S. 235; Baldwin, Ford & Blume (2009), S. 47; Tannenbaum & Yukl (1992), S. 425; Götz (2001), S. 13.

145 Vgl. Brown, Bransford et al. (1983), S. 143; Warr, Bunce & Birdi (1999), S. 370.

146 Vgl. bspw. Solga (2011b), S. 342 f.; Bergmann & Sonntag (2006), S. 358.

negative Seite wird dabei vernachlässigt. ELLIS (1969) unterscheidet jedoch in positiven, negativen Transfer und Null-Transfer:

- *Positiver Transfer* liegt dann vor, wenn Lerninhalte aus der Weiterbildungsmaßnahme ins Funktionsfeld übertragen werden und effektiv Verwendung finden. Der Qualifikationsgrad des Teilnehmers ist nach der Maßnahme höher als vor Maßnahme.
- Ist jedoch das Gegenteil der Fall, und behindert das Gelernte den Weiterbildungsteilnehmer in seiner Arbeit, so ist der Transfer *negativ*. Dies kann z. B. auftreten, wenn die Lerninhalte falsch erlernt oder nicht an die Anforderungen im Funktionsfeld angepasst werden.[147] In diesem Fall sinkt der Qualifikationsgrad des Teilnehmers.
- Darüber hinaus kann es auch vorkommen, dass die Weiterbildungsmaßnahme weder positiven noch negativen Einfluss auf das Arbeitssystem des Teilnehmers hat. Es wird auf bereits zuvor vorhandene Qualifikationen zurückgegriffen, ohne einen Mehrwert aus der Weiterbildungsmaßnahme zu generieren. Es findet faktisch kein Transfer statt (*Null-Transfer*). Null-Transfer kann jedoch auch dann entstehen, wenn sich positiver und negativer Transfer gegenseitig aufheben.[148]

Der relativ weite Begriff des positiven Transfers kann durch weitere Transferarten näher spezifiziert werden. So unterscheidet GAGNÉ (1969) in horizontalen[149] und vertikalen Transfer.[150] *Horizontaler Transfer* erfolgt dann, wenn das Gelernte auf neue Anwendungssituationen mit ähnlicher Komplexität übertragen wird. Tritt der Effekt ein, dass über die Anwendung der erlernten Inhalte hinaus eine sukzessive Weiterentwicklung der Qualifikationen stattfindet, so liegt *vertikaler Transfer* vor. Die zunächst vermittelten Lerninhalte generieren somit weiterführende Lerneffekte, so dass Transferwirkungen auf Problemstellungen mit höherer Komplexität ausgelöst werden.[151] Zur Verdeutlichung der beschriebenen Zusammenhänge werden die vorgestellten Begriffspaare in Abbildung 2.3 anhand der Dimensionen „Zeit“ und „Qualifikationsgrad“ visualisiert.

Je mehr sich das Lernfeld von dem Funktionsfeld unterscheidet, desto stärker muss das Gelernte auf einen veränderten Kontext übertragen werden. Dies erfordert ein hohes Maß an

---

[147] Vgl. ELLIS (1969), S. 3; BALDWIN & FORD (1988), S. 63; SOLGA (2011b), S. 342 f.; BERGMANN & SONNTAG (2006), S. 358; WEXLEY & LATHAM (2002), S. 107; HASSELHORN & MÄHLER (2000), S. 87.

[148] Vgl. ELLIS (1969), S. 3; MANDL ET AL. (1992), S. 128 f.; BERGMANN & SONNTAG (2006), S. 358; WEXLEY & LATHAM (2002), S. 107.

[149] Die Termini horizontaler, lateraler und situationaler Transfer werden synonym verwendet. Vgl. MANDL ET AL. (1992), S. 129.

[150] Vgl. GAGNÉ (1969), S. 231.

[151] Vgl. GAGNÉ (1969), S. 230; ROYER (1979), 54 f.; SINGLEY & ANDERSON (1989), S. 16; HASSELHORN & MÄHLER (2000), S. 87; BERGMANN & SONNTAG (2006), S. 358; SOLGA (2011b), S. 343; SCHARPF (1999), S. 4.

Generalisierung der erlernten Inhalte. LAKER (1990) differenziert dazu – im Rahmen seiner Lerntransferdefinition und in Anlehnung an ROYER (1979) – in nahen und weiten Transfer.[152] *Naher Transfer* liegt dann vor, wenn das Erlernte in einem dem Lernfeld ähnelndem Funktionsfeld angewendet wird. Die Distanz, die das Gelernte überwinden muss, ist somit gering. Ist die Transferdistanz groß, bestehen also bei der Anwendung große Unterschiede zwischen Lern- und Funktionsfeld, so handelt es sich um *weiten Transfer.*[153]

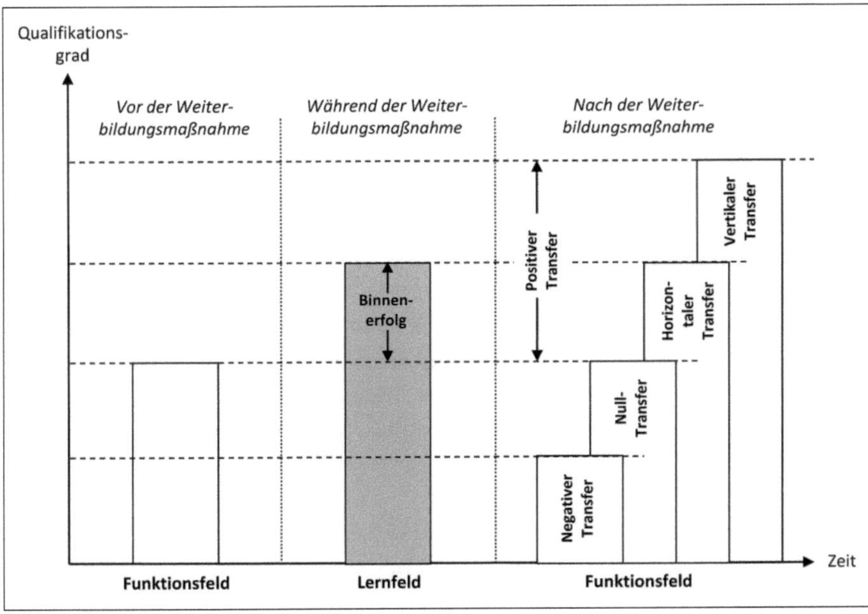

Abbildung 2.3: Arten des Lerntransfers. Quelle: In Anlehnung an MANDL ET AL. (1992), S. 128, sowie SCHARPF (1999), S. 6.

Weitere Dichotomien beschreiben ähnliche Zusammenhänge wie die vorgestellten Begriffspaare, sind jedoch eher im allgemeinen Kontext des Lerntransfers zu sehen als im speziellen Kontext des Lerntransfers in der betrieblichen Weiterbildung. Exemplarisch zu nennen sind:

[152] Vgl. LAKER (1990), S. 210; ROYER (1979), S. 55 f. Synonym proximaler und distaler Transfer. Vgl. MÄHLER & STERN (2006), S. 784; SCHMID (2006), S. 208. Ähnlich auch analoger und adaptiver Lerntransfer. Vgl. IVANCIC & HESKETH (2000), S. 1967 f.; REEVES & WEISBERG (1994); SMITH, FORD & KOZLOWSKI (1997).

[153] Vgl. LAKER (1990), S. 210; CLARK & VOOGEL (1985), S. 114 f.; SOLGA (2011b), S. 342; GICK & HOLYOAK (1987), S. 10; DETTERMAN (1996), S. 4 f.

spezifischer vs. *unspezifischer* Transfer,[154] *literaler* vs. *figuraler* Transfer[155] sowie *low-road* vs. *high-road* Transfer[156]. Grundsätzlich kann unterstellt werden, dass auf Transferarten mit einer geringen Distanz von Lern- und Funktionsfeld einfacher Einfluss genommen werden kann, als auf Transferarten mit einer großen Distanz von Lern- und Funktionsfeld.[157] Weitere – wenn auch anders ausgestaltete – Transfereffekte können zudem angestoßen werden, wenn der Teilnehmer die erlernten Inhalte im Funktionsfeld weitergibt. Einerseits festigt der Teilnehmer hierdurch seine eigenen Qualifikationen und andererseits werden die Inhalte auf seine Kollegen übertragen.

2.3.3 Transferproblematik und Transfermanagement

Die objektive wie auch subjektive Distanz zwischen Lern- und Funktionsfeld ist von großer Bedeutung für den Transfer des Gelernten in die Arbeitssituation, denn je größer diese Distanz ist, desto schwieriger ist es, einen erfolgreichen Lerntransfer zu erreichen. Speziell Trainingsmaßnahmen off-the-job oder externe Weiterbildungsmaßnahmen leiden aufgrund der Distanz von Lern- und Funktionsfeld unter dem sogenannten Transferproblem, d. h. dem misslungenen Transfer von der Lern- in die Arbeitssituation.[158] Ältere Verständnisse ordnen das Phänomen dem Übergang vom Lern- zum Funktionsfeld zu. Neuere Deutungen verorten jedoch Maßnahmen zur Förderung des Transfers ganzheitlich vor, während und nach der Weiterbildung, um einen Ausgleich zwischen sachlich-inhaltlichen, zeitlichen und sozialen Divergenzen zu schaffen und dadurch dem Transferproblem entgegenzuwirken:[159]

- *Sachlich-inhaltliche* Divergenzen begründen sich durch die Vermittlung von stark spezialisierten Inhalten, die in einem hohen Maße von den Anforderungen der alltäglichen Arbeitssituation abweichen und nicht für die Übertragung auf das Funktionsfeld aufbereitet werden.
- Wird für die Weiterbildungsmaßname zudem lediglich ein relativ kurzer – signifikant aus dem Funktionsfeld losgelöster – Zeitraum aufgewendet, so erschweren diese *zeitlichen* Abweichungen den Transfer ins Funktionsfeld.

154 Vgl. Royer (1979), S. 54 f.; Royer, Mestre & Dufresne (2005), S. IX; Cormier (1987), S. 1; Weinert (1974), S. 702.

155 Vgl. Royer (1979), S. 55; Royer et al. (2005), S. XI.

156 Vgl. Salomon & Perkins (1989), bspw. S. 113, 118, 124.

157 Vgl. Weinert (1974) am Beispiel des spezifischen Transfers (S. 702).

158 Vgl. Staehle (1999), S. 887; Berthel & Becker (2010), S. 484; Jung (2011), S. 308; Conradi (1983), S. 25; Lemke (1995), S. 1; Baldwin & Ford (1988), S. 63; Broad & Newstrom (1992), S. 7 ff.

159 Vgl. Rank & Wakenhut (1998b), S. 11 f.

- Auch *soziale* Aspekte tragen zur Divergenz von Lern- und Funktionsfeld bei. So bedeutet ein training off-the-job auch immer gleichzeitig eine Konfrontation mit neuen Lerninhalten und einem zumeist andersartigen und unbekannten sozialen Umfeld.

Je stärker sich Lern- und Funktionsfeld im Hinblick auf die vorgestellten Aspekte unterscheiden, desto inhärenter ist die Problematik des Lerntransfers und desto verstärkter müssen Maßnahmen ergriffen werden, um den Lerntransfer positiv zu beeinflussen.[160]

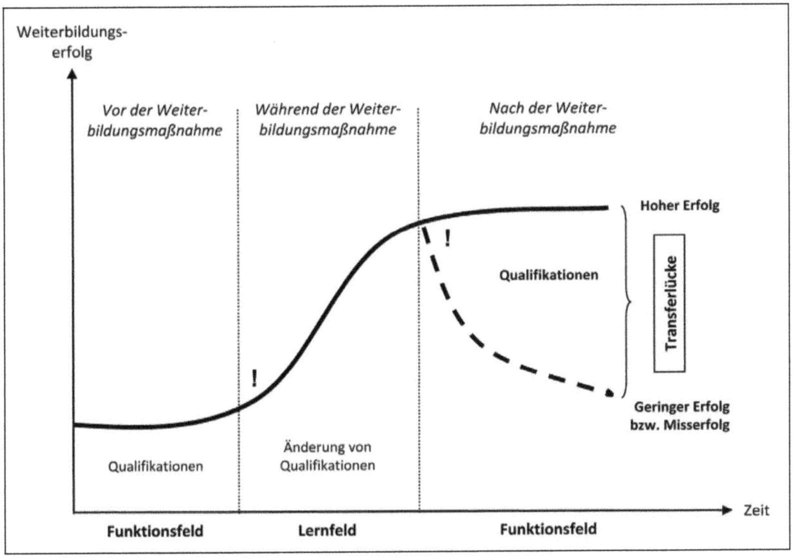

Abbildung 2.4: Konzept der Transferlücke. Quelle: In Anlehnung an BRONNER & SCHRÖDER (1983), S. 36 bzw. im Original bei RACKHAM (1979), S. 14.

BRONNER & SCHRÖDER (1983) visualisieren das Transferproblem durch die Darstellung der Transferlücke in Anlehnung an RACKHAM (1979).[161] Das Konzept des Transferproblems weist starke Parallelen zu den vorgestellten Transferarten auf. Unterscheidet sich also der intendierte hohe Weiterbildungserfolg (positiver, vertikaler Transfer) von dem tatsächlichen Weiterbildungserfolg (horizontaler oder Null- bzw. negativer Transfer), so spricht man von einer Transferlücke. Ein Training ist somit umso erfolgreicher, je höher die Qualifikationen der

[160] Vgl. NEUBERGER (1994), S. 183 f.

[161] Vgl. BRONNER & SCHRÖDER (1983), S. 36; RACKHAM (1979), S. 14. Ähnlich bei PAWLOWSKY & BÄUMER (1996), S. 148; WILKENING (1983), S. 29; WILKENING (2002), S. 217.

Teilnehmer nach der Weiterbildungsmaßnahme sind und je stärker ein positiver Lerntransfer realisiert werden kann.[162]

Abbildung 2.4 zeigt, dass speziell der Übergang vom Lern- zurück ins Funktionsfeld ein kritisches Stadium im Weiterbildungsprozess darstellt, da direkt nach der Trainingsmaßnahme sich die erlernten Inhalte noch nicht gefestigt haben und direkte Erfolgsresultate nur schwer sichtbar sind.[163] Die Übergänge zwischen den Feldern identifizieren BRONNER & SCHRÖDER (1983) als besonders zeit- und energieintensiv im Hinblick auf eine Förderung des Lerntransfers und werten diese als entscheidend für den Erfolg oder Misserfolg einer Weiterbildungsmaßnahme.[164] Studien zu diesem Thema zeigen jedoch, dass eine Vielzahl an Transferhemmnissen nicht nur hier, sondern auch im Funktionsfeld selber, im Training und auch in der Person des Teilnehmers liegen.[165]

Strategien zur Schließung der Transferlücke und damit zur Steigerung des Weiterbildungserfolgs bietet das (Lern-) Transfermanagement. Es umfasst „sämtliche Maßnahmen zur Planung, Optimierung und Kontrolle von Lerntransfer im Kontext betrieblicher Weiterbildung“[166]. Diesem Verständnis liegt die Annahme zugrunde, dass ein umfassender Einfluss auf den Lerntransfer generell möglich ist, und dass erfolgreicher Lerntransfer einer aktiven, systematischen und nachhaltigen Steuerung bedarf.[167] In ähnlicher Weise unterscheiden BERTHEL & BECKER (2010) in die zwei hybriden Aufgabenbereiche: Transfersicherung und Transfersteuerung.[168] Die Regulierung des Transfers muss dabei umfassend entlang des gesamten Weiterbildungsprozesses stattfinden, d. h. beginnend in der Analysephase über die Planung und Durchführung hin zur Evaluation, und dabei Interventionen vor, während und nach der Weiterbildungsmaßnahme umfassen.[169]

Zahlreiche Transfermodelle entwickeln in diesem Kontext Lösungsansätze zur Bewältigung der Lerntransferproblematik. Mögliche Methoden zur Förderung setzen dabei unmittelbar an

---

[162] Vgl. WILKENING (1983), S. 29; LEMKE (1995), S. 34.

[163] Vgl. RACKHAM (1979), S. 14.

[164] Vgl. BRONNER & SCHRÖDER (1983), S. 36 f.; NEUBERGER (1994), S. 183.

[165] Vgl. BROAD & NEWSTROM (1992), S. 17 ff.; VANDENPUT (1973), S. 261 sowie die Ausführungen in Kapitel 3 („Determinanten des Lerntransfers“).

[166] SOLGA (2011b), S. 343.

[167] Vgl. LEMKE (1995), S. 5; SOLGA (2011b), S. 343.

[168] Vgl. BERTHEL & BECKER (2010), S. 408.

[169] Vgl. BECKER (2006a), S. 170; BERTHEL & BECKER (2010), S. 407 sowie Abb. 2.1, S. 14. Ähnlich bei SOLGA (2011b), S. 343; BROAD & NEWSTROM (1992), S. 51; BROAD (2003), S. 100 ff.; BURKE & HUTCHINS (2008), S. 123 f.; LEIFER & NEWSTROM (1980), S. 43.

den Determinanten des Lerntransfers als relevante Stellgrößen an und nutzen diesbezügliche Erkenntnisse zur Optimierung der betrieblichen Weiterbildung.[170]

[170] Vgl. zu möglichen Transfersicherungsmaßnahmen SOLGA (2011b), S. 346 ff.; KAUFFELD (2010), S. 146; OLSEN JR. (1998), S. 71 f.; BROAD & NEWSTROM (1992), S. 57 ff.; PAWLOWSKY & BÄUMER (1996), S. 149 ff.; NEUBERGER (1994), S. 184 ff.; GEORGENSON (1982), S. 75 ff.; LEIFER & NEWSTROM (1980), S. 43 ff.

3 Determinanten des Lerntransfers

3.1 Vorgehensweise bei der theoretischen Exploration der Determinanten

Der Forschungsrahmen verfolgt das Ziel, ein theoretisches Vorverständnis des Lerntransfers in der betrieblichen Weiterbildung zu erarbeiten und zu konkretisieren.[171] Die theoretische Exploration stellt somit, im Sinne einer theoretischen Erforschung und Ergründung des Untersuchungsgegenstandes, die Vorstufe der empirischen Exploration dar. Um die Facetten der Problemstellung umfassend beschreiben zu können, werden daher, der bezugsrahmenorientierten explorativen Forschungsstrategie folgend, grundsätzlich mögliche Determinanten theoretisch untersucht. Zur Erläuterung der Vorgehensweise wird die Problemstellung zunächst mit Hilfe eines Rahmenmodells verortet, um darauf aufbauend zu erläutern, was unter Determinanten des Lerntransfers verstanden wird, woraus diese abgeleitet werden, und wie die Ableitung konkret ausgestaltet ist.

Ausgehend von der Feststellung, dass sich der Transfer des Gelernten in einer Verhaltensänderung im Funktionsfeld manifestiert, lässt sich unter Rückgriff auf die Feldtheorie von Lewin (1963) konstatieren, dass das Verhalten des Teilnehmers (V) und damit unmittelbar auch der Lerntransfer, beeinflusst wird durch seine eigene Person (P) und seine physische und soziale Umwelt (U) [V = f(P,U)]. Die Umwelt des Teilnehmers entspricht in der Lerntransfersituation der Lern- und Arbeitsumgebung.[172] Um den Teilnehmer in seiner Lern- und Arbeitsumgebung abzubilden, bettet sich die Exploration in das Grundverständnis des Unternehmens als zweckorientiertes, dynamisches, soziotechnisches System ein.[173] Ein System definiert dabei eine strukturierte Gesamtheit an Elementen, die in Beziehung zueinander stehen oder zwischen denen eine Beziehung hergestellt werden kann. Dieser Ansatz ermöglicht es, in unterschiedlichen Inhaltsbereichen interessierende Zusammenhänge zwischen Elementen und ihrem zugehörigen System strukturiert zu beschreiben, und bietet damit Hilfsmittel für die Erklärung und Lösung vielschichtiger interdisziplinärer Fragestellungen und Bezie-

[171] Vgl. dazu Abschnitt 1.2 („Methodologie“).

[172] Vgl. Lewin (1963), S. 271 ff.; Weiner (1994), S. 117; Staehle (1999), S. 156 f. Baldwin & Ford (1988) strukturieren in ähnlicher Denkart die Determinanten des Lerntransfers in Teilnehmer (P), Trainingsdesign (Lernfeld) (U_1) sowie Arbeitsumgebung (Unternehmen und Funktionsfeld) (U_2).

[173] Vgl. Schulte-Zurhausen (2005), S. 35 ff. Ähnlich bei Grochla (1972), S. 10 f.

hungsgeflechte.[174] Das System kann somit entsprechend den Erfordernissen der Lerntransfersituation definiert und ausgestaltet werden.[175] Abbildung 3.1 bietet dazu ein Rahmenmodell, welches die Wirkungszusammenhänge der vorliegenden Problemstellung darstellt.

Das Organizational Behavior unterscheidet drei unterschiedliche Ebenen, auf denen Verhalten analysiert werden kann. Die Organisations- bzw. die Unternehmensebene, die Gruppenebene und die Individualebene.[176] Daher wird das Unternehmen weiter in die zu betrachtenden offenen Subsysteme Lern- und Funktionsfeld (Gruppenebene) sowie den Teilnehmer (Individualebene) untergliedert. Einflüsse auf den Lerntransfer sind somit

- in der weiten **Arbeitsumgebung** (Unternehmen(sumwelt)),
- in der engen **Arbeitsumgebung** (Funktionsfeld),[177]
- in der **Lernumgebung** (Lernfeld)[178] und
- bei dem **Teilnehmer**[179]

zu verorten. Die übergeordneten Ebenen dominieren durch die Bereitstellung von Angeboten und Einschränkungen die untergeordneten Ebenen. Das Verhalten in den dargestellten Gruppen wird daher durch die formellen und informellen Strukturen des Unternehmens beeinflusst und das Verhalten des Individuums wiederum durch die Ausgestaltung der jeweiligen Gruppenebene.[180] Der Weiterbildungsteilnehmer steht dabei im Zentrum des Systems, da er definitionsgemäß den zentralen Akteur des Lerntransfers darstellt. Folgerichtig werden die Beziehungen innerhalb des Systems auf ihn hin ausgerichtet und seine Person auch als Subsystem des Unternehmens betrachtet.

Die Transferproblematik findet expliziten Eingang in die Überlegungen durch die Modellierung des Teilnehmers als offenes System. Im Lernfeld nimmt der Teilnehmer Lerninhalte auf

---

[174] Vgl. ULRICH (1970), S. 103, 107; SCHULTE-ZURHAUSEN (2005), S. 35 f.

[175] Vgl. ULRICH (1970), S. 154; SCHULTE-ZURHAUSEN (2005), S. 36.

[176] Vgl. bspw. LEAVITT (1978), S. v ff.; PFEFFER (1982), S. 13. Ähnlich bei HACKER (2005), S. 50.

[177] GROTE & KAUFFELD (2000) verstehen die „direkte" Arbeitsumgebung als Arbeitssituation und meinen damit den gleichen Begriffsinhalt (S. 272). PFEFFER (1982) unterscheidet die Makroebene, auf der Unternehmen als Ganzes betrachtet werden, und die Mikroebene der Individuen und Unterstrukturen des Unternehmens (S. 13).

[178] Das Lernfeld ist Subsystem des Unternehmens, da betriebliche Weiterbildung durch das Unternehmen veranlasst wird.

[179] Da sich ein Unternehmen durch die Verknüpfung der organisatorischen Elemente – Aufgaben, Personen, Informationen und Sachmittel – auszeichnet (vgl. KRÜGER (1994), S. 13; SCHULTE-ZURHAUSEN (2005), S. 39.), ist es möglich, die Mitarbeiter als Elemente und/oder Subsysteme des Unternehmens zu begreifen (vgl. ULRICH (1970), S. 156, 113; SCHULTE-ZURHAUSEN (2005), S. 37).

[180] Vgl. HACKER (2005), S. 50 ff.; ULRICH (1970), S. 109.

(Input) und transferiert diese im Idealfall als Output in das Funktionsfeld. Der Teilnehmer stellt folglich die Schnittstelle zwischen den beiden Feldern dar.[181]

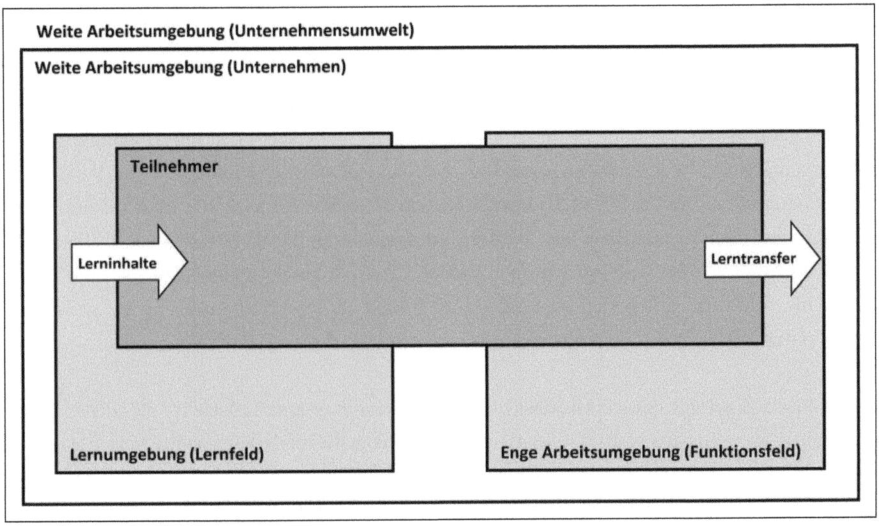

Abbildung 3.1: Rahmenmodell des Lerntransfers.

Ob dieser Transfer stattfindet, hängt von einer Vielzahl an möglichen Einflussfaktoren ab, die es im Verlauf der Arbeit zu spezifizieren gilt. Um diese Exploration auf ein festes Fundament zu stellen, muss das Verständnis des Determinantenbegriffs konkretisiert werden:

> *Unter Determinanten (synonym Einflussfaktoren) des Lerntransfers sollen solche Faktoren verstanden werden, die durch ihre individuelle Ausprägung den Prozess des Lerntransfers positiv wie negativ beeinflussen können.*[182]

Dabei ist es – nach der hier vertretenen Auffassung – unerheblich, an welcher Stelle des Prozesses die Determinanten ansetzen. In Anlehnung an die Lerntransferdefinition müssen somit zunächst Faktoren berücksichtigt werden, welche auf das Lernen des Teilnehmers – als unbedingte Voraussetzung für den Lerntransfer – einwirken. Gleichzeitig müssen die in der betrieblichen Weiterbildung aufgebauten Verhaltensdispositionen definitionsgemäß in eine stabile Verhaltensänderung münden. Insofern kann der Lerntransfer zusätzlich über die Leistung

[181] Eine direkte Überschneidung des Lern- und Funktionsfeldes wurde nicht implementiert, da es sich um betriebliche Weiterbildung off-the-job handelt. Vgl. zum Input-Transformations-Output-Prozess in einem offenen System in allgemeiner Form Tyson (1998), S. 16; Landau & Rohmert (1987), S. 77.

[182] Vgl. Lemke (1995), S. 10 in Anlehnung an Fröhlich (1987), S. 138, bzw. Fröhlich (2010), S. 189.

des Teilnehmers operationalisiert werden, welche sich nach dem Verständnis von CAMPBELL (1990) insbesondere als Verhalten zeigt.[183] Faktoren, die einen Einfluss auf den Lernerfolg und die Leistung des Teilnehmers haben, können somit auch als Anknüpfungspunkte für die Analyse herangezogen werden.

Weiterhin gilt es zu berücksichtigen, dass eine Vielzahl an teilnehmerspezifischen Determinanten sowohl als Konsequenz als auch als Antezedenz einer Weiterbildungsmaßnahme ihre Wirkung entfaltet.[184] Dies sind insbesondere die Reaktionen des Teilnehmers auf die Weiterbildungsmaßnahme, die im Evaluationsmodell von KIRKPATRICK neben dem Lernen, dem Verhalten und den Ergebnissen der Weiterbildungsmaßnahme als Resultate des Trainings evaluiert werden.[185] Im Gegensatz zu den anderen drei Evaluationsebenen werden die Reaktionen aufgrund ihres antezedenten Charakters jedoch als Determinanten des Lerntransfers berücksichtigt.

Die Exploration erfolgt dergestalt, dass zunächst in einem ersten Teilschritt mögliche Transferdeterminanten aus relevanten Theorien und Lerntransfermodellen strukturiert abgeleitet werden. In einem zweiten Schritt werden diese anschließend unter Zuhilfenahme themenbezogener Studien dargestellt und im Hinblick auf ihre Wirkungszusammenhänge und Interdependenzen analysiert. Die Notwendigkeit einer zusammenhängenden Analyse ergibt sich des Weiteren aus der engen Verknüpfung und damit der hohen Komplexität der Thematik.[186] So wirken Transferdeterminanten nicht ausschließlich für sich, sondern insbesondere in Kombination mit anderen Determinanten, d. h. Determinanten können sich gegenseitig verstärken, aber auch kompensieren.[187] Bei der Analyse ist außerdem zu berücksichtigen, dass die Determinanten in den Studien zum Teil sehr unterschiedlich definiert und folglich auch operationalisiert werden. Insofern lassen sich für die Bandbreite der Einflussfaktoren lediglich Tendenzaussagen treffen.

Theorien und Modelle eigenen sich besonders für die Ableitung möglicher Transferdeterminanten, weil sie den Forschungsgegenstand aus unterschiedlichen Blickwinkeln beleuchten. Auf diesem Weg kann die Berücksichtigung eines breiten Spektrums an potenziellen Einflussfaktoren gewährleistet werden. Dabei sind im Speziellen solche Theorien und Modelle

[183] Vgl. CAMPBELL (1990), S. 704; CAMPBELL, MCCLOY ET AL. (1993), S. 40. MARTENS (1987) betrachtet in ähnlicher Weise den Weiterbildungserfolg auf den drei Ebenen Lernerfolg, Verhaltensänderung und Leistungsänderung (S. 90).

[184] Vgl. CHENG & HAMPSON (2008), S. 332; TANNENBAUM, MATHIEU ET AL. (1991), S. 765; THAYER & TEACHOUT (1995), S. 5.

[185] Vgl. KIRKPATRICK & KIRKPATRICK (2006), S. 21 ff.; KIRKPATRICK (1996), S. 295 ff. Ähnliche Ebenen stellen auch PHILLIPS (1996) und BECKER (2006a) in ihren Evaluationsmodellen heraus.

[186] Vgl. LEMKE (1995), S. 11.

[187] Vgl. HOLTON III, CHEN & NAQUIN (2003), S. 460.

interessant, die sich mit dem Lerntransfer oder auch mit dem Verhalten des Teilnehmers im Unternehmen auseinandersetzen. Einen sinnvollen Ansatzpunkt für die Vorgehensweise bei der Ableitung der Determinanten bietet KLIMOSKI (1991), der konstatiert, dass Theorien oder Modelle sich aus sechs Komponenten zusammensetzen:[188] Sie beinhalten Elemente oder Einheiten, repräsentiert durch Konzepte oder Konstrukte (und manchmal auch Kategorien); es bestehen Beziehungen zwischen den Einheiten; es liegen Grenzen und Einschränkungen der Generalisierbarkeit vor; es werden Zustände und Veränderungen eines Systems beschrieben; es werden Ableitungen der angewendeten Theorie als Theoreme oder Hypothesen ausgedrückt, und es werden Vorhersagen über die Einheiten getroffen.[189]

Theorien stellen Zusammenhänge zwischen theoretischen Begriffen bzw. Konstrukten dar, wobei sich diese theoretischen Begriffe einer direkten Beobachtbarkeit entziehen.[190] Es können insofern Elemente resp. Konstrukte als Einflussfaktoren für den Lerntransfer im Sinne der ausgewählten Theorien und Modelle herangezogen werden, da sie den Kernbestandteil des Beeinflussungsgeflechts des betreffenden Systems darstellen.

3.2 Theorien im Kontext des Lerntransfers

3.2.1 Auswahl der relevanten Theorien

Transfertheorien versuchen Transfer zu beschreiben und zu erklären. Sie geben jedoch hauptsächlich Hinweise für eine optimale Gestaltung der Lernumgebung und decken dadurch nur ein Teilgebiet des Transfers ab.[191] Daher müssen zusätzlich weitere Theorien bei der Identifikation potenzieller Transferdeterminanten berücksichtigt werden, um ein möglichst breites Bild der Einflüsse zu schaffen. Wie bereits beschrieben, sind im Speziellen solche Theorien auszuwählen, die Einfluss auf das individuelle Verhalten des Teilnehmers haben, da eine Verhaltensänderung im Sinne der betreffenden Maßnahme ein sichtbares Ergebnis eines erfolgreichen Lerntransfers darstellt. Das Organizational Behavior stellt hierfür eine Vielzahl

[188] Obwohl einige Autoren keine signifikante Unterscheidung zwischen Theorien und Modellen machen (vgl. KLIMOSKI (1991), S. 256 mit Bezug auf DUBIN (1976) und WHETTEN (1989), S. 492), soll in dieser Arbeit in Anlehnung an BORDENS & ABOTT (1988) ein Modell als eine spezifische Implementation einer Theorie hinsichtlich einer bestimmten Anwendung oder eines Kontextes verstanden werden (vgl. BORDENS & ABOTT (1988) zitiert nach KLIMOSKI (1991), S. 256). Nichtsdestotrotz lassen sich die im Folgenden benannten Merkmale nicht nur auf Theorien, sondern auch auf Modelle beziehen. Vgl. dazu die Modelldefinition nach STACHOWIAK (1973) auf S. 72 dieser Arbeit.

[189] Vgl. KLIMOSKI (1991), S. 254 ff.; HOLTON III (1996), S. 7.

[190] Vgl. SCHNELL, HILL & ESSER (2005), S. 127; CLAUSS, KULKA ET AL. (1986), S. 265; GROEBEN & WESTMEYER (1975), S. 60; TEWES & WILDGRUBE (1999), S. 209.

[191] Vgl. YAMNILL & MCLEAN (2001), S. 200.

Theorien bereit, welche einen Erklärungsbeitrag im Hinblick auf den Lerntransfer leisten können.[192]

von Rosenstiel, Molt & Rüttinger (2005) weisen darauf hin, dass vier Bedingungen erfüllt sein müssen, damit ein Mitarbeiter im Unternehmen ein leistungsbezogenes Verhalten zeigen kann: das persönliche Können, das individuelle Wollen, das soziale Dürfen und Wollen sowie die situative Ermöglichung (d. h. begünstigende äußere Umstände).[193] Auch Tannenbaum & Yukl (1992) konstatieren: „[...] learning and transfer will occur only when trainees have both the ability (‚can do') and volition (‚will do') to acquire and apply new skills."[194]

- Daher ist es zweckmäßig, zunächst Lerntheorien heranzuziehen, die beschreiben, welche Faktoren die Aneignung der Weiterbildungsinhalte im Hinblick auf das *Können* (Qualität und Quantität des Leistungsverhaltens) des Teilnehmers determinieren.[195]
- Gleichzeitig ist zu berücksichtigen, inwiefern der Teilnehmer sowohl im Lern- als auch im Funktionsfeld eine Verhaltensänderung zulässt (*Wollen*). In Bezug auf die Identifikation der transferbeeinflussenden Faktoren eignet sich hier die Analyse von Motivationstheorien.[196]
- Der Bereich des *sozialen Dürfens und Wollens* wird zusätzlich durch eine Untersuchung grundsätzlicher Ideen der Mitarbeiterführung und der Arbeit in Gruppen gewürdigt.
- Aspekte der *situativen Ermöglichung* finden zudem indirekt über die genannten Theorien als Teil der Determinanten der Arbeitsumgebung Eingang in die Untersuchung.

Da eine vollständige Darstellung aller möglichen Theorien nicht zielführend ist, werden entweder einzelne Theorien begründend ausgewählt, beschrieben und auf Transferdeterminanten untersucht (Transfer-, Lern-, und Motivationstheorien) oder Grundideen der Theoriekomplexe im Hinblick auf relevante Determinanten analysiert (Führungs- und Gruppentheorien).

---

[192] Organisationstheorien bleiben unberücksichtigt, weil sie sich nicht unmittelbar mit dem Verhalten des Teilnehmers auseinandersetzen.

[193] Vgl. von Rosenstiel et al. (2005), S. 259. Ähnlich bei Brandstätter (1999), S. 344; Berthel & Becker (2010), S. 75 ff.; Staudt & Kriegesmann (2002), S. 100; Becker (2009), S. 10.

[194] Tannenbaum & Yukl (1992), S. 414. So auch von Vroom (1964) in Bezug auf Leistung hervorgehoben: performance = f (ability x motivation) (S. 203). Lawler III (1973) präzisieren: ability = f (aptitude x (training + experience)) (S. 8 f.).

[195] Die Begriffe Verhalten und Handlung werden häufig unter Bezugnahme auf Weber (1980) voneinander unterschieden. So versteht er unter „Verhalten", in behavioristischer Tradition, schlichtes Reagieren und Nachahmen und unter „Handeln", kognitiv orientiert, mit einem subjektiven Sinn verbundenes Tun (S. 11 f.). Vgl. Mühler (2008), S. 16 f.; Hacker (2005), S. 46 f. In dieser Arbeit werden die Begriffe nicht unterschieden, sondern unter primärer Verwendung des Begriffs „Verhalten" beide Begriffsinhalte impliziert.

[196] Vgl. Yamnill & McLean (2001), S. 197.

Dabei wird durch die Beachtung verschiedener theoretischer Strömungen ein möglichst umfangreiches Spektrum an Theorien erfasst, um im Sinne des Forschungsrahmens eine breite Basis für die Identifikation möglicher Transferdeterminanten herzustellen.

Für die Auswahl der relevanten Transfer- und Lerntheorien können die im Grundlagenteil vorgestellten lerntheoretischen Paradigmen herangezogen werden. So werden sowohl behavioristische, kognitivistische als auch konstruktivistische Theorien aufgenommen, um ein ganzheitlichen Ansatz für die Ableitung der Determinanten zu gewährleisten.

Als *Transfertheorien* werden daher (a) die behavioristische Theorie der identischen Elemente nach THORNDIKE & WOODWORTH (1901), (b) die kognitivistisch geprägte Transfertheorie der Strategie- und Analogiebildung nach JUDD (1908) sowie (c) der konstruktivistische cognitive apprenticeship-Ansatz im Rahmen des situierten Lernens aufgegriffen. Alle drei Theorien bieten unterschiedliche Hinweise auf eine optimale transferförderliche Gestaltung der Lernumgebung, wobei die beiden erstgenannten Theorien die klassischen Vertreter der Transfertheorien darstellen.[197] Der „cognitive apprenticeship“-Ansatz wird ausgewählt, weil er sich in besonderer Weise für eine Anwendung in der Erwachsenenbildung und damit auch der betrieblichen Weiterbildung eignet.[198] Er ist dem gemäßigten Konstruktivismus zuzuordnen und schließt insofern die Existenz von Lerntransfer nicht kategorisch aus. Zudem gestattet der Ansatz dem Lehrenden eine Rolle im Lernprozess und fokussiert nicht ausschließlich die Eigenaktivität des Lernenden.[199]

Aus dem behavioristischen Paradigma werden im Rahmen der *Lerntheorien* (a) die Grundzüge der Theorie der klassischen Konditionierung und der Theorie der operanten Konditionierung sowie (b) Ideen integrativer Ansätze von HULL (1943) und TOLMAN (1932) vorgestellt. Eine Auseinandersetzung findet anschließend mit (c) der sozial-kognitiven Theorie nach BANDURA (1986) statt, weil sie eine Verbindung zwischen dem behavioristischen und dem kognitivistischen Paradigma herstellt und durch ihren Umfang und ihre Vielschichtigkeit zahlreiche Transferdeterminanten aufzeigt.[200] Als Lerntheorien mit kognitivistischer Ausrichtung wird ferner (d) die Lerntheorie von PIAGET (2001) aufgegriffen. Die Theorie von PIAGET (2001) beinhaltet z. T. auch bereits konstruktivistische Elemente und bietet somit ein breites Spektrum an möglichen Einflussfaktoren.[201] Auf die Analyse einer expliziten

---

[197] Vgl. SOLGA (2011b), S. 346 ff.; BERGMANN & SONNTAG (2006), S. 360 ff.; MANDL ET AL. (1992), S. 129; MANDL, PRENZEL & GRÄSEL (1991), S. 9; YAMNILL & MCLEAN (2001), S. 210.

[198] Vgl. GERSTENMAIER & MANDL (2010), S. 173; REINMANN-ROTHMEIER & MANDL (1997), S. 356; MANDL ET AL. (1991), S. 21; COLLINS, BROWN & NEWMAN (1989), S. 481.

[199] Vgl. EULER & HAHN (2007), S. 395.

[200] Vgl. BANDURA (1977b), S. 11; LATHAM & SAARI (1979), S. 239.

[201] Vgl. LEONARD (2002), S. 38; LEFRANÇOIS (2006), S. 220.

konstruktivistischen Lerntheorie soll an dieser Stelle verzichtet werden. Zum einen, weil die Theorie von PIAGET (2001) konstruktivistische Komponenten enthält, und zum anderen, weil das situierte Lernen bereits im Rahmen der Transfertheorien dargestellt und analysiert wurde.[202] Auch GAGNÉ (1985) verbindet – wie BANDURA – sowohl Elemente behavioristischer als auch kognitivistischer Ideen in seiner (e) Instruktionstheorie, welche im engeren Sinne keine Lerntheorie darstellt, da sie auf Elemente eigentlicher Lerntheorien zurückgreift.[203] Nichtsdestotrotz soll diese Theorie aufgegriffen werden, da sie einen zusätzlichen Blickwinkel auf den Lerntransfer ermöglicht, indem sie den Lernprozess in einzelne Teilschritte zerteilt und so Anknüpfungspunkte für die Unterstützung des Lernprozesses aufzeigt. Zudem zielt sie ausdrücklich auf die Wirksamkeit von Transfer ab.[204]

Motivationstheorien lassen sich in Anlehnung an CAMPBELL & PRITCHARD (1976) in Inhalts-, Prozess- und ergänzende Theorien unterteilen. Stellvertretend für den Bereich der (a) Inhaltstheorien sollen die Kernpunkte der Zwei-Faktoren-Theorie nach HERZBERG, MAUSNER & SNYDERMAN (1959) analysiert werden.[205] (Kognitive) (b) Prozesstheorien, aus denen sich transferrelevante Einflussfaktoren ableiten lassen, sind die Erwartungstheorien von VROOM (1964) und PORTER & LAWLER III (1968).[206] Sie bieten einen nützlichen Rahmen zur Untersuchung der Motivation in Bezug auf die betrieblichen Weiterbildung.[207] Darüber hinaus werden (c) ergänzend die Grundideen der Gleichgewichtstheorie von ADAMS (1965) sowie der Zielsetzungstheorie von LOCKE (1968) bzw. LOCKE & LATHAM (1990) und der Attributionstheorie von WEINER (1994) in die Analyse einbezogen (Ergänzende Theorien).[208]

Im Gegensatz zu der Vorgehensweise bei den zuvor benannten Theorien sollen im Rahmen der Führungs- und Gruppentheorien die Essenzen der verschiedenen theoretischen Ansätze pointiert herausgearbeitet werden, weil diese sich nicht primär mit dem Verhalten des Mitarbeiters als Individuum auseinandersetzen, sondern auch andere Personen – wie den Vorgesetzten und die Gruppe – einbeziehen. Auf eine detaillierte Analyse der einzelnen Theorien wird insofern aus pragmatischen Gründen verzichtet.

---

[202] Vgl. zu der Diskussion, inwiefern das situierte Lernens als neue Lerntheorie oder als pädagogische Theorie von Lernumgebungen aufgefasst wird, GERSTENMAIER & MANDL (1999); GERSTENMAIER & MANDL (2010), S. 172. Anders bei LEONARD (2002), S. 38.

[203] Vgl. GAGNÉ (1985), S. 244.

[204] Vgl. DIETERICH (1987b), S. 32 f.

[205] Weitere bekannte Inhaltstheorien sind die Bedürfnishierarchie nach MASLOW (1970), die Theorie der gelernten Bedürfnisse von MCCLELLAND (1987) sowie das Risiko-Wahl-Modell von ATKINSON (1957).

[206] Kognitive Prozesstheorien berücksichtigen, dass Individuen über Gedanken, Erwartungen und Ziele verfügen. Vgl. CAMPBELL & PRITCHARD (1976), S. 74; PORTER, BIGLEY & STEERS (2003), S. 13.

[207] Vgl. CANNON-BOWERS ET AL. (1995), S. 145; VAN EERDE & THIERRY (1996), S. 575; BRANDSTÄTTER (1999), S. 351; WEINERT (2004), S. 207; COLQUITT, LEPINE & NOE (2000), S. 682.

[208] Vgl. YAMNILL & MCLEAN (2001), S. 197 ff.

3.2.2 Theoriedarstellung und Identifikation der Lerntransferdeterminanten

3.2.2.1 Transfertheorien

ad (a) Theorie der identischen Elemente: THORNDIKE & WOODWORTH (1901) und THORNDIKE (1924) begründeten mit der Theorie der identischen Elemente die wohl bekannteste klassische Transfertheorie.[209] Diese behavioristisch geprägte Theorie basiert auf dem Grundgedanken, dass Transfer durch die Identität von Elementen aus dem Lern- mit Elementen aus dem Funktionsfeld ausgelöst wird. Bereits 1901 konstatieren THORNDIKE & WOODSWORTH: „The general consideration of the cases of retention or of loss of practice effect seems to make it likely that spread of practice occurs only where identical elements are concerned in the influencing and influenced function."[210] Gemäß den Ergebnissen der Forscher ist Transfer immer spezifisch bzw. – in der Terminologie von LAKER (1990) – nah, wodurch die Annahmen des didaktischen Formalismus in Frage gestellt wurden.[211] Von einer Übertragung von allgemeinen Lösungsstrategien und -prinzipien im Sinne eines unspezifischen resp. generellen oder auch weiten Transfers ist nach der Theorie der identischen Elemente also nicht auszugehen.[212]

Was konkret unter identischen Elementen zu verstehen ist, bleibt jedoch diffus. So wird sowohl die Identität des Stoffs („identity of substance") als auch die Identität des Verfahrens und Vorgehens („identity of procedure") benannt, wodurch gleichzeitig auch eine Identität von Inhalten, methodischen Vorgehensweisen und Einstellungen unterstellt werden kann. Wie groß die Ähnlichkeit zwischen Lern- und Funktionsfeld sein muss, bleibt allerdings unbestimmt.[213] Es ist jedoch zu erwarten, dass mit wachsender Entsprechung der beiden Bereiche auch ein positiver Transfer des Gelernten wahrscheinlicher wird.[214]

---

[209] Vgl. THORNDIKE & WOODWORTH (1901); THORNDIKE (1921); THORNDIKE (1924); BROYLER, THORNDIKE & WOODYARD (1927); THORNDIKE (1963) u. a. SINGLEY & ANDERSON (1989) und GICK & HOLYOAK (1987) stützen die Theorie der identischen Elemente mit ihren (wenn auch kognitiv orientierten) Forschungsergebnissen. Vgl. MANDL ET AL. (1991), S. 10; MANDL ET AL. (1992), S. 131.

[210] THORNDIKE & WOODWORTH (1901), S. 250.

[211] Vgl. HASSELHORN & MÄHLER (2000), S. 90; MAYER & WITTROCK (1996), S. 50; DIETERICH (1987b), S. 27; DIETERICH (1986), S. 554 f.; WEINERT (1974), S. 696.

[212] Vgl. HASSELHORN & MÄHLER (2000), S. 90; MAYER & WITTROCK (1996), S. 50; CLARK & VOOGEL (1985), S. 119; LAKER (1990), S. 217; WEINERT (1974), S. 696; ROYER (1979), S. 58.

[213] Vgl. BERGMANN & SONNTAG (2006), S. 361 f.; HASSELHORN & MÄHLER (2000), S. 90; WEINERT (1974), S. 697.

[214] Vgl. MANDL ET AL. (1992), S. 130; BALDWIN & FORD (1988), S. 66; LAKER (1990), S. 217; GOLDSTEIN & MUSICANTE (1986), S. 83 f.; BRONNER & SCHRÖDER (1983), S. 250; YAMNILL & MCLEAN (2001), S. 201; ROYER (1979), S. 56; LAVE (1988), S. 24.

Diese wie auch die anderen Transfertheorien legen einen besonderen Fokus auf die Gestaltung der Lernumgebung. Daher lassen sich Schlussfolgerungen in Bezug auf den Teilnehmer und die Arbeitsumgebung nicht unmittelbar ziehen, obwohl BERGMANN & SONNTAG (2006) auch die Identität von *Einstellungen* als teilnehmerspezifische Determinante ableiten.[215] Als zentrale Determinante des Trainingsdesigns – geltend für diese und alle weiteren Transfertheorien – lassen sich das *Lernprinzip* der Weiterbildungsmaßnahme (hier: die Ähnlichkeit von Elementen des Lern- und Funktionsfeldes) sowie daraus abgeleitete *Instruktionstechniken* als Kernpunkt der Transfertheorien identifizieren. Des Weiteren gibt die Theorie Hinweise darauf, welche Elemente identisch zu gestalten sind und damit eine Einflussfunktion einnehmen. So benennt THORNDIKE (1924) die Identität von Methoden und Inhalten, während HOLDING (1965) auf die Identität der Aufgaben hinweist. Bezogen auf die betriebliche Weiterbildung bedeutet dies, dass die Theorie eine Ausrichtung des Weiterbildungsplans auf spezifische Verhaltensweisen und die sequenzielle Vermittlung von zunächst einfachen und darauf aufbauend, komplexeren – einfache Elemente enthaltenden – Qualifikationen empfiehlt. Dabei ist eine wiederholte *Übung* und Anwendung unbedingte Voraussetzung für einen erfolgreichen Lerntransfer.[216] Die *didaktische Strukturierung* (Sequenzierung der Inhalte) im Rahmen der verwendeten methodischen Vorgehensweise nimmt somit zusätzlich eine determinierenden Einfluss auf den Lerntransfer ein. Gleichzeitig müssen im Rahmen der Weiterbildungsmaßnahme das Funktionsfeld und die beruflichen Aufgaben wirklichkeitsnah nachempfunden werden, was eine detaillierte analytische Deskription des Funktionsfeldes voraussetzt.[217] Das bedeutet, dass der *Praxisbezug der Methoden und Inhalte* gewährleistet werden muss. Unmittelbare Voraussetzung ist die Analyse des Funktionsfeldes (als Teil der *Bedarfsanalyse*) sowie die anschließende Anwendbarkeit des Gelernten (*Anwendungsmöglichkeit*).

ad (b) Theorie des Prinzipientransfers: Ein anderer Ansatz zur Erklärung des Transfers geht auf JUDD (1908) zurück. Die kognitiv geprägte Theorie des Transfers von Prinzipien postuliert, dass Transfer von der Vermittlung genereller Prinzipien und ihrer Generalisierung in der Lernumgebung abhängig ist. „Transfer is a fact of mental life and occurs under certain mental conditions, not because of any external causes.“[218] JUDD (1908) widerspricht THORNDIKES Auffassung der Unabhängigkeit der einzelnen Lernbereiche und der Annahme, dass Transfer lediglich spezifisch stattfindet. Im Gegensatz dazu hebt er die Bedeutung der Verallgemeinerungsfähigkeit spezifischer Lernerfahrungen hervor und betont, dass diese durch Abstrahierung einfacher zur Lösung neuer Lernsituationen genutzt werden können.[219]

---

[215] Vgl. BERGMANN & SONNTAG (2006), S. 361 f.

[216] Vgl. MAYER & WITTROCK (1996), S. 50.

[217] Vgl. SOLGA (2011b), S. 347.

[218] JUDD (1939), S. 513.

[219] Vgl. WEINERT (1974), S. 697; JUDD (1908), S. 36 ff.; DIETERICH (1986), S. 29.

Von Transfereffekten ist nach JUDD (1908) also genau dann auszugehen, wenn die Kenntnis allgemeiner Gesetzmäßigkeiten auf ähnliche Problemsituationen anwendbar ist.[220] So betont JUDD (1939): „[...] the most effective use of knowledge is assured not through the acquisition of any particular item of experience but only through the establishment of associations which illuminate and expand an item of experience so that it has general value.“[221]

WEINERT (1974) sieht die Ergebnisse von JUDD (1908) jedoch nicht als unmittelbaren Widerspruch zu der Theorie der identischen Elemente, da aufgrund des breiten Verständnisses von den „identischen Elementen“ auch die in zwei Lernsituationen übereinstimmenden verallgemeinerten Lösungsansätze als identische Elemente interpretiert werden können.[222] In Anlehnung an den Ansatz von THORNDIKE & WOODWORTH (1901) geht die Theorie des Prinzipientransfer davon aus, dass als Voraussetzung für Transfer gleiche Teilprozesse in der Lernsituation und der Anwendungssituation genutzt werden.[223] Diese Teilprozesse beinhalten jedoch generelle Prinzipien und weniger spezifische Verhaltensweisen. Es handelt sich daher nicht um einen spezifischen Transfer von spezifischem Verhalten (Theorie der identischen Elemente), sondern um einen spezifischen Transfer genereller Prinzipien. In Übereinstimmung mit der Formalbildungsdoktrin, welche einen generellen Transfer postuliert, vertritt der Ansatz des Prinzipientransfers die Vorstellung, dass das Erlernte über den spezifischen Anwendungskontext in der ursprünglichen Lernsituation hinaus eine breite Anwendungsmöglichkeit besitzen kann (weiter Transfer). Im Gegensatz dazu muss jedoch das in Situation A Erlernte in Bezug zu den Anforderungen in Situation B stehen.[224]

Gemäß der vorgestellten Theorie wird es durch die Vermittlung genereller Strategien dem Weiterbildungsteilnehmer ermöglicht, Probleme und Anforderungen im Funktionsfeld zu bewältigen, die nicht expliziter Teil der konkreten Weiterbildungsmaßnahme gewesen sind. Diese Strategien befähigen den Mitarbeiter zur Lösung verschiedener spezifischer Anwendungsprobleme, wodurch Transferprozesse auch in dynamischen Arbeitsumgebungen erklärt werden können.[225] Dies setzt jedoch die Herausarbeitung allgemeiner Denkschemata voraus, welche dem Teilnehmer in seiner Arbeitstätigkeit nützlich sind.[226] Trotz der hohen Erwartungen an Trainingsmaßnahmen zur Instruktion von Denk- und Problemlösestrategien haben Untersuchungen gezeigt, dass ein spontaner Transfer von Strategien nur selten auftritt. BERGMANN & SONNTAG (2006) bemerken in diesem Zusammenhang, dass der Lernende

[220] Vgl. WEINERT (1974), S. 698; MAYER & WITTROCK (1996), S. 50; YAMNILL & MCLEAN (2001), S. 201.

[221] JUDD (1939), S. 499 f.

[222] Vgl. WEINERT (1974), S. 699.

[223] Vgl. HASSELHORN & MÄHLER (2000), S. 90.

[224] Vgl. MAYER & WITTROCK (1996), S. 50; SOLGA (2011b), S. 348.

[225] Vgl. BERGMANN & SONNTAG (2006), S. 362 f.; SOLGA (2011b), S. 348 f.

[226] Vgl. DIETERICH (1986), S. 29; YAMNILL & MCLEAN (2001), S. 201.

– für einen erfolgreichen Transfer – über die Möglichkeit der Abstraktion und Anwendung auf andere Situationen in Kenntnis gesetzt werden muss. Der Transfer als solches wird somit zu einem zu vermittelnden Lerngegenstand.[227] Übereinstimmend mit der Theorie der identischen Elemente lassen sich somit die Transferdeterminanten *Lernprinzip* (Vermittlung genereller Strategien) sowie die an das Lernprinzip angepasste *Instruktionstechnik* wie auch die entsprechenden *Inhalte* der Weiterbildungsmaßnahme hervorheben.

ad (c) Konstruktivistische Ansätze: Im Gegensatz zu den zuvor vorgestellten Denkrichtungen existiert keine explizite traditionelle konstruktivistische Transfertheorie. Wohl aber Theorien und Ansätze, die für die Erklärung und Förderung des Lerntransfers herangezogen werden können. Dazu werden folgende generelle Prinzipien empfohlen, die sich in den anschließenden Ansätzen wiederfinden:

- Authentizität: Gestaltung der Lernumgebung in Form realer Anwendungssituationen zur Vermittlung vielfältiger und realistischer Lernerfahrungen und deren anwendungsbezogene und authentische Erprobung.
- Situiertheit: Realistische (meist multimedial gestützte) Simulation und Einbettung der Problemstellung in einen umfassenden Kontext zwecks Anschaulichkeit, sofern die Lernumgebung nicht einer realen Anwendungssituation entspricht.
- Multiple Kontexte: Unterstützung der Generalisierung des Erlernten durch die Anwendung und Erprobung anhand verschiedenartiger Anwendungssituationen.
- Multiple Perspektiven: Reflexion der Lerninhalte aus unterschiedlichen Perspektiven.
- Sozialer Kontext: Lernen als geteilter Prozess durch den Austausch von Wissen und Problemlösestrategien über den Anstoß von wechselseitigen Lernimpulsen.[228]

Eine prominente Theorie im (gemäßigt) konstruktivistischen Kontext ist die Theorie des situierten Lernens, bei der die Aktivität des Lernenden im Zentrum steht.[229] Die Theorie entstand aus der Kritik an den Resultaten der Transferforschung[230] und lässt sich in ihren Ursprüngen insbesondere auf CARRAHER, CARRAHER & SCHLIEMANN (1985) und LAVE (1988) zurückführen. Die Forscher konstatierten, dass umso weniger Lerntransfer zu erwarten ist, je stärker das Wissen im Kontext verankert ist.[231]

[227] Vgl. BERGMANN & SONNTAG (2006), S. 363; ADAMS (1989), S. 34; HASSELHORN & MÄHLER (2000), S. 91.

[228] Vgl. SOLGA (2011b), S. 349 f.; BERGMANN & SONNTAG (2006), S. 365.

[229] Vgl. HASSELHORN & MÄHLER (2000), S. 95; GREENO (1998), S. 14 f. GREENO (1998) betrachten das situierte Lernen als Synthese zwischen dem behavioralen und dem kognitiven Paradigma (S. 13 ff.). Mehr dazu bei RENKL (1996), S. 86.

[230] Vgl. GERSTENMAIER & MANDL (2001b), S. 3; LAVE (1988), S. 43.

[231] Vgl. GERSTENMAIER & MANDL (2001b), S. 6; CARRAHER ET AL. (1985), S. 25; LAVE (1988), S. 47 ff.

In der Theorie des situierten Lernens werden Individuen als Mitglieder sozialer Gruppen und Element umfassender Aktivitätssysteme verstanden.[232] In den Aktivitätssystemen partizipiert der Lernende an dem in der sozialen Gruppe vorhandenen und geteilten Wissen. Lernen ist somit ein aktiver und konstruktiver Prozess und wird als Anpassung an die Einschränkungen und Anregungen des Kontextes betrachtet und innerhalb von Lernumgebungen erforscht. Voraussetzung für diese Anpassung und damit auch den Lernprozess ist die (in der Intensität steigende) aktive Teilnahme[233] der Mitglieder an der Lerngruppe.[234]

Ein Ansatz zur Schaffung anwendungsbezogenen Wissens durch situiertes Lernen ist der auf die Forschergruppe COLLINS ET AL. (1989) zurückgehende cognitive apprenticeship-Ansatz.[235] Grundlegend ist dem Ansatz die Annahme, dass innerhalb einer sozialen kollaborativen Gruppe allen Mitgliedern das geteilte und individuell distribuierte Wissen frei zugänglich ist, und es fortlaufend aktiv (re)konstruiert wird.[236] Zur Instruktion von Wissen im Sinne des Ansatzes werden verschiedene Schritte durchlaufen. Zunächst erfolgt eine Explikation der Strategie des Experten bzw. des Lehrenden durch kognitive Modellierung.[237] In einem nächsten Schritt beobachtet der Lernende eigenständig die Problemstellung bei gleichzeitiger Unterstützung durch den Lehrenden. Durch sukzessive Zurücknahme der Unterstützung des Lehrenden kommt es zu einer vermehrt eigenständigen Bearbeitung des Problems durch den Lernenden. Dem Lernenden wird es auf diesem Weg ermöglicht, die Perspektive des Experten einzunehmen und seine Strategie zu rezipieren. Daraufhin beginnt er seine selbst explizierte Strategie mit der explizierten Strategie des Lehrenden zu vergleichen. Um das Wissen zu dekontextualisieren und zu flexibilisieren, wird die Komplexität und Vielfältigkeit der Problemstellungen und Perspektiven (bezogen auf Personen, Zeiten, Zielsetzungen oder kontextuelle Zusammenhänge) sukzessive erhöht.[238]

Die vorgestellten konstruktivistischen Ansätze gelten als besonders zweckmäßig für die Erwachsenenbildung, da selbstgesteuertes, problemorientiertes und fallbasiertes Lernen geför-

---

[232] Vgl. GERSTENMAIER & MANDL (2001b), S. 4; GREENO ET AL. (1996), S. 40.

[233] Von einer peripheren Partizipation hin zum Zentrum der Gruppenaktivitäten. Vgl. GERSTENMAIER & MANDL (2010), S. 172.

[234] Vgl. GERSTENMAIER & MANDL (2010), S. 172 f.; GERSTENMAIER & MANDL (2001b), S. 4; GREENO ET AL. (1996), S. 23; GREENO (1998), S. 8 ff.

[235] Vgl. REINMANN & MANDL (2006), S. 631; GERSTENMAIER & MANDL (2001b), S. 7; GREENO ET AL. (1996), S. 23.

[236] Vgl. GERSTENMAIER & MANDL (2001b), S. 7.

[237] „[Cognitive modeling] requires the externalization of usually internal (cognitive) processes and activities – specifically, the heuristic and control processes by which experts make use of basic conceptual and procedural knowledge." COLLINS ET AL. (1989), S. 481.

[238] Vgl. MANDL ET AL. (1991), S. 19 ff.; COLLINS ET AL. (1989), S. 481 ff.; BROWN, COLLINS & DUGUID (1989), S. 39; REINMANN-ROTHMEIER & MANDL (1997), S. 369 f.; EULER & HAHN (2007), S. 394 f.; ALLMENDINGER (2005), S. 141 f.; REINMANN & MANDL (2006), S. 631 f.

dert wird.[239] Solche Lernprozesse sind jedoch nur schwer anzustoßen und müssen daher durch eine adäquate Gestaltung der Lernumgebung begünstigt werden.[240] Ein expliziter Bezug zum Lerntransfer wird im Rahmen des cognitive apprenticeship-Ansatzes nur selten hergestellt. Dennoch betonen MANDL ET AL. (1991) die besondere Bedeutung des Ansatzes für die Lösung des Transferproblems, da er über ein kognitionspsychologisches Fundament, eine besondere Anwendungsbezogenheit (*Praxisbezug*) sowie konkrete instruktionale Hinweise für Lernumgebungen (*Instruktionstechnik*), Sequenzierungsprinzipien (*didaktische Strukturierung*) und Unterweisungsmethoden verfügt. Des Weiteren wird – neben der Besonderheit des verfolgten *Lernprinzips* – in den Konzepten die Bedeutung der *Interaktion* der Lernenden untereinander und mit dem Lehrenden hervorgehoben (*Gruppencharakteristika*).[241] Zudem wird der Lernende in der konstruktivistischen Denkweise stark in den Mittelpunkt gerückt. So kann über die Notwendigkeit der aktiven Teilnahme an der Lerngruppen auf die *Unterrichtsprinzipien Aktivierung* und *Motivierung* geschlossen werden. Da der Lernende das Wissen weitgehend eigenständig konstruiert und in sein vorhandenes Wissen einbettet, sind seine bereits vorhandenen Qualifikationskomponenten (*Wissen, Fähigkeiten und Fertigkeiten sowie Einstellungen*) ein weiterer möglicher bedeutender Einflussfaktor.[242]

3.2.2.2 Lerntheorien

ad (a) Traditionelle behavioristische Ansätze: Die Theorie der klassischen Konditionierung (Kontiguitätstheorie), geht davon aus, dass ein Individuum Wahrnehmungen immer an standardisierte Reaktionen und Verhaltensweisen koppelt.[243] Verhalten ist nach diesem Verständnis immer eine Reaktion (Response) auf einen vorausgegangen Reiz (Stimulus).[244] Dass eine Reflexion über das eigene Verhalten durch das Individuum stattfindet, wird bei diesem Ansatz vollständig ausgeklammert (Black Box).[245] Aufbauend auf den Ergebnissen von PAWLOW (1926) ergänzt WATSON (1968), dass die klassische Konditionierung nicht nur einfache körperliche Reaktionen erklärt, sondern neben emotionalen und kognitiven auch

---

239 Vgl. GERSTENMAIER & MANDL (2010), S. 173; REINMANN-ROTHMEIER & MANDL (1997), S. 356; MANDL ET AL. (1991), S. 21; COLLINS ET AL. (1989), S. 481.

240 Vgl. GERSTENMAIER & MANDL (2010), S. 172; MANDL ET AL. (1991), S. 20; COLLINS ET AL. (1989), S. 454.

241 Vgl. MANDL ET AL. (1991), S. 21 ff.

242 Der im konstruktivistischen Ansatz verwendete Begriff „Wissen" unterscheidet sich in seinem Begriffsinhalt von dem in dieser Arbeit eingeführten Begriff. Daher kann die Übertragung auf alle vier Komponenten der Qualifikation erfolgen.

243 Vgl. PAWLOW (1926); BAUMGART (2007), S. 109 f.; KLIMECKI & GMÜR (2001), S. 195 f.; BODENMANN ET AL. (2004), S. 46 f.

244 Vgl. MACKINTOSH (1984), S. 155.

245 Vgl. KLIMECKI & GMÜR (2001), S. 196; BODENMANN ET AL. (2004), S. 47.

komplexe motorische Reaktionen.[246] Beide Wissenschaftler verstehen Reize als Signale, die bestimmte Verhaltensweisen auslösen, und Lernen somit als eine Verstetigung der Reaktionen auf äußere Reize (Signallernen).[247]

Im Gegensatz zur klassischen Konditionierung betrachtet die Theorie der operanten Konditionierung (Verstärkungstheorie) auch die Reaktion der Umwelt auf das gezeigte Verhalten als Einflussvariable. Das Individuum erhält entweder ein positives oder ein negatives Feedback (Resonanz) auf sein Verhalten, so dass es zu der Entscheidung kommt, die Verhaltensweisen beizubehalten, abzuändern oder ganz zu vermeiden. Das Verhalten wird durch seine Folgen verstärkt und tritt dann mit einer größeren Wahrscheinlichkeit erneut auf.[248] SKINNER (1978) unterscheidet in seinen Forschungen „respondentes Verhalten", welches durch bestimmte Stimuli ausgelöst wird, und „operantes Verhalten", das spontan erfolgt und durch die Resonanz des Umfeldes gesteuert wird.[249] Gestützt und ausgelöst wurden die Forschungen von SKINNER (1978) durch frühere Forschungsergebnisse von THORNDIKE (1911), der in seinem „Law of Effect" formuliert, dass Individuen häufig genau das Verhalten wiederholen, das sie vor einem positiven Zustand an den Tag gelegt haben.[250] Der nach einer Reaktion auftretende befriedigende Zustand verstärkt dabei die vorhandenen Stimulus-Response-Verbindungen. Lernen ist demnach das Resultat positiver oder negativer Resonanzen auf das eigene Verhalten und wird auf die reine Verstärkung oder Schwächung dieser Verbindungen reduziert. Im Gegensatz zu dem Ansatz von PAWLOW (1926) steht der Verstärker in dieser Versuchsanordnung nur dann zur Verfügung, wenn das Untersuchungsobjekt auf eine bestimmte Art und Weise reagiert.[251]

Traditionelle behavioristische Lerntheorien betonen die Bedeutung von *Wahrnehmungen* und *Reaktionen* sowie die Setzung von Stimuli als Promotoren des Verhaltens. Dadurch wird die Relevanz von *Belohnungen* für den Lerntransfer deutlich. Die operante Konditionierung weist zusätzlich darauf hin, dass *Feedback* verhaltensbeeinflussende Wirkungen erzielt. Damit wird erneut die Bedeutung des sozialen Umfeldes akzentuiert. Verstärkungswirkungen auf den Lerntransfer können somit von *relevanten Personen* im Umfeld des Teilnehmers ausgehen.

---

[246] Vgl. BAUMGART (2007), S. 110; WATSON (1968), S. 39.

[247] Vgl. KLIMECKI & GMÜR (2001), S. 195; BAUMGART (2007), S. 110. Ein weiterer wichtiger Vertreter des konservativen Behaviorismus war Guthrie mit seiner Theorie des One-Shot-Lernens. Vgl. GUTHRIE (1935); GUTHRIE (1959); MOWRER & KLEIN (2001), S. 9 ff.; LEFRANÇOIS (2006), S. 334.

[248] Vgl. SKINNER (1978), S. 49 f.; BODENMANN ET AL. (2004), S. 105; BAUMGART (2007), S. 111 f.

[249] Vgl. HOLLAND & SKINNER (1971), S. 46; SKINNER (1978); BAUMGART (2007), S. 112; LEFRANÇOIS (2006), S. 92.

[250] Vgl. THORNDIKE (1911), S. 244; THORNDIKE (1933); BAUMGART (2007), S. 113; BODENMANN ET AL. (2004), S. 100; MOWRER & KLEIN (2001), S. 6.

[251] Vgl. MACKINTOSH (1984), S. 154 ff.; KLIMECKI & GMÜR (2001), S. 197.

ad (b) Integrative Ansätze: Im Zuge neuer Erklärungsansätze für das menschliche Verhalten, über reine Stimulus-Response-Schemata hinaus, operationalisieren die Forscher HULL (1943) und TOLMAN (1932) intervenierende Variablen, welche Einfluss auf diese Schemata nehmen. Sie distanzieren sich damit von dem Grundsatz der konservativen Behavioristen, Verhaltensänderungen lediglich auf das Umfeld und nicht auf eine „im Organismus verankerte Entwicklungslogik“[252] zurückzuführen. HULL (1943) vertritt die Ansicht, dass auch nicht direkt beobachtbare intervenierende Variablen (Müdigkeit, Hunger etc.) den Organismus beim Lernen beeinflussen. Die systematische Erschließung dieser Variablen erlaube Rückschlüsse, inwieweit diese Variablen reaktionsfördernd und/oder -hemmend wirken (Systematische Verhaltenstheorie). Ein zentraler Punkt dieser Forschungen ist dabei die Frage der Motivation.[253] TOLMAN (1932) forciert in seiner Theorie des zweckorientierten Behaviorismus des Weiteren die Annahme, dass Verhalten zweckgerichtet ist. Das Verhalten wird dabei nicht durch Stimuli, sondern durch Kognition in Form von Belohnungserwartungen gesteuert.[254] Es finden somit Assoziationen zwischen Stimuli und Belohnungen oder zwischen Reaktionen und Konsequenzen statt und nicht – wie nach dem behavioristischen Postulat – nur zwischen Stimulus und Response.[255]

Zu den bereits genannten behavioristischen Determinanten können weitere Faktoren aus den integrativen Ansätzen gewonnen werden, welche aufgrund der kognitiven Ausrichtung im Gegensatz zu den vorherigen Faktoren der Person des Teilnehmers zuzuordnen sind. So betont HULL (1943) den Einfluss von *physiologischen Faktoren* sowie *Motivation* auf das Verhalten, während TOLMAN (1932) *Erwartungen* und speziell Belohnungserwartungen (*Ergebniserwartungen*) als verhaltens- und damit auch transferbeeinflussend hervorhebt.

ad (c) Sozial-kognitive Lerntheorie: Aufbauend auf den älteren behavioristischen Ideen entwickelte sich eine sozial-kognitive Lerntheorie, welche verstärkt kognitive Elemente in den Mittelpunkt rückte und die Annahme der äußeren Beobachtbarkeit aller Variablen des Verhaltens negierte.[256] Kernidee der Theorie war die Feststellung, dass ein Großteil des menschlichen Lernens im sozialen Umfeld durch die Beobachtung anderer Individuen stattfindet.[257] Lerneffekte werden also auch als Ergebnis einer Reflexion über vergangene Erfahrungen verstanden, die auf zukünftige Ereignisse übertragen werden können. Dadurch

[252] BAUMGART (2007), S. 117.

[253] Vgl. HULL (1943); HULL (1952); BODENMANN ET AL. (2004), S. 163 f.; MOWRER & KLEIN (2001), S. 7 ff.; FOPPA (1965), S. 336 ff.

[254] Vgl. TOLMAN (1932); TOLMAN (1959); LEFRANÇOIS (2006), S. 337; BODENMANN ET AL. (2004), S. 182; MOWRER & KLEIN (2001), S. 11 f.

[255] Vgl. MACKINTOSH (1984), S. 157.

[256] Vgl. BAUMGART (2007), S. 114 f.

[257] Vgl. SCHUNK (2008), S. 78.

kann der Prozess des Lernens auch unabhängig von der Lernumgebung betrachtet werden.[258] BANDURA betont in seiner sozial-kognitiven Lerntheorie die gegenseitige Beeinflussung von Verhalten, Umwelt und Person durch das Postulat des sogenannten triadischen reziproken Determinismus, welcher auf LEWINS (1963) Verhaltensgleichung [V = f(P,U)] fußt, jedoch weiter reichende Interaktionen impliziert.[259] Er fokussiert im Wesentlichen zwei Kernaspekte, die eng mit einander verbunden sind: das Modelllernen und die Selbstwirksamkeit.[260]

Die Theorie des Modelllernens[261] geht in ihren Ursprüngen auf die Forschungen von BANDURA (1986) zurück. Der Forscher konstatiert, dass das Verhalten von Menschen durch Beobachtungen des Umfeldes insofern beeinflusst wird, als dass attraktive Modelle (Verhaltensweisen) nachgeahmt und somit erlernt werden.[262] Er berücksichtigt das Lernen am Modell als äußeren Reiz einerseits und das Lernen durch individuelle Reflexion andererseits, so dass es ihm gelingt, eine Verbindung zwischen dem behavioristischen und dem kognitivistischen Paradigma herzustellen.[263] BANDURA (1974) unterscheidet anfänglich drei Modellierungsphänome, welche auf unterschiedliche Prozesse des Modelllernens zurückzuführen sind.[264] Später erweitert er das Beobachtungslernen, die Hemmung und die Enthemmung sowie die Reaktionsauslösung um weitere Typen des Modelllernens: Umgebungsbedingte Verstärkung und Übertragung emotionaler Erregung.[265] Besonderen Fokus legt BANDURA (1986) auf das Beobachtungslernen, welches dann auftritt, wenn sich ein Individuum durch die Beobachtung eines Modells vorher nicht vorhandene kognitive Fertigkeiten, Regeln oder Verhaltensmuster aneignet.[266]

BANDURA (1977a) entwickelt vertiefend eine Theorie zur Selbstwirksamkeit, welche auf der Annahme beruht, dass psychologische Prozesse als Mittel fungieren, um Erwartungen

---

[258] Vgl. KLIMECKI & GMÜR (2001), S. 198.

[259] Vgl. BANDURA (1986), S. 22 ff.; JONAS & BRÖMER (2002), S. 277 f.; HERGENHAHN & OLSON (2001), S. 326 ff.; LEWIN (1963), S. 271 ff.

[260] Anfänglich wurde die Theorie von BANDURA (1977b) als soziale Lerntheorie bezeichnet, in späteren Werken benannte er diese jedoch, in Abgrenzung zu den älteren sozialen Lerntheorien (bspw. ROTTER (1966)), als sozial-kognitive Lerntheorie (BANDURA (1986)). Vgl. JONAS & BRÖMER (2002), S. 277.

[261] Häufig werden die Begriffe Beobachtungslernen, Lernen am Modell, Imitationslernen oder soziales Lernen synonym verwendet. Vgl. LEFRANÇOIS (2006), S. 340; BAUMGART (2007), S. 114; TRAUTNER (1978), S. 102; BARON & BYRNE (1997), S. 396 f. BANDURA (1986) versteht das Beobachtungslernen jedoch als Teil des Modelllernens. Vgl. BANDURA (1974), S. 5; BANDURA (1976), S. 13.

[262] Vgl. BAUMGART (2007), S. 115; BANDURA (1986), S. 20; LATHAM & SAARI (1979), S. 240.

[263] Vgl. KLIMECKI & GMÜR (2001), S. 200; BANDURA (1986), S. 18; BANDURA (1977b), S. 11; LATHAM & SAARI (1979), S. 239; BAUMGART (2007), S. 115.

[264] Vgl. BANDURA (1974), S. 5 ff.; BANDURA (1976), S. 13 f.

[265] Vgl. JONAS & BRÖMER (2002), S. 279; BANDURA (1986), S. 4 ff. Zusätzliche Typen finden sich ferner bei BANDURA (2001) und BANDURA (2009).

[266] Vgl. JONAS & BRÖMER (2002), S. 280 ff.; BANDURA (1986), S. 49 ff.

bzgl. der persönlichen Wirksamkeit zu schaffen und zu stärken. Er unterscheidet dabei zwischen Selbstwirksamkeits- und Ergebniserwartungen. Eine Selbstwirksamkeitserwartung ist die Überzeugung einer Person, ein Verhalten erfolgreich in Bezug auf ein konkretes Handlungsziel erbringen zu können. Unter einer Ergebniserwartung versteht BANDURA (1977a) als nächsten Schritt die Einschätzung einer Person, dass ein spezielles Verhalten auch zu bestimmten Ergebnissen führt. Erstere bezieht sich auf eine Bewertung der eigenen Qualifikation, letztere auf eine Bewertung der Umwelt. Selbstwirksamkeits- und Ergebniserwartungen werden differenziert, weil Individuen daran glauben können, dass ein Verhalten zu bestimmten Ergebnissen führt, sie aber ihr Verhalten nicht ändern, wenn sie starke Zweifel daran haben, dass sie diese Handlung auch erbringen und damit ihr Handlungsziel erreichen können.[267] BANDURA (1998) bemerkt darüber hinaus, dass Erwartungen bezogen auf die persönliche Wirksamkeit auf im Wesentlichen vier verschiedenen Informationsquellen beruhen: Bewältigungserfahrungen, stellvertretende Erfahrungen, verbale Informationsvermittlung sowie physiologische und affektive Zustände.[268]

BANDURA akzentuiert in seiner Theorie die wechselseitigen Beeinflussungen von Verhalten, Umwelt und Person im Lernprozess. Als verhaltensbeeinflussende Modelle im Sinne der Theorie können dementsprechend alle an der betrieblichen Weiterbildung beteiligten Akteure (*andere Personen*) in der Lern- und der Arbeitsumgebung verstanden werden. Des Weiteren betont BANDURA die Bedeutung des bereits vorhandenen Bestandes an Verhaltensmustern und verweist damit auf die Bedeutung der *Persönlichkeit*[269] des Teilnehmers. Er konstatiert darüber hinaus, dass die Persönlichkeitsdisposition *Selbstwirksamkeit* als Erklärung für bestimmte Verhaltensweisen herangezogen werden kann. Er ermöglicht durch seine Taxonomie eine Zweiteilung der Verhaltenserwartungen und damit eine Unterscheidung zwischen selbst- und umweltbezogenen Bewertungen (*Selbstwirksamkeits- und Ergebniserwartung*). Außerdem ist zu erwarten, dass *Erfahrungen* (Bewältigungserfahrungen, stellvertretende Erfahrungen), *Feedback* durch das Umfeld (verbale Beeinflussungen) und *physiologische und affektive Faktoren* einen indirekten Einfluss auf den Transfer über Veränderungen der Selbstwirksamkeit haben.

ad (d) Theorie der kognitiven Entwicklung: Im Gegensatz zu BANDURA (1986) richtet PIAGET (2001) seinen Ansatz primär auf den inneren Reflexionsprozess (Kognitivismus), indem er durch seine experimentellen Forschungen zum Verhalten von Kindern die kognitive Entwicklung und damit implizit die allgemeine Entwicklung des Menschen zu entschlüsseln

[267] Vgl. BANDURA (1977a), S. 193, 205; GECAS (1989), S. 294; KRAPP & RYAN (2002), S. 55 f.

[268] Vgl. BANDURA (1998), S. 79. Ähnlich bei BANDURA (1977a), S. 195.

[269] „Bei der Persönlichkeit geht es um jene Charakteristika oder Merkmale des Menschen, die konsistente Muster des Fühlens, Denkens und Verhaltens ausmachen." PERVIN, CERVONE & JOHN (2005), S. 31.

versucht.[270] In seiner Theorie der kognitiven Entwicklung konstatiert PIAGET (2001), dass die Entwicklung der Kognition die Grundlage für das Verständnis der menschlichen Ontogenese und damit auch der Wahrnehmungen, Affekte, Motivation und Verhaltensweisen darstellt. Verhalten ist demnach nicht ausschließlich aus Reiz-Reaktions-Verbindungen ableitbar, sondern vielmehr aus kognitiven Prozessen, die ein Individuum nutzt, um die Herausforderungen seiner Umwelt zu bewältigen.[271] Über kognitive Strukturen (Schemata) gelingt es dem Menschen, sich an seine Umwelt anzupassen (Adaption), wobei das durch diesen Prozess erzeugte Wissen nicht ausschließlich die Umwelt abbildet. PIAGET (2001) betont, dass die Umwelt durch die konstruktive Leistung der Intelligenz erst gebildet wird.[272]

Der Forscher führt die Entwicklung der kognitiven Strukturen auf eine festgelegte logische Abfolge von Haupt- und Unterstufen zurück. Es muss hierbei jede Stufe sequenziell durchlaufen werden, da jeweils auf die Elemente der vorherigen Stufe zurückgegriffen wird.[273] Als ursächlich für die kognitive Entwicklung bezeichnet PIAGET (2001) drei verschiedene Faktoren: die körperlich-physiologische Reifung, die aktive Aneignung der natürlichen und sozialen Umwelt sowie das Streben nach Gleichgewicht (Äquilibration) zwischen den kognitiven Strukturen und der eigenen Personen auf der einen Seite sowie den kognitiven Strukturen und der Umwelt auf der anderen Seite.[274] Auf jeder Stufe wird der Mensch mit verschieden Eindrücken aus der Umwelt konfrontiert, welche er in seine Handlungen übernimmt und fortlaufend weiterentwickelt. Diesen Prozess bezeichnet PIAGET (2001) als Lernen. Die Eindrücke werden zu Schemata, die den Menschen Hinweise darüber geben, wie neue Eindrücke interpretiert werden müssen, und welche Reaktionen (Handlungen, Deutungen etc.) darauf folgen sollten. Es werden im Laufe der Zeit neue und höher organisierte Schemata entwickelt, um die kognitiven Strukturen mit den Anforderungen der Umwelt ins Gleichgewicht zu bringen (Assimililation und Akkomodation). [275]

Aus den Ausführungen PIAGETS (2001) lässt sich schlussfolgern, dass bestehende kognitive Erklärungs-, Wert- und Handlungsmuster (*Motive, Bedürfnisse, Werte, Valenzen, Ziele*

---

[270] Vgl. BAUMGART (2007), S. 204; KLIMECKI & GMÜR (2001), S. 200. Vgl. zur Übertragbarkeit auf die Lernpsychologie LEFRANÇOIS (2006), S. 338; MONTADA (1970), S. 12 bzw. AEBLI (1951); AEBLI (1963).

[271] Vgl. BAUMGART (2007), S. 204 f.

[272] Vgl. BAUMGART (2007), S. 205. Die Theorie von PIAGET (2001) zeigt schon erste konstruktivistische Elemente, so dass der Forscher teilweise bereits dem Konstruktivismus zugeordnet wird. Vgl. LEONARD (2002), S. 215, 238, 233; SCHUNK (1996), S. 210.

[273] Vgl. LEFRANÇOIS (2006), S. 338; BAUMGART (2007), S. 205 ff.

[274] Vgl. BAUMGART (2007), S. 207; HERGENHAHN & OLSON (2001), S. 279. Vgl. zur Äquilibration insb. PIAGET (1976).

[275] Vgl. PIAGET (2001); PIAGET (2003), S. 53 ff.; KLIMECKI & GMÜR (2001), S. 200 f.; LEFRANÇOIS (2006), S. 207, 338; BAUMGART (2007), S. 208 f.; HERGENHAHN & OLSON (2001), S. 277 f.; MONTADA (1970), S. 21 ff.; GINSBURG & OPPER (1989), S. 33 f.

usw.), aber auch wahrgenommene Anforderungen (*Wahrnehmungen*, *Erfahrungen*) der Umgebung auf Seite des Teilnehmers Einfluss auf den Lerntransfer haben können. Des Weiteren lässt sich über die Ursachen der kognitiven Entwicklung die Bedeutung des *Alters* (körperlich-physiologische Reifung) sowie des *Interesses* für die Lerninhalte und der *Motivation* (aktive Aneignung der Umwelt und Streben nach Gleichgewicht)[276] ableiten. Neben teilnehmerspezifischen Einflüssen hebt PIAGET (2001) außerdem prominent den besonderen Stellenwert der Umgebung hervor, ohne deren Ausgestaltung jedoch näher zu spezifizieren.

ad (e) Instruktionstheorie: GAGNÉ (1985) konstatiert in seiner Theory of Instruction, dass trotz unterschiedlicher Lernweisen und -ergebnisse der Einsatz von neun – in sequenzieller Abfolge zu durchlaufenden – Instruktionsschritten in jedweder Art von Unterweisung effektive Resultate erzielt. Seine Theorie bildet eine Synthese aus einer Vielzahl an Lerntheorien und verbindet sowohl behavioristische als auch kognitivistische Elemente. Nach seiner Auffassung lernen Menschen sowohl durch klassische und operante Konditionierung als auch durch kognitive Prozesse.[277]

Theoriegemäß muss zunächst die Aufmerksamkeit des Lernenden gewonnen werden, um die Aufnahme neuer Inhalte vorzubereiten (1). Anschließend wird der Lernende über die Lernziele informiert und dadurch Erwartungen bezogen auf das Training geformt (2). Um den internen Rückgriffsprozess auf das Arbeitsgedächtnis zu erleichtern, erfolgt dann die Aktivierung von etwaigem Vorwissen (3). In einem vierten Schritt wird dem Lernenden ein Lerninhalt (Stimulus) angeboten (4), wobei der Lernende diesen zum Teil nur selektiv wahrnimmt. Daher muss eine Lernanleitung angeboten werden, welche die semantische Encodierung[278] unterstützt (5). Durch die Auslösung der Leistung (Response) soll im nächsten Instruktionsschritt der Lernende angehalten werden, zu reagieren und das Erlernte zu zeigen (6). Durch Feedback (7) und Leistungsbewertung (8) wird Anstrengung abgerufen und verstärkt. Der letzte Schritt (9) gilt der Verbesserung des Transfers, indem dem Lernenden die Möglichkeit geboten wird, das Erlernte anzuwenden und zu generalisieren.[279]

Implikationen für mögliche Transferdeterminanten bietet die Theorie insofern, als dass sie auf die Gestaltung der Lernumgebung, d. h. explizit auf eine mögliche *Instruktionstechnik* eingeht. Kern seiner Überlegungen ist die optimale Sequenzierung der Vermittlung von Lerninhalten (*didaktische Strukturierung*), wobei er innerhalb der einzelnen Instruktionsschritte

---

[276] Eine aktive Aneigung impliziert eine aktive (!) Auseinandersetzung (vgl. ZIMMERMANN (2006), S. 38) und damit Interesse und Motivation.

[277] Vgl. LEFRANÇOIS (2006), S. 345 ff.; GAGNÉ (1985), S. 244 ff. Die Lernergebnisse entsprechen inhaltlich den Lerninhalten der betrieblichen Weiterbildung.

[278] Encodierung von (Wort-) Bedeutungen. Vgl. MYERS (2008), S. 389.

[279] Vgl. GAGNÉ (1985), S. 246 ff.; LEFRANÇOIS (2006), S. 348.

auf die Relevanz des *Interesses* (Aufmerksamkeit) des Lernenden, der *Kommunikation der Lern- und Transferziele* gegenüber dem Teilnehmer, der *Erwartungen bzgl. der Maßnahme*, des *Vorwissens*, der *Abstimmung zwischen Lerninhalt und -methode* und der *Wahrnehmungen* des Teilnehmers hinweist. GAGNÉ (1985) indiziert ferner den Wert von Unterstützung durch *Trainer*, *Feedback* sowie *Leistungskontrolle*. Letztgenannte Determinanten besitzen jedoch nicht nur für die Lernumgebung Gültigkeit, sondern auch für die Arbeitsumgebung. Bezogen auf den Transfer formuliert er des Weiteren, dass eine *Anwendungsmöglichkeit* für das Gelernte geschaffen werden muss.

3.2.2.3 Motivationstheorien

Motivationstheorien versuchen das Entstehen und die Auswirkungen der Motivation zu erklären. Grundannahme dieser Theorien ist, dass die Bedürfnisse des Individuums und die Möglichkeiten zur Befriedigung dieser Bedürfnisse die Entstehung und Richtung der Motivation steuern.[280]

ad (a) Inhaltstheorien: Inhaltstheorien beschreiben, welche relativ überdauernden Beweggründe (Bedürfnisse, Motive, Werte) Personen dazu veranlassen, sich in einer bestimmten Art und Weise zu verhalten. Es wird also ein inhaltliches Ziel als Erklärung für Verhalten herangezogen.[281] Inhaltstheorien benennen daher konkrete Determinanten der Motivation und damit mittelbar Determinanten des Lerntransfers.

Im Rahmen einer Studie zur Arbeitszufriedenheit wurden von HERZBERG, MAUSNER & SNYDERMAN (1967) Faktoren untersucht, welche die Zufriedenheit und Unzufriedenheit eines Mitarbeiters beeinflussen. Die Forscher untergliedern diese Faktoren in Faktoren zur Erreichung von Arbeitszufriedenheit (Motivatoren synonym intrinsische Faktoren) und Faktoren zur Verhinderung von Arbeitsunzufriedenheit (Frustratoren synonym Hygienefaktoren oder extrinsische Faktoren). Motivatoren finden ihre Beeinflussung in der unmittelbaren Beziehung des Individuums zu seiner Arbeitsaufgabe, wohingegen Frustratoren im Gegensatz dazu in keinem unmittelbaren Zusammenhang zu der Arbeitsaufgabe stehen und der Arbeitsumgebung des Mitarbeiters zuzuordnen sind. Aus den Ergebnissen der Studie leiten HERZBERG ET AL. (1967) ihre Zwei-Faktoren-Theorie ab. Motivation kommt demnach nur dann zustande, wenn die Motivatoren positiv ausgeprägt sind, da über diese ein direkter positiver Einfluss auf die Arbeitszufriedenheit und damit auch ein indirekter Einfluss auf die Leistung des Mitarbeiters zustande kommt. Sind hingegen die Frustratoren positiv ausge-

[280] Vgl. DRUMM (2008), S. 391; HECKHAUSEN & HECKHAUSEN (2006), S. 3. HECKHAUSEN & HECKHAUSEN (2006) verstehen Motivation als ein Produkt von Person (Bedürfnisse, Motive, Ziele) und Situation (Gelegenheiten, mögliche Anreize), welches auf ein bestimmtes Handlungsziel ausgerichtet ist (S. 3).

[281] Vgl. BRANDSTÄTTER (1999), S. 344; BERTHEL & BECKER (2010), S. 56.

prägt, so kann Arbeitsunzufriedenheit abgebaut bzw. verhindert werden. Frustatoren haben jedoch theoriegemäß keinen Einfluss auf die Leistung des Mitarbeiters, wohl aber auf den Verbleib im Unternehmen. Ebenso erhöhen Motivatoren lediglich die Arbeitszufriedenheit, ohne die Arbeitsunzufriedenheit zu mindern. Eine gegenseitige Kompensation der Wirkungen von Motivatoren und Frustratoren ist hierbei nicht vorgesehen.

Inhaltstheorien pointieren die prinzipielle Bedeutung von *Motiven* und *Bedürfnissen*[282] für die Motivation einer Person. Die von HERZBERG ET AL. (1967) benannten Motivatoren und Frustratoren können unmittelbar auf den Lerntransfer übertragen werden. Somit sind Determinanten auf der Seite der Motivatoren: die *Ausgestaltung der Arbeitstätigkeit* sowie der *Anreize* im Hinblick auf *intrinsische* Elemente (Arbeitserfolg, Anerkennung, die Arbeit selbst resp. interessante Arbeitsinhalte, Verantwortung, Aufstieg, Möglichkeit zu beruflicher Entwicklung). Es ist also davon auszugehen, dass insbesondere die *Arbeitsaufgabe* (Art der Aufgabe, Grad der Autonomie usw.) Einfluss auf den Lerntransfer nehmen kann. Einflüsse auf der Seite der Frustratoren ergeben sich aus der Zugehörigkeit zu einer sozialen Gruppe innerhalb des Unternehmens bzw. *klimatischen Umfeldkomponenten* (Status und Ansehen, Beziehungen zu anderen Personen, Aufsicht durch den Vorgesetzten) sowie *extrinsisch* wirkenden Elementen der Arbeitsbedingungen auf Unternehmens- und Funktionsfeldebene (*Unternehmungspolitik und -verwaltung*, *Entgeltgestaltung*[283], *Sicherheit des Arbeitsplatzes*), aber auch aus Faktoren des persönlichen Umfeldes (*persönliche Lebensbedingungen*, wenn im unmittelbaren Bezug zum Beruf). Des Weiteren weisen die Forscher auf den Einfluss der *Zufriedenheit* hin.[284]

ad (b) Prozesstheorien: Im Gegensatz zu Inhaltstheorien versuchen Prozesstheorien zu erklären, welche kognitiven Prozesse an einer Entscheidung für ein Handlungsziel beteiligt sind. Sie betrachten also den Ablauf der Motivation. Erwartungstheorien gehen von der Grundannahme aus, dass ein Handlungsziel bewusst gewählt und dabei rational bewertet wird, welche Attraktivität (Wert) mit dem jeweiligen Ziel verbunden ist, und mit welcher Wahrscheinlichkeit (Erwartung) dieses Ziel zu erreichen ist. Aus der Verrechnung des Werts und der Erwartung ergibt sich die Entscheidung für diejenige Alternative, die mit dem höchsten subjektiven Nutzen verbunden ist. Diese Theorien geben Hinweise darauf, warum eine be-

---

[282] In Anlehnung an HECKHAUSEN (1980) werden in dieser Arbeit Motive als Oberbegriff von Bedürfnissen verstanden (S. 24). BERTHEL & BECKER (2010) verstehen die Begriffe synonym (S. 47).

[283] DRUMM (2008) ordnet das Gehalt sowohl den Frustatoren als auch den Motivatoren zu (S. 394). HERZBERG ET AL. (1967) bemerken: „It would seem that as an affector of job attitudes salary has more potency as a job dissatisfier than as a job satisfier.“ (S. 82).

[284] Vgl. zum Modell und zur Kritik an HERZBERG ET AL. (1967): HERZBERG ET AL. (1967), S. 44 ff.; HERZBERG (1968), S. 56 f.; HERZBERG (1987), S. 111 ff.; DRUMM (2008), S. 394 ff.; BERTHEL & BECKER (2010), S. 53 ff.; NEUBERGER (1974), S. 119 ff.; CAMPBELL & PRITCHARD (1976), S. 100 f.; VON ROSENSTIEL ET AL. (2005), S. 267; PORTER ET AL. (2003), S. 9.

stimmte Handlungsoption verfolgt, eine andere jedoch aufgeben wird.[285] Im Kontext des Lerntransfers können Erwartungstheorien erklären, welche kognitiven Prozesse motivationale Transferkomponenten beeinflussen.

Motivation setzt sich in der Erwartungs-Valenz-Theorie nach VROOM (1964) multiplikativ zusammen aus der Erwartung, dass ein bestimmtes Niveau an Anstrengung eine bestimmte Leistung hervorbringt (Selbstwirksamkeitserwartung), und der Wertigkeit dieses Leistungsergebnisses für die Person. Wie diese Person den Wert des Leistungsergebnisses einschätzt, wird wiederum determiniert durch die Erwartungen bzgl. des Zusammenhanges zwischen der Leistung und einer bestimmten Konsequenz (Ergebniserwartung) und der Wertigkeit dieser Konsequenz.[286] Der multiplikative Zusammenhang der Konstrukte lässt schlussfolgern, dass alle drei Elemente (Valenz, Erwartung und Instrumentalität) einen hohen Wert annehmen müssen, um eine hohe Motivationswirkung zu erzielen.[287] Personen wählen folgerichtig diejenige Alternative mit der höchsten positiven oder entsprechend schwächsten negativen Motivationswirkung.[288]

In Bezug auf die motivationalen Komponenten des Lerntransfers können die Überlegungen von VROOM (1964) so interpretiert werden, dass Erwartungen (*Selbstwirksamkeits- und Ergebniserwartung*) und damit auch *Wahrnehmungen* sowie *Valenzen* eine große Bedeutung in diesem Zusammenhang besitzen. Mittelbar wirken jedoch auch Konsequenzen der Leistungen über die Valenzen auf die Motivation ein. CAMPBELL & PRITCHARD (1976) nennen als beispielhafte Konsequenzen Vergütung, Beförderung, Akzeptanz der Kollegen, Anerkennung, unterstützende Betreuung (*extrinsische und intrinsische Belohnungen*) und betonen dadurch die Bedeutung der Arbeitsumgebung.[289]

Aufbauend auf den Überlegungen von VROOM (1964) entwickelten PORTER & LAWLER III (1968) ein Modell über die Zusammenhänge von Anstrengung, Leistung und Zufriedenheit im betrieblichen Kontext.[290] Diese drei Kernelemente stehen im Zentrum des in Abbildung 3.2 abgebildeten Motivationsmodells und werden dort mit ihren Einflussfaktoren zusammengefasst dargestellt. PORTER & LAWLER III (1968) verstehen Motivation als eine Kombination aus Belohnungswert und Belohnungswahrscheinlichkeit nach einer Anstrengung. Die

[285] Vgl. BRANDSTÄTTER (1999), S. 350; BERTHEL & BECKER (2010), S. 56 f.; NEUBERGER (1974), S. 84.

[286] Vgl. WEINERT (2004), S. 206.

[287] Vgl. PORTER ET AL. (2003), S. 14.

[288] Vgl. VROOM (1964), S. 19.

[289] Vgl. CAMPBELL & PRITCHARD (1976), S. 74 f. Vgl. zur Kritik an VROOM (1964): BERTHEL & BECKER (2010), S. 58 ff.; WEINERT (2004), S. 207 f.; BRANDSTÄTTER (1999), S. 351; VAN EERDE & THIERRY (1996), S. 581; NEUBERGER (1974), S. 91 ff.; DRUMM (2008), S. 401; HOYOS (1974), S. 195 ff.

[290] Vgl. PORTER & LAWLER III (1968), S. 15; BERTHEL & BECKER (2010), S. 60.

Theorie ist ebenso wie die Theorie von VROOM (1964) den Erwartungstheorien zuzuordnen und beschreibt kongruent zu BANDURA (1977a) zwei differenzierte Erwartungsarten: Selbstwirksamkeits- und Ergebniserwartung.[291]

Ausgangspunkt des Modells ist die Anstrengung (3), mit der der Mitarbeiter eine ihm gestellte Aufgabe bearbeitet, welche unmittelbar von der individuellen Wertigkeit der Belohnung, also der Valenz (1), sowie von der wahrgenommenen Wahrscheinlichkeit einer Belohnung bei Anstrengung (2), beeinflusst wird.[292] PORTER & LAWLER III (1968) unterstellen – wie auch VROOM (1964) – eine multiplikative Verknüpfung der beiden Modellelemente.[293] Die Wahrscheinlichkeit (2) ist weiterhin in zwei unterschiedliche Erwartungsarten bzw. wahrgenommene Wahrscheinlichkeiten zu untergliedern (Selbstwirksamkeits- und Ergebniserwartung). Beide Erwartungsarten stehen in einem multiplikativen Zusammenhang. D. h. eine Anstrengung kommt nur zustande, wenn beide Erwartungen positiv ausgeprägt sind. Ist eine der beiden gleich Null, so kann keine Motivation entstehen.[294]

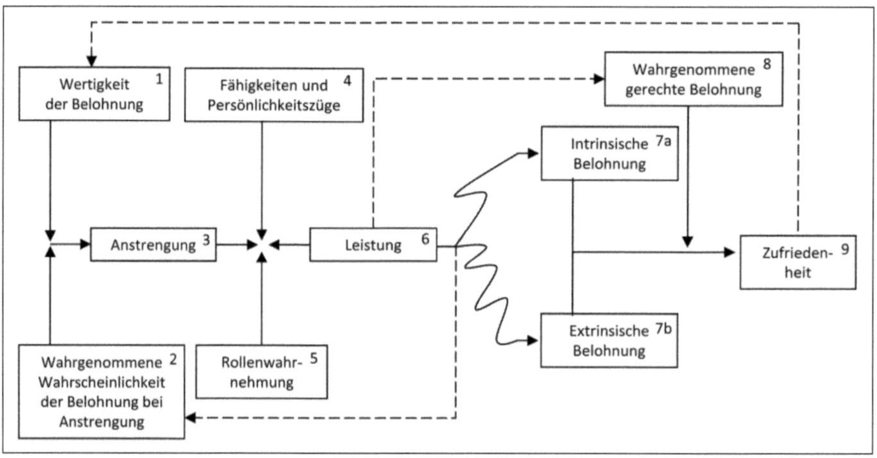

Abbildung 3.2: Motivationsmodell von PORTER & LAWLER III (1968). Quelle: PORTER & LAWLER III (1968), S. 165, in der Übersetzung von BERTHEL & BECKER (2010), S. 60.

[291] Vgl. GECAS (1989), S. 295.

[292] Unter der Wertigkeit der Belohnung verstehen PORTER & LAWLER III (1968) in Anlehnung an VROOM (1964) eine Valenz. Gleichzeitig stellt die Belohnung das Ergebnis zweiter Ebene bzw. die Konsequenz dar. Vgl. CAMPBELL & PRITCHARD (1976), S. 78.

[293] Vgl. PORTER & LAWLER III (1968), S. 31 f.

[294] Vgl. WEINERT (2004), S. 208.

Findet eine Anstrengung statt, so mündet diese in einer sichtbaren Leistung am Arbeitsplatz (6). Intervenierende Variablen wie die Fähigkeiten und Persönlichkeitszüge des Mitarbeiters (4) und die Wahrnehmung seiner Rolle im Arbeitsumfeld (5) nehmen zusätzlich Einfluss auf diese Verbindung. Gleichzeitig hat die Leistung (6) Rückwirkungen auf die Anstrengung (3), die Fähigkeiten und Persönlichkeitszüge des Mitarbeiters (4) und die Rollenwahrnehmung (5). Des Weiteren entstehen Rückkoppelungen aus der Leistung (6), die für die Bildung der Selbstwirksamkeits- und Ergebniserwartung (2) herangezogen werden. Wie groß die Zufriedenheit (9) nach Empfang der Belohnung ist, wird durch einen Vergleich zwischen der wahrgenommenen Gerechtigkeit der Belohnung (8) und der Höhe der Belohnung (7) bestimmt, welche sich u. a. aus der Leistung ableitet. Stuft der Mitarbeiter die empfangene Belohnung (7) als gleichwertig oder höher ein als eine als gerechtfertigt empfundene (8), so entsteht Zufriedenheit. Ist die Belohnung kleiner, so reagiert der Mitarbeiter mit Unzufriedenheit. Letztlich hat die Zufriedenheit Rückwirkungen auf die Valenz bezüglich der Belohnung (1). Die Wertigkeit der Belohnung nimmt mit zunehmender Zufriedenheit ab. Gleichzeitig führt eine höhere Anstrengung zu einer höheren Belohnung. Dieser Effekt reguliert die Belohnungserwartungen des Mitarbeiters. Zufriedenheit wird somit von PORTER & LAWLER III (1968) sowohl als Ergebnis als auch als Voraussetzung für Leistung modelliert und impliziert damit einen Lernprozess.[295]

Aus dem Modell von PORTER & LAWLER III (1968) lassen sich einige Transferfaktoren ableiten. So werden speziell erwartungsbezogene Einflussfaktoren, wie die *Selbstwirksamkeits-* und die *Ergebniserwartung*, hervorgehoben. In diesem Zusammenhang spielen *Wahrnehmungen* eine besondere Rolle, da sie die Erwartungen der Mitarbeiter bestimmen. Des Weiteren werden *Fähigkeiten*, *Persönlichkeits*faktoren, *Rollen*wahrnehmungen wie auch *extrinsische und intrinsische Belohnungen* herausgestellt. LAWLER III (1973) weist zusätzlich in seiner Spezifikation der zwei Erwartungsarten darauf hin, dass u. a. die *Kontrollüberzeugung* sowie *Erfahrungen* in ähnlichen Situationen wie auch die tatsächliche Situation Einfluss auf die Motivation und damit den Transfer haben können. Gleichzeitig verweist er auf die Bedeutung von *Interaktion* mit anderen Personen, durch welche Vergleiche gezogen und darüber Erwartungen bezogen auf die eigene Person gebildet werden können. Gleichzeitig wird auch in dieser Theorie die *Zufriedenheit* als Voraussetzung für die Leistung benannt.[296]

295 Vgl. BERTHEL & BECKER (2010), S. 61; DRUMM (2008), S. 402 ff.

296 Vgl. zur Kritik an PORTER & LAWLER III (1968): DRUMM (2008), S. 404; BERTHEL & BECKER (2010), S. 61 f.; CAMPBELL & PRITCHARD (1976), S. 78 f.; WEINERT (2004), S. 210; NEUBERGER (1974), S. 91 ff. Die Anstrengung des Teilnehmers wird in Anlehnung an HECKHAUSEN (1989) als zielgerichtetes Handeln verstanden und aus diesem Grund – hier und im weiteren Verlauf der Arbeit – nicht als eigenständige Transferdeterminante berücksichtigt (vgl. HECKHAUSEN (1989), S. 466 ff.; DRUMM (2008), S. 405). Ähnlich bei HECKHAUSEN & HECKHAUSEN (2006), S. 3.

ad (c) Ergänzende Theorien: Weitere Implikationen für den Lerntransfer lassen sich aus ergänzenden Theorien ableiten. Die Gleichgewichtstheorie nach ADAMS (1965) basiert auf den Überlegungen zur kognitiven Dissonanz von FESTINGER (1957).[297] Sie besagt, dass Mitarbeiter von dem Wunsch nach Gleichbehandlung geprägt sind und einen permanenten sozialen Vergleichsprozess durchlaufen.[298] Dazu nehmen sie fortwährend Vergleiche vor zwischen ihrer eigenen Anstrengung und den daraus folgenden Belohnungen und zwischen der Anstrengung und den daraus folgenden Belohnungen anderer ausgewählter Personen in einer vergleichbaren Arbeitssituation.[299]

Personen bilden demnach aus Inputfaktoren – die sie als relevant für ein bestimmtes Ergebnis einstufen – und Outputfaktoren – die als Belohnung für die Arbeitstätigkeit wahrgenommen werden – ein gewichtetes Austauschverhältnis. Wahrgenommene Gerechtigkeit oder Ungerechtigkeit resultiert aus dem bewussten und unbewussten Vergleich des eigenen Austauschverhältnisses mit dem wahrgenommenen Austauschverhältnis anderer ausgewählter Personen. Wahrgenommene Gerechtigkeit entsteht nur, wenn die Austauschverhältnisse als gleich angesehen werden. ADAMS (1965) sieht die Folgen einer wahrgenommenen Ungleichheit in einer Anspannung mit motivierenden Eigenschaften, welche eine Person antreibt, die Anspannung zu reduzieren oder ganz zu beseitigen. Die Größe der Anspannung ist dabei proportional zu der Größe der Ungerechtigkeit.[300]

Überträgt man die Gleichgewichtstheorie auf den Lerntransfer, zeigt sich die Bedeutung von *extrinsischen* und *intrinsischen Belohnungen*. YAMNILL & MCLEAN (2001) weisen ferner unter Bezugnahme auf NOE (1986) auf einen Zusammenhang zwischen der Gleichgewichtstheorie und der *Transfermotivation* hin. Wenn ein Mitarbeiter glaubt, dass es sehr wahrscheinlich ist, dass er durch die Teilnahme an einer Weiterbildung Gleichheit in der Bezahlung o. ä. erlangt, so ist es wahrscheinlich, dass ein Lernprozess stattfindet, und das Gelernte in das Funktionsfeld transferiert wird.[301] Zudem wird erneut auf die entscheidende Rolle der *Wahrnehmungen* sowie damit verbunden, des *Selbstwertgefühls* der Teilnehmer

[297] Die Theorie von FESTINGER (1957) besagt, dass eine Person mit zwei sich widersprechenden Kognitionen in einen aversiven Motivationszustand (kognitive Dissonanz) gelangt. Die aufgrund der kognitiven Spannungen ausgelöste empfundene Unannehmlichkeit wird durch eine spannungsreduzierende Handlung aufgelöst. Vgl. dazu FESTINGER (1957); WEINERT (2004), S. 211; ADAMS (1965), S. 283.

[298] Vgl. YAMNILL & MCLEAN (2001), S. 198; CAMPBELL & PRITCHARD (1976), S. 104 f.; DRUMM (2008), S. 399.

[299] Vgl. ADAMS (1965), S. 280 f.; WEINERT (2004), S. 211.

[300] Vgl. ADAMS (1965), S. 276 ff., 283; CAMPBELL & PRITCHARD (1976), S. 105; WEINERT (2004), S. 212 f.; DRUMM (2008), S. 399.

[301] Vgl. YAMNILL & MCLEAN (2001), S. 199.

verwiesen.[302] Darüber hinaus kann ein Großteil der potenziellen teilnehmerspezifischen Determinanten über die Theorie von ADAMS (1965) begründet werden: Faktoren, die als ergebnisrelevant wahrgenommen werden, können mittelbar über die Motivation Einfluss auf den Lerntransfer nehmen.

Weitere Determinanten lassen sich aus der die Zielsetzungstheorie von LOCKE (1968) bzw. LOCKE & LATHAM (1990) ableiten. Sie postuliert, dass nach Akzeptanz einer schweren Aufgabe der logische Schritt darin besteht, so lange zu versuchen das Ziel zu erreichen, bis es gelungen ist oder entschieden wird, das Ziel herunterzusetzen oder abzubrechen. LOCKE und LATHAM heben die Bedeutung der Setzung von Zielen für die Motivation und damit auch das Verhalten der Mitarbeiter vor, während und nach dem Training hervor. Der High Performance Cycle von LOCKE & LATHAM (1990) beschreibt den sequenziellen Ablauf des Zusammenhangs zwischen Arbeitsmotivation und Arbeitszufriedenheit auf Grundlage der Zielsetzungstheorie von LOCKE (1968) unter Rückgriff auf weitere Theorien der Arbeitsmotivation. Die Forscher weisen neben der Bedeutung der generellen *Setzung von Zielen* auch auf deren *Akzeptanz* und *Bedeutung* hin. Des Weiteren verweisen sie auf die moderierende Wirkung von *Feedback*, der *Art der Arbeitsaufgabe* (Komplexität) sowie der Persönlichkeitsdispositionen *Selbstwirksamkeit*, *Gewissenhaftigkeit* (Beharrlichkeit) und *Zielorientierung* auf die Zielsetzung. Inwiefern Leistung zu Arbeitszufriedenheit führt, wird unmittelbar durch unvorhergesehene *extrinsische* und *intrinsische Belohnungen* (z. B. Anerkennung, Beförderung, Autonomie, Verantwortung usw.) beeinflusst, welche aus der spezifischen Leistung entstehen. Diese Belohnungen erhöhen die Arbeitszufriedenheit, wogegen vorhersehbare Belohnungen (z. B. das Grundgehalt, besondere Sozialleistungen, Arbeitsplatzsicherheit usw.) keinen unmittelbaren Einfluss auf die Leistungsmotivation ausüben, da sie unabhängig von der spezifischen Aufgabe entstehen. Sie haben allerdings einen wesentlichen Einfluss auf die Motivation, im Unternehmen zu verbleiben.[303]

WEINER (1994) identifiziert darüber hinaus in seiner attributionalen Theorie der Motivation Ursachenfaktoren bezogen auf die Kausalattribuierung von Erfolgen und Misserfolgen. Über die Zuordnung von Ereignissen auf bestimmte Ursachen können Handlungsergebnisse erklärt (Postdiktion) sowie vorhergesagt (Prädiktion) und das Verhalten entsprechend gesteuert werden.[304] Im Rahmen eines zweidimensionalen Klassifikationsschematas bezogen auf die Stabilität und die internale vs. externale Zurechnung als Kausalfaktoren weist er vier Bereiche als wahrgenommene Ursachen von Leistungsergebnissen aus: (1) *Fähigkeit*, (2)

[302] Vgl. DRUMM (2008), S. 399; WISWEDE (1980), S. 116 f. Vgl. zur Kritik an ADAMS (1965): DRUMM (2008), S. 399 f.; WISWEDE (1980), S. 117 f.

[303] Vgl. LOCKE & LATHAM (1990), S. 252 ff.; LOCKE (1968), S. 184; YAMNILL & MCLEAN (2001), S. 199.

[304] Vgl. BERTHEL & BECKER (2010), S. 70; WEINER (1994), S. 257, 314.

Aufgabenschwierigkeit (*Art der Aufgabe*), (3) Anstrengung, Stimmung, Müdigkeit, Krankheit (u. a. *physiologische und affektive Faktoren*) sowie (4) Zufall und nennt Informationen, welche zur Bildung eines Urteils herangezogen werden. Als weitere Dimension identifiziert er die Kontrollierbarkeit. Er konstatiert, dass Anstrengung gemeinhin als kontrollierbar eingestuft wird, wohingegen die drei anderen wahrgenommenen Ursachen als nicht beeinflussbar angesehen werden.[305] Er weist damit unmittelbar auf die verhaltensbeeinflussenden Wirkungen der internen oder externen Zurechnung von (Arbeits-) Ergebnissen (*Attribution*), verbunden mit *Wahrnehmungen*, und mittelbar auf die Bedeutung der *Kontrollüberzeugung* hin.

3.2.2.4 Führungstheorien

Führung umfasst „alle Interaktionsprozesse, in denen eine absichtliche soziale Einflussnahme von Personen auf andere Personen zur Erfüllung gemeinsamer Aufgaben im Kontext einer strukturierten Arbeitssituation zu Grunde liegt“[306]. Führungstheorien beschreiben, erklären und antizipieren Bedingungen, Potenziale, Strukturen, Prozesse und Konsequenzen dieser Prozesse.[307]

Für den Lerntransfer sind solche Theorien relevant, die einen expliziten Bezug zur Leistung des Mitarbeiters herstellen. Daher eignen sich Ansätze, die spezifische Eigenschaften sowie das Verhalten der Führungsperson betrachten (wie bspw. die Ohio- und Michiganstudien oder das Managerial Grid)[308], nur bedingt zur Ableitung von Transferdeterminanten. Auch Attributionstheorien betrachten Führung hauptsächlich mit Blick auf die Führungsperson. Genannte Theorieansätze pointieren lediglich, dass der Vorgesetzte eine Rolle für das Leistungsverhalten der Mitarbeiter spielt. Psychologische Erklärungsversuche zeigen allerdings, dass eine alleinige Berücksichtigung überdauernder Persönlichkeitseigenschaften und Verhaltensweisen einer Führungsperson nur ein eingeschränktes Spektrum der Führung beschreiben. Vielmehr müssen zusätzlich situative Gegebenheiten wie Struktur und Größe der Abteilung, Art der Aufgaben oder das kulturelle Umfeld beachtet werden.[309] Fruchtbarer ist daher eine genauere Betrachtung der Situationstheorien der Führung[310], welche Führungseffizienz

[305] Vgl. WEINER (1994), S. 261, 270 f.

[306] WEGGE & VON ROSENSTIEL (2004), S. 476. Ähnlich bei VON ROSENSTIEL (2006), S. 355; VON ROSENSTIEL & WEGGE (2004), S. 495; MUCK (2007), S. 355; WUNDERER (2009), S. 4.

[307] Vgl. BERTHEL & BECKER (2010), S. 174.

[308] Vgl. dazu bspw. STOGDILL & COONS (1957) oder STOGDILL (1974); KATZ & KAHN (1951) oder LIKERT (1967); BLAKE & MOUTON (1964) oder BLAKE & MOUTON (1978).

[309] Vgl. VON ROSENSTIEL (2006), S. 356.

[310] Wie bspw. die Kontingenztheorie von FIEDLER (1974) bzw. FIEDLER (1987), die Weg-Ziel-Theorie, die situationale Entscheidungstheorie von HERSEY & BLANCHARD (1977) bzw. HERSEY, BLANCHARD & JOHN-

– in Anlehnung an die Verhaltensgleichung von LEWIN (1963) – von der Berücksichtigung der Charakteristika der Geführten und der Situation abhängig machen.[311] Führung ist damit eine Funktion aus den Komponenten Führungsperson, Geführter und Situation, welche sich wechselseitig beeinflussen und gegenseitig bedingen.[312]

VON ROSENSTIEL (2006) bindet in sein Rahmenmodell der Führung (Abb. 3.3) neben dem Führungsverhalten (3) auch die Führungssituation (1) als Moderatorvariable ein. Er betont in diesem Zusammenhang, dass das spezifische Führungsverhalten (3) nicht eine unmittelbare situationsunabhängige Folge der Persönlichkeitsmerkmale des Führenden (2) ist, sondern dass der Führende seine Verhaltensweisen situationsspezifisch (1) abstimmen muss. Gleichzeitig wird pointiert, dass gleiches Verhalten nicht automatisch in allen Situationen zu dem gleichen Ergebnis (4) führt, da dieses bspw. je nach Kultur in verschiedenen Unternehmensbereichen differieren kann.[313] Unter der Annahme, dass Lerntransfer ein wesentliches Ziel der Mitarbeiterführung ist, können die Merkmale der Führungssituation sowie das Verhalten des Vorgesetzten unmittelbar als Determinanten des Lerntransfers interpretiert werden. Diese lassen sich zu einem großen Teil auf der Unternehmens- und der Gruppenebene verorten. Des Weiteren lässt sich die besondere Rolle des *Vorgesetzten* im Transferprozess ableiten. Dabei ist jedoch die spezifische Ausgestaltung des Führungsstils (autoritär, kooperativ etc.)[314] nachrangig, weil diese abhängig ist von der Führungsperson und -situation, und bezogen auf den Lerntransfer keiner weiteren Differenzierung bedarf.

WEINERT (2004) nennt ferner als weitere Einflussvariablen auf den Führungsprozess: die Art der Arbeit, die Organisationsebene, das Organisationsklima, die Größe der Arbeitsgruppe, die Positionsmacht der Gruppe, die Homogenität der Gruppe, die Arbeits- und Lebenswerte der Untergebenen, den Einfluss des Führenden nach „oben" sowie das Be- und Entlohnungssystem. Er betont weiterhin, dass diese Variablen über das Verhalten der Führungsperson Effekte auf die Arbeitsgruppe auslösen, die sich in der Arbeitsleistung und -zufriedenheit, der Motivation, den Einstellungen, dem Fernbleiben vom Arbeitsplatz, der Kündigungshäufigkeit

---

SON (2008) und das Entscheidungsmodell von VROOM & YETTON (1973), VROOM & JAGO (1974) bzw. VROOM & JAGO (1988) und VROOM (2000).

[311] Vgl. WEINERT (2004), S. 483.

[312] Vgl. WEINERT (2004), S. 459.

[313] Vgl. VON ROSENSTIEL (2006), S. 364; VON ROSENSTIEL ET AL. (2005), S. 315 ff.; VON ROSENSTIEL & WEGGE (2004), S. 501 ff. Auch WEINERT (2004) identifiziert die Modellelemente von VON ROSENSTIEL (2006) als die wesentlichen Komponenten verschiedener Führungstheorien resp. -modelle (S. 462).

[314] Führungsverhalten und Führungsstil sind nicht als synonym zu betrachten. Das Führungsverhalten bezieht sich auf die situationsabhängigen Aktivitäten des Führenden. Der Führungsstil hingegen motiviert das Verhalten auf Grundlage von stabilen Bedürfnissen in unterschiedlichen Situationen. Vgl. WEINERT (2004), S. 465.

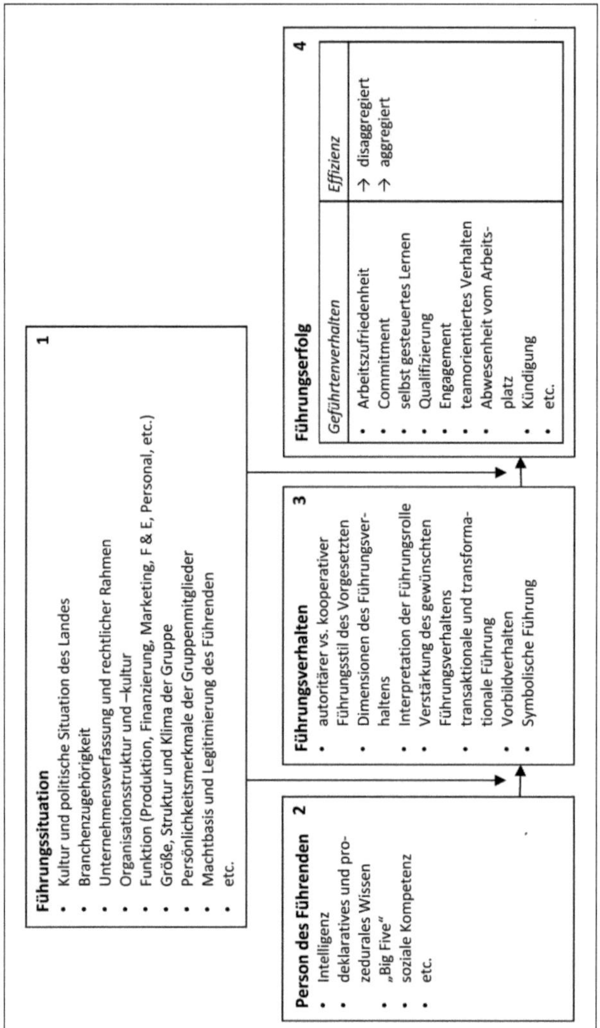

Abbildung 3.3: Rahmenmodell der Führung. Quelle: In enger Anlehnung an VON ROSENSTIEL (2006), S. 364.

sowie dem Verantwortungsgefühl widerspiegeln.[315] Beide Autoren betonen somit die Bedeutung von kulturellen und strukturellen Rahmenbedingungen in der weiten (*Kultur und Politik des Landes; Branche; Unternehmensverfassung, -politik und -kultur/-klima; Organisationsstruktur und -ebene/-bereich; Entgelt- und Anreizgestaltung*) und der engen Arbeitsumgebung (*Arbeitstätigkeit*) sowie die Zusammensetzung und die Charakteristika der Arbeitsgruppe (*Größe; aggregierte individuelle Teilnehmermerkmale; Heterogenität; Klima; Rolle des Vorgesetzten* usw.).

Eine weitere Differenzierung der Situationsvariablen liefert die Weg-Ziel-Theorie über die Unterteilung in zwei Klassen von Kontingenz-/Situationsvariablen, welche die Beziehung zwischen Führungsverhalten und dem Ergebnis der Gruppe moderieren: Die persönlichen Charakteristika des Mitarbeiters (u. a. *Fähigkeiten*, *Wahrnehmung* der eigenen Fähigkeiten, *job involvement*, *Persönlichkeit* (*Kontrollüberzeugung*, *Bedürfnisse* nach Unabhängigkeit und nach Leistung u. v. m.), *Erfahrungen*, *Selbstwertgefühl*) und die Charakteristika der Arbeitsumgebung (u. a. *Arbeitsaufgabe*, *Arbeitsgruppe*), welche sich der Kontrolle des Mitarbeiters entziehen.[316] Zusätzlich weist HOUSE (1996) auf den starken Einfluss der *Unterstützung durch den Vorgesetzten* auf den Mitarbeiter hin.[317] Prinzipiell ist die Zahl der Situationsvariablen jedoch nahezu unbegrenzt.

3.2.2.5 Gruppentheorien

Das Organizational Behavior berücksichtigt neben dem Verhalten von Individuen auch das Verhalten von Gruppen.[318] Da „[d]as Verhalten von Menschen in Gruppen [..] mehr [ist] als die Gesamtsumme des Einzelverhaltens aller beteiligten Individuen“[319], müssen auch gruppenspezifische Aspekte in der Betrachtung einbezogen werden. Die grundlegenden Ergebnisse der Gruppenforschung bieten daher einen guten Ansatzpunkt für eine differenzierte

---

[315] Vgl. WEINERT (2004), S. 460.

[316] Vgl. EVANS (1970); HOUSE & MITCHELL (1974), S. 85 ff.; HOUSE (1996), S. 336 f.; EVANS (1970), S. 281; WEINERT (2004), S. 500. Die Motivation und Zufriedenheit der Mitarbeiter werden im Rahmen der Theorie als Ergebnisse der Führung betrachtet und daher nicht als Einflussfaktor hervorgehoben. Vgl. WEINERT (2004), S. 496.

[317] Vgl. HOUSE (1996), S. 336 ff.

[318] Vgl. LEAVITT (1978), S. V ff.; PFEFFER (1982), S. 13; STAEHLE (1999), S. 161.

[319] ROBBINS (2007), S. 41, bzw. ROBBINS, JUDGE & CAMPBELL (2010), S. 237. Ähnlich bei TÜRK (1973), S. 309; JOHNSON & JOHNSON (1998), S. 12. ROBBINS ET AL. (2010) beziehen ihre Aussage auf die Leistung von Teams. Sie unterscheiden Arbeitsgruppen und Teams (S. 263) und konstatieren, dass sich Teams insb. durch positive Synergieeffekte aufgrund einer koordinierten Arbeitsanstrengung auszeichnen (S. 262). Auch WIENDIECK (1992) weist auf marginale Unterschiede hin (Sp. 2375). Vereinfachend wird im Folgenden angenommen (wie auch von ANTONI & BUNGARD (2004), S. 135), dass es sich bei den betrachteten Arbeitsgruppen um Teams nach dem Verständnis von ROBBINS ET AL. (2010) handelt, bzw. nach dem Verständnis von KRÜGER (1994) sowohl Dauer- als auch Spezialaufgaben bearbeitet werden (S. 54).

Analyse, wobei der Fokus auf dem Verhalten von Individuen in einer Gruppenumgebung, als Kernobjekt der Lerntransferproblematik, liegt.

Eine Gruppe ist im Allgemeinen dadurch gekennzeichnet, dass sie aus zwei oder mehr interdependenten Individuen besteht, welche sich durch soziale Interaktion gegenseitig beeinflussen.[320] Als typische Merkmale einer Gruppe benennt FORSYTH (1999) die Interaktion (1), Struktur (Rollen/Normen) (2), Kohäsion (3), soziale Identität (4) und Ziele (5):[321]

- Interaktion (1) innerhalb der Gruppe kann in verschiedenen Formen auftreten, wobei ein Hauptteil der Interaktion im Zusammenhang mit der zu bearbeitenden Aufgabe stattfindet.
- Diese Interaktion geschieht organisiert und miteinander verbunden innerhalb einer bestimmten Struktur (2), welche sich durch relativ stabile Beziehungsmuster unter den Mitgliedern einer Gruppe auszeichnet. Diese Beziehungsmuster sind durch spezifische Rollen und Normen innerhalb der Gruppe gekennzeichnet. Eine Rolle entspricht dem erwarteten Verhalten einer Person im Zuge der in der Gruppe bekleideten Position, wohingegen Normen im Gegensatz dazu implizite Standards sind, die vorschreiben, welches Verhalten generell in einem bestimmten Kontext als normal angesehen wird.
- Das dritte Gruppencharakteristikum ist die Stärke der Verbindungen zwischen den Gruppenmitgliedern (Kohäsion/3). MULLEN & COPPER (1994) konkretisieren das Konstrukt in die drei Teilaspekte: interpersonale Attraktivität, Gruppenstolz sowie Bekenntnis zur Gruppenaufgabe.[322] Kohäsion beschreibt demnach den Zusammenhalt innerhalb der Gruppe, die Anziehungskraft von bestimmten Mitgliedern und der Gruppe selber und den Grad, mit dem die Gruppenmitglieder ihre Zielerreichungsanstrengungen aufeinander abstimmen.
- Des Weiteren zeichnen sich Gruppen durch eine kollektive soziale Identität (4) aus. Sie ist der Teil des Selbstkonzepts, welches sich aus der Mitgliedschaft in einer sozialen Gruppe und Kategorie ableitet und welche mit den Mitgliedern derselben Gruppe oder Kategorie geteilt wird.
- Ein weiteres Merkmal sind die gemeinsamen Ziele (5), die durch die Gruppe verfolgt werden. FORSYTH (1999) konstatiert in diesem Zusammenhang, dass Gruppen es Individuen erleichtern, ihre Ziele zu erreichen.[323]

[320] Vgl. FORSYTH (1999), S. 5. Die Definition einer Gruppe ist nicht eindeutig vorzunehmen. Vgl. zu weiteren Definitionsvarianten FORSYTH (1999), S. 6; VON ROSENSTIEL (2007), S. 389; WEGGE (2006), S. 581; BERTHEL & BECKER (2010), S. 111; ROBBINS ET AL. (2010), S. 230; ANTONI (1994), S. 24 f.; ANTONI & BUNGARD (2004), S. 134 usw.

[321] Vgl. FORSYTH (1999), S. 7.

[322] Vgl. MULLEN & COPPER (1994), S. 211.

[323] Vgl. FORSYTH (1999), S. 7 ff.

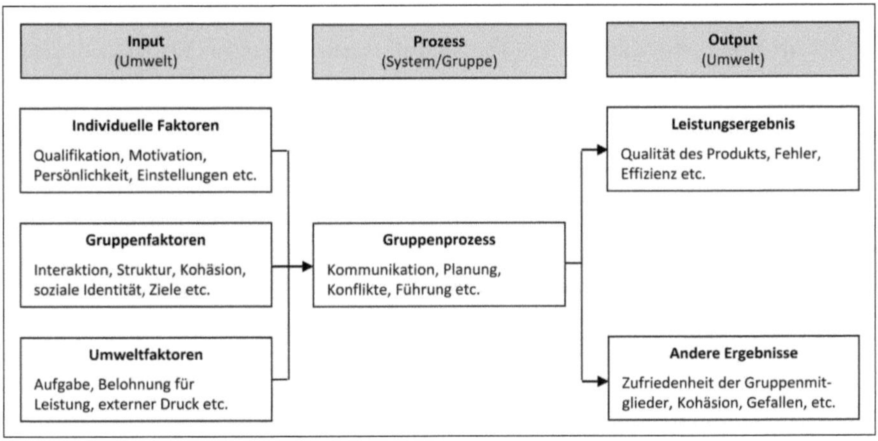

Abbildung 3.4: Determinanten der Gruppenleistung. Quelle: In Anlehnung an FORSYTH (1999), S. 49.[324]

Ein zentrales Merkmal von Gruppenarbeit im betrieblichen Kontext ist die Leistungsorientierung, wobei Arbeitsgruppen sich durch eine gemeinsam zu bearbeitende Aufgabe auszeichnen.[325] Der Leistungserbringungsprozess einer Gruppe kann in Form eines beispielhaften Input-Output-Modells erklärt werden (Abb. 3.4).

Als Input in den Gruppenprozess identifiziert dieses Modell Faktoren auf drei verschiedenen Ebenen. Die Inputs beziehen sich u. a. auf die Charakteristika der individuellen Gruppenteilnehmer, welche die Heterogenität der Gruppe bestimmen. Aber auch die o. g. Gruppencharakteristika spielen eine determinierende Rolle bei der Gruppenarbeit. Gleichzeitig wirken Umgebungsfaktoren auf den Gruppenprozess sein, welcher systemintern durch weitere Prozesse wie bspw. Kommunikation, Planung, Konflikte und Führung beeinflusst wird. Der Gruppenprozess generiert im Anschluss daran modellgemäß einen Output, welcher die Leistung der Gruppe, aber auch weitere Ergebnisse betrifft.

FORSYTH (1999) belegt mit seinem Modell erneut den Sinn der Berücksichtigung von Individuum, Gruppe und Umwelt in dem entwickelten Rahmenmodell. Da der Transfer des Erlernten innerhalb der Arbeitsgruppe stattfindet, welche das Verhalten der Teilnehmer determiniert, lassen sich die benannten Einflussfaktoren direkt auf den Lerntransfer übertragen. So werden exemplarisch als teilnehmerbezogene Determinanten *Qualifikation*, *Motivation*,

[325] Vgl. WIENDIECK (1992), Sp. 2376 (bezogen auf die Leistungsorientierung von Teams); HACKER (1994), S. 61; WEGGE (2006), S. 581 f.; ANTONI & BUNGARD (2004), S. 153; ANTONI (1994), S. 25.

Persönlichkeit sowie *Einstellungen* hervorgehoben. Determinanten, die sowohl der Lern- als auch der Arbeitsumgebung zuzuordnen sind, sind die bereits benannten Charakteristika einer Gruppe, namentlich die *Interaktion*, *Struktur* (Rollen/Normen), *Kohäsion*, *soziale Identität* und *Ziele*.

Des Weiteren spielen in beiden Determinantenbereichen die Aufgabe (*Lerninhalte*, *Arbeitsaufgabe*), eventuelle *extrinsische und intrinsche Belohnungen* für die Leistung, *externer Druck* usw. eine Rolle. VON ROSENSTIEL (2007) weist zusätzlich darauf hin, dass nicht allein die zwischenmenschlichen Einflussfaktoren Relevanz für die Effektivität der Gruppenarbeit haben, sondern auch sogenannte „harte" Determinanten wie die *Organisationsstruktur*, die *Art und Anzahl der Aufgaben* sowie die *technisch-sachlichen Ressourcen* usw.[326]

3.3 Lerntransfermodelle

3.3.1 Bestimmung und Auswahl der relevanten Modelle

Modelle zur Beschreibung des Lerntransfers in der betrieblichen Weiterbildung gibt es viele.[327] Sie bieten durch ihre verschiedenen Ausrichtungen eine solide Grundlage, um unterschiedliche Transferdeterminanten zu identifizieren. Für die Modellauswahl wird der Modellbegriff nach STACHOWIAK (1973) und der Lerntransfermodellbegriff nach LEMKE (1995) zu Grunde gelegt. STACHOWIAK (1973) stellt drei Hauptmerkmale von Modellen als charakteristisch heraus: das Abbildungsmerkmal, das Verkürzungsmerkmal und das pragmatisches Merkmal.[328] Laut dem Abbildungsmerkmal sind Modelle Abbildungen resp. Repräsentationen von natürlichen oder künstlichen Originalen. Diese Originale können wiederum selbst Modelle sein. Dabei bilden die Modelle zumeist nicht alle Attribute des Originals ab, sondern nur diejenigen, die von Relevanz sowohl für den Erschaffer des Modells als auch für dessen Nutzer sind (Verkürzungsmerkmal). NOE (2000) weist darauf hin, dass ein Modell nur schwer alle relevanten Konstrukte abbilden kann, da eine nahezu vollständige Darstellung eine zu hohe Komplexität und einen mangelnden praktischen Nutzen mit sich bringen

[325] FORSYTH (1999) bezieht sich auf MACGRATH (1964), S. 113 ff. Ein ähnliches Input-Output-Modell findet sich auch bei WELDON & WEINGART (1993), S. 314 und BERTHEL & BECKER (2010), S. 123.

[326] Vgl. VON ROSENSTIEL (2007), S. 388.

[327] Weitere Lerntransfermodelle – neben den hier vorgestellten – finden sich bspw. bei RANK & WAKENHUT (1998b), S. 14; TANNENBAUM ET AL. (1991), S. 762; MATHIEU, TANNENBAUM & SALAS (1992), S. 842; TRACEY, TANNENBAUM & KAVANAGH (1995), S. 244; THAYER & TEACHOUT (1995), S. 5; FACTEAU, DOBBINS ET AL. (1995), S. 7; KOZLOWSKI & SALAS (1997), 265; HOLTON III & BALDWIN (2003), S. 8; SOLGA (2011b), S. 344 u. v. a.

[328] Vgl. STACHOWIAK (1973), S. 131 ff. Ähnlich bei HERZOG (1984), S. 85 f.

würde.[329] Auch ist die Zuordnung der Modelle zu ihren Originalen nicht immer eindeutig, sie ersetzen diese vielmehr. Diese Ersetzungsfunktion erfolgt für bestimmte Subjekte, innerhalb bestimmter zeitlicher Intervalle und für einen bestimmten Zweck. Es ist also nicht nur wichtig, was das Modell abbildet, „sondern auch, für wen, wann und wozu bezüglich seiner je spezifischen Funktionen es Modell ist“[330] (pragmatisches Merkmal). In diesem Sinne definiert LEMKE (1995) ein Lerntransfermodell wie folgt:

> *Ein Lerntransfermodell bildet den Lerntransferprozess und seine Bestimmungsgrößen anschaulich (Abbildungsmerkmal), aber nicht zwangsläufig vollständig (Verkürzungsmerkmal) ab. Ziel eines Lerntransfermodells ist die Bestimmung der Einflussfaktoren des Lerntransfers und die Entwicklung eines Lösungsansatzes zur Bewältigung der Lerntransferproblematik (pragmatisches Merkmal).*[331]

Die vorliegende Arbeit folgt diesem Verständnis, allerdings wird einschränkend dazu angenommen, dass die Veranschaulichung des Transferprozesses über eine grafische Darstellung vorgenommen wird. Die Bestimmungsgrößen des Prozesses stellen entsprechend dem entwickelten Verständnis die Lerntransferdeterminanten dar.

Die für diese Arbeit ausgewählten Modelle betrachten den Lerntransfer als Teilproblematik der betrieblichen Weiterbildung sowohl aus einem ganzheitlichen Blickwinkel als auch reduziert auf ausgewählte Teilbereiche. Aufgrund des Verkürzungsmerkmals ist es sinnvoll, verschiedene Modelle vorzustellen, um einen möglichst breiten Einblick in die relevanten Transferdeterminanten zu erlangen. Es werden diejenigen Modelle ausgewählt und analysiert, die sowohl im Hinblick auf ihren Beitrag für die Strukturierung als auch für die Identifikation verschiedener Determinanten den größten Erklärungsbeitrag liefern. Daher erhebt die Auswahl der Modelle keinen Anspruch auf Vollständigkeit, wohl aber auf Zweckmäßigkeit für den weiteren Verlauf des Forschungsrahmens. Die Modelle zeichnen sich jeweils durch eine spezifische Besonderheit aus, die sie für die Analyse im Rahmen dieser Arbeit qualifizieren.

Zwei Transfermodelle haben die Transferforschung im Rahmen der betrieblichen Weiterbildung in den letzten 25 Jahren stark geprägt: das Modell von BALDWIN & FORD (1988) und das Modell von NOE (1986).[332] Das Modell von BALDWIN & FORD (1988) stellt den Ursprung der Einteilung der Transferdeterminanten in die Bereiche Teilnehmer, Lernumgebung und Arbeitsumgebung dar, während NOE (1986), reduktionistisch geprägt, die moti-

---

[329] Vgl. NOE (2000), S. 363 f.

[330] STACHOWIAK (1973), S. 133.

[331] Vgl. LEMKE (1995), S. 8 f.

[332] Vgl. KRAIGER (2003), S. 172.

vationalen Einflussfaktoren des Teilnehmers beleuchtet. Die Kernüberlegungen dieser beiden Modelle wurden in vielen weiteren Modellen aufgegriffen und sind daher Ausgangspunkt der Modellanalyse. Die darauf folgenden Modelle nehmen jeweils Bezug auf Elemente der beiden Modelle, aus deren Weiterentwicklungen sich zusätzliche Determinanten und Zusammenhänge ableiten lassen.[333]

Das Modell von Dubs (1994) greift sowohl teilnehmerspezifische als auch arbeitsumgebungsspezifische Determinanten auf und legt einen besonderen Fokus die weite Arbeitsumgebung, d. h. im Speziellen die Weiterbildungskonzeption des Unternehmens; das Modell von Cannon-Bowers et al. (1995) berücksichtigt sowohl Überlegungen von Baldwin & Ford (1988) als auch von Noe (1986) und pointiert eine Vielzahl an Determinanten, die an verschiedenen Stellen des Transferprozesses ansetzen und seinem dynamischen Charakter Rechnung tragen. Colquitt et al. (2000) entwickeln das Modell von Noe (1986) weiter, mit dem Ziel, eine integrative Theorie der Weiterbildungsmotivation zu schaffen. Dabei bieten sie Hinweise auf eine Vielzahl an teilnehmer- und arbeitsumgebungsspezifischen Determinanten. Ein weiteres stark beachtetes Modell ist das Lerntransfer-System-Inventar von Holton III et al. (2000), mit dem eine andere Zielstellung verbunden ist als mit den vorherigen Modellen. Holton III et al. (2000) versuchen eine einheitliche und generalisierbare Auswahl an Transfersystemskalen zur Bewertung der Transferdeterminanten zu schaffen. Dabei beziehen sich die Forscher sowohl auf Ansätze von Baldwin & Ford (1988) als auch von Noe (1986).

Im Gegensatz zu den vorherigen Modellen verfolgt das Modell von Marx (1982) einen verhaltensorientierten Ansatz und ermöglicht dadurch einen differenzierten Blickwinkel auf ein Teilproblem des Transferprozesses. Es bietet somit weitere Anknüpfungspunkte für die Identifikation von Transferdeterminanten.

3.3.2 Modelldarstellung und Identifikation der Lerntransferdeterminanten

3.3.2.1 Rahmenmodell des Transferprozesses von Baldwin & Ford

Das von Baldwin & Ford (1988) entwickelte Rahmenmodell pointiert drei grundlegende Bereiche des Lerntransferprozesses: Transferbedingungen, Outputs und Inputs. In Anlehnung an ihre Definition des Lerntransferbegriffes heben sie als wesentliche Bedingungen für einen erfolgreichen Lerntransfer die Generalisierung des Gelernten im Funktionsfeld und die

[333] Diese Modelle werden in chronologischer Abfolge dargestellt.

Aufrechterhaltung des Gelernten über die Zeit hervor. Unter dem Output des Trainings verstehen sie demnach die in der Weiterbildungsmaßnahme erlernten Inhalte und den Erhalt derselbigen nach Beendigung der Maßnahme. Im Zusammenhang mit den Trainingsinputs verweisen die Autoren auf drei wesentliche Gruppen von Determinanten: den Teilnehmer, das Trainingsdesign und die Arbeitsumgebung, und schaffen dadurch eine Taxonomie, welche im Kontext des Lerntransfers immer wieder aufgegriffen wird.[334]

Eine genauere Betrachtung der in Abbildung 3.5 wiedergegebenen Interdependenzen zwischen den Modellelementen zeigt, dass sowohl der Input als auch der Output des Trainings direkten wie indirekten Einfluss auf die Transferbedingungen ausübt. Diese Einflüsse werden in dem Modell durch sechs verschiedene Pfeile wiedergegeben, wobei die Pfeile 1-3 auf die indirekten und die Pfeile 4-6 auf die direkten Beeinflussungen hinweisen.[335]

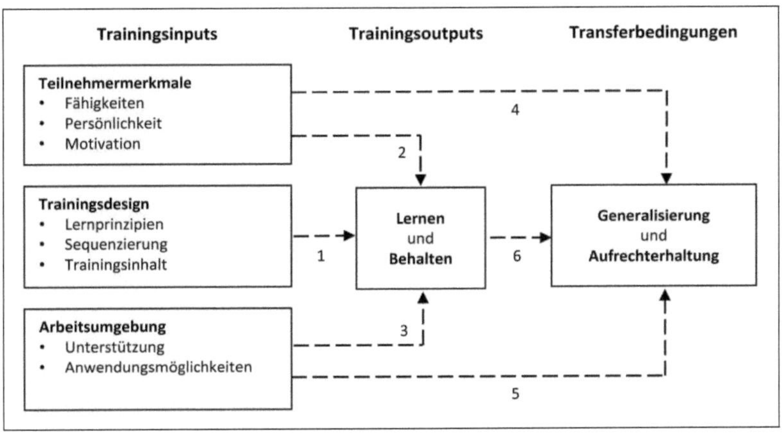

Abbildung 3.5: Rahmenmodell des Transferprozesses. Quelle: BALDWIN & FORD (1988), S. 65.

Durch die direkte Verbindung des Trainingsoutputs mit den Transferbedingungen (6) betonen BALDWIN & FORD (1988) gemäß ihres Transferverständnisses, dass als Voraussetzung für Transfer die Inhalte gelernt und behalten werden müssen. Diese Outputkomponente hat somit einen unmittelbaren Einfluss auf die Generalisierung und Aufrechterhaltung der erlernten Inhalte. Hierdurch wird erneut die Trennung der Konstrukte „Lernen" und „Transfer" akzentuiert.[336] Weitere direkte Effekte auf die Transferbedingungen sprechen die Autoren den Merkmalen des Teilnehmers und der Arbeitsumgebung zu (4-5). So ist ein positiver Trans-

[334] Vgl. BALDWIN & FORD (1988), S. 64.

[335] Vgl. BALDWIN & FORD (1988), S. 65 f.

[336] Vgl. dazu die Abschnitte 2.2 („Lernen") und 2.3.1 („Begriffsexplikation").

fer ins Funktionsfeld bspw. nur möglich, wenn der Teilnehmer hinreichend gut motiviert ist (4) und er die Möglichkeit bekommt, dass Gelernte auch tatsächlich anwenden zu können (5). Indirekten Einfluss üben die Inputfaktoren über die Outputfaktoren auf die Transferbedingungen aus (1-3). Die Trainingsergebnisse werden demnach direkt von den Teilnehmermerkmalen, dem Trainingsdesign und der Arbeitsumgebung beeinflusst. Rückwirkungen im Transferprozess von den Transferbedingungen und den Outputfaktoren auf die Inputvariablen sind nicht Bestandteil dieser Modellierung. Der Prozess richtet sich somit ausschließlich auf den Transfer resp. die Generalisierung und Aufrechterhaltung des Gelernten im Funktionsfeld.[337]

Das Modell von BALDWIN & FORD (1988) zeichnet sich durch seine äußerliche Einfachheit, aber auch durch seine ganzheitlich Betrachtung des Transferprozesses und seiner Bedingungsfaktoren aus. Es gehört zu den bekanntesten Transfermodellen im Rahmen der betrieblichen Weiterbildung. Das Modell bietet wichtige Anhaltspunkte für die Identifikation und Strukturierung möglicher Lerntransferdeterminanten und lässt erste Vermutungen im Hinblick auf die Komplexität der Interdependenzen zwischen den Einflussfaktoren zu. BALDWIN & FORD (1988) geben die von ihnen identifizierten Determinanten strukturiert wieder. Die teilnehmerspezifischen Determinanten umfassen in diesem Modell die *Fähigkeiten* und *Fertigkeiten*[338] sowie *Persönlichkeit* und *Motivation* des Teilnehmers. Weiterhin werden als das Trainingsdesign betreffende Einflussfaktoren pädagogisch-psychologische *Lernprinzipien* sowie die Sequenzierung (*didaktische Strukturierung*) und *Inhalt* der Maßnahme genannt. Im Rahmen der Arbeitsumgebung heben BALDWIN & FORD (1988) im Speziellen die *Unterstützung* im Funktionsfeld und die *Anwendungsmöglichkeit* hervor.[339]

Nichtsdestotrotz leidet das Modell an der mangelnden empirischen Validierung.[340] Bereits BALDWIN & FORD (1988) bemängeln, dass es hier an einem theoretischen Rahmenkonzept fehlt, das die Untersuchung und Auswahl möglicher Faktoren anleiten könnte.[341] Auch im Kontext des Trainingsdesigns fehlt es an umfassenden empirisch belegten Nachweisen für eine optimale transferförderliche Gestaltung der Faktoren. Lediglich bei den Lernprinzipien findet eine Operationalisierung statt. Einflüsse durch das soziale Umfeld bleiben jedoch unberücksichtigt. Eingehende Belege für die Faktoren der Arbeitsumgebung bleiben ebenso aus. Zudem gelingt es den Autoren nicht, alle grundsätzlich möglichen Einflussfaktoren zu

[337] Vgl. BALDWIN & FORD (1988), S. 65 f.

[338] Fertigkeiten werden von BALDWIN & FORD (1988) in ihrem Modell nicht visualisiert, jedoch in der Modellbeschreibung benannt (S. 64).

[339] Vgl. BALDWIN & FORD (1988), S. 64.

[340] Vgl. RANK & WAKENHUT (1998b), S. 12 f.; PIEZZI (2002), S. 15.

[341] Vgl. BALDWIN & FORD (1988), S. 82; RANK & WAKENHUT (1998b), S. 12.

erfassen und zueinander in Beziehung zu setzen.[342] Im Übrigen bleiben Wechselwirkungen zwischen den Bereichen unberücksichtigt.

3.3.2.2 Modell der motivationalen Einflussfaktoren auf die Trainingseffektivität von Noe

Das Modell von NOE (1986) verbindet sowohl motivationale als auch umgebungsspezifische Einflussfaktoren zur Beschreibung des Einflusses von Eigenschaften und Einstellungen der Teilnehmer auf die Effektivität von Weiterbildungsmaßnahmen. Hierbei werden solche Konstrukte hervorgehoben, welche die Lernmotivation des Teilnehmers und die Übertragung des Gelernten in das Funktionsfeld beeinflussen (Abb. 3.6).

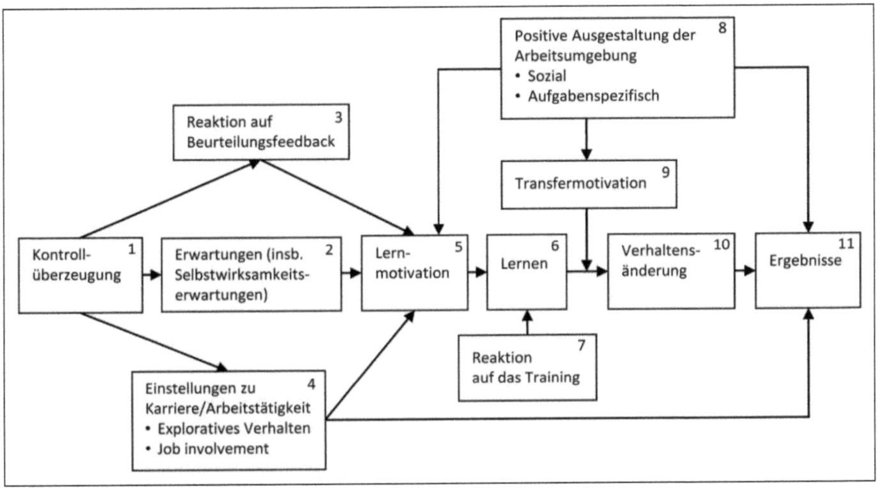

Abbildung 3.6: Modell der motivationalen Einflussfaktoren auf die Trainingseffektivität. Quelle: NOE (1986), S. 738.

Ausgangspunkt des Modells ist die Kontrollüberzeugung (1) des Teilnehmers, welche über verschiedene Einflussfaktoren schlussendlich in im Unternehmen sichtbare Ergebnisse (11) mündet. Die Kontrollüberzeugung, also inwieweit der Teilnehmer seine Arbeitsergebnisse auf interne oder externe Einflüsse zurückführt (Attribution), bestimmt:

- wie der Teilnehmer auf die Bewertung seiner Stärken und Schwächen reagiert (3),
- seine Selbstwirksamkeits- und Ergebniserwartungen (2) sowie

[342] Vgl. PIEZZI (2002), S. 13 f.; RANK & WAKENHUT (1998b), S. 12.

- seine Bewertung der eigenen Arbeitsleistung, die Identifikation mit der Arbeitstätigkeit und die Einschätzung seiner eigenen Interessen, Fähigkeiten, Stärken, Schwächen und die Karriereplanung (4).

Die drei genannten Bereiche beeinflussen unmittelbar die Lernmotivation im Zentrum des Modells (5), welche zusätzlich durch die Arbeitsumgebung (8) determiniert wird. Mitarbeiter sind stärker motiviert zu lernen, wenn sie ihre Arbeitsumgebung positiv wahrnehmen. Dies ist dann der Fall, wenn alle notwendigen Ressourcen zur Verfügung stehen, aber auch, wenn die interpersonalen Beziehungen mit Kollegen und Vorgesetzten durch eine offene Kommunikation und durch Feedback- und Unterstützungsmöglichkeiten geprägt sind. Sowohl die positive Ausgestaltung der Arbeitsumgebung als auch die arbeitsbezogenen Einstellungen (4) wirken laut NOE (1986) direkt auf das letztendliche Ergebnis ein.[343]

Neben den beiden genannten Modellelementen wird das Ergebnis durch die Lernmotivation indirekt über das Lernen (6) und die Verhaltensänderung (10) gesteuert. Einfluss auf das Lernen (6) nimmt neben der Lernmotivation (5) auch die Reaktion des Teilnehmers auf das Training (7), d. h. die Zufriedenheit mit dem Trainer und den Inhalten der Maßnahme. NOE (1986) nimmt durch die Kausalbeziehung Reaktionen – Lernen – Verhalten – Ergebnisse Bezug auf das Ebenenmodell von KIRKPATRICK. Die Reaktionen des Teilnehmers (7) nehmen jedoch nur eine untergeordnete Rolle ein. Bevor der Lernprozess schlussendlich in eine Verhaltensänderung (10) im Funktionsfeld münden kann, wird dieser Effekt durch die Transfermotivation (9) abgemildert oder bestärkt.

NOE (1986) gelingt es gut, in seinem Modell wesentliche Lerntransferdeterminanten sowohl aus dem Bereich des Teilnehmers als auch zum Teil aus dem Kontext der Arbeitsumgebung zu identifizieren und in Beziehung zueinander zu setzen. Als Determinanten des Lerntransfers hebt er dabei in Bezug auf den Teilnehmer auf Grundlage kognitiv-motivationaler Theorien die *Kontrollüberzeugung*, Erwartungen (*Selbstwirksamkeits- und Ergebniserwartung*), karriere- und arbeitstätigkeitsbezogene Einstellungen (*Exploration, Involvement*), *Selbsteinschätzung* (Bewertung der eigenen Leistung und Qualifikation) sowie die *Lern-* und *Transfermotivation* und die *Reaktionen* des Teilnehmers auf die Weiterbildungsmaßnahme und das Beurteilungsfeedback hervor. Aussagen über eine positive Ausgestaltung der Arbeitsumgebung betreffen hier soziale und aufgabenspezifische Elemente, wobei speziell der *Wahrnehmung* von *sozialer Unterstützung* und dem Vorhandensein von *technisch-sachlichen* und *finanziellen Ressourcen* ein determinierender Einfluss zugewiesen wird. Indirekt wird zudem auf die Einflusswirkung von *Feedback* hingewiesen.

[343] Vgl. NOE (1986), S. 738 f.

Die Anwendbarkeit und Nützlichkeit dieses Modells ist jedoch eingeschränkt.[344] Eine Validierung des Modells durch NOE & SCHMITT (1986) ergab schließlich, dass viele Modellelemente keinen statistisch signifikanten Zusammenhang aufwiesen. Aufbauend auf dieser Untersuchung entwickelten die Autoren ein alternatives Modell, welches die Zusammenhänge des genutzten Datensatzes am besten beschreibt.[345] Da das alternative Modell jedoch nicht als konfirmatorisch anerkannt wurde und auch keine Hinweise auf weitere Transferdeterminanten bietet, sondern nur die vorhandenen anders anordnet, soll auf eine detaillierte Darstellung an dieser Stelle verzichtet werden.

3.3.2.3 Ganzheitliches Modell für die betriebliche Weiterbildung von Dubs

Das Modell von DUBS (1994) wurde entwickelt, um eine ganzheitliche Betrachtung der Transferproblematik in der betrieblichen Weiterbildung zu ermöglichen und Maßnahmen zur Transferverbesserung und zur Beschleunigung von Lernprozessen mit speziellem Fokus auf die Arbeitsumgebung zu dokumentieren.[346] DUBS (1994) berücksichtigt in seiner Modellierung nicht nur die pädagogische Perspektive der Lernumgebung, sondern misst auch der Arbeitsumgebung eine hohe Bedeutung und ein breiteres Verständnis bei, u. a. indem er die unternehmenspolitische Ebene in seine Überlegungen integriert.

Dazu unterteilt er zunächst in die zentralen Elemente Umfeld in dem Unternehmen (1), Charakteristik der weiterzubildenden Mitarbeiter(innen) (2) und Weiterbildungskonzeption des Unternehmens (3) (Abb. 3.7). Unterstützt durch Transfermaßnahmen und Lernprozesse in dem Unternehmen (1) sowie organisatorisches Lernen (5) soll durch eine optimale Gestaltung der Hauptelemente eine Verbesserung der täglichen Arbeit (6) und unmittelbar auch Veränderungen im ganzen Unternehmen (7) angestoßen werden.

Im Zentrum des Modells steht die Weiterbildungskonzeption (3), welche DUBS (1994) in die Weiterbildungspolitik, das Weiterbildungskonzept und den Jahresplan unterteilt. Im Zusammenhang mit der Weiterbildungskonzeption verweist er auf die Notwendigkeit eines einheitlichen Bezugsrahmens, welcher die Weiterbildungsmaßnahmen in die Unternehmungspolitik und das Führungskonzept der Unternehmung einbettet. Weiterhin sollte die Weiterbildung kontinuierlich und systematisch durchgeführt und an die relevanten Mitarbeitergruppen angepasst werden, da vereinzelte unabgestimmte Maßnahmen ihre Wirkung verfehlen. Ein eindeutiger Theorie-Praxis-Bezug sorgt zusätzlich dafür, dass die Maßnahmen auf der einen

---

344 Vgl. NOE (1986), S. 738; VELADA & CAETANO (2007), S. 285; SANTOS & STUART (2003), S. 31.

345 Vgl. NOE & SCHMITT (1986), S. 513 ff.

346 Vgl. DUBS (1994), S. 20 f. sowie DUBS (1990). DUBS (1994) spricht in seinen Ausführungen von Management-Ausbildung und nicht von Weiterbildung.

Seite auf die praktischen Probleme im Unternehmen abgestimmt werden, aber auf der anderen Seite auch eine sinnvolle theoretische Fundierung aufweisen. Zusammen mit einer, auf das jeweilige Weiterbildungsziel abgestimmten Mischung an Methoden, und einer Vorabklärung welche Aspekte, on-the-job oder off-the-job effektiv vermittelt werden können, kann eine ganzheitliche Wirkung der Weiterbildung ausgelöst werden.[347]

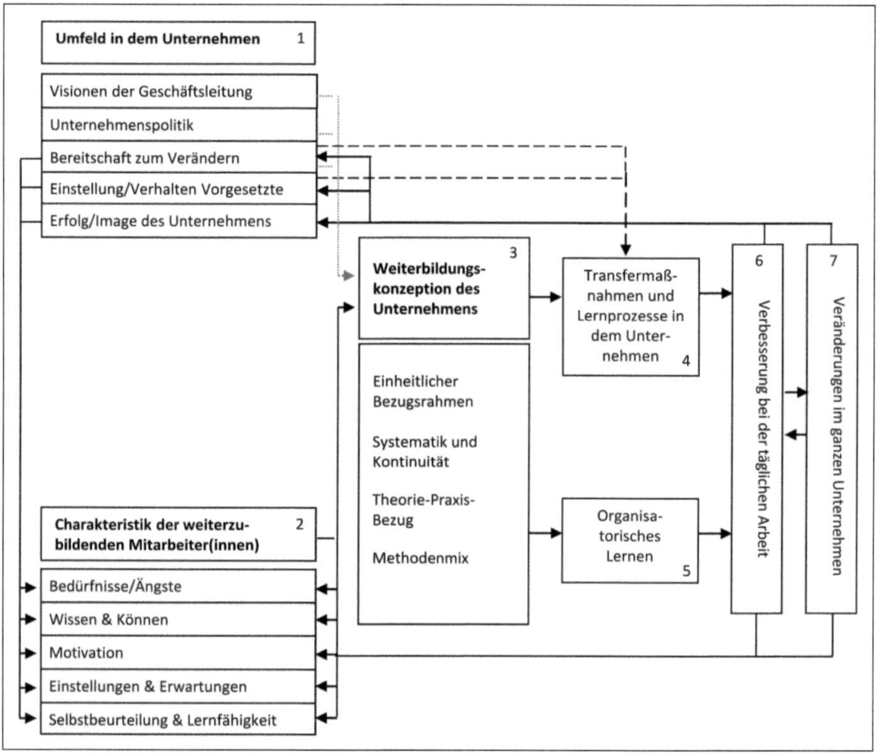

Abbildung 3.7: Ganzheitliches Modell für die betriebliche Weiterbildung. Quelle: DUBS (1994), S. 20.

Eine gut konzeptionierte Weiterbildung reicht jedoch nicht aus, um Veränderungsprozesse im Unternehmen auszulösen, wenn das Umfeld im Unternehmens (1) nicht unterstützend gestaltet wird. Daher bezieht DUBS (1994) den Einfluss der Visionen der Geschäftsleitung, der Unternehmenspolitik und der Veränderungsbereitschaft des Unternehmens auf die Weiterbildungskonzeption mit ein. Gleichzeitig gehen Impulse von der Veränderungsbereitschaft

[347] Vgl. DUBS (1994), S. 21 ff.

(Klima), dem Verhalten des Vorgesetzten und dem Erfolg bzw. Image des Unternehmens auf die Charakteristika der weiterzubildenden Mitarbeiter (2) aus, welche wiederum determinierende Effekte auf die Gestaltung der Weiterbildungskonzeption (3) haben. Dubs (1994) stellt in diesem Zusammenhang als wichtigsten Einflussfaktor die Bedürfnisse und Ängste der Mitarbeiter heraus, welche neben den strategischen Absichten des Unternehmens als Ausgangspunkt für die Gestaltung der Weiterbildungsmaßnahmen berücksichtigt werden sollten. Ein weiterer Aspekt ist die qualifikationsspezifische Ausrichtung der Weiterbildung. Zusätzlich spielen die Motivation, die Einstellungen und die Erwartungen der Mitarbeiter eine große Rolle. Dubs (1994) weist zudem noch einmal gesondert darauf hin, dass ein Zusammenhang zwischen der Veränderungsbereitschaft und dem Verhalten des Vorgesetzten mit den Transfermaßnahmen und den Lernprozessen im Unternehmen (4) besteht. Schlussendlich haben die sich ergebenen Veränderungen im Unternehmen (7) Rückwirkungen sowohl auf das Umfeld im Unternehmen (1) als auch die individuellen Charakteristika des Teilnehmers (2). Im Gegensatz zu anderen Transfermodellen berücksichtigt Dubs (1994) außerdem das organisatorische Lernen (5).[348]

Dubs (1994) integriert, anders als eine Vielzahl anderer Forscher, die *Konzeptionierung der betrieblichen Weiterbildung* in sein Lerntransfermodell und gibt zusätzlich Empfehlungen zur Verbesserung derselbigen. Dabei verweist er auf die Bedeutung eines einheitlichen Bezugsrahmens, auf einen eindeutigen Theorie-Praxis-Bezug der *Inhalte*, auf eine systematische und kontinuierliche Durchführung und einen vielfältigen *Methoden*mix zur Vermittlung der Inhalte. Gleichzeitig nennt er Einflüsse des Unternehmensumfeldes, wie die *Vision der Geschäftsleitung*, die *Unternehmenspolitik*, die Veränderungsbereitschaft (*Unternehmenskultur*), *Einstellungen und Verhalten des Vorgesetzten* sowie *Erfolg* und *Image des Unternehmens*. Als teilnehmerspezifische Determinanten nimmt er *Bedürfnisse* und *Ängste*, *Wissen*, *Fähigkeiten* und *Fertigkeiten* (Können), *Motivation*, *Einstellungen* und *Erwartungen* sowie *Selbstbeurteilung* und *Lernfähigkeit* in sein Modell auf. Dubs (1994) macht allerdings nur in Ansätzen konkrete Aussagen zu den Zusammenhängen zwischen den Transferdeterminanten, welche zudem nicht empirisch validiert werden. Weiterhin fällt auf, dass die Determinanten trotz ihrer Zuordnung zu einer bestimmten Determinantengruppe, wie dem Umfeld im Unternehmen, auf verschiedenen Ebenen des Transferprozesses und der Arbeitsumgebung ansetzen.[349] Eine weitere Untergliederung der Einflussfaktoren wäre daher notwendig gewesen.

[348] Vgl. Dubs (1994), S. 21 ff.

[349] Vgl. Piezzi (2002), S. 19.

3.3.2.4 Umfassendes Modell der Weiterbildungseffektivität von Cannon-Bowers, Salas, Tannenbaum & Mathieu

CANNON-BOWERS ET AL. (1995) präsentieren ein sehr umfangreiches Transfermodell, um ein detailliertes Verständnis des komplexen Phänomens der Effektivität von Weiterbildungsmaßnahmen zu beschreiben. Die Autoren unterteilen die Determinanten der Weiterbildungseffektivität in die drei bekannten Bereiche: Teilnehmer, Trainingsdesign und Arbeitsumgebung, wobei die zugehörigen Faktoren sowohl vor als auch während oder nach dem Training verortet werden (Abb. 3.8).[350]

Vor Beginn einer Weiterbildungsmaßnahme bilden sich bei den Teilnehmern Erwartungen und Wünsche an das Training (1), die sowohl durch die individuellen Merkmale des Teilnehmers (2) als auch durch organisationale und situative Merkmale der Arbeitsumgebung (3) geformt werden. Die Erfüllung dieser Erwartungen und Wünsche (4) stellt zusammen mit den eigentlichen Merkmalen des Trainings die weiteren Bedingungen für den Transfer bereit. Die Determinanten des Trainingsdesigns (5) beeinflussen unmittelbar neben den Erwartungen und Wünschen (1) auch das Lernen (7) und das Verhalten während des Trainings (8) sowie die Trainingsmotivation (6). Gleichzeitig wirken auf die Trainingsmotivation (6) erneut die organisationalen und situativen (3) sowie die individuellen Merkmale (2) ein.[351]

In Anlehnung an KIRKPATRICK sowie NOE (1986) greifen die Autoren die dort vorgestellten vier Ergebnisebenen: Reaktionen (11), Lernen (7), Verhalten (8/9) und organisationale Ergebnisse (10) auf. Im Gegensatz zu KIRKPATRICK (1996) sehen sie die Elemente jedoch nicht als hierarchisch aufeinander aufbauend. Zusätzlich modellieren die Autoren Einflussfaktoren, die auf diese Kernelemente einwirken.[352] So stehen in dieser Modellierung die Reaktionen der Teilnehmer (11) in keinem unmittelbaren Zusammenhang zu der Kausalitätskette Lernen (7), Verhalten (8/9) und Ergebnisse (10). Ob ein Lernprozess stattfindet, wird nach CANNON-BOWERS ET AL. (1995) durch die individuellen Merkmale (12), die Erfüllung der Erwartungen (4), die Trainingsmotivation (6) und das Trainingsdesign (5) bestimmt. Hat ein Lernprozess stattgefunden, kann dies zu einer Verhaltens- bzw. Leistungsänderung des Teilnehmers (8/9) führen. Die Autoren trennen bewusst die Verhaltenskomponente des Modells in das Verhalten während des Trainings (8) und das Verhalten am Arbeitsplatz (9). Dadurch gelingt es, die Einflussfaktoren differenzierter aufzuschlüsseln.[353]

---

[350] Vgl. CANNON-BOWERS ET AL. (1995), S. 142 f.; HÖFT (2006), S. 789.

[351] Vgl. CANNON-BOWERS ET AL. (1995), S. 141 ff. Vgl. für eine ausführliche Beschreibung des Modells TANNENBAUM, CANNON-BOWERS ET AL. (1993).

[352] Vgl. CANNON-BOWERS ET AL. (1995), S. 142.

[353] Vgl. CANNON-BOWERS ET AL. (1995), S. 145 ff.

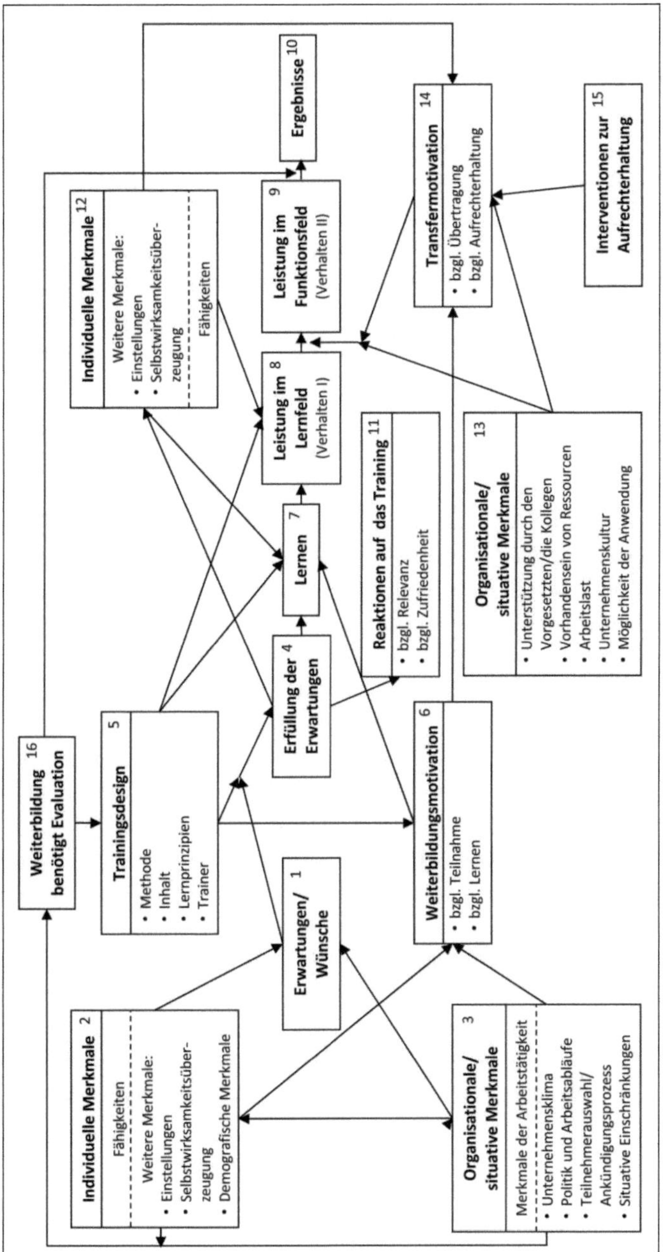

Abbildung 3.8: Umfassendes Modell der Weiterbildungseffektivität. Quelle: CANNON-BOWERS ET AL. (1995), S. 144.

Der Lernprozess wird zunächst durch ein verändertes Verhalten während des Trainings (8) deutlich. Ob dieses Verhalten ausgelöst wird, hängt jedoch davon ab, ob das Trainingsdesign (5) optimal gestaltet wurde, und inwiefern die individuellen Merkmale (12) unterstützend wirken. Im Optimalfall führen die Verhaltensänderungen während des Trainings (8) zu Verhaltensänderungen im Funktionsfeld (9). Das Verhalten am Arbeitsplatz (9) spiegelt den eigentlichen Lerntransfer wider, denn erst im Funktionsfeld können die Teilnehmer die Bedingungen für einen Lerntransfer erfüllen: die Übertragung und Aufrechterhaltung über die Zeit. Welches Arbeitsverhalten (9) sich aus dem Trainingsverhalten herausbildet, wird von Faktoren der Arbeitsumgebung (13) direkt (z. B. Verfügbarkeit von Ressourcen) und indirekt (z. B. Transferklima oder Unterstützung des Vorgesetzten) über die Motivation nach dem Training (14) (Transfermotivation) beeinflusst. Ob die Teilnehmer motiviert sind, das Gelernte auf ihre Arbeitstätigkeit zu transferieren, hängt zusätzlich von etwaigen Interventionen zur Aufrechterhaltung (15) des Gelernten ab. Zusätzlich verweisen die Autoren auf die Notwendigkeit der Evaluation der betrieblichen Weiterbildung (16).[354]

Das Modell stellt eine fundierte theoretische Basis für die Gestaltung von Weiterbildungsmaßnahmen bereit. Zusätzlich bietet es viele Ansatzpunkte für die Identifikation von Faktoren, welche den Trainingserfolg beeinflussen, und zeigt eine Vielzahl an Kausalzusammenhängen zwischen den Faktoren und den Trainingsergebnissen (Reaktionen und Leistung) auf. Ein wesentlicher Kernpunkt dieses Modells ist die Betonung der Abkehr von der Hierarchie KIRKPATRICKS und der Kausalverbindung von Teilnehmerreaktionen und Lernen. Die Autoren betonen, dass die alleinige Messung der *Reaktionen* der Teilnehmer auf die Trainingsmaßnahme keine Aussagen darüber zulässt, ob ein Transfer des Gelernten stattgefunden hat.[355] Als weitere teilnehmerspezifische Determinanten nennen CANNON-BOWERS ET AL. (1995) *kognitive Fähigkeiten* (insbesondere *Intelligenz*), *Einstellungen*, *Selbstwirksamkeit*, demografische Merkmale (*Geschlecht*, *Alter*), *Erwartungen* und *Wünsche* sowie motivationale Determinanten wie *Weiterbildungs-* und *Transfermotivation*. Im Rahmen der Lernumgebung weisen sie des Weiteren auf die Bedeutung der *Methode*, des *Inhalts*, der *Lernprinzipien* und des *Trainers* hin. Bezogen auf die Arbeitsumgebung benennen die Forscher sowohl bereits identifizierte kulturelle als auch strukturelle und soziale Merkmale (siehe Abb. 3.8). Separat werden zusätzlich *Interventionen* zur Aufrechterhaltung des Gelernten im Funktionsfeld und die *Evaluation* der betrieblichen Weiterbildung genannt. Kritisch anzumerken ist allerdings, dass noch nicht alle Zusammenhänge des Modells vollständig validiert worden sind.[356]

---

[354] Vgl. CANNON-BOWERS ET AL. (1995), S. 145 f.

[355] Vgl. CANNON-BOWERS ET AL. (1995), S. 146 f.

[356] Vgl. CANNON-BOWERS ET AL. (1995), S. 161 f.

3.3.2.5 Integratives Modell der Weiterbildungsmotivation von Colquitt, LePine & Noe

Das Modell von NOE (1986) wurde auf Grundlage aktueller Forschungsergebnisse von COLQUITT ET AL. (2000) zu einem integrativen Modell der Weiterbildungsmotivation weiterentwickelt, welches eine Verknüpfung zwischen Lernmotivation und der Leistung am Arbeitsplatz herstellt.[357] Die Autoren modellieren dabei sowohl teilnehmerspezifische als auch arbeitsumgebungsspezifische Determinanten, die an verschiedenen Stellen des Lerntransferprozesses ansetzen. So greifen die Determinanten sowohl direkt in den Transferprozess ein als auch indirekt über ihren Einfluss auf die Lernmotivation des Teilnehmers. Abbildung 3.9 fasst zusammen welche Konstrukte die Weiterbildungsmotivation, und damit auch den Lerntransfer ins Funktionsfeld, beeinflussen.

In Anlehnung an NOE (1986) steht im Zentrum des Modells die Kausalitätskette aus Lernmotivation (1), Lernergebnissen (2), Lerntransfer (3) und Leistung am Arbeitsplatz (4), wobei die Lernmotivation (1) eine zentrale Rolle einnimmt. Über das Konstrukt wird der Einfluss der Selbstwirksamkeit vor dem Training (5), der Valenzen (6), und der Arbeits- und Karrierevariablen des Teilnehmers (7) auf den Transfer hergestellt. Diese Bestandteile entfalten bereits vor dem Training ihre Wirkung und werden über Pfeile mit der Lernmotivation verknüpft. Allerdings erklären diese drei Variablen nicht vollständig den Zusammenhang zwischen den individuellen (Persönlichkeit (9), Alter (10)) sowie den situativen Variablen (11) und der Lernmotivation (1). Individuelle und situative Variablen wirken auf nahezu alle Modellelemente ein, was in dem Modell durch die senkrechten Pfeile dargestellt wird.[358] So kann bspw. eine Persönlichkeitsvariable (9) entweder einen direkten Einfluss auf die Lernmotivation (1) nehmen oder indirekt über die Selbstwirksamkeit (5), die Valenzen (6) oder die Arbeits- und Karrierevariablen (7) einwirken. Durch diese multiple Verknüpfung verdeutlichen die Autoren die Interdependenzen der teilnehmer- und arbeitsumgebungsspezifischen Determinanten und ihre Bedeutung für den gesamten Transferprozess. Gleichzeitig wirken die kognitiven Fähigkeiten des Teilnehmers (8) sowohl direkt auf die Lernergebnisse ein als auch indirekt über eine Anpassung der Selbstwirksamkeit.[359]

---

[357] COLQUITT ET AL. (2000) sprechen von einer integrativen Theorie der Weiterbildungsmotivation. Aufgrund des für diese Arbeit festgelegten Verständnisses eines Transfermodells kann jedoch von der Terminologie der Autoren abgewichen werden. COLQUITT ET AL. (2000) verstehen die Weiterbildungsmotivation in Anlehnung an KANFER (1990) als die Richtung, Intensität und Dauer lerninduzierten Verhaltens im Weiterbildungskontext. D. h. sie verstehen Weiterbildungsmotivation als Lernmotivation (S. 678).

[358] In einer weiteren – allerdings nicht vollständig validierten – Version des Modells erklären Selbstwirksamkeit, Valenzen und Arbeits- und Karrierevariablen vollständig den Zusammenhang zwischen den individuellen und situativen Variablen und der Lernmotivation. Vgl. COLQUITT ET AL. (2000), S. 683.

[359] Vgl. COLQUITT ET AL. (2000), S. 684.

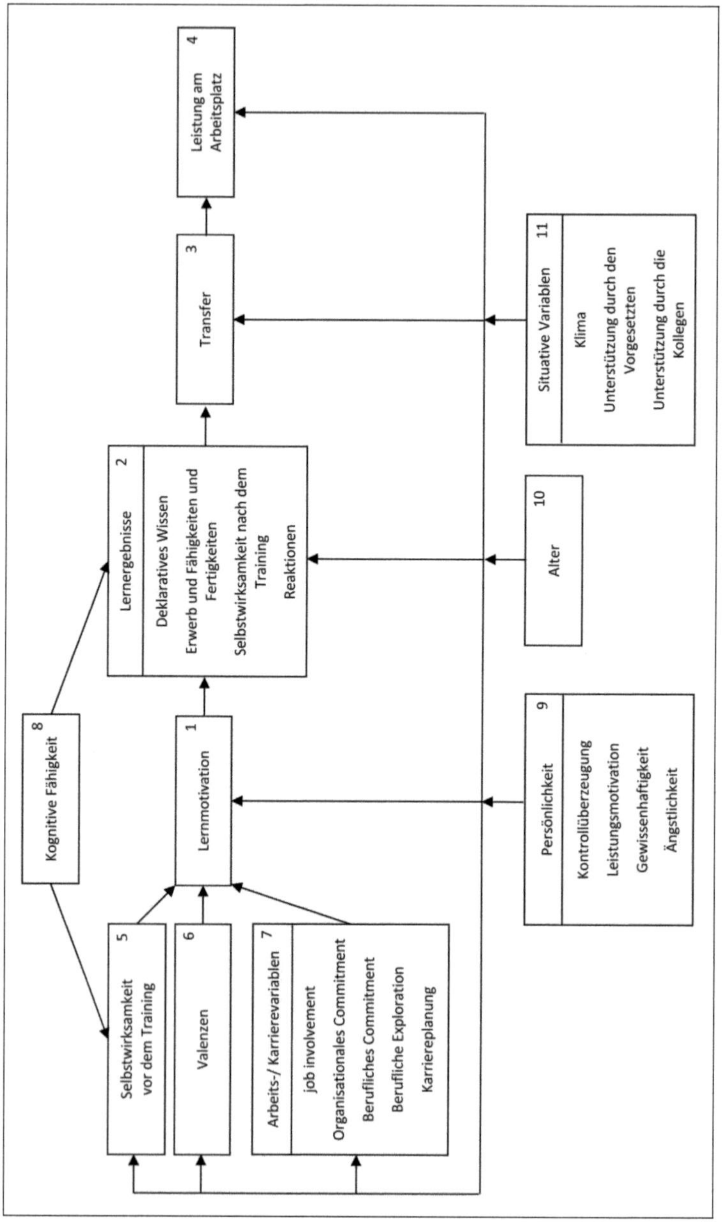

Abbildung 3.9: Integratives Modell der Weiterbildungsmotivation. Quelle: COLQUITT ET AL. (2000), S. 684.

Colquitt et al. (2000) trennen die Einflussfaktoren nicht explizit in teilnehmerspezifisch und arbeitsumgebungsspezifisch, sondern verwenden eigene Kategorisierungen. So fassen sie unter situative Faktoren das *Klima* und die *Unterstützung durch den Vorgesetzten und die Kollegen* und unter die Kategorie Persönlichkeit die *Kontrollüberzeugung*, die *Gewissenhaftigkeit*, die *Leistungsmotivation* und die *Ängstlichkeit* des Teilnehmers. Zusätzlich werden teilnehmer- und arbeitsumgebungsspezifische Einflussfaktoren, wie das *job involvement*, das *organisationale* und das *berufliche Commitment* sowie die *berufliche Exploration* und die *Karriereplanung* der Kategorie Arbeits- und Karrierevariablen zugeordnet. Die *Selbstwirksamkeit*, die *Valenzen* und das *Alter* des Teilnehmers werden unabhängig von den drei genannten Kategorien aufgeführt. Zu kritisieren ist allerdings, dass Rückkopplungen von den Leistungsergebnissen auf die Determinanten Selbstwirksamkeit, Valenzen und Karriere- und Arbeitsvariablen keine Berücksichtigung finden. Außerdem bleiben Faktoren der Lernumgebung unberücksichtigt.

3.3.2.6 Lerntransfer-System-Inventar von Holton III, Bates & Ruona

Das Grundproblem empirischer Erhebungen zum Lerntransfer sehen Holton III et al. (2000) in der Messung der Faktoren, die den Lerntransfer beeinflussen. Sie konstatieren, dass Studien deswegen zu unterschiedlichen Ergebnissen kommen, weil sie verschiedene Instrumente zur Messung der Determinanten verwenden. Ein einheitliches Messinstrument würde – nach Ansicht der Autoren – eine Voraussetzung für ein valides Konstrukt bieten, welches in verschiedenartigen Settings Anwendung finden könnte. Ein solches Inventar stellt eine Grundlage für weitere empirische Erhebungen dar und ermöglicht Vergleiche zwischen diesen Studien und darüber hinaus ein besseres Verständnis des Transferprozesses. Daher entwickelten Holton III et al. (2000) aufbauend auf Rouiller & Goldstein (1993) ein Lerntransfer-System-Inventar (LTSI) mit dem Ziel, sich einem generell gültigen und validen Instrument zur Messung und Bewertung der Lerntransferdeterminanten anzunähern und Bereiche aufzuzeigen, an denen die Transfersteuerung ansetzen kann. Unter einem Transfersystem verstehen die Autoren dabei alle Determinanten des Teilnehmers, der Lern- und der Arbeitsumgebung, die Einfluss auf den Lerntransfer nehmen.[360]

Das in Abbildung 3.10 wiedergegebene Modell entspricht der zweiten, weiterentwickelten Version des LTSI. Die erste Version des LTSI von Holton III et al. (1997b) basiert auf den Ergebnissen des 63 Items umfassenden Instruments von Rouiller & Goldstein (1993). Das LTSI von Holton III et al. (2000) beinhaltet 16 Skalen bzw. Konstrukte, die durch

[360] Vgl. Holton III et al. (2000), S. 334 ff.

112 Items repräsentiert werden, und beschreibt somit einen breiten Satz an Determinanten (hier: Skalen), die den Lerntransfer beeinflussen können.[361]

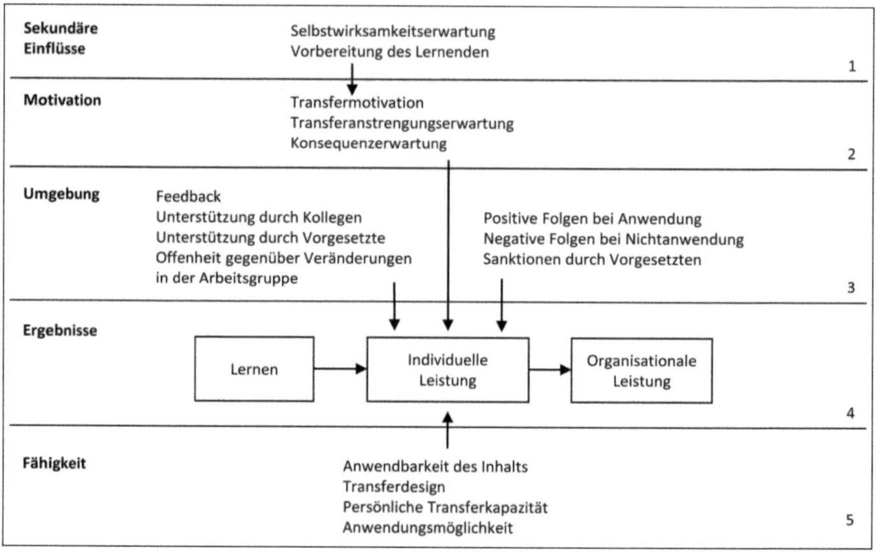

Abbildung 3.10: Lerntransfer-System-Inventar. Quelle: HOLTON III ET AL. (2000), S. 339.

Als theoretischen Rahmen für ihr Modell legen die Autoren das Evaluationsmodell von HOLTON III (1996) zu Grunde und fokussieren hieraus den Bereich der individuellen Leistung des Teilnehmers.[362] NOE (1986) folgend, nehmen HOLTON III ET AL. (2000) an, dass die Ergebnisse der betrieblichen Weiterbildung (4) eine Funktion aus Fähigkeiten (5), Motivation (2) und Einflüssen aus der Arbeitsumgebung (3) sind (vertikale Modellebene) und heben drei Ergebnisbereiche hervor, auf welche die Determinanten Einfluss nehmen: Das Lernen, die individuelle Leistung und die organisationale Leistung (horizontale Modellebene). Die sekundären Einflüsse (1) (Selbstwirksamkeit und Vorbereitung des Lernenden) werden mit Blick auf die Motivation der Teilnehmer (2) aufgenommen und beeinflussen diese direkt. Die Faktoren der Motivation (2), der Arbeitsumgebung (3) und der Fähigkeit (5) nehmen direkten Einfluss auf die individuelle Leistung des Teilnehmers und sollen durch die entwickelten

---

361 HOLTON III ET AL. (1997b) und HOLTON III, BATES ET AL. (1997a) kamen auf Grundlage einer Faktorenanalyse zu dem Schluss, dass das Instrument von ROUILLER & GOLDSTEIN (1993) nicht sinnvoll als ein generalisiertes Instrument einsetzbar ist. Vgl. HOLTON III ET AL. (2000), S. 337 f.

362 Vgl. HOLTON III ET AL. (2000), S. 338; HOLTON III ET AL. (2003), S. 462; HOLTON III (1996), S. 17. Das Modell von HOLTON III (1996) betrachtet zusätzlich Fähigkeiten, Motivation, Umgebung und sekundäre Einflüsse auf die Lernergebnisse und die organisationale Leistung. Vgl. HOLTON III ET AL. (2000), S. 339 f. und HOLTON III (2005), S. 51 in einer aktualisierten Fassung.

Skalen bewertbar gemacht werden.[363] Interdependenzen zwischen den Determinantenbereichen wurden nicht modelliert.

Das LTSI von HOLTON III ET AL. (2000) bietet neben der Entwicklung von extern wie intern validierten generalisierten Skalen und Konstrukten einen guten Überblick über mögliche Determinanten des Lerntransfers und zeichnet sich durch seine systematische Entwicklung aus.[364] Es berücksichtigt zudem Determinanten der Arbeitsumgebung, die über das Transferklima hinausgehen. Auf Grundlage fundierter Faktorenanalysen konnten in der ersten Version neun Konstrukte identifiziert werden: *Unterstützung des Vorgesetzten*, *Anwendungsmöglichkeiten*, Transferdesign (insbesondere *Praxisbezug*), *Unterstützung durch Kollegen*, *Sanktionen durch Vorgesetzten*, *positive Folgen* bei Anwendung, *negative Folgen* bei Nichtanwendung, *Offenheit gegenüber Veränderungen* in der Arbeitsgruppe und *Anwendbarkeit des Inhalts*.[365] Die im Rahmen der ersten Version des LTSI hervorgehobenen neun Konstrukte wurden in der zweiten Version um sieben weitere ergänzt: *Selbstwirksamkeitserwartung* (Erwartung, dass man fähig ist seine Leistung zu ändern), *Transferanstrengungserwartung* (Erwartung, dass die Anstrengung, das Gelernte zu transferieren, die Leistung beeinflusst), *Konsequenzerwartung* (Erwartung, dass eine Leistungsänderung zu positiven Konsequenzen führt)[366], *persönliche* Transferkapazität (zeitliche, energetische und mentale *Ressourcen*, um das Gelernte anzuwenden), *Feedback* (vom Umfeld in Bezug auf die eigene Leistung), *Vorbereitung des Lernenden* (auf die Weiterbildungsmaßname) und allgemeine *Transfermotivation*.[367] Durch das sehr große und diversifizierte Sample lassen sich die Ergebnisse der Studie auf andere Kontexte übertragen. So sind bereits einige Folgeerhebungen zur Validierung des LTSI in anderen Settings durchgeführt worden.[368]

Leider wurden Interdependenzen zwischen den Einflussfaktoren ausgeklammert. Zudem moniert NOE (2000), dass HOLTON III ET AL. (2000) einen Anspruch auf die vollständige Erfassung des Transfersystems erheben, jedoch weder auf die Auswahl der Konstrukte eingehen, noch dispositionelle Faktoren, wie Ängstlichkeit oder die Big Five der Persönlichkeit,

---

363 Vgl. HOLTON III ET AL. (2000), S. 338 f.

364 Vgl. NOE (2000), S. 361.

365 Vgl. HOLTON III ET AL. (2000), S. 339 f.

366 Ähnlich der Ergebniserwartungen BANDURAS (1977A).

367 Vgl. neben HOLTON III ET AL. (2000) auch KAUFFELD ET AL. (2008a) oder DONOVAN, HANNIGAN & CROWE (2001). Zusätzlich bietet HOLTON III (2003), S. 66 f. einen tabellarischen Überblick mit Erläuterungen.

368 Vgl. HOLTON III, BATES ET AL. (2007); HOLTON III ET AL. (2003); RUONA, LEIMBACH ET AL. (2002); DONOVAN ET AL. (2001); HOLTON III ET AL. (1997b). Vgl. für eine Validierung in Deutschland KAUFFELD ET AL. (2008a) und KAUFFELD, KROL & CLASES (2008b); in Jordanien KHASAWNEH, BATES & HOLTON III (2006) und YAGHI, GOODMAN ET AL. (2008); in der Ukraine YAMKOVENKO, HOLTON III & BATES (2007); in Irland KIRWAN & BIRCHALL (2006); in Belgien DEVOS, DUMAY ET AL. (2007); in Thailand YAMNILL & MCLEAN (2005); in Taiwan CHEN (2003) und CHEN, HOLTON III & BATES (2005) usw.

in ihre Überlegungen einbeziehen.[369] Er weist zusätzlich darauf hin, dass einige der dargestellten Zusammenhänge einer weiteren Validierung unterzogen werden müssen.[370]

3.3.2.7 Kognitiv-behaviorales Modell des Rückfallprozesses von Marx

Das Modell von MARX (1982) stellt im Gegensatz zu den zuvor vorgestellten Modellen nicht die Effektivität einer Weiterbildungsmaßnahme in den Vordergrund, sondern fokussiert die Möglichkeit eines Rückfalls in das alte Verhalten vor der Maßnahme.[371] Somit nimmt MARX (1982) keinen holistischen Blickwinkel auf den Lerntransfer ein, sondern verortet sein Modell in dem Funktionsfeld, in welchem der Teilnehmer mit komplexen Anwendungssituationen konfrontiert wird.[372]

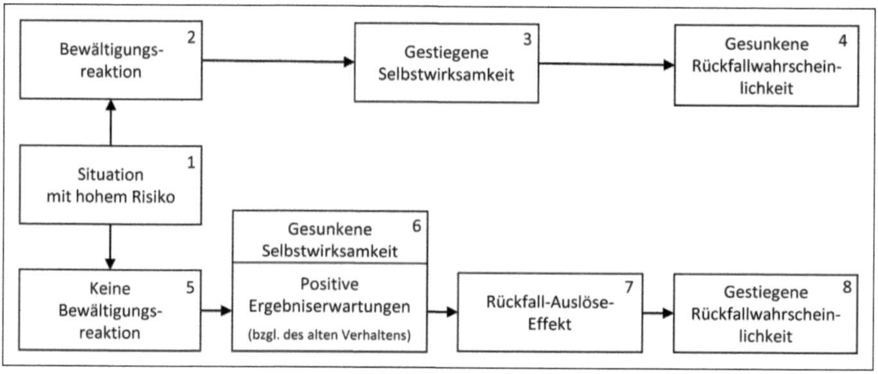

Abbildung 3.11: Kognitiv-behaviorales Modell des Rückfallprozesses. Quelle: MARX (1982), S. 434.

Ausgangspunkt des Modells in Abbildung 3.11 ist eine Risikosituation im Funktionsfeld (1), die ein hohes Rückfallpotenzial in das alte Verhalten birgt, bspw. ausgelöst durch starken Zeitdruck direkt nach dem Training. Wird die Risikosituation erkannt, wird im Optimalfall als Reaktion zur Bewältigung der Situation (2) die Anwendung der erlernten Inhalte ausgelöst. Eine positive Bewältigungsreaktion führt anschließend zu einer gestiegenen Selbstwirksamkeit (3). Der Teilnehmer entwickelt durch die Anwendung des Gelernten in einer Risikosituation ein positives Gefühl der eigenen Leistungsfähigkeit. Daraus resultiert unmit-

[369] Vgl. NOE (2000), S. 361 ff.

[370] Vgl. NOE (2000), S. 365.

[371] MARX (1982) stützt sein Modell auf das Modell zur Rückfallprävention von Drogensüchtigen von MARLATT & GORDON (1980) und überträgt die Überlegungen auf die betriebliche Weiterbildung (S. 433).

[372] Vgl. MARX (1982), S. 433; GOLDSTEIN & FORD (2002), S. 134; LEMKE (1995), S. 88.

telbar eine reduzierte Wahrscheinlichkeit des Rückfalls in das alte Verhalten (4), und gleichzeitig steigt die Wahrscheinlichkeit, das Gelernte in einer weiteren Risikosituation sinnvoll anwenden zu können.[373]

Wird die Risikosituation allerdings nicht erkannt, so findet keine Reaktion zur Bewältigung der Situation (5) unter Rückgriff auf das Erlernte statt. Der Teilnehmer vertraut nicht auf seine Qualifikation, reagiert mit starker Unsicherheit und rechnet den damit verbundenen Kontrollverlust seiner eigenen Person zu (6). Dadurch fällt seine Selbstwirksamkeit, und er entwickelt positive Ergebniserwartungen bezüglich seines alten Verhaltens. Diese münden in Schuldgefühle und Verwirrung über die Missachtung der erlernten Konzepte. Die dadurch entstehende kognitive Dissonanz stellt die Effektivität des Trainings in Frage, und löst den endgültigen Rückfall in das alte Verhalten aus (7). Gerät der Teilnehmer erneut in eine schwierige Anwendungssituation, so wird er mit einer hohen Wahrscheinlichkeit mit dem alten Verhaltensmuster reagieren (8).[374]

Das Modell der Rückfallprävention pointiert kognitive Prozesse, die aufgrund der Konfrontation des Teilnehmers mit einer schwierigen Anwendungssituation entstehen. Es weist auf die Notwendigkeit hin, den Teilnehmern den Prozess des Rückfalls in alte Verhaltensmuster bewusst zu machen, und sie beim Erkennen von Risikosituationen zu unterstützen.[375] Die zentrale Transferdeterminante von MARX (1982) ist die *Anwendungsmöglichkeit* im Funktionsfeld, welche in dem Modell als Situation mit hohem Rückfallrisiko (bspw. induziert durch fehlende *zeitlich Ressourcen*) modelliert wurde.[376] Zusätzlich betont MARX (1982) die Bedeutung der *Selbstwirksamkeit* und der *Ergebniserwartung* für die Aufrechterhaltung des Gelernten. Weiterhin weist der Autor darauf hin, *Rückfallpräventionsmaßnahmen* bei der Planung betrieblicher Weiterbildungsmaßnahmen zu berücksichtigen. MARX (1982) bildet in seinem Modell jedoch nur einen kleinen Teilausschnitt des Transferprozesses ab und vernachlässigt somit eine Vielzahl an weiteren Einflussfaktoren. Die alleinige Betrachtung der Rückfallprävention ist jedoch nicht ausreichend, um Lerntransfer zu gewährleisten. Daher ist eine Einbettung der Überlegungen und Hinweise von MARX (1982) in ein umfassendes Transfersicherungssystem unumgänglich. Weiterhin müssen die Zusammenhänge noch einer zusätzlichen Validierung unterzogen werden.[377]

---

373 Vgl. MARX (1982), S. 434.

374 Vgl. MARX (1982), S. 434.

375 Für eine ausführliche Darstellung der Rückfallpräventionsstrategien vgl. MARX (1982), S. 435 f. sowie LEMKE (1995), S. 85 ff.

376 Vgl. LEMKE (1995), S. 84.

377 Vgl. LEMKE (1995), S. 88; GOLDSTEIN & FORD (2002), S. 134.

3.4 Zusammenfassende Überlegungen und Schlussfolgerungen für die Erläuterung der Determinanten

Nach Analyse der ausgewählten Theorien und Modelle erscheint es nun notwendig, die Erkenntnisse zusammenfassend zu resümieren und Schlussfolgerungen für die differenzierte Darstellung der Determinanten abzuleiten. Die untersuchten Theorien bieten ein breites Spektrum an Einflussfaktoren:[378]

- *Transfertheorien* betrachten im Speziellen die Ausgestaltung der Lernumgebung unter Berücksichtigung der arbeitsumgebungsspezifischen Gegebenheiten. Die abgeleiteten Determinanten lassen sich somit vor allem im Lernfeld, aber mittelbar auch im Funktionsfeld verorten. Hinweise auf teilnehmerbezogene Effekte lassen sich zusätzlich aus dem vorgestellten konstruktivistischen Ansatz ableiten. Insgesamt bleiben die identifizierbaren Faktoren jedoch auf einer sehr allgemeinen Ebene.
- Eine differenzierte Auseinandersetzung mit den Determinanten ermöglicht erst die Betrachtung der verhaltenswissenschaftlichen Theorien. So bieten kognitiv geprägte *Lerntheorien* ein breites Spektrum an konkreten teilnehmerspezifischen Faktoren an, wohingegen behavioristische Ansätze Hinweise auf Einflüsse in der Lern- und Arbeitsumgebung geben. Die Instruktionstheorie von GAGNÉ (1985) bietet den differenziertesten Ansatz für die Identifikation von Einflussfaktoren, da sie verschiedene Lerntheorien in einem praktisch orientierten Ansatz vereint.
- Am fruchtbarsten erweisen sich allerdings die *Motivationstheorien*, da sie konkrete Ansatzpunkte für den Lerntransfer liefern und durch ihre Fokussierung auf den Teilnehmer sowohl in das Lern- als auch in die Funktionsfeld hineinwirken. Konkrete Determinanten können insbesondere aus den Inhaltstheorien abgeleitet werden, wobei der Schwerpunkt der Faktoren auf dem Bereich der Arbeitsumgebung liegt. Prozesstheorien und ergänzende Theorien bieten zusätzlich Hinweise mit Blick auf den Teilnehmer und weitere ausdifferenzierte Determinanten.
- Der Schwerpunkt von *Führungstheorien* liegt auf der Arbeitsumgebung, so dass der Großteil der assoziierten Determinanten in Funktionsfeld lokalisiert werden kann.
- *Gruppentheorien* ermöglichen einen zusätzlichen Blickwinkel sowohl auf das Funktions- als auch die Lernfeld, da der Mitarbeiter als Teil beider Subsysteme agiert.

Die betrachteten Modelle leiten eine Vielzahl der hervorgehobenen Einflussfaktoren unmittelbar aus den vorgestellten Theorien ab, wobei die Modelle primär den Teilnehmer und die

[378] Vgl. Tab. A.2 auf S. 258 im Anhang dieser Arbeit.

Arbeitsumgebung hervorheben und weniger die Lernumgebung.[379] Zusätzliche Implikationen ergeben sich jedoch aus der konzentrierten Betrachtungsweise der Lerntransferproblematik, so dass Rückschlüsse auf mögliche Zusammenhänge zwischen den Determinanten gezogen werden können. Die Erläuterung der möglichen Determinanten bettet sich in das in Abschnitt 3.1 entwickelte Rahmenmodell ein. Hierbei werden, neben den abgeleiteten Faktoren, z. T. auch Faktoren berücksichtigt, die in einem engen Zusammenhang zu den identifizierten Determinanten stehen, um im Sinne des Forschungsrahmens alle möglichen Facetten der Problemstellung abzubilden und eine wertfreie Annäherung an das Untersuchungsobjekt zu gewährleisten. Ausgangspunkt für die Erläuterung bildet die Zusammenfassung der Determinanten zu den folgenden Kategorien:

Da das Verhalten des **Teilnehmers** durch die transferförderliche Gestaltung der Lern- und Arbeitsumgebung beeinflusst werden soll, sind die teilnehmerspezifischen Determinanten substanziell für das Verständnis des Untersuchungsgegenstands. Daher wird diesem Bereich besondere Aufmerksamkeit gezollt, um bei der Analyse der anderen beiden Bereiche auf diese Ausführungen zurückgreifen zu können. Teilnehmerspezifische Einflussfaktoren lassen sich fünf zentralen Gruppen zuordnen. Die Zusammenfassung der Determinanten zu einer Gruppe erfolgt entsprechend der Stärke ihrer Interdependenzen. Als erste Gruppe können die Kategorien *Fähigkeiten*, *Fertigkeiten* und *Wissen* als Repräsentanten des kognitiven (Fähigkeiten und Wissen) sowie des psychomotorischen (Fertigkeiten) Verhaltensbereichs zusammengefasst werden.[380] Sie stellen die drei Hauptkomponenten der Qualifikation des Teilnehmers dar. Die *Persönlichkeit* als weitere übergeordnete Determinante erfordert eine separate Darstellung, da sie diejenigen Charakteristika oder Merkmale des Menschen beschreibt, welche die konsistenten Muster des Fühlens, Denkens und Verhaltens präzisieren.[381] In dieser Arbeit sollen der Persönlichkeit nur relativ stabile, konstante und überdauernde Faktoren zugeordnet werden. Die Persönlichkeit wird somit als kaum zu beeinflussende Transferdeterminante betrachtet und ermöglicht somit eine getrennte Betrachtung der Qualifikationen (welche definitionsgemäß durch die Weiterbildung beeinflusst werden können). Gleiches gilt für die Erwartungen.[382]

Unmittelbar handlungsrelevant ist nicht die objektive Situation, sondern die subjektiv wahrgenommene.[383] Daher haben *Einstellungen* und *Erwartungen* als affektive Verhaltenskom-

---

[379] Vgl. Tab. A.3 auf S. 260 im Anhang dieser Arbeit.

[380] Vgl. Krathwohl et al. (1964), S. 6 f.; Möller (1975), S. 413. Ähnlich bei Kraiger et al. (1993), S. 312 mit Bezug auf die Lernergebnisse von Weiterbildungsmaßnahmen.

[381] Vgl. Pervin et al. (2005), S. 31; Sader & Weber (1996), S. 11.

[382] Asendorpf (2007), S. 195 sowie Pervin et al. (2005), S. 524 und Sonntag & Schaper (1999), S. 298 fassen die Komponenten der Qualifikation bzw. die Erwartungen als Element der Persönlichkeit auf.

[383] Vgl. Karg & Staehle (1982), S. 17.

ponenten und unmittelbar damit verbunden auch die *Erfahrungen* wie auch die *Motivation* einen bedeutsamen Einfluss auf den Lerntransfer. Aufgrund der starken Verflechtung der Einstellungen mit den anderen beiden Faktoren sollen diese nicht unmittelbar im Zusammenhang mit den anderen drei Qualifikationskomponenten (Fähigkeiten, Fertigkeiten, Wissen) betrachtet werden. Durch ihre Sonderstellung und ihre Verflechtung mit einer Vielzahl an weiteren Einflussfaktoren werden die *Wahrnehmungen* und *Reaktionen* des Teilnehmers in einem gesonderten Abschnitt untersucht. *Biografische und weitere Faktoren* ergänzen darüber hinaus die umfassende Betrachtung des Weiterbildungsteilnehmers.

Die Qualität der Weiterbildungsmaßnahme wird entscheidend durch die lern- und transferförderliche Gestaltung der **Lernumgebung**[384] bestimmt. Einen sinnvollen Ansatzpunkt zur Strukturierung der Determinanten der Lernumgebung bieten die Strukturmerkmale des Unterrichts, welche die Unterrichtsform und die Ausgestaltung näher spezifizieren.[385] Grundsätzlich gilt, dass eine Lernumgebung je nach vertretenem Lernprinzip unterschiedlich ausgestaltet werden kann. Die zentralen Merkmale sind dabei die *Ziele* der Maßnahme, die zu vermittelnden *Inhalte* und die dazu verwendeten *Methoden*.[386] Diese didaktisch-intentionale Dimension des Unterrichts kann zusätzlich um eine sozial-interaktive Dimension ergänzt werden, welche die beteiligten Akteure sowie deren Rollenverteilung und Interaktion berücksichtigt (*Lernklima*, *Lerngruppe* und *Trainer*).[387] *Konzeptionelle und situative Einflussfaktoren* vervollständigen die Analyse der Lernumgebung.

Der **Arbeitsumgebung** wird in der Lerntransferforschung eine hohe Bedeutung für den Lerntransfer zugewiesen, da in ihr der eigentliche Transfer der Inhalte stattfindet.[388] Insofern ist die Arbeitsumgebung so zu gestalten, dass die Teilnehmer vor, während und nach der Weiterbildungsmaßnahme unterstützt werden, um den Lerntransferprozess zu fördern und zu sichern. Ausgehend von der Grundannahme, dass das Ausmaß, in dem die Arbeitsumgebung lerntransferförderlich gestaltet ist, im Wesentlichen durch das Transferklima eines Unternehmens beschrieben wird, bilden die Konstrukte *Kultur und Klima* den Ausgangspunkt für die

[384] Die Termini Lernumgebung, Lehr-/Lernkontext, instruktionales Design, Lehr-/Lerndesign haben denselben Begriffsinhalt. Vgl. KAISER (2002), S. 271.

[385] Eine Übertragung der allgemeinen Strukturmerkmale des Unterrichts auf die betriebliche Weiterbildung off-the-job ist aufgrund der konstitutiven formalen Merkmale – Organisation, Interaktion und Institutionalisierung – möglich. Vgl. KAISER (2002), S. 271; LIPOWSKY (2009), S. 74 und insb. zu dem Verständnis und den Merkmalen von Unterricht SCHRÖDER (2002), S. 75 ff. Gleichzeitig decken sich diese mit den Handlungsfeldern und Ausgestaltungsformen der betrieblichen Weiterbildung. Vgl. dazu Abschnitt 2.1.2.

[386] Vgl. SCHRÖDER (2002), S. 79. Ähnlich auch in dem Modell des Trainingsdesigns von CAMPBELL (1988), S. 188 f. und bei DITTON (2002), S. 199 f.

[387] Vgl. KAISER (2002), S. 271. Ähnlich bei HOF (2007), S. 38. REINMANN & MANDL (2006) ergänzen um eine kulturelle Ebene, welche jedoch als Teil der Arbeitsumgebung berücksichtigt wird (S. 612 f.).

[388] Vgl. TRACEY ET AL. (1995), S. 249; TRACEY, HINKIN ET AL. (2001), S. 19.

Analyse der Arbeitsumgebung. Bei der Ausgestaltung der Arbeitsumgebung müssen daher drei verschiedene Ebenen Berücksichtigung finden:

- die *Rahmenbedingungen* (ergänzt um Faktoren der Unternehmensumwelt) sowie die *Konzeptionierung der betrieblichen Weiterbildung*[389] auf der Unternehmensebene,
- die *strukturellen Arbeitsbedingungen* im Funktionsfeld und
- die *Arbeitsgruppe* sowie die *soziale Unterstützung* (d. h. die relevanten Akteure im Arbeitsumfeld des Teilnehmers).[390]

Im Sinne PARSONS (1972) werden somit sowohl kulturelle, strukturelle als auch soziale Elemente der Arbeitsumgebung herangezogen.[391]

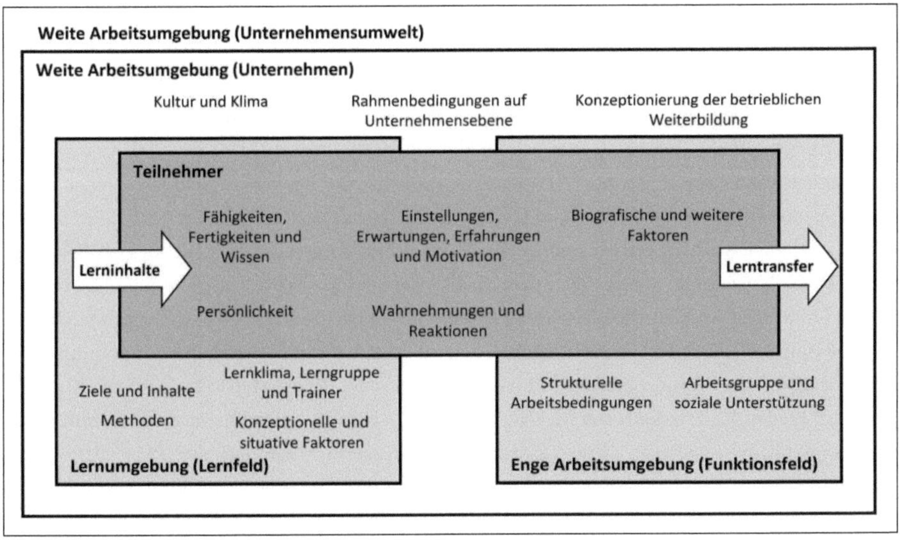

Abbildung 3.12: Erweitertes Rahmenmodell des Lerntransfers.

[389] Die Konzeptionierung der betrieblichen Weiterbildung ist nicht vollständig deckungsgleich mit der Weiterbildungskonzeption im Modell von DUBS (1994).

[390] Auch SONNTAG, STEGMAIER ET AL. (2004) greifen diese verschiedenen Merkmalsbereiche in ihrem Lernkulturinventar auf (S. 114 f.). Vgl. auch SONNTAG & STEGMAIER (2005), S. 23; SONNTAG & STEGMAIER (2008), S. 232.

[391] Vgl. PARSONS (1972), S. 439, 4; ABELS (2009), S. 202 f. KARG & STAEHLE (1982) unterteilen das Unternehmen in formelle Elemente, d. h. Aspekte, die beobachtbar und rational sind und strukturellen Überlegungen unterliegen, sowie informelle Elemente, d. h. Aspekte, die verborgen und affektiv sind und sozial/psychologischen Überlegungen unterliegen (S. 16). Auch ALIOTH (1980) unterteilt in ähnlicher Denkweise in ein technisches und soziales Teilsystem (S. 26). Vgl. dazu auch ULICH (2005), S. 194 f.; KIRCHLER & HÖLZL (2005), S. 299 f.

Auf Grundlage dieser Überlegungen kann nun das Rahmenmodell in einem nächsten Schritt in Abbildung 3.12 um Kategorien bereichert werden. Diese Kategorien dienen als Leitfaden für die folgenden Erläuterungen und den sich anschließenden Erklärungsrahmen.

3.5 Erläuterung der identifizierten Determinanten

3.5.1 Teilnehmerspezifische Determinanten

3.5.1.1 Fähigkeiten, Fertigkeiten und Wissen

Fähigkeiten – wie auch die anderen Komponenten der Qualifikation – nehmen eine zentrale Rolle für den Lerntransfer in der betrieblichen Weiterbildung ein.[392] Daher sind die Konstrukte auch in Gänze oder partiell entscheidende Bestandteile der Transfermodelle von BALDWIN & FORD (1988), DUBS (1994) sowie CANNON-BOWERS ET AL. (1995). PHILLIPS & GULLY (1997) konnten z. B. belegen, dass Fähigkeiten im Allgemeinen einen unmittelbaren Effekt auf die Leistung ausüben, während WEINERT (1974) zusätzlich den umgekehrten Zusammenhang betont.[393] Lässt man zunächst die affektive Komponente der Qualifikation unberücksichtigt, so fällt auf, dass in der Lerntransferforschung Fertigkeiten und Wissen lediglich stiefmütterlich und im Zusammenhang mit dem Fähigkeitsbegriff betrachtet werden. So werden häufig Fertigkeiten als psychomotorische Fähigkeiten interpretiert bzw. Fähigkeiten und Fertigkeiten nicht trennscharf abgegrenzt.[394] Da auch in der Praxis Fähigkeiten und Fertigkeiten nicht immer klar abgrenzbar sind[395] und das Verständnis der Termini in den transferbezogenen Studien je nach Forscher differiert, ist eine saubere Abgrenzung der beiden Einflussfaktoren im Hinblick auf das Forschungsziel nicht möglich und auch nicht sinnvoll. Es ist also zu diesem Zeitpunkt davon auszugehen, dass sich keine signifikant unterschiedlichen Ergebnisse aus der Unterscheidung der Einflüsse von bereits vorhandenen Fähigkeiten oder bereits vorhandenen Fertigkeiten ableiten lassen. Insofern werden in Anlehnung an den Qualifikationsbegriff von MENTZEL (2005) Fähigkeiten und Fertigkeiten – wie auch in der forschungsrelevanten Literatur erfolgt und in Abschnitt 2.1.2 („Prozess, Handlungsfelder und Ausgestaltungsformen“) angeregt – auf einer Ebene zusammengefasst und nicht unterschieden.

---

392 Vgl. dazu die Theorien von PORTER & LAWLER III (1968), ADAMS (1965), LOCKE & LATHAM (1990) und WEINER (1994) sowie die Weg-Ziel-Theorie und die Grundelemente der Gruppentheorien.

393 Vgl. PHILLIPS & GULLY (1997), S. 797; WEINERT (1974), S. 705.

394 Vgl. HOLTON III ET AL. (2000), S. 335; FLEISHMAN & MUMFORD (1988), S. 920 f.; FLEISHMAN (1972), S. 1025; HUNTER & HUNTER (1984), S. 72.

395 Vgl. CONRADI (1983), S. 9.

Aufgrund der Fokussierung der Transferforschung auf den Fähigkeitsbegriff liegt der Schwerpunkt der folgenden Ausführungen auf den unterschiedlichen Ausprägungen der relevanten Fähigkeiten eines Weiterbildungsteilnehmers. Auch hierfür gilt, dass eine überschneidungsfreie Darstellung der transferrelevanten Fähigkeiten nicht möglich ist. Die Betrachtung der verschiedenen in der Forschung verwendeten Fähigkeitsausprägungen liefert dennoch ein differenziertes Bild des Konstrukts und seiner Einflüsse auf den Lerntransfer.

Intensive Forschungen wurden bezogen auf die Bedeutung kognitiver Fähigkeiten unternommen. Dabei nehmen die *generellen kognitiven Fähigkeiten* (synonym Intelligenz)[396] einen hohen Stellenwert ein.[397] Zahlreiche Studien belegen den positiven Einfluss, den Intelligenz auf die Leistung des Teilnehmers ausübt.[398] Dieser Zusammenhang ist umso stärker, je komplexer, neuer und/oder dynamischer die Aufgabenstellungen sind.[399] Das Konstrukt verspricht somit, speziell Formen des weiten Transfers zu stärken.[400] Ergänzend dazu belegen SOHN, DOANE & GARRISON (2006), dass intelligente Teilnehmer sich schneller an Veränderungen der Aufgabenschwierigkeit anpassen können.[401] Weitere Studien weisen einen indirekten Effekt von generellen kognitiven Fähigkeiten über das arbeitsbezogene Wissen auf die Arbeitsleistung nach. Die Forscher konstatieren, dass Personen mit einer hohen Intelligenz sich Wissen schneller aneignen und damit auch insgesamt mehr Wissen aufnehmen. Durch ihr arbeitsbezogenes Wissen sind sie dazu fähig, höhere Leistungen zu erbringen als Personen mit einer geringeren Intelligenz. Ein direkter Effekt des Konstrukts auf die Leistung gilt als ebenso vorhanden, ist jedoch als geringer einzustufen.[402]

Im selben Tenor stellen REE & EARLES (1991) fest, dass generelle kognitive Fähigkeiten den Weiterbildungserfolg am besten voraussagen. Spezifische Fähigkeiten erfüllen diese Funktion jedoch nicht. Auch COLQUITT ET AL. (2000) weisen einen starken Zusammenhang des Konstrukts mit den Weiterbildungsergebnissen nach. Diese Kohärenz zeigt sich allerdings stärker

---

[396] Vgl. CLARK & VOOGEL (1985), S. 120; SALAS & CANNON-BOWERS (2001), S. 478; HUNTER (1986), S. 341; KANFER & ACKERMAN (1989), S. 663; ACKERMAN (1988), S. 290.

[397] Vgl. für weitere Taxonomien CARTER (2002), S. 73 oder bezogen auf die Intelligenz NEISSER, BOODOO ET AL. (1996), S. 81; PIEZZI (2002), S. 67 ff.

[398] Vgl. DAY, ARTHUR & GETTMAN (2001), S. 1030; BARRETT & DEPINET (1991), S. 1021; HUNTER (1986), S. 340; HUNTER & HUNTER (1984), S. 72; THORNDIKE (1985), S. 251. TZINER, MEIR & SEGAL (2002) konnten jedoch keinen Einfluss nachweisen (S. 409).

[399] Vgl. LIEVENS, HARRIS ET AL. (2003), S. 479; ACKERMAN (1988), S. 312; LEPINE, COLQUITT & HREZ (2000), S. 585 f.; KANFER & ACKERMAN (1989), S. 675. LIEVENS ET AL. (2003) konnten ferner nachweisen, dass kognitive Fähigkeiten positiv mit der Aneignung von Fremdsprachen korrelieren (S. 476).

[400] Vgl. GOSKA & ACKERMANN (1996), S. 258; CLARK & VOOGEL (1985), S. 120; BROWN & CAMPIONE (1984), S. 164 f.

[401] Vgl. SOHN ET AL. (2006), S. 26 f.

[402] Vgl. SCHMIDT & HUNTER (1998), S. 271 f. Ähnlich bei REE, CARRETTA & TEACHOUT (1995), S. 728; KACMAR, WRIGHT & MCMAHAN (1997), S. 114.

bei den traditionellen Lernergebnissen (Fähigkeiten, Fertigkeiten und Wissen) und weniger bei der Selbstwirksamkeit nach dem Training. Des Weiteren wurde belegt, dass abhängig von der gewählten Weiterbildungsmethode unterschiedliche Komponenten der kognitiven Fähigkeit einen positiven Einfluss ausüben. Die Ergebnisse von CARTER (2002) zeigen: Eine hohe verbale Auffassungsgabe führt zu besseren Ergebnissen nach einer literaturbasierten Maßnahme, wohingegen sich ein stärker ausgeprägtes logisches Denkvermögen positiv auf die Ergebnisse nach einer fallbasierten Maßnahme auswirkt.[403]

SALAS & CANNON-BOWERS (2001) schränken allerdings die prädiktive Aussagekraft der Intelligenz auf die Trainingsleistung ein. Sie argumentieren, dass die Leistung am Arbeitsplatz nicht zwangsläufig auf diese Weise vorausgesagt werden kann, da psychomotorische Arbeitstätigkeiten nicht in erster Linie durch kognitive Fähigkeiten gesteuert werden. Dies stützt die Ergebnisse von FLEISHMAN (1972). Der Forscher konstatiert, dass bei Aufgaben, welche die Wahrnehmung und die Motorik betreffen, die Bedeutung von nichtmotorischen Fähigkeiten nur zu Beginn der Bearbeitung bedeutsam ist. Im Übungsverlauf treten diese immer weiter hinter die *psychomotorischen Fähigkeiten* (hier: Fertigkeiten) zurück.[404]

Ein weiterer Terminus im Kontext der kognitiven Fähigkeiten ist die *Transferfähigkeit*. DIETERICH (1987a) versteht Intelligenz als die Fähigkeit, sich in neuen Situationen schnell zu orientieren. Intelligenz ist für ihn somit – Bezug nehmend auf THORNDIKE (1924) – gleichzeitig auch Transferfähigkeit. CLARK & VOOGEL (1985) betonen in ähnlicher Weise die Bedeutung von *Vorwissen* im Zusammenhang mit Intelligenz als Indikator für Transferfähigkeit. Auch GAGNÉ (1985) pointiert in seinem dritten Instruktionsschritt die Bedeutung des Vorwissens. Ähnlich wie CLARK & VOOGEL (1985) argumentieren auch VELADA & CAETANO (2007): Die Lerntransferwahrscheinlichkeit erhöht sich, wenn die Teilnehmer über Vorwissen und Übung bezüglich der Anwendung der Weiterbildungsinhalte verfügen, und die Weiterbildungsinstruktionen mit den Anforderungen der Arbeitstätigkeit abgestimmt sind. REE ET AL. (1995) können einen solchen Zusammenhang allerdings nicht bestätigen. Das arbeitsbezogene Wissen vor der Weiterbildungsmaßnahme hat in ihrer Studie kaum Einfluss auf das arbeitsbezogene Wissen nach der Weiterbildungsmaßnahme.[405]

Ein weiterer kognitiver Einflussfaktor sind die *metakognitiven Fähigkeiten*, welche stark mit der Intelligenz korrelieren. Metakognition ist das individuelle Wissen um – und die Kontrolle über – die eigenen Kognitionen. Sie befähigen den Teilnehmer, sich unbewusst ablaufenden

---

[403] Vgl. REE & EARLES (1991), S. 331 f.; COLQUITT ET AL. (2000), S. 700; CARTER (2002), S. 84.

[404] Vgl. SALAS & CANNON-BOWERS (2001), S. 478; FLEISHMAN (1972), S. 1025.

[405] Vgl. DIETERICH (1987a), S. 28; CLARK & VOOGEL (1985), S. 120 f.; GAGNÉ (1985), S. 257; VELADA & CAETANO (2007), S. 285; REE ET AL. (1995), S. 729. Vgl. zum Begriff der „Transferkapazität" KIRWAN & BIRCHALL (2006).

Lern- und Denkprozessen bewusst zu werden. Dadurch wird die Entwicklung dekontextualisierter Strategien zur Planung, Beobachtung, Auswahl und Korrektur zieladäquaten Verhaltens ermöglicht. Dies hat wiederum positive Wirkungen auf die Selbstwirksamkeit und unterstützt den Teilnehmer, die für den Lerntransfer relevanten Informationen und Strategien selbstständig zu identifizieren und zu nutzen.[406] Metakognition ist situationsübergreifend und auf den allgemeinen Denkprozess bezogen, wohingegen Kognition situationsspezifisch ein bestimmtes Problem betrachtet.[407]

Eine Studie von FORD ET AL. (1998) belegt, dass Personen mit einer höheren Lernorientierung verstärkt auf metakognitive Strategien zurückgreifen. Diese Strategien konnten unmittelbar mit allen untersuchten Weiterbildungsergebnissen in Verbindung gebracht werden. Verstärkte metakognitive Aktivitäten können demnach unterstützend auf den Lerntransfer wirken. Auch KEITH & FRESE (2005) weisen nach, dass metakognitive Aktivität Leistungsunterschiede bei Weiterbildungsteilnehmern induziert. BURKE & HUTCHINS (2007) postulieren unter Bezugnahme auf ENOS, KEHRHAHN & BELL (2003) sogar, dass metakognitive Fähigkeiten und Erfahrungen in Bezug auf den Lerntransfer als Substitut für eine unterstützende Arbeitsumgebung fungieren können. ENOS ET AL. (2003) vermuten, dass erfahrene Weiterbildungsteilnehmer trotz mangelnder Unterstützung durch ihr Umfeld aufgrund ihrer Metakognition (in Kombination mit ihren selbstregulativen Fähigkeiten) erfolgreich das Erlernte transferieren, weil sie erkennen, wann, wo und warum das Erlernte angewendet werden muss.[408] KAISER (2003) betont des Weiteren, dass die Metakognition die Fundierung für *selbstregulative Fähigkeiten* darstellt, da selbstreguliertes Lernen einen metakognitiv gesteuerten Prozess beschreibt. Im Zuge der Selbstregulation werden interne Feedbackprozesse ausgelöst, welche den Fortschritt der Zielerreichung bewerten. Auf Grundlage dessen entscheidet eine Person, ob eine Problemlösungsstrategie beibehalten oder abgeändert werden muss.[409] Beide Konstrukte (Metakognition und Selbstregulation) können somit determinierend auf den Lerntransfer wirken.[410]

---

[406] Vgl. CLARK & VOOGEL (1985), S. 120; LAMBERT (2003), S. 159; FORD, SMITH ET AL. (1998), S. 227 f.; FLAVELL (1979), S. 906; BROWN ET AL. (1983), S. 106 f.; KAISER (2002), S. 270; KAISER (2003), S. 13 f.; GOLDSTEIN & FORD (2002), S. 95. Ähnlich bei DIETERICH (1987a), S. 28.

[407] Vgl. KAISER (2003), S. 18 f.

[408] Vgl. FORD ET AL. (1998), S. 229; KEITH & FRESE (2005), S. 677; BURKE & HUTCHINS (2007), S. 285; ENOS ET AL. (2003), S. 382 mit Hinweis auf XIAO, MILGRAM & DOYLE (1997) und ERTMER & NEWBY (1996).

[409] Vgl. KAISER (2003), S. 17; ENOS ET AL. (2003), S. 382; BUTLER & WINNE (1995), S. 246; BROWN ET AL. (1983), S. 117.

[410] Vgl. BRANSFORD, BROWN & COCKING (1999), S. 55.

Außer auf die Transferfähigkeit wird in diesem Zusammenhang zum Teil auf die *Lernfähigkeit* hingewiesen. Auch dieses Konstrukt steht in einem unmittelbaren Bezug zur Intelligenz.[411] So extrahiert FURNHAM (2008) aus zahlreichen Forschungsergebnissen, dass ein hohes Maß an Intelligenz auf eine positiv ausgeprägte Lernfähigkeit hinweist.[412] Unklar ist jedoch, was genau unter diese Fähigkeit gefasst wird und wie diese zu bestimmen ist.[413] Daher mangelt es auch an Studien, welche die Lernfähigkeit im Kontext der betrieblichen Weiterbildung untersuchen. BROWN & CAMPIONE (1984) betonen jedoch, dass Intelligenz nicht mit der Lernfähigkeit gleichgesetzt werden kann. Sie bestätigen jedoch eine enge Beziehung zwischen Lernfähigkeit, Transferfähigkeit und dem Intelligenzkonstrukt.[414]

Mitunter werden diejenigen Fähigkeiten, die eine Person benötigt, um ihre Arbeitsanforderungen zu erfüllen, zu lernen und das Gelernte anzuwenden, unter dem Begriff „*workplace literacy*" zusammengefasst. BATES & HOLTON III (2004) nennen Fähigkeiten, wie Lesen, Schreiben, Rechnen und Zuhören, wobei sie bemerken, dass Untersuchungen zu dem Zusammenhang zwischen diesen Fähigkeiten und dem Lerntransfer in der betrieblichen Weiterbildung rar sind. Die Forscher fanden heraus, dass Teilnehmer mit einer geringen Ausprägung von Fähigkeiten in den Bereichen Lesen und Mathematik dazu tendieren, ihre Umgebung als weniger unterstützend wahrzunehmen. Gleichzeitig haben sie hohe Erwartungen an den Nutzen einer Weiterbildungsmaßnahme, sind aber tendenziell weniger fähig, das Erlernte effektiv zu transferieren. Damit zusammenhängend verfügten die untersuchten Teilnehmer über eine niedrige Selbstwirksamkeit bezogen auf den Lerntransfer und ein niedrige Transfermotivation. BATES & HOLTON III (2004) schlussfolgern aus ihren Ergebnissen, dass die benannten Fähigkeiten einen wesentlichen Einfluss auf die Lernfähigkeit der Teilnehmer und damit auch die Effektivität des Trainings ausüben.[415]

Über die bereits geschrieben Fähigkeiten hinaus belegen LIM & JOHNSON (2002) des Weiteren den Einfluss von *technischen Fähigkeiten* auf den Lerntransfer und heben gleichzeitig die Bedeutung von *computerbezogenen Fähigkeiten* hervor. Einen weiteren Beitrag liefern FLEISHMAN & MUMFORD (1988). Sie identifizieren 50 verschiedene Fähigkeitskomponenten,

[411] Im Sinne von FURNHAM (2008) wird unter dem englischen Begriff „trainability" (sofern inhaltlich treffend) die Lernfähigkeit bezogen auf eine Weiterbildungsmaßnahme verstanden (S. 199). Andere Verständnisse, welche die Lernfähigkeit als Teil der „trainability" auffassen, finden sich bspw. bei NOE (1986), S. 737. Die Lernfähigkeit ist u. a. Bestandteil des Lerntransfermodells von DUBS (1990).

[412] Vgl. FURNHAM (2008), S. 199.

[413] Vgl. BRANDSTÄTTER (1999), S. 271 f.

[414] Vgl. BROWN & CAMPIONE (1984), S. 158 f.

[415] Vgl. BATES & HOLTON III (2004), S. 153 f., 166 f.

welche Einfluss auf die Arbeitsleistung nehmen können.[416] Diese sind jedoch im wesentlichen Bestandteil der bereits vorgestellten Fähigkeiten.

3.5.1.2 Persönlichkeit

Zahlreiche Studien belegen den Einfluss der Persönlichkeit des Mitarbeiters auf Leistungsvariablen, Weiterbildungseffektivität sowie Motivation und damit unmittelbar auch auf den Lerntransfer. Insofern ist das Konstrukt auch immanenter Bestandteil eines großen Teils der vorgestellten Theorien und Modelle. ROWOLD (2007) vermutet, dass die Persönlichkeit dann einen entscheidenden Einfluss auf die Motivation des Teilnehmers hat, wenn die Trainings- und Transferinhalte kongruent zu der Persönlichkeit des Teilnehmers sind.[417]

Prominent in der Literatur benannte Persönlichkeitsvariablen sind die auf NORMAN (1963) zurückgehenden Big Five.[418] Die Big Five Persönlichkeitsvariablen ermöglichen eine Segmentierung der Persönlichkeit in fünf relativ unabhängige Elemente und geben dem Konstrukt dadurch ein empirisch handhabbares Format. Die exakte Bezeichnung der Dimensionen variiert je nach Forscher.[419] Bezug genommen wird in dieser Arbeit auf die Begriffe und Begriffsinhalte nach DIGMAN (1990) und BARRICK & MOUNT (1991): Gewissenhaftigkeit, Extraversion, Offenheit für Erfahrungen, emotionale Stabilität und Verträglichkeit.[420]

- Signifikante Ergebnisse lassen sich insbesondere in Bezug auf die Dimension *Gewissenhaftigkeit* aufzeigen. Gewissenhafte Personen nehmen sich tendenziell eher als fleißig war, bewerten Aufgabenanforderungen sorgfältiger und verfügen mit einer hohen Wahrscheinlichkeit über eine größere Selbstwirksamkeit bezogen auf vergangene positive Leistungen.[421] Die Ergebnisse der Studie von BARRICK & MOUNT (1991) indizieren, dass Gewissenhaftigkeit – im Gegensatz zu den anderen vier Persönlichkeitsdimensionen – in einer einheitlichen Beziehung zu allen untersuchten Leistungskriterien und Berufsgruppen steht. Die Forscher bemerken dazu, dass Personen mit einer starken Zielorientierung, einem starken Engagement und einer starken Beharrlichkeit generell bessere Leistungen erbringen als solche, die diese Wesenszüge nicht besitzen.[422] Auch

---

[416] Vgl. LIM & JOHNSON (2002), S. 46; FLEISHMAN & MUMFORD (1988), S. 920 f.; HOLTON III ET AL. (2000), S. 335.

[417] Vgl. ROWOLD (2007), S. 25.

[418] Vgl. BARRICK & MOUNT (1991), S. 2; NORMAN (1963), S. 577; ASENDORPF (2007), S. 155 ff. Weitere taxonomische Ansätze z. B. bei MCDOUGALL (1932), CATTELL (1943), BORGATTA (1964).

[419] Vgl. BARRICK & MOUNT (1991), S. 3 ff.

[420] Vgl. BARRICK & MOUNT (1991), S. 5; DIGMAN (1990), S. 423 f.; MUCK (2006), S. 530 ff.; PERVIN ET AL. (2005), S. 320 ff.

[421] Vgl. HEROLD, DAVIS ET AL. (2002), S. 855.

[422] Vgl. BARRICK & MOUNT (1991), S. 17 f. HURTZ & DONOVAN (2000) bestätigen dieses Ergebnis (S. 875).

LOCKE & LATHAM (1990) argumentieren im Rahmen ihrer Zielsetzungstheorie, dass Beharrlichkeit – als Komponente der Gewissenhaftigkeit – regelnd auf die Leistung einer Person einwirkt, vorausgesetzt, ein herausforderndes Ziel ist vorhanden und die moderierenden Variablen unterstützen die Erreichung des gesetzten Ziels. BARRICK, MOUNT & STRAUSS (1993) stützen diese Ergebnisse. Sie fanden heraus, dass gewissenhafte Personen mit einer hohen Wahrscheinlichkeit selbstständig Ziele setzen, sich an diese halten und schlussendlich eine hohe Leistung erbringen.[423] Die empirischen Ergebnisse sind jedoch nicht eindeutig. Einige Forscher konnten keinen generell positiven Einfluss auf die Weiterbildungsergebnisse nachweisen.[424] Gleichzeitig bezweifelt ROWOLD (2007) jeglichen Einfluss dieser Persönlichkeitseigenschaft. BURKE & HUTCHINS (2007) resümieren jedoch, dass die Gewissenhaftigkeit über ihren Einfluss auf die Lernmotivation eine potenziell treibende Kraft für den Lerntransfer sein kann.[425]

- Die Dimension *Extraversion* beschreibt Eigenschaften wie Kontaktfreude, Geselligkeit, Durchsetzungsfähigkeit, Gesprächigkeit und Lebendigkeit. Unabhängig von den Berufsgruppen erwies sich Extraversion – neben der Offenheit für Erfahrungen – zudem als valider Prädiktor von Leistungen im Lernfeld.[426] BARRICK ET AL. (1993) konnten diesen Zusammenhang jedoch nicht signifikant belegen. ROWOLD (2007) konstatiert des Weiteren, dass Introversion in einem negativen Verhältnis zur Lern- und Transfermotivation steht. Introvertierte Personen kennzeichnet, dass sie weniger gesprächig, durchsetzungsfähig und aufgeschlossen sind als extrovertierte und dadurch größere Probleme haben, Leistung in einer ungünstigen und lauten Umgebung zu zeigen. Auch NAQUIN & HOLTON III (2002) konnten einen direkten Effekt der Extraversion auf die Motivation feststellen, die Arbeitsleistung durch Lernen zu verbessern.[427]
- *Offenheit für Erfahrungen* umfasst üblicherweise Einfallsreichtum, Kultiviertheit, Neugierde, Originalität, Aufgeschlossenheit, Intelligenz und künstlerische Sensitivität.[428] BARRICK & MOUNT (1991) konnten einen validen Zusammenhang mit der Leistung im Lernfeld, jedoch nicht mit der Leistung im Funktionsfeld, belegen. Die Forscher vermuten, dass Personen mit einer großen Offenheit für Erfahrungen gleichzeitig über eine positive Einstellung in Bezug auf generelle Lernerfahrungen verfügen. Diese Persönlichkeitseigenschaft verspricht also ein guter Indikator dafür zu sein, ob ein Mitarbeiter

---

[423] Vgl. LOCKE & LATHAM (1990), S. 261; BARRICK ET AL. (1993), S. 719. Ähnlich bei JUDGE & ILIES (2002), S. 801 (in Bezug auf Leistungsmotivation); COLQUITT & SIMMERING (1998), S. 662.

[424] Vgl. HEROLD ET AL. (2002), S. 865; COLQUITT ET AL. (2000), S. 694. Begründungen hierfür u. a. bei MARTOCCHIO & JUDGE (1997), S. 765 f.; LEPINE ET AL. (2000), S. 586 f.; COLQUITT ET AL. (2000), S. 699; KANFER & ACKERMAN (1989), S. 686.

[425] Vgl. ROWOLD (2007), S. 24 f.; BURKE & HUTCHINS (2007), S. 269.

[426] Vgl. BARRICK & MOUNT (1991), S. 1 ff. Ähnlich bei TZINER ET AL. (2002), S. 409.

[427] Vgl. BARRICK ET AL. (1993), S. 720; ROWOLD (2007), S. 14 f., 24 f.; NAQUIN & HOLTON III (2002), S. 368.

[428] Vgl. BARRICK & MOUNT (1991), S. 5.

bereit ist, aktiv an der Weiterbildungsmaßnahme teilzunehmen und ob er von der Maßnahme profitieren wird. HEROLD ET AL. (2002) stützen diese Vermutung durch ihre Forschungsergebnisse. In Bezug auf die Vermittlung psychomotorischer Fertigkeiten konnten sie akzelerierende Effekte auf das Lernen nachweisen. Sie betonen, dass diese Eigenschaft insbesondere in der Lernumgebung an Bedeutung gewinnt, weil die Teilnehmer hier per definitionem mit einer neuartigen Situation konfrontiert werden. LEPINE ET AL. (2000) dokumentieren darüber hinaus eine positive Verbindung zwischen der Offenheit für Erfahrungen und der Anpassung an sich verändernde Kontexte, welche typischerweise in mehrstufigen Weiterbildungsprogrammen auftritt. Auch LIEVENS ET AL. (2003) belegen einen Zusammenhang zwischen dieser Disposition und der Leistung im Rahmen interkultureller Trainings. Einen Einfluss der Persönlichkeitseigenschaft auf die Lern- und auch die Transfermotivation bezweifeln allerdings ROWOLD (2007).[429]

- Häufige Eigenschaften in Verbindung mit *emotionaler Stabilität* sind das Fehlen von Ängstlichkeit, Depressivität, Wut, Verlegenheit, Emotionalität, Sorge und Unsicherheit. Emotionale Stabilität beinhaltet somit eine hohe Toleranzgrenze für stressreiche Situationen.[430] HEROLD ET AL. (2002) konstatieren, dass bei der Vermittlung komplexer psychomotorischer Fertigkeiten diejenigen Personen, die über ein höheres Level an emotionaler Stabilität sowie Offenheit für Erfahrungen verfügen, sich neue Fertigkeiten schneller aneignen. ROWOLD (2007) weist zudem einen negativen Einfluss von emotionaler Instabilität (Neurotizismus) auf die Transfermotivation, allerdings nicht auf die Lernmotivation, nach. Ergänzend dokumentieren JUDGE & ILIES (2002) eine solche Wirkung auf die Arbeitsmotivation und TETT, JACKSON & ROTHSTEIN (1991) auf die Arbeitsleistung. Gleichzeitig wird der negative Einfluss von Angst auf motivationale Konstrukte sowie die Selbstwirksamkeit durch COLQUITT ET AL. (2000) belegt.[431] Ängstlichkeit lenkt von der eigentlichen Aufgabenerfüllung ab und hat somit eine negative Wirkung auf die zu erbringende Leistung.[432]
- Die letzte Big Five Dimension ist die *Verträglichkeit*, welche Charakteristika wie Höflichkeit, Flexibilität, Vertrauenswürdigkeit, Kooperativität, Toleranz usw. widerspiegelt.[433] Diese Eigenschaften reflektieren ähnlich wie Extraversion weniger Aufgabenorientierung, sondern vielmehr zwischenmenschliche Orientierungen und sind dadurch in ihrem Einfluss auf motivationale Aspekte weniger offensichtlich. Dadurch spielen

429 Vgl. BARRICK & MOUNT (1991), S. 19; HEROLD ET AL. (2002), S. 855, 864; LEPINE ET AL. (2000), S. 585; LIEVENS ET AL. (2003), S. 476; ROWOLD (2007), S. 24 f.

430 Vgl. BARRICK & MOUNT (1991), S. 4; HEROLD ET AL. (2002), S. 856.

431 Vgl. HEROLD ET AL. (2002), S. 864; ROWOLD (2007), S. 24 f.; JUDGE & ILIES (2002), S. 801; TETT ET AL. (1991), S. 730; COLQUITT ET AL. (2000), S. 694.

432 Vgl. KANFER & ACKERMAN (1989), S. 664 f.

433 Vgl. BARRICK & MOUNT (1991), S. 4.

sie in Berufsgruppen mit starker interpersoneller Interaktion ein bedeutendere Rolle.[434] Sind Weiterbildungsmaßnahmen in besondere interpersonelle oder soziale Kontexte eingebettet, so ist es wahrscheinlich, dass Verträglichkeit oder auch Extraversion einen signifikanten Einfluss auf die Weiterbildungsleistung ausüben.[435] Des Weiteren belegt ROWOLD (2007), dass Verträglichkeit lediglich eine gesteigerte Motivation vor der Weiterbildungsmaßnahme (hier: Lernmotivation), jedoch nicht nach der Weiterbildungsmaßnahme (hier: Transfermotivation) erzeugt. Die Ergebnisse von LIEVENS ET AL. (2003) zeigen sogar eine signifikant negative Korrelation dieser Disposition mit der Trainingsleistung in einem interkulturellen Kontext.[436]

Neben den vorgestellten Big Five Persönlichkeitsvariablen wurden noch weitere Dispositionen im Hinblick auf ihren determinierenden Einfluss auf den Lerntransfer untersucht. Besonders prägnant sind die Forschungen in Bezug auf die *Selbstwirksamkeit*, welche wesentlicher Bestandteil der Erwartungstheorien ist, und von BANDURA (1977a) in seiner sozial-kognitiven Lerntheorie theoretisch analysiert wurde. Sie wird als eine stabile Persönlichkeitsdisposition verstanden und ist von den Persönlichkeitseigenschaften Selbstwertgefühl und Kontrollüberzeugung strikt zu trennen.[437] Selbstwirksamkeit konnte als Einflussfaktor auf den Lerntransfer in verschiedenen Studien nachgewiesen werden,[438] so dass das Konstrukt inhärenter Bestandteil vieler Lerntransfermodelle ist.[439]

Viel Beachtung wurde dabei dem positiven Einfluss der Selbstwirksamkeit auf die Leistung des Teilnehmers sowohl während als auch nach dem Training geschenkt.[440] So zeigen SILVER, MITCHELL & GIST (1995) den Effekt der Selbstwirksamkeit auf die Leistung sowie den Effekt der Leistung auf die Selbstwirksamkeit nach dem Training. Die Forscher fanden

---

[434] Vgl. HEROLD ET AL. (2002), S. 854; SACKETT, GRUYS & ELLINGSON (1998), S. 546; HURTZ & DONOVAN (2000), S. 876.

[435] Vgl. HEROLD ET AL. (2002), S. 866.

[436] Vgl. ROWOLD (2007), S. 25; LIEVENS ET AL. (2003), S. 482.

[437] Vgl. BANDURA (1977a), S. 204; STAJKOVIC & LUTHANS (2003), S. 132 f.; JONAS & BRÖMER (2002), S. 287; GIST (1987), S. 480. Tiefer gehend bei BANDURA (1982) oder GIST & MITCHELL (1992).

[438] Vgl. CHIABURU & MARINOVA (2005), S. 110; MACHIN & FOGARTY (2003), S. 51; FORD ET AL. (1998), S. 218, 228; GIST, STEVENS & BAVETTA (1991), S. 856; SAKS (1995), S. 224; GAUDINE & SAKS (2004), S. 70; HOLLADAY & QUIÑONES (2003), S. 1094; GUTHRIE & SCHWOERER (1994), S. 416; VELADA & CAETANO (2007), S. 282 sowie SAKS (1997), S. 366 in theoretischer Form.

[439] Vgl. BANDURA (1977a), S. 193; GIST (1987), S. 472; GIST, SCHWOERER & ROSEN (1989), S. 884; BURKE & HUTCHINS (2007), S. 266 u. v. m. Vgl. zu den Modellen NOE (1986); CANNON-BOWERS ET AL. (1995); COLQUITT ET AL. (2000); HOLTON III ET AL. (2000); MARX (1982); JACKSON (1985).

[440] Vgl. BROWN (2005), S. 382; BROWN & MORRISSEY (2004), S. 255; GIST ET AL. (1989), S. 884; GIST (1989), S. 803; KOZLOWSKI, GULLY ET AL. (2001), S. 24; LATHAM & BUDWORTH (2006), S. 521; STAJKOVIC & LUTHANS (1998), S. 240; STEVENS & GIST (1997), S. 955; HARRISON, RAINER JR. ET AL. (1997), S. 84; MATHIEU, MARTINEAU & TANNENBAUM (1993), S. 125; CANNON-BOWERS ET AL. (1995), S. 145; SAKS (1995), S. 212; PHILLIPS & GULLY (1997), S. 797; MITCHELL, HOPPER ET AL. (1994), S. 506; EDEN & RAVID (1982), S. 362; tlw. TANNENBAUM ET AL. (1991), S. 766.

heraus, dass verschiedene Niveaus an Selbstwirksamkeit in unterschiedliche Leistungsattributionen münden, und diese Attributionen wiederum Einfluss auf die Selbstwirksamkeit nach dem Training nehmen. Erfolgreiche Leistungen, die intern zugerechnet werden, führen zu einer Steigerung der Selbstwirksamkeit. Schlechte Leistungen, die intern zugerechnet werden, führen jedoch zu einer Abschwächung derselbigen.[441] Zahlreiche Studien liefern außerdem Belege für die Signifikanz des Zusammenhangs von Selbstwirksamkeit und Lernmotivation sowie weiteren motivationalen Konstrukten.[442] Gleichzeitig konnten CHRISTOPH, SCHOENFELDT JR. & TANSKY (1998), SAKS (1995) und MACHIN & FOGARTY (2003) einen Unterschied in der Selbstwirksamkeit vor und nach dem Training zeigen und belegen damit die Möglichkeit, Einfluss auf dieses Konstrukt zu nehmen.[443]

Eng verbunden mit der Selbstwirksamkeit ist das *Selbstwertgefühl*. In Abgrenzung zur Selbstwirksamkeit versteht BRETT (1984) unter Selbstwertgefühl ein generelleres Niveau an Selbstbewusstsein, Eignungsgefühlen und Selbstakzeptanz.[444] Personen mit einem niedrigen Selbstwertgefühl leiden mit einer höheren Wahrscheinlichkeit als selbstbewusste Personen unter einer Vielzahl an emotions- und verhaltensbezogenen Problemen, wie Ängstlichkeit oder Traurigkeit.[445] ADAMS (1965) weist auf die motivationale Bedeutung des Selbstwertgefühls in seiner Gleichgewichtstheorie hin. Aber auch die Weg-Ziel-Theorie der Führung misst – laut WEINERT (2004) – dem Konstrukt eine besondere Bedeutung als Charakteristikum des geführten Mitarbeiters bei.[446] Selbstwertgefühl wird jedoch auch direkt mit der Leistung am Arbeitsplatz in Verbindung gebracht.[447] So bemerkt KORMAN (1976), dass ein hohes Selbstwertgefühl sich ceteris paribus positiv auf die Leistung auswirkt. KACMAR ET AL. (1997) konnten ferner nachweisen, dass ein hohes Selbstwertgefühl eine verbesserte Leistung nach der Trainingsmaßnahme verspricht.[448]

---

441 Vgl. SILVER ET AL. (1995), S. 296.

442 Vgl. CHIABURU & MARINOVA (2005), S. 118; COLQUITT ET AL. (2000), S. 699; QUIÑONES (1995), S. 233; TRACEY ET AL. (2001), S. 16; MACHIN & FOGARTY (2004), S. 234.

443 Vgl. CHRISTOPH ET AL. (1998), S. 35; SAKS (1995), S. 221; MACHIN & FOGARTY (2003), S. 51. Ähnlich bei GUTHRIE & SCHWOERER (1994), S. 416; GIST (1989), S. 787; GIST ET AL. (1991), S. 837; MORIN & LATHAM (2000), S. 566 f.; BROWN & MORRISSEY (2004), S. 255; BURKE & HUTCHINS (2007), S. 266; LATHAM & FRAYNE (1989), S. 411; LATHAM & BUDWORTH (2006), S. 516; SCHWOERER, MAY ET AL. (2005), S. 123; EDEN & RAVID (1982), S. 362. GAUDINE & SAKS (2004) konnten einen Effekt jedoch nicht nachweisen (S. 57).

444 Vgl. BRETT (1984), S. 174.

445 Vgl. BROCKNER (1979b), S. 447.

446 Vgl. WEINERT (2004), S. 500.

447 Vgl. MCINTIRE & LEVINE (1984), S. 290.

448 Vgl. KORMAN (1976), S. 53; KORMAN (1970), S. 40; BROCKNER (1979a), S. 1732; BROCKNER & GUARE (1983), S. 642; KACMAR ET AL. (1997), S. 114.

Die *Kontrollüberzeugung* bezieht sich im Gegensatz zu der Selbstwirksamkeit auf die subjektive Überzeugung, dass Ereignisse auf interne oder externe Kontrolle zurückzuführen sind,[449] und steht in unmittelbaren Zusammenhang mit der in der Attributionstheorie von WEINER (1994) hervorbehobenen Determinante *Attribution.*[450] NOE (1986) konstatiert, dass Personen mit einer internen Kontrollüberzeugung mit einer größeren Wahrscheinlichkeit davon ausgehen, dass Gelegenheiten am Arbeitsplatz auch einen konkreten Nutzen mit sich bringen. Personen mit einer externen Kontrollüberzeugung führen Arbeitsergebnisse zumeist auf Glück, Schicksal oder das Verhalten anderer Personen zurück.[451] CHENG & HO (1998) schlagen daher vor, die interne Kontrollüberzeugung von Weiterbildungsteilnehmern durch strukturierte und nachvollziehbare Belohnungsprogramme zu fördern.[452]

COLQUITT ET AL. (2000) können außerdem eine starke Kohärenz zwischen Kontrollüberzeugung und Lernmotivation und eine moderate Kohärenz zwischen Kontrollüberzeugung und deklarativem Wissen sowie Transfer nachweisen. Personen mit einer internen Kontrollüberzeugung waren in der Studie motivierter, wohingegen Personen mit einer externen Kontrollüberzeugung mehr lernten und ein höheres Level an Transfer erreichten. Des Weiteren belegen die Forscher eine negative Korrelation zwischen Kontrollüberzeugung und Selbstwirksamkeit, wobei eine interne Kontrollüberzeugung einhergeht mit einer höheren Selbstwirksamkeit. TZINER, HACCOUN & KADISH (1991) weisen außerdem nach, dass Teilnehmer, die intern attribuieren und sich in einer unterstützenden Arbeitsumgebung sehen, einen höheren Lerntransfer zeigen, wenn sie an einer Rückfallpräventionsmaßnahme teilnehmen. In ähnlicher Weise fanden BAUMGARTEL, REYNOLDS & PATHAN (1984) heraus, dass Manager mit einer hohen interner Kontrollüberzeugung auch mit einer hohen Wahrscheinlichkeit das Erlernte im Funktionsfeld anwenden. Andere Ergebnisse finden sich bei TZINER & FALBE (1993). Die Forscher konnten keinen signifikanten Zusammenhang zwischen der Kontrollüberzeugung und vier verschiedenen Arten an Weiterbildungsergebnissen unter Beweis stellen. Lediglich eine Kombination von Kontrollüberzeugung und Seniorität hatte einen Einfluss auf die Einschätzung des Vorgesetzten, ob das Erlernte angewendet wird oder nicht.[453]

---

[449] Vgl. ROTTER (1966), S. 1; BANDURA (1977a), S. 204; NOE (1986), S. 739 f.; JONAS & BRÖMER (2002), S. 287.

[450] Vgl. WEINER (1994), S. 270 f.; PHARES (1976), S. 30 f. Die Kontrollüberzeugung ist des Weiteren ein Kontingenzfaktor in der Weg-Ziel-Theorie von HOUSE & MITCHELL (1974).

[451] Vgl. NOE (1986), S. 738 ff.; COLQUITT ET AL. (2000), S. 679. NOE (1986) nimmt vertiefend Bezug auf PHARES (1976), S. 60 ff.; SPECTOR (1982), S. 484 ff.; BROEDLING (1975), S. 67 f. sowie THORNTON III (1978), S. 475.

[452] Vgl. CHENG & HO (1998), S. 15.

[453] Vgl. COLQUITT ET AL. (2000), S. 694 ff.; TZINER ET AL. (1991), S. 174; BAUMGARTEL ET AL. (1984), S. 13; TZINER & FALBE (1993), S. 213.

Eine weitere transferrelevante Persönlichkeitseigenschaft ist die *Affektivität*. Affektivität ist eine emotionsbasierte Disposition, durch welche Personen eine kognitive Voreingenommenheit in Bezug auf (ggf. berufliche) Erfahrungen schaffen. Sie wird in vielen Fällen in zwei gegensätzliche Dimensionen unterteilt: Positive und negative Affektivität. Positive Affektivität ist die Tendenz, positive emotionale Zustände zu erleben, während negative Affektivität das Gegenteil beschreibt.[454] Personen mit einer hohen negativen Affektivität weisen ein hohes Maß an Ängstlichkeit auf und fokussieren negative Aspekte in ihrer Umwelt und in ihrem eigenen Verhalten.[455] Diese Eigenschaft weist daher große Parallelen zu der Big Five Dimension emotionale Stabilität auf. NAQUIN & HOLTON III (2002) weisen darauf hin, dass Personen mit einer geringen emotionalen Stabilität oder einer hohen negativen Affektivität nur mit einer geringen Wahrscheinlichkeit freiwillig an Weiterbildungsmaßnahmen teilnehmen, weil ihnen das Selbstbewusstsein und die Energie für den erfolgreichen Abschluss der Maßnahme fehlt.[456] NAQUIN & HOLTON III (2002) und MACHIN & FOGARTY (2004) untersuchten positive und negative Affektivität und ihren Einfluss auf die Motivation vor und nach dem Training. Sie fanden heraus, dass Teilnehmer mit einer Tendenz, positive emotionale Zustände zu erleben, mit einer höheren Wahrscheinlichkeit über eine höhere Motivation (die Arbeitsleistung durch Lernen zu verbessern) und eine höhere Selbstwirksamkeit verfügen als Personen mit negativer Affektivität. Erstere transferieren somit mit einer größeren Wahrscheinlichkeit das Erlernte in das Funktionsfeld.[457]

Weitere Beachtung in Bezug auf den Lerntransfer haben die Konstrukte Motive, Bedürfnisse, Werte, Valenzen und Ziele gefunden.[458] In Bezug auf Arbeitstätigkeiten erfüllen *Motive* mehrere Funktionen: „Sie richten die Tätigkeit auf ausgewählte künftige Inhalte und schließen andere Inhalte aus. Sie regulieren den Tätigkeitsablauf und ordnen die Teilverrichtungen nach ihrer Reihenfolge und Unterordnung“[459], und sie aktivieren. Insofern haben Motive auch einen starken Einfluss auf den Lerntransfer, welcher im Ergebnis eine Verhaltensänderung bezogen auf Arbeitstätigkeiten im Funktionsfeld impliziert. *Bedürfnisse* haben eine Aktivierungsfunktion, lösen jedoch keine konkrete Tätigkeit aus oder lenken diese.[460] Auf die Bedeutung von Bedürfnissen für die Motivation von Trainingsteilnehmern kann insbesondere über die Inhaltstheorien geschlossen werden. Aber auch die Weg-Ziel-Theorie der Führung nennt Bedürfnisse als persönlichen Charakteristika des Mitarbeiters, welche die Beziehung zwischen

---

[454] Vgl. NAQUIN & HOLTON III (2002), S. 359; WATSON, CLARK & TELLEGEN (1988), S. 1063; LEVIN & STOKES (1989), S. 752 f.

[455] Vgl. LEVIN & STOKES (1989), S. 752 f.

[456] Vgl. NAQUIN & HOLTON III (2002), S. 359.

[457] Vgl. NAQUIN & HOLTON III (2002), S. 368; MACHIN & FOGARTY (2004), S. 232 ff.

[458] Die von CANNON-BOWERS ET AL. (1995) benannten *Wünsche* werden nicht gesondert betrachtet.

[459] HACKER (2005), S. 310.

[460] Vgl. HACKER (2005), S. 319.

Führungsverhalten und dem Ergebnis der Gruppe moderieren. Im Kontext des Lerntransfers ist das auf McClelland (1968) zurückgehende *Leistungsbedürfnis* von Bedeutung.[461] Baumgartel et al. (1984) weisen in diesem Zusammenhang nach, dass Manager, die über ein relativ starkes Leistungsbedürfnis verfügen und an den Wert der Weiterbildungsmaßnahme glauben, mit einer hohen Wahrscheinlichkeit neu erlernte Inhalte im Funktionsfeld anwenden. Phillips & Gully (1997) konnten zudem belegen, dass das Leistungsbedürfnis in einem positivem Zusammenhang zum Zielniveau steht, welches wiederum positiv mit der Leistung korreliert.[462]

Werte werden im Vergleich zu dem vorherigen Konstrukten als kognitive Repräsentationen interner Bedürfnisse verstanden, die von externem Druck, wie institutionellen Zielen oder Anforderungen, beeinflusst werden. Im Gegensatz zu der Summe der Bedürfnisse einer Person können Werte öffentlich, gegenüber anderen und sich selber eingestanden und verteidigt werden.[463] Piaget (2001) pointiert in seiner Theorie der kognitiven Entwicklung die Bedeutung von Werten für das Zusammenspiel von Assimilation und Akkommodation im Lernprozess und Weinert (2004) betont die Relevanz von Arbeits- und Lebenswerten der Geführten für die Führung. Eine Bedeutung für den Lerntransfer kann somit erwartet werden. Ein weiterer Begriff in diesem Zusammenhang ist die *Valenz*, welche den Nutzen oder Wert eines Ergebnisses bzw. der Ergebnisfolgen einer Tätigkeit angibt.[464] Wie stark eine Valenz ausgeprägt ist, ist unmittelbar proportional zur Intensität des entsprechenden Bedürfnisses.[465] Sie nimmt insbesondere Einfluss auf den Lerntransfer über ihr Zusammenwirken mit Erwartungen, wie es die Erwartungstheorien dokumentieren. Colquitt et al. (2000) konstatieren hierzu, dass Valenzen in einem positiven Zusammenhang mit der Lernmotivation und allen Weiterbildungsergebnissen stehen.[466]

Ziele werden in Verbindung mit dem Lerntransfer prominent in Bezug auf ihre Setzung, Bedeutung, Akzeptanz usw. angeführt. Sie sind aber auch konstituierendes Element der motivationalen Persönlichkeitsdisposition *Zielorientierung*. Diese wird klassischerweise bezogen auf Leistungsaspekte in zwei verschiedene Zielkategorien unterteilt: Lernziele und Leistungsziele. Lernorientierung ist die Präferenz, seine eigene Qualifikation durch die Aneignung neuer Qualifikationen und die Bewältigung neuer Situationen zu verbessern. Im Gegensatz dazu steht die Leistungsorientierung. Diese drückt sich in der Präferenz aus, seine eigene

[461] Vgl. für eine detaillierte Auseinandersetzung mit dem Leistungsbedürfnis McClelland (1976), S. 75 f.

[462] Vgl. Baumgartel et al. (1984), S. 1, 13; Phillips & Gully (1997), S. 792.

[463] Vgl. Rokeach (1979), S. 48.

[464] Vgl. Hacker (2005), S. 319. Ähnlich bei Vroom (1964), S. 15; Van Eerde & Thierry (1996), S. 576.

[465] Vgl. Weiner (1994), S. 121.

[466] Vgl. Colquitt et al. (2000), S. 699.

Qualifikation zu demonstrieren und zu validieren und dabei nach positiven Bewertungen durch andere Personen zu streben, negative allerdings zu meiden.[467,468] Personen mit einer hohen Lernorientierung glauben daran, dass Ergebnisse durch Anstrengung verbessert und ihre Qualifikationen verändert werden können. Dadurch reagieren sie robuster in schwierigen Situationen. Leistungsorientierte hingegen meinen, dass Eignung dadurch belegt wird, dass überdurchschnittliche Leistungen (im Vergleich zu anderen Personen) erbracht werden oder für diese Leistungen nur wenig Anstrengung aufgewendet wird. Folglich tendieren leistungsorientierte Personen dazu, herausfordernde Aufgaben zu meiden.[469]

Colquitt & Simmering (1998) zeigen, dass Lernorientierung einen positiven Einfluss auf die Lernmotivation hat. Den gegenteiligen Effekt dokumentieren sie für die Leistungsorientierung. Sie vermuten, dass lernorientierte Teilnehmer die Chance wahrnehmen, ihre Eignung zu verbessern und die gestellten Aufgaben aktiv anzugehen, wohingegen sich leistungsorientierte unter zu hohen Druck setzen.[470] Ein ähnlicher Effekt konnte auf die Selbstwirksamkeit nach der Maßnahme beobachtet werden. Lernorientierte Teilnehmer konnten ihr Selbstwirksamkeit signifikant verbessern, wohingegen leistungsorientierte an Selbstwirksamkeit verloren und in Folge dessen eine schlechte Leistung in Bezug auf die Transferaufgabe zeigten.[471] Darüber hinaus konnten weitere positive Effekte von Lernorientierung auf verschiedene motivationale Konstrukte und auf den Lerntransfer belegt werden.[472] So fanden Gist & Stevens (1998) heraus, dass Teilnehmer, die sich ein Lernziel setzen, ein höheren Lerntransfer zeigen als Teilnehmer mit einem Leistungsziel.[473] Brown (2005) allerdings betont, dass Leistungsziele nicht generell eine Transfer fördernde Wirkung verfehlen. Er benennt Studien, die belegen, dass behaviorale Leistungsziele durchaus eine effektive Transferintervention darstellen können.[474] Fisher & Ford (1998) identifizieren Lernorientierung des Weiteren als starken Prädiktor für ein wissensbasiertes Lernergebnis, während Ford et al. (1998) aufdecken,

---

[467] Vgl. Dweck (1986), S. 1040; Button, Mathieu & Zajac (1996), S. 26; VandeWalle (2001), S. 163; Ford et al. (1998), S. 222; Kraiger et al. (1993), S. 320; Chiaburu & Tekleab (2005), S. 606; Stevens & Gist (1997), S. 956 f.

[468] Lern- und Leistungsorientierung werden hier als Persönlichkeitseigenschaft verstanden. Mitunter wird aber auch auf ihre situationsbedingte Anpassungs- und Veränderungsfähigkeit verwiesen. Vgl. Kraiger et al. (1993), S. 320; Phillips & Gully (1997), S. 794.

[469] Vgl. Ford et al. (1998), S. 222; Ames (1992), S. 263; Dweck (1986), S. 1040 f.

[470] Vgl. Colquitt & Simmering (1998), S. 662; Kraiger (2003), S. 174. Ähnlich bei Fisher & Ford (1998), S. 413.

[471] Vgl. Ford et al. (1998), S. 229; Phillips & Gully (1997), S. 797. Ähnlich bei Kozlowski et al. (2001), S. 20.

[472] Vgl. Stevens & Gist (1997), S. 974 (Motivation das Erlernte aufrecht zu erhalten); Chiaburu & Marinova (2005), S. 110 (Motivation vor dem Training). Chiaburu & Tekleab (2005) belegen die genannten Kohärenzen und relativieren, dass eine Weiterbildungsmotivation in Abhängigkeit von der Zielorientierung nicht automatisch zu einem höheren Lerntransfer führt (S. 619).

[473] Vgl. Gist & Stevens (1998), S. 165 f.; Brown (2005), S. 371.

[474] Vgl. Brown (2005), S. 382.

dass diese Disposition in einem positiven Zusammenhang zu der metakognitiven Aktivität des Teilnehmers steht.[475]

3.5.1.3 Einstellungen, Erwartungen, Erfahrungen und Motivation

Einfluss auf das Verhalten haben außerdem (a) die Einstellungen des Teilnehmers als affektive Verhaltenskomponente,[476] (b) die Erwartungen, (c) die Erfahrungen sowie (d) die Motivation des Teilnehmers.

ad (a) Einstellungen: Bei Einstellungen handelt es sich um eine psychologische Tendenz, die sich durch die Bewertung bestimmter Einstellungsobjekte ausdrückt.[477] Das hypothetische Konstrukt kann nicht direkt beobachtet werden, es können allerdings Rückschlüsse auf das Konstrukt über beobachtbare Reaktionen gezogen werden. Einstellungen weisen starke Schnittstellen mit den Komponenten der Persönlichkeit auf und wirken über kollektive Wertvorstellungen, wie bspw. die Unternehmenskultur, gleichzeitig auch auf der Gruppen- und Unternehmensebene. Die Einwirkung auf die Einstellungen der Mitarbeiter bietet somit einen sinnvollen Anknüpfungspunkt um Verhaltensänderungen im Unternehmen anzustoßen.[478]

Einstellungsobjekte und -situationen sind sowohl in der Lern- als auch in der Arbeitsumgebung zu finden. Bezogen auf die Lernumgebung können WARR & BUNCE (1995) belegen, dass die *generelle Einstellung* des Teilnehmers *bezüglich Weiterbildung* determinierend auf das Lernergebnis wirkt.[479] Einflüsse auf verschiedene motivationale Konstrukte können ROWOLD (2007) allerdings nicht dokumentieren.[480] Bestätigt wurde jedoch, dass die *Einstellungen* des Teilnehmers *bezüglich einer spezifischen Weiterbildungsmaßnahme* positiver ausfallen, wenn dieser an der Ausgestaltung des Trainingsdesigns beteiligt wird oder freiwillig an der Maßnahme teilnimmt.[481] Implizit ist hier das *Interesse* des Teilnehmers an

[475] Vgl. FISHER & FORD (1998), S. 413; FORD ET AL. (1998), S. 229.

[476] Vgl. dazu bspw. die Theorie des geplanten Verhaltens AJZEN (2002), S. 665; AJZEN (1991), S. 181 ff.; AJZEN & MADDEN (1986), S. 456 ff.; BOHNER, STAHLBERG & FREY (1999), S. 380 ff.

[477] Vgl. EAGLY & CHAIKEN (1993), S. 1.

[478] Vgl. EAGLY & CHAIKEN (1993), S. 1 f.; BOHNER ET AL. (1999), S. 373; SONNTAG & SCHAPER (1999), S. 301 f.

[479] Vgl. WARR & BUNCE (1995), S. 361.

[480] Vgl. ROWOLD (2007), S. 24.

[481] Vgl. KRAIGER (2003), S. 174. Anderes bei BALDWIN & MAGJUKA (1991), S. 34. Vgl. hierzu auch das Konzept der distalen und proximalen Lernmotivation von WARR & BUNCE (1995), S. 349. Ähnlich bei KANFER (1990), S. 82 f.; COLQUITT ET AL. (2000), S. 682.

der Maßnahme und den vermittelten Inhalten, da das Konstrukt den subjektiven Wert der Maßnahme widerspiegelt.[482]

Die Einstellungen des Teilnehmers im Kontext der Arbeitsumgebung sind ausdifferenzierter als diejenigen in der Lernumgebung. In der Lerntransferforschung wird im Wesentlichen auf drei verschiedene Formen des Arbeitscommitments („work commitment") Bezug genommen, welche Einfluss auf die Arbeitsleistung und die Arbeitsmotivation nehmen.[483] Einstellungen die Arbeitsumgebung betreffend treten speziell im Zusammenhang mit der Identifikation eines Mitarbeiters mit der Arbeit („job involvement") oder dem Unternehmen („organizational commitment") auf.[484] Zusätzlich liefert die Einstellung des Teilnehmers bezüglich seiner Karriere („carreer commitment") einen Erklärungsbeitrag für den Lerntransfer.[485]

- *Job involvement* ist als das Ausmaß, mit dem sich eine Person mit ihrer Arbeitstätigkeit identifiziert, bzw. die Bedeutung, welche die Arbeit in dem Selbstbild der Person einnimmt.[486] Für eine Person mit einer hohen Ausprägung dieser Einstellung hat die Arbeit also eine hohe Priorität und wird stark durch die Arbeitssituation selbst sowie deren Komponenten beeinflusst.[487] NOE (1986) konstatiert, dass stark in ihre Arbeit involvierte Personen mit einer höheren Wahrscheinlichkeit motiviert sind zu lernen, weil sie durch Weiterbildung ihre Fähigkeiten, ihre Arbeitsleistung und ihr Selbstwertgefühl steigern können.[488] Empirisch Ergebnisse zu dem Einfluss des Konstrukts auf verschiedene Motivationsarten und Weiterbildungsergebnisse sind jedoch nicht eindeutig. Teilweise wurden positive Effekte nachgewiesen.[489] Andere Forscher können diese Effekte jedoch nicht bestätigen: Sowohl für die Motivation des Teilnehmers[490] als auch für verschiedene Lernergebnisse, die Leistung des Teilnehmers oder auch speziell den

[482] Vgl. HUCZYNSKI & LEWIS (1980), S. 233. Das Interesse einer Person beschreibt und erklärt die Beziehung dieser Person zu bestimmten, konkreten oder abstrakten Gegenständen. Vgl. KRAPP (1999), S. 397 f.; KRAPP (1996), S. 92 f. Vgl. die Lerntheorien von PIAGET (2001) oder GAGNÉ (1985) für die Bedeutung von Interesse für den Lernprozess.

[483] MORROW (1983) unterscheidet zwischen fünf verschiedenen – allerdings nicht trennscharfen – Formen des Arbeitscommitments (S. 487 f.). Laut KATZELL & THOMPSON (1990) sind die für die Arbeitsmotivation relevanten Einstellungen, das Commitment, das Involvement und die Zufriedenheit (S. 68).

[484] Vgl. SONNTAG & SCHAPER (1999), S. 301 f.

[485] Vgl. CHENG & HO (2001), S. 26.

[486] Vgl. LODAHL & KEJNER (1965), S. 24; KANUNGO (1979), S. 126; KANUNGO (1982), S. 342; BLAU (1985), S. 34; NOE & SCHMITT (1986), S. 502.

[487] Vgl. LODAHL & KEJNER (1965), S. 25.

[488] Vgl. NOE (1986), S. 742. Ähnlich bei HOLTON III (1996), S. 13; COLQUITT ET AL. (2000), S. 679.

[489] Vgl. ROWOLD (2008), S. 77 f. (Transfermotivation); NOE & SCHMITT (1986), S. 512, 515 (Lernmotivation vor der Weiterbildungsmaßnahme/Lernen); TRACEY ET AL. (2001), S. 19 (Lernmotivation/Selbstwirksamkeit vor der Weiterbildungsmaßnahme).

[490] Vgl. MATHIEU ET AL. (1992), S. 841 (Weiterbildungsmotivation); COLQUITT ET AL. (2000), S. 695 (Lernmotivation); CHENG & HO (2001), S. 25 (Lernmotivation).

Lerntransfer.[491] BROWN (1996) belegt allerdings einen starken Zusammenhang zwischen job involvement als kognitivem Zustand, und der generellen Arbeitszufriedenheit als emotionalem Zustand (s. u.). Des Weiteren zeigt die Studie eine starke Kohärenz des Konstrukts mit dem organisationalen Commitment (s. u.).[492] Der Forscher argumentiert: Eine involvierte Person ist generell zufriedener mit ihrer Arbeitstätigkeit, weil sie den Inhalt der Arbeit selbst als intrinsisch zufriedenstellend wahrnimmt. Diese Zufriedenheit hat auch dann noch Bestand, wenn die soziale Unterstützung durch den Vorgesetzten ausbleibt.[493]

- Das *organizational commitment* bestimmt die Stärke der Identifikation einer Person mit – und die Einbindung in – ein bestimmtes Unternehmen.[494] CANNON-BOWERS ET AL. (1995) konstatieren, dass das organizational commitment Einfluss darauf nimmt, welchen Nutzen die Teilnehmer einer Maßnahme beimessen, sowohl für sich selbst als auch für das Unternehmen. Folgerichtig werden stark an das Unternehmen gebundene Mitarbeiter mit einer hohen Wahrscheinlichkeit das Training als Nutzen stiftend wahrnehmen und auch mit großem Engagement teilnehmen.[495] Die empirischen Ergebnisse von BROWN, MCHARDY ET AL. (2011) weisen zudem darauf hin, dass das Konstrukt zusammen mit der Loyalität des Mitarbeiters einen positiven Einfluss auf die Arbeitsleistung hat.[496] Auch ein signifikanter Einfluss auf die Lernmotivation konnte empirisch belegt werden.[497] Die Ergebnisse von TESLUK ET AL. (1995) und KONTOGHIORGHES (2004) zeigen außerdem, dass organizational commitment signifikant den Transfer des Erlernten voraussagt.[498]
- *Career commitment*, als weitere bindungsbezogene Determinante, kann in Abgrenzung zum job involvement als die Identifikation einer Person mit ihrem Beruf oder ihrem Fachgebiet verstanden werden. Daher wird das Konstrukt auch mit der Verfolgung von Karrierezielen in Verbindung gebracht.[499] MATHIEU & ZAJAC (1990) können in ihrer Metaanalyse eine enge Bindung zwischen dem karrierebezogenen und dem organisationalen Commitment belegen und CHENG & HO (2001) eine starke Korrelation des Kon-

[491] Vgl. COLQUITT ET AL. (2000), S. 694; BROWN (1996), S. 243; CHENG & HO (2001), S. 25.

[492] Vgl. BROWN (1996), S. 244. So auch bei MATHIEU & ZAJAC (1990), S. 187.

[493] Vgl. BROWN (1996), S. 252. Anders bei LODAHL & KEJNER (1965), S. 25 in Bezug auf die Zufriedenheit.

[494] Vgl. MOWDAY, PORTER & STEERS (1982), S. 27.

[495] Vgl. CANNON-BOWERS ET AL. (1995), S. 145; TANNENBAUM ET AL. (1991), S. 760; TESLUK, FARR ET AL. (1995), S. 611.

[496] Vgl. BROWN ET AL. (2011), S. 25. MATHIEU & ZAJAC (1990) vermuten jedoch nur einen schwachen Zusammenhang (S. 184). ROWOLD (2008) belegt einen stark negativen Einfluss auf die Transferleistung in Call Centern (S. 77 f.).

[497] Vgl. KONTOGHIORGHES (2002), S. 123; FACTEAU ET AL. (1995), S. 17.

[498] Vgl. TESLUK ET AL. (1995), S. 625; KONTOGHIORGHES (2004), S. 219. TESLUK ET AL. (1995) untersuchten ferner den organisationalen Zynismus als arbeitstätigkeitsbezogene Einstellung (S. 611 f.).

[499] Vgl. ARYEE & TAN (1992), S. 289; BLAU (1985), S. 20; CHENG & HO (2001), S. 22.

strukts mit der Lernmotivation und dem Lerntransfer. Auch NOE & SCHMITT (1986) bestätigen einen Einfluss auf das Lernergebnis. Anders bei ARYEE & TAN (1992), die keinen Zusammenhang zwischen dem career commitment und der Arbeitsqualität feststellen können.[500]

Eng verbunden mit dem Karrierecommitment sind die berufliche Exploration und die Karriereplanung (karriere- und arbeitstätigkeitsbezogene Einstellungen).[501] Die *berufliche Exploration* ist eine Selbstbewertung von qualifikationsbezogenen Stärken und Schwächen, Karrierewerten, Interessen, Zielen oder Plänen und die Suche nach berufsbezogenen Informationen. Folglich ist zu erwarten, dass Personen mit einer starken beruflichen Exploration, gleichzeitig über eine hohe Weiterbildungsmotivation verfügen, da sie Weiterbildung als Chance wahrnehmen sich persönlich weiterzuentwickeln.[502] Dieser Zusammenhang konnte teilweise empirisch bestätigt werden.[503] Eine Verifizierung der Kohärenz durch FACTEAU ET AL. (1995) schlug allerdings fehl.[504]

Karriereplanung bezieht sich auf das Ausmaß, in dem eine Person konkrete Pläne zur Erreichung von Karrierezielen entwickelt.[505] Daher ist zu erwarten, dass sich dieses Konstrukt positiv auf den wahrgenommenen Nutzen einer Weiterbildungsmaßnahme (als Mittel zur Erreichung von Karrierezielen) auswirkt.[506] NOE & SCHMITT (1986) und WILLIAMS, THAYER & POND (1991) stellen einen positiven, allerdings nicht signifikanten, Einfluss der Karriereplanung auf Verhaltensänderungen nach dem Training fest. Außerdem zeigen COLQUITT ET AL. (2000) einen moderaten Einfluss auf die Lernmotivation, den Lerntransfer und die Arbeitsleistung nach dem Training und ROWOLD (2008) einen deutlich positiven Einfluss

---

500 Vgl. MATHIEU & ZAJAC (1990), S. 183; NOE & SCHMITT (1986), S. 517; CHENG & HO (2001), S. 25; ARYEE & TAN (1992), S. 300.

501 Vgl. NOE (1986), S. 738; NOE & SCHMITT (1986), S. 500; FACTEAU ET AL. (1995), S. 4; MATHIEU & MARTINEAU (1997), S. 206; KRAIGER (2003), S. 174.

502 Vgl. COLQUITT ET AL. (2000), S. 679; NOE & SCHMITT (1986), S. 502; NOE (1986), S. 742; NOE (2000), S. 363; FACTEAU ET AL. (1995), S. 4; MATHIEU ET AL. (1992), S. 831. Vgl. dazu auch die *Selbstbeurteilung* im Modell von DUBS (1994) und die *Selbstbewertung* im Modell von NOE (1986).

503 Vgl. COLQUITT ET AL. (2000), S. 694.

504 Vgl. FACTEAU ET AL. (1995), S. 14.

505 Vgl. COLQUITT ET AL. (2000), S. 679. NOE (1986) (S. 741 f.) und NOE & SCHMITT (1986) (S. 502) verstehen die Karriereplanung als Teilaspekt des explorativen Verhaltens. MATHIEU ET AL. (1992) sehen die Karriereplanung als Folge explorativen Verhaltens (S. 831). FACTEAU ET AL. (1995) untersuchen beide Konstrukte getrennt (S. 7).

506 Vgl. MATHIEU ET AL. (1992), S. 831.

auf die Transfermotivation.[507] Andere Forscher fanden jedoch keine empirischen Belege für den Einfluss des Konstrukts auf die Weiterbildungsmotivation.[508]

Arbeitszufriedenheit ist die generelle Einstellung einer Person zur ihrer Arbeit. Sie entspricht der aufsummierten Zufriedenheit eines Mitarbeiters mit verschiedenen Aspekten der Arbeitstätigkeit[509] und nimmt Einfluss auf ihr Verhalten.[510] Zufriedenheit entsteht, „wenn die Erwartungen der aktivierten Motive durch das motivierte Verhalten erreicht oder übertroffen werden, während Unzufriedenheit folgt, wenn diese Erwartungen nicht erfüllt werden“[511]. Folgerichtig muss die Arbeitszufriedenheit in einem unmittelbaren Zusammenhang mit den Konstrukten Erwartungen und Motivation gesehen werden. Dabei wird (Arbeits)Zufriedenheit je nach Ansatz als Antezedenz oder Konsequenz der Arbeitsleistung betrachtet.[512]

Studien können die Relevanz des Konstrukts für den Lerntransfer belegen. Die Studie von Egan, Yang & Bartlett (2004) weist einen unmittelbaren Einfluss der Lernkultur eines Unternehmens auf die Arbeitszufriedenheit der Mitarbeiter nach. Gleichzeitig zeigen die Forscher, dass beide Konstrukte einen signifikanten Einfluss auf die Transfermotivation haben.[513] Velada & Caetano (2007) dokumentierten außerdem die positive Wirkung von beruflicher Zufriedenheit auf das Lernergebnis und den Lerntransfer: Sind die Teilnehmer beruflich zufrieden, findet mit einer hohen Wahrscheinlichkeit ein positiver Transfer des Gelernten ins Funktionsfeld statt.[514] Chiou, Lee & Purnomo (2010) verweisen ergänzend auf den umgekehrten Zusammenhang. Sie dokumentieren einen positiven Einfluss des Lerntransfers sowohl auf die Zufriedenheit als auch auf die Arbeitsleistung.[515]

ad (b) Erwartungen: Als eine weitere Determinante des Lerntransfers konnten die Erwartungen des Teilnehmers identifiziert werden. Sie wirken determinierend auf eine Vielzahl

[507] Vgl. Noe & Schmitt (1986), S. 516; Williams et al. (1991) zitiert nach Cheng & Ho (1998), S. 16; Colquitt et al. (2000), S. 694; Rowold (2008), S. 77 f.

[508] Vgl. Facteau et al. (1995), S. 14; Mathieu et al. (1992), S. 841; Mathieu & Martineau (1997), S. 206.

[509] Vgl. Robbins et al. (2010), S. 66 f.; Kirchler & Hölzl (2005), S. 243. Neuberger (1974) negiert eine direkte Kohärenz zwischen der allgemeinen Zufriedenheit und der Arbeitszufriedenheit (S. 154 f.).

[510] Vgl. Weinert (2004), S. 245. Weinert (2004) versteht die Arbeitszufriedenheit als Einstellung, betont allerdings auch die affektive Komponente des Konstrukts.

[511] Hentze & Graf (2005), S. 42. Ähnlich bei Neuberger (1974), S. 144.

[512] Vgl. Weinert (2004), S. 266 ff.; Judge, Thoresen et al. (2001), S. 377 ff.

[513] Vgl. Egan et al. (2004), S. 295. Auch Arvey, Carter & Buerkley (1991) bestätigen den Einfluss der Arbeitsumgebung auf die Arbeitszufriedenheit (S. 376).

[514] Vgl. Velada & Caetano (2007), S. 291. Ähnlich bei Belling, James & Ladkin (2004), S. 246 f.

[515] Vgl. Chiou et al. (2010), S. 120.

weiterer Einflussfaktoren und sind daher in unmittelbaren Zusammenhang mit diesen zu betrachten. So beeinflusst die Erwartung einer Person, ein bestimmtes Ziel zu erreichen, die Entscheidung für oder gegen das Ziel.[516] Sowohl BALDWIN & FORD (1988) als auch NOE (1986) schlagen daher vor, Erwartungen als Rahmen für die Untersuchung der Weiterbildungsmotivation zu nutzen.[517] Da sich Erwartungen dynamisch im Verlauf einer Handlung ändern können,[518] bieten sie einen wichtigen Anknüpfungspunkt für Transferinterventionen.

Für leistungsbezogenes Verhalten sind insbesondere die von BANDURA (1977a) hervorgehobenen Erwartungsarten von Bedeutung (Selbstwirksamkeits- und Ergebniserwartungen).[519] Die Erwartungen bezüglich der eigenen Selbstwirksamkeit sind bereits als Persönlichkeitsdisposition diskutiert worden.[520] Die Erwartungen, ob ein spezielles Verhalten zu einem bestimmten Ergebnis führt (Ergebniserwartung), können zusätzlich den Lerntransfer beeinflussen. So konstatiert GARLAND (1984): „That is, all things being equal, the higher the expectancy for success the higher the performance."[521] KATZELL & THOMPSON (1990) führen ferner aus, dass Mitarbeiter sich aufgrund konkreter Ergebniserwartungen für eine Arbeitstätigkeit entscheiden. Ob die Person schlussendlich zufrieden ist und produktiv arbeitet, hängt allerdings davon ab, ob sich die gesetzten Erwartungen auch erfüllen.[522]

Letztgenannter Zusammenhang trifft auch für die Erwartungen der Teilnehmer bezüglich einer Weiterbildungsmaßnahme zu. So konnten HICKS & KLIMOSKI (1987) einen positiven Effekt auf die Weiterbildungsmotivation nachweisen, wenn den Teilnehmern eine realistische Vorschau auf die Maßnahme vermittelt wurde. Auch TANNENBAUM ET AL. (1991) weisen in ihrer Studie nach, dass das Ausmaß, in dem die Erwartungen und Wünsche des Teilnehmers erfüllt werden, in Beziehung zu allen untersuchten Weiterbildungsergebnissen steht. Besonders stark ist der Einfluss auf das organizational commitment und die Weiterbildungsmotivation, weniger stark allerdings auf die Selbstwirksamkeit. CANNON-BOWERS

[516] Vgl. KATZELL & THOMPSON (1990), S. 73.

[517] Vgl. BALDWIN & FORD (1988), S. 91 f.; NOE (1986), S. 740 f.; TANNENBAUM & YUKL (1992), S. 414. Die von HOLTON III ET AL. (2000) benannte Transferanstrengungserwartung wird nicht gesondert betrachtet, weil keine weiteren Forscher auf das Konstrukt hinweisen.

[518] Vgl. HENTZE & GRAF (2005), S. 42.

[519] Vgl. SCHLAG (2009), S. 38.

[520] Das Persönlichkeitskonstrukt „Selbstwirksamkeit" und die „Selbstwirksamkeitserwartungen" werden synonym verstanden. So auch die Lesart bei BANDURA (1977a). COLQUITT & SIMMERING (1998) weisen darauf hin, dass einige Forscher zwischen Selbstwirksamkeit und Erwartungen unterscheiden, bemerken allerdings, dass sich die Konstrukte in Bezug auf die Weiterbildungsmotivation nur schwer trennen lassen (S. 655).

[521] GARLAND (1984), S. 82.

[522] Vgl. KATZELL & THOMPSON (1990), S. 73 f.

ET AL. (1995) bestätigen den positiven Einfluss auf die Weiterbildungsmotivation.[523] Werden vor und während des Trainings positive Erwartungen beim Teilnehmers erzeugt und die Erwartungen bestätigt, ist folglich von einem positiven Einfluss auf den Lerntransfer auszugehen.[524] In ähnlicher Weise lassen sich die Ergebnisse von NIKANDROU, BRINIA & BERERI (2009) deuten. Die Forscher zeigen, dass negative Erwartungen der Teilnehmer bezüglich des Lerntransfers dazu führen, dass der Transfer tatsächlich auch nur eingeschränkt stattfindet. KARL & UNGSRITHONG (1992) stellen allerdings die Überlegenheit einer realistischen Vorschau in Frage. Ihre Studie kommt zu dem Ergebnis, dass eine optimistisch Vorschau einen eindeutig positiveren Einfluss auf die Ergebniserwartungen, die Motivation, das Lernen, die Reaktionen auf das Training und den Transfer hat als eine realistische Vorschau auf die Maßnahme.[525]

ad (c) Erfahrungen: Erwartungen werden durch Erfahrungen begründet. Besondere Bedeutung erlangen Erfahrungen, wenn sie in direkter Beziehung zu der eigenen Person oder dem eigenen Handeln stehen.[526] Von daher sind sie immanenter Bestandteil des zugrunde liegenden Lernbegriffs sowie der vorgestellten Theorien des Organizational Behavior und damit auch ein entscheidender Einflussfaktor für den Lerntransfer. Durch ihre Funktion als Ankerpunkt des Lerntransfers wirken sie in nahezu alle identifizierten Transferdeterminanten hinein und interagieren mit diesen. Daher verstehen BALDWIN & MAGJUKA (1997) und BALDWIN ET AL. (2009) eine Weiterbildungsmaßnahme nicht als isoliertes Ereignis, sondern als Episode bestehend aus einer Abfolge an kumulativen Stimuli und Wahrnehmungen bzgl. der gesammelten Erfahrungen. Alle Weiterbildungsepisoden sind dabei im Kontext weiterer Episoden zu betrachten, die ein Teilnehmer in einem Unternehmen durchlebt. BALDWIN ET AL. (2009) konstatieren demgemäß, dass die motivierenden Elemente eines Trainings zu einem großen Teil auf Erfahrungen beruhen, die ein Teilnehmer in anderen Situationen mit dem gleichen Element gemacht hat. Insofern müssen Umgebungsfaktoren verstärkt bei der Transferförderung Berücksichtigung finden.[527]

ad (d) Motivation: Im Rahmen einer Weiterbildungsmaßnahme ist Motivation „the force that influences enthusiasm about the program (energizer); a stimulus that directs participants to learn and attempt to master the content of the program (director); and a force that

[523] Vgl. HICKS & KLIMOSKI (1987), S. 546; TANNENBAUM ET AL. (1991), S. 766; CANNON-BOWERS ET AL. (1995), S. 160.

[524] Vgl. KRAIGER (2003), S. 174; MACHIN (2002), S. 269 f.

[525] Vgl. NIKANDROU ET AL. (2009), S. 266; KARL & UNGSRITHONG (1992), S. 380.

[526] Vgl. SCHLAG (2009), S. 38.

[527] Vgl. BALDWIN & MAGJUKA (1997), S. 100 f.; BALDWIN ET AL. (2009), S. 56 f. Vgl. zu letzterem auch LEWINS (1963) Verhaltensgleichung. Vgl. für den Einfluss negativer Erfahrungen SMITH-JENTSCH, JENTSCH ET AL. (1996), S. 114 sowie fehlerbasierte Instruktionstechniken.

influences the use of newly acquired knowledge and skills even in the presence of criticism and lack of reinforcement for use of the training content (maintenance)"[528]. Insofern leuchtet ein, dass verschiedene motivationale Konstrukte in Bezug auf den Lerntransfer berücksichtigt werden müssen. Termini in diesem Umfeld sind die Motivation vor, während und nach dem Training, die Weiterbildungsmotivation, die Teilnahmemotivation, die Lernmotivation, die Transfermotivation sowie die Leistungs- und die Arbeitsmotivation. Die genauen Verständnisse und Abgrenzungen differieren allerdings je nach Autor.

Die *Weiterbildungsmotivation* wird häufig diffus als Sammelbezeichnung für alle weiterbildungsbezogenen Motivationsarten verwendet. So fassen CANNON-BOWERS ET AL. (1995) sowie MATHIEU & MARTINEAU (1997) hierunter sowohl die Motivation des Mitarbeiters, an der Weiterbildungsmaßnahme teilzunehmen als auch die Lern- und die Transfermotivation. In ähnlicher Weise ordnen FACTEAU ET AL. (1995) dem Konstrukt sowohl die Motivation zur Teilnahme als auch zum Lernen zu, wobei sie dieses Konstrukt jedoch zeitlich lediglich vor der Weiterbildungsmaßnahme verorten.[529] Andere Forscher verwenden den Terminus des Weiteren faktisch synonym zur Lernmotivation.[530] Eine andere Deutung haben MATHIEU ET AL. (1992). Sie verstehen Weiterbildungsmotivation als die Motivation des Teilnehmers, eine gute Leistung im Lernfeld zu zeigen, um in Folge dessen eine höhere Arbeitsleistung zu erbringen und dafür eine entsprechende Wertschätzung zu erhalten.[531] Die verschiedenen Begriffsverständnisse zeigen, dass eine universelle und präzise Begriffsabgrenzung der Weiterbildungsmotivation nicht möglich ist.

NOE (1986) verweist in seiner Modellierung auf die Unterscheidung zwischen Lern- und Transfermotivation.[532] Dies scheint im Hinblick auf die betroffenen motivationalen Prozesse eine handhabbare Unterscheidung für den weiteren Verlauf der Arbeit zu sein. Beide Konstrukte sind streng voneinander getrennt zu betrachten.[533] Die explizite Operationalisierung

[528] NOE (1986), S. 737.

[529] Vgl. CANNON-BOWERS ET AL. (1995), S. 146; MATHIEU & MARTINEAU (1997), S. 195; FACTEAU ET AL. (1995), S. 6, 15. Anders bei SALAS & CANNON-BOWERS (2001), S. 479.

[530] Vgl. COLQUITT ET AL. (2000), S. 678; CLARK, DOBBINS & LADD (1993), S. 293; CHENG & HO (2001), S. 21.

[531] Vgl. COLQUITT ET AL. (2000), S. 678; CLARK ET AL. (1993), S. 293; CHENG & HO (2001), S. 21; MATHIEU ET AL. (1992), S. 829. MATHIEU ET AL. (1992) weisen nach, das umgebungsspezifische Einschränkungen einen negativen Einfluss auf die Weiterbildungsmotivation haben (S. 842). CHIABURU & TEKLEAB (2005) können in ihrer Studie keinen direkten Einfluss der Weiterbildungsmotivation auf den Lerntransfer nachweisen (S. 619).

[532] Vgl. NOE (1986), S. 737 ff.

[533] Vgl. BALDWIN & FORD (1988), S. 68 f.; NOE (1986), S. 738; NOE & SCHMITT (1986), S. 500; CHIABURU & LINDSAY (2008), S. 201; KONTOGHIORGHES (2002), S. 122. NAQUIN & HOLTON III (2002) fassen beide Motivationsarten zu einem gemeinsamen Konstrukt zusammen (S. 358).

kann sich jedoch je nach Forscher stark unterscheiden, so dass die folgenden Aussagen lediglich als Tendenzaussagen gewertet werden können.

Lernmotivation kann relativ allgemein verstanden werden als die Motivation des Teilnehmers, den Inhalt der Weiterbildungsmaßnahme zu lernen.[534] WINKEL ET AL. (2006) unterscheiden präzisierend in intrinsische und extrinsische Lernmotivation. Intrinsische Lernmotivation findet ihre Verankerung in der Freude an der Lerntätigkeit selbst und dem damit verbundenen positiven Autonomiegefühl. Im Gegensatz dazu wird die extrinsische Motivation durch positive Verstärkung angeregt.[535] Grundsätzlich wirkt die Lernmotivation sowohl vor als auch während und nach der Maßnahme, d. h. als Antezedenz des Lerntransfers und als Konsequenz der Weiterbildungsmaßnahme. Vor dem Training stößt sie bspw. die Teilnahme an der Maßnahme an, während des Trainings reguliert sie den Lernprozess, und nach der Maßnahme beeinflusst sie die Einstellungen bezüglich Weiterbildung im Allgemeinen und weiterer spezieller Maßnahmen.[536] Die Teilnahmemotivation ist also als impliziter Bestandteil der Lernmotivation zu verstehen.[537] Teilnehmer, die bereits zu Beginn eines Trainings über eine hohe Lernmotivation verfügen, transferieren mit einer hohen Wahrscheinlichkeit das Erlernte später auch in das Funktionsfeld. Auch ein positiver Einfluss auf weitere Weiterbildungsergebnisse konnte empirisch nachgewiesen werden.[538] KONTOGHIORGHES (2002) und ROWOLD (2007) weisen des Weiteren nach, dass die Lernmotivation auch einen signifikanten Prädikator für die Transfermotivation bildet.[539]

Das Verständnis von dem Begriff der *Transfermotivation* ist im Gegensatz zu den anderen motivationalen Konstrukten sehr eindeutig. Die Transfermotivation ist die Motivation des Teilnehmers, die in der Weiterbildungsmaßnahme erlernten Inhalte im Funktionsfeld anzuwenden. Sie ist insofern in ihrer Wirkung zeitlich nach der Weiterbildungsmaßnahme zu

[534] Vgl. NOE (1986), S. 743. Allgemein bei SCHIEFELE (1996), S. 50; KRAPP (1996), S. 88 ff.; KRAPP (1999), S. 388.

[535] Vgl. WINKEL ET AL. (2006), S. 58, 297. Vgl. zur intrinsischen und extrinsischen Lernmotivation auch SCHIEFELE (1996), S. 52 ff.

[536] Anders bei BURKE & HUTCHINS (2007). Sie unterscheiden die Motivation vor der Weiterbildungsmaßnahme von der Lernmotivation (S. 267). Andere Autoren setzen im Gegensatz dazu die Motivation vor der Weiterbildungsmaßnahme mit der Lernmotivation gleich. Vgl. TRACEY ET AL. (2001), S. 7; ROWOLD (2008), S. 77; WARR & BUNCE (1995), S. 349.

[537] Vgl. KONTOGHIORGHES (2002), S. 115.

[538] Vgl. CHIABURU & MARINOVA (2005), S. 117 f.; FACTEAU ET AL. (1995), S. 19; KONTOGHIORGHES (2002), S. 115; KONRADT, CHRISTOPHERSEN & ELLWART (2008), S. 99; CHENG & HO (2001), S. 24; TRACEY ET AL. (2001), S. 18; WARR ET AL. (1999), S. 371; BALDWIN, MAGJUKA & LOHER (1991), S. 59; TANNENBAUM ET AL. (1991), S. 765 (Motivation vor der Weiterbildungsmaßnahme); NOE & WILK (1993), S. 301: Anders bei NOE & SCHMITT (1986), S. 513.

[539] Vgl. KONTOGHIORGHES (2002), S. 122; ROWOLD (2007), S. 24.

verorten.[540] Es scheint intuitiv nachvollziehbar, dass Teilnehmer mit einer hohen Transfermotivation auch mit einer hohen Wahrscheinlichkeit das Erlernte transferieren. AXTELL ET AL. (1997) belegen diesen Zusammenhang. CHIABURU & LINDSAY (2008) konnten außerdem zeigen, dass die Transfermotivation stärker als die Lernmotivation den Lerntransfer prognostiziert. Auch ROWOLD (2008) dokumentiert einen signifikanten Einfluss auf die Transferleistung des Teilnehmers. Der in dem Modell von NOE (1986) hypothetisierte moderate Einfluss der Transfermotivation auf die Beziehung zwischen Lernen und Verhaltensänderung konnte allerdings durch NOE & SCHMITT (1986) nicht validiert werden.[541]

Weitere motivationale Konstrukte in diesem Dunstkreis sind die Leistungs- und die Arbeitsmotivation. WINKEL ET AL. (2006) verstehen „[u]nter *Leistungsmotivation* [...] die Bereitschaft oder das Bestreben [..], das eigene Handeln und die Resultate des eigenen Handelns an Gütemaßstäben zu messen und das eigene Verhalten so auszurichten, dass diese Gütemaßstäbe erreicht oder übertroffen werden“[542]. Sie konstatieren, dass in strukturierten Lernumgebungen die Leistungsmotivation eine zentrale Rolle einnimmt, da diese unterschiedliches Lernverhalten und unterschiedliche Lernergebnisse der verschiedenen Teilnehmer bedingt.[543] Lernmotivation ist insofern ein Teilaspekt der Leistungsmotivation.[544] MATHIEU ET AL. (1993) können ergänzend zeigen, dass Teilnehmer mit einer hohen Leistungsmotivation auch eine höhere Selbstwirksamkeit im Lernfeld aufweisen.[545]

Leistungsmotivation ist jedoch nicht gleichzusetzen mit Arbeitsmotivation. Die Leistungsmotivation, also das Bemühen des Erreichens eines akzeptierten Niveaus an Tüchtigkeit, führt nicht automatisch dazu, dass ein Individuum beständig und angestrengt arbeitet.[546] Die *Arbeitsmotivation* ist Ergebnis der Interaktion zwischen den Motiven des Mitarbeiters und dem Motivierungspotenzial der Arbeitsaufgabe. Dies motiviert eine Person dazu, ihre Qualifikationen zum Zweck produktiver und zielorientierter Arbeit zu nutzen.[547] So identifiziert KONTOGHIORGHES (2002) die Arbeitsmotivation als wichtigen Einflussfaktor für die Transfermotivation.[548]

---

540 Vgl. NOE (1986), S. 743; HOLTON III (1996), S. 13; AXTELL, MAITLIS & YEARTA (1997), S. 204; GEGENFURTNER, VEERMANS ET AL. (2009), S. 404; BURKE & HUTCHINS (2007), S. 267.

541 Vgl. AXTELL ET AL. (1997), S. 207 ff.; CHIABURU & LINDSAY (2008), S. 204; NOE (1986), S. 503; ROWOLD (2008), S. 77 f.; NOE & SCHMITT (1986), S. 508 f., 513.

542 WINKEL ET AL. (2006), S. 60 (eigene Hervorhebung). Ähnlich bei BRUNSTEIN & HECKHAUSEN (2006), S. 143.

543 Vgl. WINKEL ET AL. (2006), S. 60 f.

544 Vgl. SCHRÖDER (2002), S. 163.

545 Vgl. MATHIEU ET AL. (1993), S. 140.

546 Vgl. HACKER (2005), S. 309.

547 Vgl. SONNTAG & SCHAPER (1999), S. 301. Vgl. dazu auch HACKMAN & OLDHAM (1976).

548 Vgl. KONTOGHIORGHES (2002), S. 122.

3.5.1.4 Wahrnehmungen und Reaktionen

Den (a) Wahrnehmungen des Teilnehmers fällt eine zentrale Rolle in Bezug auf die lern- und arbeitsumgebungsspezifischen Determinanten zu, denn handlungsrelevant ist – Bezug nehmend auf die vorgestellten Lern- und Motivationstheorien[549] – die subjektiv wahrgenommene Situation.[550] Sie prägen darüber hinaus maßgeblich (b) die Reaktionen des Teilnehmers auf die Weiterbildungsmaßnahme.[551]

ad (a) Wahrnehmungen: Wahrnehmungen finden insbesondere Niederschlag in den klimatischen Konstrukten der Lern- und Arbeitsumgebung sowie dem (wahrgenommenen) individuellen Nutzen einer Weiterbildungsmaßnahme.[552] Sie nehmen – wie auch die Reaktionen des Teilnehmers – eine hybride Funktion im Kontext des Lerntransfers ein, weil sie vorwiegend als Moderator für die Wirkung weiterer Einflussfaktoren fungieren.

ad (b) Reaktionen: Die Reaktionen des Teilnehmers werden sowohl von NOE (1986) als auch von CANNON-BOWERS ET AL. (1995) in ihre Transfermodelle als eine Ebene des kirkpatrickschen Evaluationsmodells integriert und auf ihre Einflusswirkungen untersucht. Auch THAYER & TEACHOUT (1995) hypothetisieren einen Einfluss der Teilnehmerreaktionen auf das Lernen des Teilnehmers: Sowohl durch Reaktionen auf vorhergehende Maßnahmen als auch durch Reaktionen auf die gegenwärtige Maßnahme.[553] WARR & BUNCE (1995) nennen drei verschiedene Reaktionsarten:

- affektive Reaktionen
- Reaktionen bezüglich des Nutzens (wahrgenommener Nutzen der Maßnahme)
- Reaktionen bezüglich der Schwierigkeit (wahrgenommene Schwierigkeit der Maßnahme).[554]

Affektive Reaktionen werden in der Regel direkt nach Abschluss der Maßnahme erhoben. Sie spiegeln die eigentliche Reaktionsebene des Evaluationsmodells von KIRKPATRICK wider.[555] Ihre Aussagekraft ist jedoch stark umstritten, da zumeist lediglich die Zufriedenheit mit

---

549 Vgl. dazu Tab. A.2 auf S. 258 ff. im Anhang dieser Arbeit sowie AJZEN & MADDEN (1986) bzw. AJZEN (1991).

550 Vgl. KARG & STAEHLE (1982), S. 17.

551 Vgl. SOLGA (2011a), S. 379.

552 Vgl. zu ersterem AXTELL ET AL. (1997), S. 209; CLARK ET AL. (1993), S. 302 f.; RUONA ET AL. (2002), S. 225 f. sowie zu letzterem ROUILLER & GOLDSTEIN (1993); TRACEY ET AL. (1995); TZINER & FALBE (1993); KRAIGER (2003), S. 174; RICHMAN-HIRSCH (2001), S. 108 f.; NOE (1986), S. 744 f.; NOE & WILK (1993), S. 301.

553 Vgl. THAYER & TEACHOUT (1995), S. 5.

554 Vgl. WARR & BUNCE (1995), S. 353.

555 Vgl. KIRKPATRICK & KIRKPATRICK (2006), S. 27 ff.

Elementen der Lernumgebung abgefragt wird. Ein direkter Zusammenhang zu dem Nutzen der Weiterbildungsmaßnahme für die Arbeitstätigkeit kann auf diese Weise nicht hergestellt werden.[556] LIEBERMANN & HOFFMANN (2008) dokumentieren jedoch einen hochsignifikanten Einfluss der Zufriedenheit auf die Transfermotivation und auf den Transfer. Gleichzeitig zeigt SCHMIDT (2007) eine stark positive Wirkung auf die allgemeine Arbeitszufriedenheit. Die Zufriedenheit mit der Weiterbildungsmaßnahme ist demnach umso höher, je stärker die Teilnehmer der Überzeugung sind, dass die verwendete Methode sie effektiv beim Lernen unterstützt.[557]

Auch ALLIGER, TANNENBAUM ET AL. (1997) belegen in ihrer Metaanalyse, dass affektive Reaktionen weder Einfluss auf das Lernen noch die Leistung des Teilnehmers im Funktionsfeld haben. Die Forscher empfehlen jedoch stattdessen zu evaluieren, welchen Nutzen die Teilnehmer für ihre Arbeitstätigkeit wahrnehmen. *Nützlichkeitsreaktionen* versprechen den potenziellen Transfer der Inhalte besser vorauszusagen als affektive Reaktionen.[558] WARR & BUNCE (1995) können jedoch weder einen Einfluss affektiver noch nutzenbezogener Reaktionen auf das Lernen feststellen.[559] CANNON-BOWERS ET AL. (1995) weisen daher in ihrem Modell beiden Reaktionsarten unter Bezugnahme auf die Ergebnisse von ALLIGER & JANAK (1989) keine beeinflussende Rolle zu. Sie werden lediglich als Konsequenz aus der Erfüllung der Teilnehmererwartungen und der Motivation vor der Weiterbildungsmaßnahme modelliert und empirisch bestätigt.[560] Die Ergebnisse von VELADA & CAETANO (2007) zeichnen jedoch ein anderes Bild. Sie lassen sowohl auf einen direkten Effekt der affektiven wie auch der Nützlichkeitsreaktionen auf den wahrgenommenen Lerneffekt und den wahrgenommenen Lerntransfer schließen.[561]

Weitere Forscher konnten Effekte auf Lern- und Verhaltensergebnisse nachweisen. So wurde u. a. belegt, dass die wahrgenommene Relevanz der Weiterbildungsinhalte die Transfermotivation des Teilnehmers beeinflusst.[562] Auch ein direkter Einfluss auf den Lerntransfer konnte belegt werden. So ist ein zentrales Ergebnis der Studie von AXTELL ET AL. (1997), dass die Teilnehmer eine Maßnahme zunächst als relevant und nützlich einstufen müssen, bevor sie

---

[556] Vgl. GOLDSTEIN & FORD (2002), S. 153; BECKER ET AL. (2008), S. 5; WARR & BUNCE (1995), S. 353; VELADA & CAETANO (2007), S. 286; NOE & SCHMITT (1986), S. 506, 518.

[557] Vgl. LIEBERMANN & HOFFMANN (2008), S. 81; SCHMIDT (2007), S. 492 f.

[558] Vgl. ALLIGER ET AL. (1997), S. 353. Vgl. dazu auch Abschnitt 3.5.2.1 („Ziele und Inhalte“).

[559] Vgl. WARR & BUNCE (1995), S. 370.

[560] Vgl. CANNON-BOWERS ET AL. (1995), S. 146 f., 160; ALLIGER & JANAK (1989), S. 337 f.

[561] Vgl. VELADA & CAETANO (2007), S. 291.

[562] Vgl. SEYLER, HOLTON III ET AL. (1998), S. 9; LIEBERMANN & HOFFMANN (2008), S. 81; CLARK ET AL. (1993), S. 302 f.

die Inhalte transferieren.[563] Die Ergebnisse von TAN, HALL & BOYCE (2003) zeigen außerdem, dass affektive Reaktionen sowohl mit dem Lernen als auch mit dem Verhalten der Teilnehmer korrelieren. Besonders deutlich ist in dieser Studie der Einfluss negativer affektiver Reaktionen auf die Lernergebnisse.[564] Bezogen auf die *wahrgenommene Schwierigkeit der Maßnahme* konnten WARR & BUNCE (1995) einen leicht negativen, allerdings nicht signifikanten Einfluss auf die Lernergebnisse nachweisen.[565]

Auch wenn die Reaktionen des Teilnehmers keinen eindeutigen Einfluss auf den Lerntransfer nehmen, wurde dennoch ein moderierender Einfluss der Teilnehmerreaktionen auf eine Vielzahl an weiteren Determinanten und deren Zusammenhänge belegt.[566] Des Weiteren konstatieren Forscher wie MORGAN & CASPER (2000), dass die Teilnehmerreaktionen als mehrdimensionales Konstrukt begriffen werden müssen, da einige Reaktionsarten stärker mit Weiterbildungsergebnissen korrelieren als andere.[567] Trotz der z. T. begrenzten Aussagekraft für den Lerntransfer werden Reaktionen jedoch häufig als Evaluationskriterium herangezogen. Dies mag wohl in ihrer unmittelbaren und leicht zugänglichen Verfügbarkeit begründet liegen.[568]

3.5.1.5 Biografische und weitere Faktoren

Mögliche Einflussbereiche stellen außerdem (a) biografische wie auch (b) weitere Faktoren, welche außerhalb der Lern- und Arbeitsumgebung zu verorten sind, dar.

ad (a) Biografische Faktoren: Biografische Faktoren wurden bislang noch nicht intensiv im Hinblick auf ihre Bedeutung für den Lerntransfer in der betrieblichen Weiterbildung untersucht. Diese Informationen der Teilnehmer werden hauptsächlich als statistische Kontrollvariablen erfasst.[569] Sofern Studien eine Verbindung zwischen biografischen Faktoren und Weiterbildungsergebnissen herstellen, liegt der Fokus zumeist auf dem Alter und teilweise

[563] Vgl. AXTELL ET AL. (1997), S. 209. Ähnlich bei YAMNILL & MCLEAN (2005), S. 340; GOLDSTEIN & MUSICANTE (1986), S. 83 ff.; MATHIEU ET AL. (1992), S. 843; RODRÍGUEZ & GREGORY (2005), S. 60; HUCZYNSKI & LEWIS (1980), S. 238; CHENG & HO (1998), S. 17; BAUMGARTEL ET AL. (1984), S. 13; RUONA ET AL. (2002), S. 225 f.; ALLIGER ET AL. (1997), S. 352 f.; KONTOGHIORGHES (2002), S. 116.

[564] Vgl. RUONA ET AL. (2002), S. 224; TAN ET AL. (2003), S. 407.

[565] Vgl. WARR & BUNCE (1995), S. 370.

[566] Vgl. MATHIEU ET AL. (1992), S. 843; HOLTON III (1996), S. 10.

[567] Vgl. MORGAN & CASPER (2000), S. 313 f.

[568] Vgl. SOLGA (2011a), S. 380.

[569] Vgl. COLQUITT ET AL. (2000), S. 680. Die hier dargestellten biografischen Faktoren beinhalten die identifizierten demografischen Faktoren.

auch auf dem Geschlecht der Teilnehmer,[570] aber z. T. auch auf der beruflichen Qualifikation, der Hierarchieebene und dem Zeitpunkt der Weiterbildungsmaßnahme im individuellen Lebenslauf des Teilnehmers. Eine Studie von CHEN, HOLTON III & BATES (2006) kam jedoch zu dem Ergebnis, dass die untersuchten biografischen Faktoren im Vergleich zu den untersuchten Umgebungsfaktoren kaum einen Einfluss auf den Lerntransfer ausüben.[571]

Forschungen belegen allerdings einen negativen Zusammenhang von *Alter* und kognitiven Prozessen wie Lernen, Gedächtnisleistung und Problemlösung. Obwohl Erfahrungswissen, arbeitsrelevante Fertigkeiten und Expertise mit zunehmendem Alter steigen, sinkt die für das Lernen und Problemlösen notwendige fluide Intelligenz.[572] Studien zeigen, dass ältere Teilnehmer tendenziell eine niedrigere Motivation, schlechtere Lernergebnisse und eine niedrigere Selbstwirksamkeit nach dem Training aufweisen. Besonders deutlich wird der Einfluss des Alters bei der Vermittlung und Nutzung neuer Technologien.[573] In der Studie von BIRDI, ALLAN & WARR (1997) weist das Alter eine negative Korrelation mit den zwei untersuchten Trainingsformen auf, die auf einer freiwilligen Teilnahme außerhalb der Arbeitszeit beruhen. Außerdem belegen die Forscher eine negative Korrelation des Alters mit der Karriereplanung. Die Ergebnisse von MCENRUE (1989) deuten eine ähnliche Kausalität an. Jüngere Teilnehmer sind engagierter in ihrem Bestreben sich selbst weiterzuentwickeln, als ältere. Die Ergebnisse der Metaanalyse von COLQUITT ET AL. (2000) weisen ferner darauf hin, dass ältere Mitarbeiter über eine niedrigere Lernmotivation verfügen, schlechter lernen und eine niedrigere Selbstwirksamkeit nach der Maßnahme zeigen.[574] Diese Ergebnisse widersprechen jedoch dem Kompetenzmodell, welches das Erfahrungswissen älterer Mitarbeiter im Vergleich zu jüngeren Mitarbeitern hervorhebt.[575] Weitere Untersuchungen dieser Diskrepanz erscheinen daher notwendig.

Eindeutige Ergebnisse in Bezug auf den Einfluss des *Geschlechts* des Teilnehmers konnten nicht gefunden werden. Während Frauen in der Studie von CANNON-BOWERS ET AL. (1995) bessere Lernergebnisse zeigten als die untersuchten Männer, konnten WEBSTER & MARTOCCHIO (1993) sowie BIRDI ET AL. (1997) keine Unterschiede zwischen den Geschlechtern feststellen. TZINER & FALBE (1993) fanden allerdings heraus, dass Frauen eine signifikant

---

[570] Vgl. die Modelle von COLQUITT ET AL. (2000) und CANNON-BOWERS ET AL. (1995) sowie die Theorien von ADAMS (1965) und PIAGET (2001).

[571] Vgl. CHEN ET AL. (2006), S. 21.

[572] Vgl. COLQUITT ET AL. (2000), S. 680.

[573] Vgl. COLQUITT ET AL. (2000), S. 700; MARTOCCHIO (1994), S. 824; WEBSTER & MARTOCCHIO (1993), S. 138 (mit Einschränkung); GIST, ROSEN & SCHWOERER (1988), S. 263; MATHIEU & MARTINEAU (1997), S. 199. Unabhängig von neuen Technologien bei CANNON-BOWERS ET AL. (1995), S. 160; WARR & BUNCE (1995), S. 369.

[574] Vgl. BIRDI ET AL. (1997), S. 852; MCENRUE (1989), S. 64; COLQUITT ET AL. (2000), S. 680, 700.

[575] Vgl. BALDIN (2008), S. 387.

geringere Transfermotivation aufweisen als Männer. Die Forscher vermuten, dass Frauen sensibler auf transferunterstützende Impulse aus der Arbeitsumgebung reagieren.[576]

Die *berufliche Qualifikation* hat laut den Ergebnissen von WARR & BUNCE (1995) einen signifikant positiven Einfluss auf die untersuchten Lernergebnisse.[577] BIRDI ET AL. (1997) konkretisieren: Die untersuchten Teilnehmer, die eine höhere beruflichen Qualifikation aufwiesen nahmen aktiver an on-the-job Maßnahmen teil, lernten freiwillig außerhalb der Arbeitszeit und betrieben eine aktivere Karriereplanung. BIRDI ET AL. (1997) konstatieren, dass diese Ergebnisse sehr wahrscheinlich in den entsprechenden Unterschieden in den Fähigkeiten, dem Lernvertrauen und den sozialen Erwartungen begründet liegen. Wie auch von NOE & WILK (1993) wurden von BIRDI ET AL. (1997) zudem signifikante Unterschiede in Bezug auf die Weiterbildungsaktivität je nach *Hierarchieebene* gefunden: Höher gestellte Mitarbeiter nahmen an mehr benötigten off-the-job und on-the-job Maßnahmen teil und waren aktiver in ihrer Karriereplanung. BIRDI ET AL. (1997) stellten einen Zusammenhang zwischen den Faktoren Alter, berufliche Qualifikation und Hierarchieebene her und konstatieren, dass ältere Mitarbeiter typischerweise ein niedrigeres Ausbildungsniveau haben, aber trotzdem mit einer hohen Wahrscheinlichkeit eine höhere Position im Unternehmen bekleiden. WARR & BUNCE (1995) zeigten ferner, dass sich die Leistung der Teilnehmer mit mehr *Berufserfahrung* weniger nach der Maßnahme verbessert.[578]

Zusätzlich zu den genannten Determinanten wurden vereinzelt weitere Einflussfaktoren untersucht. VAN VELSOR & MUSSELWHITE (1986) untersuchten die Bedeutung des *Zeitpunkts der Weiterbildungsmaßnahme im individuellen Lebenslauf des Teilnehmers.* Die Forscher kommen auf Grundlage einer Befragung nach einem Führungstraining zu dem Ergebnis, dass bestimmte berufliche oder private Phasen sich besonders gut für ein Training eignen. Sie nennen in diesem Zusammenhang berufliche Veränderungen, die Midlife Crisis, berufliche Unzufriedenheit oder organisationalen Stress.[579]

ad (b) Weitere Faktoren: Einige Faktoren, die außerhalb der Lern- und Arbeitsumgebung zu verorten sind, wurden bislang kaum im Hinblick auf ihren Einfluss auf den Lerntransfer untersucht, was wohl auf die Vielfalt und Unberechenbarkeit der möglichen Einflüsse

---

[576] Vgl. CANNON-BOWERS ET AL. (1995), S. 160; WEBSTER & MARTOCCHIO (1993), S. 138; BIRDI ET AL. (1997), S. 854; COLQUITT ET AL. (2000), S. 680; TZINER & FALBE (1993), S. 215. An der Studie von BIRDI ET AL. (1997) nahmen allerdings hauptsächlich Männer teil (S. 854).

[577] Vgl. WARR & BUNCE (1995), S. 361. Ähnlich bei KOZLOWSKI & FARR (1988), S. 24.

[578] Vgl. BIRDI ET AL. (1997), S. 847, 854; NOE & WILK (1993), S. 300; WARR & BUNCE (1995), S. 366. LIM & MORRIS (2006) benennen die Berufserfahrung als einen Faktor, welcher Einfluss darauf nimmt, ob der Teilnehmer einen Lern- und auch einen Transfereffekt wahrnimmt (S. 105).

[579] Vgl. VAN VELSOR & MUSSELWHITE (1986), S. 58 ff.

zurückzuführen ist. So wurden die aus den behavioristischen Theorien abgeleiteten *physiologischen Faktoren* in der Lerntransferforschung kaum berücksichtigt. Ähnliches gilt auch für *affektive Faktoren*, wie die Emotionen des Teilnehmers.[580] Es ist jedoch intuitiv nachvollziehbar, dass eine negative Ausprägung dieser Determinanten einen negativen Einfluss auf den Lerntransfer haben kann. Dies wurde bspw. für eine schlechte *Stimmung* beim Teilnehmer belegt.[581] Gleiches gilt auch für *persönliche und familiäre Belastungen*.[582]

3.5.2 Lernumgebungsspezifische Determinanten

3.5.2.1 Ziele und Inhalte

Über die Strukturmerkmale des Unterrichts lassen sich die Unterrichtsform und die Ausgestaltung der Lernumgebung näher spezifizieren. Dieser Abschnitt widmet sich zunächst (a) den Zielen und (b) den Inhalten der Maßnahme. Die verwendeten Methoden werden aufgrund ihres Umfangs getrennt, in dem darauffolgenden Abschnitt, betrachtet.

ad (a) Ziele: Die Lernumgebung ist Schnittpunkt für die vielschichtigen Zielvorstellungen der an der Weiterbildungsmaßnahme beteiligten Akteure. Hier gilt es, die individuellen Ziele der Teilnehmer mit den betrieblichen Zielen des Unternehmens in Einklang zu bringen und diese auf konkrete Lernziele herunterzubrechen. Die Lernumgebung ist insofern der Schnittpunkt für die vielschichtigen Zielvorstellungen der an der Weiterbildungsmaßnahme beteiligten Akteure.

In Anlehnung an Schröder (2002) müssen bei einer fundierten Entwicklung von Lernzielen vier verschiedene Aspekte berücksichtigt werden: die Zielauswahl, die Lernzielhierarchie, die Zielspezifikation und die Operationalisierung. Bei der *Auswahl* der maßnahmenspezifischen Ziele spielen zunächst Überlegungen bezüglich der Legitimität des Entscheidungsträgers, der Transparenz der Auswahlkriterien sowie der Angemessenheit und Realisierbarkeit der Ziele eine wichtige Rolle. Darüber hinaus unterstützt eine *Hierarchisierung* der Lernziele die Nachvollziehbarkeit der deduktiven wie induktiven Ableitung von Grob- und Feinzielen. Zu einer weiteren *Spezifikation* der Lernziele kann des Weiteren die Lernzieltaxonomie nach Krathwohl et al. (1964) herangezogen werden, welche gleichzeitig Hinweise auf eine mögliche inhaltliche Ausgestaltung gibt. So können – wie bereits ausgeführt – die Lernziele im Hinblick auf die Vermittlung von Wissen, Fähigkeiten (kognitive Lernziele), Fertigkeiten (psychomotorische Lernziele) und Einstellungen (affektive Lernziele) unterschieden

[580] Hacker (2005) konstatiert, dass Emotionen tätigkeitsrichtend wirken können (S. 71 f.).

[581] Vgl. Brand, Reimer & Opwis (2007), S. 12.

[582] Vgl. van Velsor & Musselwhite (1986), S. 59.

werden.[583] Voraussetzung für eine letztendliche Kontrolle der Zielerreichung ist die *Operationalisierung* der Lernziele. Dadurch werden allgemein formulierte Ziele durch konkrete, zieladäquate Verhaltensweisen beschrieben. Einschränkend ist jedoch zu beachten, dass gerade affektive Lernziele nur schwer operationalisiert werden können.[584] Eine in dieser Form strukturierte Ableitung der Ziele ermöglicht es den Teilnehmern, die Ziele der Weiterbildungsmaßnahme nachvollziehen zu können, und bereitet dadurch den Transfer der Inhalte in das Funktionsfeld vor.

ad (b) Inhalte: Der Inhalt der Weiterbildungsmaßnahme bestimmt, in Abhängigkeit von den intendierten Zielen, was genau vermittelt werden soll.[585] Die Konkretisierung dieser Inhalte muss in Abhängigkeit von den Notwendigkeiten des Funktionsfelds, aber auch von der Individualität des Teilnehmers stattfinden.

Einen entscheidenden Einfluss auf den Transfer der Inhalte in das Funktionsfeld hat die Relevanz derselbigen für die Arbeitstätigkeit des Teilnehmers. Es ist intuitiv nachvollziehbar, dass ein expliziter *Praxisbezug* gegeben sein muss, um die Inhalte überhaupt transferieren zu können.[586] Theoretische Fundierung liefert hierfür die Theorie der identischen Elemente sowie diverse empirische Studien, die diesen Zusammenhang belegen.[587] So konnten BATES ET AL. (2000) zeigen, dass die Inhalte den Anforderungen der Arbeitsumgebung entsprechen müssen, um signifikant die Transferleistung voraussagen zu können. Hieraus leitet sich unmittelbar die Erfordernis einer systematischen Bedarfsanalyse ab, um die relevanten Inhalte identifizieren und vermitteln zu können.[588] Neben dem objektiven Praxisbezug der Inhalte ist außerdem wichtig, dass die Teilnehmer den Praxisbezug und den Nutzen der Inhalte auch tatsächlich wahrnehmen. Die Grenzen zwischen objektivem und subjektivem Praxisbezug sind fließend. Allgemeine Forschungen in Bezug auf das Lernen im Erwachsenenalter belegen, dass Personen am besten lernen, wenn die Inhalte einen unmittelbaren persönlichen Nutzen bedienen. Untersuchungen im Kontext betrieblicher Weiterbildungsmaßnahmen bestätigen diesen Effekt.[589]

Ein grundlegendes Problem jeder Weiterbildungsmaßnahme ist eine mögliche kognitive Überlastung der Teilnehmer, welche sich negativ auf das Lernen und den Transfer auswirkt. Diese

---

583 Vgl. KRATHWOHL ET AL. (1964), S. 6 f.; MÖLLER (1975), S. 413. Ähnlich bei KRAIGER ET AL. (1993), S. 312.

584 Vgl. zu diesem Abschnitt SCHRÖDER (2002), S. 79 ff.

585 Vgl. SCHRÖDER (2002), S. 82; DITTON (2002), S. 199.

586 Vgl. BATES, HOLTON III ET AL. (2000), S. 22; BROAD & NEWSTROM (1992), S. 89.

587 Vgl. LIM & MORRIS (2006), S. 89; BURKE & HUTCHINS (2007), S. 274.

588 Vgl. BATES ET AL. (2000), S. 34 f.; BURKE & HUTCHINS (2007), S. 274; BALDWIN & FORD (1988), S. 99 f.

589 Vgl. SEYLER ET AL. (1998), S. 5 sowie Abschnitt 3.5.1.4 („Wahrnehmungen und Reaktionen").

kann auftreten, wenn ein Teilnehmer zu viele, verschiedene, komplexe und u. U. irrelevante Informationen (*Komplexität*) zur selben Zeit verarbeiten muss. Kognitive Überlastungseffekte müssen daher bei der Auswahl und der Vermittlung der Inhalte Berücksichtigung finden.[590] Forschungsergebnisse in Bezug auf den sog. „seductive details effect" zeigen, dass nebensächliche, aber interessante Inhalte den Lernenden dabei behindern, die eigentlichen zentralen Inhalte wiederzugeben.[591] Die Ergebnisse von TOWLER & KRAIGER (2008) dokumentieren jedoch, dass nebensächliche Inhalte die Transferleistung der Lernenden fördern können, weil sie Aufmerksamkeit und Interesse bei den Lernenden wecken. Ähnliches konnte TOWLER (2009) in Bezug auf die Problemlösungsfähigkeit von Weiterbildungsteilnehmern nachweisen, allerdings nur, wenn der Trainer eine große Ausdrucksstärke besaß.[592]

3.5.2.2 Methoden

„Methoden sind [...] Formen und Verfahrensweisen, mit denen Menschen unter pädagogischen Zielvorstellungen das Lernen anderer Menschen bewusst und planmäßig zu beeinflussen versuchen."[593] Sie stehen in einem engen wechselseitigen Zusammenhang zu den Inhalten und Zielen und können in Anlehnung an SCHRÖDER (2002) anhand von fünf verschiedenen Gestaltungsparametern beleuchtet werden: (a) Artikulation, (b) Unterrichtsprinzipien, (c) Medienauswahl, (d) Lehr- und (e) Sozialformen des Unterrichts.[594]

ad (a) Artikulation: Die Artikulation betrifft Entscheidungen über die Strukturierung, Ausgestaltung und den (zeitlichen) Ablauf der verschiedenen Lehr- und Lernabschnitte.[595] Überlegungen hierzu betreffen insbesondere die *didaktische Strukturierung*, d. h. die Gliederung und Sequenzierung des Unterrichts.[596] So wurde empirisch verifiziert, dass der zeitliche Abstand zwischen den verschiedenen Lernepisoden bzw. die Verteilung der Episoden Einfluss auf den Lern- und Behaltensprozess nimmt.[597] CEPEDA ET AL. (2006) kommen zu dem Ergebnis, dass die Inhalte länger behalten werden, wenn sie nicht massiert an einem Tag

---

590 BURKE & HUTCHINS (2007), S. 275; CHANDLER & SWELLER (1991), S. 293; RACKHAM (1979), S. 14. Einen Ansatz zur Reduktion der kognitiven Last und zur Verbesserung des Lerntransfers bieten VAN MERRIENBOER, KESTER & PASS (2006).

591 Vgl. HARP & MAYER (1998), S. 414; LEHMAN, SCHRAW ET AL. (2007), S. 582; TOWLER (2009), S. 68.

592 Vgl. TOWLER & KRAIGER (2008), S. 2, 16; TOWLER (2009), S. 77. TOWLER & KRAIGER (2008) konnten einen positiven Effekt zuvor allerdings nicht nachweisen (S. 14).

593 SCHRÖDER (2002), S. 85.

594 Vgl. SCHRÖDER (2002), S. 85. Die Unterscheidung und Festlegung der Methoden im Hinblick auf ihre Nähe zum Arbeitsplatz wurde bereits in Abschnitt 2.1.2 dargestellt.

595 Vgl. SCHRÖDER (2002), S. 85 f.; SCHRÖDER (2002), S. 24; STEINDORF (2000), S. 182.

596 Vgl. LIPOWSKY (2009), S. 83; ROSENSHINE & STEVENS (1986); FRASER, WALBERG ET AL. (1987); GAGNÉ (1985).

597 Vgl. LIPOWSKY (2009), S. 92 f.; CEPEDA, PASHLER ET AL. (2006), S. 371; DONOVAN & RADOSEVICH (1999), S. 801; BALDWIN & FORD (1988), S. 67; JANISZEWSKI, NOEL & SAWYER (2003), S. 141.

vermittelt werden, sondern mindestens ein Tag zwischen den Lernepisoden pausiert wird. Allerdings bewirkt ein zu langer Abstand keinen weiteren positiven, sondern eher einen negativen Effekt.[598] DONOVAN & RADOSEVICH (1999) konstatieren ferner, dass die optimale zeitliche Distanz teilweise von der Schwierigkeit der Aufgabenstellung abhängt. So zeigen sich kurze Intervalle bei einfachen Aufgaben als effizient, wohingegen lange Intervalle einen positiven Einfluss auf das Lernen von schwierigen Aufgabenstellungen haben.[599] HOLDING (1965) stellt hingegen fest, dass die Leistung der Teilnehmer gesteigert werden kann, wenn komplexe Aufgaben massiert zu Beginn der Weiterbildungsmaßnahme vermittelt werden und sich kürzere Einheiten in häufigen Intervallen anschließen.[600] KONRADT ET AL. (2008) konnten allerdings für computergestützte Lernumgebungen nicht bestätigen, dass verteiltes Lernen im Vergleich zu massiertem Lernen einen höheren Lerntransfer anstößt.[601] CEPEDA ET AL. (2006) kamen hingegen zu dem Ergebnis, dass eine sukzessive Vergrößerung der Zeiträume zwischen den Übungseinheiten den Lernprozess fördert, andere Studien berichten jedoch von positiven Effekten bei einem gleichbleibendem Abstand.[602]

ad (b) Unterrichtsprinzipien: Die Unterrichtsprinzipien bestimmen die methodische Gestaltung des Unterrichts, d. h. die Art und Weise, mit der die Inhalte zielbezogen vermittelt werden. Sie variieren je nach Schwerpunktbildung in ihrer Gewichtung und bestimmen die Ausgestaltung der Lehrformen. SCHRÖDER (2002) hebt in diesem Zusammenhang sechs Prinzipien hervor:[603]

- Das Prinzip der *Motivierung* (1) beinhaltet Maßnahmen, die der Lehrende nutzt, um die Lernenden zu motivieren.[604]
- Des Weiteren soll durch die *Veranschaulichung* (2) der Lerninhalte beim Lernenden ein durch Wahrnehmung angestoßener, Erkenntnisgewinn angeregt werden, bei dem die unterschiedlichen Wahrnehmungskanäle (visuell, auditiv, haptisch usw.) und die individuellen Lernpräferenzen der Teilnehmer berücksichtigt werden müssen.[605] In diesem Zusammenhang wird der Strukturierung des Lehrmaterials, unter bestimmten Einschränkungen, ein positiver Einfluss auf den Erfolg des Trainings zugesprochen.[606]

---

598 Vgl. CEPEDA ET AL. (2006), S. 370 f.

599 Vgl. DONOVAN & RADOSEVICH (1999), S. 801.

600 Vgl. HOLDING (1965) zitiert nach BALDWIN & FORD (1988), S. 67.

601 Vgl. KONRADT ET AL. (2008), S. 99.

602 Vgl. CEPEDA ET AL. (2006), S. 354; LIPOWSKY (2009), S. 93.

603 Vgl. hierzu und zu einer allgemeinen Beschreibung der Prinzipien SCHRÖDER (2002), S. 86 f., 161 ff.

604 Vgl. LIEBERMANN & HOFFMANN (2008), S. 77 sowie Abschnitt 3.5.1.3 („Einstellungen, Erwartungen, Erfahrungen und Motivation").

605 Vgl. SCHRÖDER (2002), S. 167 ff.

606 Vgl. TOWLER & DIPBOYE (2001), S. 671.

- Das Prinzip der *Aktivierung* (3) soll zusätzlich die Selbsttätigkeit des Lernenden anregen, d. h. ihn anstoßen, eigenständige Lernerfahrungen zu sammeln und selbstständig nach Lösungen zu suchen. Dies erfordert eine hohe Eigeninitiative und fußt auf der Annahme, dass selbst erlernte Inhalte länger im Gedächtnis verankert bleiben.[607]
- Ein weiteres Unterrichtsprinzip ist das Prinzip der *Differenzierung* (4), welches die Individualität der Teilnehmer (Fähigkeiten, Interessen usw.) im Hinblick auf die Ausgestaltung von Lernzielen, -inhalten und -methoden berücksichtigt. In der extremsten Form findet nicht nur eine Passung des Unterrichts an bestimmte Gruppen statt, sondern es wird eine vollständige Individualisierung mit Blick auf einzelne Lernende vorgenommen.[608]
- Das Prinzip der *Erfolgsbestätigung* (5) beschreibt die Rückmeldung über den Erfolg und Misserfolg von Lernverhalten, um weitere Lernerfolge zu initiieren. Der positive Einfluss von *Feedback* auf die Leistung von Mitarbeitern – als eine Möglichkeit der Erfolgsbestätigung – wurden vielfach bestätigt.[609] Dies gilt nicht nur für die Arbeitsumgebung sondern auch für die Lernumgebung.[610] Feedback hat eine zielrichtende und eine motivierende Funktion. Erstere konkretisiert die Erwartungen, die an das Verhalten einer Person gestellt werden und letztere zeigt, inwiefern Belohnungen an bestimmte Ergebnisse gekoppelt sind.[611] CAMPBELL (1988) unterscheidet zwischen verschiedenen Formen des Feedbacks. Intrinsisches Feedback gibt sich der Lernende selbst, bspw. durch das Gefühl, dass eine Handlung positiv verlaufen ist. Feedback kann im Sinne der operanten Konditionierung aber auch von außen, durch eine primäre oder eine sekundäre Quelle, erfolgen (extrinsisches Feedback). Primäres Feedback entsteht aus der Beobachtung der Ergebnisse des eigenen Verhaltens und sekundäres Feedback wird durch andere Personen bereitgestellt. Um über Feedback einen positiven Einfluss auf die Leistung des Teilnehmers zu nehmen, muss es von allen verfügbaren Quellen angestoßen werden sowie rechtzeitig und regelmäßig erfolgen. Darüber hinaus muss das Feedback exakt und glaubwürdig sein.[612] Ob der Teilnehmer ein Feedback als glaubwürdig einstuft, hängt von der Expertise und der Vertrauenswürdigkeit der Feedback gebenden Quelle ab. In fast allen Fällen wird jedoch positives Feedback eher akzeptiert als negatives.[613] GOODMAN & WOOD (2009) fanden in einer empirischen Studie heraus,

---

[607] Vgl. SCHRÖDER (2002), S. 174 ff.

[608] Vgl. CAMPBELL (1988), S. 201 f.

[609] Vgl. CAMPBELL & KUNCEL (2001), S. 288; ILGEN, FISHER & TAYLOR (1979), S. 349; WEXLEY & THORNTON (1972), S. 119; BALZER, DOHERTY & O'CONNOR JR. (1989), S. 410. Kritischer bei KLUGER & DENISI (1996).

[610] Vgl. BROAD & NEWSTROM (1992), S. 90 f.

[611] Vgl. ILGEN ET AL. (1979), S. 351 f.

[612] Vgl. CAMPBELL & KUNCEL (2001), S. 288; CAMPBELL (1988), S. 205; ILGEN ET AL. (1979), S. 350 ff.

[613] Vgl. ILGEN ET AL. (1979), S. 351 ff.

dass die sukzessive Abschwächung der Feedbackintensität während des Trainings nicht – wie erwartet – zu einem höheren Lerntransfer führt als das umgekehrte Vorgehen. CAMPBELL & KUNCEL (2001) betonen, dass im Lernfeld Feedback eine informierende Funktion übernehmen sollte, da es hier keine Anreiz- und Belohnungsfunktion inne hat. Gleichzeitig sollte es auf konkrete Leistungskomponenten ausgerichtet sein, um eine positive Wirkung zu erzielen.[614]

- Durch die *Erfolgssicherung* (6) sollen die erlernte Inhalte schlussendlich stabilisiert und einem Vergessen vorgebeugt werden. Hierzu bieten sich verschiedene Formen an: Die Übung (Wiederholung) sowie Lernziel- und Leistungskontrollen.[615] Einige Forscher vertreten die Ansicht, dass bewusste und begleitete *Übung* ein primärer Erfolgsfaktor für eine hohes Leistungsniveau ist.[616] Dies trifft speziell auf die Entwicklung automatisierter Fähigkeiten (hier: Fertigkeiten) zu.[617] LIPOWSKY (2009) weist darauf hin, dass regelmäßige Übung nicht vorhandene Fähigkeiten und Begabung sogar teilweise kompensieren kann. Ein positiver Effekt bleibt jedoch aus, wenn eine Person eine Tätigkeit bereits beherrscht und diese keine Variation und Herausforderung mehr bietet.[618] Andere Forscher konstatieren obendrein, dass regelmäßige Übung kontraproduktiv wirken kann. CAMPBELL & KUNCEL (2001) bemerken dazu, dass regelmäßige Übung zwar einen kurzfristigen Erfolg in der Lernumgebung begünstigen kann, sich jedoch langfristig negativ auf den Lerntransfer auswirkt, da eine wiederholte gleichförmige Übung den Teilnehmer nur unzureichend auf Variationen der Transferaufgabe im Funktionsfeld vorbereitet. Weiter Transfer wird somit nur bedingt gefördert. Außerdem üben die Teilnehmer während der Maßnahme in einem günstigen Umfeld, was dazu führen kann, dass diese ihre Anstrengungen vermindern. Zusätzlich wird das Leistungsfeedback in einer solchen Konstellation hauptsächlich von einer sekundären Quelle bereitgestellt. Dadurch werden die Teilnehmer nicht dazu befähigt, ihr Feedback primär zu bilden und ihre eigenen Leistungsfehler zu interpretieren.[619] *Lernziel- und Leistungskontrollen* können über den Übungsaspekt hinaus den Teilnehmer dazu anregen, sich reflektierend mit den Inhalten auseinander zu setzen und sie zu verinnerlichen.[620]

---

[614] Vgl. GOODMAN & WOOD (2009), S. 80 f.; CAMPBELL & KUNCEL (2001), S. 289.

[615] SCHRÖDER (2002) weist noch auf die Anwendung und Übertragung des Gelernten hin (S. 205 ff.).

[616] Vgl. ERICSSON & CHARNESS (1994), S. 725; CAMPBELL & KUNCEL (2001), S. 289. Vgl. für eine Bestätigung der Bedeutung verschiedener Übungsformen HOLLADAY & QUIÑONES (2003), S. 1100 (practice variability); WARR & ALLAN (1998), S. 98; BURKE & HUTCHINS (2007), S. 274 f. MAY & KAHNWEILER (2000) konnten diese Aussage allerdings in Bezug auf die Vermittlung interpersonaler Fähigkeiten (aktives Zuhören) nicht unmittelbar bestätigen (S. 366 f.).

[617] Vgl. ROGERS, MAUER ET AL. (1997), S. 26; FORD & KRAIGER (1995), S. 6 f.; CAMPBELL & KUNCEL (2001), S. 289; SHIFFRIN & SCHNEIDER (1977), S. 130 ff.; LIEBERMANN & HOFFMANN (2008), S. 78.

[618] Vgl. LIPOWSKY (2009), S. 92 f.

[619] Vgl. CAMPBELL & KUNCEL (2001), S. 289. Ähnlich bei SCHMIDT & BJORK (1992), S. 214.

[620] Vgl. SCHRÖDER (2002), S. 207.

ad (c) Medien: Ein weiterer Gestaltungsparameter ist die Auswahl der für den Unterricht zu verwendenden Medien. Die Medienauswahl sollte im Allgemeinen nicht ausschließlich im Hinblick auf Praktikabilitätsaspekte, sondern auch im Hinblick auf theoretisch-didaktische Überlegungen getroffen werden.[621] Speziell neue Medien können für Teilnehmer, die nur über ein geringes Maß an Technikaffinität verfügen, in ihrem Lern- und Transferprozess behindern.[622] So konnten CHRISTOPH ET AL. (1998) zeigen, dass eine geringe Selbstwirksamkeit bezogen auf multimediale Medien eine negative Wirkung auf die Effektivität einer multimediabasierten Weiterbildungsmaßnahme hat.[623]

ad (d) Lehrform: Die Lehrform des Unterrichts ist stark an die Lernzielauswahl und den Inhalt der Weiterbildungsmaßnahme gebunden.[624] Aus den Blickwinkeln aller drei lerntheoretischen Paradigmen lassen sich in Bezug auf die Ausgestaltung der Lehrformen sowohl allgemeine *Lernprinzipien* und als auch spezielle Instruktionstechniken ableiten.[625] So identifizieren BALDWIN & FORD (1988) bspw. in ihrer Rückschau drei zentrale Lernprinzipien, welche für das Trainingsdesign bedeutsam sind: die Ähnlichkeit von Elementen im Lern- und Funktionsfeld, die Vermittlung genereller Prinzipien und die Stimulusvariabilität.[626] Insbesondere über die allgemeinen Lernprinzipien des behavioristischen und des konstruktivistischen Paradigmas lässt sich auf die Bedeutung des *Praxisbezugs der verwendeten Methoden* für den Lerntransfer schließen (Ähnlichkeit von Elementen im Lern- und Funktionsfeld bzw. Authentizität, Situiertheit, multiple Kontexte/Perspektiven usw.).[627]

Dem kognitivistischen Lern- und Transferverständnis folgend, fokussiert sich die Gestaltung der Lernumgebung auf die Optimierung der Instruktion (nicht Konstruktion), so dass der Lerngegenstand im Mittelpunkt steht. Die Inhalte müssen so dargeboten werden, dass der Teilnehmer sie verstehen und sich strukturiert aneignen kann.[628] Nimmt er wahr, dass die Maßnahme so gestaltet und durchgeführt wurde, dass sie seine Fähigkeiten maximiert, wird er mit einer hohen Wahrscheinlichkeit die Inhalte transferieren.[629] Zur Optimierung der *Instruktion* stehen eine Vielzahl an *Techniken* zur Verfügung, wie bspw. mastery learning, overlearning, aktives Lernen, fehlerbasierte Lehrmethoden und Selbstmanagementinterven-

621 Vgl. SCHRÖDER (2002), S. 87; KOLLAR & FISCHER (2010), S. 1017.

622 Vgl. dazu bspw. die teilnehmerspezifische Determinante „Alter".

623 Vgl. CHRISTOPH ET AL. (1998), S. 35. Ähnlich bei HILL, SMITH & MANN (1987), S. 307.

624 Vgl. SCHRÖDER (2002), S. 87.

625 Vgl. BALDWIN & FORD (1988), S. 66 f.; LIM & MORRIS (2006), S. 89.

626 Vgl. BALDWIN & FORD (1988), S. 66 f.

627 Vgl. dazu insb. Abschnitt 3.2.2.1 („Transfertheorien").

628 Vgl. REINMANN & MANDL (2006), S. 13 f.

629 Vgl. VELADA & CAETANO (2007), S. 284.

tionen (u. a. Selbstmanagement, Rückfallprävention, Zielsetzung).[630] Die Techniken stehen in unmittelbarem Zusammenhang zu den anderen methodischen Entscheidungsoptionen Artikulation, Unterrichtsprinzipien, Medienauswahl und Sozialformen und sind in Abstimmung mit den spezifischen Zielen, Inhalten und Adressaten unterschiedlich ausgestaltet (Vorlesung, Diskussion, Rollenspiel usw.).[631] Alle Techniken wirken auf unterschiedliche Art und Weise und zu verschiedenen Zeitpunkten auf den Lerntransferprozess ein.[632]

ad (e) Sozialform: Ein weiterer Parameter, der bei der Methodengestaltung berücksichtigt werden muss, ist die Sozialformen des Unterrichts, bei der die unterschiedlichen Trainer-Teilnehmer- und Teilnehmer-Teilnehmer-Beziehungen im Fokus stehen. Hierbei müssen die Vor- und Nachteile der verschiedenen Interaktionsgrade der unterschiedlichen Sozialform gegeneinander abgewogen werden.[633] Der Grad der Interaktion kann zwischen Frontalunterricht über Einzel-, Partner- und Gruppenarbeit bis hin zu (Plan-/Rollen-) Spielen und Gesprächen (Diskussion, Streitgespräch usw.) variieren.[634] Individuelle Maßnahmen zeichnen sich dadurch aus, dass keine Interaktion mit anderen Lernenden möglich ist, wohingegen kollektive Maßnahmen diese Interaktion häufig als Teil des Lernziels betrachten und über die Vermittlung von Wissen hinaus auch soziale Fähigkeiten transportieren.[635] Eine ausführliche Auseinandersetzung mit den Merkmalen solcher Lerngruppen findet im folgenden Abschnitt statt.

3.5.2.3 Lernklima, Lerngruppe und Trainer

Die zuvor beschriebenen Strukturmerkmale des Unterrichts (Ziele, Inhalte und Methoden) können zusätzlich um eine sozial-interaktive Dimension ergänzt werden, welche die beteiligten Akteure sowie deren Rollenverteilung und Interaktion berücksichtigt. Dazu wird zunächst (a) das Lernklima betrachtet und im Anschluss daran auf (b) die Lerngruppe und (c) den Trainer Bezug genommen.

[630] Vgl. Burke & Hutchins (2007), S. 274; Machin & Fogarty (2003), S. 53 ff.; Russ-Eft (2002), S. 51 f.; Campbell & Kuncel (2001), S. 286 f.; Ford & Weissbein (1997), S. 35 f.; Rank & Wakenhut (1998b), S. 21 f.; Gagné (1985). Eine detaillierte Darstellung aller Techniken ist jedoch nicht zielführend, da dies die konkrete Ausgestaltung des Einflussfaktors *Instruktionstechnik* betrifft.

[631] Vgl. Abb. 2.2 auf S. 19.

[632] Vgl. zu Knyphausen-Aufsess, Smukalla & Abt (2009), S. 294; Burke (1997), S. 275 ff.

[633] Vgl. Schröder (2002), S. 88 f.

[634] Vgl. Schelten (2004), S. 226.

[635] Vgl. Oechsler (2006), S. 522 f.

ad (a) Lernklima: Das Lernklima beschreibt die subjektiven, kollektiven Wahrnehmungen der Teilnehmer bezüglich der lernförderlichen Gestaltung des Lernfeldes.[636] Eine didaktisch sinnvoll gestaltete Weiterbildungsmaßnahme muss insofern nicht zwangsläufig als eine solche durch die Teilnehmer wahrgenommen werden. Bei dem Design sind neben den bereits analysierten sachlichen Gestaltungskomponenten (Ziele, Inhalte, Methoden) auch soziale Aspekte zu beachten, die sich aus der Mitgliedschaft des Teilnehmers in der Lerngruppe und den dadurch entstehenden Beziehungen zu den anderen Teilnehmern und dem Trainer ergeben. Wie auch das Transferklima in der Arbeitsumgebung, ist das Lernklima nur diffus konzeptualisiert, so dass diesbezügliche Forschungsergebnisse nicht eindeutig sind. Größenteils werden jedoch die sozialen Komponenten der Lernumgebung fokussiert. Zwar wird das Lernklima als zentrale Determinante für den Lernerfolg angesehen, signifikante direkte Effekte der affektiven Beziehungsqualität zwischen Lehrendem und Lernenden auf den Lernerfolg konnten jedoch nur unter bestimmten Einschränkungen nachgewiesen werden. LIPOWSKY (2009) weist daher auf determinierende indirekte Effekte hin. Er argumentiert, dass Lernende sich in einer Gruppe wohler fühlen, wenn die Beziehungen zu den anderen Gruppenteilnehmern durch gegenseitige Wertschätzung und Respekt geprägt sind. Dadurch erleben sie eine starke soziale Eingebundenheit, engagieren sich aktiver und sind stärker motiviert zu lernen. Letztgenannte Aspekte wirken dann fördernd auf den Lernerfolg. Ein wertschätzendes und unterstützendes affektives Klima hat somit Einfluss auf die individuellen Persönlichkeitsausprägungen (Selbstkonzept, Selbstwirksamkeit, Zielorientierung usw.) und das Verhalten des Lernenden.[637]

ad (b) Lerngruppe: Mit den vorherigen Ausführungen eng verbunden ist das Konzept des in der Gruppe vorherrschenden *Kollektivismus*. „[C]ollectivism represents the degree to which individuals hold a general orientation toward group goals, a concern for the well-being of the group and its members, an acceptance of group norms, and a tendency toward cooperation in group contexts."[638] Untersuchungen zum Einfluss des Kollektivismus auf die Gruppenleistung zeigen ein differenziertes Bild und machen die Notwendigkeit einer fraktionierten Betrachtung der verschiedenen Elemente des Konstrukts deutlich.[639] BELL (2007) dokumentiert einen moderaten Zusammenhang zwischen dem Gruppenkollektivismus und der Gruppenleistung, während DIERDORFF ET AL. (2011) auf Grundlage der Aufgliederung des Konstrukts von JACKSON ET AL. (2006) verschieden starke Einflüsse der unterschiedlichen

[636] Vgl. LIPOWSKY (2009), S. 94; DITTON (2002), S. 200; EDER (2002), S. 213 f. sowie die Ausführungen zum Transferklima in Abschnitt 3.5.3.1 („Kultur und Klima").

[637] Vgl. LIPOWSKY (2009), S. 94 f. und EDER (2002), S. 220 ff. sowie die dort angegebenen Quellen. Ähnlich bei SCHRÖDER (2001), S. 227; MACHIN (2002), S. 268 f.

[638] DIERDORFF, BELL & BELOHLAV (2011), S. 247.

[639] Vgl. JACKSON, COLQUITT ET AL. (2006), S. 893 f.; DIERDORFF ET AL. (2011), S. 247.

Konstruktelemente auf die Gruppenleistung (zu unterschiedlichen Zeitpunkten) belegen.[640] Da eine Lerngruppe die allgemeinen Gruppencharakteristika erfüllt, ist davon auszugehen, dass die dargestellten und die folgenden Wirkungsbeziehungen sowohl für Lerngruppen als auch für Arbeitsgruppen Gültigkeit besitzen.

Unmittelbaren Einfluss auf die Gruppenleistung hat zusätzlich die Zusammensetzung der Gruppe.[641] Ein Teilaspekt betrifft hierbei die *Gruppengröße*. Eindeutige Ergebnisse liegen hierzu allerdings nicht vor. Häufig wird jedoch hervorgehoben, dass mit der Größe der Gruppe auch das Potenzial für Probleme steigt: Unzufriedenheit mit der Gruppenmitgliedschaft, geringere Bereitschaft, an Gruppenaktivitäten teilzunehmen und zu kooperieren usw. LEVINE & MORELAND (1990) merken zusätzlich an, dass größere Gruppen zwar eine größere Leistungsfähigkeit besitzen, allerdings koordinative und motivationale Probleme dieses Potenzial konterkarieren.[642] So argumentieren BALDWIN & MAGJUKA (1997), dass mit steigender Gruppengröße die individuellen Leistungen den Gruppenmitgliedern nicht mehr exakt zugerechnet werden können. Dies wirkt sich negativ auf die Motivation der Mitglieder und auf deren Leistung aus.[643] MULLEN & COPPER (1994) fanden zusätzlich heraus, dass der positive Zusammenhang zwischen Gruppenkohäsion und Gruppenleistung umso größer ist, je kleiner die Gruppe ist.[644] Eine relativ alte Studie von LEMKE, RANDLE & ROBERTSHAW (1969) kommt sogar zu dem Ergebnis, dass Teilnehmer, welche in Gruppen weitergebildet werden, Transferaufgaben schlechter lösen als Teilnehmer, welche anfangs alleine unterrichtet wurden.[645] HAGMAN & HAYES (1986) bemerken jedoch, dass die Gruppenleistung sich mit Größe der Gruppe erhöht, weil in größeren Gruppen ein breiteres Wissen vorhanden ist.[646] Einen signifikanten Unterschied verschiedener Gruppengrößen hinsichtlich des Transfers von Problemlösungsfähigkeiten können LOHMAN & FINKELSTEIN (2000) jedoch nicht zeigen.[647]

Weitere Aspekte der Gruppenkomposition betreffen die Individualität der Gruppenteilnehmer, wie biografische Merkmale, individuelle Qualifikationen oder Persönlichkeit.[648] Hier ist vor allen Dingen von Interesse, wie sich die Charakteristika in ihrer Gänze auf die Gruppe

[640] Vgl. BELL (2007), S. 606; DIERDORFF ET AL. (2011), S. 257 f.

[641] Vgl. LEVINE & MORELAND (1990), S. 593 ff.

[642] Vgl. LEVINE & MORELAND (1990), S. 593 sowie STEWART (2006), S. 33 und die dort angegebenen Quellen. MAGJUKA & BALDWIN (1991) können keinen negativen Effekt der Gruppengröße auf die Gruppeneffizienz nachweisen (S. 808).

[643] Vgl. BALDWIN & MAGJUKA (1997), S. 113 f.

[644] Vgl. MULLEN & COPPER (1994), S. 223.

[645] Vgl. LEMKE ET AL. (1969), S. 77.

[646] Vgl. HAGMAN & HAYES (1986), S. 2.

[647] Vgl. LOHMAN & FINKELSTEIN (2000), S. 300.

[648] Vgl. LEVINE & MORELAND (1990), S. 593 f.; BELL (2007), S. 595; STEWART (2006), S. 30; LEMKE ET AL. (1969), S. 77 f.

und deren Leistung auswirken.[649] Ein Ansatz betrachtet die *aggregierten individuellen Teilnehmermerkmale*. STEWART (2006) zeigt in seiner Metaanalyse, dass die Leistung der Gruppe gesteigert wird, wenn sich die Gruppe aus Personen mit hohen kognitiven Fähigkeiten (starker positiver Zusammenhang), wünschenswerten Persönlichkeitsmerkmalen (moderater positiver Zusammenhang) und relevanter Expertise (schwacher positiver Zusammenhang) zusammensetzt.[650] Auch STAJKOVIC, LEE & NYBERG (2009) dokumentieren, dass die kollektive (Selbst-) Wirksamkeit der Gruppe („collective efficacy") in einem signifikant positiven Zusammenhang zu der Gruppenleistung steht.[651]

Ein anderer Ansatz der Gruppenkomposition beschäftigt sich mit der *Heterogenität* der Gruppe. Es werden hierbei also nicht die Teilnehmermerkmale aggregiert betrachtet, sondern ihre Verschiedenartigkeit hervorgehoben. Auch hier herrscht in der Forschung weitgehende Uneinigkeit, ob der Heterogenität oder der Homogenität und in Bezug auf welche Merkmale und in welchem Zusammenhang Vorzug zu geben ist. STEWART (2006) kommt jedoch zu dem Ergebnis, dass bei der Auswahl der Gruppenmitglieder stärker auf kognitive Fähigkeiten, Persönlichkeit und Expertise zu achten ist als auf Heterogenitätsaspekte.[652]

Zusätzlich zu den benannten Determinanten eignen sich die Charakteristika einer Gruppe (Interaktion, Struktur (Rollen/Normen), Kohäsion, soziale Identität und Ziele) für die Betrachtung möglicher Transferdeterminanten:

- Studien zeigen, dass Gruppen durch die *Interaktion* ihrer Mitglieder lernen und ihre Leistung verbessern.[653] Gestützt wird dies durch Erkenntnisse des kooperativen Lernens und der Theorie sozialer Interdependenz. Soziale Interdependenzen zeigen sich, wenn Personen gemeinsame Ziele teilen und die Erfolge einer jeden einzelnen Person durch das Verhalten der anderen Personen beeinflusst wird.[654] JOHNSON & JOHNSON (1998) konstatieren daher, dass kooperative Anstrengungen (in einer Gruppe) zu besseren instruktionalen Ergebnissen führen als kompetitive oder individuelle Anstrengungen.[655] Die Ergebnisse hinsichtlich des Einflusses von Gruppen auf die Leistung einzelner Personen sind jedoch nicht eindeutig und variieren zwischen positiven, keinen und negativen Effekten.[656] Die Studie von OLIVERA & STRAUS (2004) zeigt, dass Personen

[649] Vgl. STEWART (2006), S. 30.

[650] Vgl. STEWART (2006), S. 32, 44 f. Ähnlich bei BELL (2007), S. 606 (Verträglichkeit, Gewissenhaftigkeit).

[651] Vgl. STAJKOVIC ET AL. (2009), S. 822. Allgemein bei BANDURA (1998), S. 477 f.

[652] Vgl. STEWART (2006), S. 33, 45.

[653] Vgl. EDMONDSON (1999), S. 354, 365 f.; OLIVERA & STRAUS (2004), S. 442; DOYLE (1986), S. 405.

[654] Vgl. JOHNSON & JOHNSON (1998), S. 11.

[655] Vgl. JOHNSON & JOHNSON (1998), S. 32; OLIVERA & STRAUS (2004), S. 444.

[656] Vgl. für einem Überblick OLIVERA & STRAUS (2004), S. 442.

durch Gruppenerfahrungen in Bezug auf Lernstrategien zur Problemlösung profitieren und dieses Wissen auf nachfolgende individuelle Aufgabenstellungen übertragen können.[657] Die Theorie sozialer Interdependenz gibt zudem Hinweise darauf, dass die *Unterstützung*, die der Teilnehmer wahrnimmt (soziales Lernklima), einen wichtigen Einfluss auf den Lernerfolg nimmt. Eine Möglichkeit der Interaktion bzw. der Unterstützung bietet das *Feedback*, welches durch den Trainer, aber auch die anderen Gruppenteilnehmer erfolgen kann.

- Ein weiterer wichtiger Einflussbereich sind diese Beziehungsmuster innerhalb der Lerngruppe, welche durch spezifische Rollen und Normen gekennzeichnet sind. Die *Rollen* spezifizieren, welche Verhalten mit verschiedenen Positionen in der Gruppe verbunden ist.[658] FORSYTH (1999) konstatiert, dass diese – größenteils verborgenen – Rollen im Zentrum der meisten gruppendynamischen Prozesse stehen. HUMPHREY, MORGESON & MANNOR (2009) fanden heraus, dass bestimmte Gruppenrollen, d. h. speziell diejenigen Merkmale, die dem Rolleneigentümer im Zentrum der Gruppe zuzuordnen sind (bspw. dem Trainer), eine größere Bedeutung für die Gruppenleistung haben als andere.[659]
- Auch explizite und implizite *Normen* nehmen in ähnlicher Weise Einfluss auf das Verhalten der Gruppenteilnehmer.[660] Sie stellen strukturierende Standards dar, nach denen sich die Teilnehmer richten (können). Dadurch unterstützen und determinieren sie die Bildung einer kollektiven sozialen Identität.[661] Die Untersuchung von LANGFRED (1998) im Hinblick auf den Einfluss von Gruppenkohäsion auf die Gruppenleistung zeigt, dass Gruppennormen einen entscheidenden moderierenden Einfluss auf diese Kohärenz nehmen. Hoch kohäsive Gruppen zeigten eine gute Leistung lediglich, wenn gleichzeitig starke aufgabenbezogene Normen vorlagen. Normen, welche nicht in Zusammenhang zu der Arbeitsaufgabe standen, führten in dieser Konstellation zu einer schlechten Leistung. Ein alleiniger Einfluss der Normen auf die Leistung konnte allerdings nicht nachgewiesen werden.[662]
- Ältere Studien sehen die *Gruppenkohäsion* als kritischen Faktor für den Lerntransfer an. MILLER (1976) argumentiert auf Grundlage der Ergebnisse von ARGYRIS (1972), dass Teilnehmer innerhalb einer Weiterbildungsmaßnahme eine andere Kultur wahrnehmen als außerhalb. Entstehen dadurch enge kohäsive Bindungen zwischen den Gruppenmitgliedern, so kann dies den Transfer des Erlernten in das Funktions-

[657] Vgl. OLIVERA & STRAUS (2004), S. 441, 455.
[658] Vgl. FORSYTH (1999), S. 8; KALT (2010), S. 239.
[659] Vgl. FORSYTH (1999), S. 8; HUMPHREY ET AL. (2009), S. 57 f.
[660] Vgl. FORSYTH (1999), S. 8; KALT (2010), S. 241; LANGFRED (1998), S. 127.
[661] Vgl. KALT (2010), S. 241.
[662] Vgl. LANGFRED (1998), S. 134 ff.

feld behindern. ARGYRIS (1967) zeigt die Gefahr auf, dass Teilnehmer sich lediglich innerhalb ihrer Lernumgebung gut und sicher fühlen, und dadurch die Motivation, außerhalb dieser aktiv zu werden, obstruiert wird. Der Autor konstatiert weiterhin, dass die Teilnehmer innerhalb der Gruppe durch Gruppenerfahrungen zwar Erkenntnisse über sich und die Gruppe erlangen, jedoch die dahinter liegenden Prozesse nicht erfassen. Dadurch wird die Übertragung auf andere Situationen behindert.[663] Dies trifft insbesondere dann zu, wenn Änderungen von Einstellungen und Verhaltensweisen auf der Identifikation des Teilnehmers mit der Lerngruppe basieren. Der Teilnehmer muss die veränderten Einstellungen und Verhaltensweisen internalisieren. Ansonsten ist es unwahrscheinlich, dass ein Lerntransfer außerhalb der Lernumgebung stattfindet.[664] STOGDILL (1972) argumentiert weiter, dass Kohäsion einen negativen Einfluss auf die Leistung der Gruppe nimmt, wenn der Antrieb der Gruppe[665] niedrig ist und Routineaufgaben bearbeitet werden. Ein konverser, positiver Zusammenhang besteht laut STOGDILL (1972) nur, wenn der Gruppenantrieb hoch ist.[666] Aktuelle Diskussionen kommen zu dem Ergebnis, dass Gruppenkohäsion – unter bestimmten Bedingungen und moderierenden Einflüssen – eine positive Wirkung auf die Leistung einer Gruppe haben kann. Auf Grund der Komplexität der Konstrukte Gruppenkohäsion und Leistung sind die Ergebnisse jedoch schwer zu generalisieren.[667]

- Untersuchungen in Bezug auf einen Wirkungszusammenhang zwischen der *sozialen Identität* einer Lerngruppe und dem Lerntransfer sind rar. Dennoch ist zu vermuten, dass auch die soziale Identität der Lerngruppe einen Einfluss auf den Lern- und Transfererfolg hat, da ihr ein starker Einfluss auf das Verhalten der einzelnen Gruppenmitglieder zugesprochen wird.[668] Die Identifikation mit einer sozialen Gruppe ist für die Gruppenmitglieder eine Quelle für Selbstbewusstsein und positive individuelle Identität. Abhängig von dem Ausmaß, mit dem sich eine Person mit einer Gruppe identifiziert, wird sie sich nach den Normen (Einstellungen und Verhaltensweisen) richten, um die Mitgliedschaft in der Gruppe aufrecht zu erhalten.[669] Soziale Identität kann auftreten, obwohl die Gruppe nicht interagiert oder kohäsiv ist. Diese Effekte können

663 Vgl. ARGYRIS (1972), S. 18; ARGYRIS (1967), S. 162; MILLER (1976), S. 222 ff.

664 Vgl. MILLER (1976), S. 230 f.

665 „Drive has been defined as degree of group arousal, motivation, freedom, enthusiasm, or esprit." STOGDILL (1972), S. 27.

666 Vgl. STOGDILL (1972), S. 37 ff.

667 Vgl. BEAL, COHEN ET AL. (2003), S. 998 f.; GULLY, DEVINE & WHITNEY (1995), S. 512 ff.; CHANG & BORDIA (2001), S. 398 f. (in Abhängigkeit von zeitlichen Aspekten); LANGFRED (1998), S. 138 (im Zusammenhang mit starken aufgabenbezogenen Normen); MULLEN & COPPER (1994), S. 222 (signifikanter, aber kleiner Effekt); EVANS & DION (1991), S. 180 (zweifelt die Übertragbarkeit seiner Ergebnisse auf Arbeitsgruppen in Unternehmen an) usw.

668 Vgl. TAJFEL & TURNER (1986), S. 15 f.; PIDD (2004), S. 276; ASHFORTH & MAEL (1989), S. 35; KORTE (2007), S. 167.

669 Vgl. PIDD (2004), S. 276 f.; TURNER (1982), S. 18. Ähnlich bei KORTE (2007), S. 166 f.

jedoch durch dieses Konstrukt verstärkt werden, was einen (wenn auch indirekten) Einfluss auf den Lerntransfer impliziert.[670]

Außerdem wurde vielfach belegt, dass die *Ziele der Gruppe* einen Einfluss auf die Leistung nehmen.[671] WELDON, JEHN & PRADHAN (1991) betonen, dass Gruppenziele die Gruppenleistung steigern, weil die Mitglieder schneller, länger, aufmerksamer und fokussierter an einer Aufgabe arbeiten.[672] WELDON & WEINGART (1993) präzisieren auf Grundlage einer Vielzahl an Studien wie folgt: die Leistung von Gruppen mit spezifischen, schwierigen Zielen ist höher als die Leistung von Gruppen ohne ein spezifisches Ziel; die Leistung von Gruppen steigt mit der Schwierigkeit der Ziele; spezifische, schwierige Ziele führen grundsätzlich zu besseren Leistungen als schwierige, aber ungenaue Ziele; und die beschriebenen Effekte besitzen unabhängig von der Aufgabenstellungen, der Umgebung, der Zielsetzungsmethoden und der Zielart (bezogen auf Qualität, Quantität und/oder Zeit) ihre Gültigkeit.[673] Inwiefern Individual- und/oder Gruppenziele einen positive(re)n Einfluss auf die Gesamtleistung einer Gruppe haben, wird, u. a. in Abhängigkeit von der betreffenden Arbeitsaufgabe, allerdings kontrovers diskutiert.[674] So kommen CROWN & ROSSE (1995) zu dem Ergebnis, dass eine Kombination aus gruppenzentrierten Individualzielen und Gruppenzielen für voneinander abhängige Arbeitsaufgaben die Gruppenleistung signifikant steigert.[675]

Weitere Aspekte betreffen u. a. die *Partizipation an der Zielsetzung*, die Zielbindung und die Zielakzeptanz. Auf Grundlage einer empirischen Validierung kommt WEGGE (2000) zu dem Ergebnis, dass schwierige Gruppenziele, die partizipativ gesetzt werden, den gleichen positiven Einfluss auf die Arbeitsmotivation und die Gruppenleistung haben, wie schwierige Gruppenziele, die gesetzt werden und deren Nutzen an die Gruppe „verkauft“ wird („tell and sell“-Ansatz).[676] WELDON ET AL. (1991) bemerken weiterhin, dass die *Bindung* der Teilnehmer *an das Gruppenziel* einen maßgeblichen Einfluss auf die Prozesse innerhalb der Gruppe

[670] Vgl. ASHFORTH & MAEL (1989) S. 34 f.

[671] Vgl. WEGGE (2000), S. 500; KLEINGELD, VAN MIERLO & ARENDS (2011), S. 6 ff.; CROWN & ROSSE (1995), S. 138; O'LEARY-KELLY, MARTOCCHIO & FRINK (1994), S. 1285; LOCKE & LATHAM (2002), S. 714. SKINNER & ROCHE (2003) bemerken, dass die Setzung von Gruppenzielen als unterstützend wahrgenommen und dadurch ein positiver Effekt auf den Lerntransfer generiert wird (S. 11).

[672] Vgl. WELDON ET AL. (1991), S. 555.

[673] Vgl. WELDON & WEINGART (1993), S. 308. Ähnlich bei KLEIN & MULVEY (1995), S. 44. WELDON & WEINGART (1993) beschränken ihre Ausführungen auf ein mögliches Gruppenziel: das angestrebte Leis-tungsniveau der Gruppenmitglieder, wobei sie die Gruppenleistung anhand der Qualität und/oder Quantität der Ergebnisse bzw. der Zeit, die zur Erreichung der Ergebnisse benötigt wird, bemessen (S. 307). Vgl. für eine Metaanalyse mit differenzierteren Ergebnissen O'LEARY-KELLY ET AL. (1994), S. 1292 ff.

[674] Vgl. MITCHELL & SILVER (1990), S. 192; SAAVEDRA, EARLEY & VAN DYNE (1993), S. 70; CROWN & ROSSE (1995), S. 138 f.

[675] Vgl. CROWN & ROSSE (1995), S. 146.

[676] Vgl. WEGGE (2000), S. 512.

und damit auch die Leistung nimmt.[677] Des Weiteren wird der *Zielakzeptanz* ein moderierender Einfluss auf den Zusammenhang zwischen Gruppenkohäsion und Gruppenleistung zugesprochen.[678]

ad (c) Trainer: Der Trainer spielt eine besondere Transfer determinierende Rolle im Rahmen der Lernumgebung.[679] Zum einen hat er einen maßgeblichen Einfluss auf die konkrete Ausgestaltung der Strukturmerkmale des Unterrichts und zum anderen prägt er zusammen mit den Teilnehmern das Lernklima in der Lernumgebung.[680] Die Studien von EDEN & SHANI (1982) und EDEN & RAVID (1982) dokumentieren zudem, dass die Leistung der Teilnehmer durch die Erzeugung hoher Erwartungen des Trainers gesteigert werden kann (Pygmalioneffekt). Die ausgewählten Teilnehmer erwarten durch die positiven *Erwartungen des Trainers* mehr von sich selbst und zeigen in Folge dessen eine höhere Leistung.[681]

Die Ausgestaltung der Lernumgebung ist eng verbunden mit den *fachlichen und didaktischen Qualifikationen des Trainers.* Der Trainer muss Experte auf seinem Fachgebiet sein und, neben umfassendem themenbezogenen theoretischen wie auch praktischem Wissen, auch über didaktische Fähigkeiten verfügen.[682] Gelingt es dem Trainer, die methodischen Gestaltungsoptionen auf die heterogenen Anforderungen des Lernfeldes abzustimmen, wirkt sich dies positiv auf den Lerntransfer aus. Abhandlungen zu den notwendigen Qualifikationen eines Trainers sind in der Literatur viele zu finden.[683] Sie belegen, dass die Qualifikation des Trainers einen entscheidenden Einfluss auf den Lernerfolg hat.[684] So identifiziert TOWLER (2009) die Ausdrucksstärke als einen moderierenden Einflussfaktor auf den Lerntransfer. Die Forscherin vermutet, dass die Art und Weise, wie der Trainer die Inhalte vermittelt (Gestik, Humor, Augenkontakt, Charisma usw.), einen entscheidenden Einfluss auf den Lernerfolg hat.[685] LIM (2000) identifiziert in einer qualitativen Studie des Weiteren das Engagement des Trainers als Transfer fördernd.[686] Zeigt der Trainer, dass er von den Zielen, Inhalten und

[677] Vgl. WELDON ET AL. (1991), S. 558.

[678] Vgl. PODSAKOFF, MACKENZIE & AHEARNE (1997), S. 974, 979.

[679] Vgl. GOLDSTEIN (1991), S. 554; LIM (2000), S. 253; KOPP (2006), S. 353; BROAD & NEWSTROM (1992), S. 41 f.

[680] Vgl. BECKER (1999), S. 343.

[681] Vgl. EDEN & SHANI (1982), S. 197 f.; EDEN & RAVID (1982), S. 362.

[682] Vgl. BIHLER (2006), S. 144 ff.; KRAFT (2010), S. 414; KOLLAR & FISCHER (2010), S. 1017.

[683] Vgl. TOWLER (2009), S. 78; KRAFT (2010), S. 414 ff.; BROAD & NEWSTROM (1992), S. 39 ff. und die dort angegebenen Quellen.

[684] Vgl. BIHLER (2006), S. 144; CANTRELL, STENNER & KATZENMEYER (1977), S. 177 f.

[685] Vgl. TOWLER (2009), S. 77 ff. Ähnlich bei TOWLER & DIPBOYE (2001), S. 671; TOWLER (2003), S. 377 f. (Charisma).

[686] Vgl. LIM (2000), S. 253.

Methoden der Weiterbildungsmaßnahme überzeugt ist, so wird den Teilnehmern die hohe Bedeutung der Maßnahme suggeriert, und der Lernprozess unterstützt.[687]

Unabhängig von der objektiven Qualifikation ist jedoch auch zu berücksichtigen, wie die Teilnehmer die Qualifikation des Trainers subjektiv wahrnehmen, da dies ein entscheidendes Kriterium für die Glaubwürdigkeit des Trainers und die Zufriedenheit der Teilnehmer mit der Weiterbildungsmaßnahme ist.[688]

3.5.2.4 Konzeptionelle und situative Einflussfaktoren

Zusätzlich zu den benannten Einflussfaktoren sind Determinanten von Bedeutung, die einerseits die allgemeine (a) Konzeption der Weiterbildungsmaßnahme betreffen (konzeptionelle Faktoren) und andererseits die (b) konkrete Lernsituation (situative Faktoren).

ad (a) Konzeptionelle Faktoren: Konzeptionelle Faktoren stehen in engem Zusammenhang zu den planerischen Aktivitäten des Unternehmens und betreffen insbesondere die übergeordnete *Abstimmung von Weiterbildungselementen und -akteuren*: die Maßnahme muss einerseits an die Zielgruppe angepasst und andererseits in sich stimmig konzeptioniert sein. D. h. Ziele, Inhalte und Methoden müssen zueinander passen und miteinander harmonieren, um eine lernförderliche Gestaltung der Lernumgebung zu gewährleisten und den Transfer ins Funktionsfeld optimal vorzubereiten. Dies erfordert eine enge Absprache von Teilnehmer, Trainer und Unternehmen.[689]

Ein weiterer Faktor ist die *Dauer der Weiterbildungsmaßnahme*, die je nach methodischer Ausgestaltung stark variieren kann. Während GAGNÉ (1985) zwischen der Zeit, die auf die Bearbeitung einer Aufgabe verwandt wird, und dem Lernergebnis eine direkte Beziehung herstellt, zeigen GOSKA & ACKERMANN (1996) in ihrer Studie, dass verschiedene Trainingslängen einen Einfluss auf den durchschnittlichen Transfer haben. TAYLOR, RUSS-EFT & CHAN (2005) konnten zwar einen Zusammenhang zwischen der Dauer der Maßnahmen und der Aneignung von prozeduralem Wissen nachweisen (je länger die Maßnahme war, desto mehr Wissen eigneten sich die Teilnehmer an); die Dokumentation eines ähnlichen Effekts auf den Lerntransfer schlug allerdings fehl.[690]

---

[687] Vgl. BECKER (1999), S. 343.

[688] Vgl. SCHWEER & ROSEMANN (1995), S. 193 f.; REICH-CLAASSEN & VON HIPPEL (2010), S. 1010; BIHLER (2006), S. 144.

[689] Vgl. BROAD & NEWSTROM (1992), S. 12 ff.

[690] Vgl. GAGNÉ (1985), S. 256; GOSKA & ACKERMANN (1996), S. 258; TAYLOR ET AL. (2005), S. 705.

ad (b) Situative Faktoren: Zusätzlich weisen situative (hier: durch die konkrete Lernsituation bedingte) Faktoren, wie die *allgemeinen Rahmenbedingungen* während der Veranstaltung, eine Einflussfunktion auf.[691] Dies betrifft bspw. den Lernort. So können die *Räumlichkeiten*, in denen die Maßnahme stattfindet, *und deren Ausstattung* das Lernklima unterstützen oder behindern.[692] Das Vorhandensein von *notwendigen Arbeitsutensilien* ist zudem eine weitere hinreichende Voraussetzung für den Erfolg des Trainings. BIHLER (2006) zeigt ergänzend, dass ein attraktives *Rahmenprogramm* (wie praxisorientierte Fachvorträge, sportliche Aktivitäten usw.), welches zusätzlich zu der eigentlichen Maßnahme angeboten wird, die Zufriedenheit der Teilnehmer mit der Weiterbildungsmaßnahme sowie den Wissenserwerb und die sog. Interessenförderung erhöht. Eine Förderung des Lerntransfers wird allerdings nicht dokumentiert.[693]

3.5.3 Arbeitsumgebungsspezifische Determinanten

3.5.3.1 Kultur und Klima

Betriebliche Weiterbildung findet nicht im luftleeren Raum statt. (a) Kulturelle und (b) klimatische Aspekte gehören zu den stärksten Kräften, die auf alle Elemente in einem Unternehmen einwirken.[694]

ad (a) Unternehmens- und Lernkultur: So wirkt die *Unternehmenskultur* auf unterschiedlichen Unternehmensebenen und knüpft an einer Vielzahl von Bereichen an.[695] Sie wird verstanden als „die Summe der von den Mitarbeitern einer(s) Unternehmung(steils) gemeinsam getragenen Wertvorstellungen, Normen und Verhaltensmustern[!]“[696].

Die Studie von KONTOGHIORGHES (2004) zeigt, dass eine risikofreudige, innovations- und qualitätsorientierte Unternehmenskultur ein signifikanter Prädiktor für den Lerntransfer ist.[697] BAUMGARTEL & JEANPIERRE (1972) nennen als weitere Kennzeichen einer transferförderlichen Unternehmenskultur eine partizipative Zielsetzung, die Berücksichtigung der Bedürfnisse der unteren Hierarchieebenen, Innovationsorientierung, die Förderung der Anwendung von neu Erlerntem, offene Kommunikation und die Bereitschaft, Gelder für die be-

---

[691] Vgl. DÖRING & RITTER-MAMCZEK (2001), S. 259.

[692] Vgl. REICH-CLAASSEN & VON HIPPEL (2010), S. 1009; BROAD & NEWSTROM (1992), S. 69.

[693] Vgl. BIHLER (2006), S. 167, 233.

[694] Vgl. SCHEIN (1996), S. 231.

[695] Vgl. PETTIGREW (1990), S. 414 f. Vgl. zur Bedeutung symbolischen Handelns in Unternehmen auch PFEFFER (1981).

[696] BERTHEL & BECKER (2010), S. 672.

[697] Vgl. KONTOGHIORGHES (2004), S. 218 f.

triebliche Weiterbildung aufzuwenden. Die Forscher konnten nachweisen, dass diese Aspekte stark die Anstrengung der Teilnehmer beeinflussen, Inhalte aus betrieblichen Weiterbildungsmaßnahmen anzuwenden.[698]

Die benannten Charakteristika beschreiben einen spezifischen Teilbereich des Konstrukts: die *Lernkultur*. Die Lernkultur beschreibt die Bedeutung, welche dem Lernen in einem Unternehmen beigemessen wird. Insofern bietet sie den Mitarbeitern Möglichkeiten zur Orientierung und Identifikation. Die Lernkultur manifestiert sich auf drei verschiedenen Ebenen. Auf der normativen Ebene spiegelt sie die lernbezogenen Werte, Normen und Einstellungen wider, auf der strategischen Ebene die bereitgestellten Rahmenbedingungen zur nachhaltigen Unterstützung und Förderung des Lernens und auf der operativen Ebene die spezifischen Ausprägungen des Lernens.[699] Da Lernen eine unmittelbare Voraussetzung für den Transfer ist, spiegelt die Lernkultur einen wesentlichen Teil der Determinanten des Lerntransferprozesses wider. Der Erfolg eines Trainings, und damit auch des Lerntransfers, wird maßgeblich durch den Wert bestimmt, welcher der betrieblichen Weiterbildung bzw. einer spezifischen Maßnahme beigemessen wird. Wird eine Maßnahme durch das Umfeld und den Teilnehmer als unwichtig erachtet, so werden die Inhalte mit einer hohen Wahrscheinlichkeit im Funktionsfeld unberücksichtigt bleiben.[700] So fanden TRACEY ET AL. (1995) heraus, dass Verhaltensweisen, welche die Bedeutung und den Wert von Lernen kommunizieren, sich positiv auf den Lerntransfer auswirken. In ähnlicher Weise zeigen EGAN ET AL. (2004), dass die Lernkultur des Unternehmens einen signifikanten Einfluss auf die Transfermotivation des Teilnehmers hat.[701]

ad (b) Transfer- und Lernklima: Weil die Arbeitsumgebung nicht nur im Hinblick auf den Lernprozess (Lernkultur), sondern auch speziell im Hinblick auf den Transferprozess optimal gestaltet werden muss, soll zusätzlich ein transferbezogenes Konstrukt eingeführt werden. Dazu muss zunächst festgelegt werden, ob auf den Klima- oder den Kulturbegriff zurückgegriffen wird. Eine eindeutige Definition und Abgrenzung beider Konstrukte konnte bis dato nicht festgelegt werden.[702] Die Konstrukte werden als unabhängige und interagierende Variablen betrachtet, die beide in enger Verbindung zu Leistung und Produkti-

[698] Vgl. BAUMGARTEL & JEANPIERRE (1972), S. 689 f. (Organisationsklima); GOLDSTEIN & MUSICANTE (1986), S. 87 (Transferklima).

[699] Vgl. SONNTAG ET AL. (2004), S. 107.

[700] Vgl. BUNCH (2007), S. 157.

[701] Vgl. TRACEY ET AL. (1995), S. 249 f. Ähnlich bei HOCHHOLDINGER & SCHAPER (2008), S. 87 f. (E-Learning-Umgebung); EGAN ET AL. (2004), S. 295.

[702] Vgl. für einen Überblick der Entwicklung beider Konstrukte REICHERS & SCHNEIDER (1990), S. 9 ff. Die zumeist in Bezug auf Unternehmenskultur und -klima stattfindende Diskussion lässt sich auf die Lernkultur bzw. das Lernklima übertragen.

vität im Unternehmen stehen.[703] REICHERS & SCHNEIDER (1990) bemerken dazu: „Culture exists at a higher level of abstraction than climate, and climate is a manifestation of culture.“[704] Daher versteht SCHNEIDER (1975) Klima als die geteilten Wahrnehmungen der Mitarbeiter über Situationen, Abläufe und Verhaltensweisen, die im Funktionsfeld belohnt und unterstützt werden.[705] Da die Bewertung der transferförderlichen Ausgestaltung der Arbeitsumgebung maßgeblich durch die subjektive Wahrnehmung des Teilnehmers determiniert wird, beschreibt der Klimabegriff den Lerntransfer besser als der Kulturbegriff.[706]

Unter *Transferklima* werden somit die Wahrnehmungen der Mitarbeiter bezüglich transferhemmender oder -fördernder Situationen, Abläufe und Verhaltensweisen verstanden.[707] Häufig wird das Transferklima auch mit der Unterstützung durch das Umfeld gleichgesetzt.[708] Diesem Verständnis folgend wirkt das Transferklima über eine lerntransferförderliche Ausgestaltung der Arbeitsumgebung auf allen Unternehmensebenen auf den Lerntransfer ein. Implizit ist dieser Argumentation das *Lernklima*, welches bereits im Rahmen der Lernumgebung thematisiert wurde. In der Arbeitsumgebung wird jedoch der Lerntransfer in den Vordergrund gerückt, und daher das Transferklima näher untersucht.

Einen wichtigen Beitrag zur Operationalisierung des Transferklimas hat neben TRACEY ET AL. (1995), bzw. TRACEY & TEWS (2005), die Forschergruppe um HOLTON III ET AL. (2000), aufbauend auf der Arbeit von ROUILLER & GOLDSTEIN (1993), geleistet. Ihr LTSI basiert auf den individuellen Wahrnehmungen des Lerntransfersystems, allerdings mit einem anderen Fokus als die Skala von TRACEY & TEWS (2005). HOLTON III ET AL. (2000) beziehen explizit teilnehmer- und lernumgebungsspezifische Einflüsse in ihre Betrachtung mit ein.[709]

Obwohl verschiedene Forscher unterschiedliche Messitems und Forschungsmethoden zur Erfassung des Transferklimas verwenden, heben sie prinzipiell die herausragende Bedeutung

---

703 Vgl. PETTIGREW (1990), S. 415.

704 REICHERS & SCHNEIDER (1990), S. 29. So auch bei PETTIGREW (1990), S. 146.

705 Vgl. SCHNEIDER (1975), S. 461; SCHNEIDER (1983), S. 107 f.; NOE & COLQUITT (2002), S. 68; TRACEY & TEWS (2005), S. 355.

706 Vgl. ALLEN, SHORE & GRIFFETH (2003), S. 114.

707 Vgl. ROUILLER & GOLDSTEIN (1993), S. 383; NOE & COLQUITT (2002), S. 69; TRACEY ET AL. (1995), S. 240. Ähnlich bei GOLDSTEIN & MUSICANTE (1986), S. 85; BALDWIN & FORD (1988), S. 92 f.; CROMWELL & KOLB (2004), S. 451.

708 Vgl. TRACEY & TEWS (2005), S. 358; CHENG & HAMPSON (2008), S. 331.

709 Vgl. TRACEY & TEWS (2005), S. 356 f.; BURKE & HUTCHINS (2007), S. 283; HOLTON III ET AL. (2000), S. 335 f. Auch LIM & MORRIS (2006) fassen das Transferklima zu einem Konstrukt zusammen (S. 106).

des Konstrukts für den Lerntransfer hervor.[710] HOLTON III ET AL. (2000) pointieren, dass das Transferklima die Beziehung zwischen der Arbeitsumgebung und dem Teilnehmer prägt, und TRACEY & TEWS (2005) ergänzen, dass das Konstrukt an vielen Stellen des Transferprozesses und in unterschiedlicher Intensität ansetzt. So zeigen die Ergebnisse von BURKE & BALDWIN (1999) und RICHMAN-HIRSCH (2001), dass das Transferklima auch bei der Durchführung von Transferinterventionen nach den Weiterbildungsmaßnahmen berücksichtigt werden muss, da ein moderierender Einfluss nachgewiesen werden konnte.[711]

BATES & KHASAWNEH (2005) stellen darüber hinaus eine Verbindung zwischen Lernkultur und Transferklima her. Sie identifizieren die Lernkultur als einen Prädikator für das Transferklima und belegten den Einfluss der beiden Konstrukte auf die Innovationskraft eines Unternehmens. Sie schlussfolgern, dass die Lernkultur alleine nicht ausreicht, um die Innovationskraft zu sichern, sondern auch das soziale Klima vorhanden sein muss, welches die Mitarbeiter in ihrem Glauben bestärkt, dass sie das Erlernte anwenden können, und dass durch Lernen Fortschritt und Wandel im Unternehmen gesichert werden.[712]

3.5.3.2 Rahmenbedingungen der weiten Arbeitsumgebung

Die Rahmenbedingungen der weiten Arbeitsumgebung wirken in besonderer Weise auf den Lerntransfer ein. Hier muss neben den Bedingungen innerhalb des (b) Unternehmens auch die (a) Unternehmensumwelt mit ihren transferhemmenden und -unterstützenden Einflüssen berücksichtigt werden.

ad (a) Unternehmensumwelt: Einflüsse aus der Unternehmensumwelt können bspw. von der Kultur des Landes, der Politik, von Gewerkschaften, Kunden oder anderen Unternehmen ausgehen.[713] So weist LIM (2000) z. B. darauf hin, dass kulturelle Unterschiede (Sprache, Werte etc.) in einem internationalen Weiterbildungskontext einen starken Einfluss auf den Lerntransfer nehmen können.[714]

710 Vgl. TRACEY ET AL. (1995), S. 248; TRACEY & TEWS (2005), S. 353; BENNETT, LEHMAN & FORST (1999), S. 210; ROUILLER & GOLDSTEIN (1993), S. 389; HOLTON III ET AL. (2000), S. 335; THAYER & TEACHOUT (1995), S. 6; HATALA & FLEMING (2007), S. 36 f.; COLQUITT ET AL. (2000), S. 700; CROMWELL & KOLB (2004), S. 451; GILLEY & HOEKSTRA (2003), S. 272 f.; KONTOGHIORGHES (2001), S. 259; KONTOGHIORGHES (2004), S. 218; NOE & COLQUITT (2002), S. 69; VELADA & CAETANO (2007), S. 285 f.; CHENG & HAMPSON (2008), S. 331 u. v. m. Anders bei ENOS ET AL. (2003), S. 378.

711 Vgl. HOLTON III ET AL. (2000), S. 335; TRACEY & TEWS (2005), S. 370; BURKE & BALDWIN (1999), S. 235; RICHMAN-HIRSCH (2001), S. 117 f.; BURKE & HUTCHINS (2007), S. 280.

712 Vgl. BATES & KHASAWNEH (2005), S. 106 f.

713 Vgl. VANDENPUT (1973), S. 254.

714 Vgl. LIM (2000), S. 246, 256.

ad (b) Unternehmen: Ein weiterer wichtiger Einflussfaktor ist das *Image* bzw. der *Erfolg des Unternehmens.* TRACEY ET AL. (1995) konnten zeigen, dass die Anwendung des Erlernten gefördert wird, wenn die Mitarbeiter einen Eindruck von kontinuierlichem Fortschritt und Innovationsbereitschaft sowie Wettbewerbsfähigkeit (welche auf die einzelnen Mitarbeiter zurückgeführt wird) vom Unternehmen haben. DUBS (1994) ergänzt, dass speziell in erfolgreichen Unternehmen die Weiterbildungsbereitschaft besonders hoch ist.[715] Es ist zu vermuten, dass in diesem Zusammenhang auch die *Sicherheit des Arbeitsplatzes* eine Transfer beeinflussende Rolle spielen kann.

Die Unterstützung des Lerntransfers setzt bereits auf der höchsten Unternehmens- und Managementebene an. Im Rahmen des normativen Managements werden die generellen Ziele des Unternehmens, d. h. die Prinzipien, Normen und Strategien in Bezug auf die *Unternehmensverfassung, -politik* und -kultur festgelegt.[716] Hier bietet es sich an, lernorientierte Leitlinien festzulegen, in denen sowohl Ziele für das Lernen im Unternehmen als auch diesbezügliche Erwartungen an die Mitarbeiter artikuliert werden.[717] Bekennt sich ein Unternehmen bereits in seinen normativen Grundsatzentscheidungen zu der herausragenden Bedeutung der Weiterbildung und -entwicklung seiner Mitarbeiter, und spiegelt sich dieser Stellenwert auch in der Kultur sowie den Strukturen und Prozessen des Unternehmen wider (strategisch und operativ), so sind die notwendigen Voraussetzungen für den Lerntransfer geschaffen.[718] Entscheidungen auf der normativen Ebene sind der Bezugsrahmen für die Gestaltung der Arbeitsumgebung und nehmen jeweils in unterschiedlicher Intensität Einfluss auf die Konzeptionierung der betrieblichen Weiterbildung, die strukturellen Arbeitsbedingungen und die soziale Unterstützung des Teilnehmers.

Die *Einbindung der betrieblichen Weiterbildung in das Unternehmen* ist ein zentraler Einflussfaktor. Sie bestimmt ihre Handlungsfähigkeit und ist Ausdruck der Bedeutung, die ihr in einem Unternehmen beigemessen wird.[719] So kann bereits die organisatorische Einbindung in das Unternehmen positive Voraussetzungen für den Lerntransfer schaffen. Die betriebliche Weiterbildung kann unternehmensabhängig zentral, dezentral oder beschränkt dezentral organisiert werden. Jede der Organisationsformen ist mit spezifischen Vor- und Nachteilen verbunden und muss an das Unternehmen angepasst werden. Aussagen über den Stellenwert der Weiterbildung können allerdings auch über ihre Zuordnung zu der Geschäftsführung ge-

---

[715] Vgl. TRACEY ET AL. (1995), S. 246, 249; DUBS (1994), S. 24.

[716] Vgl. BLEICHER (1994), S. 44 f. Aufgrund ihrer besonderen Bedeutung wurden die kulturellen und klimatischen Aspekte separat in Abschnitt 3.5.3.1 („Kultur und Klima") dargestellt.

[717] Vgl. SONNTAG ET AL. (2004), S. 115; SONNTAG (1996), S. 43.

[718] Vgl. VANDENPUT (1973), S. 254.

[719] Vgl. zu einer ausführlichen Auseinandersetzung mit der Integration der betrieblichen Weiterbildung insb. PIEZZI (2002), S. 153 ff.

troffen werden. Der Leiter der betrieblichen Weiterbildung ist im Idealfall gleichberechtigtes Mitglied der Geschäftsleitung oder berichtet direkt an ein Mitglied der Geschäftsführung, welches für den Personalbereich verantwortlich ist. Ist kein eigenes Personalressort in der Geschäftsführung integriert und/oder berichtet der Personalleiter nicht direkt an diese, so hat die betriebliche Weiterbildung keinen priorisierten Rang im Unternehmen.[720] Eine untergeordnete Positionierung der betrieblichen Weiterbildung kann zu einer Einschränkung der Handlungsfähigkeit (Kooperation, Kommunikation, Ressourcen usw.) der zuständigen Abteilung führen, aber insbesondere auch aus einem kulturellem bzw. klimatischen Blickwinkel heraus das Signal senden, dass die Weiterbildung der Mitarbeiter lediglich eine nachrangige Rolle spielt. Insofern kann die Einbindung der betrieblichen Weiterbildung in die Unternehmensorganisation eine Transferhürde darstellen.[721]

Ähnliches gilt auch für die allgemeine *Organisationsstruktur* des Unternehmens. Untersuchungen von SONNTAG ET AL. (2004) im Hinblick auf die lernförderliche Wirkung von Organisationsstrukturen kommen zu dem Ergebnis, dass flache Hierarchien mit dezentralen, eigenverantwortlich arbeitenden Einheiten positiv auf das Lernen der Mitarbeiter Einfluss nehmen. Promotierend wirken des Weiteren ein hohes Maß an Mitwirkungsmöglichkeiten sowie gute Kommunikations- und Informationsstrukturen.[722] Ähnlich positive Effekte sind auch für den Lerntransfer zu erwarten.

Extrinsische und intrinsische Belohnungen können aus den vorgestellten Theorien und Modellen als Determinante mit einem starken Einflusspotenzial auf den Lerntransfer extrahiert werden. Auf der Unternehmensebene wird der notwendige Rahmen geschaffen, um den Lerntransfer mit Hilfe von Anreizen fördern zu können. Die geschieht einerseits über eine globale *Entgelt- und Anreizgestaltung* und andererseits über Vorgaben für die Setzung von intrinsischen und extrinsischen Anreizen durch den Vorgesetzten im Funktionsfeld.

Anreize spielen eine wichtige Rolle für den Lerntransfer.[723] Sie entfalten in erster Linie im Hinblick auf die Motivation des Teilnehmers ihre Wirkung. Untersuchungen hierzu beschäftigen sich mit dem Effekt extrinsischer und intrinsischer Komponenten. Diejenigen Teilnehmer der Studie von FACTEAU ET AL. (1995), welche intrinsische Anreize für ihre Teilnahme an der Maßnahme wahrnahmen, berichteten z. B. von einer höheren Teilnahme- und Lernmotivation. Extrinsische Anreize hatten allerdings keinen Einfluss auf diese Motivationsarten.

---

[720] Vgl. BERTHEL & BECKER (2010), S. 604 ff. und die dort angegebenen Quellen.

[721] Vgl. VANDENPUT (1973), S. 254; PIEZZI (2002), S. 194 ff.

[722] Vgl. SONNTAG ET AL. (2004), S. 116; SONNTAG & STEGMAIER (2005), S. 24. Ähnlich bei VANDENPUT (1973), S. 254.

[723] Vgl. die Metaanalyse von TAYLOR ET AL. (2005), S. 705. Sanktionen werden häufig als fehlende Unterstützung durch den Vorgesetzten verstanden. Vgl. BATES ET AL. (2000), S. 25.

In ähnlicher Weise fand KONTOGHIORGHES (2001) heraus, dass intrinsische Belohnungen, wie Lob und Anerkennung, für die Anwendung des Erlernten signifikant positiv mit der Effektivität der Weiterbildungsmaßnahme korrelieren. Gehaltserhöhungen oder Beförderungen verfehlen diesen eindeutigen Effekt. Die Befragten in der Studie von SANTOS & STUART (2003) schildern allerdings eine entgegengesetzte Kohärenz. Diejenigen Teilnehmer, die wahrnahmen, dass das Training zu einer höheren Bezahlung und einer Beförderung führt, transferierten mit einer höheren Wahrscheinlichkeit die Inhalte ins Funktionsfeld. Dazu fanden KIRBY & HERRNSTEIN (1995) präzisierend heraus, dass Personen generell kleine und zeitnahe Belohnungen einer größeren und zeitlich späteren Belohnung vorziehen. Im vollkommenen Gegensatz dazu kann XIAO (1996) – allerdings in einem chinesischen Kontext – nicht bestätigen, dass Belohnungen eine signifikante Wirkung auf das individuelle Transferverhalten der Teilnehmer ausüben.[724]

SONNTAG ET AL. (2004) empfehlen darüber hinaus, für die Entgelt- und Anreizgestaltung neben Leistungszielen auch Ziele für Weiterentwicklung der Mitarbeiter partizipativ zu artikulieren. Auf diese Weise konnten BALDWIN & MAGJUKA (1991) zeigen, dass Unternehmen die Transferabsichten der Teilnehmer positiv beeinflussen können, indem sie signalisieren, dass sie der Weiterbildungsmaßnahme eine hohe Bedeutung beimessen. In der Studie erfolgte dies u. a. über Entgelt- und Anreizsysteme. Die Forscher fanden heraus, dass die Teilnehmer eine Weiterbildungsmaßnahme als wichtig wahrnehmen, wenn sie ihrem Vorgesetzten Rechenschaft über ihre weiterbildungsbezogene Leistung ablegen müssen und auf Grundlage dessen belohnt oder sanktioniert werden. Erkennen die Teilnehmer die kausale Verbindung zwischen einer Maßnahme und einer etwaigen Belohnung, ist es wahrscheinlich, dass sie sich stärker anstrengen, die Inhalte zu lernen und zu transferieren.[725]

Als weitere wichtige Rahmenbedingung für das Lernen im Unternehmen identifizieren SONNTAG ET AL. (2004) außerdem die *Regelungen der Arbeitszeit.* Um der Arbeitsbelastung der Mitarbeiter gerecht zu werden und das Lernen im Unternehmen zu fördern, empfehlen die Autoren möglichst flexible Lernzeiten zu definieren, um dem Mitarbeiter Freiräume zum Lernen zu ermöglichen.[726] Dies gilt in gleicher Weise für den Lerntransfer.

[724] Vgl. FACTEAU ET AL. (1995), S. 17 f.; KONTOGHIORGHES (2001), S. 257; SANTOS & STUART (2003), S. 42; KIRBY & HERRNSTEIN (1995), S. 83; XIAO (1996), S. 70.

[725] Vgl. SONNTAG ET AL. (2004), S. 116; SONNTAG & STEGMAIER (2005), S. 24; BALDWIN & MAGJUKA (1991), S. 27, 33 f.; TRACEY ET AL. (2001), S. 9; TRACEY & TEWS (2005), S. 358 f.

[726] Vgl. SONNTAG ET AL. (2004), S. 114; SONNTAG & STEGMAIER (2005), S. 24.

3.5.3.3 Konzeptionierung der betrieblichen Weiterbildung

Der Weiterbildungsprozess kennzeichnet die wesentlichen formalen Eckpfeiler einer Weiterbildungsmaßnahme und bestimmt ihren organisatorischen Ablauf. Anknüpfend können eine Vielzahl an möglichen Transferdeterminanten identifiziert werden, welche im Kontext (a) der Bedarfsanalyse, (b) der Planung und (c) der Evaluation zu verorten sind.[727]

ad (a) Bedarfsanalyse: Eine systematische und strukturierte Bedarfsanalyse ist eine entscheidende Voraussetzung für eine erfolgreiche betriebliche Weiterbildung. Denn nur so können die im Unternehmen und bei den Mitarbeitern vorhandenen Bedarfe zielgerichtet gedeckt und Maßnahmen bedarfsgerecht geplant und durchgeführt werden. McGehee & Thayer (1961) beschreiben schon früh die Notwendigkeit, den Bedarf auf drei verschiedenen Ebenen zu erheben: Unternehmen, Aufgaben und Personen.[728] Colquitt et al. (2000) empfehlen einen besondere Aufmerksamkeit auf die Analyse von Unternehmen und Person zu richten, da das Transferklima und die Persönlichkeit des Teilnehmers einen starken Einfluss auf die Weiterbildungsmotivation und den Lernerfolg nehmen. Präzisierend schlagen Cannon-Bowers et al. (1995) vor, dass speziell die Selbstwirksamkeit analysiert werden sollte, um dem starken Einfluss dieser Persönlichkeitsdisposition Rechnung zu tragen. Campbell (1988) stellt im Gegensatz dazu die Aufgabenanalyse in den Mittelpunkt, wenn er die Bedarfsanalyse als die Identifikation von Elementen der Arbeitsleistung versteht, welche durch Weiterbildung verbessert werden können.[729] Für alle drei Ebenen stehen jeweils eine Vielzahl an Methoden mit ihren spezifischen Vor- und Nachteilen bereit, die speziell den Teilnehmer, aber auch den Vorgesetzten involvieren.[730]

Die Bedarfsanalyse ermöglicht eine Formulierung von konkreten Zielen für einzelnen Weiterbildungsmaßnahmen und ist in gleicher Weise die Grundlage für eine zielgruppengerechte Planung derselbigen. Insofern ist es intuitiv nachvollziehbar, dass eine Bedarfsanalyse für einen erfolgreichen Lerntransfer ein obligatorischer Bestandteil jeder betrieblichen Weiterbildungsmaßnahme sein sollte. Ein Abgleich von Angebot und Nachfrage verhindert, dass Inhalte geschult werden, die nicht benötigt werden.

---

727 Vgl. dazu u. a. das Modell des Trainingsdesigns von Campbell (1988), S. 188 f. Die Durchführung ist aufgrund der Fokussierung auf off-the-job Weiterbildung per definitionem Teil der Lernumgebung.

728 Vgl. McGehee & Thayer (1961), S. 25 f.; Goldstein (1991), S. 517; Salas & Cannon-Bowers (2001), S. 475; Klug (2011), S. 35. Ähnlich bei Campbell (1988), S. 191.

729 Vgl. Colquitt et al. (2000), S. 702; Cannon-Bowers et al. (1995), S. 161; Campbell (1988), S. 191.

730 Vgl. Berthel & Becker (2010), S. 413 ff.; Klug (2011), S. 46 ff.; Kauffeld (2010), S. 24 f.; Goldstein (1991), S. 519 ff.

Die Analyse muss neben dem formalen Bedarf auch berücksichtigen, ob ein individuelles Weiterbildungsbedürfnis bei den Mitarbeitern besteht. Dies betrifft das generelle Interesse an Weiterbildung, aber auch das Interesse an speziellen Weiterbildungsmaßnahmen. Besteht bei einem Teilnehmer kein subjektiv empfundener Bedarf, so wirkt dies hemmend auf seine Transferabsicht. Dieser Aspekt ist eng gekoppelt an die bereits dargelegte Nutzenreaktion bzw. -wahrnehmung. Erkennt ein Teilnehmer den Nutzen einer Maßnahme, so wird er auch den Bedarf der Weiterbildungsmaßnahme sehen und vice versa.[731] Es ist insofern unmittelbar nachvollziehbar, dass der *tatsächliche Nutzen der Weiterbildungsmaßnahme* für die Arbeitstätigkeit des Teilnehmers sich positiv auf den Lerntransfer auswirkt.

Gleichzeitig wird die Voraussetzung geschaffen, dass die Inhalte zeitnah im Funktionsfeld angewendet werden können. Ist die *Zeitspanne zwischen Maßnahme und Anwendungsmöglichkeit* zu groß, birgt dies die Gefahr, dass die Inhalte noch vor der Anwendung wieder vergessen werden.[732] So zeigen LIM & MORRIS (2006), dass der unmittelbare Bedarf, die Inhalte anzuwenden, nicht nur zur einer höheren Transfermotivation, sondern auch zu einer höheren Lernmotivation führt. Eine Metaanalyse von ARTHUR, BENNETT JR. ET AL. (2003) kommt hinsichtlich einer Kohärenz zwischen verschiedenen Formen der Bedarfsanalyse und der Effektivität von Weiterbildungsmaßnahmen allerdings zu keinem eindeutigen Ergebnis.[733]

Im Zuge der Weiterbildungskonzeptionierung wurde darüber hinaus vielfach untersucht, inwiefern die *Freiwilligkeit der Teilnahme* an einer Maßnahme den Lerntransfer steuert. Die Ergebnisse hierzu sind divergent. In der Studie von HICKS & KLIMOSKI (1987) nahmen Teilnehmer, die u. a. an der Auswahl der Weiterbildungsmaßnahme beteiligt waren, das Training eher als Nutzen stiftend war, profitierten mehr durch das Training und standen hinter ihrer Entscheidung, an der Maßnahme teilzunehmen. Des Weiteren waren sie zufriedener und motivierter zu lernen als solche Teilnehmer, die nicht an der Auswahl der Maßnahme partizipieren konnten.[734] BALDWIN ET AL. (1991) konstatieren darüber hinaus, dass Teilnehmer, deren Wahl Berücksichtigung findet, eine höhere Lernmotivation und bessere Lernergebnisse aufweisen als Teilnehmer, deren Wünsche nicht berücksichtigt werden. Folglich findet ein positiver Einfluss der Beteiligung der Teilnehmer nur statt, wenn der Wahl der Teilnehmer

---

[731] Vgl. FORD & NOE (1987), S. 50. Die Forscher argumentieren entgegengesetzt. Ähnlich bei GUTHRIE & SCHWOERER (1994), S. 416 f.

[732] Vgl. TANNENBAUM (2002), S. 17 f.; LAKER (1990), S. 213; JUNG (2011), S. 251.

[733] Vgl. LIM & MORRIS (2006), S. 105; ARTHUR ET AL. (2003), S. 243; BURKE & HUTCHINS (2007), S. 272 f.; GAUDINE & SAKS (2004), S. 69. Vgl. für weitere Studien SALAS & CANNON-BOWERS (2001), S. 475 ff. ELLIS (1969) benennt Studien, bei denen der Transfer zwischen verschiedenen Aufgaben über verschiedene Zeitintervalle konstant bleibt (S. 39 ff.).

[734] Vgl. HICKS & KLIMOSKI (1987), S. 546. Ähnlich bei MATHIEU ET AL. (1992), S. 843; CLARK ET AL. (1993), S. 303.

nachgekommen wird. Ein signifikanter Lernunterschied zwischen Teilnehmern, deren Auswahl berücksichtigt wurde, und solchen, die von vorne herein keine Wahl hatten, konnte allerdings nicht belegt werden.[735]

Im Gegensatz zu den vorherigen Studien berichteten die von BALDWIN & MAGJUKA (1991) befragten Teilnehmer von höheren Transferabsichten, wenn sie die Teilnahme an einer Maßnahme als Pflicht wahrnahmen. Die Forscher bemerken, dass dies darauf zurückzuführen sei, dass die Teilnehmer ein freiwilliges Training eher als unwichtig wahrnehmen als ein verpflichtendes. Sie geben allerdings zu bedenken, dass eine verpflichtende Teilnahme in Umgebungen mit einem wenig vorteilhaften Transferklima zu einer Demotivierung der Teilnehmer führen könne.[736]

ad (b) Planung: Unter Berücksichtigung der Ergebnisse der Bedarfsanalyse findet im Anschluss die Planung der Weiterbildungsmaßnahme statt. Um eine Maßnahme zu konzipieren, die den Ansprüchen aller Beteiligten gerecht wird, und optimale Voraussetzungen für den Lerntransfer ins Funktionsfeld schafft, ist eine enge Absprache und Zusammenarbeit der Unternehmensvertreter (Führungskräften, Personalentwickler usw.) sowie der Teilnehmer und Trainer der Maßnahme erforderlich.[737] Grundsätzliche Voraussetzung für den Erfolg einer Maßnahme ist also die *Abstimmung der Zielvorstellungen aller beteiligten Akteure*. Implizit ist dabei die Konsistenz der Maßnahmen mit den allgemeinen Zielen und Vorstellungen des Unternehmens als Initiator und Träger der weiterbildungsbezogenen Kosten. In der Studie von MONTESINO (2002) berichteten diejenige Teilnehmer von einer intensiven Anwendung der Inhalte im Funktionsfeld, die eine enge Bindung der Trainingsziele an die strategische Ausrichtung des Unternehmens wahrnahmen.[738]

Zusätzlich zu den Grundsatzentscheidungen bezüglich der Ziele, Inhalte und Methoden und deren gegenseitige Abstimmung[739] müssen Interventionen zur Sicherung des Lerntransfers bereits in der Planung Berücksichtigung finden. Diese Interventionen können unterschiedlich ausgestaltet sein. Eine wichtige und viel diskutierte Intervention ist die Vereinbarung von transferbezogenen Zielen.

---

735 Vgl. BALDWIN ET AL. (1991), S. 61.

736 Vgl. BALDWIN & MAGJUKA (1991), S. 33 f.

737 Vgl. TANNENBAUM & YUKL (1992), S. 401; BROAD & NEWSTROM (1992), S. 12 ff.

738 Vgl. MONTESINO (2002), S. 102 f.

739 Vgl. REICH-CLAASSEN & VON HIPPEL (2010), S. 1006.

Ziele begünstigen positives Leistungsverhalten, indem sie Aufmerksamkeit bündeln, Anstrengung mobilisieren und die Insistenz bei der Bearbeitung einer Aufgabe fördern.[740] Ihre konkrete Ausgestaltung orientiert sich an dem betreffenden Teilnehmer und der jeweiligen Weiterbildungssituation. KONTOGHIORGHES (2001) fand heraus, dass die Entwicklung von Zielen in einem signifikanten Zusammenhang zum Lerntransfer und zu den Reaktionen der Teilnehmer auf die Weiterbildungsmaßnahme steht, d. h. die Teilnehmer transferieren mit einer höheren Wahrscheinlichkeit das Erlernte, wenn sie eine genaue Kenntnis darüber besitzen, welches Wissen und welches Verhalten im Funktionsfeld gefordert wird.[741] Dies setzt allerdings voraus, dass sowohl *Lern-* als auch *Transferziele gesetzt werden.*

Nach der Zielsetzungstheorie führen spezifische und herausfordernde Ziele zu einer höheren Leistung als unspezifische Ziele, die eine Person lediglich dazu anhalten, ihr Bestes zu geben.[742] Einige Studien konnten jedoch einen negativen Effekt der Zielsetzung auf die Leistung aufzeigen. So konkludieren KANFER & ACKERMAN (1989) auf Grundlage ihrer Ergebnisse, dass in den ersten beiden der drei untersuchten Lernphasen die Setzung von Zielen die Teilnehmer von der Entwicklung geeigneter Lösungsstrategien ablenkt. Stattdessen konzentrierten sich die Teilnehmer auf die möglichen Konsequenzen, die ein Nichterreichen des Ziels ggf. mit sich bringt, und zeigten in Folge dessen eine verminderte Leistung.[743]

LATHAM & SEIJTS (1999) wiesen ergänzend eine positive Wirkung der Zielsetzung auf die Leistung und die Selbstwirksamkeit nach, wenn bei einer komplexen Aufgabenstellung, kurzfristige („proximale") Ziele im Zusammenhang mit einem langfristigen („distalen") Ziel gesetzt werden. Diese Zusammensetzung übertraf deutlich das Design, welches von den Teilnehmern nur einforderte, ihr Bestes zu geben. LATHAM & SEIJTS (1999) begründen diesen Zusammenhang mit der Feedbackfunktion kurzfristiger Ziele, durch welche der Teilnehmer

[740] Vgl. LOCKE, SHAW ET AL. (1981), S. 125, 131 f.; STEERS & PORTER (1974), S. 436; RICHMAN-HIRSCH (2001), S. 106; BURKE & HUTCHINS (2007), S. 273.

[741] Vgl. KONTOGHIORGHES (2001), S. 257 f.; BURKE & HUTCHINS (2007), S. 274. Ähnlich bei RICHMAN-HIRSCH (2001), S. 116 f.; WERNER, O'LEARY-KELLY ET AL. (1994), S. 178 (in Bezug auf Lernen); WEXLEY & BALDWIN (1986), S. 512; WEXLEY & NEMEROFF (1975), S. 450. TAYLOR ET AL. (2005) bestätigen dieses Ergebnis nur eingeschränkt (S. 705); BLUME ET AL. (2010) finden nur einen geringen Zusammenhang (S. 1082); MORIN & LATHAM (2000) stellen im Rahmen eines massierten Trainings keinen Zusammenhang fest (S. 575).

[742] Vgl. LOCKE (1968), S. 157; LOCKE ET AL. (1981), S. 145; LOCKE & LATHAM (1990), S. 254; LOCKE & LATHAM (2002), S. 714; STEERS & PORTER (1974), S. 437, 444; ILGEN ET AL. (1979), S. 364 f.; CAMPBELL & KUNCEL (2001), S. 288. SEIJTS, LATHAM ET AL. (2004) kommen sogar zu dem Schluss, dass dieser Effekt den Effekt der individuellen Zielorientierung überlagert (S. 238).

[743] Vgl. KANFER & ACKERMAN (1989), S. 685 in Bezug auf Personen mit geringen Fähigkeiten. WINTERS & LATHAM (1996) argumentieren jedoch, dass der negative Effekt nicht auf die Zielsetzung i. A., sondern auf die Art des Ziels zurückzuführen ist, da in der Studie von KANFER & ACKERMAN (1989) Leistungsziele gesetzt wurden und keine Lernziele. Vgl. WINTERS & LATHAM (1996), S. 247 f.; LOCKE & LATHAM (2002), S. 709; BROWN & WARREN (2009), S. 268.

die Möglichkeit erhält, seinen Fortschritt zu kontrollieren und ggf. zu korrigieren.[744] Diesen Effekt konnte BROWN (2005) in ähnlicher Weise für den Lerntransfer belegen.[745]

Unabhängig von der konkreten Ausgestaltung des Ziels stellt die *Zielakzeptanz* einen wichtigen Anknüpfungspunkt in der Beziehung zwischen einem Ziel und der zugehörigen Leistung dar. Der Akzeptanz eines Ziels durch eine Person (also die positiven Einstellung gegenüber dem Ziel) wird eine starke Bedeutung für die Voraussage von Leistungen zugesprochen.[746] Ob gleichzeitig auch die Leistung der Person mit der *Partizipation* steigt, ist allerdings umstritten.[747] Positive Zielsetzungseffekte konnten bei verschiedenen Partizipationsniveaus und in verschiedenen Settings nachgewiesen werden. WEXLEY & BALDWIN (1986) berichten beispielsweise, dass sowohl festgesetzte als auch vereinbarte Ziele eine Transfer förderliche Wirkung haben können.[748] Eng damit verbunden ist die *Bedeutung*, die einem Ziel beigemessen wird. Die Studie von LEE & PUCEL (1998) zeigt einen Zusammenhang zwischen der Wahrnehmung der Bedeutung eines Weiterbildungsziels und dem Lerntransfer. So dokumentieren die Forscher, dass mit steigender wahrgenommener Bedeutung eines Ziels auch der durch den Teilnehmer wahrgenommene Lerntransfer steigt.[749]

Gleichzeitig ist es wichtig, dass die Ziele den Teilnehmern offen *kommuniziert werden*. So konnten KRAIGER, SALAS & CANNON-BOWERS (1995) zeigen, dass die Teilnehmer ihrer Untersuchung höhere Transferergebnisse aufwiesen, wenn ihnen vor der Maßnahme Informationen über die Zielsetzungen der Transferaufgabe vermittelt worden waren. Dadurch war es den Teilnehmern möglich, Strukturen aufzubauen, die sie bei der Organisation und Aufrechterhaltung der präsentierten Informationen unterstützten.[750]

---

[744] Vgl. LATHAM & SEIJTS (1999), S. 426 f.; LOCKE & LATHAM (2002), S. 709; BROWN & WARREN (2009), S. 268. Ähnlich bei BANDURA & SCHUNK (1981), S. 586. LOCKE & LATHAM (2002) sehen diesen Zusammenhang insb. für neue, komplexe Aufgabenstellungen (S. 709).

[745] Vgl. BROWN (2005), S. 382 f. BROWN (2005) konnte jedoch keinen signifikanten Unterschied zu Teilnehmern feststellen, die dazu angehalten wurden, ihr Bestes zu geben (S. 381). Die Ergebnisse ergänzender Untersuchungen finden sich bei BROWN & WARREN (2009), S. 278.

[746] Vgl. LOCKE ET AL. (1981), S. 147; STEERS & PORTER (1974), S. 444 f.

[747] Vgl. LOCKE (1975), S. 467; LOCKE ET AL. (1981), S. 146; LOCKE & LATHAM (2002), S. 706; LATHAM & YUKL (1975), S. 301; LATHAM & YUKL (1976), S. 170; LATHAM, MITCHELL & DOSSETT (1978), S. 170 f.; LATHAM (2004), S. 128; STEERS & PORTER (1974), S. 438 f.; IVANCEVICH (1976), S. 610 ff.; WEXLEY & BALDWIN (1986), S. 504 f.; TUBBS (1986), S. 479 f.; PUNNETT, CORBIN & GREENIDGE (2007), S. 216 f., 231; LUDWIG & GELLER (1997), S. 259 f.

[748] Vgl. WEXLEY & BALDWIN (1986), S. 512 ff.

[749] Vgl. LEE & PUCEL (1998), S. 57 ff.

[750] Vgl. KRAIGER ET AL. (1995), S. 804, 810, 813.

Es wird des Weiteren empfohlen, die Teilnehmer an der Planung der Maßnahme zu beteiligen.[751] Eine starke *Beteiligung des Teilnehmers* sendet das Signal, dass der Weiterbildungsmaßnahme von dem Unternehmen eine hohe Bedeutung beigemessen wird.[752] HOLTON III (1996) vermutet zudem, dass die Lernmotivation davon abhängt, wie gut der Teilnehmer auf die Weiterbildungsmaßnahme vorbereitet wird. Die *Vorbereitung des Teilnehmers* schließt u. a. das Ausmaß, mit dem der Teilnehmer in die Bedarfsanalyse und in die Planung eingebunden ist, wie präzise die Erwartungen an ihn konkretisiert wurden, die Freiwilligkeit der Teilnahme sowie weitere Faktoren mit ein.[753] Außerdem wird empfohlen, den *Teilnehmer vor Beginn der Maßnahme umfassend zu informieren*, damit dieser realistische Erwartungen bezüglich der Maßnahme bilden kann.[754] In der Studie von FOSTER & HOFF MACAN (2002) konnte der Lerntransfer darüber hinaus erhöht werden, wenn dem Teilnehmer vor der Weiterbildungsmaßnahme Hinweise für mögliche Lernstrategien vermittelt wurden.[755]

Zusätzlich können *Framing-Effekte* genutzt werden, um den Teilnehmer vor der Weiterbildungsmaßnahme zu beeinflussen.[756] Dazu deklarierte MARTOCCHIO (1992) ein Mikrocomputertraining gegenüber einem Teil der Teilnehmer als besondere Gelegenheit, mit den Geräten zu arbeiten. Bei diesem Teil der Teilnehmer konnte er eine geringere Angst vor der Arbeit mit Computern, eine höhere computerbezogene Selbstwirksamkeit und bessere Lernergebnisse feststellen als bei denjenigen Teilnehmern, denen die Maßnahme als neutrale Erfahrung präsentiert wurde. In ähnlicher Weise charakterisierte QUIÑONES (1995) eine Maßnahme in der einen Variante als notwendig zur Verbesserung einer schlechten Leistung, und in der anderen Variante als fortgeschrittenes Training, welches auf herausragenden Leistungen aufbaut. Auf diese Weise wurden vor der Maßnahme die Fairnesswahrnehmungen und die Selbstwirksamkeit der Teilnehmer manipuliert. Der Forscher konnte nachweisen, dass beide Konstrukte in einem positiven Zusammenhang mit der Lernmotivation der Teilnehmer stehen, welche wiederum die Lern- und Verhaltensergebnisse (allerdings nicht die Leistung) positiv beeinflusste.[757] Bis dato konnte jedoch nicht nachgewiesen werden, dass Framing-Effekte direkt Einfluss auf den Lerntransfer nehmen.[758]

751 Vgl. BROAD & NEWSTROM (1992), S. 63; MACHIN (2002), S. 269.

752 Vgl. CROMWELL & KOLB (2004), S. 451.

753 Vgl. HOLTON III (1996), S. 12.

754 Vgl. MACHIN (2002), S. 269 f.

755 Vgl. FOSTER & HOFF MACAN (2002), S. 377.

756 Vgl. BALDWIN ET AL. (2009), S. 45 sowie TVERSKY & KAHNEMAN (1981) zu dem Framing-Effekt.

757 Vgl. MARTOCCHIO (1992), S. 546 f.; QUIÑONES (1995), S. 234.

758 Vgl. BALDWIN ET AL. (2009), S. 45.

Des Weiteren sollte in der Planung der Maßnahme bereits die *Rückkehr des Teilnehmers in das Funktionsfeld* berücksichtigt werden, um geeignete Transferinterventionen in Absprache mit dem Vorgesetzten zu konzipieren und zu initiieren.[759]

ad (c) Evaluation: Evaluation ist eine entscheidende Voraussetzung, um Schwachstellen im Weiterbildungsprozess aufzudecken. Insofern hat diese Prozessphase eine bedeutende Einflussfunktion, da sie Auskunft darüber gibt, ob die Lernziele innerhalb der Maßnahme erreicht wurden, und ob das Erreichen dieser Ziele in einer gesteigerten Leistung im Funktionsfeld resultiert (Lerntransfer).[760] Sie ermöglicht aufbauend darauf, die Determinanten des Lerntransfers im Sinne einer Optimierung des Weiterbildungsprozesses zielgerichtet zu beeinflussen und lern- und transferförderliche Voraussetzungen für das Lern- und Funktionsfeld zu schaffen (Steuerungsfunktion).[761] Die aus der Evaluation gewonnen Informationen können somit als Planungsgrundlage für nachfolgende Maßnahmen genutzt werden.

Becker (2006a) empfiehlt, in Erweiterung des Modells von Kirkpatrick, den vollständigen Weiterbildungsprozesses zu betrachten: d. h. sowohl den

- *Input*,
- den *Prozess*,
- den *Output* als auch
- das *Evaluationskonzept*

kritisch zu prüfen.[762] Dieser Evaluationsansatz betont die Notwendigkeit, den Transfer ganzheitlich zu betrachten und gezielt auf die Stellschrauben entlang des vollständigen Weiterbildungsprozesses einzuwirken.

Evaluation bietet zusätzlich Implikationen für ein fundiertes Feedback sowohl für die Teilnehmer als auch den Trainer der Maßnahme.[763] Auf diese Weise kann im Sinne eines unterstützenden Transferklimas der Transfererfolg den beteiligten Akteuren unmittelbar zugerechnet werden.[764] Des Weiteren sendet eine strukturierte Evaluation das Signal, dass ein Unternehmen eine Maßnahme als wichtig einstuft und fortwährend an deren Verbesserung interessiert ist. Wird der Lerntransfer nicht in den Evaluationsprozess einbezogen, so wird bei den Teilnehmern der Eindruck erweckt, dass das Unternehmen kein explizites Interesse

---

[759] Vgl. Broad & Newstrom (1992), S. 60 ff.

[760] Vgl. Kraiger et al. (1993), S. 311. Vgl. für eine Auseinandersetzung mit dem Evaluationsbegriff Kromrey (2003).

[761] Vgl. Solga (2011a), S. 369.

[762] Vgl. Becker (2006a), S. 169 ff.; Becker (2005), S. 49 ff.

[763] Vgl. Hesketh (1997), S. 334.

[764] Vgl. Bates (2003), S. 264.

an Weiterbildung im Allgemeinen oder den Inhalten einer speziellen Maßnahme hat. Mit einer hohen Wahrscheinlichkeit wird dann auch der Transfer der Inhalte ausbleiben.[765]

3.5.3.4 Strukturelle Arbeitsbedingungen

Ob tatsächlich ein Transfer ins Funktionsfeld stattfinden kann, hängt im Wesentlichen davon ab, ob der Teilnehmer überhaupt die Möglichkeit dazu hat, die Inhalte anzuwenden.[766] Dies ist sowohl durch informelle Aspekte (soziale Unterstützung) als auch durch formelle Aspekte (strukturelle Überlegungen) bedingt.[767] Neben den strukturellen Rahmenbedingungen auf der Unternehmensebene lassen sich auch Elemente im Funktionsfeld hervorheben, die Einfluss auf den Lerntransfer nehmen. Dies betrifft Umstände, welche im Arbeitsprozess auftreten und Einfluss auf die Arbeitstätigkeit und/oder das Arbeitsergebnis nehmen.[768] Insofern können sowohl (a) die Arbeitsaufgabe[769] als auch die zur Verfügung stehenden (b) Ressourcen sowie (c) situative Faktoren auf ihre Einflusswirkung untersucht werden.

ad (a) Arbeitsaufgabe: Arbeitsaufgaben lassen sich so ausgestalten, dass sie motivierend wirken und ein kontinuierliches Lern- und Transferpotenzial enthalten.[770] Ausgehend von der grundsätzlichen Überlegung, dass Inhalte nur transferiert werden können, wenn die Möglichkeit zur Anwendung besteht, rückt zunächst die Arbeitsaufgabe ins Zentrum der Analyse. FORD, QUIÑONES ET AL. (1992) verstehen unter der *Anwendungsmöglichkeit* das Ausmaß, in dem ein Teilnehmer mit transferrelevanter Arbeitserfahrung versorgt wird oder sie sich eigenständig beschafft. Um ein differenziertes Bild der Anwendungsmöglichkeit zu erhalten, folgen die Forscher einem mehrdimensionalen Verständnis. Die drei betrachteten Dimensionen umfassen:

- *Breite* (Anzahl der verschiedenen Aufgaben),
- *Aktivitätsniveau* (Häufigkeit, mit der die Aufgaben angewendet werden) und
- *Art der Aufgaben* (Komplexität usw.).[771]

ELLIS (1969) konstatiert auf Grundlage der damaligen Forschungsergebnisse, dass mit der Häufigkeit, mit der Aufgaben angewendet werden, und der Vielseitigkeit der Anwendungs-

---

[765] Vgl. TRACEY & TEWS (2005), S. 358.

[766] Vgl. LIM & JOHNSON (2002), S. 46; BURKE & HUTCHINS (2007), S. 282; GAUDINE & SAKS (2004), S. 71; OLIVERO, BANE & KOPELMAN (1997), S. 461; NIKANDROU ET AL. (2009), S. 266 (wahrgenommene Anwendungsmöglichkeit).

[767] Vgl. KARG & STAEHLE (1982), S. 16.

[768] Vgl. HACKER (2005), S. 88; HACKER (1978), S. 32.

[769] Vgl. VOLPERT (1987), S. 14.

[770] Vgl. SONNTAG (1996), S. 51.

[771] Vgl. FORD ET AL. (1992), S. 513 f.

möglichkeiten auch der Transfer von einer Lernsituation in eine andere Situation steigt. Bezogen auf die Schwierigkeit der Transferaufgaben können aus den bis dato durchgeführten Studien jedoch keine eindeutigen Aussagen abgeleitet werden. Je nach Forschungsdesign und Art der Aufgaben ergeben sich unterschiedliche Schlussfolgerungen.[772] Die Teilnehmer der Studie von FORD ET AL. (1992) wiesen nachweislich unterschiedliche Ausprägungen der verschiedenen Anwendungsdimensionen auf, obwohl sie die gleiche Arbeitstätigkeit verrichteten. Die Forscher führen dies auf Faktoren der Arbeitsumgebung und individuelle Faktoren des Teilnehmers zurück. Sie konkludieren, dass die Kontextfaktoren insbesondere über die Möglichkeit der Anwendung Einfluss auf den Lerntransfer nehmen. Belege für den Einfluss individueller Faktoren liefern bspw. STEELE-JOHNSON, BEAUREGARD ET AL. (2000). Sie fanden außerdem heraus, dass Zielorientierung und die Art der Arbeitsaufgabe einen gemeinsamen Einfluss auf die Leistung einer Person haben. So wiesen sie positive Effekte bei leistungsorientierten Personen nach, wenn eine einfache Aufgabe bearbeitet wurde, und positive Effekte bei lernorientierten, wenn es sich um eine komplexe Aufgabe handelte.[773]

Unabhängig davon wirkt das Ausmaß, in dem die Arbeitsaufgabe Lernen im Allgemeinen und die Anwendung des Erlernten im Speziellen forciert, promotierend auf den Lerntransfer.[774] Insofern können über die Gestaltung der Arbeitsaufgabe Bedingungen geschaffen werden, die den Lerntransfer fördern. Neben einem generellen *Druck, die Inhalte anzuwenden*, ist ein weiterer Gestaltungsaspekt der *Grad der Arbeitsautonomie*. Dieser bestimmt den Handlungsspielraum des Teilnehmers, die Inhalte flexibel anzuwenden und auf auftretende Belastungen zu reagieren. Teilnehmer, die über ein hohes Maß an Autonomie in ihrem Arbeitsbereich verfügen, können eigenständig Möglichkeiten schaffen, die erlernten Inhalte anzuwenden.[775] Einschränkungen im Handlungsspielraum der Teilnehmer werden als transferhemmend empfunden.[776] Es ist allerdings zu bedenken, dass autonome Teilnehmer auch über ein hohes Maß an Eigeninitiative verfügen müssen. Sie müssen sich selbstständig Anwendungsmöglichkeiten schaffen und motiviert sein, diese auch zu nutzen.[777]

ad (b) Ressourcen: Die Arbeitsbedingungen werden außerdem durch die *zeitlichen, finanziellen, technisch-sachlichen und informatorischen Ressourcen* bestimmt, die dem Teilnehmer zu Verfügung stehen. Eine besonders wichtige Ressource ist die Zeit, die Inhalte anzu-

---

[772] Vgl. ELLIS (1969), S. 44 ff.

[773] Vgl. Vgl. FORD ET AL. (1992), S. 521 f.; STEELE-JOHNSON ET AL. (2000), S. 733 f.

[774] Vgl. KONTOGHIORGHES (2001), S. 251; TRACEY & TEWS (2005), S. 358; sowie das „job characteristics"-Modell von HACKMAN & OLDHAM (1980) (S. 71 ff.).

[775] Vgl. AXTELL ET AL. (1997), S. 210.

[776] Vgl. BLUME ET AL. (2010), S. 28; VANDENPUT (1973), S. 255. SALANOVA, AGUT & PEIRÓ (2005) zeigen, dass Mitarbeiter, die u. a. über ein hohes Maß an Autonomie verfügen, engagierter arbeiten (S. 1223 f.).

[777] Vgl. YELON & FORD (1999), S. 65.

wenden.[778] Belastungsspitzen verhindern, dass der Teilnehmer ausreichend Freiräume hat, seine neuen Qualifikationen in der Praxis zu erproben und zu festigen. So stimmten 72 % der befragten Teilnehmer im Rahmen der Studie von BELLING ET AL. (2004) zu, dass die tägliche Arbeitsbelastung für sie eine hohe Transferbarriere darstellt. Außerdem benannten sie den Mangel an Zeit zum Planen, Reflektieren und neue Ideen einzuführen als transferhemmend.[779] Auch die Ergebnisse von CLARKE (2002) belegen, dass hohe Arbeitsbelastungen und Zeitdruck signifikante Barrieren für die Effektivität von Weiterbildungsmaßnahmen darstellen. AWONIYI, GRIEGO & MORGAN (2002) konnten wiederum zeigen, dass eine geringe Arbeitslast einen positiven Einfluss auf den Lerntransfer hat.[780]

Neben zeitlichen Restriktionen können außerdem das Fehlen von finanziellen Ressourcen, technisch-sachlichen Arbeitsmitteln sowie relevanter Informationen den Lerntransfer behindern.[781] SEYLER ET AL. (1998) wiesen z. B. einen starken Einfluss der Verfügbarkeit von Ressourcen (als Element der Anwendungsmöglichkeit) auf die Transfermotivation des Teilnehmers nach.[782]

ad (c) Situative Faktoren: Des Weiteren ist davon auszugehen, dass, ähnlich wie in der Lernumgebung, situative Faktoren der Arbeitsplatzumgebung (Räumlichkeiten, Lärm, Temperatur usw.) die Leistung des Teilnehmers und damit auch den Lerntransfer beeinflussen. Die Faktoren werden häufig als Transferbarrieren benannt und weniger als Faktoren, die eine fördernder Wirkung entfalten.[783]

3.5.3.5 Arbeitsgruppe und soziale Unterstützung

Ob der Lerntransfer stattfinden kann, wird neben den strukturellen Arbeitsbedingungen auch durch (a) die Arbeitsgruppe und die dort bereitgestellte (b) soziale Unterstützung bestimmt.

ad (a) Arbeitsgruppe: Die Ausgestaltung der Arbeitsgruppe betrifft strukturelle wie auch sozial-psychologische Gesichtspunkte. Ähnlich wie in der Lernumgebung müssen auch in der Arbeitsumgebung die verschiedenen Ausprägungsformen der Gruppe Berücksichtigung fin-

---

[778] Vgl. PETERS, O'CONNOR & EULBERG (1985), S. 85.

[779] Vgl. BELLING ET AL. (2004), S. 244.

[780] Vgl. CLARKE (2002), S. 156 f.; AWONIYI ET AL. (2002), S. 33. Ähnlich bei BROAD & NEWSTROM (1992), S. 106; GREGOIRE (1994), S. 78 f.

[781] Vgl. BROAD (2003), S. 99; MACHIN (2002), S. 291; PETERS ET AL. (1985), S. 84 f.; TANNENBAUM & YUKL (1992), S. 418; VANDENPUT (1973), S. 254; NOE (1986), S. 737.

[782] Vgl. SEYLER ET AL. (1998), S. 11. Ähnlich bei SOFO (2007), S. 116 f. in Bezug auf den Lerntransfer.

[783] Vgl. PETERS & O'CONNOR (1980), S. 396; PETERS ET AL. (1985), S. 85; KUPRITZ (2002), S. 441 f.; BERTHEL & BECKER (2010), S. 92.

den. Die dort ausgeführten Überlegungen lassen sich nahezu vollständig auf die Arbeitsgruppe im Funktionsfeld übertragen. Dies trifft insbesondere dann zu, wenn die Gruppenstrukturen im Hinblick auf ihren Einfluss auf die Leistung der Gruppenmitglieder untersucht wurden. Insofern ist anzunehmen, dass – wie bereits beschrieben – der in der Gruppe vorherrschenden *Kollektivismus*, die *Zusammensetzung der Gruppe* (Größe, aggregierte individuelle Teilnehmermerkmale, Heterogenität) sowie die *Gruppencharakteristika* (Interaktion (u. a. Unterstützung, Feedback, Arbeitsgeschwindigkeit, Wissensweitergabe), Struktur (u. a. Rollen und Normen, bspw. Widerstände gegen Veränderungen), Kohäsion, soziale Identität, Gruppenziele) direkt oder indirekt Einfluss auf den Lerntransfer nehmen. Aus den benannten Determinanten lassen sich einzelne gesondert hervorheben.

Besonderes Interesse hat in der Forschung der Einfluss der Interaktion der Arbeitsgruppe auf den Lerntransfer erhalten. So erzielt transferbezogenes unterstützendes *Feedback* aus der unmittelbaren Arbeitsumgebung einen positiven Effekt auf den Lerntransfer. Van den Bossche, Segers & Jansen (2010) untersuchten den Einfluss von Feedback innerhalb kooperativer sozialer Netzwerke und fanden heraus, dass sowohl die Anzahl der Feedback gebenden Personen als auch der Nutzen des Feedbacks in einer positiven Kohärenz zu der Transfermotivation und dem Lerntransfer stehen. Die Häufigkeit des Feedbacks weist allerdings ein negatives Verhältnis dazu auf.[784] Gleichzeitig nennen Ford et al. (1992) die *Arbeitsgeschwindigkeit in der Arbeitsgruppe* als möglichen Transferfaktor. So ist es möglich, dass die Mitglieder einer schnell arbeitenden Gruppe nur wenig Zeit haben, den Teilnehmer bei der Bearbeitung neuer komplexer Aufgabenstellungen zu unterstützen. Andererseits wird dieser ggf. durch die hohe Arbeitsgeschwindigkeit dazu gezwungen, die erlernten Inhalte unmittelbar nach seiner Rückkehr ins Funktionsfeld anzuwenden, um den hohen Arbeitsanforderungen seiner Gruppe gerecht zu werden.[785] Andere Forscher betonen ergänzend, dass der Lerntransfer dadurch gefördert wird, dass die Teilnehmer als Multiplikatoren fungieren und das *Erlernte an ihre Kollegen weitergeben.*[786]

Bates et al. (2000) verweisen darüber hinaus auf die transferhemmende Wirkung normativer *Widerstände gegen Veränderungen* in der Arbeitsgruppe. Die Forscher konstatieren, dass diese Widerstände einerseits aus der Angst resultieren können, dass mit einem veränderten Arbeitsablauf mehr Arbeit verbunden ist. Andererseits können die Widerstände auch darauf zurückzuführen sein, dass ein generelles Misstrauen gegen Veränderungen vorhanden ist, welche von außen an die Arbeitsgruppe herangetragen werden.[787]

---

[784] Vgl. Van den Bossche et al. (2010), S. 90 f.

[785] Vgl. Ford et al. (1992), S. 515.

[786] Vgl. Van Gramberg & Baharim (2005).

[787] Vgl. Bates et al. (2000), S. 32.

ad (b) Soziale Unterstützung: Soziale Elemente sind entscheidende Komponenten für eine unterstützende Arbeitsumgebung.[788] Als besonders bedeutsames Gruppencharakteristikum ist daher im Rahmen der Interaktion die soziale Unterstützung des Teilnehmers hervorzuheben. Ihr wird eine besonders markante Rolle im Transferprozess zuteil. Sie ist ein Kernelement der Transferklimadefinition von TRACEY & TEWS (2005) und in ihrer Funktion als Bindeglied zwischen Transfer und Arbeitsumgebung als zentraler Einflussfaktor auf den Lerntransfer einzustufen.[789] Eine separate Betrachtung der sozialen Unterstützung nach verschiedenen Unterstützungsquellen wird deswegen als sinnvoll erachtet, weil der individuelle Einfluss in einer Vielzahl an empirischen Studien nachgewiesen werden konnte.

Häufig untersucht wurde insbesondere der Einfluss des *Vorgesetzen* auf den Lerntransfer und transferrelevante motivationale Konstrukte. Die Einstellung des Vorgesetzen gegenüber Weiterbildung im Allgemeinen und konkreten Weiterbildungsmaßnahmen im Speziellen spiegelt sich unmittelbar in seinem Verhalten gegenüber den Mitarbeitern wider. Ein Großteil der Führungstheorien sowie das Führungsmodell von VON ROSENSTIEL (2006) belegen, dass der Vorgesetzte über Interaktionsprozesse einen großen Einfluss auf den Lerntransfer hat. Durch diese Prozesse kann der Vorgesetzte auf unterschiedliche Weise sowohl vor als auch nach der Weiterbildungsmaßnahme Unterstützung für den Teilnehmer signalisieren und sie gewähren. Die Unterstützung äußert sich in dem Ausmaß, mit dem der Vorgesetzte die Anwendung des Erlernten forciert und fördert.[790]

Das Konstrukt ist durch seine Mehrdimensionalität geprägt. Einerseits ist der Vorgesetzte als Bindeglied zwischen Mitarbeiter und Unternehmen mitverantwortlich für die Ausgestaltung der zentralen Wirkungsgrößen der Weiterbildungskonzeptionierung (u. a. Setzung von Zielen, Kommunikation der Ziele, Beteiligung und Vorbereitung des Teilnehmers, Vorbereitung der Rückkehr des Teilnehmers) sowie der strukturellen Arbeitsbedingungen (u. a. Arbeitsaufgabe (Anwendungsmöglichkeit, Anwendungsdruck, Grad der Autonomie), Ressourcen, situative Faktoren) und andererseits prägt er durch sein Verhalten das soziale Klima im Funktionsfeld und transportiert die zentralen Werte der Lernkultur an seine Mitarbeiter.[791] Der Vorgesetzte hat insofern die Kontrolle über einen großen Teil der arbeitsumgebungsspezifischen Transferdeterminanten.[792]

[788] Vgl. TRACEY ET AL. (1995), S. 249; SMITH-JENTSCH, SALAS & BRANNICK (2001), S. 281.

[789] Vgl. FORD ET AL. (1992), S. 514; FACTEAU ET AL. (1995), S. 20; CHENG & HO (1998), S. 17; TRACEY ET AL. (1995), S. 249; BATES ET AL. (2000), S. 32; CLARKE (2002), S. 156 f.; NOE (1986), S. 737; RICHMAN-HIRSCH (2001), S. 117; NOE & SCHMITT (1986), S. 521 u. v. m.

[790] Vgl. HOLTON III ET AL. (2000), S. 345; TRACEY & TEWS (2005), S. 358.

[791] Vgl. SONNTAG & STEGMAIER (2005), S. 25.

[792] Vgl. WEISS, HUCZYNSKI & LEWIS (1980), S. 20; SAKS & BELCOURT (2006), S. 632; SCADUTO, LINDSAY & CHIABURU (2008), S. 166; GREGOIRE, PROPP & POERTNER (1998), S. 15.

In ähnlicher Weise kann zwischen anwendungs- und belohnungsfokussierten Aktivitäten unterschieden werden. Der Vorgesetzte kann auf der einen Seite durch sein Verhalten eine Umgebung schaffen, in der die Teilnehmer die Inhalte optimal anwenden können. Auf der anderen Seite erfüllt seine Unterstützung eine Belohnungsfunktion, indem er Wertschätzung für die Anwendung signalisiert oder attraktive Arbeitsaufgaben sowie weitere extrinsische Anreize zur Verfügung stellt.[793]

Das Gros der Forscher, die sich mit der Unterstützung durch den Vorgesetzten auseinandersetzen, kommt zu dem Ergebnis, dass die Unterstützung des Vorgesetzten über verschiedene Anknüpfungspunkte einen signifikant positiven Einfluss auf den Lerntransfer hat.[794] COHEN (1990) fand beispielsweise heraus, dass Teilnehmer, die eine starke Unterstützung durch ihren Vorgesetzten erfahren, von einer hohen weiterbildungsbezogenen Motivation und positiven Ergebniserwartungen berichten.[795] Außerdem zeigen SEYLER ET AL. (1998) und BATES ET AL. (2000), dass insbesondere das Fehlen unterstützenden Verhaltens (hier: Sanktionen) durch den Vorgesetzten die Transfermotivation und den Lerntransfer signifikant negativ beeinflusst.[796] Daher integrieren ROUILLER & GOLDSTEIN (1993) und TRACEY ET AL. (1995) die Bestrafung des Teilnehmers für die Anwendung des Erlernten als negativen Faktor des Transferklimas.[797]

Allerdings können andere Studien überhaupt keinen oder keinen signifikanten Zusammenhang zwischen der Unterstützung durch den Vorgesetzten und transferrelevanten Weiterbildungsergebnissen belegen.[798] Es ist zu vermuten, dass die konträren Ergebnisse auf die Vielzahl an weiteren Einflussfaktoren zurückzuführen ist. So konstatieren beispielsweise SCADUTO ET AL. (2008), dass Teilnehmer mit einer guten persönlichen Beziehung zu ihrem Vorgesetzten mit einer höheren Wahrscheinlichkeit von einer Weiterbildungsmaßnahme profitieren.[799] Auch PIDD (2004) fand einschränkend heraus, dass das Ausmaß, in dem die soziale

---

[793] Vgl. HOLTON III ET AL. (2000), S. 355; BALDWIN & FORD (1988), S. 93.

[794] Vgl. BURKE & HUTCHINS (2007), S. 281; NIJMAN, NIJHOF ET AL. (2006), S. 543 (indirekter Effekt); TRACEY & TEWS (2005), S. 358; RODRÍGUEZ & GREGORY (2005), S. 60; CROMWELL & KOLB (2004), S. 449; SMITH-JENTSCH ET AL. (2001), S. 288; KONTOGHIORGHES (2001), S. 259; BIRDI ET AL. (1997), S. 855 f.; BRINKERHOFF & MONTESINO (1995), S. 271; BALDWIN & FORD (1988), S. 85.

[795] Vgl. COHEN (1990), S. 93. Ähnlich bei CHIABURU & TEKLEAB (2005), S. 615; GREGOIRE ET AL. (1998), S. 15; CLARK ET AL. (1993), S. 303; FACTEAU ET AL. (1995), S. 20.

[796] Vgl. SEYLER ET AL. (1998), S. 11; BATES ET AL. (2000), S. 32.

[797] Vgl. ROUILLER & GOLDSTEIN (1993), S. 383; TRACEY ET AL. (1995), S. 246.

[798] Vgl. SCADUTO ET AL. (2008), S. 160 (Lerntransfer); LIEBERMANN & HOFFMANN (2008), S. 82 (Transfermotivation); CHIABURU & MARINOVA (2005), S. 118 (Lernmotivation und Lerntransfer); ENOS ET AL. (2003), S. 378 (Lerntransfer); AWONIYI ET AL. (2002), S. 33 (Lerntransfer); VAN DER KLINK, GIELEN & NAUTA (2001), S. 60 (Leistung); FACTEAU ET AL. (1995), S. 20 (negativer Effekt auf den Lerntransfer); RUSSELL, TERBORG & POWERS (1985), S. 859.

[799] Vgl. SCADUTO ET AL. (2008), S. 166. Ähnlich bei BELLING ET AL. (2004), S. 249 (in Bezug auf Vorgesetzte und Kollegen).

Unterstützung den Lerntransfer beeinflusst, davon abhängt, wie stark sich die Teilnehmer mit ihrer Arbeitsgruppe identifizieren.[800] Es muss allerdings berücksichtigt werden, dass das Unterstützungskonstrukt keiner eindeutigen Operationalisierung unterliegt, und die Studien jeweils auf unterschiedliche Unterstützungsmöglichkeiten zurückgreifen. Die Ergebnisse sind insofern nur mit Vorbehalt als allgemeingültig zu bewerten.[801]

Neben der Unterstützung durch den Vorgesetzten wird insbesondere auch der *Unterstützung durch die Kollegen* eine große Einflusswirkung zugesprochen. Unterstützende Kollegen geben Anwendungshinweise, stehen als Ansprechpartner zu Verfügung oder billigen dem Teilnehmer Freiräume, sowohl für die Weiterbildungsmaßnahme als auch für die spätere Anwendung des Erlernten, zu. Der positive Einfluss dieser Art der Transferförderung konnte im Rahmen verschiedener Untersuchungsdesigns belegt werden.[802]

Einige Studien zeigen sogar, dass die Unterstützung durch die Kollegen mindestens gleichwertig zu der Unterstützung durch den Vorgesetzten ist. In der Studie von FACTEAU ET AL. (1995) hat die Unterstützung durch die Kollegen sowohl einen signifikant positiven Einfluss auf die Motivation vor dem Training (Teilnahme- und Lernmotivation) als auch dem Lerntransfer. Die Unterstützung durch den Vorgesetzten (und das Topmanagement) wirkt zwar auch positiv auf das motivationale Konstrukt, hat allerdings negative Effekte auf den Lerntransfer.[803] HAWLEY & BARNARD (2005) dokumentieren, dass die Bildung von Unterstützungsnetzwerken zwischen Kollegen gerade bei geografisch verstreuten Teilnehmern den Lerntransfer begünstigt. Die befragten Teilnehmer teilten auch nach Abschluss des Trainings Ideen, die z. T. über die Inhalte der Maßnahme hinaus gingen.[804] Die Ergebnisse von MARTIN (2010) zeigen des Weiteren, dass die Unterstützung von Kollegen besonders wichtig sein kann, wenn die Arbeitsumgebung durch ein negatives Klima geprägt ist. MARTIN (2010) schlussfolgert daraus, dass proximale Faktoren der Arbeitsumgebung einen größeren Einfluss auf den Lerntransfer haben als distale (in der Studie das Transferklima).[805]

Als Unterstützungsquelle können auch *weitere Personen* im betrieblichen Umfeld des Teilnehmers fungieren. Positive Unterstützung in der Arbeitsumgebung kann durch das Topmanagement, die untergebenen Mitarbeiter, die Personalabteilung oder auch Coaches und

[800] Vgl. PIDD (2004), S. 284.

[801] Vgl. AWONIYI ET AL. (2002), S. 33; CHENG & HAMPSON (2008), S. 335.

[802] Vgl. HOLTON III ET AL. (1997b), S. 110; BATES ET AL. (2000), S. 32; CHIABURU & MARINOVA (2005), S. 118; CROMWELL & KOLB (2004), S. 454.

[803] Vgl. FACTEAU ET AL. (1995), S. 20.

[804] Vgl. HAWLEY & BARNARD (2005), S. 77. Nicht so eindeutig bei CROMWELL & KOLB (2004), S. 466.

[805] Vgl. MARTIN (2010), S. 100.

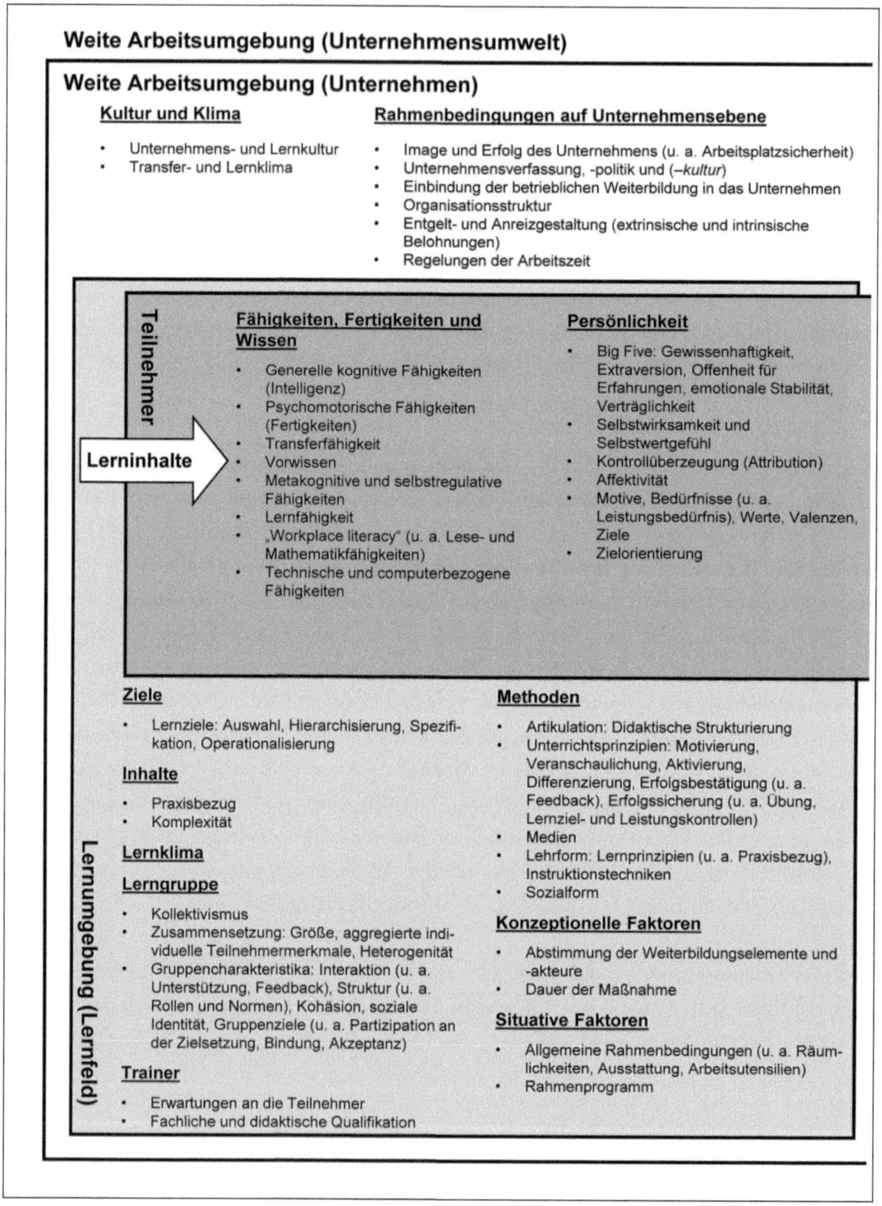

Abbildung 3.13: Visualisierung des Forschungsrahmens.

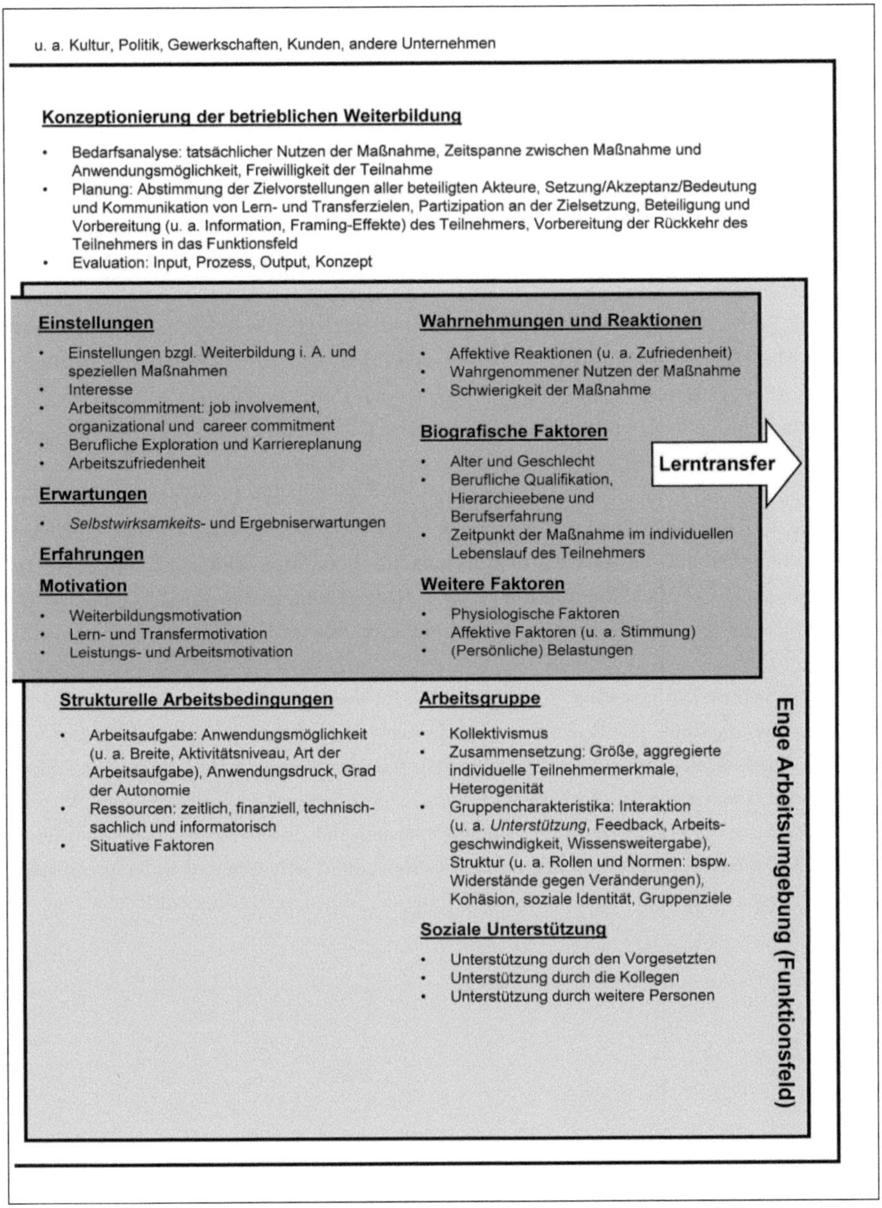
u. a. Kultur, Politik, Gewerkschaften, Kunden, andere Unternehmen
Konzeptionierung der betrieblichen Weiterbildung
• Bedarfsanalyse: tatsächlicher Nutzen der Maßnahme, Zeitspanne zwischen Maßnahme und Anwendungsmöglichkeit, Freiwilligkeit der Teilnahme
• Planung: Abstimmung der Zielvorstellungen aller beteiligten Akteure, Setzung/Akzeptanz/Bedeutung und Kommunikation von Lern- und Transferzielen, Partizipation an der Zielsetzung, Beteiligung und Vorbereitung (u. a. Information, Framing-Effekte) des Teilnehmers, Vorbereitung der Rückkehr des Teilnehmers in das Funktionsfeld
• Evaluation: Input, Prozess, Output, Konzept
Einstellungen
• Einstellungen bzgl. Weiterbildung i. A. und speziellen Maßnahmen
• Interesse
• Arbeitscommitment: job involvement, organizational und career commitment
• Berufliche Exploration und Karriereplanung
• Arbeitszufriedenheit
Erwartungen
• Selbstwirksamkeits- und Ergebniserwartungen
Erfahrungen
Motivation
• Weiterbildungsmotivation
• Lern- und Transfermotivation
• Leistungs- und Arbeitsmotivation
Wahrnehmungen und Reaktionen
• Affektive Reaktionen (u. a. Zufriedenheit)
• Wahrgenommener Nutzen der Maßnahme
• Schwierigkeit der Maßnahme
Biografische Faktoren
• Alter und Geschlecht
• Berufliche Qualifikation, Hierarchieebene und Berufserfahrung
• Zeitpunkt der Maßnahme im individuellen Lebenslauf des Teilnehmers
Weitere Faktoren
• Physiologische Faktoren
• Affektive Faktoren (u. a. Stimmung)
• (Persönliche) Belastungen
Lerntransfer
Strukturelle Arbeitsbedingungen
• Arbeitsaufgabe: Anwendungsmöglichkeit (u. a. Breite, Aktivitätsniveau, Art der Arbeitsaufgabe), Anwendungsdruck, Grad der Autonomie
• Ressourcen: zeitlich, finanziell, technisch-sachlich und informatorisch
• Situative Faktoren
Arbeitsgruppe
• Kollektivismus
• Zusammensetzung: Größe, aggregierte individuelle Teilnehmermerkmale, Heterogenität
• Gruppencharakteristika: Interaktion (u. a. Unterstützung, Feedback, Arbeitsgeschwindigkeit, Wissensweitergabe), Struktur (u. a. Rollen und Normen: bspw. Widerstände gegen Veränderungen), Kohäsion, soziale Identität, Gruppenziele
Soziale Unterstützung
• Unterstützung durch den Vorgesetzten
• Unterstützung durch die Kollegen
• Unterstützung durch weitere Personen
Enge Arbeitsumgebung (Funktionsfeld)

Mentoren erfolgen.[806] Darüber hinaus kann auch noch nach Abschluss der Weiterbildungsmaßnahme Unterstützung durch andere Weiterbildungsteilnehmer oder den Trainer bereitgestellt werden.[807] CHENG & HO (1998) resümieren schlussendlich, dass die Unterstützung aus einer einzigen Quelle nicht ausreichend ist und plädieren für eine umfassende Unterstützung durch das Topmanagement, Vorgesetzte, Kollegen und Untergebene.[808]

3.5.4 Visualisierung des Forschungsrahmens

Die in den vorherigen Abschnitten beleuchteten Determinanten können nun in das in Abschnitt 3.1 entwickelte und in Abschnitt 3.4 erweiterte Rahmenmodell eingebunden werden. Das Modell in Abbildung 3.13 (S. 162 f.) folgt dem bereits eingeführten, allgemeinen Modellbegriff nach STACHOWIAK (1973) mit seinen drei Hauptmerkmalen: Abbildungsmerkmal, Verkürzungsmerkmal und pragmatisches Merkmal.[809] Somit gestattet der Modellbegriff Freiheiten im Hinblick auf die Wahl der relevanten Determinanten. Das Modell erhebt also keinen Anspruch auf eine vollständige Erfassung aller Aspekte des Lerntransfers, ist jedoch – im Sinne der Forschungsstrategie – um die Berücksichtigung aller grundsätzlich möglichen Determinanten bemüht. Es fasst die Erkenntnisse des Forschungsrahmens komprimiert zusammen und dient als Orientierungshilfe für die folgende empirische Untersuchung, indem es die empirische Forschung systematisch und objektiv anleitet.

Dabei ist zu berücksichtigen, dass das Modell keine Interdependenzen zwischen den einzelnen Determinanten darstellt. Die Darstellung beschränkt sich auf das modellierte Unternehmen und die möglichen Zusammenhänge zwischen den transferrelevanten Bereichen. Eine Visualisierung der Kohärenzen ist aus zwei Gründen nicht zweckmäßig: Auf der einen Seite ist es nicht Ziel der Arbeit die Zusammenhänge zwischen den Einflussgrößen zu explorieren, und zum anderen verhindert die Fülle an verschiedenen und sich zum Teil widersprechenden Forschungsergebnissen eine eindeutige Darstellung der Wirkungszusammenhänge.

[806] Vgl. CHIABURU, VAN DAM & HUTCHINS (2010), S. 194; FACTEAU ET AL. (1995), S. 20; CHENG & HO (1998), S. 17; OLIVERO ET AL. (1997), S. 465 f.; BELLING ET AL. (2004), S. 248 f.

[807] Vgl. RANK & WAKENHUT (1998b), S. 26.

[808] Vgl. CHENG & HO (1998), S. 17.

[809] Vgl. dazu Abschnitt 3.3 („Lerntransfermodelle“) sowie STACHOWIAK (1973), S. 131 ff.

4 Forschungsmethodik

4.1 Untersuchungsdesign

4.1.1 Konturierung der Delphimethode

Wie im Erkenntnisziel dieser Arbeit festgelegt, soll sich im Rahmen der empirischen Exploration der Delphimethode[810] bedient werden. Alternativ zu der in dieser Arbeit verfolgten qualitativen Forschungsstrategie, wäre auch eine Metaanalyse der im Forschungsrahmen dargelegten Einzelstudien denkbar gewesen. Auf diese Vorgehensweise wurde jedoch aufgrund der in Abschnitt 1.2 („Methodologie") begründeten Entscheidung für die bezugsrahmenorientierte explorative Forschung verzichtet.

Vor Darstellung des spezifischen Forschungsdesigns ist es notwendig, der Delphimethode eine Kontur zu geben und darauf aufbauend die empirische Erhebung zu konzeptionieren. Dieses Erfordernis liegt in der unzureichenden Diskussion der Methode in den Standardwerken der empirischen Sozialwissenschaften begründet. Denn trotz ihrer durchaus häufigen Verwendung – auch im deutschsprachigen Raum – fehlt es bis dato sowohl an einer einheitlichen Definition als auch, eng damit verbunden, an einem allgemein akzeptierten und standardisierten Ablaufschema.[811] Die liegt im Wesentlichen in der universellen Anwendbarkeit und den vielfach unpräzisen Erwartungen an die Methode begründet.[812]

Die Delphitechnik hat ihren Ursprung in den 1950er Jahren als Verfahren zur Vorhersage zukünftiger Ereignisse, gewann dann jedoch eine hohe Eigendynamik, so dass sie bis heute in unterschiedlichen Bereichen und mit unterschiedlichen Zielsetzungen Einsatz findet.[813] KAPLAN, SKOGSTAD & GIRSHICK (1950) prägten die Bezeichnung, indem sie, in Anlehnung an das antike Orakel von Delphi, vom „Prinzip der Orakels" als einer nicht-falsifizierbaren

[810] Die Begriffe Methode und Technik werden synonym gebraucht. Vgl. HÄDER (2009); LINSTONE & TUROFF (2002).

[811] Vgl. HÄDER & HÄDER (2000b), S. 27.

[812] Vgl. HÄDER (2009), S. 19; HÄDER & HÄDER (2000b), S. 12; DALKEY (2002), S. 231.

[813] Vgl. HÄDER (2009), S. 15. Vgl. für die ersten Delphiansätze HELMER & RESCHER (1960); DALKEY & HELMER (1963), S. 485; GORDON & HELMER (1964); BROWN & HELMER (1964); HELMER (1968b); BROWN, COCHRAN & DALKEY (1969). Beispielhafte Studien sind zu finden bei HÄDER (2009), S. 15 f., 65 ff., 235 ff.; LINSTONE (1978), S. 280 ff., PREBLE (1984), S. 158 f.

Vorhersage sprachen.[814] Den Durchbruch in Deutschland erreichte die Delphitechnik durch ALBACH (1970), der diese als Möglichkeit zur Informationsgewinnung durch strukturierte Gruppenbefragung vorstellte.[815]

Unabhängig von ihrer ursprünglichen Verwendung besteht die Grundidee der Delphimethode darin, mehrere Wellen von Expertenmeinungen unter Zuhilfenahme anonymisierter Feedbacks zu nutzen, um spezifische Probleme zu lösen.[816] Dabei wird dieser Technik auch die Entwicklung von Handlungs- und Entscheidungshilfen zugesprochen.[817] LINSTONE (1978) empfiehlt ihren Einsatz, wenn ein Problem sich nicht durch präzise analytische Methoden lösen lässt, es aber von subjektiven Gruppenbewertungen profitieren kann.[818]

In der Literatur lassen sich im Wesentlichen zwei Definitionsstränge identifizieren, die unterschiedliche Schwerpunkte setzen. Eine Vielzahl an Autoren heben in ihren Definitionen die durch den Feedbackprozess ausgelöste Kommunikation in einer Gruppe als zentrales Merkmal der Methode hervor (1. Strang). Implizit sind dabei die Merkmale der Konsensbildung sowie der Vermeidung von Meinungsführerschaften in der Gruppe.[819] Andere Definitionen haben spezifische Sachverhalte zum Inhalt (2. Strang), wobei speziell die Bedeutung der Delphimethode als Technik zur Lösung von Problemen im Rahmen von (Zukunfts-) Prognosen hervorgehoben wird.[820] Die Anwendungsmöglichkeiten der Methode gehen jedoch über reine Prognosezwecke hinaus.[821] Neuere Definitionen heben daher die Bedeutung von systematisch beeinflussten Gruppenprozessen zur Lösung von bestimmten Problemstellungen hervor und verbinden damit beide Definitionsstränge.[822]

---

[814] Vgl. KAPLAN ET AL. (1950), S. 94; LINSTONE (1978), S. 273; HÄDER (2009), S. 13 ff.

[815] Vgl. HÄDER & HÄDER (2000b), S. 5.

[816] Vgl. HÄDER (2009), S. 22; ATTESLANDER (2008), S. 154; BORTZ & DÖRING (2006), S. 261 f.; LINSTONE & TUROFF (2002), S. 3; CUHLS (2009), S. 209; KOCHER (1976), S. 362.

[817] Vgl. SCHOLL (2003), S. 124.

[818] Vgl. LINSTONE (1978), S. 275; LINSTONE & TUROFF (2002), S. 4.

[819] Vgl. HÄDER (2009), S. 19 ff. mit Bezug auf LINSTONE & TUROFF (2002), S. 3; BARDECKI (1984), S. 281; DALKEY & HELMER (1963), S. 458; RICHEY, MAR & HORNER (1985), S. 136; DELBECQ, VAN DE VEN & GUSTAFSON (1975), S. 10; MURRY & HAMMONS (1995), S. 423; DUFFIELD (1993), S. 227 f.; ERFFMEYER, ERFFMEYER & LANE (1986), S. 121; KÖHLER (1992), S. 325.

[820] Vgl. HÄDER (2009), S. 21 ff. mit Bezug auf HELMER (1968a), S. 118; GORDON (1968), S. 134; ONO & WEDEMEYER (1994), S. 290; ROWLANDS (1991), S. 79; CUHLS, BLIND & GRUPP (2002), S. 13; ROWE, WRIGHT & BOLGER (1991), S. 236.

[821] Vgl. HÄDER & HÄDER (1995), S. 12; BORTZ & DÖRING (2006), S. 262; VORGRIMLER & WÜBBEN (2003), S. 764; LUDLOW (1970), S. 40.

[822] Vgl. HÄDER (2009), S. 22; LANDETA (2006), S. 468; BORTZ & DÖRING (2006), S. 261 f.; SCHOLL (2003), S. 123.

In Anlehnung an Häder & Häder (1995) und Linstone & Turoff (2002) soll daher in dieser Arbeit unter der Delphimethode

> *„[...] ein vergleichsweise stark strukturierter Gruppenkommunikationsprozess [verstanden werden], in dessen Verlauf Sachverhalte, über die naturgemäß unsicheres und unvollständiges Wissen existiert, von Experten beurteilt werden.“*[823]

Die Methode eignet sich somit in besonderer Weise für den Einsatz im Rahmen der explorativen Forschung, da diese Methodologie die Erforschung unbearbeiteter und schwer erfassbarer Problemfelder zum Ziel hat.

Zu Beginn einer klassischen Delphierhebung wird zunächst die Problemstellung operationalisiert, um für die zu befragenden Experten Kriterien herauszuarbeiten, die im Rahmen der Befragung quantifiziert werden. In einem nächsten Schritt wird aus den zuvor gewonnenen Informationen ein standardisierter Fragebogen entwickelt, der den Experten zur Beantwortung vorgelegt wird. Nach Abschluss der ersten Erhebungswelle werden die Ergebnisse ausgewertet und so aufbereitet, dass sie anonymisiert an die Experten zurückgespielt werden können. Daraufhin wird der Fragebogen erneut (ggf. angepasst) an die Experten herausgegeben, damit diese, unter Kenntnis der statistischen Gruppenantwort der ersten Runde, den Fragebogen erneut ausfüllen können. Es folgen solange weitere Befragungsrunden, bis ein zuvor festgelegtes Abbruchkriterium erreicht wird.[824]

Eine Zuordnung der Methode zu dem qualitativen oder dem quantitativen Paradigma ist nicht pauschal möglich, da die Technik sowohl qualitative als auch quantitative Elemente enthält.[825] Ausgehend von dem klassischem Design haben sich ein Vielzahl von Varianten entwickelt, die Bestandteile des klassischen Designs auswählen, auslassen oder auch modifizieren.[826] Die Gründe für den Variantenreichtum liegen u. a. in der unterschiedlichen Auswahl und Anzahl der Experten, der unterschiedlichen Ausgestaltung der Befragungswellen und des Feedbacks, dem Einsatz verschiedener Aufgabentypen bei der Befragung, unterschiedlichen

---

[823] Häder & Häder (1995), S. 8, 12. Ähnlich bei Linstone & Turoff (2002), S. 3.

[824] Vgl. zur klassischen Delphierhebung bspw. Häder (2009), S. 24; Linstone & Turoff (2002), S. 5 f.; Linstone (1978), S. 274 f.; Dalkey (2002), S. 231; Dalkey (1969), S. V; Boje & Murnighan (1982), S. 1188.

[825] Vgl. Cuhls (2009), S. 209; Stewart (2001), S. 923.

[826] Vgl. Häder (2009), S. 25; Stewart (2001), S. 922; zu verschiedenen Varianten Häder (2009), S. 25 f.; zu face-to-face Gruppendiskussionen Schulz & Renn (2009), S. 13 f.; zu „Realtime-Delphi-Verfahren“ Gordon & Pease (2006); The Millennium Project (2009); Friedewald, von Oertzen & Cuhls (2007); Zipfinger (2005); Cuhls (2009), S. 209; Linstone & Turoff (2002), S. 5; zu computergestützten Delphibefragungen Häder (2009), S. 163 ff.

Abbruchkriterien sowie der potenziellen Nutzung von realen Diskussionsrunden.[827] Je nach Design rücken die qualitativen und/oder die quantitativen Bestandteile in den Fokus.[828] Die Methode ist jedoch nicht als beliebig modifizierbare Universalmethode zu verstehen, die dann Einsatz findet, wenn alternative Methoden zu keinem akzeptablen Ergebnis führen. Die Verwendung der Technik ist an eine Vielzahl von Voraussetzungen gebunden, um die Validität dieses Befragungsinstruments zu gewährleisten.[829]

Gegenstand der Diskussion um die theoretische Rechtfertigung der Methode ist insbesondere, inwieweit sich der Ansatz von anderen Methoden wie der Gruppendiskussion oder der Einzelbefragung von Experten abgrenzt, und worin der Mehrwert dieser Technik und seine Einsatzberechtigung liegt. Bereits DALKEY (1969) argumentiert, „n heads are better than one"[830] und behauptet, dass ein Gruppenurteil validere Ergebnisse liefert als ein Einzelurteil.[831] SALIGER & KUNZ (1981) konstatieren in diesem Zusammenhang: „Da das Ergebnis der Delphi-Methode [!] bei allen Ausprägungen des tatsächlichen Wertes als mindestens genauso gut und bei mindestens einer Ausprägung als echt besser im Vergleich zum Ergebnis des ‚zufälligen Einzelurteils' als bester Alternative zu beurteilen ist, kann man die Delphi-Methode [!] auch als effizientes Prognoseverfahren bezüglich des Abstandes zum wahren Wert bezeichnen."[832] So werden als Vorteile der Delphimethode das Fehlen dominierender Einzelpersonen, irrelevanter Information und Kommunikation sowie eines Konformitätszwanges in der Gruppe hervorgehoben.[833] Auch HÄDER (2009) lobt die Möglichkeit, die Gruppenprozesse bewusst zu strukturieren, zu kontrollieren und so sozio-psychologische Gruppenphänomene (wie bspw. den Effekt der sozialen Erwünschtheit, den Halo- oder Bandwaggon-Effekt) zu minimieren. Weiterhin hebt er hervor, dass der Feedbackmechanismus der Delphibefragung zu einer qualifizierten Problemlösung führt, da ohne ein anonymisiertes Feedback keine erneute Auseinandersetzung mit der Thematik und keine anschließende Verbesserung der Urteile durch die Experten möglich ist. Zudem ist die Bereitschaft, eine Meinung unter starker

[827] Vgl. HÄDER (2009), S. 25; HÄDER & HÄDER (2000b), S. 16; HÄDER & HÄDER (1998), S. 11.

[828] Vgl. HÄDER (2009), S. 30 ff.

[829] Vgl. HÄDER (2009), S. 23; HÄDER & HÄDER (2000b), S. 27 f.; LINSTONE & TUROFF (2002), S. 6; LINSTONE (1978), S. 274 f. So bspw. bei WRIGHT & RICKS (1994), S. 691; ROWE ET AL. (1991), S. 236; ERFFMEYER ET AL. (1986), S. 121; COATES (1975), S. 194.

[830] DALKEY (1969), S. 6.

[831] Ähnlich bei CUMMINGS, HUBER & ARENDT (1974), S. 472.

[832] SALIGER & KUNZ (1981), S. 479. Vgl. für eine Diskussion zur formalen Effizienz der Methode ALBACH (1970), KÖHLER (1978), SALIGER & KUNZ (1981), WECHSLER (1978).

[833] Vgl. ALBACH (1970), S. 18; HELMER & RESCHER (1959), S. 47; HELMER (1968a), S. 120; DALKEY (1969), S. V; HAMPTON, MOORE & THOMAS (1973), S. 32; LINSTONE (1978), S. 275; FARKAS & WHEELER (1980), S. 219; LANDETA (2006), S. 469; CUHLS (2009), S. 210 f.

Unsicherheit abzugeben, in einer anonymen Situation höher. Auch ist bei einer späteren Meinungsänderung kein Prestigeverlust zu befürchten.[834]

Kritik erfährt die Methode insbesondere im Zusammenhang mit ihrer Legitimation als Prognoseinstrument.[835] Unabhängig von dem spezifischen Anwendungskontext wird die ausschlaggebende Bedeutung der Expertenauswahl bei einer Delphibefragung sowie die Tendenz zu Homogenisierung von Meinungen und somit zur Vernachlässigung von alternativen Lösungsansätzen kritisiert. Kritiker verweisen weiterhin auf Schwächen, die weniger in der Methode, sondern vielmehr in der unsachgemäßen Anwendung derselbigen liegen. So wird moniert, dass viele Studien aufgrund der fehlenden Standards mit einer mangelnden Professionalität durchgeführt werden.[836]

Trotz der genannten Problemfelder lässt sich abschließend feststellen, dass es sich bei der Delphimethode um einen etablierten und fruchtbaren Ansatz handelt, dem es lediglich an festgelegten Standards mangelt.[837] Es ist davon auszugehen, dass die Exploration der Determinanten des Lerntransfers durch die sachgemäße Verwendung dieser speziellen Befragungstechnik substanziell profitieren kann, und vielfältige Ideen und Positionen von Experten im Hinblick auf den Untersuchungsgegenstand generiert werden können.

4.1.2 Design der Delphistudie

Häder (2009) extrahiert aus der Vielzahl an unterschiedlichen Gestaltungsmöglichkeiten vier Typen von Delphidesigns mit je unterschiedlichen Ausrichtungen, denen er ein methodisches und anwendbares Format zuspricht:

- Ideenaggregation (qualitativ),
- Bestimmung eines Sachverhalts (qualitativ und quantitativ),
- Ermittlung von Expertenmeinungen (qualitativ und quantitativ) und
- Konsens (quantitativ angelegt).[838]

---

[834] Vgl. Häder (2009), S. 55 ff.; Häder & Häder (2000a), S. 17; Judd (1971), S. 151. Vgl. für ein Methodenvergleich Häder & Häder (1998) S. 15 f.; für eine Auseinandersetzung mit den wissenschaftstheoretischen Grundlagen des Delphiansatzes Häder (2009), S. 39 ff.; Häder & Häder (2000a), S. 21 ff.; Häder & Häder (1995); Häder & Häder (1994), S. 7 ff.; Mitroff & Turoff (2002); Vorgrimler & Wübben (2003), S. 767 ff.; Rowe et al. (1991).

[835] Vgl. bspw. Linstone (1978), S. 298 f.; Sackman (1974), S. 73.

[836] Vgl. Häder & Häder (1998), S. 13. Für weiterführende Kritik vgl. Linstone & Turoff (2002); Linstone (1978), S. 297 ff.; Landeta (2006), S. 469; Geschka (1977), S. 35 f.; Vorgrimler & Wübben (2003) (S. 767) und Ono & Wedemeyer (1994) setzen sich mit der Reliabilität bzw. Validität der Delphimethode auseinander.

[837] Vgl. Häder & Häder (2000b), S. 13, 15 f.; Landeta (2006), S. 469, 478.

[838] Vgl. Häder (2009), S. 30 ff.

Trotz des ausgeprägten Methodenpluralismus innerhalb der explorativen Forschung, welcher die Verwendung qualitativer wie auch quantitativer Methoden ermöglicht, soll der qualitativen Orientierung der explorativen Studie Rechnung getragen und – wie im Folgenden beschrieben – ein qualitativ ausgerichtetes Design gewählt werden:

LINSTONE (1978) empfiehlt nachdrücklich, nicht das Problem an die Methode anzupassen, sondern die Methode auf das Problem abzustimmen. Zusätzlich sind Restriktionen zu beachten, die sich aus limitierten menschlichen und physischen Ressourcen ergeben.[839] Die Aspekte der Konsensbildung (Typ 4) und der Vorhersage eines diffusen Sachverhalts (Typ 2) treten daher zugunsten der Aggregation von Ideen (Typ 1) und der Ermittlung von Ideen und der Qualifikation der Ansichten einer Expertengruppe (Typ 3) in den Hintergrund. Grundsätzlich ist mit der Verwendung des dritten Typus eine starke quantitative Ausrichtung verbunden, da im Unterschied zu dem rein qualitativen Design (Typ 1) die Meinungen der Experten einer quantifizierenden Bewertung unterzogen und im Hinblick auf ihre Mehrheitsfähigkeit geprüft werden. Da die explorative Forschung jedoch keinen Anspruch auf Allgemeingültigkeit der Ergebnisse vertritt, sondern die systematische Erfassung, Präzisierung, Strukturierung und Erklärung bislang weitgehend unbearbeiteter und schwer erfassbarer Problemfelder zum Ziel hat,[840] sollen insbesondere die qualitativen Elemente des dritten Typus in die Gestaltung der Erhebung einbezogen werden, ohne jedoch auf quantitative Gestaltungsoptionen des Fragebogens zu verzichten. Eine gleichzeitige Verwendung qualitativer und quantitativer Elemente bietet den Vorteil, dass sie einen ergänzenden methodischen Blick auf den Untersuchungsgegenstand bieten und darüber hinaus die Schwächen der Einzelelemente komplementär kompensieren.[841] Insofern lehnt sich die Konzeptionierung des Studiendesigns jeweils in Teilen an die von HÄDER (2009) identifizierten Typen 1 und 3 an.

Die Erhebung wird als dreistufiges Forschungsdesign konzipiert:

- Die *erste Runde* dient der Bestandsaufnahme von Ideen und Vorschlägen der Experten in Bezug auf mögliche Determinanten des Lerntransfers (Typ 1). Sie ermöglicht eine Sammlung von Determinanten, unabhängig von den theoretisch explorierten Einflussfaktoren. Implizit ist der ersten Runde eine Selektion der Experten im Hinblick auf ihre Expertise, um darauf aufbauend die finale Befragungsgruppe zusammensetzen zu können.[842] Die Prüfung des Expertenstatus wird den Teilnehmern jedoch nicht

[839] Vgl. LINSTONE (1978), S. 275; DELBECQ ET AL. (1975), S. 11.

[840] Vgl. Abschnitt 1.2 („Methodologie").

[841] Vgl. FLICK (2002), S. 385; JICK (1983), S. 135 in Bezug auf die Methodentriangulation.

[842] Einige Forscher testen auf unterschiedliche Weisen die Expertise ihrer Befragungsteilnehmer: vgl. HÄDER (2009), S. 93; RICHEY ET AL. (1985), S. 139 f.; ROWE ET AL. (1991), S. 242.

kommuniziert, da davon auszugehen ist, dass diese Vorgehensweise mit einer niedrigen Teilnahmebereitschaft der Experten verbunden ist.

- HÄDER (2009) weist darauf hin, dass auch im Rahmen des dritten Typus eine qualitative offene Runde zur Operationalisierung der Problemstellung vorgeschaltet werden kann.[843] Insofern bildet die qualitative erste Runde nach Typ 1 die Basis für die Gestaltung der *zweiten Runde* nach Typ 3, in der die Ideen aus der ersten Runde durch die Experten bewertet werden. Dazu werden die in der vorherigen Runde benannten Lerntransferdeterminanten den Experten zurückgespielt und einer Beurteilung im Hinblick auf ihre Bedeutung für den Lerntransfer unterzogen. Die Runde profitiert dabei von dem breiten Erfahrungsbackground der Teilnehmer, da zu vermuten ist, dass durch die verschiedenen Blickwinkel auf den Untersuchungsgegenstand unterschiedliche Transferdeterminanten benannt werden, und auch die entsprechende Bewertung unterschiedlich ausfallen wird.[844]

- Bei der Gestaltung der *dritten Runde* wird bewusst auf eine explizite Konsensfindung verzichtet, da die Existenz unterschiedlicher Meinungen nicht als Störfaktor gesehen wird, sondern als Spiegel der sich unterscheidenden Einschätzungen der aus verschiedenen Fachrichtungen kommenden Experten. Nichtsdestotrotz soll die Dynamik des Feedbacks dazu genutzt werden, eine erneute Beschäftigung mit der Thematik anzustoßen. In Anlehnung an DELBECQ ET AL. (1975) werden im Anschluss daran keine weiteren Runden durchgeführt, da die Forscher empfehlen, den Delphiprozess dann zu stoppen, wenn ein hinlänglicher Informationsaustausch erreicht worden ist.[845] Dies ist der Fall, weil die dritte Runde dem Zweck dient, die in der zweiten Runde benannten Bewertungen und Begründungen vor dem Hintergrund der gesammelten Meinungen aller Experten zu vertiefen. Es wird den Experten durch diese Modellierung ermöglicht, ihre Bewertung im Sinne von Delphityp 3 zu überdenken und/oder zu bekräftigen. Da jedoch kein Meinungskonsens im Sinne des vierten Typus angestrebt wird, wird auf eine weitergehende Verdichtung der Ergebnisse und damit auch auf weitere Befragungsrunden verzichtet.

---

[843] Vgl. HÄDER (2009), S. 87. So auch bei STEWART (2001), S. 922; ROWE ET AL. (1991), S. 237.

[844] Vgl. DELBECQ ET AL. (1975), S. 84.

[845] Vgl. DELBECQ ET AL. (1975), S. 83.

4.2 Auswahl der Untersuchungseinheiten

Die Auswahl und Anzahl der zu befragenden Experten ist eines der methodischen Kernprobleme einer Delphierhebung.[846] Es muss eine Teilnehmergruppe gebildet werden, die imstande ist, ein sachkundiges Expertenurteil im Hinblick auf den Untersuchungsgegenstand abzugeben.[847] Die Auswahl der Teilnehmer im Rahmen einer Delphistudie folgt anderen Kriterien als die Teilnehmerauswahl bei einer großzahligen quantitativen Erhebung, bei der die Stichprobenziehung methodisch eindeutigen Abläufen unterliegt.[848] Da die Wissensgenerierung über durch Feedbacks ausgelöste Interaktionsprozesse erfolgt, ist es für den Forscher im Rahmen eines qualitativen Delphis nicht unbedingt notwendig, eine repräsentative quantitative Einschätzung der Meinung der Experten vorzunehmen.[849] Die Expertenauswahl erfolgt daher gezielt und teilweise unter vorheriger Überprüfung des Expertenstatus.

Die Zusammensetzung der Expertengruppe sollte hinreichend heterogen sein, da „[h]eterogeneous groups, defined by low correlations in personality profiles and producing members with substantially different perspectives on a problem, were found to produce a higher proportion of high-quality, high-acceptance solutions than homogeneous groups“[850]. BORTZ & DÖRING (2006) weisen darauf hin, dass im Rahmen von explorativen Studien die Art der Auswahl der Untersuchungsteilnehmer aus der interessierenden Population unerheblich ist.[851] Eine häufig genutzte Vorgehensweise bei der Expertenauswahl ist die Rekrutierung nach Quoten, da eine Vielzahl an Tests ergeben hat, dass die Herkunft der Experten bei einer Delphierhebung einen wesentlichen Einfluss auf das Antwortverhalten ausübt.[852] Um einer möglichen Voreingenommenheit und Einseitigkeit der Experten vorzubeugen, und ein breites Spektrum an Ideen und Meinungen zu gewährleisten, soll der Teilnehmerkreis der Erhebung in drei Herkunftsbereiche unterteilt werden.[853] Dazu müssen zunächst Zielgruppen identifiziert werden, die über relevante Informationen oder Erfahrungen in Bezug auf den Forschungsgegenstand verfügen.[854]

[846] Vgl. HÄDER & HÄDER (2000b), S. 18; BROWN ET AL. (1969), S. 6; WELTY (1972), S. 121; LANDETA (2006), S. 479; HELMER (1968a), S. 118 f.; CUMMINGS ET AL. (1974), S. 472; DUFFIELD (1993), S. 228.

[847] Vgl. HÄDER & HÄDER (1994), S. 12.

[848] Vgl. HÄDER (2009), S. 92.

[849] Vgl. HÄDER (2009), S. 96, 100.

[850] Vgl. VAN DE VEN & DELBECO (1971), S. 208 mit Bezug auf HOFFMAN & MAIER (1961); HOFFMAN & SMITH (1960); HOFFMAN (1959). Ähnlich bei VORGRIMLER & WÜBBEN (2003), S. 765.

[851] Vgl. BORTZ & DÖRING (2006), S. 74.

[852] Vgl. HÄDER (2009), S. 94 f.

[853] Vgl. zur Dreiteilung eines Expertenpanels CUHLS, BLIND & GRUPP (1998), S. 5. Eine Vierteilung findet sich bei GRUPP (1993), S. 41.

[854] Vgl. DELBECQ ET AL. (1975), S. 88.

Als Experten qualifizieren sich grundsätzlich solche Personen, die Wissen über die sozialen Kontexte, in denen sie agieren, für die Untersuchung zur Verfügung stellen können.[855] Die für die Delphistudie auszuwählenden Experten zeichnen sich daher durch ein hohes Maß an Fachwissen im Kernbereich, aber auch durch Überblickswissen in angrenzenden thematischen Bereichen aus sowie durch eine hohe Kommunikationsbereitschaft.[856] Gleichzeitig verfügen die Experten idealtypisch über überdurchschnittlich mehr Wissen oder Arbeitserfahrung im Zusammenhang mit dem Untersuchungsgegenstand und/oder sind Mitglieder einer relevanten professionellen Organisation.[857] Bei der Auswahl der Experten muss demnach besonders darauf geachtet werden, dass sie über ein umfangreiches fachliches Wissen in Bezug auf die betriebliche Weiterbildung im Allgemeinen und den Lerntransfer im Speziellen verfügen. Dies trifft in einem hohen Maße für Experten aus Wissenschaft, Wirtschaft und von Weiterbildungsträgern zu. Daher wurden je zu einem Drittel Experten aus diesen Herkunftsbereichen in den Befragungspool aufgenommen. Aufgrund der verwendeten Expertendefinition wurde von einer Befragung von Teilnehmern von Weiterbildungsmaßnahmen abgesehen. Die konkrete Auswahl der Experten kann im Rahmen eines qualitativen Delphis willkürlich erfolgen, d. h. nach „Gutdünken“ und nach durch den Forscher festgelegte Merkmalskriterien.[858] Häder (2009) betont: „Es geht nicht um eine zufällige Auswahl von Experten mit dem Ziel, die Meinungen aller Experten schätzen zu können, sondern — vermittelt über das Feed-back [!] — um Interaktionsprozesse zur Wissensgenerierung.“[859] Gleichzeitig sollte durch diese bewusste Auswahl sowohl die Expertise als auch die Teilnahmebereitschaft der Experten sichergestellt werden. Welche spezifischen Merkmalskriterien zu Rate gezogen wurden, unterscheidet sich je nach Herkunftsbereich der Experten.

Innerhalb der drei festgelegten Expertenbereiche wurden – geleitet durch das Erkenntnisinteresse – typische Fälle ausgewählt, welche die Grundgesamtheit charakteristisch widerspiegeln, ohne dabei jedoch die Offenheit für abweichende Fälle zu vernachlässigen. Des Weiteren wurden Weiterempfehlungen der bereits identifizierten Experten geprüft und ggf. bei der Zusammenstellung der Expertengruppe berücksichtigt (Schneeballverfahren).[860] Um die Qualität der Auswahl unabhängig vom Expertenstatus sicherzustellen, wurde darauf geachtet, dass die Experten nicht aus dem Bekanntenkreis des Forschers stammen und die interes-

---

[855] Vgl. Gläser & Laudel (2009), S. 12.

[856] Vgl. Vorgrimler & Wübben (2003), S. 765.

[857] Vgl. Murry & Hammons (1995), S. 428.

[858] Vgl. Häder (2009), S. 102. Vgl. zur bewussten Auswahl Schnell et al. (2005), S. 298 f.; Decker & Wagner (2002), S. 196 ff.

[859] Häder (2009), S. 92.

[860] Vgl. Schnell et al. (2005), S. 299 f.; Decker & Wagner (2002), S. 198; Häder (2009), S. 115.

sengeleitete Vorgehensweise nicht zu einer verzerrten und atypischen Auswahl der Experten führt.[861] Unter Berücksichtigung dieser Prämissen ergibt sich folgende Vorgehensweise:

- Die Auswahl der Experten aus der *Wissenschaft* wurde zunächst auf Grundlage forschungsrelevanter Publikationen getroffen. Berücksichtigt wurden somit zunächst Professoren an deutschsprachigen Universitäten und Fachhochschulen aus den Fachbereichen Wirtschaftswissenschaften, Pädagogik und Psychologie, welche einschlägige Publikationen im Bereich des Lerntransfers veröffentlicht haben. In einem zweiten Schritt wurden weitere Professoren aus dem benannten Umfeld hinzugezogen, deren Forschungsschwerpunkte die Fachgebiete Lerntransfer und/oder betriebliche Weiterbildung fokussieren. Es wurde jeweils denjenigen Wissenschaftlern der Vorzug gegeben, die sich speziell mit dem Lerntransfer in der betrieblichen Weiterbildung auseinandersetzen. Des Weiteren wurde darauf geachtet, dass die Wissenschaftler verschiedene Blickwinkel auf den Lerntransfer abdecken.

- Bei der Identifikation von Experten aus der Wirtschaft und aus den Weiterbildungsträgern wurde pragmatisch vorgegangen. So wurden zunächst informelle Netzwerke und Weiterempfehlungen zur Auswahl genutzt und mittels Internetrecherche zusätzliche interessante forschungsrelevante Fälle identifiziert. Gleichzeitig wurde neben verschiedenen Größenklassen auch ein breites Tätigkeitsspektrum der Experten berücksichtigt, so dass – wie auch von den Wissenschaftlern – unterschiedliche Perspektiven ausgewogen in die Erhebung eingeflossen sind. Die Experten aus der *Wirtschaft* üben demnach mindestens eine der folgenden Tätigkeiten aus: Im Sinne des definierten Expertenbegriffs befassen sie sich im Kontext der betrieblichen Weiterbildung entlang des Weiterbildungsprozesses mit der Analyse, Planung, Durchführung und/oder Evaluation von externen und/oder internen Weiterbildungsmaßnahmen. Ähnliche Phasen gelten auch für die *Weiterbildungsträger*, wenn auch die Phase der Analyse des Weiterbildungsbedarfs in dem beauftragenden Unternehmen in den meisten Fällen in den Hintergrund tritt. Somit qualifiziert sich ein Mitarbeiter eines Weiterbildungsträgers als Experte für diese Befragung, wenn er an der ggf. Analyse, Planung, Durchführung und/oder Evaluation der von seinem Träger durchgeführten externen Weiterbildungsmaßnahmen beteiligt ist oder als Trainer im Rahmen einer internen Weiterbildungsmaßnahme schult. Insgesamt wird eine kumulierte Abdeckung des gesamten Weiterbildungsprozesses angestrebt, um – wie es bei der Expertenauswahl für qualitative Delphistudien

[861] Vgl. LAMNEK (2005), S. 386 zur Auswahl bei qualitativen Interviews.

empfohlen wird – für jeden Prozessschritt und damit jeden Blickwinkel mindestens einen Experten befragen zu können.[862]

Teilweise wird empfohlen, im Rahmen einer qualitativen Erhebung die Panelzusammensetzung den Befragten offenzulegen, um die hohe Qualität und Kompetenz der Befragtengruppe zu untermauern. Dies geschieht vor dem Hintergrund, dass so eine intensivere Auseinandersetzung mit den ausgewerteten Ergebnissen stattfindet, und dem Feedback eine größere Autorität beigemessen wird.[863] Auf dieses Vorgehen wird hier jedoch verzichtet, um die Vorteile des Designelements „Anonymität" nutzen zu können: Vermeidung von Meinungsführerschaften, freie Meinungsäußerung ohne möglichen Prestigeverlust, Möglichkeit der Vertretung abweichender Meinungen, Erhöhung der Teilnahmebereitschaft usw.[864]

Über die Anzahl der zu befragenden Experten im Rahmen einer Delphistudie herrscht ein breites Meinungsbild.[865] Empfehlungen reichen üblicherweise von einer Mindestgröße von sieben oder zehn bis zu einem sinnvollen Maximum von 25 oder 30 Experten.[866] Beachtet werden muss bei der Festlegung auf eine bestimmte Teilnehmeranzahl das zugrunde liegende Forschungsziel.[867] BLUMER (1979) bemerkt, dass im Rahmen einer explorativen Forschungsstrategie gut ausgewählte Experten mit unterschiedlichen Meinungen wertvoller für die Erhebung sind als jedes repräsentative Sample.[868] Bei qualitativen Erhebungen kann daher – auch aus aufwandstechnischen Überlegungen – auf einen großen Panelumfang verzichtet werden.[869] Es ist vielmehr wichtig, dass verschiedene Perspektiven vertreten sind, so dass alle möglichen Standpunkte durch mindestens einen Experten abgedeckt werden.[870] BOJE & MURNIGHAN (1982) kommen daher zu dem Schluss: „The fact that size increases, however, did not increase group accuracy suggests that in groups that use structured decision processes [...] size has little opportunity to affect the outcomes of the group process."[871] Bei dem verfolgten Forschungsziel erscheint daher eine effektive Teilnehmerzahl von insgesamt

---

862 Vgl. HÄDER (2009), S. 101. Auf eine Auswahl der Experten anhand der verschiedenen Größenklassen wurde verzichtet, da sich dieses Kriterium im Hinblick auf die entsprechende Weiterbildungsaktivität nur schwer operationalisieren lässt. Vgl. DOLLHAUSEN (2010), S. 42 ff.

863 Vgl. HÄDER (2009), S. 95.

864 Vgl. HÄDER (2009), S. 148.

865 Vgl. HÄDER (2009), S. 96.

866 Vgl. DALKEY, BROWN & COCHRAN (1969), S. 5 f. [7 Experten]; PARENTÉ & ANDERSON-PARENTÉ (1987), S. 149 [10]; BROOKS (1979), S. 377 [25]; DELBECQ ET AL. (1975), S. 89 [30]. In Japan wurde eine Delphierhebung mit 4.196 Teilnehmern in der ersten Runde durchgeführt, von denen 2.239 auch an der zweiten Runde teilnahmen. Vgl. NISTEP (1997), S. 3; NISTEP (2005), S. 8.

867 Vgl. WECHSLER (1978), S. 76; SCHOLL (2003), S. 125.

868 Vgl. BLUMER (1979), S. 55.

869 Vgl. HÄDER (2009), S. 96; DELBECQ ET AL. (1975), S. 87.

870 Vgl. HÄDER (2009), S. 101.

871 BOJE & MURNIGHAN (1982), S. 1195.

30 Experten, d. h. je zehn aus den verschiedenen Herkunftsbereichen, als angemessen, um ein möglichst breites Meinungsspektrum abzudecken.

Bei der Festlegung des Umfangs der Teilnehmergruppe ist bei mehrstufigen Erhebungen ferner die sog. Panelmortalität zu berücksichtigen. Forscher verweisen darauf, dass von einer Rücklaufquote von circa 30 % nach der erste Welle und von einer weiteren Rücklaufquote von 70-75 % unter den verbliebenen Experten auszugehen ist.[872] Durch eine gezielte Auswahl und eine persönliche Ansprache der Experten soll der Panelmortalität entgegengewirkt werden. Die Teilnehmer werden daher so ausgewählt, dass bei ihnen ein persönliches Interesse an der Studienteilnahme und deren Fortführung besteht.[873] Auch die genaue Beschreibung der Vorgehensweise und damit der erwarteten Rundenzahl soll die Bereitschaft zur Aufrechterhaltung der Teilnahme unterstützen. Sollten Experten zwischen den Befragungsrunden ausscheiden, so ist es ferner möglich, neue Experten nachzunominieren, um die Panelgröße zu erhalten.[874] In ähnlicher Weise empfiehlt HÄDER (2009), Experten, die eine Runde ausgesetzt haben, trotzdem in den nächsten Runden zu berücksichtigen.[875]

4.3 Inhaltliche Ausgestaltung der Befragungsrunden

Die inhaltliche Gestaltung der Befragungswellen, und damit auch der Fragebögen und der Feedbacks, folgt den Ergebnissen des Forschungsrahmens und den Erfordernissen der verwendeten Methode. Zusätzlich wurden Hinweise aus dem Pretest in die Gestaltung aufgenommen. Dabei wurde neben den Fragebögen auch das vollständige Studiendesign getestet.[876] Dazu wurde die Erhebung in drei Befragungswellen mit im Schnitt neun Pretestern aus allen drei Herkunftsbereichen testweise durchgeführt. In Folge des Pretests wurden sowohl Formulierungen sprachlich überarbeitet als auch an einigen Stellen der Ablauf der jeweiligen Runde konkreter expliziert sowie grafische Änderungen vorgenommen. Gleiches gilt für die zugehörigen Feedbackhandouts.

[872] Vgl. HÄDER (2009), S. 112; HÄDER & HÄDER (2000b), S. 19; CUHLS ET AL. (1998), S. 5; ATTESLANDER (2008), S. 154.

[873] Vgl. LUDLOW (1970), S. 38. Ähnlich bei DELBECQ ET AL. (1975), S. 87. GOODMAN (1987) bemerkt in diesem Zusammenhang, dass das vorrangige Auswahlkriterium nicht der Expertenstatus sein sollte, sondern die Bereitwilligkeit, bis zum Ende an der Befragung teilzunehmen (S. 732). DELBECQ ET AL. (1975) konstatiert weiterhin, dass eine höhere Teilnahmebereitschaft erzielt werden kann, wenn die Teilnehmer sich als Experten fühlen (S. 88 f.).

[874] Vgl. SCHOLL (2003), S. 127. ATTESLANDER (2008) weist jedoch auf die Gefahr von Verzerrungen des Datenmaterials hin (S. 154).

[875] Vgl. HÄDER (2009), S. 157.

[876] Vgl. HÄDER (2009), S. 139.

Das Studiendesign und die inhaltliche Ausgestaltung der Befragungsrunden gestaltet sich wie im Folgenden beschrieben und in Abbildung 4.1 dargestellt:

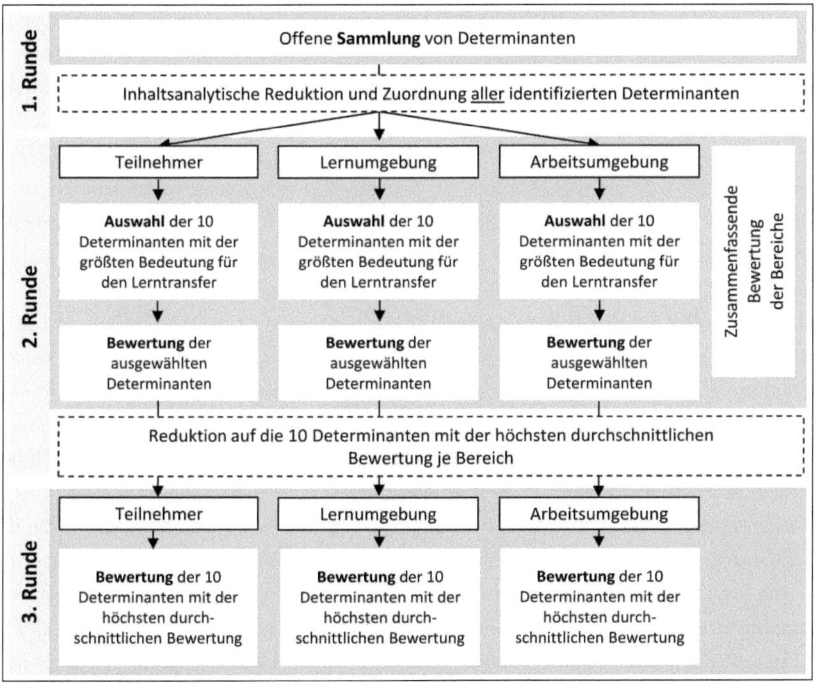

Abbildung 4.1: Studiendesign und Ausgestaltung der Befragungsrunden.

Die *erste Befragungswelle* dient der Identifikation von Determinanten – im Sinne einer Ideenaggregation nach Delphityp 1 – über die bereits theoretisch explorierten Faktoren hinaus und unter gleichzeitiger Überprüfung des Expertise der Befragungsteilnehmer. Hierbei wird die Existenz multipler Realitäten bei den Experten als Teil der Methode akzeptiert,[877] so dass eine nähere Differenzierung nach Art der Weiterbildungsmaßnahme zu diesem Zeitpunkt der Erhebung nicht vorgenommen wird. Dem eigentlichen Kern der Befragung vorgeschaltet ist eine Präzisierung des Expertenwissens durch die Experten. Dies geschieht – abgestimmt auf die jeweilige Expertengruppe – zur subjektiven Selbsteinschätzung der Expertise der Experten und zur impliziten Expertenselektion.[878]

---

[877] Vgl. Stewart (2001), S. 922.

[878] Vgl. Häder (2009), S. 126 ff.; Dalkey et al. (1969), S. 2. Vgl. zur subjektiven Sicherheit der Experten insb. auch Häder (2000b).

In einem nächsten Schritt erfolgt ein kurze Beschreibung der Weiterbildungssituation, in deren Rahmen die Determinanten identifiziert werden sollen. So ist es möglich, den Experten das Verständnis des Forschers von den Untersuchungsgegenständen zu vermitteln. Durch die Schaffung einer verbildlichten Weiterbildungssituation soll ferner gewährleistet werden, dass Forscher und Befragte die Untersuchungsgegenstände auf derselben Ebene betrachten. Die verschiedenen – durch die Dreiteilung der Expertengruppe induzierten – Blickwinkel werden jedoch bewusst akzeptiert.

Die sich anschließende offenen Abfrage der Einflussfaktoren macht außerdem genaue Instruktionen zur Bearbeitung der Fragestellung notwendig. Zu diesem Zweck wird explizit darauf hingewiesen, dass eine Vielzahl an Determinanten benannt werden soll, egal wie stark der Einfluss auf den Lerntransfer eingeschätzt wird, und dass die folgende Fragestellung eine hohe Bedeutung für den Forschungsverlauf hat. Zudem verdeutlicht ein unterstützendes Ausfüllbeispiel aus einem anderen Inhaltsbereich (hier: Kundenbindung), wie die folgende Fragestellung zu bearbeiten ist. Die Experten werden nun in offener Form aufgefordert, alle Faktoren zu benennen, die einen Einfluss darauf haben können, ob ein Mitarbeiter die Inhalte, die er in einer Weiterbildungsmaßnahme erlernt hat, auch tatsächlich im Rahmen seiner täglichen Arbeitstätigkeit dauerhaft anwendet (Lerntransfer). Dazu steht jeweils eine Fragebogenseite zur Verfügung, auf der zusätzlich eine kurze Begründung dafür abgefragt wird, warum die genannte Determinante als relevant eingestuft wird. Aus den Begründungen lassen sich sowohl Rückschlüsse auf den Blickwinkel des Experten bilden als auch weitere Determinanten bzw. Präzisierungen von relativ allgemein benannten Determinanten ableiten. Nach Eingabe eines Einflussfaktors und der entsprechenden Begründung hat der Experte die Möglichkeit, mittels einer einfachen Auswahlfrage (ja/nein) zu entscheiden, ob noch weitere Einflussfaktoren von Belang sind. Entscheidet er sich für „ja“, so kann er die nächste Determinante mit Begründung eingeben. Entscheidet er sich für „nein“, so wird ihm eine Übersicht über die von ihm genannten Einflussfaktoren zurückgespielt, um eine erneute Beschäftigung mit der Thematik und die Nennung weiterer Determinanten anzustoßen. Der Experte wird auch hier gefragt, ob noch weitere Faktoren von Belang sind. Falls ja, kann er weitere Faktoren angeben; falls nein, wird er zum Ende des Fragebogens weitergeleitet usw. Insgesamt wird dem Experten ggf. dreimalig eine Übersicht über die Faktoren präsentiert. Sollte der Befragte danach noch weitere Faktoren benennen wollen, so kann er dies, ohne feste Struktur, in einem offenen Textfeld tun. Die erste Befragungsrunde schließt mit einer Beschreibung des weiteren inhaltlichen wie zeitlichen Ablaufs und einem Verweis auf die Kontaktdaten des Forschers.[879]

[879] Vgl. zum Fragebogen der ersten Runde den Anhang A.2.2 auf S. 271.

In der *zweiten Befragungswelle* werden die durch die Experten identifizierten Determinanten im Hinblick auf ihre Bedeutung für den Lerntransfer bewertet (Typ 3). Neben der Vorlage der Ergebnisse über das Befragungstool[880] wird den Experten zusätzlich ein Handout zur Verfügung gestellt, welches mit der Einladung zur zweiten Runde versandt wird. Eine alleinige Rückmeldung über das Befragungstool wird als nicht sinnvoll erachtet, da die Gefahr besteht, dass durch mangelnde Übersichtlichkeit und die multimediale Umgebung eine kognitive Überlastung bei den Befragten entsteht.[881] Zudem wird durch das Handout ein zusätzlicher Nutzen für die Experten generiert, da ihnen so die Ergebnisse der ersten Runde in komprimierter Form vorliegen.

Für die Auswahl der Bewertungsmethode können Überlegungen aus der Präferenzmessung herangezogen werden. Eine einfache Form der Präferenzmessung bieten kompositionelle Verfahren, welche Merkmale getrennt voneinander betrachten und bspw. auf einer Likertskala bewerten. Diese sogenannten self-explicated Methoden eignen sich für die Abbildung von Präferenzen, z. B. bezüglich Produkten mit vielen verschiedenen Merkmalen.[882] Somit ist zu vermuten, dass sich diese Verfahren auch für die Bewertung einer größeren Anzahl an Einflussfaktoren nutzen lassen. Die Verwendung einer Likertskala hat allerdings den Nachteil, dass die Befragten dazu tendieren, alle Merkmale als wichtig einzustufen. Außerdem können durch diese ordinale Skalierung keine Verhältnisse zwischen den Merkmalen abgebildet werden, so dass der Befragte die Einflussfaktoren nicht gegeneinander abwägen kann.[883] Auch MULLEN (1983) moniert, dass Delphistudien häufig auf Bewertungen anhand einer Likertskala zurückgreifen. Als Alternative schlägt sie vor, Bewertungen über die Verteilung einer endlichen Anzahl von Punkten durchzuführen, um die Präferenzen der Experten klarer herauszuarbeiten.[884]

Bei der Bewertung wird daher auf das Konstantsummenverfahren zurückgegriffen, welches eine direkte Einschätzung der Wichtigkeit von bestimmten Eigenschaften durch eine metrische Skalierung ermöglicht. Der Befragte verteilt hierbei eine bestimmte Anzahl an Punkten auf die zu untersuchenden Eigenschaften, je nachdem, welche Wichtigkeit er diesen Eigenschaften beimisst. Das Ergebnis ist eine nach persönlichen Präferenzen gebildete Rangfolge. Je mehr Bedeutung der Experte somit einer Eigenschaft (hier: Determinante) zuschreibt, desto

[880] Vgl. Abschnitt 4.4 („Durchführung und Auswertung der Untersuchung“).

[881] Vgl. zur Cognitive Load-Theorie UNTERBRUNER (2007), S. 156.

[882] Vgl. NETZER & SRINIVASAN (2007), S. 2; SRINIVASAN (1988), S. 295; GREEN & SRINIVASAN (1990), S. 10.

[883] Vgl. NETZER & SRINIVASAN (2007), S. 2; HELM & STEINER (2008), S. 125. Vgl. zu self-explicated Verfahren ALBERS, KLAPPER ET AL. (2009), S. 284 f.; GREEN & SRINIVASAN (1990), S. 9 f., und zu dem Problem von Bandbreiteneffekten SATTLER (2006), S. 13; SATTLER (2006), S. 164; SATTLER, GEDENK & HENSEL-BÖRNER (2002).

[884] Vgl. MULLEN (1983) zitiert nach GOODMAN (1987), S. 732; MULLEN (2003), S. 46.

höher ist die entsprechend zugeordnete Punktzahl und damit auch der Platz in der Rangfolge. Das Verfahren ermöglicht außerdem über eine bloße Rangfolge hinaus, Verhältnisse zwischen der Bewertung der verschiedenen Determinanten zu identifizieren.[885] Die metrische Skalierung liefert somit einen höheren Informationsgehalt als nicht-metrische Skalierungsalternativen. Gleichzeitig ist davon auszugehen, dass ein solches vergleichendes Verfahren validere Ergebnisse liefert, als nicht-vergleichende Verfahrensalternativen.[886]

Es ist jedoch zu bemerken, dass diese Art der Bewertung einen vergleichsweise hohen kognitiven Aufwand mit sich bringt.[887] Obwohl dieser Nachteil dadurch abgeschwächt wird, dass es sich in dieser Studie um eine Expertenbefragung handelt, darf eine mögliche kognitive Überlastung der Befragten nicht außer Acht gelassen werden. Diese Problematik wird durch die hohe Anzahl an zu bewertenden Faktoren verschärft. Es ist zu vermuten, dass auch Experten bei der Bewertung einer großen Anzahl von Eigenschaften aufgrund nachlassender Konzentration und Motivation möglicherweise überfordert sind und ungenau antworten.[888] Im Kontext der klassischen quantitativen Präferenzmessung weisen NETZER & SRINIVASAN (2007) darauf hin, dass eine Aufteilung von Punkten auf mehr als zehn Merkmale für den Befragten problematisch ist.[889] Es ist jedoch zu erwarten, dass diese Aussage auch für das vorliegende qualitative Studiendesign Gültigkeit besitzt.

Um eine kognitive Überlastung der Experten zu vermeiden, wird daher die Anzahl der zu bewertenden Determinanten reduziert. Die Entscheidungstheorie stützt diese Vorgehensweise. Sie konstatiert die Sinnhaftigkeit der allgemeinen Vereinfachung bei der Konstruktion von Entscheidungsmodellen, wobei die Vereinfachung auf durchaus subjektiven Ermessensurteilen basieren kann.[890] Als ersten Schritt bei der Bewertung einer großen Anzahl von Merkmalen empfehlen NETZER & SRINIVASAN (2007), die Ergebnisse kategorisiert abzufragen und so die zur gleichen Zeit zu bewertenden Merkmale zu reduzieren.[891] Daher werden die identifizierten Einflussfaktoren zunächst durch den Forscher den drei im Forschungsrahmen verwendeten Bereichen zugeordnet.

---

[885] Vgl. DECKER & WAGNER (2002), S. 245 ff.; HELM & STEINER (2008), S. 124; MALHOTRA (2010), S. 292 f.

[886] Vgl. ECKERT & SCHAAF (2009), S. 50.

[887] Vgl. HELM & STEINER (2008), S. 249; ECKERT & SCHAAF (2009), S. 50.

[888] Vgl. DECKER & WAGNER (2002), S. 245; RAAB, UNGER & UNGER (2009), S. 410.

[889] Vgl. NETZER & SRINIVASAN (2007), S. 2, 6. Auch HÄDER (2009) konstatiert, dass komplexe Fragen nicht für eine Delphistudie geeignet sind, und diese ggf. einer weiteren Operationalisierung unterzogen werden müssen (S. 137 ff.).

[890] Vgl. LAUX (2007), S. 375 f., 403 f. Vgl. dazu auch das Verkürzungsmerkmal des Modellbegriffs von STACHOWIAK (1973), S. 131 ff. Ähnlich bei BAMBERG, COENENBERG & KRAPP (2008), S. 13 ff.

[891] Vgl. NETZER & SRINIVASAN (2007), S. 10.

Es ist dann jedoch nicht möglich, Aussagen in Bezug auf das Verhältnis von Faktoren verschiedener Bereiche zu treffen. Lediglich Aussagen über die relative Bedeutung der Determinanten innerhalb einer Kategorie können getroffen werden. Diese Einschränkung ist jedoch konsistent mit den theoretischen Erkenntnissen des Forschungsrahmens, da in dem Rahmenmodell des Lerntransfers die drei Bereiche – trotz ihrer Interdependenzen – getrennt betrachtet werden. Gleiches gilt für die einzelnen Determinanten. Die Ergebnisse des Forschungsrahmens belegen, dass die möglichen Determinanten nicht frei von Überschneidungen sind und u. U. verschiedene Ebenen ansprechen. Interdependenzen zwischen den verschiedenen Determinanten werden jedoch im Rahmen dieser Studie nicht betrachtet, sondern lediglich die Bedeutung der einzelnen Faktoren für den Lerntransfer.[892] Daher werden die Experten sowohl in dieser als auch in der nächsten Runde darauf hingewiesen, die Interdependenzen auszublenden und jeden Faktor einzeln zu bewerten.[893] Möglicherweise daraus entstehende Nachteile werden zu Gunsten des explorativen Ansatzes und der verwendeten Methode in Kauf genommen.

In einem nächsten Schritt werden die Determinanten durch die Experten weiter reduziert, um die anschließende Bewertung zu erleichtern.[894] Von einer Reduktion der Determinanten durch den Forscher wird abgesehen; einerseits, um im Sinne der Delphimethode einen Konformitätsdruck zu vermeiden, und andererseits, um dem Heterogenitätsproblem bei aggregierten Präferenzen Rechnung zu tragen.[895] Dadurch wird gewährleistet, dass auch weniger stark repräsentierte Meinungen berücksichtigt werden.

In Anlehnung an die Ausführungen von NETZER & SRINIVASAN (2007) soll daher die Zahl der zu bewertenden Determinanten pro Bereich auf zehn beschränkt werden.[896] Dies hat den weiteren Vorteil, dass sich eine Gesamtpunktzahl von 100 Punkten pro Bereich anbietet, welche durch die Experten gut nachvollzogen werden kann. Zusätzlich zu der Punktwertung wird den Befragten die Möglichkeit gegeben, ihre Beurteilung zu begründen bzw. begründet einzuschränken.[897] Aufgrund der unterschiedlichen subjektiven Realitäten der Experten muss berücksichtigt werden, dass sie ihrer Bewertung eine konkrete Weiterbildungssituation zugrunde legen. Um das Urteil der Experten auf Vergleichbarkeit zu testen, soll einge-

---

[892] Ähnlich bei SAATY (1980), S. 11.

[893] Das Bundesinstitut für Berufsbildung geht in einer Studie ähnlich vor. Vgl. BROSI, KREKEL & ULRICH (2003), S. 246.

[894] LAUX (2007) bemerkt, dass ein Entscheider lediglich diejenigen Elemente des Entscheidungsproblems berücksichtigen kann, die er überhaupt wahrnimmt. Zudem sind seine Erkenntnismöglichkeiten über die Wirklichkeit stark begrenzt (S. 375). Weitere Argumente für eine reduzierte Abfrage der Faktoren liefert zudem die Cognitive Load-Theorie. Vgl. UNTERBRUNER (2007), S. 156.

[895] Vgl. HÄDER (2009), S. 156.

[896] Vgl. NETZER & SRINIVASAN (2007), S. 2, 6.

[897] Vgl. HÄDER (2009), S. 136.

schränkt werden, ob ihre Bewertung auf einer speziellen Form der Weiterbildung (bspw. interne/externe Weiterbildung oder eine Weiterbildungsmaßnahme, welche die Vermittlung von Wissen, Fähigkeiten/Fertigkeiten oder Einstellung fokussiert) basiert. Gleichzeitig wird eine vertiefende Auseinandersetzung mit der Fragestellung angestoßen. Nach der Einschätzung der ausgewählten Faktoren werden die Bereiche als Ganzes bewertet. Auch hierfür wird das Konstantsummenverfahren herangezogen, wobei diesmal eine Punktzahl von 30 Punkten zu verteilen ist. Auch diese Runde schließt mit allgemeinen Informationen über den weiteren Verlauf der Befragung.[898]

Im Rahmen der *dritten Befragungswelle* werden – je Determinantenbereich – die zehn Einflussfaktoren mit der höchsten Bewertung aus der zweiten Runde erneut beurteilt. Darüber hinaus werden die gesammelten Ergebnisse mit den zugehörigen Lage- und Streuungsmaßen in dem zugehörigen Handout zurückgespielt. Eine differenzierte Auswertung und Interpretation der Daten – auch unter Bezugnahme auf die erste Befragungsrunde und die verschiedenen Expertengruppen – ist kein Bestandteil des Feedbacks, da einerseits eine Verzerrung hin zu den Aussagen der wissenschaftlichen Experten zu erwarten ist, und andererseits diese Ergebnisse nicht für die dritte Runde benötigt werden. Es werden den Experten für jeden Bereich jeweils die zehn Einflussfaktoren mit der höchsten durchschnittlichen Punktzahl in Form einer Rangordnung (mit den zugehörigen Mittelwerten) im Fragebogen vorgelegt.[899] Diese wird anhand des Mittelwertes bestimmt. Weisen Determinanten den gleichen Mittelwert auf, so erhält der Faktor mit der geringeren Standardabweichung den höheren Rang.[900]

Die abermalige Bewertung der Faktoren wird aus den ausgeführten Gründen erneut über das Konstantsummenverfahren vorgenommen. Da diesmal jedem Experten alle Faktoren zur Bewertung vorgelegt werden, können Verzerrungen aufgrund der Methodik (siehe zweite Runde) ausgeschlossen werden. Eine hohe Streuung lässt somit unmittelbar auf eine inhomogene Experteneinschätzung schließen. Im Anschluss an die Bewertung werden die Experten gebeten zu begründen, warum sie sich ggf. der Gruppenmeinung angeschlossen haben oder eine Bewertung gewählt haben, die zu einer anderen Rangfolgenbildung führt. Zudem wird erneut abgefragt, ob eine spezielle Weiterbildungssituation bei der Bewertung berücksichtigt wurde. Abschließend werden den Experten die Ergebnisse in elektronischer Form in Aussicht gestellt sowie die Möglichkeit gegeben, die Ergebnisse in gebundener Form anzufordern.[901]

---

898 Vgl. zum Fragebogen der zweiten Runde Anhang A.2.4 auf S. 285.

899 Auch Häder (2000a) meldet die Ergebnisse direkt gekoppelt an eine erneute Abfrage im Verlauf des Fragebogens zurück (S. 36).

900 Diese Vorgehensweise wurde aufgrund der starken Streuung der Daten der zweiten Runde gewählt, welche auf die Inhomogenität der Expertenmeinungen schließen lässt. Vgl. dazu den folgenden Abschnitt 4.4 („Durchführung und Auswertung der Untersuchung“).

901 Vgl. zum Fragebogen der dritten Runde Anhang A.2.6 auf S. 303.

4.4 Durchführung und Auswertung der Untersuchung

Die potenziellen Experten wurden persönlich oder über dritte Personen gebeten, an der Befragung teilzunehmen. Zusätzlich wurden weitere mögliche Teilnehmer per E-Mail angeschrieben. Dieser Weg der Ansprache wurde gewählt, da aufgrund des gewählten Befragungsmediums die Nutzung multimedialer Dienste vorausgesetzt werden musste. Zur Erläuterung der Forschungsfrage und des Forschungsdesigns wurde den Experten eine detaillierte Projektbeschreibung zur Verfügung gestellt.[902] Diese beinhaltete eine Kurzdarstellung der Problemstellung und daraus abgeleitet eine Beschreibung des inhaltlichen und zeitlichen Studienablaufs. Darüber hinaus wurde auf die anonyme Veröffentlichung der Ergebnisse verwiesen und den Experten für ihre Teilnahme die Zusendung der Ergebnisse u. a. in gebundener Form in Aussicht gestellt. Nach der ersten Akquisitionsrunde konnten allerdings noch nicht ausreichend Zusagen verzeichnet werden. Absagen wurden zu einem großen Teil auf den verhältnismäßig großen Zeit- und Arbeitsaufwand einer dreistufigen Erhebung zurückgeführt. Nach einer postalischen und telefonischen Nachfassung der ausstehenden Antworten konnten letztendlich 32 Experten in den Befragungspool aufgenommen werden, die den zuvor festgelegten Merkmalskriterien genügten. Die Expertengruppe setzte sich bei Start der Erhebung aus zehn Experten aus der Wissenschaft, elf Experten aus der Wirtschaft und elf Experten aus Weiterbildungsträgern zusammen. Tatsächlich nahmen jedoch lediglich 30 Experten (8 – 11 – 11) an der ersten Runde, 29 (7 – 11 – 11) an der zweiten Runde und letztendlich 30 (8 – 11 – 11) an der dritten Runde teil, so dass ein leichtes Ungleichgewicht zu Ungunsten der wissenschaftlichen Experten entstand. Eine Nachnominierung von wissenschaftlichen Experten erwies sich jedoch als nicht durchführbar, da das Potenzial wissenschaftlicher Befragungsteilnehmer ausgeschöpft war. Um die Zahl der teilnehmenden Wissenschaftler möglichst hoch zu halten, wurde ein (Wieder-) Einstieg von aussetzenden Experten gestattet.[903] Die Gefahr von Verzerrungen des Datenmaterials kann aufgrund des spezifischen Studiendesigns jedoch ausgeschlossen werden. Lediglich eine personenbezogene Betrachtung über alle drei Runden war bei den aussetzenden Experten nicht möglich. Die Herkunft der Experten gestaltete sich sehr heterogen, so dass eine große Bandbreite an Expertenwissen in die Studie einfließen konnte. Neben der offensichtlich erkennbaren Verschiedenartigkeit der Herkunft der Befragten (Forschungsschwerpunkte, Größe des Unternehmens/Weiterbildungsträgers, Position im Unternehmen/Weiterbildungsträger, Aufgabenspektrum usw.) konnte die Expertise in ihrer Breite durch die Selbsteinschätzung der Experten abgesichert werden.

[902] Vgl. zur Projektbeschreibung den Anhang A.2.1 auf S. 261.

[903] Vgl. Abschnitt 4.2 („Auswahl der Untersuchungseinheiten“).

Die Befragung wurde über die Onlineumfragesoftware EFS Survey[904] durchgeführt. Dies bietet den Vorteil, dass die Experten innerhalb eines festgelegten Zeitraumes zu einem frei wählbaren Termin an der Befragung teilnehmen und ggf. eine unterbrochene Beantwortung des Fragebogens zu einem beliebigen Zeitpunkt fortsetzen konnten. Des Weiteren bietet das Tool eine Vielzahl an Erleichterungen für den Forscher, sowohl bezogen auf den administrativen Ablauf der Erhebungen als auch auf die Auswertung. Die einzelnen Wellen wurden über drei aufeinanderfolgende Monate jeweils auf die ersten 15 Tage des Monats terminiert. Durch den sich wiederholenden Startzeitpunkt zu Beginn jedes Monats konnten die Experten einen guten Überblick über den Zeitrahmen der Erhebung gewinnen. Da sich zu den geplanten Endzeitpunkten nicht alle Experten an der Erhebung beteiligt hatten, wurden die Runden jeweils um ein bis zwei Wochen verlängert.[905] Dies führte dazu, dass der Start der dritten Runde um eine Woche nach hinten verschoben werden musste. Insofern wurde die erste Befragungswelle vom 1. Mai bis zum 22. Mai 2011 durchgeführt und die weiteren Runden vom 1. Juni bis zum 21. Juni und vom 8. Juli bis zum 5. August. Die circa zweiwöchigen Pausen zwischen den Runden wurden dazu genutzt, die Ergebnisse der vorherigen Runde auszuwerten, das Ergebnishandout und den Fragebogen der darauffolgenden Runde zu erstellen sowie einem Pretest zu unterziehen. Darüber hinaus wurde den Experten zeitnah nach Beendigung der Erhebung die Auswertung der letzten Runde zur Verfügung gestellt.

Die Rohdaten der einzelnen Befragungswellen wurden auf unterschiedliche Weisen ausgewertet. Zu Beginn der *ersten Runde* wurde die Expertise der Befragten näher bestimmt. Diese Informationen wurden dazu genutzt, die Expertise sicherzustellen, die Daten darüber hinaus jedoch nicht interpretativ genutzt. Die zentrale Fragestellung wurde mittels der Inhaltsanalyse nach Mayring (2010) ausgewertet. Dazu wurden zunächst die benannten Determinanten und ihre zugehörigen Begründungen jeweils in einer Zeile erfasst, mit eine eindeutigen TeilnehmerID sowie der Gruppenzuordnung (Wissenschaft, Wirtschaft, Weiterbildungsträger) versehen und untereinander aufgelistet. Im Anschluss daran wurden die durch die Experten identifizierten Determinanten fortlaufend zeilenweise durchnummeriert. Da häufig Aussagen zu mehreren Determinanten unter Nennung einer einzigen Determinante zusammengefasst wurden, wurden die Zeilen entsprechend der Anzahl der enthaltenen Aussagen dupliziert und neu codiert. Durch die Form der Onlinebefragung waren die Daten bereits zu einem hohen Grad paraphrasiert, so dass die von Mayring empfohlene Paraphrasierung und Reduktion der Daten in einem Schritt vorgenommen werden konnte.[906] Diese Vorgehensweise kann an einem Beispiel verdeutlicht werden:

---

904 EFS Survey ist ein Umfragetool für die Durchführung von internetbasierten Befragungen. Vgl. www.unipark.de.

905 Vgl. Cuhls (2009), S. 213.

906 Vgl. Mayring (2010), S. 67 ff.

Es wurde durch einen Experten die Determinante „Festlegung konkreter Ziele und deren Messung“ (Nr. 98) mit der Begründung „vor dem Seminarbesuch sollten konkrete Ziele mit dem Mitarbeiter festgelegt werden und dann nach dem Seminar auch besprochen werden“ versehen. Diese Determinante enthält im Wesentlichen zwei verschiedene Aussagen:

- Festlegung konkreter Ziele mit dem Mitarbeiter,
- Überprüfung der Ziele (durch ein Gespräch nach dem Seminar).

So wurde die ursprüngliche Determinante Nr. 98 in zwei verschiedenen Determinanten aufgesplittet (D98a und D98b), für die jeweils eine eigene Zeile angelegt wurde. Durch die Verwendung dieses eindeutigen Codierungsschlüssels können letztendlich alle extrahierten Determinanten auf die zugehörigen Expertenaussagen zurückgeführt werden. Jede der auf diese Weise exzerpierten Determinanten wurde einem der drei bekannten Bereiche (Teilnehmer, Lern- oder Arbeitsumgebung) zugeordnet. Nachdem diese Schritte für alle vorliegenden Daten vorgenommen wurden, wurden Determinanten mit der gleichen Aussage zu einer Determinante zusammengefasst und mit einer ebenfalls aus den Daten abgeleiteten Annotation versehen. Dies ermöglichte sowohl eine vollständige Erfassung aller Expertenaussagen als auch die nähere Präzisierung der zurückzuspielenden Determinanten. Für das ausgewählte Beispiel wurden somit die ursprünglichen Aussagen unter die Determinanten „Vereinbarung von Lern- und Transferzielen“ und „Überprüfungen der Erreichung der Lern- und Transferziele“ gefasst. Die zusätzliche Aussage bezüglich der Zielüberprüfung durch ein Gespräch nach dem Seminar (D98b) ist in die Annotation der entsprechenden Determinante eingeflossen: „z. B. gemeinsame Reflexion der Zielerreichung [...]“. Die so extrahierten Determinanten wurden im Anschluss daran gruppenweise im Hinblick auf die Häufigkeit ihrer Nennung erfasst. Die angegebenen Zahlenwerte lassen sich jedoch lediglich für Tendenzaussagen heranziehen, da die Auswertung der ersten Befragungsrunde – trotz der strukturierten inhaltsanalytischen Vorgehensweise – einer hohen Subjektivität unterliegt.

Bei der Konstruktion der Determinanten wurde zum einen auf die Erkenntnisse des Forschungsrahmens zurückgegriffen und zu anderen abweichend vom Forschungsrahmen die konkreten Ausformulierungen der Experten berücksichtigt. In ähnlicher Weise wurden die Determinanten in einer durch die Experten nachvollziehbaren Weise kategorisiert. Für die Interpretation der Daten findet jedoch zu einem späteren Zeitpunkt eine Rückübersetzung in die im Forschungsrahmen verwendete Kategorisierung und Terminologie statt, um eine eindeutige Beziehung zwischen Theorie und Empirie herstellen zu können. Diese Vorgehensweise folgt dem Ansatz, einen Wiedererkennungswert der eigenen Ideen zu generieren und sich der Sprache der größtenteils praktisch orientierten Experten anzupassen. Daher wurden die Determinanten auch zusätzlich mit erläuternden Annotationen versehen. Des Weiteren sollte durch die explizite Berücksichtigung aller Vorschläge in Sinne der Delphiidee ein Konformitätsdruck vermieden werden. Der dadurch entstehende Nachteil der teilweisen Überschneidung der Einflussfaktoren und der Unterschiedlichkeit der angesprochenen Ebenen wurde bewusst in Kauf genommen.[907]

Die Antworten der *zweiten Delphirunde* wurden mit Hilfe von SPSS und Excel auf verschiedene Arten ausgewertet. Bei dem ersten Fragenkomplex, der die Auswahl der Faktoren mit der größten Bedeutung beinhaltete, wurden die absoluten Nennungen erfasst und aufsummiert. Der zweite Fragenkomplex ermöglichte eine Quantifizierung der Bedeutung eines Faktors in Relation zu den anderen Faktoren eines Bereichs. Vergleiche zwischen Faktoren verschiedener Bereiche sind nicht möglich. Auch hier wurden die Bewertungen über alle Experten je Einflussfaktor aufsummiert (n = 29), d. h. Faktoren mit null Punkten (P.) bewertet, die nicht ausgewählt wurden. Insofern fließt auch die Auswahl der Faktoren in die Auswertung der Bewertung mit ein. Diese Daten wurden dann auf die gängigen Lage- und Streuungsmaße hin untersucht und anschließend in aussagekräftige Diagramme und Tabellen überführt. Aufgrund der Codierung der nicht ausgewählten Faktoren mit 0 Punkten wiesen die Daten z. T. eine starke Streuung auf. Dies lässt einerseits auf eine inhomogene Bewertung schließen, ist andererseits allerdings auch der verwendeten Vorgehensweise geschuldet. Da kein Faktor von allen Experten ausgewählt wurde, streuen insbesondere die Daten der Determinanten mit einer hohen Bewertung besonders stark, weil die Spannweite gerade bei diesen Faktoren besonders hoch ist (von 0 bis bspw. 40 P. bei dem teilnehmerspezifischen Faktor „Teilnehmer hat die Inhalte verstanden")[908] Daher wurden die zehn Einflussfaktoren mit der höchsten durchschnittlichen Punktzahl in der dritten Runde einer erneuten Untersuchung unterzogen (dunkelgraue Balken in Abb. 5.1-5.3). Gleichzeitig wurden die Daten in die jeweiligen Expertengruppen gesplittet, weil zu vermuten war, dass ein Teil der Streuung auf die Gruppenzugehörigkeit zurückzuführen ist.[909]

Um die zusätzlichen Informationen der metrischen Skalierung nutzen und die Inhomogenität der Experteneinschätzung abbilden zu können, wurde außerdem erfasst, wie sich die kumulierten Bewertungen zusammensetzen. Diese Daten wurden anschließend als gestapelte Häufigkeiten in ein Diagramm überführt. Parallel wurden die Angaben bezüglich der Betrachtung einer speziellen Weiterbildungssituation daraufhin überprüft, ob sie mit der allgemein beschriebenen Weiterbildungssituation übereinstimmen bzw. eine separate Betrachtung

[907] Hier sei – trotz größter Sorgfalt – auf die begrenzte Rationalität des Forschers hingewiesen. Alternativ hätte auf die klassische Delphimethode zurückgegriffen und zugunsten geschlossener Fragen auf die offene erste Runde verzichtet werden müssen.

[908] Vgl. Abschnitt 5.1.2 („Zweite Befragungsrunde").

[909] Die Daten wurden zusätzlich testweise im Hinblick auf geschlechtsspezifische Unterschiede untersucht. Aus den gewonnenen Daten konnten jedoch erwartungsgemäß keine zusätzlichen Erkenntnisse gewonnen werden. Dies ist u. a. darauf zurückzuführen, dass sich die Expertise der Befragten über ihre Gruppenzugehörigkeit und nicht über ihr Geschlecht definiert.

der zugehörigen Bewertung notwendig machen. Die Begründungen der Determinantenbewertung wurden zudem tabellarisch erfasst.

In ähnlicher Weise wurde bei der Auswertung der *dritten Befragungsrunde* verfahren. Die Daten aus dem Konstantsummenverfahren wurden im Hinblick auf ihre Lage und Streuung sowohl Gruppen übergreifend als auch nach Gruppen gesplittet, ausgewertet und wie beschrieben visualisiert sowie die Begründungen dokumentiert. Um einen vollständigen Überblick über *alle drei Befragungsrunden* zu erlangen, wurden zusätzlich die vollständigen Antworten der Experten in einer Tabelle zusammengeführt und im Zusammenhang betrachtet. Die Ergebnisse der ersten Runde wurden dazu von ihrer nominalen Ausprägung in eine ordinale Skalierung überführt: Der Wert 1 wurde denjenigen Determinanten zugeordnet, die durch den jeweiligen Experten benannt wurden. Wurde eine Determinante nicht benannt, so erhielt sie den Wert 0. Besonderes Augenmerk wurde zudem auf die Entwicklung des Antwortverhaltens über die drei Runden gelegt, welches tabellarisch für alle drei Bereiche zusammengeführt wurde.[910]

[910] Vgl. Abschnitt B.4 („Zusammenfassende Betrachtung") im Online-Anhang (Download unter http://pub.uni-bielefeld.de/publication/2510119).

5 Determinanten des Lerntransfers in der betrieblichen Weiterbildung

5.1 Darstellung der Untersuchungsergebnisse

5.1.1 Erste Befragungsrunde

An der ersten Delphirunde haben sich insgesamt acht Experten aus der Wissenschaft (WISS), elf Experten aus der Wirtschaft (WIRT) und elf Experten von Weiterbildungsträgern (WBT) beteiligt. Wie auch die Herkunft der Experten, ist ihre Expertise durch eine starke Heterogenität gekennzeichnet. Die Heterogenität der Wissenschaftler konnte durch ihre bewusste Vorauswahl gesteuert werden, dies war jedoch bei den Praxisexperten nur bedingt möglich. Ihre subjektive Selbsteinschätzung dokumentiert jedoch (Tab. 5.1), dass auch die Praxisexperten auf ein breites Expertenwissen zurückgreifen und der vollständige Weiterbildungsprozesses durch die Expertise der Befragungsteilnehmer abgedeckt wird.[911] Die meisten Praxisexperten schätzen ihr Wissen, bezogen auf die verschiedenen Prozessschritte, als mindestens „umfangreich", wenn nicht sogar „sehr umfangreich" ein.

Tabelle 5.1: Selbsteinschätzung der Praxisexperten.

Expertise	sehr umfangreich	umfangreich	durch-schnittlich	weniger umfangreich	überhaupt nicht umfangreich	Ich verfüge über kein Expertenwissen in diesem Bereich
Wirtschaft						
Bedarfsanalyse	3	6	2	0	0	0
Planung	3	7	1	0	0	0
Durchführung	4	5	1	1	0	0
Evaluation	2	4	5	0	0	0
Weiterbildungsträger						
Bedarfsanalyse (beim Kunden)	0	5	4	1	0	1
Planung	5	5	0	0	0	1
Durchführung	6	4	0	0	0	1
Evaluation	1	6	3	1	0	0

Alle elf Experten aus der Wirtschaft ordnen außerdem ihren Tätigkeitsbereich der internen Weiterbildung zu, von denen sechs auch an der externen Weiterbildung beteiligt sind. Somit

911 Die Expertise der Wissenschaftler kann über ihre Forschungsschwerpunkte sichergestellt werden.

ist sichergestellt, dass auch diese beiden Blickwinkel in der Studie Berücksichtigung finden. Betrachtet man außerdem das Antwortverhalten der Experten während der ersten Runde, so kann bestätigt werden, dass alle Experten den hinreichenden Anforderungen bezogen auf ihr Expertenwissen genügen. In Folge dessen zeigt sich in der ersten Befragungsrunde auch ein breit gefächertes Bild an möglichen Transferdeterminanten. Um der Heterogenität der Expertenmeinungen gerecht zu werden, werden alle Determinanten unabhängig von der Häufigkeit ihrer Nennung berücksichtigt. Dennoch ist es im Hinblick auf die Interpretation der Daten sinnvoll, die Häufigkeiten einzubeziehen.

Die absolute Anzahl der 211 Determinantennennungen verteilt sich auf die drei Bereiche in einem Verhältnis von circa 1/5 (39 im Bereich Teilnehmer), 2/5 (87 im Bereich Lernumgebung) und 2/5 (85 im Bereich Arbeitsumgebung).[912] Es werden somit ungefähr gleich viele Determinanten in den Bereichen „Lern-“ und „Arbeitsumgebung“ benannt und nur weniger als halb so viele in dem Bereich „Teilnehmer“. Die Antworten der Expertengruppen sind gleichmäßig auf die Bereiche verteilt. Auffällig ist jedoch, dass die Experten aus den Weiterbildungsträgern in jedem der drei Bereiche mehr Determinanten nennen als die Experten aus Wissenschaft und Wirtschaft.[913] Da die Einteilung der teilnehmerspezifischen Einflussfaktoren feingliedriger erfolgt als die der anderen beiden Bereiche, sind numerische Vergleiche zwischen den verschiedenen Kategorien der drei Bereiche nicht möglich. Betrachtet man die jeweiligen Bereiche allerdings isoliert, lassen sich Tendenzaussagen treffen.

Die Darstellung der Untersuchungsergebnisse erfolgt für alle drei Runden entlang der Bereiche (a) Teilnehmer, (b) Lernumgebung und (c) Arbeitsumgebung. In der zweiten Runde wird zusätzlich die Einschätzung der Experten bezüglich (d) der Bereiche als Ganzes wiedergegeben.

ad (a) Teilnehmer: Die teilnehmerspezifischen Transferfaktoren sind breit gestreut (Tab. 5.2). So können 18 verschiedene Determinanten aus der ersten Runde extrahiert werden. Teilweise werden Faktoren nur von je einem oder zwei Experten benannt. Häufiger vorgeschlagen werden jedoch Determinanten, welche die Wahrnehmung des Teilnehmers und dessen Motivation betreffen, so der *wahrgenommene Nutzen, die Inhalte anzuwenden* (7 Nennungen), der *wahrgenommene persönliche Nutzen der Maßnahme für den Teilnehmer* (4 Nennungen) sowie die *Lern-* und die *Transfermotivation des Teilnehmers* (je 3 Nennungen). Ebenfalls mehrfach hervorgehoben wird mit drei Nennungen: der *Teilnehmer setzt sich Lern- und Transferziele.* Berücksichtigt man zusätzlich relativ allgemein formulierte Einflussfaktoren (bspw. Motivation, Fähigkeiten, Einstellungen usw.), welche als übergeordnete Kategorien

[912] Mehrfach benannte Determinanten je Experte werden nur einmal gewertet.

[913] Vgl. Tab. B.4 im Online-Anhang (Download unter http://pub.uni-bielefeld.de/publication/2510119).

Berücksichtigung finden, so stechen außerdem die Persönlichkeit (6 Nennungen) sowie die Fähigkeiten und die Einstellungen des Teilnehmers (je 5 Nennungen) hervor.[914]

Tabelle 5.2: Identifizierte Determinanten aus dem Bereich „Teilnehmer" (1. Runde).[915]

Delphistudie	Forschungsrahmen
Fähigkeiten	**Fähigkeiten, Fertigkeiten und Wissen**
– metakognitive und selbstregulative Fähigkeiten	– metakognitive und selbstregulative Fähigkeiten
– Lern- und Arbeitstechniken	– workplace literacy
– Transferfähigkeit	– Transferfähigkeit
Persönlichkeit	**Persönlichkeit**
– proaktive Persönlichkeit	-
– Problembewusstsein	-
– Teilnehmer setzt sich Lern- und Transferziele	– Ziele
Einstellungen	
– Intention mit der der Teilnehmer die Inhalte anwendet	– Motive
	Einstellungen
– Interesse an den Inhalten	– Interesse
Wahrnehmungen	**Wahrnehmungen**
– wahrgenommener Druck, die Inhalte anzuwenden	-
– wahrgenommener „persönlicher" Nutzen der Maßnahme	– wahrgenommener Nutzen der Maßnahme
– wahrgenommener Nutzen, die Inhalte anzuwenden	– wahrgenommener (und tatsächlicher) Nutzen der Maßnahme
Erwartungen	**Erwartungen**
– Ergebniserwartung	– Ergebniserwartung
Motivation	**Motivation**
– Lernmotivation	– Lernmotivation
– Transfermotivation	– Transfermotivation
Biografische Faktoren	**Biografische Faktoren**
– Alter	– Alter
– Stand der beruflichen Entwicklung	– berufliche Qualifikation, Hierarchieebene und Berufserfahrung
Situative Faktoren	**Weitere Faktoren**
– private Belastung	– (persönliche) Belastungen
– Teilnehmer hat die Inhalte verstanden	-

ad (b) Lernumgebung: Der Lernumgebung können 25 verschiedenen Determinanten zugeordnet werden (Tab. 5.3), wobei eine starke Konzentration der Nennungen auf den *Praxisbezug der Inhalte* (17 Nennungen) und *der Methoden* (10 Nennungen) zu erkennen ist. Zusammenfassend betrachtet, führen die Experten am häufigsten Einflussfaktoren an, wel-

[914] Vgl. zu den Zahlenwerten Tab. B.1-B.4 im Online-Anhang (Download unter http://pub.uni-bielefeld.de/publication/2510119).

[915] Die Determinanten wurden zunächst den Kategorien zugeteilt und dann alphabetisch sortiert. Dazu wurden die in der Studie verwendeten Kategorien und Determinanten genutzt. Eine Rückübersetzung in die Sprache des Forschungsrahmens erfolgt in der Interpretation der Untersuchungsergebnisse.

Tabelle 5.3: Identifizierte Determinanten aus dem Bereich „Lernumgebung" (1. Runde).

Delphistudie	Forschungsrahmen
Konzeptionelle Faktoren	**Konzeptionelle Faktoren**
– Abstimmung der Maßnahme auf die Zielgruppe	– Abstimmung der Weiterbildungselemente und -akteure
– Abstimmung der Ziele, Inhalte und Methoden der Maßnahme	– Abstimmung der Weiterbildungselemente und -akteure
Situative Faktoren	
– Zeit während der Maßnahme	– Dauer der Maßnahme
	Situative Faktoren
– Rahmenbedingungen der Maßnahme	– Allgemeine Rahmenbedingungen
– Ziel der Maßnahme (AUG)	**Ziele**
Inhalte	**Inhalte**
– Praxisbezug der Inhalte	– Praxisbezug
– Umgang mit komplexen Inhalten	– u. a. Komplexität
Methoden	**Methoden**
– (didaktische) Strukturierung und Sequenzierung des Unterrichts	– Artikulation: Didaktische Strukturierung
– u. a. Lernmotivation	– Unterrichtsprinzip: Motivierung
– Aktivierung des Teilnehmers	– Unterrichtsprinzip: Aktivierung
– Berücksichtigung der Individualität des Teilnehmers	– Unterrichtsprinzip: Differenzierung
– Feedback während der Maßnahme	– Unterrichtsprinzip: Erfolgsbestätigung durch Feedback; Gruppencharakteristikum Interaktion: Feedback
– Anwendung und Übung der Inhalte	– Unterrichtsprinzip: Erfolgssicherung durch Übung
– Veranschaulichung der Inhalte	– Medien
– Einsatz von Lehrmaterialien	– Medien
– Ähnlichkeit von Lern- und Anwendungskontext	– Lernprinzip (behavioristisch)
– Praxisbezug der Methoden	– Lernprinzip (insb. behavioristisch und konstruktivistisch)
– Bearbeitung der Inhalte aus unterschiedlichen Kontexten und Perspektiven	– Lernprinzip (konstruktivistisch)
– Problemorientierte Vorgehensweise	– Lernprinzip (konstruktivistisch)
– Situierung des Wissenserwerbs	– Lernprinzip (konstruktivistisch)
– Aktivierung des/Anknüpfung an das Vorwissen und die Erfahrungen des Teilnehmers	– Lernprinzip (konstruktivistisch); Unterrichtsprinzip: Differenzierung; *Implizit:* Vorwissen und Erfahrungen
– Anpassung der Sprache	– Instruktionstechnik; Unterrichtsprinzip: Differenzierung
– Antizipation und Reflexion der Anwendungsmöglichkeiten sowie des praktischen Nutzens der Inhalte	– Instruktionstechnik
– Vollständigkeit der Darstellung von Konzepten	– Instruktionstechnik
Trainer und andere Teilnehmer	**Lerngruppe**
– Größe der Lerngruppe	– Zusammensetzung: Größe
– Lernklima in der Lerngruppe	**Lernklima**
	Trainer
– (fachliche und didaktische) Qualifikation des Trainers	– fachliche und didaktische Qualifikation

che die verwendeten Methoden in der Weiterbildungsmaßnahme betreffen (52 Nennungen). Diese können auf 16 verschiedene methodenspezifische Determinanten reduziert werden. Des Weiteren häufig vorgeschlagen werden die *Veranschaulichung der Inhalte* (6 Nennungen) sowie

- die *Abstimmung der Maßnahme auf die Zielgruppe*,
- die *Ähnlichkeit von Lern- und Anwendungskontext*,

- die *Aktivierung des/Anknüpfung an das Vorwissen und die Erfahrungen des Teilnehmers,*
- die *Aktivierung des Teilnehmers,*
- die *Antizipation und Reflexion der Anwendungsmöglichkeiten sowie des praktischen Nutzens der Inhalte,*
- die *Anwendung und Übung der Inhalte* und
- die *Qualifikation des Trainers*

mit jeweils 4 bis 5 Nennungen. Sowohl die *Abstimmung der Maßnahme auf die Zielgruppe* als auch die *Veranschaulichung der Inhalte* und die *Qualifikation des Trainers* werden dabei speziell durch die Experten aus den Weiterbildungsträgern hervorgehoben (3 – 4 – 3 Nennungen). Diese Gruppe schlägt zudem vermehrt Faktoren vor, die den Einfluss des Trainers und der anderen Teilnehmer hervorheben. Für die Vielfältigkeit der methoden- resp. lehrformbezogenen Determinanten sorgen, neben dieser Expertengruppe, insbesondere die Wissenschaftler. So sind die Faktoren *Anpassung der Sprache, Bearbeitung der Inhalte aus unterschiedlichen Kontexten und Perspektiven, (zeitnahes) Feedback während der Maßnahme, Problemorientierte Vorgehensweise* und *Situierung des Wissenserwerbs* vollständig auf die Wissenschaftler zurückzuführen.

ad (c) Arbeitsumgebung: Auch der Arbeitsumgebung kann eine große Zahl an Einflussfaktoren zugerechnet werden. Die insgesamt 23 Determinanten betrachten schwerpunktmäßig die Unterstützung des Teilnehmers (35 Nennungen) und dabei speziell das soziale *Lernklima* (15 Nennungen). Alle 15 Experten, die das soziale *Lernklima* benennen, sprechen hierbei die Rolle des Vorgesetzten, acht Experten zusätzlich die Rolle der Kollegen und vier Experten die Rolle des Unternehmens bzw. der Personalabteilung an. In diesem Kontext werden des Weiteren der *Aufbau personaler Unterstützungsstrukturen* und die *Überprüfung der Erreichung der Lern- und Transferziele* identifiziert (6 bzw. 4 Nennungen). Besonders markant fällt außerdem die Anwendungsmöglichkeit mit 21 Nennungen auf, wobei die *Zeit, die Inhalte anzuwenden* und die *transferrelevanten Arbeitsaufgaben* mit sieben bzw. fünf Nennungen hervorstechen. Auch die *Analyse des Weiterbildungsbedarfs* hebt sich mit sieben Nennungen von der Vielzahl der Faktoren ab. Des Weiteren häufig benannt wird die *Freiwilligkeit der Teilnahme an der Maßnahme* und die *Zeitspanne zwischen Maßnahme und Anwendungsmöglichkeit* (5 bzw. 6 Nennungen), wobei fünf bzw. drei Nennungen auf die Experten aus der Gruppe der Weiterbildungsträger zurückzuführen sind. Weiterhin fällt auf, dass diese Gruppe im Gegensatz zu den anderen beiden Gruppen der *Unternehmens- und Lernkultur* einen Einfluss auf den Lerntransfer zuspricht (3 Nennungen).[916]

---

[916] In der Studie wurde der Terminus „Konzeption“ verwendet und im Forschungsrahmen der Terminus „Konzeptionierung“. Beide Termini implizieren jedoch den gleichen Begriffsinhalt.

Tabelle 5.4: Identifizierte Determinanten aus dem Bereich „Arbeitsumgebung" (1. Runde).

Delphistudie	Forschungsrahmen
Rahmenbedingungen auf Unternehmensebene	**Kultur und Klima**
– Unternehmens- und Lernkultur	– Unternehmens- und Lernkultur
	Rahmenbedingungen auf Unternehmensebene
– Organisationsstruktur	– Organisationsstruktur
– Regeln und Normen des Unternehmens	– u. a. Unternehmensverfassung, -politik und (-kultur)
Konzeption der betrieblichen Weiterbildung	
– Belohnungen für Anwendung des Erlernten	– Entgelt- und Anreizgestaltung (extrinsische und intrinsische Belohnungen)
– Einbettung der „betrieblichen Weiterbildung" in den unternehmerischen Gesamtzusammenhang	– Einbindung der betrieblichen Weiterbildung in das Unternehmen
	Konzeptionierung der betriebl. Weiterbildung
– Analyse des Weiterbildungsbedarfs	– Bedarfsanalyse
– Zeitspanne zwischen Maßnahme und Anwendungsmöglichkeit	– Bedarfsanalyse: Zeitspanne zwischen Maßnahme und Anwendungsmöglichkeit
– Freiwilligkeit der Teilnahme an der Maßnahme	– Bedarfsanalyse: Freiwilligkeit der Teilnahme
– Vereinbarung von Lern- und Transferzielen (UNTERSTÜTZUNG DES TEILNEHMERS)	– Planung: Setzung von Lern- und Transferzielen; Partizipation an der Zielsetzung
– Überprüfungen der Erreichung der Lern- und Transferziele (UNTERSTÜTZUNG DES TEILNEHMERS)	– Evaluation: Output
– Beteiligung des Teilnehmers an der Planung der Maßnahme	– Planung: Beteiligung des Teilnehmers
– Vorbereitung des Teilnehmers auf die Maßnahme (UNTERSTÜTZUNG DES TEILNEHMERS)	– Planung: Vorbereitung des Teilnehmers (u. a. Information); Kommunikation von Lern- und Transferzielen
– Follow-up-Veranstaltungen	– Planung: Vorbereitung der Rückkehr des Teilnehmers in das Funktionsfeld
– Materialien zur Begleitung und Überwachung des Anwendungsprozesses	– Planung: Vorbereitung der Rückkehr des Teilnehmers in das Funktionsfeld
	Strukturelle Arbeitsbedingungen
Anwendungsmöglichkeit	– Arbeitsaufgabe: Anwendungsmöglichkeit
– transferrelevante Arbeitsaufgaben	– Arbeitsaufgabe
– Verfügbarkeit relevanter Arbeitsmittel	– Ressourcen: technisch-sachlich
– Zeit, die Inhalte anzuwenden	– Ressourcen: zeitlich
	Arbeitsgruppe
– (soziales) Lernklima	– Lernklima
– Weitergabe des Erlernten an die Kollegen	– Gruppencharakteristikum Interaktion: Wissensweitergabe
– Feedback durch den Vorgesetzten (UNTERSTÜTZUNG DES TEILNEHMERS)	– Gruppencharakteristikum Interaktion: Feedback
– Nachbereitungsgespräche mit dem Vorgesetzten (UNTERSTÜTZUNG DES TEILNEHMERS)	– Gruppencharakteristikum Interaktion
Unterstützung des Teilnehmers	**u. a. Transferklima**
– (soziales) Lernklima	**Soziale Unterstützung**
– (soziales) Lernklima	– Unterstützung durch den Vorgesetzten
– (soziales) Lernklima	– Unterstützung durch Kollegen
– Aufbau von personalen Unterstützungsstrukturen	– Unterstützung durch weitere Personen

5.1.2 Zweite Befragungsrunde

Die Aufteilung der Experten der zweiten Runde weist eine leichte Verschiebung zu Ungunsten der wissenschaftlichen Gruppe auf. Es nahmen lediglich sieben Wissenschaftler an der Befragung teil. Zwei Wissenschaftler, die an der ersten Runde mitwirkten, sahen von einer

Teilnahme an dieser Runde ab. Dafür stieg ein Experte, der die Teilnahme an der ersten Runde versäumt hatte, in der zweiten Runde in die Befragung ein. Bei den anderen beiden Gruppen waren jedoch keine Ausfälle zu verzeichnen.

Die Experten hatten die Möglichkeit, für jeden Bereich eine konkrete Weiterbildungssituation zu benennen, welche sie bei ihrer Bewertung berücksichtigt haben. Eine solche Einschränkung nahmen lediglich drei Experten vor. Ein Experte hatte sowohl ein EDV-Anwendertraining (Bereich „Teilnehmer") als auch ein Präsentationstraining (Bereich „Arbeitsumgebung") vor Augen. Ein weiterer Experte betrachtete bezogen auf alle drei Bereiche eine „externe Weiterbildung, die fachlich und inhaltlich auf die eigenständige Umsetzung bestimmter Aufgaben im Unternehmen vorbereitet"[917], und der dritte Experte wiederum eine EDV-Schulung („Lern- und Arbeitsumgebung"). Da die benannten Einschränkungen i. A. die beschriebene Weiterbildungssituation umfassen, können die Bewertungen zusammen mit den anderen Einschätzungen aggregiert ausgewertet werden.

ad (a) Teilnehmer: Die Auswertung der teilnehmerspezifischen Determinanten über alle Experten (n = 29) zeigt, dass sechs Einflussfaktoren als besonders bedeutend eingestuft werden (Mw $\geq$ 8):

- die *Transferfähigkeit des Teilnehmers*,
- das *Interesse des Teilnehmers an den Inhalten*,
- der *wahrgenommene persönliche Nutzen der Maßnahme für den Teilnehmer*,
- der *wahrgenommene Nutzen, die Inhalten anzuwenden*,
- die *Lernmotivation* sowie
- die *Transfermotivation des Teilnehmers*.

Diese Determinanten werden jeweils von mehr als 2/3 der Experten ausgewählt und durchschnittlich mit mindestens 8 Punkten (P.) bewertet. Auch der ausreißerunempfindliche Median (Md) liegt bei allen sechs Faktoren bei 10 Punkten. Eine ebenfalls relativ hohe Bewertung erhält die Determinante *Teilnehmer hat die Inhalte verstanden* mit durchschnittlich 7,03 Punkten (Md = 5). Hierbei ist allerdings zu bedenken, dass dieser Faktor mit der höchsten Maximalbewertung (Max = 40) belegt wird, und die Bewertung dadurch eine hohe Streuung aufweist. Des Weiteren finden sich unter den zehn Determinanten mit der höchsten durchschnittlichen Bewertung (in Abb. 5.1 dunkelgrau eingefärbt) die *metakognitiven und selbstregulativen Fähigkeiten*, die *proaktive Persönlichkeit* sowie das *Problembewusstsein des Teilnehmers*. Als weniger bedeutend eingestuft werden die hellgrau abgebildeten Determi-

[917] Die Analyse der Begründungen lässt nicht darauf hindeuten, dass die Bewertung dieses Expertens aus der aggregierten Bewertung herauszulösen ist.

nanten (Mw $\leq$ 4,69). Diese Faktoren weisen, bis auf die *Intention, mit der der Teilnehmer die Inhalte anwendet* (Md = 5), jeweils einen Median von 0 Punkten auf. Die geringsten Bewertungen (Mw $\leq$ 2,24) erhalten hierbei die biografischen Faktoren (*Alter*, *private Belastung* und *Stand der beruflichen Entwicklung*).

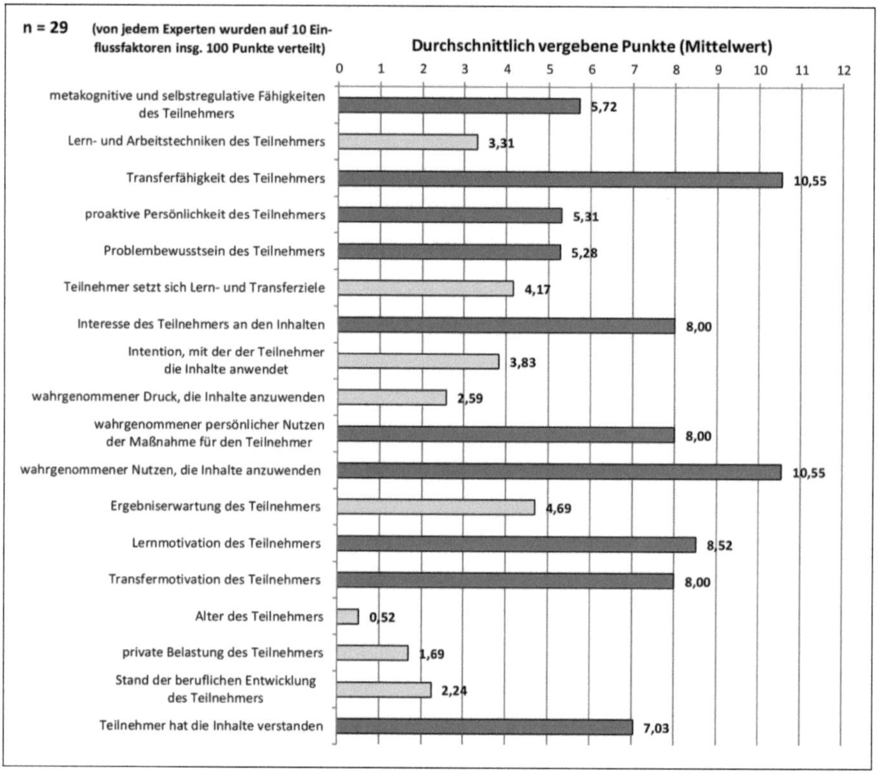

Abbildung 5.1: Bewertung der Determinanten aus dem Bereich „Teilnehmer“ (2. Runde).

Teilt ein Experte alle 100 möglichen Punkte gleichmäßig auf die zehn von ihm ausgewählten Faktoren auf, so bedeutet dies, dass alle Faktoren für ihn die gleiche Bedeutung für den Lerntransfer haben. Sind die Punkte jedoch nicht gleich verteilt, so sind 10 Punkte die kritische Grenze, ab der mindestens ein ausgewählter Faktor eine geringere Bedeutung hat, als der Faktor, der mit 10 Punkten bewertet wird. Schlüsselt man die Bewertungen der sechs bedeutendsten Determinanten in ihre Punktbestandteile auf, so ist festzustellen, dass alle sechs von mindestens 50 % aller Experten mit 10 oder mehr Punkten bewertet werden. Die hohe Bewertung der Determinante *Transferfähigkeit des Teilnehmers* ist darauf zurückzuführen, dass 35 % aller Experten eine Punktzahl vergeben haben, die höher als 10 Punkte liegt. Signifikante Bewertungsunterschiede bei den verschiedenen Expertengruppen sind jedoch nicht zu erkennen. Anders ist dies bei dem *Interesse des Teilnehmers an den Inhalten.* Hier ist der hohe Mittelwert (Mw) auf die hohen Bewertungen der Experten aus den Weiterbildungsträgern zurück zu führen (4 Bewertungen über 10 P. von insg. 5 über 10 P.). Eine Betrachtung der Standardabweichung (Sd) zeigt jedoch, dass auch innerhalb dieser Gruppe die Einschätzung dieser Determinante inhomogen ist. Die Standardabweichung von 8,2 liegt deutlich über den ohnehin hohen Abweichungswerten. Dies bestätigt auch der Variationskoeffizient (CV) i. H. v. 0,85. Die Bewertungen streuen somit etwa 85 % um den Mittelwert.

Die beiden Einflussfaktoren, welche die Nutzenwahrnehmung des Teilnehmers pointieren (der *wahrgenommene persönliche Nutzen der Maßnahme für den Teilnehmer* und der *wahrgenommene Nutzen, die Inhalten anzuwenden*), werden speziell von Experten aus der Wirtschaft hoch bewertet (Mw = 9,27 bzw. 10,91), wobei die Einschätzungen innerhalb der Gruppe allerdings stark streuen (Sd = 8 bis 9; CV = 0,96 bzw. 0,73). Den *wahrgenommenen Nutzen, die Inhalten anzuwenden,* schätzen außerdem die Experten der Weiterbildungsträger als sehr relevant ein (Mw = 11,18). Die *Lern-* und die *Transfermotivation* werden des Weiteren von nahezu allen wissenschaftlichen Experten ausgewählt (5 bzw. 6 von 7 Experten) und dann auch immer mit mindestens 10 Punkten taxiert. Auffällig ist hierbei, dass die *Lernmotivation* durch die Experten der Weiterbildungsträger mit einem Mittelwert von 10,09, als deutlich wichtiger eingestuft wird, als die *Transfermotivation* (6,45). Die anderen beiden Gruppen präferieren im direkten Vergleich jedoch eher die *Transfermotivation.* Bei einem direkten Vergleich der Standardabweichungen lässt sich feststellen, dass die Einschätzung der Faktoren durch die verschiedenen Gruppen zwar stark streut, allerdings die Bewertung der *Transfermotivation* tendenziell homogener ausfällt.

Außerdem fällt auf, dass sich die Einschätzung von den Determinanten *Teilnehmer setzt sich Lern- und Transferziele* und *wahrgenommener Druck, die Inhalte anzuwenden* zwischen den Gruppen stark unterscheidet. So schätzen die Wissenschafter diese Faktoren jeweils um durchschnittlich circa 5 Punkte bedeutender ein als die anderen Gruppen. Hervorzuheben ist zudem, dass alle Experten die biografischen und situativen Determinanten als relativ unbedeutend einschätzen. Lediglich der Faktor *Teilnehmer hat die Inhalte verstanden* sticht durch die durchschnittliche Punktzahl von 5 Punkten durch die Befragten aus der Wirtschaft leicht positiv hervor. Die biografischen Faktoren werden hingegen – abgesehen von ein paar Ausreißern – relativ homogen eingeschätzt, was durch die verhältnismäßig geringe Standardabweichung belegt wird.[918]

---

[918] Vgl. Abb. B.1, B.4, B.7 und Abb. B.11-B.13 sowie Tab. B.5 und B.9 im Online-Anhang (Download unter http://pub.uni-bielefeld.de/publication/2510119).

In der Mehrzahl der Fälle nutzen die Experten die Begründung ihrer Bewertung lediglich, um erneut die Bedeutung derjenigen Determinanten hervorzuheben, denen sie eine hohe Punktzahl zuordnen. Dies trifft auch für die Begründungen der Lern- und der Arbeitsumgebung zu. Sie pointieren in Bezug auf den Teilnehmer insbesondere die Bedeutung der Motivation für den Lernerfolg und den Lerntransfer. Das Motivationskonstrukt wird, neben dem Interesse an den Inhalten und dem wahrgenommenen Nutzen, als treibende Kraft für den Lerntransfer benannt. Insbesondere der wahrgenommene Nutzen wird hierbei als substanzielle Voraussetzung für den Lerntransfer akzentuiert. Einige wenige artikulieren jedoch, dass sie den wahrgenommenen Nutzen als nachrangig einstufen. Zusätzlich werden in einigen Fällen (Transfer-) Fähigkeiten des Teilnehmers explizit in den Vordergrund gestellt. Vereinzelt wird ferner pointiert, dass es den Lerntransfer fördert, wenn der Teilnehmer einen Anwendungsdruck verspürt, oder es unerlässlich ist, dass er die Inhalte auch verstanden hat. Des Weiteren werden von einem Wissenschaftler die metakognitiven und selbstregulativen Fähigkeiten des Teilnehmers sowie das Problembewusstsein als besonders bedeutend herausgestellt.

Eine Reihe Experten hebt zudem hervor, dass manche Faktoren insbesondere auch während der Weiterbildungsmaßnahme positiv beeinflusst werden können. Sie verweisen auf die Notwendigkeit, sowohl die Lern- und Transfermotivation als auch das Interesse des Teilnehmers an den Inhalten zu wecken. Ein Experte begründet zudem, warum er den Stand der beruflichen Entwicklung des Teilnehmers als sehr niedrig einstuft: „Es wird zu Beginn vielleicht hemmend wirken, jedoch schätze ich Menschen, die am Anfang ihrer Karriere [stehen,] als sehr wissbegierig ein.“ Ein Experte konstatiert ferner, dass alle Faktoren die gleiche Relevanz besitzen, und vergibt daher jeweils 10 Punkte für jeden ausgewählten Einflussfaktor. Ein anderer Experte schließt hingegen eine Gleichverteilung aller Einflussfaktoren explizit aus. Dass er die Punkte nicht als Abstandsmaß, sondern als Möglichkeit der Rangbildung verwendet, beschreibt ein weiterer Experte. Gleichzeitig bemerkt er, dass die Determinanten stark interdependent sind, er jedoch berücksichtigt, dass dies in der Studie nicht betrachtet werden kann und soll.

ad (b) Lernumgebung: Die Auswertung der Determinanten der Lernumgebung kann in ähnlicher Weise vorgenommen werden. Da mehr Einflussfaktoren aus der Lernumgebung (und auch der Arbeitsumgebung) zur Auswahl standen als aus dem Bereich des Teilnehmers, sind hier die Nennungen breiter verteilt. Dennoch stechen der *Praxisbezug der Inhalte* und der *Methoden* unter allen Faktoren hervor. Dies betrifft die Anzahl der Nennungen und damit verbunden auch die Bewertung der Faktoren (Abb. 5.2). Der *Praxisbezug der Inhalte* (27 Nennungen) erhält die höchste durchschnittliche Bewertung im Rahmen der Lernumgebung (Mw = 11,55), der *Praxisbezug der Methoden* – obwohl mit 23 Nennungen am zweithäufigsten ausgewählt – nur die dritthöchste Bewertung (Mw = 8,59). Die zweithöchste Bewertung erhält die *Qualifikation des Trainers* mit 9,9 Punkten, obgleich diese Determinante von weniger Experten ausgewählt wird (22 Experten). Die *Aktivierung des Teilnehmers* erzielt die vierthöchste Bewertung mit 7,59 Punkten (ebenfalls 22 Experten). Der Median der vier Einflussfaktoren mit dem höchsten Mittelwert liegt jeweils bei 10. Ebenfalls einen Median von 10 Punkten erreicht die *Abstimmung der Maßnahme auf die Zielgruppe* mit einem Mittelwert von 5,52. Eine höhere durchschnittliche Bedeutung wird allerdings der *Problemorientierten Vorgehensweise* (Mw = 6,45) und der *Aktivierung des/Anknüpfung an das Vorwissen und die Erfahrungen des Teilnehmers* (Mw = 6,24) zugewiesen. Der Median der beiden Determinanten liegt jedoch lediglich bei 5 Punkten. So auch die *Anwendung und Übung der Inhalte*, welche mit einem Mittelwert von 5,24 in ihrer Bedeutung für den Lerntransfer relativ niedrig eingeschätzt wird. Unter den zehn Faktoren mit dem höchsten Mittelwert sind außerdem die *Abstimmung der Ziele, Inhalte und Methoden der Maßnahme* (4,69) sowie die *Veranschaulichung der Inhalte* (4,59). Bei beiden Faktoren liegt der Median jedoch bei 0 Punkten.

Betrachtet man die zehn in Abbildung 5.2 dunkelgrau hervorgehobenen Einflussfaktoren, fällt auf, dass sich die vergebenen Punkte verstärkt auf die vier Faktoren mit dem größten Mittelwert konzentrieren (Mw $\geq 7,59$). Insofern ist nachvollziehbar, dass die Mittelwerte der restlichen Determinanten eher klein ausfallen. Gleichzeitig untermauern die z. T. sehr hohen Standardabweichungen die Entscheidung, die zehn bedeutsamsten Faktoren der jeweiligen Bereiche in der dritten Runde erneut bewerten zu lassen.[919] So können die heterogenen Einschätzungen ggf. untermauert oder homogenisiert werden. Dies trifft insbesondere auf die *Aktivierung des/Anknüpfung an das Vorwissen und die Erfahrungen des Teilnehmers* zu. Dieser Faktor hebt sich mit einer Streuung von 8,52 und einem Variationskoeffizienten von 1,36 deutlich von allen lernumgebungsspezifischen Determinanten ab. Letztere Faktoren weisen jeweils einen Median von 5 Punkten auf. Diejenigen Faktoren, die nicht zu den zehn Faktoren mit der höchsten Bewertung gehören (hellgraue Balken) erhalten im Schnitt Punktzahlen von deutlich unter 5. Gleichzeitig liegen alle Mediane bei 0 Punkten.

Eine differenzierte Analyse der vier Determinanten mit der höchsten durchschnittlichen Wertung zeigt, dass der *Praxisbezug der Inhalte* als besonders bedeutend von der Gruppe der Weiterbildungsträger eingestuft wird. Der zugeordnete Mittelwert beträgt bei dieser Gruppe 15,09, bei den Experten aus der Wirtschaft 10,91 und bei den Experten aus der Wissenschaft lediglich 7,00. Erstgenannte Gruppe hat zu 100 % den Faktor ausgewählt und mit mindestens 10 Punkten benotet, wobei mehr als 50 % 15 Punkte oder mehr vergeben. Auch die Befragten aus der Wirtschaft halten den Faktor für sehr wichtig, denn zehn von elf Experten votieren für den Faktor und vergeben zehn (6 Mal) oder 15 Punkte (4 Mal). Eine Betrachtung der Streuung zeigt im Gruppenvergleich die größte Einigkeit bei den Experten

[919] Vgl. Tab. B.6 im Online-Anhang (Download unter http://pub.uni-bielefeld.de/publication/2510119).

Abbildung 5.2: Bewertung der Determinanten aus dem Bereich „Lernumgebung“ (2. Runde).

der Wirtschaft. Auch bei dem *Praxisbezug der Methoden* zeichnet sich bei den Gruppen Wirtschaft und Weiterbildungsträger ein einheitliches Bild ab (CV = 0,54 bzw. CV = 0,58). Beide vergeben im Schnitt 10,18 Punkte. Auch hier liegt die Bewertung der Wissenschaftler mit 3,57 deutlich niedriger. Betrachtet man lediglich die Einschätzungen der Experten, die den Faktor *Qualifikation des Trainers* ausgewählt haben, ist die Meinung der Gruppen bezüglich dieses Faktors homogener. Alle Experten weisen der Determinante einen Wert größer als 10

Punkte zu, ein Experte (WBT) vergibt sogar 30 Punkte. Berücksichtigt man allerdings auch die 0 Punkte Wertungen, die sich daraus ergeben, dass der Faktor nicht ausgewählt wird, weist die Standardabweichung auf eine relativ hohe meinungsbezogene Inhomogenität hin. Die *Aktivierung des Teilnehmers* wird im Gegensatz dazu wesentlich durch die Einschätzung der Wissenschaftler bestimmt. Der Mittelwert i. H. v. 11,43 übertrifft die Urteile der anderen beiden Gruppen (WIRT = 7,27; WBT = 5,45) deutlich. Insofern ist die Standardabweichung über alle Gruppen i. H. v. 6,36 (CV = 0,83) über die sich unterscheidenden Einschätzungen der verschiedenen Gruppen zu erklären.

Weitere gruppenspezifische Auffälligkeiten ergeben sich des Weiteren in Bezug auf die *Situierung des Wissenserwerbs* und die *Bearbeitung der Inhalte aus unterschiedlichen Kontexten und Perspektiven.* Beide Faktoren erhalten von den Wissenschaftlern eine höhere Wertung als von den anderen Befragten. Die hohe durchschnittliche Bewertung der *Situierung des Wissenserwerbs* durch die Experten der Wissenschaft relativiert sich jedoch bei der Berücksichtigung der Streuung. Während die Meinungen der anderen beiden Gruppen bezüglich des Faktors als relativ homogen einzustufen sind (WIRT = 3,23; WBT = 4,43), zeigt die Standardabweichung bei den Wissenschaftlern eine Inhomogenität der Gruppenbewertung (Sd = 7,01 bzw. CV = 1,02). In Bezug auf den Faktor *Bearbeitung der Inhalte aus unterschiedlichen Kontexten und Perspektiven* sind sich speziell die Experten der Weiterbildungsträger in ihrer Einschätzung einig (Sd = 3,02; 10 Mal nicht ausgewählt; 1 Mal 10 P.).

Bei den anderen beiden Gruppen liegt die Standardabweichung deutlich höher bei circa 6. Anderes bei der *Anwendung und Übung der Inhalte.* Dieser Faktor wird von den Praktikern (WIRT = 7,27; WBT = 5,18) als wichtiger eingeschätzt als von den Wissenschaftlern (Mw = 2,14). Hier sind die Bewertungen der Experten aus der Wirtschaft stark inhomogen (Sd = 7,54), induziert dadurch, dass der Faktor ausschließlich Bewertungen von 10 oder höher erhält, jedoch nur von sechs Experten ausgewählt wird. Determinanten wie den *Rahmenbedingungen der Maßnahme*, der *Anpassung der Sprache* oder der *Vollständigkeit der Darstellung von Konzepten* wird darüber hinaus von allen drei Gruppen kaum eine Bedeutung beigemessen.[920]

Ein Gros der Experten pointiert in den Begründungen sehr prominent, dass die Qualifikation des Trainers und der Praxisbezug entscheidend für den Transfer sind. Ein Experte argumentiert: „In der Lernumgebung ist die fachliche und didaktische Qualifikation des Trainers extrem wichtig. Insbesondere die didaktischen Fähigkeiten spielen eine zentrale Rolle für

[920] Vgl. Abb. B.2, B.5, B.8 und Abb. B.14-B.16 sowie Tab. B.6 und B.10 im Online-Anhang (Download unter http://pub.uni-bielefeld.de/publication/2510119).

den Lernerfolg, d. h. die Fähigkeit zur Aktivierung und Strukturierung der Veranstaltung. Deshalb erhalten diese Faktoren das größte Gewicht, gefolgt von den Faktoren, die den Praxisbezug beinhalten, wie z. B. Abstimmung der Maßnahme auf die Zielgruppe, Praxisbezug der Inhalte, Ähnlichkeit von Lern- und Anwendungskontext sowie problemorientierte Vorgehensweise.“ Auch weitere Experten stellen eine direkte Beziehung zwischen der Qualifikation des Trainers und den verschiedenen Methoden bzw. Unterrichtsprinzipien her. Dabei wird vor allen Dingen die Aktivierung des Teilnehmers hervorgehoben. Die Wissenschaftler nutzen des Weiteren lernpsychologische Erkenntnisse, um ihre Einschätzungen zu begründen. Insofern liegt der Fokus bei dieser Gruppe auf den Unterrichts- und Lernprinzipien (Multiperspektivität, situierte Kognition, Ähnlichkeit von Lernfeld und Anwendungsfeld, didaktischen Arrangements, Anknüpfen an das Vorwissen usw.).

Zwei Experten betonen, dass sie die Faktoren als annährend gleich wichtig einstufen, nehmen allerdings trotzdem eine Gewichtung vor. Fünf weitere vergeben konstant 10 Punkte für alle Determinanten, mit o. g. Begründung bzw. unter Bezugnahme auf die Zusammenhänge zwischen den Faktoren. Ein anderer Experte ergänzt: „Transfer funktioniert nur mit einem Strauß von Faktoren. Wenn ein Faktor fehlt ist es durchaus möglich, dass er durch einen anderen wieder ausgeglichen wird.“

ad (c) Arbeitsumgebung: Im Rahmen der arbeitsumgebungsspezifischen Einflussfaktoren lassen sich insbesondere die *Unternehmens- und Lernkultur* (Mw = 8,72) sowie die *Zeitspanne zwischen Maßnahme und Anwendungsmöglichkeit* (Mw = 8,42) hervorheben (Abb. 5.3). Der Median liegt bei beiden Faktoren bei 10 Punkten. In toto verteilen sich die Bewertungspunkte hier jedoch gleichmäßiger auf die verschiedenen Faktoren, als dies bei der Lernumgebung der Fall ist. Unterstellt man eine Rangreihung der in Abbildung dargestellten Determinanten aufgrund ihres Mittelwerts, weisen die nächstplatzierten Determinanten deutlich weniger Punkte auf als die beiden höchst platzierten (Mw $\leq$ 6,55). Der Median von lediglich zwei weiteren Faktoren (*transferrelevante Arbeitsaufgaben* und *Lernklima*) liegt mit 5 Punkten über 0. Hervorzuheben ist jedoch, dass mit den Determinanten *Aufbau der personalen Unterstützungsstrukturen*, *Feedback durch den Vorgesetzten*, *Lernklima* und *Nachbereitungsgespräche mit dem Vorgesetzten* solche Faktoren eine hohe Bewertung erhalten, welche die Unterstützung des Teilnehmers betrachten. Die Standardabweichung dieser Faktoren ist jedoch, mit 6 Punkten und mehr, als verhältnismäßig hoch einzuordnen, ähnlich wie auch bei den Determinanten *transferrelevante Arbeitsaufgaben* und *Zeit, die Inhalte anzuwenden* (CV jeweils > 100 %). Die 13 Faktoren, die aufgrund ihres Mittelwerts den Übergang in die dritte Runde nicht schaffen, weisen jeweils einen Median von 0 Punkten auf (Mw $\leq$ 4,24). Sehr deutlich ist dieses Ergebnis hinsichtlich der drei am niedrigsten bewerteten Determinanten (Mw $\leq$ 1,1): *Organisationsstruktur* (Sd = 2,79), *Belohnungen für die Anwendung des Erlern-*

ten (Sd = 2,80) und *Materialien zur Begleitung und Überwachung des Anwendungsprozesses* (Sd = 2,60).

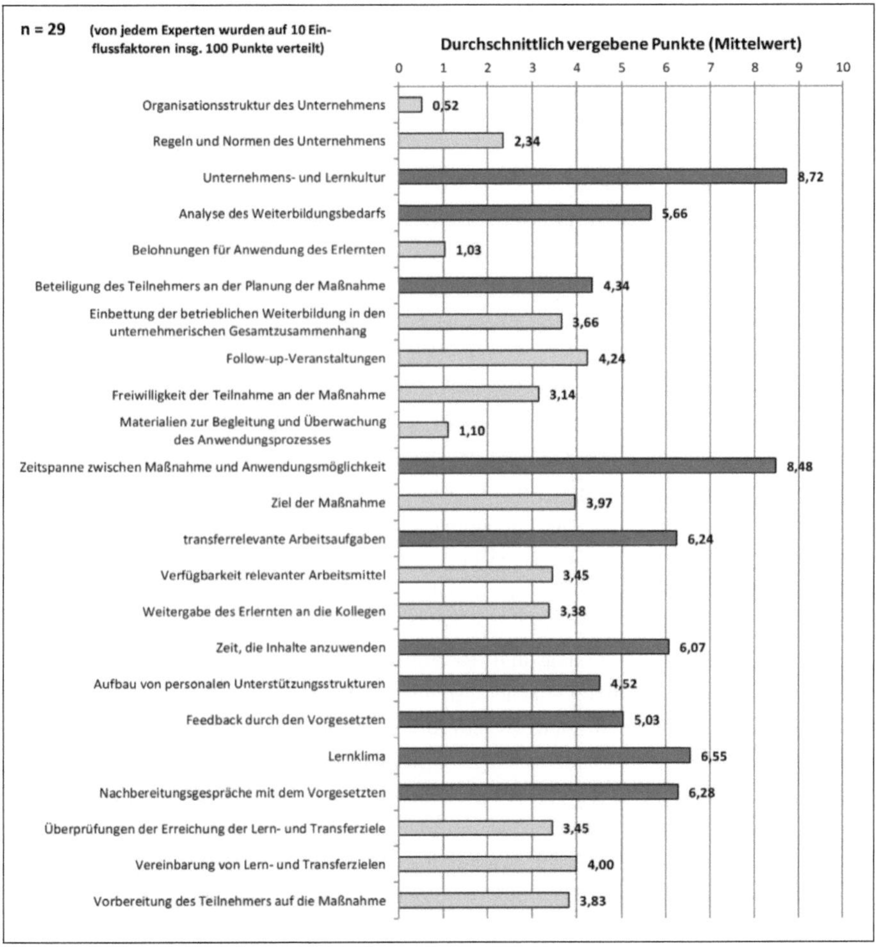

Abbildung 5.3: Bewertung der Determinanten aus dem Bereich „Arbeitsumgebung“ (2. Runde).

Die Einschätzung der Befragten bezüglich der *Unternehmens- und Lernkultur* ist gruppenweise betrachtet weitgehend einheitlich (8,43 $\leq$ Mw $\geq$ 9,91), wobei jedoch die Streuung der zugeordneten Punkte in der Gruppe der Wirtschaft sehr hoch ausfällt (Sd = 9,32; CV = 1,20). Anders gestalten sich die durchschnittlichen Bewertungen der Expertengruppen bei dem zweitplatzierten Faktor (*Zeitspanne zwischen Maßnahme und Anwendungsmöglichkeit*): die

Praktiker entscheiden sich im Schnitt für eine Punktzahl von etwa 10, die Wissenschaftler jedoch nur für durchschnittlich 4,71 Punkte. Deutlich mehr als die Hälfte der Praktiker vergab 10 oder mehr Punkte. In ähnlicher Weise differiert die Beurteilung der *transferrelevanten Arbeitsaufgaben*. Den Einfluss dieses Faktors schätzen allerdings die Wissenschaftler am höchsten ein (Mw = 9,43). Die Experten der Wirtschaft (Mw = 6,82) und der Weiterbildungsträger (Mw = 3,64) verteilen deutlich weniger Punkte auf diese Determinante. In umgekehrter Reihenfolge verhält es sich bei dem *Lernklima*, mit Werten i. H. v. 4,00 (WISS), 5,91 (WIRT) und 8,82 (WBT). Unterschiede in Bezug auf die Streuung der gruppenspezifischen Bewertungen der drei letztgenannten Faktoren lassen sich nicht ausmachen. Sie liegen alle in etwa um die Werte der gruppenunabhängigen Standardabweichungen. Starke Bewertungsdifferenzen zeigen des Weiteren die Determinanten (Sd): *Freiwilligkeit der Teilnahme an der Maßnahme* (WISS = 0; WIRT = 1,82; WBT = 6,45), *Feedback durch den Vorgesetzten* (WISS = 9,29; WIRT = 2,64; WBT = 4,73) und *Nachbereitungsgespräche mit dem Vorgesetzten* (WISS = 8,57; WIRT = 9,09; WBT = 2,00). Kaum Beachtung finden ferner die *Organisationsstruktur des Unternehmens*, *Belohnungen für die Anwendung des Erlernten* und *Materialien zur Begleitung und Überwachung des Anwendungsprozesses*.[921]

Die Betrachtung der Erläuterungen der Experten zeichnet ein ähnliches Bild wie bei den anderen beiden Bereichen. Die Determinanten mit einer hohen Punktzahlen werden noch einmal hervorgehoben. Als besonders wichtig werden kulturelle und klimatische Faktoren eingestuft: die Unternehmenskultur, das soziale Lernklima bzw. die soziale Unterstützung des Teilnehmers. Hierbei nimmt der Vorgesetzte eine wichtige Rolle ein. Neben dem allgemeinen Interesse, der Einbindung und der Führung durch den Vorgesetzten wird einem qualitativ hochwertigen Feedback eine herausragende Bedeutung beigemessen. Der Vorsetzte „bestimmt maßgeblich über transferrelevante Aufgaben, zeitliche Freiräume zur Anwendung des Gelernten, die Erlaubnis zum Aufbau von personalen Unterstützungsstrukturen sowie Belohnungen“. Ein Experte schätzt das Feedback des Vorgesetzten allerdings als den Faktor mit dem geringsten Einfluss auf den Lerntransfer ein. Viele Argumente beziehen sich des Weiteren darauf, dass zeitlich nah zur Weiterbildungsmaßnahme, Anwendungsmöglichkeiten bereitgestellt werden müssen. Gleichzeitig wird betont, dass die Teilnehmer freiwillig an der Maßnahme teilnehmen und in die Planung eingebunden werden müssen. Ein Experte fasst wie folgt zusammen: „Der Umsetzende muss die Zeit haben, die erworbenen Kenntnisse auch im betrieblichen Kontext umzusetzen und muss dabei strukturell und kulturell unterstützt werden (veränderungsoffen[e] Organisation und Kultur), weil er sonst zwar Maßnahmen anstoßen kann, die Umsetzung aber dennoch scheitern wird, weil das betriebliche Umfeld diese

[921] Vgl. Abb. B.3, B.6, B.9 und Abb. B.17-B.19 sowie Tab. B.7 und B.11 im Online-Anhang (Download unter http://pub.uni-bielefeld.de/publication/2510119).

Maßnahmen nicht mitträgt.“ Ergänzend bleibt zu bemerken, dass ein Experte wiederum jeweils 10 Punkte für jeden Einflussfaktor vergibt.

ad (d) Bereiche: Betrachtet man die Bereiche als Ganzes, so zeigt sich, dass alle ungefähr gleich bedeutsam eingestuft werden (gelbe Balken in Abb. 5.4). Es ist jedoch eine leichte Tendenz zu erkennen, dass dem *Teilnehmer* und der *Arbeitsumgebung* eine größere Bedeutung zugesprochen wird als der *Lernumgebung*. Da der Median bei allen drei Bereichen bei 10 Punkten liegt (was eine gleiche Bedeutung der Bereiche impliziert), ist jedoch von einer eindeutig höheren Bedeutung der beiden erstgenannten Bereiche nicht auszugehen.

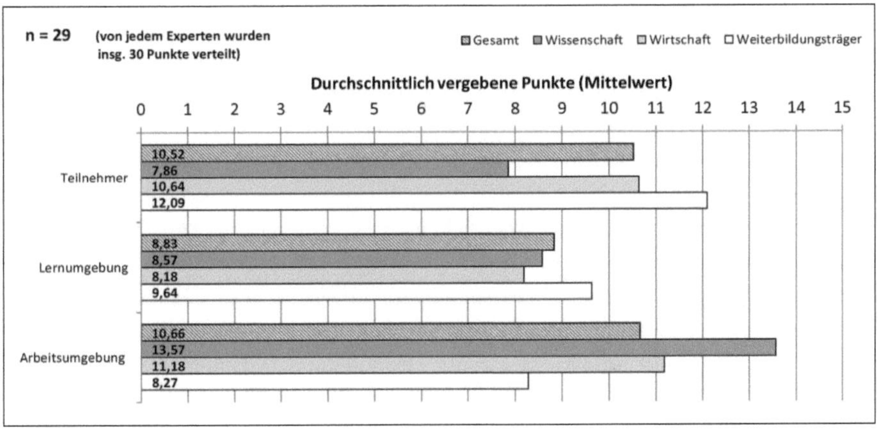

Abbildung 5.4: Zusammenfassende Bewertung der Bereiche gesamt und nach Expertengruppen (2. Runde).

Eine differenzierte Betrachtung der Punktevergabe zeigt allerdings, dass in Bezug auf die Arbeitsumgebung (Sd = 3,72; CV = 0,35) mehr als 70 % aller Experten 10 Punkte oder mehr vergeben, und davon sogar circa 25 % 15 Punkte oder mehr. Ähnliches gilt für den Teilnehmer (Sd = 3,2; CV = 0,30), bei dem etwas weniger als 70 % der Punkte bei 10 oder mehr Punkten liegen und knapp 20 % bei 15 oder mehr Punkten. Bei der Bewertung der Lernumgebung (Sd = 2,27; CV = 0,26) greift die Hälfte der Experten (14 Personen) auf 10 Punkte zurück. Lediglich zweimal wird eine höhere Bewertung gewählt: einmal mit 12 Punkten und einmal mit 15 Punkten. Sieben Experten (WISS = 1; WIRT = 3; WBT = 3) stufen ferner die drei Bereiche als gleich bedeutsam für den Lerntransfer ein.

Differenziert man die Bewertung nach den verschiedenen Expertengruppen (Abb. 5.4), so zeichnen sich eindeutige Bewertungsunterschiede zwischen den Gruppen ab. Die Wissenschaftler stufen die Arbeitsumgebung als wichtigsten Einflussbereich mit 13,57 von insgesamt 30 Punkten ein. Lediglich einmal wird mit 9 Punkten eine Punktzahl vergeben, die kleiner ist als 10 Punkte. Alle anderen Bewertungen liegen bei 10 (1 Nennung) oder mehr. Gleich zweimal werden 15 Punkte vergeben und sogar einmal 20 Punkte. Die beiden anderen Bereiche werden als ungefähr gleich bedeutsam eingestuft, wobei der Teilnehmer etwas weniger Punkte erhält (Mw = 7,86) als die Lernumgebung (Mw = 8,57). Drei Experten bewerten die Lernumgebung mit 10 Punkten. Alle anderen Experten vergeben weniger. In Bezug auf den Teilnehmer verteilt nur ein Experte 10 und ein weiterer 11 Punkte. Alle anderen Wissenschaftler wählen niedrigere Werte. Auch die Experten aus der Wirtschaft sehen die Arbeitsumgebung als wichtigsten Einflussbereich (Mw = 11,18), dicht gefolgt von dem Teilnehmer (Mw = 10,64). Die Betrachtung der Punktevergabe für die Arbeitsumgebung zeigt, dass nur ein Experte mit 7 Punkten einen Wert unter 10 angibt. Mehr als die Hälfte (6 Experten) vergibt 10 Punkte, einer 11 und zwei Experten 15. Die Bewertung des Teilnehmers ist inhomogener (Sd = 3,53; CV = 0,33). Während nur drei Experten 10 Punkte zuweisen, liegt die Bewertung von jeweils vier Experten über oder unter dieser Marke. Die Lernumgebung wird im Gegensatz zu den anderen beiden Bereichen jedoch nur als nachrangig betrachtet. Hier ist kein Wert größer als 10, wohl aber die Hälfte kleiner. Ein vollkommen anderes Bild zeigt sich bei den Experten aus den Weiterbildungsträgern. Ihrer Einschätzung nach ist der Teilnehmer der Bereich mit der größten Bedeutung für den Lerntransfer (Mw = 12,09). Knapp die Hälfte der Experten (5 Personen) vergibt 10 Punkte. Die anderen Bewertungen sind höher und liegen maximal bei 15 Punkten (3 Nennungen). Die Lernumgebung erhält im Vergleich zum Teilnehmer lediglich im Schnitt 9,64 und die Arbeitsumgebung 8,27 Punkte. Wobei das Urteil der Experten bezüglich der Lernumgebung relativ gleich verteilt ausfällt: sechs Experten vergeben genau 10 Punkte, drei weniger und zwei mehr. Circa 55 % der Werte der Arbeitsumgebung (6 Nennungen) liegen jedoch unter 10 Punkten. Da die Standardabweichungen je Gruppe und Bereich weitgehend ähnliche Werte aufweisen, lassen sich mit Blick auf die Interpretation der Daten keine weiteren Informationen generieren.[922]

Experten, die den Teilnehmer als wichtigsten Einflussbereich sehen, begründen dies insbesondere damit, dass der Teilnehmer die aktive Rolle im Transferprozess innehat. Wenn er das Erlernte nicht anwenden will, kann eine positive Ausgestaltung der Lern- und Arbeitsumgebung kaum Einfluss nehmen. Ein Experte beschreibt dies sehr bildhaft: „Man kann die Kuh zum Wasser führen, trinken muss sie selbst." Ein anderer Experte vertritt jedoch die Ansicht, dass der Teilnehmer eine untergeordnete Rolle im Vergleich zu den Umgebungsfaktoren spielt. Argumente für die herausragende Bedeutung der Lernumgebung werden insbesondere von Experten aus der Gruppe der Weiterbildungsträger benannt und betreffen die optimale Vorbereitung des Teilnehmers auf den späteren Transfer. In Bezug auf die Arbeitsumgebung

[922] Vgl. Abb. B.10 und B.20-B.22 sowie Tab. B.8 und B.12 im Online-Anhang (Download unter http://pub.uni-bielefeld.de/publication/2510119).

wird pointiert, dass es sich hier um den Ort handelt, an dem der Transfer stattfindet, sofern es die Umgebung überhaupt zulässt. Ein Experte aus der Wirtschaft hält grundsätzlich alle Bereiche für gleich wichtig, vergibt jedoch mehr Punkte für die Arbeitsumgebung, weil er hier seine eigenen Einflussmöglichkeiten sieht. Er betont weiterhin, „dass die Stärke auf der einen Ebenen die Schwäche auf der anderen ausgleicht". Diejenigen Experten, die alle drei Bereiche als gleichbedeutend betrachten, argumentieren, dass nur ein sinnvolles Zusammenspiel aller Bereiche zum Transfererfolg führen kann: „Letztlich sind diese Bereiche die ‚drei Seiten' einer Medaille."

5.1.3 Dritte Befragungsrunde

Auch in der letzten Runde konnte auf die Expertise nahezu aller Experten zurückgegriffen werden (n = 30). Erneut nahmen alle Experten der Praxis an der Befragung teil. Lediglich einer der wissenschaftlichen Experten, welcher bereits auf die Teilnahme an der zweiten Runde verzichtet hatte, partizipierte auch nicht an der letzten Runde. Da in dieser Runde lediglich die zehn Determinanten mit der höchsten durchschnittlichen Bewertung der zweiten Runde erneut examiniert werden (dunkelgraue Balken in Abb. 5.1-5.3.), nimmt die Standardabweichung als Maß für die Streuung der Daten und somit die Homogenität der Expertenmeinungen eine besondere Rolle ein. In Bezug auf die Weiterbildungssituation bleibt festzuhalten, dass die Experten keine signifikanten Einschränkungen vornehmen, die eine Herauslösung ihrer Bewertung aus der Gesamtbewertung rechtfertigen.

Da in dieser Runde die Experten dazu aufgefordert werden zu begründen, inwiefern sie sich an der Gruppenmeinung orientieren,[923] treten die Begründungen für die Bewertung der Faktoren in den Hintergrund. Ein Großteil der Experten hebt noch einmal hervor, dass sie bestimmte Faktoren als bedeutender oder weniger bedeutend einstufen als die Gruppe. Die Erläuterungen ähneln denjenigen aus der zweiten Runde. Insofern ist eine genaue Darstellung der Begründungen redundant. Wohl aber hervorzuheben ist, dass ein Experte bemerkt, dass die Gewichtung der Faktoren immer von der jeweiligen spezifischen Weiterbildungssituation abhängig ist: „[I]nsofern stelle ich die Hypothese in den Raum, dass die Einflussfaktoren je nach Setting anders ausfallen müssen." Teilweise wird formuliert, dass eine Bewertung der einzelnen Determinanten aufgrund der Interdependenzen schwer durchzuführen ist. Um dieser Problematik gerecht zu werden, vergibt ein Experte bspw. in allen Bereichen durchgehend 10 Punkte für die dort angegebenen Determinanten.

[923] Vgl. dazu Abschnitt 5.1.4 („Entwicklung der Antworten über alle Befragungsrunden").

ad (a) Teilnehmer: Die Tendenzergebnisse der dritten Runde (Abb. 5.5) decken sich in Bezug auf den Bereich des Teilnehmers weitgehend mit denen der vorherigen Runde (Abb. 5.1). Als besonders bedeutend für den Lerntransfer werden bestätigt (Mw $\geq$ 9,33):

- der *wahrgenommene Nutzen, die Inhalte anzuwenden* (15,30 P.),
- die *Transferfähigkeit des Teilnehmers* (13,60 P.),
- die *Lernmotivation des Teilnehmers* (12,67 P.),
- die *Transfermotivation des Teilnehmers* (12,07 P.),
- das *Interesse des Teilnehmers an den Inhalten* (10,67 P.) sowie
- der *wahrgenommene persönliche Nutzen der Maßnahme für den Teilnehmer* (9,33 P.),

wobei erstgenannter Faktor besonders hervorsticht. Der Median des ersten bzw. zweiten Faktors liegt mit 13,00 bzw. 13,50 Punkten deutlich über dem Median der anderen hervorgehobenen Faktoren (jeweils 10 P.). Für die drei erstgenannten Faktoren gilt, dass jeweils über 93 % aller Experten ihnen einen Wert von mindestens 10 Punkten zuordnen.

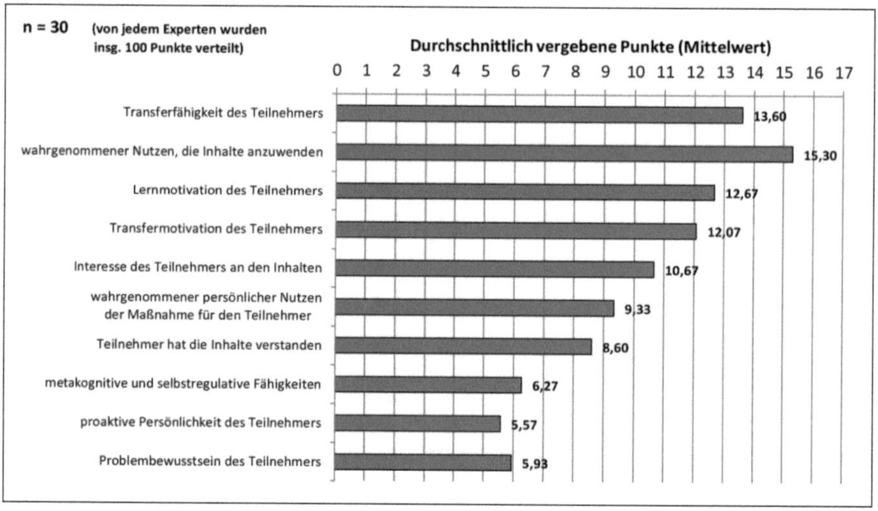

Abbildung 5.5: Bewertung der Determinanten aus dem Bereich „Teilnehmer" (3. Runde).

Trotz der reduzierten Auswahl der Faktoren und der Angabe der Bewertungsergebnisse der zweiten Runde streuen die Daten immer noch relativ stark um den Mittelwert. Dies fällt speziell bei dem *wahrgenommenen Nutzen, die Inhalte anzuwenden*, auf (Sd = 6,98; CV = 0,46). Dies ist auf die hohe Spannweite der Bewertungen von 5 (Min) bis 40 (Max) Punkten zurückzuführen. Ähnliches gilt auch für die anderen hervorgehobenen Einflussfaktoren. Die Minima dieser und aller anderen Faktoren liegen jeweils bei 0. Als im Verhältnis weniger wichtig (Mw $\leq$ 8,60) werden ferner die Faktoren *Teilnehmer hat die Inhalte verstanden* (Md = 8,5), die *metakognitiven und selbstregulativen Fähigkeiten* sowie die Persönlichkeitsfaktoren *proaktive Persönlichkeit* und *Problembewusstsein des Teilnehmers* eingestuft (jeweils Md = 5).

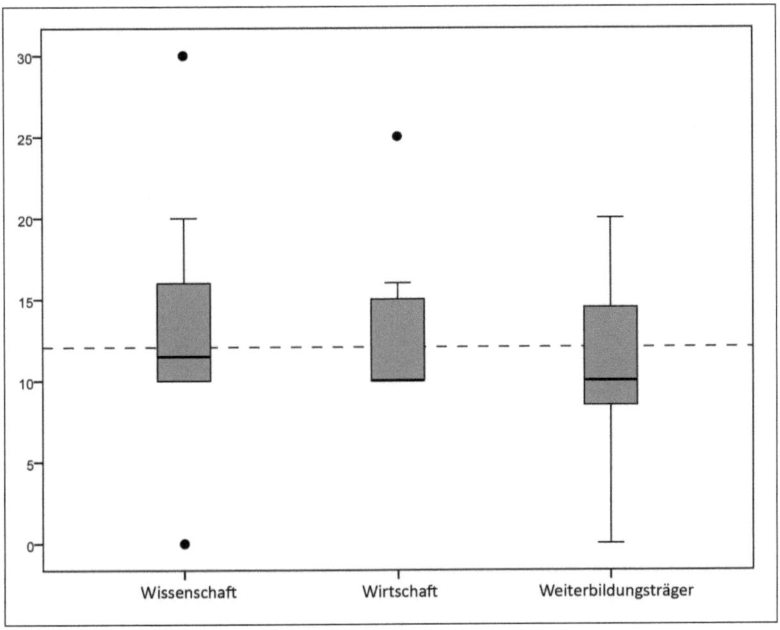

Abbildung 5.6: Boxplot der Bewertungen der Determinante *Transfermotivation des Teilnehmers* nach Expertengruppen (3. Runde).

Betrachtet man die teilnehmerspezifischen Determinanten gruppenweise, so lassen sich erneut Unterschiede in der Einschätzung der verschiedenen Gruppen zeigen. Während die Mittelwerte der Faktoren *Transferfähigkeit des Teilnehmers, Lernmotivation des Teilnehmers* und *wahrgenommener persönlicher Nutzen des Maßnahme für den Teilnehmer* sich annährend gleichen, fällt die Einschätzung der anderen hervorgehobenen Determinanten – wie der Boxplot in Abbildung 5.6 exemplarisch für den Faktor *Transfermotivation* zeigt – differenzierter aus. Die wissenschaftlichen Experten beurteilen den *wahrgenommener Nutzen, die Inhalte anzuwenden* mit durchschnittlich weniger Punkten (Mw = 12,13) als die Experten aus der Praxis (WIRT = 16,00; WBT = 16,91). Es fällt auf, dass die Streuung der Bewertungen der Experten der Weiterbildungsträger mit 9,72 besonders hoch ist im Vergleich zu den anderen beiden Gruppen mit jeweils circa 4,5. Zurückzuführen ist die starke Streuung u. a. auf die hohe Spannweite der Daten von 8 bis 40 Punkten, wobei über 80 % der Bewertungen über 10 Punkten liegen. Bei der *Transfermotivation des Teilnehmers* zeichnet sich ein ähnliches Bild ab (Abb. 5.6). Bei diesem Faktor liegt der Mittelwert der Weiterbildungsträger mit

10,09 Punkten jedoch niedriger als der Mittelwert den anderen beiden Gruppen (WISS = 13,13; WIRT = 13,27). Hier ist die Bewertung der Wissenschaftler als stark inhomogen zu bezeichnen. Die Daten streuen mit einer Standardabweichung von 8,71 zwischen dem Minimum 0 und dem Maximum 30 (als Ausreißer im Boxplot markiert). Fünf der acht Experten vergeben jedoch mit 10 bis 12 Punkten einen Wert, der in der Nähe des Mittelwerts liegt. Die anderen drei Experten weisen der Determinante 0 bzw. 20 oder 30 Punkte zu. Des Weiteren gilt für das *Interesse des Teilnehmers an den Inhalten*, dass dieser Faktor von den Experten der Weiterbildungsträger als bedeutender eingestuft wird (Mw = 13,09) als von den Experten der Wissenschaft (Mw = 9,88) und der Wirtschaft (Mw = 8,82). Allerdings sind sich die Experten der Weiterbildungsträger mit ihrer hohen Bewertung des Faktors nicht einig (Sd = 7,76; CV = 0,59). Die Daten streuen zwischen 6 (2 Experten) und 30 Punkten (1 Experte).[924]

ad (b) Lernumgebung: Bei der Bewertung der lernumgebungsspezifischen Einflussfaktoren (Abb. 5.7) lassen sich eindeutige Abweichungen zwischen den Runden identifizieren. Zwar werden auch der *Praxisbezug der Inhalte* und die *Qualifikation des Trainers* als besondere bedeutend hervorgehoben (17,10 bzw. 14,53 P.), allerdings tritt der *Praxisbezug der Methoden* mit 9,8 Punkten hinter die *Aktivierung des Teilnehmers* mit 12 Punkten in seiner Bedeutung zurück. Aus den Daten der beiden letztgenannte Faktoren ergibt sich ein Median von 10 Punkten, wobei die Streuung vergleichsweise moderat ausfällt (Sd = 4,99; CV = 0,51 bzw. Sd = 3,52; CV = 0,29). Sowohl die Bewertung des *Praxisbezugs der Inhalte* (Sd = 7,57; CV = 0,44) als auch die Bewertung der *Qualifikation des Trainers* (Sd = 6,68; CV = 0,51) weisen allerdings eine hohe absolute Streuung auf. Eine genaue Betrachtung der Einzelbewertungen zeigt, dass zwei Experten 40 Punkte für den *Praxisbezug der Inhalte* vergeben, jedoch über 60 % der Bewertungen zwischen 10 und 15 Punkten liegen. Ähnliches gilt für die *Qualifikation des Trainers*. Hier streuen die Daten zwischen 7 und 30 Punkten, wobei etwas weniger als 80 % der Daten einen Wert zwischen 10 und 15 annehmen. Insofern liegen auch die ausreißerunempfindlichen Mediane bei 15 bzw. 12 Punkten, so dass dennoch von einer hohen Bedeutung der Determinanten für den Lerntransfer auszugehen ist. Dies bestätigen auch die zugehörigen Variationskoeffizienten von circa 45 %.

Außerdem relativ hoch bewertet werden die *Aktivierung des/Anknüpfung an das Vorwissen und die Erfahrungen des Teilnehmers* (Mw = 9,70; Md = 10) sowie die *Problemorientierte Vorgehensweise* (Mw = 9,20; Md = 10). Beide Einflussfaktoren werden verhältnismäßig homogen bewertet (Sd = 4,86; CV = 0,50 bzw. Sd = 4,11; CV = 0,45), wobei ein großer Teil der Experten innerhalb einer Spannweite von 0 bis 20, einen Wert von 10 vergibt. Mediane

[924] Vgl. Abb. B.23, B.26 und Abb. B.29-B.31 sowie Tab. B.13 und B.16 im Online-Anhang (Download unter http://pub.uni-bielefeld.de/publication/2510119).

von unter 10 Punkten weisen darüber hinaus die konzeptionellen Faktoren *Abstimmung der Maßnahme auf die Zielgruppe* (Mw = 7,43) und *Abstimmung der Ziele, Inhalte und Methoden der Maßnahme* (Mw = 5,10) sowie die methodenbezogenen Faktoren *Anwendung und Übung* (Mw = 8,13) und *Veranschaulichung der Inhalte* (Mw = 7,00) auf.

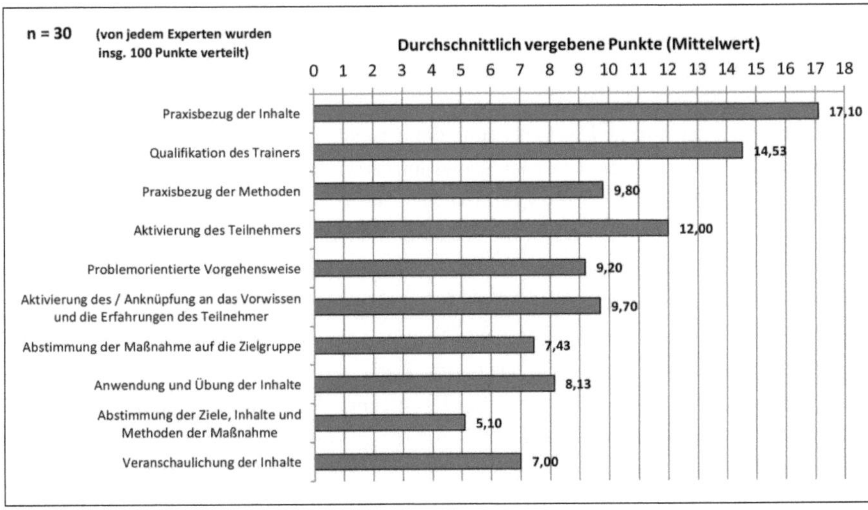

Abbildung 5.7: Bewertung der Determinanten aus dem Bereich „Lernumgebung“ (3. Runde).[925]

Im Gruppenvergleich zeichnet sich die *Aktivierung des Teilnehmers* als der Faktor aus, der von den Gruppen am einheitlichsten innerhalb der Lernumgebung bewertet wird. Die Mittelwerte der verschiedenen Gruppen sind nahezu identisch (WISS = 11,88; WIRT = 12,36; WBT = 11,73) und die Standardabweichungen (WISS = 2,8; WIRT = 3,38; WBT = 4,34) sowie Variationskoeffizienten (WISS = 0,24; WIRT = 0,27; WBT = 0,37) relativ gering. Vergleichsweise nah beieinander liegen auch die durchschnittlichen Bewertungen der Faktoren *Praxisbezug der Methoden* und *Problemorientierte Vorgehensweise* mit einer Maximaldifferenz von 2 Punkten. Der *Praxisbezug der Inhalte* wird von den Experten aus den Weiterbildungsträgern mit 19,82 Punkten als besonders bedeutsam eingestuft. Etwas weniger Punkte vergibt die Expertengruppe aus der Wirtschaft (Mw = 17,27) und deutlich weniger die Wissenschaftler (Mw = 13,13). Die Einschätzung der Experten aus den Weiterbildungsträgern ist jedoch stark inhomogen (Sd = 10,96; CV = 0,55): Die Daten verteilen sich gleichmäßig zwischen 10 und 40 Punkten. Die *Qualifikation des Trainers* wird erneut von dieser Gruppe hoch valutiert (Mw = 17,91), deutlich höher als von den anderen beiden (WISS = 12,13;

[925] In der zweiten Runde werden von 29 Experten 100 Punkte auf 25 Determinanten verteilt und in der dritten Runde von 30 Experten 100 Punkte auf zehn Determinanten.

WIRT = 12,91). In gleicher Weise wie bei dem zuvor benannten Faktor streuen auch hier die Daten der erstgenannten Gruppe stark (Sd = 8,12; Min = 10; Max = 30). In Bezug auf die *Aktivierung des/Anknüpfung an das Vorwissen und die Erfahrungen des Teilnehmers* zeigt sich ein anderes Bild. Hier vergeben die Wissenschafter mit 12,25 Punkten die höchste durchschnittliche Bewertung (WIRT = 10,09 und WBT = 7,45). Allerdings erscheint diese im Gegensatz zu den vorherigen Höchstbewertung relativ homogen mit einer Streuung von 3,65 (CV = 0,30) und Werten zwischen 9 und 20 Punkten (WISS).[926]

ad (c) Arbeitsumgebung: Die Bewertung der Arbeitsumgebung ist im Rundenvergleich wiederum einheitlicher. Einen relativen Bedeutungszuwachs von der zweiten auf die dritte Runde (Abb. 5.8) haben jedoch die Faktoren *Zeit, die Inhalte anzuwenden* und die *Beteiligung des Teilnehmers an der Maßnahme* erhalten. Wie auch in der zweiten Runde stechen insbesondere die *Unternehmens- und Lernkultur* sowie die *Zeitspanne zwischen Maßnahme und Anwendungsmöglichkeit* durch ihre hohen Mittelwerte (14,37 bzw. 13,50) aus der Gesamtzahl der Faktoren hervor. Für beide Faktoren vergeben jeweils ungefähr 40 % der Experten 15 oder mehr Punkte. Die einzelnen Werte streuen jedoch stark zwischen dem Maximalwert 40 bzw. 30 und 0. Eine hohe Bewertung weisen des Weiteren die Faktoren *(soziales) Lernklima* (Mw = 11,20), *Zeit, die Inhalte anzuwenden* (Mw = 10,90), *Nachbereitungsgespräche mit dem Vorgesetzten* (Mw = 10,10) sowie *transferrelevante Arbeitsaufgaben* (Mw = 9,90) auf. Alle Faktoren haben einen Median von 10 bzw. in Falle des Lernklimas einen Median von 10,5 und eine Standardabweichung von circa 5. Anders ist dies bei den vier Determinanten mit der niedrigsten durchschnittlichen Punktzahl (Mw $\leq$ 8,17). Bis auf das *Feedback durch den Vorgesetzten* (Md = 10) liegen die Mediane aller Faktoren unter 10 Punkten (*Analyse der Weiterbildungsbedarfs* = 9,5 P.; *Aufbau von personalen Unterstützungsstrukturen* = 6,5 P.; *Beteiligung des Teilnehmers an der Planung der Maßnahme* = 6 P.).

Besonders stark differiert die Einschätzung der Expertengruppen in Bezug auf die *Unternehmens- und Lernkultur*, die *Zeitspanne zwischen Maßnahme und Anwendungsmöglichkeit* sowie die *Nachbereitungsgespräche mit dem Vorgesetzten.* Die *Unternehmens- und Lernkultur* erhält von den Experten der Weiterbildungsträger einen durchschnittlichen Wert von 18,18 Punkten (jeweils mindestens 10 P.), von den Experten der Wirtschaft durchschnittlich 13 Punkte und von den Experten der Wissenschaft 11. Alle Bewertungen streuen allerdings stark (Sd: WBT = 9,25; WIRT = 6,31; WISS = 6,78 bzw. CV: WBT = 0,51; WIRT = 0,49; WISS = 0,62). Die *Zeitspanne zwischen Maßnahme und Anwendungsmöglichkeit* wird mit einem Mittelwert von 16,09 Punkten besonders hoch von den Experten der Wirtschaft ein-

[926] Vgl. Abb. B.24, B.27 und Abb. B.32-B.34 sowie Tab. B.14 und B.17 im Online-Anhang (Download unter http://pub.uni-bielefeld.de/publication/2510119).

geschätzt. Die Bewertung der anderen beiden Gruppen fällt mit 13,18 (WBT) und 10,38 Punkten (WISS) geringer aus. Im Hinblick auf diesen Einflussfaktor ist das Urteil der Wissenschaftler (Sd = 2,26; CV = 0,22) im Vergleich zu den anderen Experten (WIRT = 5,01 bzw. 0,31; WBT = 7,47 bzw. 0,57) verhältnismäßig einheitlich. Hinsichtlich der *Nachbereitungsgespräche mit dem Vorgesetzten* zeigt sich ein umgekehrtes Bild. Während die Experten der Praxis durchschnittlich circa 9 Punkte vergeben (WIRT = 9,27; WBT = 8,18), taxieren die Wissenschaftler den Faktor mit durchschnittlich 13,88 Punkten. Die Einzelwerte schwanken hier (WISS) zwischen 8 und 30 (Sd = 7,57; CV = 0,55), wovon 75 % der Bewertung 10 oder mehr Punkte umfassen. Bei den Determinanten *(soziales) Lernklima*, *Zeit, die Inhalte anzuwenden* sowie *transferrelevante Arbeitsaufgaben* sind keine signifikant hohen Abweichungen zwischen den Gruppen auszumachen.

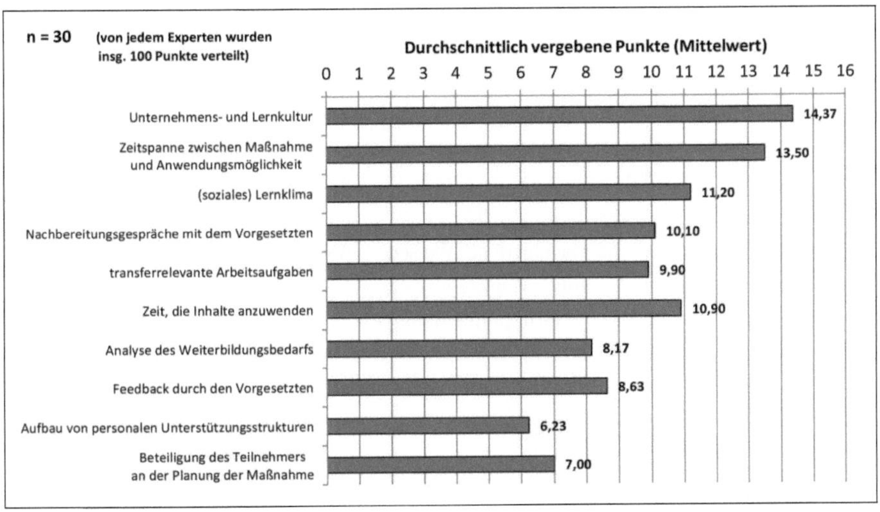

Abbildung 5.8: Bewertung der Determinanten aus dem Bereich „Arbeitsumgebung" (3. Runde).[927]

Über die hervorgehobenen Determinanten hinaus fällt zusätzlich die im Verhältnis zu den anderen Gruppen hohe Bewertung des *Feedbacks durch den Vorgesetzten* durch die Wissenschaftler auf. Während die anderen beiden Gruppen durchschnittliche Bewertungen unter 10 Punkten verteilen (WIRT = 8,73; WBT = 6,18), liegt der Mittelwert der wissenschaftlichen

[927] In der zweiten Runde werden von 29 Experten 100 Punkte auf 23 Determinanten verteilt und in der dritten Runde von 30 Experten 100 Punkte auf zehn Determinanten.

Expertengruppe bei 11,88 Punkten. Hier sind sich die Wissenschaftler sehr einig. Die Daten streuen lediglich 2,8 Punkte um den Mittelwert (CV = 0,24).[928]

5.1.4 Entwicklung der Antworten über alle Befragungsrunden

Die profunde Analyse der Antwortentwicklung der Experten über die drei Befragungsrunden bietet zusätzliche Ansätze für die sich anschließende Interpretation der Daten. Es empfiehlt sich, neben der aggregierten Betrachtungsweise zusätzlich die Entwicklung der Antworten einzelner Experten zu untersuchen. Dabei ist es sowohl bei der ersten als auch bei der zweiten Perspektive nicht zielführend, die Entwicklung aller Determinanten zu reflektieren. Daher werden lediglich diejenigen Einflussfaktoren herausgegriffen, welche Bestandteil aller drei Runden sind.[929] Aufgrund der reduzierten Determinantenauswahl sind allerdings keine absoluten numerischen Vergleiche zwischen den Mittelwerten der zweiten und der dritten Runde möglich. Lediglich für gewichtete Tendenzaussagen können die durchschnittlichen Bewertungen herangezogen werden. Einen Mehrwert bieten allerdings die Rangkorrelationskoeffizienten (r_s in den Tabellen 5.5-5.7), die Auskunft darüber geben ob ein Zusammenhang zwischen den Bewertungen bzw. Rängen der zweiten und der dritten Runde besteht. Für einen direkten Vergleich eignen sich allerdings die jeweiligen Einzelbewertungen der Experten.

Die Experten begründen auf verschiedene Weisen, inwiefern sie sich innerhalb der drei Bereiche an der Gruppenmeinung orientieren oder eine eigene Bewertung wählen. Eine vollständige Orientierung an der Gruppenmeinung wird von keinem der Befragten artikuliert. Allerdings beschreibt ein Teil der Experten begründend, warum sie bei der Bewertung ausgewählter Faktoren nach oben oder unten von der aggregierten Gruppenmeinung abweichen. Ein Großteil betont des Weiteren, dass sie die Gruppenmeinung vollständig bei ihrer Bewertung ausblenden und sich an ihrer eigenen Einschätzung orientieren.

ad (a) Teilnehmer: Wie Tabelle 5.5 zu entnehmen, verdichten sich die Einschätzungen der Experten in Bezug auf den Teilnehmer von Runde zu Runde. Die aggregierte Betrachtungsweise suggeriert ein weitgehend einheitliches Bild über die Determinanten des Lerntransfers. So wird der *wahrgenommene Nutzen, die Inhalte anzuwenden* bereits in der ersten Runde von sieben Experten benannt und im Verlauf der Erhebung in seiner Bedeutung bestätigt. Zwar tauschen exemplarisch die *Transferfähigkeit des Teilnehmers* und der *wahrgenommene Nutzen, die Inhalte anzuwenden* ihren Rangplatz, allerdings findet generell der Wechsel nur

[928] Vgl. Abb. B.25, B.28 und Abb. B.35-B.37 sowie Tab. B.15 und B.18 im Online-Anhang (Download unter http://pub.uni-bielefeld.de/publication/2510119).

[929] Vgl. für einen Gesamtüberblick über alle Determinanten Tab. B.19-B.21 im Online-Anhang (Download unter http://pub.uni-bielefeld.de/publication/2510119).

zwischen Faktoren des nächstgelegenen Rangplatzes statt. Da nicht ausgewählte Faktoren in der zweiten Runde mit 0 Punkten codiert werden, kann dieses Ergebnis als eine Verdichtung der aggregierten Gruppenmeinung interpretiert werden. Berücksichtigt werden muss jedoch, dass die Einschätzungen der Experten z. T. sehr inhomogen sind.

Tabelle 5.5: Aggregierte Determinantennennungen und -bewertungen in dem Bereich „Teilnehmer“ (1.-3. Runde).[930]

Determinante	1. Runde	2. Runde a)	2. Runde b)		3. Runde		r_s
	Nennungen	Nennungen	Rang	Mw	Rang	Mw	(n=29)
Transferfähigkeit des Teilnehmers	2	27	**1**	10,55	**2**	13,60	0,00
wahrgenommener Nutzen, die Inhalte anzuwenden	7	23	**2**	10,55	**1**	15,30	-0,31
Lernmotivation des Teilnehmers	3	20	**3**	8,52	**3**	12,67	0,21
Transfermotivation des Teilnehmers	3	23	**4**	8,00	**4**	12,07	0,26
Interesse des Teilnehmers an den Inhalten	2	21	**5**	8,00	**5**	10,67	0,08
wahrgenommener persönlicher Nutzen der Maßnahme für den Teilnehmer	4	23	**6**	8,00	**6**	9,33	0,40+
Teilnehmer hat die Inhalte verstanden	1	16	**7**	7,03	**7**	8,60	0,33
metakognitive und selbstregulative Fähigkeiten des Teilnehmers	2	17	**8**	5,72	**8**	6,27	0,12
proaktive Persönlichkeit des Teilnehmers	2	17	**9**	5,31	**10**	5,57	0,36
Problembewusstsein des Teilnehmers	1	19	**10**	5,28	**9**	5,93	0,22

Es fällt auf, dass auch Faktoren, die in der ersten Runde nur von einem oder zwei Experten erwähnt werden, von nahezu allen Experten im Verlauf der Studie eine hohe Bedeutung zugesprochen wird. Dies ist besonders deutlich der Fall bei der *Transferfähigkeit des Teilnehmers.* Eine genaue Betrachtung der Einzelnennungen und -bewertungen zeigt, dass Faktoren, die in der ersten Runde von einem Experten vorgeschlagen werden, nicht automatisch auch von dieser Person in der zweiten Runde ausgewählt werden. So tritt der Fall auf, dass ein Faktor von lediglich zwei Experten benannt, von einem dieser Experten in der zweiten Runde nicht ausgewählt wird, allerdings von einer Vielzahl anderer Experten (*Interesse des Teilnehmers an den Inhalten*).[931]

Ein direkter Vergleich der einzelnen Bewertungspunkte in der zweiten und dritten Runde zeigt, dass sich die Bewertung eines großen Teils der Experten innerhalb der dritten Runde an

---

[930] 2. Runde a) = Auswahl der Determinanten; 2. Runde b) = Bewertung der Determinanten; + = Signifikanzniveau $\alpha \leq 0{,}01$ (2-seitig); ++ = Signifikanzniveau $\alpha \leq 0{,}05$ (2-seitig). In der zweiten Runde werden von 29 Experten 100 Punkte auf 18 Determinanten verteilt und in der dritten Runde von 30 Experten 100 Punkte auf zehn Determinanten. Zur Aussagekraft eines Vergleichs der Mittelwerte der beiden Runden vgl. Abschnitt 5.1.4 („Entwicklung der Antworten über alle Befragungsrunden“).

[931] Vgl. Tab. B.19 im Online-Anhang (Download unter http://pub.uni-bielefeld.de/publication/2510119).

die zurückgespielten Mittelwerte annähert. Dabei kann es zu durchaus starken Abweichungen zwischen den Einschätzungen der beiden Runden kommen. Die hoch bewertete Determinante *wahrgenommener Nutzen, die Inhalte anzuwenden* (r_s = -0,31) wird bspw. in der zweiten Runde von sieben Experten nicht ausgewählt, allerdings von denselben sieben Experten in der dritten Runde mit 12, 13 (2 Mal), 15, 20 (2 Mal) und sogar 30 Punkten bewertet. Ein weiterer Experte vergibt ferner zunächst 5 Punkte, um dann sein Urteil um 35 Punkte auf 40 Punkte im nächsten Schritt deutlich nach oben zu korrigieren.[932] Diese Inhomogenität belegen auch die zugehörigen Rangkorrelationskoeffizienten, welche lediglich beim *wahrgenommenen persönlichen Nutzen der Maßnahme* auf einen mäßig positiven Zusammenhang zwischen den Bewertungen der zweiten und der dritten Runde hindeuten (r_s = 0,40).

ad (b) Lernumgebung: Auch im Bereich Lernumgebung werden die meisten Einflussfaktoren in ihrer Bedeutung bestätigt. Der *Praxisbezug der Inhalte* ist über alle drei Runden hinweg derjenige Faktor, der als besonders relevant für den Lerntransfer eingestuft wird. Tabelle 5.6 zeigt, dass im direkten Vergleich einige Faktoren an Bedeutung gewinnen und andere verlieren. Betrachtet man die absoluten Rangplätze, so tauschen die Faktoren jedoch ihren Rang nur mit einem Faktor, der einen direkt angrenzenden Rang belegt.

Tabelle 5.6: Aggregierte Determinantennennungen und -bewertungen in dem Bereich „Lernumgebung" (1.-3. Runde).

Determinante	1. Runde	2. Runde a)	2. Runde b)		3. Runde		r_s
	Nennungen	Nennungen	Rang	Mw	Rang	Mw	(n=29)
Praxisbezug der Inhalte	17	27	**1**	11,55	**1**	17,10	0,43+
Qualifikation des Trainers	4	22	**2**	9,90	**2**	14,53	0,52++
Praxisbezug der Methoden	10	23	**3**	8,59	**4**	9,80	0,12
Aktivierung des Teilnehmers	4	22	**4**	7,59	**3**	12,00	0,22
Problemorientierte Vorgehensweise	2	18	**5**	6,45	**6**	9,20	0,39+
Aktivierung des/Anknüpfung an das Vorwissen und die Erfahrungen des Teilnehmers	4	17	**6**	6,24	**5**	9,70	0,46+
Abstimmung der Maßnahme auf die Zielgruppe	5	17	**7**	5,52	**8**	7,43	- 0,03
Anwendung und Übung der Inhalte	5	16	**8**	5,24	**7**	8,13	- 0,12
Abstimmung der Ziele, Inhalte und Methoden der Maßnahme	1	15	**9**	4,69	**10**	5,10	0,74++
Veranschaulichung der Inhalte	6	12	**10**	4,59	**9**	7,00	0,06

Gliedert man die aggregierte Bewertung in ihre Einzelbestandteile auf, so zeigt sich in Bezug auf den *Praxisbezug der Inhalte*, dass bis auf einen Experten alle Befragten, die den Faktor in der ersten Runde identifiziert haben, diesen auch in der zweiten Runde auswählen und

[932] Vgl. Tab. B.22 im Online-Anhang (Download unter http://pub.uni-bielefeld.de/publication/2510119).

nahezu alle mit einer Punktzahl von mindestens 10 bewerten. Des Weiteren wird der Faktor von einer großen Anzahl an weiteren Experten in der zweiten Runde aufgegriffen.[933]

Wie auch bei den teilnehmerspezifischen Determinanten ist eine Annäherung an die Gruppenmeinung bei einem großen Teil der Befragten zu verzeichnen. Besonders deutlich wird dies auch bei dem *Praxisbezug der Inhalte*. Bis auf einen Experten vergeben die Experten in der dritten Runde deutlich mehr oder dieselbe Anzahl an Bewertungspunkten als in der vorherigen Runde. Neun Experten geben dem Faktor sogar 10 oder mehr Punkte als zuvor ($r_s = 0{,}43$). Dieser Effekt ist in dieser Deutlichkeit jedoch nicht bei allen Determinanten zu beobachten. Z. T. beurteilen die Experten Determinanten diametral entgegengesetzt zu dem, wie es die aggregierte Gruppenmeinung vorgibt.[934] Insgesamt sind jedoch stärkere Zusammenhänge zwischen den Bewertungen der zweiten und dritten Runde zu beobachten, als bei den teilnehmerspezifischen Determinanten. So liegen die Rangkorrelationskoeffizienten von fünf lernungebungsspezifischen Determinanten bei mindestens 0,39. Davon ein Koeffizient sogar bei 0,74 (*Abstimmung der Ziele, Inhalte und Methoden der Maßnahme*), was bei einem Signifikanzniveau von $\alpha \leq 0{,}01$ auf einen deutlich positiven Zusammenhang hindeutet.

ad (c) Arbeitsumgebung: Die drei Determinanten mit den höchsten durchschnittlichen Punktzahlen aus der zweiten Runde (Tab. 5.7) werden auch in der dritten Runde bestätigt. Obwohl das *soziale Lernklima* mit 15 Nennungen am häufigsten in der ersten Runde aufgeführt wird, erhält es im Gesamtvergleich allerdings nur die dritthöchste durchschnittliche Bewertung. Eine deutlich höhere relative Bewertung erhält die *Zeit, die Inhalte anzuwenden*. Dieser Faktor nimmt in der impliziten Rangordnung in der dritten Runde nun den vierten Rang im Vergleich zum sechsten Rang in der zweiten Runde ein. Weitere relative Bedeutungsänderungen betreffen lediglich einen nächstgelegenen Rangfolgeplatz.

Die *Unternehmens- und Lernkultur* wird in der ersten Runde von drei verschiedenen Experten als transferbeeinflussend hervorgehoben. Diese Experten haben das Konstrukt konsistent auch in der zweiten Runde ausgewählt und mit mindestens 10 Punkten bewertet, und 21 weitere Experten haben die Determinanten in der zweiten Runde aufgegriffen. Bei der *Analyse des Weiterbildungsbedarfs* fällt auf, dass mehr als die Hälfte der Befragten, die diesen Faktor zunächst benennen (4 von 7), ihn aber nicht in der zweiten Runde aufgreifen.

Im Gegensatz dazu werden die *transferrelevanten Arbeitsaufgaben* von allen Experten erneut ausgewählt. Die *Beteiligung des Teilnehmers an der Planung der Maßnahme* wird zudem

933 Vgl. Tab. B.20 im Online-Anhang (Download unter http://pub.uni-bielefeld.de/publication/2510119).
934 Vgl. Tab. B.23 im Online-Anhang (Download unter http://pub.uni-bielefeld.de/publication/2510119).

von einem Experten vorgeschlagen und von 14 weiteren Experten in der zweiten Runde aufgegriffen.[935]

Tabelle 5.7: Aggregierte Determinantennennungen und -bewertungen in dem Bereich „Arbeitsumgebung“ (1.-3. Runde).

Determinante	1. Runde	2. Runde a)	2. Runde b)		3. Runde		r_s
	Nennungen	Nennungen	Rang	Mw	Rang	Mw	(n=29)
Unternehmens- und Lernkultur	3	24	**1**	8,72	**1**	14,37	0,14
Zeitspanne zwischen Maßnahme und Anwendungsmöglichkeit	6	23	**2**	8,48	**2**	13,50	0,24
(soziales) Lernklima	15	18	**3**	6,55	**3**	11,20	0,02
Nachbereitungsgespräche mit dem Vorgesetzten	2	12	**4**	6,28	**5**	10,10	0,47+
transferrelevante Arbeitsaufgaben	5	17	**5**	6,24	**6**	9,90	0,27
Zeit, die Inhalte anzuwenden	7	15	**6**	6,07	**4**	10,90	0,56++
Analyse des Weiterbildungsbedarfs	7	14	**7**	5,66	**8**	8,17	0,13
Feedback durch den Vorgesetzten	1	14	**8**	5,03	**7**	8,63	0,43+
Aufbau von personalen Unterstützungsstrukturen	6	12	**9**	4,52	**10**	6,23	0,20
Beteiligung des Teilnehmers an der Planung der Maßnahme	1	15	**10**	4,34	**9**	7,00	0,27

Aussagekräftige Ableitungen aus den Einzelbewertungen lassen sich in Fall der Arbeitsumgebung nicht treffen. Es ist jedoch festzustellen, dass ein Großteil der Experten in der dritten Runde deutlich mehr Punkte für die zwei ranghöchsten Faktoren vergibt als in der zweiten. Allerdings trifft dies nicht auf alle Experten zu. Insgesamt neun Experten korrigieren ihre Punktzahl nach unten, z. T. sogar um 15 Bewertungspunkte.[936] Die Betrachtung der Rangkorrelationskoeffizienten weist außerdem darauf hin, dass lediglich bei den Determinanten *Nachbereitungsgespräche mit dem Vorgesetzten* (r_s = 0,47), *Zeit, die Inhalte anzuwenden* (r_s = 0,56) und *Feedback durch den Vorgesetzen* (r_s = 0,43) ein mäßiger Zusammenhang zwischen der Rangvergabe in der zweiten und dritten Runde besteht.

5.2 Interpretation der Untersuchungsergebnisse

5.2.1 Grundsätzliche Überlegungen

Vor der bereichsspezifischen Interpretation der Untersuchungsergebnisse ist es zunächst notwendig, grundsätzliche Überlegungen hinsichtlich (a) der Teilnahmebereitschaft, (b) mögli-

[935] Vgl. Tab. B.21 im Online-Anhang (Download unter http://pub.uni-bielefeld.de/publication/2510119).

[936] Vgl. Tab. B.24 im Online-Anhang (Download unter http://pub.uni-bielefeld.de/publication/2510119).

cher interpretativer Einschränkungen, (c) der Rechtfertigung der gewählten Befragungsmethode sowie (d) der Homogenität der Expertenmeinungen anzustellen.

ad (a) Teilnahmebereitschaft: Die konstant hohe Teilnehmerzahl über alle drei Befragungsrunden, mit Rücklaufquoten von jeweils über 90 %, lässt auf ein starkes Interesse an der untersuchten Problemstellung schließen. Das Interesse der Experten aus der Praxis ist als besonders stark einzuschätzen, da trotz häufiger Anfragen zu Onlinebefragungen jeweils alle Befragten kontinuierlich an der Studie teilgenommen haben.[937] Im Gegensatz dazu ist bei den wissenschaftlichen Experten jedoch nicht von einem unmittelbaren praktischen Nutzen auszugehen. Insofern war die Teilnahmebereitschaft bei dieser Gruppe zurückhaltender, was einerseits auf eine hohe Arbeitslast und andererseits auf Ermüdungserscheinungen bezüglich empirischer Befragungen zurückzuführen ist.

ad (b) Mögliche Einschränkungen: Obwohl die intendierte Teilnehmerzahl erreicht wurde, sind die erzielten Ergebnisse vor dem Hintergrund der qualitativen Forschungsmethodologie zurückhaltend zu interpretieren. Da es sich bei dieser Studie um einen qualitativen Ansatz handelt, und der Expertenpool einer bewussten Auswahl unterlag, sind die Ergebnisse nur bedingt zu verallgemeinern. Darüber hinaus liegt es in der verwendeten Methode begründet, dass die Befragungsteilnehmer Urteile über Sachverhalte fällen, über die lediglich unsicheres und unvollständiges Wissen existiert. Insofern stehen den Befragten nicht alle für die Entscheidungsfindung notwendigen, Informationen zur Verfügung.[938] Die vorliegenden Ergebnisse stellen außerdem subjektive Interpretationen dar und nicht – wie in der quantitativen Forschungsmethodologie – eine quantifizierte Realität.[939] Folglich ist auch davon auszugehen, dass – obwohl kaum artikuliert – alle Experten eine gedankliche Spezifikation in der Weiterbildungssituation vornehmen, um zu ihrer faktischen Bewertung zu kommen.

Unabhängig davon ist aufgrund der immanenten Interdependenzen der Determinanten eine trennscharfe Abgrenzung und absolute Priorisierung derselbigen nicht möglich, wohl aber Tendenzaussagen im Hinblick auf ihre Bedeutung für den Lerntransfer. Einige Experten versehen daher alle Determinanten mit derselben Punktzahl und weisen darauf hin, dass alle Faktoren bzw. Bereiche die gleiche Bedeutung für den Lerntransfer aufweisen.[940] Außerdem ist zu berücksichtigen, dass der Übergang von der ersten zu der zweiten Runde durch die inhaltsanalytische Reduktion der Determinanten u. U. gewisse Unschärfen beinhaltet,[941]

---

[937] Vgl. CUHLS (2009), S. 212.

[938] Vgl. HÄDER & HÄDER (1995), S. 14.

[939] Vgl. LAMNEK (2005), S. 118; ATTESLANDER (2003), S. 10. Vgl. zur theoretischen Rechtfertigung der Delphimethode Abschnitt 4.1 („Untersuchungsdesign“).

[940] Vgl. Abschnitt 5.1.2 („Zweite Befragungsrunde“).

[941] Vgl. Abschnitt 4.4 („Durchführung und Auswertung der Untersuchung“).

bzw. speziell solche Faktoren benannt und mit einer hohen Punktzahl versehen werden, die eine höhergestellte Ebene ansprechen bzw. allgemeingültiger ausformuliert sind.

Experten aus der Praxis stufen des Weiteren solche Faktoren als wichtig ein, die auf den Praxisbezug abzielen, sowie intuitiv nachvollziehbar und verständlich sind (bspw. der *Praxisbezug der Methoden und Inhalte*, *Qualifikation des Trainers* usw.). Besondere Faktoren werden primär durch die wissenschaftlichen Experten benannt, da diese über ein ausdifferenziertes und theoretisch fundiertes Verständnis des Konstrukts und seiner Einflussfaktoren verfügen (bspw. *Anpassung der Sprache*, *Situierung des Wissenserwerbs* usw.). Insofern gehören letztere Faktoren aufgrund ihrer Spezifität häufig nicht zu den zehn Determinanten mit der höchsten durchschnittlichen Bewertung. Zusätzlich muss berücksichtigt werden, dass der Anteil der Wissenschaftler in allen drei Runden bei weniger als einem Drittel der Befragten lag. Wissenschaftlich belegte, aber in der Praxis nicht etablierte Faktoren treten somit in den Hintergrund. Rückschlüsse auf ihre tatsächliche Bedeutung für den Lerntransfer lassen sich daher nur bedingt ziehen.

ad (b) Rechtfertigung der gewählten Befragungsmethode: Die sich über die Runden entwickelnde Antwortdynamik bestätigt allerdings die Wahl und Ausgestaltung der verwendeten Befragungsmethode. Durch die offene erste Runde konnte eine Vielzahl an verschiedenen Determinanten identifiziert werden. Hier erweist sich die Dreiteilung der Expertengruppe als besonders fruchtbar, denn die von den Experten benannten Einflussfaktoren unterschieden sich – wie eingangs vermutet – nach dem jeweiligen Herkunftsbereich des benennenden Experten.[942] Insofern können viele Einflussfaktoren sowohl in ihrer Breite wie auch ihrer Tiefe in den Folgerunden berücksichtigt werden, obwohl sie zunächst lediglich von einem oder einer kleinen Zahl an Experten benannt werden. Es ist ferner eindeutig zu erkennen, dass das Antwortverhalten der Experten durch die Rückmeldung der ausgewerteten Antworten der jeweiligen Vorrunden beeinflusst wird. So werden Determinanten von Experten aufgegriffen, die sie zunächst selber nicht benannt haben, oder eigene Ideen zugunsten von Impulsen anderer Experten zurückgestellt. Weiterhin zeichnen sich sogenannte Selbstläufer unter den Determinanten ab, die von Runde zu Runde in ihrer Bedeutung stärker eingeschätzt werden, obwohl sie anfänglich nur von einem oder wenigen Experten benannt wurden (so bspw. die *Transferfähigkeit des Teilnehmers* oder die *Unternehmens- und Lernkultur*).

Die Auswertung belegt, dass sich die Daten von der zweiten auf die dritte Runde verdichten.[943] Es besteht somit eine grundsätzliche Tendenz, die Gruppenmeinung zu bestätigen. Hier ist zu erwägen, inwieweit die einzelnen Personen generell dazu neigen, sich Gruppen-

[942] Vgl. dazu auch Brosi, Krekel & Ulrich (1999), S. 14.

[943] Vgl. Abschnitt 5.1.4 („Entwicklung der Antworten über alle Befragungsrunden“).

meinungen anzupassen oder kognitive Dissonanzen in Bezug auf die eigene Einschätzung bewusst herbeizuführen.[944] Darüber lässt sich allerdings nur hypothetisieren. Rückschlüsse können jedoch teilweise über die Begründungen der Experten gezogen werden.[945] Des Weiteren ist zu überlegen, ob sich die Experten in der zweiten Runde nicht vollkommen sicher waren oder sich ihrer Bewertung nicht mehr erinnern und die Gruppenmeinung lediglich als Anker für ihre Neubewertung nutzen. Diese Gefahr ist nicht auszuschließen, jedoch aufgrund der gezielten Expertenauswahl als verhältnismäßig gering einzustufen.

ad (c) Homogenität der Expertenmeinungen: Dennoch sind die Bewertungen auch in der dritten Runde noch sehr inhomogen. Entgegen der Erwartung, dass sich durch die Reduktion der Determinanten auf jeweils zehn je Bereich die Streuung der Daten reduziert, erhalten nur wenige Determinanten eine homogene Bewertung.[946] Offensichtlich schätzen die Experten unabhängig von ihrer Gruppenzugehörigkeit die Einflussfaktoren als unterschiedlich bedeutsam ein. Z. T. heben einzelne Experten bestimmte Faktoren durch eine hohe Bewertung hervor, manche Determinanten zeichnen sich aber auch durch eine annähernd gleich verteilte Punktevergabe aus. Die Uneinigkeit der Experten kann darauf zurückzuführen sein, dass das Lerntransferkonstrukt eine hohe Komplexität aufweist, aber auch darauf hindeuten, dass keine generellen Aussagen in Bezug auf die Bedeutung der verschiedenen Faktoren getroffen werden können. Dass sich aber dennoch die Ergebnisse verdichten, kann als Bestätigung der Methodenauswahl interpretiert werden.

Ein Teil der Streuung lässt sich des Weiteren über die drei unterschiedlichen Herkunftsbereiche erklären: Bei einem Teil der Determinanten lassen sich starke intergruppale Unterschiede in der aggregierten Punktevergabe erkennen. Hier ist zu berücksichtigen, dass tendenziell das Risiko besteht, dass Experten ihr eigenes Arbeits- bzw. Forschungsgebiet in seiner Bedeutung überschätzen.[947] Dieser Effekt zeigt sich bei der Betrachtung der Gesamtbewertung der drei Bereiche. Aggregiert über alle Experten werden die Bereiche als nahezu gleichbedeutend eingestuft, wobei die Lernumgebung durchschnittlich etwas weniger Punkte erhält als die anderen beiden Bereiche. Die gruppenweise Betrachtung dokumentiert allerdings, dass die Experten der Wirtschaft der Arbeitsumgebung mehr Punkte zuweisen als der Lernumgebung, und die Experten der Weiterbildungsträger genau entgegengesetzt. Zwar sind die Punktunterschiede relativ gering, es wird aber deutlich, dass die Experten diejenige Umgebung als bedeutender einstufen, die eine geringere Distanz zu ihrer eigenen Tätigkeit aufweist: Die

---

[944] Vgl. CUHLS (2009), S. 211; BARDECKI (1984), S. 283; FESTINGER (1957).

[945] „Die durchschnittliche Bewertung habe ich bei meiner Bewertung nicht bewusst berücksichtigt.“; „Von der Rangfolge her kann ich mich sehr gut der Gruppenmeinung anpassen“.

[946] Vgl. dazu auch die entsprechenden Variations- und Rangkorrelationskoeffizienten in den Abschnitten 5.1.2-5.1.4.

[947] Vgl. CUHLS (2009), S. 212.

Experten verfügen in ihrem eigenen Umfeld über ein ausdifferenziertes Erfahrungswissen und schätzen dort auch ihre eigene Einflussmöglichkeiten als höher ein. Die Wissenschaftler verfügen außerdem über ein breites, generelles und auf wissenschaftlichen Erkenntnissen beruhendes Wissen in allen Bereichen. Dass diese Expertengruppe die Arbeitsumgebung besonders deutlich priorisiert, zeigt, dass der Arbeitsumgebung in der Forschung besondere Aufmerksamkeit geschenkt wird.

HÄDER & HÄDER (1995) bestätigen diese Erkenntnis. Die Autoren machen deutlich, dass Experten ihre Wahrnehmungen hinsichtlich der zu lösenden Problemstellung aus verschiedenen Quellen beziehen, die durch ihre soziale Umgebung beeinflusst werden. Die Untersuchungsergebnisse werden somit durch die Selektivität der Wahrnehmungen der Experten beeinflusst, aber auch durch die im Umfeld wahrgenommenen Mehrheitsmeinungen. Außerdem greifen die Experten auf unterschiedliche empirische Erkenntnisse und spezifische Theorien zurück, die ihre Einschätzungen bestimmen. So ist in dieser Studie bspw. die Bewertung der Wissenschaftler stark durch konstruktivistisches Gedankengut geprägt. Trotz ähnlicher theoretischer und praktischer Ausrichtung der Experten können die jeweiligen Einschätzungen jedoch immer noch stark divergieren, da in die Bewertung zusätzlich spezifische Standpunkte einfließen.[948]

HUTCHINS & BURKE (2007) untermauern diese Überlegungen aus einem anderen Blickwinkel. Die Forscher untersuchten das Wissen von Weiterbildungspraktikern (d. h. Trainern) in Bezug auf Forschungsergebnisse im Kontext des Lerntransfers. Sie belegen, dass das Wissen der befragten Praktiker in Bezug auf die Lern- und Arbeitsumgebung zwar mit den gegenwärtigen Forschungsergebnissen übereinstimmt, sie allerdings den Teilnehmer in seiner Bedeutung für den Lerntransfer unterschätzen. HUTCHINS & BURKE (2007) konkludieren, dass aufgrund dessen das transferförderliche Potenzial der Bedarfsanalyse nicht ausgeschöpft wird, da die individuellen Unterschiede zwischen den Teilnehmern vernachlässigt werden.[949] Zieht man die weiterführenden Ergebnisse von HUTCHINS, BURKE & BERTHELSEN (2010) hinzu, so wird deutlich, dass Trainer eher auf informelle Quellen zurückgreifen, um sich über den Lerntransfer zu informieren. So ziehen es die befragten Trainer vor, sich mit anderen Trainern auszutauschen, ihr Wissen aus eigener Arbeitserfahrung zu generieren, praxisorientierte Bücher zu lesen oder das Internet zu durchsuchen. Die Forscher schlussfolgern, dass die Tendenz der Trainer, ihr Wissen über den Lerntransfer aus weniger komplexen, kaum überprüften bzw. leicht erreichbaren Informationen zu ziehen, geringe Transferraten begünstigt.[950]

---

[948] Vgl. HÄDER & HÄDER (1995), S. 18 f.

[949] Vgl. HUTCHINS & BURKE (2007), S. 257.

[950] Vgl. HUTCHINS ET AL. (2010), S. 612 f.

Trotz dieser Einschränkungen lassen sich Tendenzaussagen bezogen auf die Bedeutung der identifizierten Determinanten ableiten. Die Interpretation greift dabei auf die vorhergehenden Ausführungen und die Erkenntnisse des Forschungsrahmens zurück und berücksichtigt zwei wesentliche Fragestellungen:

- Welche Determinanten wurden von den Experten (nicht) benannt und/oder (nicht) mit einer hohen Bewertung versehen und warum?
- Worauf sind etwaige intergruppale Nennungs- und Bewertungsunterschiede zurückzuführen?

Eine genaue Auseinandersetzung mit den Determinanten und eine Zusammenführung der theoretischen und praktischen Erkenntnisse wird im Rahmen der zugehörigen Bereiche in den folgenden Abschnitten vorgenommen. Dabei werden vertiefend diejenigen Faktoren betrachtet, die von den Experten mit einer hohen Bedeutung versehen wurden oder eine spezifische Besonderheit im Hinblick auf die genannten Interpretationskriterien aufweisen.

5.2.2 Teilnehmerspezifische Determinanten

Um im Sinne der bezugsrahmenorientierten Forschungsstrategie die theoretisch und empirisch explorierten Erkenntnisse miteinander vergleichen zu können, müssen die von den Experten benannten Determinanten in die Terminologie des Forschungsrahmens übersetzt werden. Ausgehend von den empirisch identifizierten Determinanten auf der linken Seite der Tabelle 5.8 findet sich jeweils auf der rechten Seite das theoretische Pendant aus dem Forschungsrahmen mit der entsprechenden – z. T. abweichenden – kategorialen Zuordnung.

Teilnehmerspezifische Einflussfaktoren sind zu einem großen Teil nicht von außen erkennbar und folglich auch nur schwer zu messen und zu beeinflussen. Insofern erklärt sich, warum im Verhältnis zu den anderen Bereichen weniger Determinanten aus diesem Bereich benannt werden. Gleichzeitig wird auch nicht die vollständige Bandbreite der Faktoren erfasst. Einen großen Beitrag zur Identifikation dieser Faktoren leisten die Wissenschaftler, welche durch ihr Expertenwissen einen differenzierten Blickwinkel auf den Teilnehmer einnehmen. Praktiker explizieren eher Faktoren bezogen auf Fähigkeiten, Nutzenwahrnehmungen, Motivation sowie biografische Faktoren, welche zudem häufig nur relativ allgemein als Kategorien ausformuliert werden (bspw. Motivation, Fähigkeiten, Einstellungen usw.). Es ist daher zu vermuten, dass die Praxisexperten kaum über Kenntnisse bezüglich der impliziten Abläufe im Teilnehmer verfügen, bzw. aufgrund der eingeschränkten Beeinflussbarkeit diese nicht als Einflussfaktoren für den Lerntransfer benennen. Andererseits beobachten die Trainer, und ganz besonders die weiterbildungsverantwortlichen Mitarbeiter im Unternehmen, nicht den vollständigen Transferprozess des Teilnehmers, so dass insbesondere letztere nur bedingt

Rückschlüsse auf individuelle Persönlichkeitsfaktoren ziehen können. Fundierte Aussagen hierzu sind eher von Vorgesetzten zu treffen, die sowohl den Teilnehmer besser einschätzen als auch den Transfer im Funktionfeld beobachten können.

Tabelle 5.8: Empirisch identifizierte Determinanten aus dem Bereich „Teilnehmer“ mit ihrem theoretischen Pendant aus dem Forschungsrahmen.

Delphistudie	Forschungsrahmen
Fähigkeiten	**Fähigkeiten, Fertigkeiten und Wissen**
– metakognitive und selbstregulative Fähigkeiten	– metakognitive und selbstregulative Fähigkeiten
– Lern- und Arbeitstechniken	– workplace literacy
– Transferfähigkeit	– Transferfähigkeit
Persönlichkeit	**Persönlichkeit**
– proaktive Persönlichkeit	-
– Problembewusstsein	-
– Teilnehmer setzt sich Lern- und Transferziele	– Ziele
Einstellungen	
– Intention mit der der Teilnehmer die Inhalte anwendet	– Motive
	Einstellungen
– Interesse an den Inhalten	– Interesse
Wahrnehmungen	**Wahrnehmungen**
– wahrgenommener Druck, die Inhalte anzuwenden	-
– wahrgenommener „persönlicher“ Nutzen der Maßnahme	– wahrgenommener Nutzen der Maßnahme
– wahrgenommener Nutzen, die Inhalte anzuwenden	– wahrgenommener (und tatsächlicher) Nutzen der Maßnahme
Erwartungen	**Erwartungen**
– Ergebniserwartung	– Ergebniserwartung
Motivation	**Motivation**
– Lernmotivation	– Lernmotivation
– Transfermotivation	– Transfermotivation
Biografische Faktoren	**Biografische Faktoren**
– Alter	– Alter
– Stand der beruflichen Entwicklung	– berufliche Qualifikation, Hierarchieebene und Berufserfahrung
Situative Faktoren	**Weitere Faktoren**
– private Belastung	– (persönliche) Belastungen
– Teilnehmer hat die Inhalte verstanden	-

Da die Vertreter der Weiterbildungsträger jedoch den Einfluss des Teilnehmers deutlich höher einstufen als den Einfluss der Lern- und Arbeitsumgebung, ist es verwunderlich, dass kein ausdifferenziertes Wissen über den Teilnehmer vorhanden zu sein scheint. HUTCHINS & BURKE (2007) bestätigen, dass speziell Weiterbildungspraktiker die Einflusswirkung der Individualität des Teilnehmers auf den Lerntransfer unterschätzen.[951] Es ist allerdings davon auszugehen, dass die Praxisexperten stattdessen über ein breites Wissen hinsichtlich transferförderlicher Maßnahmen in der Lern- wie Arbeitsumgebung verfügen. Die vollständige Abstimmung der Weiterbildungsmaßnahme an die individuellen Merkmale aller teilnehmenden Mitarbeiter ist jedoch kaum zu leisten. Dennoch sollten ausreichende Kenntnisse über die

[951] Vgl. HUTCHINS & BURKE (2007), S. 257.

einzelnen Teilnehmer vorhanden sein, um die Maßnahme differentiell optimieren zu können. Messbarkeitsprobleme erschweren allerdings dieses Unterfangen.

In ähnlicher Weise zeigt sich, dass die Praktiker tendenziell eher Faktoren aus ihrem eigenen Wirkungsbereich benennen und diese im Anschluss auch höher bewerten. So werden teilnehmerspezifische Einflussfaktoren, die in der Lernumgebung wirken, von den Vertretern der Weiterbildungsträger tendenziell höher bepunktet (bspw. die *Lernmotivation*) als von den anderen beiden Gruppen, während bezogen auf die Arbeitsumgebung speziell die Experten aus der Wirtschaft höhere Punktzahlen (bspw. bei der *Transfermotivation*) vergeben. Wissenschaftler bewerten weniger aufgrund von praktischem Erfahrungswissen, sondern mehr auf Grundlage (eigener) wissenschaftlicher Erkenntnisse, so dass sie theoretisch fundierte Determinanten, wie z. B. die *Lern- und Transferziele des Teilnehmers*, als bedeutender einstufen als die anderen beiden Expertengruppen.

Über alle Expertengruppen betrachtet, wurden insbesondere (a) der wahrgenommene Nutzen, (b) das Interesse, (c) die Lern- und Transfermotivation, (d) die Persönlichkeit sowie (e) die kognitiven Fähigkeiten des Teilnehmers durch die Experten positiv herausgestellt. Diese werden im Folgenden eingehend interpretiert. Darüber hinaus werden abschließend (f) weitere Faktoren beurteilt, die von den Experten kaum Berücksichtigung finden:

ad (a) Wahrgenommener Nutzen: Die Betrachtung der Faktorenbewertungen zeigt, dass die Nutzenwahrnehmung bzw. -reaktion des Teilnehmers deutlich an erster Stelle der hervorgehobenen Determinanten steht. Diese Wahrnehmung impliziert einen erkennbaren Praxisbezug der Maßnahme und fungiert als wichtiger Moderator für eine Vielzahl an weiteren Einflussfaktoren. Auch in der Literatur wird dem *wahrgenommenen (allgemeinen) Nutzen der Maßnahme* eine Einflusswirkung auf den Lerntransfer und seine tangierenden Konstrukte zugesprochen. So zeigen Studien, dass die wahrgenommene Relevanz der Weiterbildungsinhalte die *Transfermotivation* des Teilnehmers beeinflusst,[952] sich aber auch direkt auf den Lerntransfer auswirkt. Teilnehmer müssen insofern eine Maßnahme zunächst als nützlich einstufen, bevor sie die Inhalte transferieren.[953] Die Ergebnisse dieser Studie scheinen dies zu bestätigen.

Die hohe Streuung der Daten zeigt jedoch, dass sich die Experten in ihrer Bewertung nicht vollkommen einig sind. Ein Teil der Streuung lässt sich über die verschiedenen Experten-

---

[952] Vgl. SEYLER ET AL. (1998), S. 9; LIEBERMANN & HOFFMANN (2008), S. 81; CLARK ET AL. (1993), S. 302 f.

[953] Vgl. AXTELL ET AL. (1997), S. 209. Ähnlich bei YAMNILL & MCLEAN (2005), S. 340; GOLDSTEIN & MUSICANTE (1986), S. 83 ff.; MATHIEU ET AL. (1992), S. 843; RODRÍGUEZ & GREGORY (2005), S. 60; HUCZYNSKI & LEWIS (1980), S. 238; CHENG & HO (1998), S. 17; BAUMGARTEL ET AL. (1984), S. 13; RUONA ET AL. (2002), S. 225 f.; ALLIGER ET AL. (1997), S. 352 f.; KONTOGHIORGHES (2002), S. 116.

gruppen erklären. Hier vergeben insbesondere die Praxisexperten hohe Punktzahlen, weil dieser Faktor eine erkennbare praktische Relevanz für den Lerntransfer verspricht. Die Wissenschaftler weisen dem Faktor zwar auch verhältnismäßig hohe Punktzahlen zu, jedoch deutlich weniger als die anderen beiden Gruppen. Neben dem *wahrgenommenen Nutzen, die Inhalte anzuwenden*, wurde auch der *wahrgenommene persönliche Nutzen der Maßnahme* für den Teilnehmer hoch bewertet. Forschungen belegen, dass Personen am besten lernen, wenn die Inhalte einen unmittelbaren persönlichen Nutzen bedienen. Untersuchungen im Kontext betrieblicher Weiterbildungsmaßnahmen bestätigen diesen Effekt.[954] Die Experten sind sich nahezu einig, dass Eigennutz dazu führt, dass der Teilnehmer die Inhalte im Funktionsfeld anwendet. Dies belegt die geringste Standardabweichung unter den teilnehmerspezifischen Determinanten der dritten Befragungsrunde. Die Experten vermuten also implizit, dass im Sinne BANDURAS[955] die Teilnehmer zunächst bewerten, ob ein spezielles Verhalten zu einem bestimmten Ergebnis führt (*Ergebniserwartung*) und in Folge dessen die Inhalte transferieren oder von einem Transfer absehen. So machen auch KATZELL & THOMPSON (1990) deutlich, dass Mitarbeiter sich aufgrund konkreter Ergebniserwartungen für eine spezifische Arbeitstätigkeit entscheiden.[956] Dennoch wird die Ergebniserwartung in der zweiten Runde nur nachrangig bepunktet und daher in der dritten Runde nicht erneut zur Diskussion gestellt.

ad (b) Interesse: Auch das ebenfalls hoch bewertete *Interesse des Teilnehmers an den Inhalten* steht in unmittelbarer Wechselwirkung zu der Nutzenwahrnehmung. So lässt sich konkludieren, dass die Inhalte und deren Anwendung für den Teilnehmer einen hohen Wert (Nutzen und Interesse) haben müssen, um einen positiven Lerntransfer zu initiieren. Dieser Wert bestimmt sich durch ein enges Zusammenspiel der Wahrnehmungen, Reaktionen, Erwartungen und Einstellungen des Teilnehmers. Das *Interesse des Teilnehmers an den Inhalten* schätzen insbesondere die Weiterbildungsträger als wesentlich bedeutsamer ein als die anderen Experten. Dies ist nachvollziehbar, da sich das Interesse unmittelbar in dem Verhalten des Teilnehmers in der Lernumgebung niederschlägt und die Trainer direkt Rückmeldung darüber erhalten, ob die Teilnehmer an den Inhalten interessiert sind oder nicht. Desinteressierte Teilnehmer können ggf. sowohl den reibungslosen Ablauf einer Weiterbildungsmaßnahme als auch den Lernprozess der anderen Teilnehmer stören,[957] so dass das Konstrukt zunächst Einfluss auf den Lernerfolg und in einem nächsten Schritt auch auf den Transfererfolg nehmen kann.

---

[954] Vgl. SEYLER ET AL. (1998), S. 5 sowie Abschnitt 3.5.1.4 („Wahrnehmungen und Reaktionen").

[955] Vgl. Abschnitt 3.2.2.2 („Lerntheorien").

[956] Vgl. KATZELL & THOMPSON (1990), S. 73 f.

[957] Vgl. MEIER (2008), S. 65 ff.

ad (c) Lern- und Transfermotivation: Über die beschriebenen Faktoren hinaus werden sowohl die *Lern-* als auch die *Transfermotivation* mit einer hohen durchschnittlichen Bewertung versehen. Allerdings sind die Bewertungen dieser Determinanten verhältnismäßig inhomogen. Ein Großteil der Experten vergibt jedoch Werte, die nahe bei dem Mittelwert liegen, so dass trotz der hohen Streuung von einer eindeutig hohen Bedeutung der motivationalen Konstrukte auszugehen ist. Dies wird durch den Forschungsrahmen gestützt: Die *Lernmotivation* nimmt sowohl vor als auch während und nach der Maßnahme als Antezedenz und Konsequenz der Weiterbildungsmaßnahme Einfluss auf den Lerntransfer. Verfügt ein Teilnehmer bereits zu Beginn einer Maßnahme über eine hohe *Lernmotivation*, transferiert er mit einer hohen Wahrscheinlichkeit das Erlernte später auch in das Funktionsfeld.[958] Die *Lernmotivation* ist außerdem ein signifikanter Prädiktor für die *Transfermotivation*,[959] welche wiederum als bedeutender Einflussfaktor für den Lerntransfer verifiziert werden konnte.[960]

Eine Aufteilung der Ergebnisse nach den verschiedenen Gruppen dokumentiert die bereits dargestellte Tendenz der praktischen Experten, Determinanten, die in ihren eigenen Arbeitsbereich hineinwirken, als wichtiger einzustufen. So bewerten die Experten der Weiterbildungsträger die *Lernmotivation* des Teilnehmers deutlich höher als die *Transfermotivation* und die Experten aus der Wirtschaft (zumindest in der zweiten Runde) genau entgegengesetzt. Die Einschätzung der Wissenschaftler ist sowohl für die *Lern-* als auch die *Transfermotivation* in beiden Runden konstant hoch. Insofern lässt sich schlussfolgern, dass die Daten auf keinen signifikanten Unterschied in der Bedeutung der beiden Konstrukte hinweisen, wohl aber auf eine generell hohe Relevanz beider Konstrukte für den Lerntransfer. CHIABURU & LINDSAY (2008) zeigen in ihrer Studie allerdings, dass die *Transfermotivation* stärker als die *Lernmotivation* den Lerntransfer prognostiziert.[961]

Dass die Motivation des Teilnehmers eine starke Kohärenz zum Lerntransfer und zu assoziierten Weiterbildungsergebnissen aufweist, konnte vielfach empirisch bestätigt werden. Setzt man diese motivationalen Transferkomponenten durch die Erwartungstheorien in Verbindung zu den zuvor thematisierten kognitiven Prozessen, lassen sich aus den Ergebnissen weitere Schlussfolgerungen ziehen. Im Sinne dieser Ansätze wählt der Teilnehmer ein Handlungsziel (hier: Lerntransfer) bewusst und bewertet dabei rational, welche Attraktivität (Wert) mit dem Ziel verbunden ist, und mit welcher Wahrscheinlichkeit (Erwartung) dieses Ziel zu erreichen ist. Aus der multiplikativen Verrechnung des Werts und der Erwartung ergibt sich die

[958] Vgl. CHIABURU & MARINOVA (2005), S. 117 f.

[959] Vgl. KONTOGHIORGHES (2002), S. 122; ROWOLD (2007), S. 24.

[960] Vgl. AXTELL ET AL. (1997), S. 207 ff.; ROWOLD (2008), S. 77 f.

[961] Vgl. CHIABURU & LINDSAY (2008), S. 204.

Entscheidung für diejenige Verhaltensalternative, die mit dem höchsten subjektiven Nutzen verbunden ist. Das bedeutet also, dass eine Motivationswirkung (*Lern-/Transfermotivation*) dann eintritt, wenn sowohl die Wertigkeit eines Leistungsergebnisses (Lernen/Transfer) als auch die Erwartung, dass ein bestimmtes Niveau an Anstrengung diese Leistung hervorbringt (*Selbstwirksamkeitserwartung*), positiv ausgeprägt sind.[962]

ad (d) Persönlichkeit: Die befragten Experten exponieren sowohl die Bedeutung der Wertigkeit als auch der Motivation für den Lerntransfer. Anders als in der Theorie, messen sie jedoch der *Selbstwirksamkeit*(serwartung) des Teilnehmers keine Bedeutung bei. Diese stabile Persönlichkeitsdisposition konnte als Einflussfaktor auf den Lerntransfer in verschiedenen Studien nachgewiesen werden,[963] wird allerdings von den Experten nicht benannt. Dies trifft auch auf einen großen Teil der theoretisch explorierten Persönlichkeitsdispositionen zu. Motive und Ziele des Teilnehmers fließen lediglich indirekt und nachrangig in die Bewertung ein (*Intention, mit der der Teilnehmer die Inhalte anwendet*, bzw. die *Setzung von Lern- und Transferzielen* durch den Teilnehmer). Gerade die Ziele des Teilnehmers werden jedoch über den Faktor *Zielorientierung* als ein zentraler Einflussfaktor im Forschungsrahmen hervorgehoben. So können eindeutige Effekte auf verschiedene Weiterbildungsergebnisse belegt werden, je nachdem, ob der Teilnehmer eine Leistungs- oder eine Lernorientierung aufweist.[964]

Ausschließlich die Wissenschaftler weisen auf die transferbeeinflussende Wirkung der Persönlichkeit hin. Die Experten aus der Praxis scheinen den Persönlichkeitsdispositionen keine Bedeutung beizumessen, oder sie sind sich deren Bedeutung nicht bewusst. Insofern ist auch davon auszugehen, dass die Persönlichkeit des Teilnehmers – trotz ihrer theoretisch fundierten Bedeutung – in der Analyse, Planung und Durchführung der Weiterbildungsmaßnahmen kaum Beachtung findet. Oder aufgrund verschiedener Hinderungsgründe (Messbarkeit, keine Möglichkeit zur Berücksichtigung usw.) keine Beachtung finden kann.

Dennoch erhalten die *proaktive Persönlichkeit* und das *Problembewusstsein des Teilnehmers*, aggregiert über alle Expertengruppen Rangplätze unter den zehn Determinanten mit der höchsten durchschnittlichen Bewertung. Sie werden allerdings im Verhältnis zu den anderen Determinanten am niedrigsten bewertet. Beide Determinanten wurden ausschließlich durch die Experten identifiziert und sind nicht aus dem Forschungsrahmen hervorgegan-

---

962 Vgl. Vroom (1964).

963 Vgl. Chiaburu & Marinova (2005), S. 110; Machin & Fogarty (2003), S. 51; Ford et al. (1998), S. 218, 228; Gist et al. (1991), S. 856; Saks (1995), S. 224; Gaudine & Saks (2004), S. 70; Holladay & Quiñones (2003), S. 1094; Guthrie & Schwoerer (1994), S. 416; Velada & Caetano (2007), S. 282.

964 Vgl. Colquitt & Simmering (1998), S. 662; Kraiger (2003), S. 174; Fisher & Ford (1998), S. 413; Ford et al. (1998), S. 229; Phillips & Gully (1997), S. 797, Gist & Stevens (1998), S. 165 f.; Brown (2005), S. 371 u. v. m.

gen. Diese Dispositionen repräsentieren eine andere, eher problemorientierte Herangehensweise an das Persönlichkeitskonstrukt und sind insofern nicht unmittelbar in die Terminologie des Forschungsrahmens einzuordnen. Erstgenannter Faktor beschreibt den Willen des Teilnehmers, eigenständig Veränderungen anzustoßen. Ergo weist er starke Parallelen zu den Persönlichkeitsvariablen *Gewissenhaftigkeit* und *Offenheit für Erfahrungen* auf und verspricht insofern ein guter Indikator dafür zu sein, ob ein Teilnehmer zielorientiert und aktiv an einer Weiterbildungsmaßnahme teilnimmt und in gleicher Weise das Erlernte in das Funktionsfeld transferiert.[965]

ad (e) Kognitive Fähigkeiten: Das *Problembewusstsein* korrespondiert eng mit den kognitiven Fähigkeiten.[966] Es ist zu vermuten, dass die Eigenschaft einer Person, Probleme in seiner Umgebung bewusst wahrzunehmen (*Problembewusstsein*), die Fähigkeit die Inhalte der Maßnahme zu generalisieren und auf veränderte Kontexte zu übertragen (*Transferfähigkeit*) unterstützt. An der *Transferfähigkeit* zeigt sich deutlich, dass manche Determinanten zwar eine große Wirkung auf den Lerntransfer zu haben scheinen, aber nicht unmittelbar als solche erkannt werden. Denn obwohl in der zweiten Runde 27 Experten diesen Faktor auswählen und im Schnitt mit einer hohen Punktzahl versehen, wurde er zuvor von lediglich zwei Experten benannt. Ein Blick auf den Forschungsrahmen zeigt, dass eine intensive Auseinandersetzung mit der *Transferfähigkeit* und dem Einfluss des Faktors auf den Lerntransfer bis dato noch nicht stattgefunden hat. Dies erklärt, warum der Faktor nur von wenigen Experten aufgeführt wird. Die schlussendlich hohe Bewertung weist dennoch die *Transferfähigkeit* als eine notwendige Voraussetzung für den Lerntransfer aus: Ist ein Teilnehmer nicht fähig zu transferieren, so kann kein Lerntransfer stattfinden.

Gleiches gilt für die Umstand, dass der *Teilnehmer die Inhalte verstanden* hat. Dieser Faktor wurde im Forschungsrahmen nicht als theoretisch möglich identifiziert, steht jedoch in enger Verbindung zu den kognitiven Fähigkeiten des Teilnehmers. Er ist, laut der Einschätzung der Experten aus den Weiterbildungsträgern in der zweiten Runde, derjenige mit der höchsten Bedeutung für den Lerntransfer. Dies ist nachvollziehbar, da diese Determinante das Fundament für den Lernerfolg innerhalb der Maßnahme darstellt und somit ein zentrales Ziel der Weiterbildungsmaßnahme repräsentiert. Werden die Inhalte lediglich auswendig gelernt, ist nicht davon auszugehen, dass die Inhalte vertikal ins Funktionsfeld übertragen und damit auch in veränderten Situationen angewendet werden können.

Weniger Punkte erhalten im Gegensatz dazu die *metakognitiven und selbstregulativen Fähigkeiten*. Dies ist vermutlich darauf zurückzuführen, dass es sich um eine sehr spezielle

---

[965] Vgl. zu den Big Five Abschnitt 3.5.1.2 („Persönlichkeit“).

[966] Vgl. DIETERICH (1987a), S. 28.

Determinante handelt, die von Praktikern nur schwer eingeordnet werden kann. Aus diesem Grund erreicht die Determinante auch bei den Wissenschaftlern eine höhere Bewertung als bei den anderen beiden Gruppen. Die grundlegende Bedeutung dieser Fähigkeiten sollte jedoch nicht unterschätzt werden, da sie situationsübergreifend wirksam werden. ENOS ET AL. (2003) vermuten, dass erfahrene Weiterbildungsteilnehmer trotz mangelnder Unterstützung durch ihr Umfeld aufgrund dieser Fähigkeite erfolgreich das Erlernte transferieren, weil sie erkennen, wann, wo und warum das Erlernte angewendet werden muss.[967]

ad (f) Weitere Faktoren: *Biografische Faktoren* scheitern an dem Übergang in die dritte Runde. Die Experten messen diesen Determinanten also kaum Bedeutung bei. Abgesehen von Untersuchungen, die den Einfluss des Alters und teilweise auch des Geschlechts des Teilnehmers berücksichtigen, wurde diesen Faktoren auch in der Lerntransferforschung nur selten Aufmerksamkeit geschenkt. Die untergeordnete Rolle liegt vermutlich in der mangelnden Beeinflussbarkeit begründet. Individuelle biografische Faktoren werden zwar idealtypisch bei der Konzeptionierung der Maßnahme berücksichtigt, entziehen sich jedoch weitgehend der unmittelbaren Kontrolle durch die beteiligten Akteure. Gleiches gilt auch für die *persönlichen Belastungen* des Teilnehmers. Diese stehen nicht im unmittelbaren Bezug zur Arbeitstätigkeit und sind insofern kaum zu beeinflussen. Einstellungsbezogenen Faktoren wie Elemente des *Arbeitscommitments*, der *beruflichen Exploration* und der *Karriereplanung* sowie der *Zufriedenheit des Teilnehmers* wurden darüber hinaus nicht berücksichtigt, obwohl der Forschungsrahmen einige Einflusswirkungen aufzeigt. Ähnlich wie bei den *metakognitiven und selbstregulativen Fähigkeiten* ist dies vermutlich auf die hohe Abstraktionsebene der erstgenannten Determinanten zurückzuführen. Ob die Experten die betreffenden Faktoren als bedeutend erachtet hätten, wenn sie von einem Experten vorgeschlagen worden wären, ist nur schwer einzuschätzen, allerdings durchaus möglich.

5.2.3 Lernumgebungsspezifische Determinanten

Im Gegensatz zu dem Teilnehmer zeichnet sich die Lernumgebung durch eine große Breite an Determinanten aus, welche weitgehend auf die Vielzahl an skizzierten Methoden zurückzuführen ist (Tab. 5.9). Hier ist es insbesondere der Beitrag der Wissenschaftler, der für das breite Spektrum sorgt. Die von ihnen benannten Determinanten weisen eine andere Ausrichtung auf als die Determinanten der Praxisexperten. Während die Wissenschaftler bei den Faktoren und den Begründungen stark auf ihre fundierten (lern)theoretischen Kenntnisse zurückgreifen, nehmen die anderen Experten eine praxisorientierte Sichtweise ein und nennen vorwiegend pragmatische und instinktive Faktoren, so dass auf diese beiden Gruppen eine Vielzahl an praktischen Handhabungsempfehlungen zurückzuführen ist.

---

[967] Vgl. ENOS ET AL. (2003), S. 382 mit Hinweis auf XIAO ET AL. (1997) und ERTMER & NEWBY (1996).

Als besonders bedeutend für den Lerntransfer heben die Experten in erster Linie (a) den Praxisbezug, (b) die Qualifikation des Trainers, (c) verschiedene Unterrichtsprinzipien und (d) Lehrformen sowie (e) die Abstimmung der Weiterbildungselemente und -akteure hervor. Betreffende Determinanten werden in diesem Abschnitt näher betrachtet. Überlegungen zu (f) weiteren, als weniger relevant eingestuften Faktoren schließen sich dieser Betrachtung an:

Tabelle 5.9: Empirisch identifizierte Determinanten aus dem Bereich „Lernumgebung" mit ihrem theoretischen Pendant aus dem Forschungsrahmen.[968]

Delphistudie	**Forschungsrahmen**
Konzeptionelle Faktoren	**Konzeptionelle Faktoren**
– Abstimmung der Maßnahme auf die Zielgruppe	– Abstimmung der Weiterbildungselemente und -akteure
– Abstimmung der Ziele, Inhalte und Methoden der Maßnahme	– Abstimmung der Weiterbildungselemente und -akteure
Situative Faktoren	
– Zeit während der Maßnahme	– Dauer der Maßnahme
	Situative Faktoren
– Rahmenbedingungen der Maßnahme	– Allgemeine Rahmenbedingungen
– Ziel der Maßnahme **(AUG)**	**Ziele**
Inhalte	**Inhalte**
– Praxisbezug der Inhalte	– Praxisbezug
– Umgang mit komplexen Inhalten	– u. a. Komplexität
Methoden	**Methoden**
– (didaktische) Strukturierung und Sequenzierung des Unterrichts	– Artikulation: Didaktische Strukturierung
– u. a. Lernmotivation	– Unterrichtsprinzip: Motivierung
– Aktivierung des Teilnehmers	– Unterrichtsprinzip: Aktivierung
– Berücksichtigung der Individualität des Teilnehmers	– Unterrichtsprinzip: Differenzierung
– Feedback während der Maßnahme	– Unterrichtsprinzip: Erfolgsbestätigung durch Feedback; Gruppencharakteristikum Interaktion: Feedback
– Anwendung und Übung der Inhalte	– Unterrichtsprinzip: Erfolgssicherung durch Übung
– Veranschaulichung der Inhalte	– Medien
– Einsatz von Lehrmaterialien	– Medien
– Ähnlichkeit von Lern- und Anwendungskontext	– Lernprinzip (behavioristisch)
– Praxisbezug der Methoden	– Lernprinzip (insb. behavioristisch und konstruktivistisch)
– Bearbeitung der Inhalte aus unterschiedlichen Kontexten und Perspektiven	– Lernprinzip (konstruktivistisch)
– Problemorientierte Vorgehensweise	– Lernprinzip (konstruktivistisch)
– Situierung des Wissenserwerbs	– Lernprinzip (konstruktivistisch)
– Aktivierung des/Anknüpfung an das Vorwissen und die Erfahrungen des Teilnehmers	– Lernprinzip (konstruktivistisch); Unterrichtsprinzip: Differenzierung; *Implizit:* Vorwissen und Erfahrungen
– Anpassung der Sprache	– Instruktionstechnik; Unterrichtsprinzip: Differenzierung
– Antizipation und Reflexion der Anwendungsmöglichkeiten sowie des praktischen Nutzens der Inhalte	– Instruktionstechnik
– Vollständigkeit der Darstellung von Konzepten	– Instruktionstechnik
Trainer und andere Teilnehmer	**Lerngruppe**
– Größe der Lerngruppe	– Zusammensetzung: Größe
– Lernklima in der Lerngruppe	**Lernklima**
	Trainer
– (fachliche und didaktische) Qualifikation des Trainers	– fachliche und didaktische Qualifikation

[968] Das *Ziel der Maßnahme* wurde in der Studie in der Arbeitsumgebung verortet.

ad (a) Praxisbezug: Der Praxisbezug hat eine starke Einflusswirkung auf den Lerntransfer. Einerseits sind für einen erfolgreichen Transfer Komponenten des Lern- und Funktionsfeldes ähnlich zu gestalten,[969] und andererseits werden Inhalte, die in der Praxis nicht benötigt werden, auch nicht in diese transferiert. Insofern ist es eine absolute Grundvoraussetzung, dass die Inhalte einen praktischen Bezug aufweisen müssen, um die Qualifikationen der Mitarbeiter zielgerichtet zu beeinflussen. Die Bedeutung des *Praxisbezugs der Inhalte* konnte auch in anderen Studien belegt werden. So zeigen BATES ET AL. (2000), dass der Praxisbezug der Inhalte signifikant die Transferleistung voraussagt. Hieraus lässt sich unmittelbar schlussfolgern, dass eine systematische Bedarfsanalyse notwendig ist, um die relevanten Inhalte zu identifizieren und vermitteln zu können.[970] Der *Praxisbezug der Methoden* findet seine theoretische Rechtfertigung insbesondere in der Theorie der identischen Elemente, aber auch in konstruktivistischen Überlegungen zur Gestaltung der Lernumgebung (Authentizität, Situiertheit, multiple Kontexte/Perspektiven usw.).[971] Während die Praxisexperten den *Praxisbezug der Inhalte und/oder Methoden* direkt angeben, weisen die Wissenschaftler die Bedeutung des Praxisbezugs aus einem theoretischen Blinkwinkel, vorwiegend indirekt über die *Problemorientierte Vorgehensweise*, die *Situierung des Wissenserwerbs*, die *Ähnlichkeit von Lern- und Anwendungskontext* oder die *Antizipation und Reflexion der Anwendungsmöglichkeiten sowie des praktischen Nutzens der Inhalte*, aus.

Den *Praxisbezug der Inhalte* schätzen die Experten der Weiterbildungsträger als deutlich wichtiger ein als die Experten der Wirtschaft und der Wissenschaft. Dies liegt vermutlich daran, dass sich die Vertreter der Weiterbildungsträger intensiv mit den Inhalten der Maßnahmen auseinandersetzen und auftragsgemäß bemüht sind, diese praxisbezogen auszugestalten. Dass die Wissenschaftler den Praxisbezug der Inhalte nicht annähernd so hoch bepunkten wie die anderen Experten, ist u. a. auf die insgesamt anders gewichtete Bewertung dieser Gruppe zurückzuführen. Die ihnen zur Verfügung stehenden Punkte verteilen die Wissenschaftler insbesondere auf die Methoden. Dies ist nachvollziehbar, da es insbesondere die Methoden sind, über die das Lernen der Teilnehmer beeinflusst und im Optimalfall auch der vertikale Transfer der Inhalte angestoßen werden kann.[972] Daher liegt die Bewertung des *Praxisbezugs der Methoden* (d. h. Einbindung von Praxisbeispielen, praxisorientierten Übungen, Fallstudien, Planspielen, Simulationen, Praxisphasen) durch die Wissenschaftler auch deutlich höher als die des *Praxisbezugs der Inhalte*. Hieraus ergibt sich die Notwendigkeit, den Teilnehmern zusätzlich zu den eigentlichen Inhalten Methoden an die Hand zu geben, welche die Anwendung im Funktionsfeld unterstützen (bspw. Selbstmanagement-

---

[969] Vgl. LIM & MORRIS (2006), S. 89; BURKE & HUTCHINS (2007), S. 274.

[970] Vgl. BATES ET AL. (2000), S. 34 f.; BALDWIN & FORD (1988), S. 99 f.

[971] Vgl. dazu insb. Abschnitt 3.2.2.1 („Transfertheorien“).

[972] Vgl. SCHRÖDER (2002), S. 85.

oder Rückfallpräventionsmaßnahmen). HOLTON III (1996) formuliert daher: „Trainees who are taught how to apply new knowledge and skills in a job context should have the ability to transfer learning which [...] is likely to result in greater transfer."[973]

ad (b) Qualifikation des Trainers: Die *Qualifikation des Trainers* bestimmt die lernförderliche Ausgestaltung der Strukturmerkmale des Unterrichts und vereint daher eine Vielzahl an weiteren lernumgebungsspezifischen Determinanten unter sich. Aus diesem Grund wurde dieser Einflussfaktor von den Experten besonders hoch bewertet, und in Folge dessen spezifische Faktoren, wie bspw. die *Berücksichtigung der Individualität des Teilnehmers*, der *Einsatz von Lehrmaterialien*, das *Feedback während der Maßnahme*, die *Strukturierung und Sequenzierung des Unterrichts* sowie die *Vollständigkeit der Darstellung von Konzepten* usw., nur nachrangig bepunktet.

Empirische Studien setzen sich allerdings kaum mit dem Einfluss der *Trainerqualifikation* auf den Transfererfolg auseinander. Zumeist steht der Einfluss der Qualifikation auf den Lernerfolg im Zentrum des Interesses. Diese Studien belegen, dass die *Qualifikation des Trainers* einen entscheidenden Einfluss auf den Lernerfolg hat.[974] Dazu finden sich in der Literatur eine Vielzahl an Empfehlungen für der spezifische Ausgestaltung der Qualifikationen.[975] Unabhängig von der objektiven Qualifikation wird häufig darauf hingewiesen, dass für eine positive Einflusswirkung die Teilnehmer die *Qualifikation des Trainers* auch subjektiv wahrnehmen müssen.[976] Da die Qualifikation des Trainers als zentraler Transferfaktor durch die Experten herausgestellt wird, ist zu vermuten, dass die Experten implizit annehmen, dass dem Transfer – im Sinne des hier vertretenen Transferbegriffs – ein vorheriger Lernerfolg zugrunde liegt.

Vor dem Hintergrund, dass ein zentrales Element der Qualitätssicherung und Zertifizierung von Weiterbildungsträgern die Qualifikation der unterrichtenden Trainer ist,[977] und der Trainer den Weiterbildungsträger nach außen repräsentiert, leuchtet es ein, dass speziell die Experten der Weiterbildungsträger den Faktor als weitaus bedeutender einstuft als die anderen Gruppen. Somit stellen die Experten der Weiterbildungsträger ihre eigene Rolle im Transferprozess als entscheidendes Erfolgskriterium heraus. Dies ist insofern nachvollziehbar, als

---

[973] HOLTON III (1996), S. 15.

[974] Vgl. BIHLER (2006), S. 144; CANTRELL ET AL. (1977), S. 177 f.

[975] Vgl. TOWLER (2009), S. 78; KRAFT (2010), S. 414 ff.; BROAD & NEWSTROM (1992), S. 39 ff. und die dort angegebenen Quellen.

[976] Vgl. SCHWEER & ROSEMANN (1995), S. 193 f.; REICH-CLAASSEN & VON HIPPEL (2010), S. 1010; BIHLER (2006), S. 144.

[977] Vgl. exemplarisch § 8 Abs. 3 der Anerkennungs- und Zulassungsverordnung Weiterbildung zu § 84 Nr. 3 SGB III; KNISPEL (2008), S. 103 ff.

dass sich der Erfolg der Weiterbildungsträger im Wesentlichen über ihre Trainer definiert, und eine geringe Bepunktung dieses Faktors den Wert ihrer eigenen Arbeit in Frage stellen würde.

ad (c) Unterrichtsprinzipien: Die im Forschungsrahmen vorgestellten fünf Unterrichtsprinzipien werden vollständig durch die Experten benannt, wobei die *Motivierung* indirekt für den teilnehmerspezifischen Einflussfaktor Motivation vorgeschlagen wird. Besondere Bedeutung wird dem Prinzip der *Aktivierung* und dem Prinzip der *Erfolgssicherung* (*Anwendung und Übung der Inhalte*) zugewiesen. Die *Differenzierung* und die *Erfolgsbestätigung* werden über die *Berücksichtigung der Individualität des Teilnehmers* und das *Feedback während der Maßnahme* einbezogen. Allerdings erhalten beide Faktoren nicht ausreichend Punkte, um in der dritten Runde erneut abgefragt zu werden. Die nachrangige Bewertung der *Individualität des Teilnehmers* bestätigt erneut die Ergebnisse in Bezug auf den Bereich des Teilnehmers. Liegen keine ausreichenden Kenntnisse über den Teilnehmer vor, können diese auch nicht in der Weiterbildungsmaßnahme berücksichtigt werden. Andererseits ist es aber auch möglich, dass die Experten die Individualität nicht als nennenswert relevant für den Lerntransfer einstufen, oder sie eine Berücksichtigung aufgrund ggf. zu großer Gruppengrößen nicht als möglich erachten. Dass das *Feedback während der Maßnahme* nicht als hinreichend relevant eingeschätzt wird, ist verwunderlich, da es als belegt gilt, dass eine Rückmeldung über den Erfolg und Misserfolg von Lernverhalten zielrichtend und motivierend wirkt und daher weitere Lernerfolge initiieren kann.[978]

Anders ist dies bei der *Aktivierung des Teilnehmers.* Der *Aktivierung* hat laut der befragten Experten eine herausragende Rolle für den Lerntransfer. Von allen Unterrichtsprinzipien erhält diese Determinante im Schnitt die meisten Punkte und nimmt damit den dritten Rang in der Gesamtbewertung der dritten Runde ein. Die *Aktivierung* wird zwar in der zweiten Runde zunächst lediglich von den Wissenschaftlern stark hervorgehoben, in der dritten Runde stufen allerdings alle Gruppen den Faktor homogen als besonders wichtig ein. Theoriegemäß soll durch die *Aktivierung des Teilnehmers* seine Selbsttätigkeit angeregt werden, damit er eigenständig Lernerfahrungen sammelt und selbstständig nach Lösungen sucht. Dies erfordert eine hohe Eigeninitiative und fußt auf der Annahme, dass selbst erlernte Inhalte länger im Gedächtnis verankert bleiben.[979] Die befragten Experten empfehlen diesbezüglich, den Teilnehmer durch spezielle Fragetechniken, Partner- und Gruppenarbeit oder Projektarbeit dazu zu motivieren, die Inhalte der Maßnahme eigenständig zu erarbeiten. Daher bezieht auch die Instruktionstechnik des aktiven Lernens den Teilnehmer geführt

[978] Vgl. CAMPBELL & KUNCEL (2001), S. 288; ILGEN ET AL. (1979), S. 349 ff.; WEXLEY & THORNTON (1972), S. 119; BALZER ET AL. (1989), S. 410; BROAD & NEWSTROM (1992), S. 90 f. Kritischer bei KLUGER & DENISI (1996).

[979] Vgl. SCHRÖDER (2002), S. 174 ff.

in den Lernprozess mit ein. Durch aktives Lernen soll die Aufmerksamkeit des Teilnehmers aufrechterhalten und der Lerntransfer unterstützt werden. Gleichzeitig wird der Teilnehmer angeregt, die Inhalte unmittelbar in der Lernumgebung, bspw. durch „learning by doing", anzuwenden.[980] So konnten z. B. BURKE, SARPY ET AL. (2006) im Rahmen ihrer Metaanalyse nachweisen, dass aktive Weiterbildungsmethoden den Lernerfolg erhöhen.[981]

Neben der *Aktivierung des Teilnehmers* gehört auch die *Anwendung und Übung der Inhalte* (Prinzip der Erfolgssicherung) zu den zehn Faktoren mit der höchsten Bewertung im Rahmen der Lernumgebung: Einerseits können sich die Inhalte mit Blick auf das Funktionsfeld verfestigen, und andererseits erhält der Trainer eine Rückmeldung über den Leistungsstand der Lerngruppe und kann ggf. individuell korrigierend einwirken. Die Ergebnisse des Forschungsrahmens zeigen allerdings, dass regelmäßige Übung durchaus kontraproduktiv wirken und weiten Transfer nur bedingt fördern kann. So führen CAMPBELL & KUNCEL (2001) aus, dass regelmäßige Übung zwar einen kurzfristigen Erfolg in der Lernumgebung begünstigt, jedoch langfristig gesehen den Teilnehmer durch die wiederholte gleichförmige Übung nur unzureichend auf Variationen der Transferaufgabe im Funktionsfeld vorbereitet. Außerdem kann die Übung der Inhalte in einem günstigen Umfeld (Lernumgebug) dazu führen, dass die Teilnehmer ihre Anstrengungen vermindern.[982] Andere Forscher konstatieren jedoch, dass bewusste und begleitete Übung ein primärer Erfolgsfaktor für eine hohes Leistungsniveau darstellt,[983] so speziell bei der Entwicklung automatisierter Fertigkeiten.[984] Ein Instruktionsdesignmodell, welches dieses Unterrichtsprinzip explizit aufgreift, ist das sog. Overlearning. Beim Overlearning wird kontinuierlich weitergeübt, obwohl der Teilnehmer eine Tätigkeit bereits beherrscht. Es werden automatisierte Reaktionen geschult, so dass die kognitiven Fähigkeiten des Teilnehmers sich auf neue und komplexere Aufgaben fokussieren können.[985] Die Forschungsergebnisse in Bezug auf den Einfluss von Overlearning auf den Lerntransfer sind jedoch verhalten. LIPOWSKY (2009) kommt daher zu dem Schluss, dass Übung keinen positiven Effekt erzielt, wenn eine Person eine Tätigkeit bereits beherrscht, und diese keine Variation und Herausforderung mehr bietet.[986] Vertikale Transfereffekte sind zu diesem Zeitpunkt kaum noch zu erwarten.

---

[980] Vgl. BURKE & HUTCHINS (2007), S. 276; MYERS & JONES (1993), S. XI ff.

[981] Vgl. BURKE ET AL. (2006), S. 319 f.; BURKE & HUTCHINS (2007), S. 276.

[982] Vgl. CAMPBELL & KUNCEL (2001), S. 289. Ähnlich bei SCHMIDT & BJORK (1992), S. 214.

[983] Vgl. ERICSSON & CHARNESS (1994), S. 725; CAMPBELL & KUNCEL (2001), S. 289.

[984] Vgl. ROGERS ET AL. (1997), S. 26; FORD & KRAIGER (1995), S. 6 f.; CAMPBELL & KUNCEL (2001), S. 289; SHIFFRIN & SCHNEIDER (1977), S. 130 ff.; LIEBERMANN & HOFFMANN (2008), S. 78.

[985] Vgl. BURKE & HUTCHINS (2007), S. 275; LIPOWSKY (2009), S. 93; MACHIN & FOGARTY (2003), S. 53 f.; GAGE & BERLINER (1996), S. 301.

[986] Vgl. LIPOWSKY (2009), S. 93.

ad (d) Lehrform: Über die benannten Unterrichtsprinzipien hinaus heben die Experten zudem die Bedeutung der *Aktivierung des/Anknüpfung an das Vorwissen und die Erfahrungen des Teilnehmers* hervor. Implizit ist dieser Determinante die Bedeutung und das Vorhandensein des *Vorwissens* und der *Erfahrung* des Teilnehmers, wobei letztgenannter Faktor auch über die bereits vorhandenen Fähigkeiten und Fertigkeiten des Teilnehmers operationalisiert werden kann. Studien dokumentieren eine erhöhte Wahrscheinlichkeit für einen positiven Lerntransfer, wenn die Teilnehmer über Vorwissen und Übung bezüglich der Anwendung der Weiterbildungsinhalte verfügen.[987] Weitere Fundierung liefern konstruktivistische Ansätze zur Erklärung des Lerntransfers: Lernende konstruieren theoriegemäß ihr Wissen weitgehend eigenständig und betten dieses in ihr bereits vorhandenes Wissen ein.[988] Werden das vorhandene Wissen und die Erfahrungen also aktiviert, und knüpfen die Inhalte an den vorhandenen Qualifikationsbestand an, ist von einer transferförderlichen Wirkung auszugehen. Gleichzeitig weist der Einflussfaktor erneut auf die Erfordernis hin, in der Lernumgebung die Individualität des Teilnehmers zu berücksichtigen.

ad (e) Abstimmung der Weiterbildungselemente und -akteure: Sowohl die *Abstimmung der Maßnahme auf die Zielgruppe* als auch die *Abstimmung der Ziele, Inhalte und Methoden der Maßnahme* würdigen alle Experten als transferrelevante konzeptionelle Faktoren, d. h. die Maßnahme muss sowohl an die Teilnehmer angepasst als auch in sich stimmig konzeptioniert sein. Dies erfordert eine enge Absprache von Teilnehmer, Trainer und Unternehmen.[989] Da es sich hierbei – ähnlich wie bei dem Praxisbezug – um eine absolute Grundvoraussetzung für den Weiterbildungserfolg handelt, findet dieser Aspekt im Forschungsrahmen jedoch nur am Rande Berücksichtigung.

ad (f) Weitere Faktoren: Kaum eine Bedeutung nehmen den Experten zu Folge *Rahmenbedingungen der Maßnahme*, wie z. B. die Ausstattung des Seminarraums, Bereitstellung von Obst und Getränken in den Pausen usw., ein. Lediglich zwei Experten (Weiterbildungsträger) vergeben Punkte für diesen Einflussfaktor. Offensichtlich berücksichtigen diese Experten die Determinanten, weil diese ihre eigene Tätigkeit unmittelbar tangieren und sie diese deswegen als relevant für den Teilnehmer wahrnehmen. Folgt man der Theorie von Herzberg et al. (1967), so stellen die Rahmenbedingungen Frustratoren dar, die Unzufriedenheit verhindern, allerdings nicht herbeiführen. Hiernach hätten sie – auch bei positiver Ausgestaltung – tatsächlich keinen Einfluss auf die Leistung des Teilnehmers.

---

[987] Vgl. Clark & Voogel (1985), S. 120 f.; Velada & Caetano (2007), S. 285.

[988] Vgl. dazu Abschnitt 3.2.2.1 („Transfertheorien“).

[989] Vgl. Broad & Newstrom (1992), S. 12 ff.; Reich-Claassen & von Hippel (2010), S. 1006.

Charakteristika der Lerngruppe sowie intergruppale Dynamiken bleiben ferner, bis auf das *Lernklima*, die *Gruppengröße* und das *Feedback während der Maßnahme*, vollkommen unberücksichtigt. Diese Determinanten werden allerdings auch nur sehr niedrig bepunktet, wobei die Experten der Weiterbildungsträger etwas mehr Punkte vergeben als die anderen Expertengruppen, wohl auch, weil diese Faktoren erneut unmittelbar ihren Arbeitsbereich tangieren. Dennoch gehören die Gruppenspezifika zu den Einflüssen, denen im Vergleich zu den anderen kaum eine Bedeutung für den Lerntransfer beigemessen wird. Vermutlich werden die Einflüsse der Lerngruppe lediglich als gering eingeschätzt, weil sich der Teilnehmer – im Gegensatz zur Arbeitsumgebung – nur für eine kurzen Zeitraum in der Lernumgebung aufhält. Hierbei ist allerdings zu bedenken, dass vielfältige Einflusswirkungen von Gruppen auf die Leistung ihrer Gruppenteilnehmer im Forschungsrahmen aufgezeigt werden konnten.[990]

Auch die Einflusswirkung der Auswahl, Hierarchisierung, Spezifikation, Operationalisierung von *Lernzielen* in der Lernumgebung wird von den Experten nicht in Erwägung gezogen. Wahrscheinlich wird die Zielsetzung von den Experten primär in der Arbeitsumgebung verortet, weil das Unternehmen in seiner Funktion als Initiator der Weiterbildungsmaßnahme die allgemeinen Ziele des Trainings vorgibt. Insofern kann aufgrund dieser Ergebnisse nicht unmittelbar auf die nachrangige Bedeutung der Lernziele für den Lerntransfer geschlossen werden.

5.2.4 Arbeitsumgebungsspezifische Determinanten

Wie auch in der Lernumgebung werden im Bezug auf die Arbeitsumgebung eine Vielzahl an Determinanten benannt. Diese betonen in ihrer Breite insbesondere die soziale und operative Unterstützung des Teilnehmers (Kultur und Klima sowie Transferinterventionen) und die Möglichkeit, die Inhalte anzuwenden. Die Unterstützung des Teilnehmers (durch Vorgesetzte, Kollegen und weitere Personen) nimmt eine hybride Rolle ein (Tab. 5.10). Während im Forschungsrahmen die sozialen Elemente der Unterstützung hervorgehoben werden (Kategorie: soziale Unterstützung), werden in der Studie auch operative Unterstützungsinterventionen inkludiert und die sozialen Elemente unter das Lernklima subsumiert (Kategorie: Unterstützung des Teilnehmers).[991] Daraus ergibt sich eine Strukturierung dieses Abschnittes in (a) Kultur und Klima, (b) Transferinterventionen, (c) Anwendungsmöglichkeit, (d) Bedarfsanalyse sowie (e) weitere Faktoren:

---

[990] Vgl. dazu Abschnitt 3.5.2.3 („Lernklima, Lerngruppe und Trainer").

[991] Auch LIM & MORRIS (2006) operationalisieren verschiedene Umgebungsvariablen über ein einziges klimatisches Konstrukt (S. 106).

Tabelle 5.10: Empirisch identifizierte Determinanten aus dem Bereich „Arbeitsumgebung" mit ihrem theoretischen Pendant aus dem Forschungsrahmen.

Delphistudie	Forschungsrahmen
Rahmenbedingungen auf Unternehmensebene	**Kultur und Klima**
– Unternehmens- und Lernkultur	– Unternehmens- und Lernkultur
	Rahmenbedingungen auf Unternehmensebene
– Organisationsstruktur	– Organisationsstruktur
– Regeln und Normen des Unternehmens	– u. a. Unternehmensverfassung, -politik und (-kultur)
Konzeption der betrieblichen Weiterbildung	
– Belohnungen für Anwendung des Erlernten	– Entgelt- und Anreizgestaltung (extrinsische und intrinsische Belohnungen)
– Einbettung der „betrieblichen Weiterbildung" in den unternehmerischen Gesamtzusammenhang	– Einbindung der betrieblichen Weiterbildung in das Unternehmen
	Konzeptionierung der betriebl. Weiterbildung
– Analyse des Weiterbildungsbedarfs	– Bedarfsanalyse
– Zeitspanne zwischen Maßnahme und Anwendungsmöglichkeit	– Bedarfsanalyse: Zeitspanne zwischen Maßnahme und Anwendungsmöglichkeit
– Freiwilligkeit der Teilnahme an der Maßnahme	– Bedarfsanalyse: Freiwilligkeit der Teilnahme
– Vereinbarung von Lern- und Transferzielen (UNTERSTÜTZUNG DES TEILNEHMERS)	– Planung: Setzung von Lern- und Transferzielen; Partizipation an der Zielsetzung
– Überprüfungen der Erreichung der Lern- und Transferziele (UNTERSTÜTZUNG DES TEILNEHMERS)	– Evaluation: Output
– Beteiligung des Teilnehmers an der Planung der Maßnahme	– Planung: Beteiligung des Teilnehmers
– Vorbereitung des Teilnehmers auf die Maßnahme (UNTERSTÜTZUNG DES TEILNEHMERS)	– Planung: Vorbereitung des Teilnehmers (u. a. Information); Kommunikation von Lern- und Transferzielen
– Follow-up-Veranstaltungen	– Planung: Vorbereitung der Rückkehr des Teilnehmers in das Funktionsfeld
– Materialien zur Begleitung und Überwachung des Anwendungsprozesses	– Planung: Vorbereitung der Rückkehr des Teilnehmers in das Funktionsfeld
	Strukturelle Arbeitsbedingungen
Anwendungsmöglichkeit	– Arbeitsaufgabe: Anwendungsmöglichkeit
– transferrelevante Arbeitsaufgaben	– Arbeitsaufgabe
– Verfügbarkeit relevanter Arbeitsmittel	– Ressourcen: technisch-sachlich
– Zeit, die Inhalte anzuwenden	– Ressourcen: zeitlich
	Arbeitsgruppe
– (soziales) Lernklima	– Lernklima
– Weitergabe des Erlernten an die Kollegen	– Gruppencharakteristikum Interaktion: Wissensweitergabe
– Feedback durch den Vorgesetzten (UNTERSTÜTZUNG DES TEILNEHMERS)	– Gruppencharakteristikum Interaktion: Feedback
– Nachbereitungsgespräche mit dem Vorgesetzten (UNTERSTÜTZUNG DES TEILNEHMERS)	– Gruppencharakteristikum Interaktion
Unterstützung des Teilnehmers	**u. a. Transferklima**
– (soziales) Lernklima	**Soziale Unterstützung**
– (soziales) Lernklima	– Unterstützung durch den Vorgesetzten
– (soziales) Lernklima	– Unterstützung durch Kollegen
– Aufbau von personalen Unterstützungsstrukturen	– Unterstützung durch weitere Personen

ad (a) Kultur und Klima: Die *Unternehmens- und Lernkultur* wird über alle Runden hinweg als wichtigste Determinante der Arbeitsumgebung identifiziert. Dies deckt sich mit den Erkenntnissen des Forschungsrahmens, wobei dort Aspekte der *Unternehmens- und Lernkultur* über das Konstrukt des Transferklimas operationalisiert werden. Die Experten sprechen jedoch eine abstraktere Ebene des Begriffsystems an. Ein Teilbereich des Transferklimas wird auf Ebene der engen Arbeitsumgebung in der Studie unter das *soziale Lernklima* gefasst und über die soziale Unterstützung des Teilnehmers operationalisiert (Tab. 5.10). Das *soziale Lernklima* beschreibt aus Expertensicht, dass Vorgesetzte, Kollegen, Personalabteilung usw. Interesse, Anerkennung und Wertschätzung für die Maßnahme signalisieren, die Vorgesetzten (und z. T. auch Kollegen) keine Angst vor eigenem Kompetenzverlust haben, als Ansprechpartner zur Verfügung stehen und die Anwendung aktiv, durch die Schaffung von Freiräumen, das Aufzeigen von Anwendungsmöglichkeiten usw., unterstützen. Die Experten betonen in diesem Zusammenhang insbesondere die zentrale Rolle des Vorgesetzten. Wie auch der *Unternehmens- und Lernkultur* wird dem *Lernklima* eine hohe Einflusswirkung auf den Lerntransfer zugewiesen. Die Experten bestätigen also, dass die (weite wie enge) soziale Umgebung des Teilnehmers eine zentrale Einflussfunktion für den Lerntransfer einnimmt.[992]

Diese Erkenntnisse decken sich mit den Ergebnissen des Forschungsrahmens.[993] Die Experten reduzieren allerdings die lern- und transferförderliche Gestaltung der Arbeitsumgebung in diesem Zusammenhang speziell auf sozial-affektive Komponenten. TRACEY ET AL. (1995) bestätigen, dass Verhaltensweisen, welche die Bedeutung und den Wert von Lernen kommunizieren, sich positiv auf den Lerntransfer auswirken, und EGAN ET AL. (2004), dass die *Lernkultur* des Unternehmens einen signifikanten Einfluss auf die *Transfermotivation* des Teilnehmers hat.[994] In Bezug auf Lerngruppen merkt LIPOWSKY (2009) außerdem an, dass Personen, die eine starke soziale Eingebundenheit erleben, sich aktiver engagieren und stärker motiviert sind zu lernen. Also attestiert er – wie auch die Experten – einem wertschätzenden und unterstützenden affektivem Klima, einen positiven Einfluss auf das Verhalten des Lernenden.[995] Sozial-affektive Unterstützungskomponenten werden speziell von den Praktikern hoch bewertet. Höchstwahrscheinlich ziehen die Praxisexperten hierbei aus ihren persönlichen Erfahrungen Rückschlüsse auf den Lerntransfer. Es ist intuitiv nachvollziehbar, dass ein angenehmes soziales Umfeld eine gute Voraussetzung schafft, Anwendungsängste zu reduzieren und die neu erlernten Inhalte im Funktionsfeld zu handhaben. Insofern ist naheliegend, dass alle Expertengruppen unisono den *Aufbau von personalen Unterstützungsstrukturen* (durch Transfercoaches, Mentoren, Paten, Lernpartnerschaften und ggf. die Aufrechterhaltung des Kontakts zur Lerngruppe und zum Trainer) als hinreichend relevant erachten.

---

992 „Kulturelle Rahmenbedingungen schätze ich höher ein, die anderen Faktoren sind teilweise Prozessfaktoren, welche nur schwer zur Entfaltung gelangen können, wenn die Lernkultur, das soziale Lernklima schlecht ist [!]."

993 Vgl. Abschnitt 3.5.3.1 („Kultur und Klima").

994 Vgl. TRACEY ET AL. (1995), S. 249 f.; EGAN ET AL. (2004), S. 295.

995 Vgl. LIPOWSKY (2009), S. 95.

ad (b) Transferinterventionen: Operative Unterstützungsmöglichkeiten werden über eine Vielzahl an praktischen Interventionen zur Transferförderung berücksichtigt (bspw. *Belohnungen, Follow-up Veranstaltungen, Begleitmaterialien, Aufbau von Unterstützungsstrukturen, Feedback, Gespräche zur Vorbereitung, Zielvereinbarung, -überprüfung*). Eine genaue Betrachtung der Bewertung dieser Interventionen zeigt, dass Einflüsse vor Beginn der Maßnahme nur eine geringe Punktzahl erhalten, so dass bspw. den *Gesprächen zur Vorbereitung* (Bereitstellung von Informationen über Ziele und Inhalte der Maßnahme, Kommunikation der Erwartungen an den Teilnehmer, Motivation des Teilnehmers zu einem vorbereitenden Selbststudium) und der *Zielvereinbarung* der Übergang in die dritte Runde nicht gelingt. Die von den Experten favorisierten Transferinterventionen setzen zumeist erst an, wenn der Teilnehmer wieder in das Funktionsfeld zurückgekommen ist (bspw. *Nachbereitungsgespräche* und *Feedback durch den Vorgesetzen*), so dass der Transferprozess hier nicht vollständig abgedeckt wird.

Als sinnvolles Mittel vor Beginn der eigentlichen Maßnahme haben sich jedoch speziell *Zielsetzungsinterventionen* erwiesen.[996] Es wurde vielfach belegt, dass Ziele positives Leistungsverhalten begünstigen, indem sie Aufmerksamkeit bündeln, Anstrengung mobilisieren und die Insistenz bei der Bearbeitung einer Aufgabe fördern.[997] So konnte insbesondere auch dokumentiert werden, dass die Teilnehmer mit einer höheren Wahrscheinlichkeit die Inhalte transferieren, wenn sie eine genaue Kenntnis darüber besitzen, welches Wissen und welches Verhalten im Funktionsfeld gefordert wird.[998] Die Wissenschaftler würdigen die bestätigte Einflusswirkung, die Praxisexperten allerdings nicht. Vermutlich werden im Arbeitsumfeld der befragten Experten im Zusammenhang mit betrieblichen Weiterbildungsmaßnahmen bislang noch keine systematischen Zielsetzungsinterventionen durchgeführt, so dass sie den Einfluss als verhältnismäßig gering einstufen.

Es wird allerdings in der durchgeführten Studie von allen Experten der *Beteiligung des Teilnehmers an der Planung der Maßnahme* eine vergleichsweise hohe Bedeutung für den Lerntransfer zugesprochen, denn „[o]hne die [..] [Teilnehmer] ‚geht nichts', also wäre es töricht, sie nicht an der Planung zu beteiligen". Dies wird in der Literatur bestätigt:[999] Die Beteiligung

[996] Vgl. Wexley & Baldwin (1986); Wexley & Nemeroff (1975).

[997] Vgl. Locke et al. (1981), S. 125, 131 f.; Steers & Porter (1974), S. 436; Richman-Hirsch (2001), S. 106; Burke & Hutchins (2007), S. 273.

[998] Vgl. Kontoghiorghes (2001), S. 257 f.; Burke & Hutchins (2007), S. 274. Ähnlich bei Richman-Hirsch (2001), S. 116 f.; Werner et al. (1994), S. 178 (in Bezug auf Lernen); Wexley & Baldwin (1986), S. 512; Wexley & Nemeroff (1975), S. 450.

[999] Vgl. Broad & Newstrom (1992), S. 63; Machin (2002), S. 269.

des Teilnehmers sendet das Signal, dass das Unternehmen der Weiterbildungsmaßnahme eine hohe Bedeutung beimisst.[1000]

In Bezug auf die Transferinterventionen sind es speziell die Wissenschaftler, die die Rolle des Vorgesetzten hervorheben (bspw. *Nachbereitungsgespräche* und *Feedback*). Sie vergeben deutlich mehr Punkte für Interventionen, in denen der Vorgesetzte involviert ist, als die anderen beiden Expertengruppen. Dies deckt sich mit der herausragend Beachtung, die dem Einfluss des Vorgesetzen in der Literatur zuteil wird.[1001] So weist auch die hohe Bewertung des *Feedbacks* nur eine sehr geringe Streuung auf. Die Wissenschaftler akzentuieren insofern – einhergehend mit der Lerntransferforschung – die zentrale Rolle des Vorgesetzten für die transferförderliche Ausgestaltung der Arbeitsumgebung als Bindeglied zwischen Mitarbeiter und Unternehmen. Die Praktiker betonen die besondere Rolle des Vorgesetzten hingegen besonders im Zusammenhang mit dem sozialen Lernklima. Aus der herausragenden Bedeutung des Vorgesetzten für den Lerntransfer lässt sich die Empfehlung ableiten, die Vorgesetzten explizit auf ihre Funktion für den Lerntransfer hinzuweisen, bzw. diese Thematik in Führungskräfteschulungen aufzugreifen.

Als weitere sinnvolle Interventionen haben sich in der Literatur außerdem Selbstmanagementinterventionen sowie speziell die Rückfallprävention herausgebildet,[1002] die allerdings nur von einem Experten (WIRT) in Betracht gezogen werden. Diese Interventionen verfolgen, wie auch die *Zielsetzungsinterventionen*, einen prozessualen Ansatz, indem sie Instruktionen bezogen auf den Prozess der Aufrechterhaltung und Generalisation des Erlernten – und damit den Lerntransfer – fokussieren, und nicht ausschließlich Instruktionen bezogen auf den Lerninhalt. Sie haben den entscheidenden Vorteil, dass sie ergänzend zu der eigentlichen Weiterbildungsmaßnahme durchgeführt werden können, ohne diese in ihrem Design signifikant zu verändern.[1003] Diese Interventionen sollen den Teilnehmer dabei unterstützen, seine Umgebung zu strukturieren, sich selber zu motivieren und leistungsfördernde Verhaltensweisen zu entwickeln. Ein Selbstmanagementtraining hat somit das Potenzial, über verschiedene Mediatoren einen positiven Einfluss auf den Lerntransfer zu nehmen.[1004] In ähnlicher Weise intervenieren Rückfallpräventionsmaßnahmen.[1005] Die empirischen Ergebnisse hierzu sind allerdings nicht eindeutig. TZINER ET AL. (1991) zeigen jedoch, dass Trainingsteilnehmer,

---

[1000] Vgl. CROMWELL & KOLB (2004), S. 451.

[1001] Vgl. Abschnitt 3.5.3.5 („Arbeitsgruppe und soziale Unterstützung").

[1002] Vgl. ZU KNYPHAUSEN-AUFSESS ET AL. (2009), S. 294.

[1003] Vgl. GIST, BAVETTA & STEVENS (1990), S. 502.

[1004] Vgl. FRAYNE & GERINGER (2000), S. 361; LATHAM & FRAYNE (1989), S. 411; FRAYNE & LATHAM (1987), S. 387; PATTNI, SOUTAR & KLOBAS (2007), S. 172 f.; GIST ET AL. (1990), S. 502 f., 519.

[1005] Vgl. dazu das Modell von MARX (1982) sowie WEXLEY & BALDWIN (1986), S. 503; HUTCHINS & BURKE (2006), S. 9; RICHMAN-HIRSCH (2001), S. 106 f.; BROAD & NEWSTROM (1992), S. 121 ff.

welche zusätzlich an einer Rückfallpräventionsmaßnahme teilnehmen, die Inhalte besser beherrschen und diese mit einer höheren Wahrscheinlichkeit auch transferieren.[1006]

Aspekte des Selbstmanagements werden durch die Experten allerdings indirekt über die *proaktive Persönlichkeit* und *Problembewusstsein des Teilnehmers* pointiert. So kann der Wille des Teilnehmers, eigenständig Veränderungen anzustoßen (*proaktive Persönlichkeit*), und die Eigenschaft, Probleme in seiner Umgebung bewusst wahrzunehmen (*Problembewusstsein*), durch Selbstmanagementinterventionen angeregt werden.

ad (c) Anwendungsmöglichkeit: Als zweiter wichtiger Einflussbereich, neben der Unterstützung des Teilnehmers, wird die Anwendung des Erlernten in den Vordergrund gerückt. Die Anwendungsmöglichkeit kann innerhalb der verschiedenen Kategorien verschiedene Ausprägungen annehmen. Sie spiegelt sich in den strukturellen Arbeitsbedingungen und hier speziell in den *transferrelevanten Arbeitsaufgaben* wider. Der Faktor korreliert direkt mit dem in der Lernumgebung pointierten Praxisbezug. Während die praxisnahe Ausgestaltung der Inhalte und Methoden die Anwendung im Funktionsfeld vorbereitet, müssen dem Teilnehmer in einem nächsten Schritt Arbeitsaufgaben zugewiesen werden, welche die Anwendung der Inhalte ermöglichen und/oder erfordern. Die theoretischen Erkenntnisse stützen diese Überlegungen. Das Ausmaß, in dem die Arbeitsaufgabe Lernen im Allgemeinen und die Anwendung des Erlernten im Speziellen forciert, fördert theoriegemäß den Transfer der erlernten Inhalte.[1007]

Einhergehend damit betonen die Experten, dass dem Teilnehmer ausreichend *Zeit* zur Verfügung stehen muss, um das Erlernte in der Praxis zu erproben. Eine stetig hohe Arbeitsbelastung führt dazu, dass alte Abläufe und Verhaltensweisen beibehalten werden, wenn sich das neu Erlernte noch nicht ausreichend in der Praxis verfestigt hat. Folglich kann der Transfer nur stattfinden, wenn der Teilnehmer genügend zeitlichen Freiraum besitzt, um das Erlernte anzuwenden. Diesbezüglich sind sich alle Expertengruppen einig. Weitere Studien bestätigen diese Überlegungen. So belegen BELLING ET AL. (2004) und CLARKE (2002), dass hohe Arbeitsbelastungen und Zeitdruck signifikante Barrieren für die Effektivität von Weiterbildungsmaßnahmen darstellen, während die Studie von AWONIYI ET AL. (2002) dokumentiert, dass eine geringe Arbeitslast einen positiven Einfluss auf den Lerntransfer hat.[1008]

[1006] Vgl. TZINER ET AL. (1991), S. 174. Anders bei GAUDINE & SAKS (2004), S. 69; BURKE (1997), S. 277; RICHMAN-HIRSCH (2001), S. 116; WEXLEY & BALDWIN (1986), S. 510 ff.; BURKE & BALDWIN (1999), S. 235 für letzteren Zusammenhang. HUTCHINS & BURKE (2006) kritisieren allerdings methodische Ungenauigkeiten dieser Studien (S. 19).

[1007] Vgl. KONTOGHIORGHES (2001), S. 251; TRACEY & TEWS (2005), S. 358; sowie das „job characteristics"-Modell von HACKMAN & OLDHAM (1980) (S. 71 ff.).

[1008] Vgl. BELLING ET AL. (2004), S. 244; CLARKE (2002), S. 156 f.; AWONIYI ET AL. (2002), S. 33. Ähnlich bei BROAD & NEWSTROM (1992), S. 106; GREGOIRE (1994), S. 78 f.

Die Experten heben in diesem Kontext ganz besonders die Bedeutung der *Zeitspanne zwischen Maßnahme und Anwendungsmöglichkeit* hervor. Sie pointieren hierdurch, dass der Teilnehmer bedarfsgerecht weitergebildet werden muss, um das Erlernte unmittelbar umsetzen zu können. Auch die Literatur bestätigt, dass zu große zeitliche Differenzen dazu führen können, dass die Inhalte sukzessive vergessen werden.[1009] Die Studie von LIM & MORRIS (2006) dokumentiert darüber hinaus, dass der unmittelbare Bedarf, die Inhalte anzuwenden, nicht nur zur einer höheren Transfermotivation, sondern auch zu einer höheren Lernmotivation führt.[1010] Den genannten Faktor schätzen insbesondere die Praktiker als wichtig ein. Die Wissenschaftler vergeben deutlich weniger Punkte. Vermutlich liegt die zurückhaltende Punktvergabe der Wissenschaftler daran, dass dieser Thematik in der Transferforschung keine priorisierte Stellung zugestanden wird, wohl aber dem Vorgesetzten, auf den wiederum der Hauptteil ihrer maximal zu verteilenden Punkte entfällt.

ad (d) Bedarfsanalyse: Über den Unterstützungs- und Anwendungsaspekt hinaus verweisen die Experten darauf, dass der Weiterbildungsbedarf in Absprache mit den Vorgesetzten und dem Mitarbeiter analysiert werden muss, um eine Weiterbildungsmaßnahme zu konzeptionieren, die den Anforderungen des Funktionsfeldes entspricht (*wahrgenommener* und *tatsächlicher Nutzen der Maßnahme*) und gleichzeitig die individuellen *Interessen der Teilnehmer* berücksichtigt. Eine solche *Analyse* muss sowohl die Arbeitszusammenhänge analysieren als auch den konkreten Bedarf im Hinblick auf Ziele, Inhalte, Zielgruppen, Teilnehmer und Zeitpunkte erfassen, um u. a. die *Zeitspanne zwischen Maßnahme und Anwendungsmöglichkeit* möglichst gering zu halten. Theoriegemäß werden solche Bedarfe auf drei verschiedenen Ebenen berücksichtigt: Unternehmen, Aufgaben und Personen.[1011] Dieser ganzheitliche Ansatz ermöglicht es, gezielt an den hervorgehobenen Transferdeterminanten anzusetzen. So empfehlen COLQUITT ET AL. (2000) besondere Aufmerksamkeit auf die Analyse von Unternehmen und Person zu legen, da das *Transferklima* und die *Persönlichkeit des Teilnehmers* einen starken Einfluss auf die Weiterbildungsmotivation und den Lernerfolg haben. Um der hohen Relevanz der *Selbstwirksamkeit* Rechnung zu tragen, akzentuieren CANNON-BOWERS ET AL. (1995) ergänzend, dass speziell diese Persönlichkeitsdisposition einer eingehenden Anayse unterzogen werden sollte. CAMPBELL (1988) empfielt wiederum eine Berücksichtigung der *Arbeitsaufgabe*, um Anknüpfungspunkte zur Förderung der Arbeitsleistung aufzudecken.[1012]

[1009] Vgl. TANNENBAUM (2002), S. 17 f.; LAKER (1990), S. 213; JUNG (2011), S. 251.

[1010] Vgl. LIM & MORRIS (2006), S. 105.

[1011] Vgl. MCGEHEE & THAYER (1961), S. 25 f.; GOLDSTEIN (1991), S. 517; SALAS & CANNON-BOWERS (2001), S. 475; KLUG (2011), S. 35. Ähnlich bei CAMPBELL (1988), S. 191.

[1012] Vgl. COLQUITT ET AL. (2000), S. 702; CANNON-BOWERS ET AL. (1995), S. 161; CAMPBELL (1988), S. 191.

Im Hinblick auf die *Freiwilligkeit der Teilnahme* an der Maßnahme zeichnen die Experten jedoch ein anderes Bild. Diese Determinante erhält in der zweiten Runde von den Experten aus den Weiterbildungsträgern eine verhältnismäßig hohe Punktzahl, schaffte es jedoch aufgrund der niedrigen Bewertung durch die anderen Gruppen nicht in die dritte Runde. Theoretische Erkenntnisse untermauern, dass der Lerntransfer nicht unbedingt dadurch behindert wird, dass ein Teilnehmer unfreiwillig an der Maßnahme teilnimmt. So berichteten die von BALDWIN & MAGJUKA (1991) befragten Teilnehmer von höheren Transferabsichten, wenn sie zu der Teilnahme an einer Maßnahme verpflichtet wurden.[1013] Andere Studienergebnisse deuten jedoch darauf hin, dass Teilnehmer, die freiwillig an einer Maßnahme partizipieren, eher den Nutzen der Maßnahme erkennen, von der Maßnahme profitieren, zufriedener sind und motivierter lernen.[1014] Daher ist es nachvollziehbar, dass die Weiterbildungsträger dieser Determinante eine hohe Bewertung zuweisen. Nimmt ein Teilnehmer unfreiwillig an der Maßnahme teil, ist davon auszugehen, dass er mit einer hohen Wahrscheinlichkeit über kein ausgeprägtes *Interesse an den Inhalten* verfügt. Diesen Umstand nimmt der Trainer der Maßnahme als unmittelbare Transferbarriere wahr.[1015] In der Praxis ist es jedoch aufgrund der spezifischen Anforderungen des Funktionfelds (dynamische Anforderungen, gesetzliche Restriktionen usw.) nicht realisierbar, notwendige Weiterbildungsmaßnahmen ausschließlich auf freiwilliger Basis anzubieten. Insofern erklärt sich die niedrige Bewertung der anderen beiden Gruppen.

ad (e) Weitere Faktoren: Eine Betrachtung des vollständigen Weiterbildungsprozesses zeigt, dass die Experten nicht den ganzen Prozess als bedeutend einstufen. Sie nennen lediglich Komponenten der Analyse, Planung und der Durchführung. In Bezug auf die Evaluation weisen sie mit der *Überprüfung der Erreichung der Lern- und Transferziele* lediglich auf einen Teilaspekt der Outputevaluation hin, welchen sie auch nicht als besonders bedeutsam für den Lerntransfer einstufen. Aufgrund der hohen Bewertung des *wahrgenommenen Nutzens* für den Teilnehmer lässt sich weiterhin vermuten, dass die befragten Praktiker im Rahmen einer Evaluation lediglich die Reaktionen beim Teilnehmer abfragen. Diese sagen allerdings nur bedingt etwas über den tatsächlich Nutzen der Weiterbildungsmaßnahme aus. Es empfiehlt sich daher, ganzheitlicher zu evaluieren, und neben dem Output auch den Input, den Prozess und das Evaluationskonzept kritisch zu prüfen. Vermutlich unterschätzen gerade die Praxisexperten die Einfluss- und Rückkopplungswirkung der Evaluation auf den Transferprozess. Auch in der Studie von HUTCHINS & BURKE (2007) verfügten die befragten Trainer nur über

[1013] Vgl. BALDWIN & MAGJUKA (1991), S. 33 f.

[1014] Vgl. HICKS & KLIMOSKI (1987), S. 546. Ähnlich bei MATHIEU ET AL. (1992), S. 843; CLARK ET AL. (1993), S. 303.

[1015] Vgl. MEIER (2008), S. 65 ff.

wenig Wissen in Bezug auf aktuelle Forschungsergebnisse zur Evaluation der betrieblichen Weiterbildung.[1016]

Abgesehen von der *Unternehmens- und Lernkultur*, welche in beiden Bewertungsrunden die höchste Punktzahl erhält, werden die Rahmenbedingungen auf der Unternehmensebene und damit die Einflüsse der weiten Arbeitsumgebung als eher unbedeutend erachtet. Anscheinend stufen insbesondere die Praxisexperten die Wirkung globaler Ausgestaltungsoptionen als weniger relevant ein als operative Interventionen und Anwendungsmöglichkeiten. Sie vernachlässigen somit, dass auf der Unternehmensebene die notwendigen Voraussetzungen für die spezifische Ausgestaltung der operativen Transferdeterminanten geschaffen werden.[1017] Dies bestätigt erneut die Annahme, dass die Praxisexperten solche Faktoren als wichtig einstufen, die auf den unmittelbare Praxisbezug abzielen sowie für sie intuitiv nachvollziehbar und verständlich sind. In Abgleich zu den Ergebnissen des Forschungsrahmens fällt das Weiteren auf, dass die Einflüsse der Arbeitsgruppe – wie auch bereits die Einflüsse der Lerngruppe im Lernfeld – kaum berücksichtigt werden. Lediglich die *Unterstützungsfunktion der Arbeitsgruppe* sowie das *Feedback des Vorgesetzten* werden pointiert. Offensichtlich wird das Transferverhalten des Teilnehmers relativ isoliert betrachtet. Dass neben der positiven Wirkung der unterstützenden Interaktion mit der übrigen Arbeitsgruppe (Vorgesetzte und Kollegen) auch weitere Dynamiken Einfluss auf die Transferleistung des Teilnehmers haben können, scheint aufgrund der eingeschränkten Beeinflussbarkeit nicht unmittelbar erkannt zu werden. Betrachtet man die Argumentation des Forschungsrahmens, zeigt sich jedoch, dass ein Großteil der möglichen intergruppalen Einflüsse über die Leistung des Teilnehmers operationalisiert wird und nicht über den Lerntransfer selber.[1018] Aufgrund der mangelhaften Betrachtung von Lern- wie auch Arbeitsgruppen in der Lerntransfersforschung ist es daher auch nicht verwunderlich, dass die Experten solchen Faktoren ebenfalls keine Berücksichtigung schenken.

5.2.5 Visualisierung des Erklärungsrahmens

Nach der Interpretation der Untersuchungsergebnisse ist es abschließend notwendig, die Erkenntnisse des Forschungs- und Erklärungsrahmens in komprimierter Form darzustellen und in das entwickelte Rahmenmodell einzubetten. Überträgt man dazu die empirisch identifizierten Determinanten in das Rahmenmodell (Abb. 5.9), zeigt sich, dass die Experten nur einen kleinen Teil der theoretisch möglichen Determinanten benennen, allerdings in Bezug auf den Teilnehmer auch Determinanten identifizieren, die im Forschungsrahmen nicht berücksichtigt

[1016] Vgl. Hutchins & Burke (2007), S. 257.

[1017] Vgl. Abschnitt 3.5.3.2 („Rahmenbedingungen der weiten Arbeitsumgebung").

[1018] Vgl. Abschnitt 3.5.2.3 („Lernklima, Lerngruppe und Trainer").

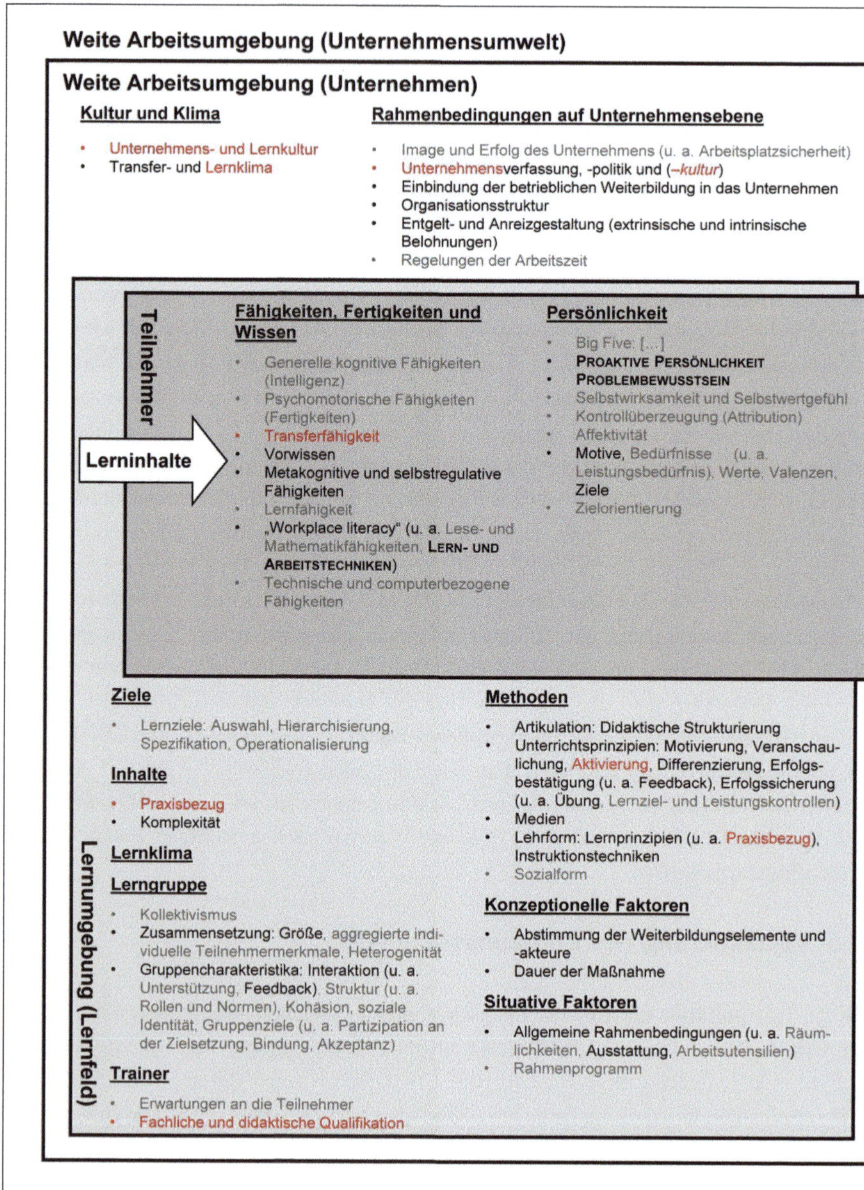

Abbildung 5.9: Visualisierung des Erklärungsrahmens.

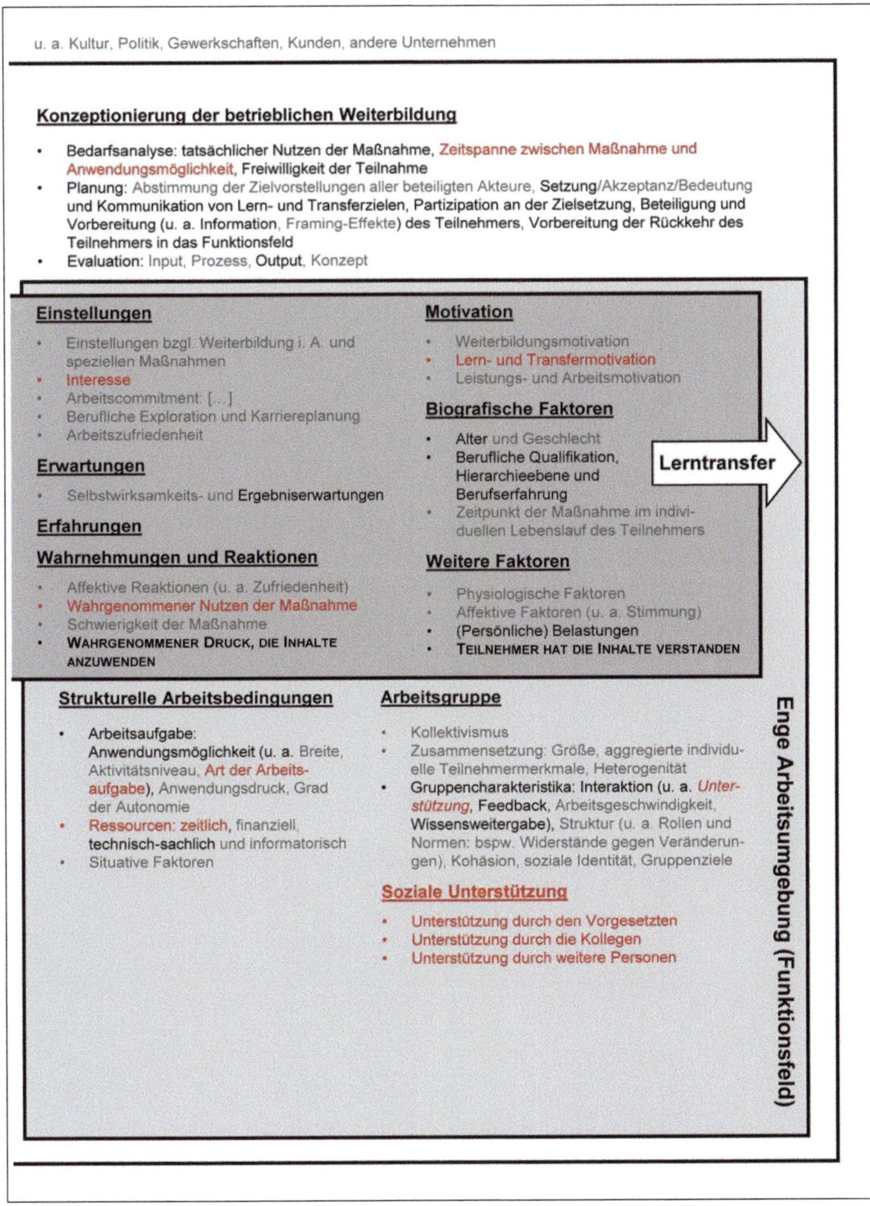

u. a. Kultur, Politik, Gewerkschaften, Kunden, andere Unternehmen
Konzeptionierung der betrieblichen Weiterbildung
• Bedarfsanalyse: tatsächlicher Nutzen der Maßnahme, Zeitspanne zwischen Maßnahme und Anwendungsmöglichkeit, Freiwilligkeit der Teilnahme
• Planung: Abstimmung der Zielvorstellungen aller beteiligten Akteure, Setzung/Akzeptanz/Bedeutung und Kommunikation von Lern- und Transferzielen, Partizipation an der Zielsetzung, Beteiligung und Vorbereitung (u. a. Information, Framing-Effekte) des Teilnehmers, Vorbereitung der Rückkehr des Teilnehmers in das Funktionsfeld
• Evaluation: Input, Prozess, Output, Konzept
Einstellungen
• Einstellungen bzgl. Weiterbildung i. A. und speziellen Maßnahmen
• Interesse
• Arbeitscommitment: [...]
• Berufliche Exploration und Karriereplanung
• Arbeitszufriedenheit
Erwartungen
• Selbstwirksamkeits- und Ergebniserwartungen
Erfahrungen
Wahrnehmungen und Reaktionen
• Affektive Reaktionen (u. a. Zufriedenheit)
• Wahrgenommener Nutzen der Maßnahme
• Schwierigkeit der Maßnahme
• WAHRGENOMMENER DRUCK, DIE INHALTE ANZUWENDEN
Motivation
• Weiterbildungsmotivation
• Lern- und Transfermotivation
• Leistungs- und Arbeitsmotivation
Biografische Faktoren
• Alter und Geschlecht
• Berufliche Qualifikation, Hierarchieebene und Berufserfahrung
• Zeitpunkt der Maßnahme im individuellen Lebenslauf des Teilnehmers
Lerntransfer
Weitere Faktoren
• Physiologische Faktoren
• Affektive Faktoren (u. a. Stimmung)
• (Persönliche) Belastungen
• TEILNEHMER HAT DIE INHALTE VERSTANDEN
Strukturelle Arbeitsbedingungen
• Arbeitsaufgabe: Anwendungsmöglichkeit (u. a. Breite, Aktivitätsniveau, Art der Arbeitsaufgabe), Anwendungsdruck, Grad der Autonomie
• Ressourcen: zeitlich, finanziell, technisch-sachlich und informatorisch
• Situative Faktoren
Arbeitsgruppe
• Kollektivismus
• Zusammensetzung: Größe, aggregierte individuelle Teilnehmermerkmale, Heterogenität
• Gruppencharakteristika: Interaktion (u. a. Unterstützung, Feedback, Arbeitsgeschwindigkeit, Wissensweitergabe), Struktur (u. a. Rollen und Normen: bspw. Widerstände gegen Veränderungen), Kohäsion, soziale Identität, Gruppenziele
Soziale Unterstützung
• Unterstützung durch den Vorgesetzten
• Unterstützung durch die Kollegen
• Unterstützung durch weitere Personen
Enge Arbeitsumgebung (Funktionsfeld)

wurden. Letztere ergeben sich insbesondere aus der gewählten Schematisierung. Die neu benannten teilnehmerspezifischen Determinanten der Experten lassen sich nicht unmittelbar in das beschriebene Raster einordnen. Um eine direkten Vergleich zwischen den theoretisch und empirisch identifizierten Determinanten zu ermöglichen, werden die in der Studie nicht identifizierte Faktoren in grauer Schrift wiedergeben und erstmals identifizierte in Kapitälchen. Gleichzeitig werden die in den jeweiligen Bereichen durch die Experten als besonders bedeutsam identifizierten Determinanten in roter Schrift hervorgehoben.

6 Schlussbetrachtung

6.1 Fazit

Transfer ist ein multidimensionales Konstrukt, welches durch eine Vielzahl an verschiedenen interdependenten Faktoren determiniert wird. Die Ergebnisse in den tangierenden Forschungsgebieten sind nicht immer eindeutig interpretierbar, pointieren unterschiedliche Determinanten und leiten daraus unterschiedliche Empfehlungen für die praktische Handhabung des Transferproblems ab.[1019] Zielgemäß wurden daher in dieser Arbeit zunächst theoretisch mögliche Einflussfaktoren auf den Lerntransfer im Rahmen des Training off-the-job identifiziert und die Ergebnisse in einem nächsten Schritt einer empirischen Überprüfung unterzogen. Dazu wurden Einflussfaktoren mittels der Delphimethode sowohl identifiziert als auch im Hinblick auf ihre Bedeutung für den Lerntransfer bewertet. Durch die Dreiteilung der Expertengruppe konnte eine Vielzahl an Einflussfaktoren sowohl in ihrer Breite wie auch ihrer Tiefe berücksichtigt werden. Aus den Erkenntnissen des Forschungs- und Erklärungsrahmens lassen sich einige allgemeine Schlussfolgerungen für die betriebliche Praxis ziehen:

- Über alle untersuchten Bereiche hinweg zeigte sich der *Praxisbezug* sowohl explizit als auch implizit als der Faktor mit der konstant größten Bedeutung für den Lerntransfer. Im Hinblick auf die transferförderliche Gestaltung der Lern- und Arbeitsumgebung sollte daher aus Sicht der Experten darauf geachtet werden, eine erkennbare Verbindung zwischen Lern- und Funktionsfeld herzustellen, und dem Teilnehmer den Nutzen der Maßnahme zu vermitteln. Dies kann – laut Aussage der Experten – über praxisorientierte Inhalte und Methoden im Lernfeld, aber auch über die Bereitstellung von transferrelevanten Arbeitsaufgaben erfolgen.

- Im Zentrum des Transferproblems steht jedoch der **Teilnehmer** als zentraler Akteur des Transferprozesses. Etwaige Transferinterventionen haben immer das Ziel, den Transfer des Erlernten durch den Teilnehmer anzustoßen. Insofern bildet dieser die Schnittstelle zwischen Lern- und Funktionsfeld, so dass sowohl die Lern- als auch die Arbeitsumgebung an die individuellen Bedürfnisse des Teilnehmers angepasst werden müssen, um optimale Voraussetzungen für den Lerntransfer zu schaffen. Aus diesem

[1019] Vgl. die Ergebnisse des Forschungsrahmens und bspw. Cheng & Hampson (2008), S. 336 f.

Grund ist eine konsequente Personenanalyse, als unerlässlicher Bestandteil der Bedarfsanalyse, durchzuführen, um die Individualität des Teilnehmers systematisch zu erfassen und einzubeziehen.

- Die empirischen Erkenntnisse weisen darauf hin, dass hierbei im Besonderen die *Transferfähigkeit* des Teilnehmers zu berücksichtigen ist, und ein besonderes Augenmerk auf solche Faktoren gelegt werden sollte, die Einfluss auf die *Lern- und Transfermotivation* des Teilnehmers nehmen. In der Transferforschung wird daher auf die besondere Rolle der Teilnehmerpersönlichkeit und speziell die Selbstwirksamkeit verwiesen. Es ist daher zu empfehlen, die *Selbstwirksamkeit* des Teilnehmers zu ergründen und diese kontinuierlich vor, während und nach der Weiterbildungsmaßnahme explizit zu fördern. Die Ergebnisse zeigen außerdem, dass generelle kognitive Fähigkeiten, im Vergleich zu motivationalen Konstrukten, in ihrer Bedeutung für den Lerntransfer in den Hintergrund treten.[1020] Die Berücksichtigung der individuellen Charakteristika des Teilnehmers wird allerdings dadurch erschwert, dass diese nicht leicht zu erfassen sind. Im Gegensatz dazu gestaltet sich die Beachtung des Interesses an den Inhalten unkomplizierter. Diese, ebenfalls als besonders wichtig eingestufte Determinante kann unmittelbarer von den Teilnehmern erfragt werden.

- Innerhalb der **Lernumgebung** sind es neben dem bereits angeführten Praxisbezug insbesondere die *Qualifikationen des Trainers*, die spezifische Ausgestaltung der *Methoden* (mit dem Schwerpunkt auf *Aktivierung*, *Übung* und *Veranschaulichung*) sowie die *Abstimmung der beteiligten Weiterbildungselemente und -akteure*, die expertengemäß eine starke Einflusswirkung auf den Lerntransfer haben. Werden unternehmensexterne Personen (Weiterbildungsträger, Trainer) mit der betrieblichen Weiterbildung betraut, sind o. g. Faktoren durch das beauftragende Unternehmen in besonderer Weise zu kontrollieren und zu steuern. Dies setzt eine durchgehend enge, wechselseitige Abstimmung zwischen Unternehmen und Weiterbildungsträger bzw. Trainer voraus.

- Der **Arbeitsumgebung** – als der Ort, an dem der Transfer in letzter Konsequenz stattfinden soll – wird in Theorie und Praxis eine besondere Rolle zugewiesen.[1021] Eine transferförderliche Ausgestaltung der Arbeitsumgebung gilt, sowohl in der Theorie als auch in der Empirie, als ausschlaggebend, um Transferverhalten anzustoßen. Hier sind es insbesondere *kulturelle und klimatische Komponenten* des Umfeldes, welche den Teilnehmer in seinem Transferprozess unterstützen. Besonders bedeutend ist hier die *soziale Unterstützung*, welche speziell vom Vorgesetzten, aber auch von anderen Ak-

[1020] Vgl. dazu auch Colquitt et al. (2000), S. 702; Cannon-Bowers et al. (1995), S. 161.
[1021] Vgl. bspw. Kacmar, Collins et al. (2009).

teuren des Funktionsfeldes ausgehen kann. Darüber hinaus sollte darauf geachtet werden, dem Teilnehmer *Anwendungsmöglichkeiten* für das Erlernte bereitzustellen. Dies beinhaltet die spezifische Ausgestaltung der Arbeitsaufgabe, aber auch ausreichende Freiräume, um die Anwendung der Inhalte zu erproben.

- Konzeptionelle Faktoren, wie die *Bedarfsanalyse*, bilden die Voraussetzung für eine bedarfsgerechte und damit auch zielführende betriebliche Weiterbildung. Mit Blick auf die theoretischen und empirischen Erkenntnisse sollte eine Bedarfsanalyse – neben der Personenebene – auch das Transferklima (Unternehmensebene) und die Transferrelevanz der Arbeitsaufgabe (Aufgabenebene) umfassen. Obwohl von den Experten nicht vollständig benannt, gehört zu einer ganzheitlichen Weiterbildungskonzeptionierung auch eine umfassende Evaluation, welche auf allen Ebenen des Transferprozesses und an allen identifizierten Determinanten ansetzt. Diese kann dazu genutzt werden zu überprüfen, ob der Lerntransfer stattgefunden hat, und gleichzeitig Schwachstellen in dem Weiterbildungsprozess offen zu legen.

Weitere Empfehlungen lassen sich aus der getrennten Betrachtung der Bewertungen der drei Expertengruppen ableiten:

- Die unterschiedliche Gewichtung der Transferdeterminanten weist darauf hin, dass Unternehmen und Weiterbildungsträger unterschiedliche Foki bei der Transferförderung setzen. Insofern scheint eine *gezielte Absprache* beider Seiten notwendiger zu sein, als bereits vermutet. Über eine optimierte Zusammenarbeit beider Seiten können die notwendigen Transferinterventionen aufeinander abgestimmt werden, um einheitliche Signale an den Teilnehmer zu senden und transferhemmende Wirkungen zu vermeiden. Ein Experte formuliert treffend: „[..] betriebliche Weiterbildung funktioniert nur, wenn Praxis und Lernveranstaltung in fruchtbare Beziehung zueinander gesetzt werden [...]“.

- Da die Praxisexperten unmittelbar sicht- und beeinflussbare Faktoren tendenziell als bedeutender einstufen, setzten Transferinterventionen folglich primär an diesen Einflussgrößen an und auch zumeist erst nach Rückkehr des Teilnehmers in das Funktionsfeld. Einen ganzheitlichen und u. U. auch objektiveren Blickwinkel nehmen jedoch die Wissenschaftler ein. Hilfreich wäre daher ein *fortwährender Rückgriff der Praktiker auf aktuelle wissenschaftliche Forschungsergebnisse*, um neben den eindeutig sichtbaren Einflussgrößen auch implizite Faktoren, wie die Individualität des Teilnehmers, besser berücksichtigen zu können. Auf diese Weise kann dem Transferproblem ganzheitlich entgegengewirkt werden.

Außerdem belegen die theoretischen und empirischen Erkenntnisse, dass es nicht DEN wichtigsten Einflussfaktor gibt. Je nach Weiterbildungssituation (d. h. Teilnehmer, Weiterbildungsmaßnahme und Unternehmen) wirken die identifizierten Determinanten unterschiedlich stark, und es können daher keine allgemeingültigen Empfehlungen bezüglich der spezifischen Ausgestaltung von Lern- und Arbeitsumgebung gegeben werden. Wohl aber müssen für einen umfassenden und nachhaltigen Ansatz zur Transferförderung Determinanten sowohl vor, während und auch nach der Weiterbildungsmaßnahme mit ihren Wechselwirkungen berücksichtigt werden. Eine besondere Rolle spielen dabei die *Wahrnehmungen des Teilnehmers*. Diese entscheiden letztendlich darüber, ob die objektiv transferförderliche Ausgestaltung der Umgebung auch subjektiv als unterstützend wahrgenommen wird.[1022] Diese Subjektivität ist kaum antizipierbar und erfordert daher einen engen Dialog mit dem Teilnehmer, um dem Konstrukt einen Teil seiner Unwägbarkeit zu nehmen.

6.2 Ausblick

Da sich die durchgeführte Erhebung dem methodologischen Instrument der explorativen Studie bedient, sind die Ergebnisse nicht als repräsentativ und allgemeingültig einzustufen. Auch können über die Identifikation der Determinanten hinaus keine expliziten Handlungsempfehlungen für die betriebliche Praxis gegeben werden. Die Ergebnisse dieser Arbeit bieten jedoch eine Basis für weiterführende Untersuchungen.

Diese könnten gezielt an den explizierten Determinanten ansetzen oder auch einen globalen Ansatz wählen. Letzterer könnte die Zusammenhänge zwischen den Determinanten erforschen oder sich mit dem Management des Lerntransfers auseinandersetzen und etwaige Beeinflussungsmöglichkeiten der festgestellten Stellgrößen fokussieren. In beiden Fällen ist eine Verwendung alternativer Methoden zu erwägen, um ein ganzheitliches Bild der Lerntransfers in der betrieblichen Weiterbildung zu schaffen. So könnte beispielsweise auf Grundlage der Erkenntnisse des Forschungsrahmens eine Metaanalyse durchgeführt werden, welche die Ergebnisse der vorgestellten Einzelstudien zusammenführt oder es könnten Gruppendiskussionen bzw. vertiefende Interviews zum Umgang mit der Lerntransferproblematik in Unternehmen und Weiterbildungsträgern durchgeführt werden. Hieraus ließen sich entsprechende Handhabungsempfehlungen für die betriebliche Praxis ableiten. Da sowohl bei Unternehmen als auch bei Weiterbildungsträgern ein breites Interesse an der Lerntransferproblematik vorliegt, ist davon auszugehen, dass Untersuchungen, die sich mit konkreten Maßnahmen zum Lerntransfermanagement auseinandersetzen, auf fruchtbaren Boden fallen werden.

1022 Ähnlich bei HOLTON III ET AL. (2003), S. 473, 479 sowie CHEN ET AL. (2006), S. 20 f.

Die Ergebnisse der Exploration zeigen, dass ein solcher holistischer Ansatz – sei es theoretisch wie auch empirisch – die Mehrdimensionalität der Transferproblematik berücksichtigen muss. Etwaige abgeleitete Handhabungsempfehlungen können nicht generalisiert auf jegliche Art von Weiterbildungssituation bzw. Teilnehmer, Weiterbildungsmaßnahme und Unternehmen übertragen werden. Daher ist es erforderlich, ein System zu entwickeln, aus dem die weiterbildungsverantwortlichen Personen für verschiedene Lerntransfersituationen gezielt Maßnahmen zur Förderung des Lerntransfers auswählen und einsetzen können.

Die Suche nach dem „heiligen Gral der Pädagogik“ ist folglich noch nicht an ihrem Ende angelangt. Insbesondere das Lerntransfermanagement bietet aufgrund der Komplexität des Transferkonstrukts immer noch eine Vielzahl an Forschungsansätzen. Der Lerntransfer in der betrieblichen Weiterbildung verspricht daher noch viele Jahre ein fruchtbarer Untersuchungsgegenstand für Forscher verschiedener Forschungsdisziplinen zu sein.

Anhang

A.1 Forschungsrahmen

Tabelle A.1: Elemente der Lerntransferdefinitionen.[1023]

Elemente / Autoren	Lerninhalte	Indikatoren: Anwendung in einer anderen Situation	Indikatoren: Übertragung auf eine andere Situation	Indikatoren: Einfluss des Gelernten auf spätere(s) Lernen/ Leistung
Lerntransfer i. A.				
Singley & Anderson (1989); Greeno et al. (1996); Butterfield & Nelson (1989)	knowledge	x		
Tallman & Holt (1987)	attitudes, knowledge, behaviour	x		
Holding (1981)	k. A.	x		
Steiner (2006)	Wissen	x		x
Sternberg & Frensch (1996)	k. A.		x	
Hagen (1984)	Lerninhalte		x	
Gordon (1989)	knowledge, abilities, skills			x
Goska & Ackermann (1996)	k. A.	x		x
Ellis (1969)	experience, performance			x
Weinert (1974)	k. A.			x
Cormier & Hagman (1987a)	knowledge, skills			x
Detterman (1996)	behavior	(x)		
Lerntransfer in der betrieblichen Weiterbildung				
Solga (2005)	Gelerntes	x		
Rank & Wakenhut (1998)	Gelerntes		x	
Royer (1979)	k. A.			x
Barnard et al. (2001)	knowledge, skills, attitudes	(x)		
Wexley & Latham (2002)	Gelerntes	(x)		
Georgenson (1982)	knowledge, skills	x		
Baldwin & Ford (1988)	Gelerntes	(x)	(x)	
Laker (1990)	skills, behavior, attitudes	(x)	x	
Mühlhoff (1978)	Lerninhalte	x		
Lemke (1995)	Gelerntes	x	x	
Eigene Definition	**Wissen, Fähigkeiten, Fertigkeiten, Einstellungen**	**x**	**x**	

[1023] Ein x in Tab. A.1 kennzeichnet einen in einer Lerntransferdefinition vorhandenen Indikator. (x) markiert im Gegensatz dazu Indikatoren, die nur implizit, d. h. ohne konkrete Nennung, Bestandteil der Definition sind. So impliziert die Nennung des Indikators „Umfang der Anwendung" gleichzeitig auch den Indikator „Anwendung".

für Lerntransfer				
Umfang der Anwendung in anderen Situationen	Effektivität/ Leistungs-steigerung im Funktionsfeld	Generalisie-rung	Aufrecht-erhaltung über die Zeit	Interventionen vor/während/ nach der Weiterbildungs maßnahme
x				
x	x			
x				
x	x		x	
		x	x	
		x	x	
				x
	(x)	x		x
	(x)	**x**	**x**	

Tabelle A.2: Zusammenfassende Darstellung der aus Lerntransfermodellen identifizierten Determinanten.

Theorien	Determinanten Teilnehmer	Lernumgebung	Arbeitsumgebung
Transfertheorien			
Theorie der identischen Elemente (Thorndike & Woodworth)	- Einstellungen	- Lernprinzip (Ähnlichkeit von Elementen des Lern- und Funktionsfeldes) - Instruktionstechnik - Übung - Didaktische Strukturierung - Praxisbezug der Methoden und Inhalte	- Bedarfsanalyse (Unternehmen, Aufgabe) - Anwendungsmöglichkeit
Theorie des Transfers von Prinzipien (Judd)		- Lernprinzip (Vermittlung genereller Strategien) - Instruktionstechnik - Inhalte	
Konstruktivistische Ansätze (Situiertes Lernen /cognitive apprenticeship)	- Wissen, Fähigkeiten, Fertigkeiten, Einstellungen	- Praxisbezug - Instruktionstechnik - Didaktische Strukturierung - Lernprinzip - Lerngruppe (u. a. Interaktion - Unterrichtsprinzipien (Aktivierung, Motivierung)	
Lerntheorien			
Traditionelle behavioristische Ansätze (Pawlow, Watson, Skinner)	- Wahrnehmungen - Reaktionen	- Feedback - Andere Personen	- Belohnungen
Integrative Ansätze (Hull, Tolman)	- s. o. - Physiologische Faktoren - Motivation - Ergebniserwartung	- s. o.	- s. o.
Sozial-kognitive Lerntheorie (Bandura)	- Persönlichkeit (u. a. Selbstwirksamkeit) - Selbstwirksamkeits- und Ergebniserwartung - Erfahrungen - Physiologische und affektive Faktoren	- Andere Personen - Feedback	
Theorie der kognitiven Entwicklung (Piaget)	- Motive, Bedürfnisse, Werte, Valenzen, Ziele - Wahrnehmungen - Erfahrungen - Alter - Interesse - Motivation		
Instruktionstheorie (Gagné)	- Interesse - Erwartungen bzgl. der Maßnahme - Vorwissen - Wahrnehmungen	- Instruktionstechnik - Didaktische Strukturierung - Kommunikation der Lern- und Transferziele - Abstimmung von Methode und Inhalt - Trainer - Feedback - Leistungskontrolle	- Anwendungsmöglichkeit
Motivationstheorien			
Inhaltstheorien			
Zwei-Faktoren-Theorie (Herzberg)	- Motive, Bedürfnisse - Zufriedenheit - Persönliche Lebensbedingungen		- Ausgestaltung der Arbeitstätig-keit/Arbeitsaufgabe - Extrinsische und intrinsische Belohnungen - Klima - Unternehmenspolitik und -verwaltung - Entgeltgestaltung - Arbeitsplatzsicherheit

(Fortsetzung **Tab. A.2**)

Prozesstheorien			
Erwartungs-Valenz-Modell (Vroom)	- Selbstwirksamkeits- und Ergebniserwartung - Wahrnehmungen - Valenzen		- Extrinsische und intrinsische Belohnungen
Modell von Porter-Lawler	- Selbstwirksamkeits- und Ergebniserwartung - Wahrnehmungen - Fähigkeiten - Persönlichkeit - Kontrollüberzeugung - Erfahrungen - Zufriedenheit	- Lerngruppe (u. a. Rolle, Interaktion)	- Arbeitsgruppe (u. a. Rolle, Interaktion) - Extrinsische und intrinsische Belohnungen
Ergänzende Theorien			
Gleichgewichts-theorie (Adams)	- Transfermotivation - Wahrnehmungen - Selbstwertgefühl		- Extrinsische und intrinsische Belohnungen
Zielsetzungs-theorie (Locke & Latham)	- Selbstwirksamkeit - Gewissenhaftigkeit - Zielorientierung		- Set-zung/Akzeptanz/Bedeutung von Lern- und Transferzielen - Feedback - Art der Arbeitsaufgabe - Extrinsische und intrinsische Belohnungen
Attributions-theorie (Weiner)	- Fähigkeit - Physiologische und affektive Faktoren - Attribution/Kontrollüberzeugung - Wahrnehmungen		- Art der Aufgabe
Führungstheorien			
Rahmenmodell der Führung (von Rosenstiel) /Einflussvariablen auf den Führungs-prozess (Weinert)			- Kulturelle und strukturelle Rahmenbedingungen (Kultur und Politik des Landes; Branche; Unternehmensverfassung, -politik und -kultur/klima; Organisationsstruktur und –ebene /bereich; Entgelt- und Anreizgestaltung, Arbeitstätigkeit) - Zusammensetzung und Charakteristika der Arbeitsgruppe (Größe; aggregierte individuelle Teilnehmermerkmale; Heterogenität; Klima; Rolle des Vorgesetzten)
Weg-Ziel-Theorie (Evans / House)	- Fähigkeiten - Wahrnehmungen - Job involvement - Persönlichkeit (u. a. Kontrollüberzeugung) - Bedürfnisse - Erfahrungen - Selbstwertgefühl		- Arbeitsaufgabe - Arbeitsgruppe - Unterstützung durch den Vorgesetzten
Gruppentheorien			
	- Qualifikation - Motivation - Persönlichkeit - Einstellungen	- Lerngruppe (Interaktion, Struktur (u. a. Rollen und Normen), Kohäsion, soziale Identität, Gruppenziele) - Lerninhalt	- Arbeitsgruppe (Interaktion, Struktur (u. a. Rollen und Normen), Kohäsion, soziale Identität, Gruppenziele) - Arbeitsaufgabe (u. a. Art und Anzahl) - Extrinsische und intrinsische Belohnungen - Externer Druck - Organisationsstruktur - Technisch-sachliche Ressourcen

Tabelle A.3: Zusammenfassende Darstellung der aus Theorien identifizierten Determinanten.

Lerntransfer-modelle	Determinanten Teilnehmer	Lernumgebung	Arbeitsumgebung
Baldwin & Ford (1988)	- Fähigkeiten, Fertigkeiten - Persönlichkeit - Motivation	- Lernprinzipien - Didaktische Strukturierung - Inhalt	- Unterstützung - Anwendungsmöglichkeit
Noe (1986)	- Kontrollüberzeugung - Selbstwirksamkeits- und Ergebniserwartung - Einstellungen (u. a. Exploration, Involvement) - Selbsteinschätzung - Lern- und Transfermotivation - Reaktionen - Wahrnehmungen		- Soziale Unterstützung - Technisch-sachliche und finanzielle Ressourcen - Feedback
Dubs (1994)	- Bedürfnisse - Ängste - Wissen, Fähigkeiten, Fertigkeiten, Einstellungen - Motivation - Erwartungen - Selbstbeurteilung - Lernfähigkeit	- Inhalte - Methoden	- Konzeptionierung der betrieblichen Weiterbildung - Visionen der Geschäftsleitung - Unternehmenspolitik und -kultur - Einstellungen und Verhalten des Vorgesetzten - Erfolg und Image des Unternehmens
Cannon-Bowers et al. (1995)	- Reaktionen - Kognitive Fähigkeiten (u. a. Intelligenz) - Einstellungen - Selbstwirksamkeit - Geschlecht, Alter - Erwartungen und Wünsche - Weiterbildungs- und Transfermotivation	- Methode - Inhalt - Lernprinzip - Trainer	- Kulturelle, strukturelle und soziale Merkmale (siehe Abb. 3.8) - Transferinterventionen - Evaluation
Colquitt et al. (2000)	- Kontrollüberzeugung - Pflichtbewusstsein - Leistungsmotivation - Ängstlichkeit - Job involvement - Organisationales und berufliches Commitment - Berufliche Exploration - Karriereplanung - Selbstwirksamkeit - Valenzen - Alter		- Klima - Unterstützung durch den Vorgesetzten - Unterstützung durch die Kollegen
Holton III et al. (2000)	- Selbstwirksamkeits-, Transferanstrengungs- und Konsequenzerwartung - Transfermotivation	- Praxisbezug der Methoden und Inhalte	- Unterstützung durch den Vorgesetzten (inkl. Sanktionen) - Anwendungsmöglichkeit - Unterstützung durch Kollegen - Positive/negative Folgen bei (Nicht-)Anwendung - Arbeitsgruppe (u. a. Offenheit gegenüber Veränderungen) - Persönliche Ressourcen - Feedback - Vorbereitung des Teilnehmers
Marx (1982)	- Selbstwirksamkeits- und Ergebniserwartung	- Rückfallpräventionsmaßnahmen	- Anwendungsmöglichkeit - Zeitliche Ressourcen

A.2 Fragebögen und Handouts

A.2.1 Projektbeschreibung

Institut für Unternehmungsführung
an der Universität Bielefeld e. V.
Abteilung: Personal, Organisation, Management
Prof. Dr. *Fred G. Becker*

Prof. Dr. Fred G. Becker · Fakultät für Wirtschaftswissenschaften
Universität Bielefeld · Postfach 10 01 31 · 33501 Bielefeld

Ruf: 0521 / 106-6937
Fax: 0521 / 106-6412
E-Mail: IUUB-Becker@wiwi.uni-bielefeld.de

Delphi-Studie zum Lerntransfer in der betrieblichen Weiterbildung

Sehr geehrte Expertin, sehr geehrter Experte,

Mitarbeiter und ihre personenbezogenen Qualifikationen verkörpern immer mehr die zentralen Quellen von Wettbewerbsvorteilen für die Unternehmen. Durch die höheren Anforderungen ist es unumgänglich, die Qualifikationen der Mitarbeiter an die sich ständig ändernden Umweltbedingungen durch eine systematische und umfassende betriebliche Weiterbildung anzupassen, um auf dem Markt wettbewerbsfähig zu bleiben. Insbesondere durch die hohen Kosten, die den Unternehmen im Zusammenhang mit der betrieblichen Weiterbildung entstehen, ist es von großer Wichtigkeit, dass die durchgeführten Weiterbildungsmaßnahmen ihr intendiertes Ziel – d. h. die effiziente Anwendung des Gelernten im betrieblichen Umfeld – auch erreichen. Ob dieser (Lern-)Transfer auch tatsächlich stattfindet, hängt von einer Vielzahl von Einflussfaktoren ab, die den Weiterbildungserfolg determinieren. Die Kenntnis dieser Stellgrößen ermöglicht es den Unternehmen Einfluss auf den Weiterbildungserfolg zu nehmen. Daher sollen im Rahmen dieser Expertenbefragung mögliche Einflussfaktoren auf den Lerntransfer identifiziert und bewertet werden.

Die Expertenbefragung im Rahmen meiner Dissertation an der Universität Bielefeld ist in Form einer **Online-Delphi-Studie** konzipiert. Sie werden in dem Zeitraum von Mai bis Juli 2011 dreimalig gebeten einen Onlinefragebogen auszufüllen. Es wird Ihnen also kein Aufwand durch die Rücksendung der Fragebögen entstehen und Sie können jeweils innerhalb eines zweiwöchigen Zeitfensters frei entscheiden, wann Sie an der Befragung teilnehmen möchten.

Die Besonderheit der gewählten Methode besteht darin, dass die Erhebung in mehreren Runden ablaufen wird und Sie vor Beantwortung der jeweils nächsten Fragebogenrunde die ausgewerteten Ergebnisse aus der vorherigen Runde zurückgespielt bekommen. So können Meinungen einer Expertengruppe über ein komplexes Problem erhoben und eine Umgebung geschaffen werden, in der Meinungen offen geäußert und reflektiert werden können.

Die Expertengruppe wird ca. **30 Teilnehmer** umfassen, jeweils zu einem Drittel aus Experten der Wissenschaft, der Wirtschaft und von Weiterbildungsträgern. Dadurch wird gewährleistet, dass ein breites Spektrum an Blickwinkeln und Meinungen in die Studie einfließt.

Konkret bedeutet dies:

- In der **1. Runde** des Experten-Delphis werden zunächst mögliche Einflussfaktoren auf den Lerntransfer in Form eines Brainstormings identifiziert.

- Da jedoch nicht alle Einflussfaktoren den Lerntransfer in einem gleich hohen Maße beeinflussen, sollen in der **2. Runde** - aufbauend auf den Ergebnissen der 1. Erhebungsrunde - die Faktoren einer Bewertung und Priorisierung im Hinblick auf ihre Bedeutung für den Lerntransfer unterzogen werden.

- Zur Vertiefung der Begründungen für die vorgenommenen Bewertungen werden in der **3. Runde** die gesammelten Ergebnisse der 2. Runde zurückgespielt und Ihnen zur Diskussion gestellt.

Die Befragung startet am **1. Mai**. Sie bekommen dann per Email einen Zugangslink zu der Onlinebefragung zugeschickt und können darüber auf den Fragebogen zugreifen.

Folgender **Zeitplan** ist vorgesehen:

Mai	
1. Befragungsrunde:	1. – 15. Mai
Juni	
2. Befragungsrunde:	1. – 15. Juni
Juli	
3. Befragungsrunde:	1. – 15. Juli

Die einzelnen Runden werden je nach der Intensität, mit der Sie die Fragebögen bearbeiten, voraussichtlich im Schnitt 30 Minuten in Anspruch nehmen. Es sind aber auch kürzere oder auch längere Bearbeitungszeiten denkbar.

Es ist bei einer Delphi-Erhebung für die Auswertbarkeit der Ergebnisse von großer Bedeutung, dass Sie **an allen Runden persönlich teilnehmen**. Selbstverständlich werden Ihre Angaben gemäß der rechtlichen Vorgaben des Datenschutzes vertraulich behandelt. Die Ergebnisse dieser Studie werden ausschließlich anonymisiert veröffentlicht.

Ich hoffe, dass ich Ihr Interesse an der Thematik geweckt habe und Sie sich dazu entschließen mich bei meinem Forschungsvorhaben zu unterstützen.

Sollten Sie Fragen, Anregungen oder Wünsche haben, stehe ich Ihnen selbstverständlich gerne per Email unter [redacted] oder telefonisch unter [redacted] zur Verfügung.

Mit freundlichen Grüßen

Astrid Meißner

A.2.2 Fragebogen der ersten Befragungsrunde

1. Begrüßung

Fakultät für Wirtschaftswissenschaften
Lehrstuhl für Betriebswirtschaftslehre, insb. Organisation, Personal und Unternehmungsführung
Prof. Dr. Fred G. Becker

Universität Bielefeld

Expertenbefragung

Lerntransfer in der betrieblichen Weiterbildung

Sehr geehrte#u_title# #u_name#,

herzlichen Dank für Ihre Bereitschaft zur Teilnahme an dem Expertendelphi zum Lerntransfer in der betrieblichen Weiterbildung.(*)

Diese Runde der Erhebung dient einer ersten Sammlung von Einflussfaktoren auf den Lerntransfer und ist bewusst offen gehalten. Bitte nehmen Sie sich für die Auseinandersetzung mit der Fragestellung **ca. 30 Minuten** Zeit. Je nach Intensität mit der Sie sich mit der Fragestellung auseinandersetzen, kann die Bearbeitungszeit jedoch individuell variieren.

Es erwartet Sie zunächst eine kurze Einstiegsfrage zu Präzisierung Ihres Expertenwissens. Der **Kern der Erhebung** ist jedoch die darauf folgende Fragestellung, bei der Sie um die Identifikation von Einflussfaktoren auf den Lerntransfer gebeten werden. Sollten Sie die Bearbeitung zwischendurch unterbrechen wollen, stellt dies kein Problem dar. Sie können über Ihren Zugangslink auf der zuletzt gesehenen Seite wieder einsteigen und die Befragung fortführen. Alle vorherigen Seiten wurden dann bereits an das System übermittelt.

(*) Lerntransfer ist die Übertragung und Anwendung - sowie im Speziellen die Generalisierung und Aufrechterhaltung - der erlernten Inhalte am Arbeitsplatz.

Weiter

2. Filter Expertengruppen

2.1 Filter Wissenschaft

Fakultät für Wirtschaftswissenschaften
Lehrstuhl für Betriebswirtschaftslehre, insb. Organisation, Personal und Unternehmungsführung
Prof. Dr. Fred G. Becker

Universität Bielefeld

Expertenbefragung

Lerntransfer in der betrieblichen Weiterbildung

Zunächst möchte ich Sie darum bitten, Ihr Expertenwissen zum Lerntransfer in der betrieblichen Weiterbildung (Forschungen, Publikationen o. ä.) zu präzisieren:

Zurück Weiter

2.2 Filter Wirtschaft:

Universität Bielefeld

Fakultät für Wirtschaftswissenschaften
Lehrstuhl für Betriebswirtschaftslehre, insb. Organisation, Personal und Unternehmungsführung
Prof. Dr. Fred G. Becker

Expertenbefragung

Lerntransfer in der betrieblichen Weiterbildung

Als wie umfangreich schätzen Sie Ihr Expertenwissen in den verschiedenen Bereichen der betrieblichen Weiterbildung ein?

	sehr umfangreich	umfangreich	durchschnittlich	weniger umfangreich	überhaupt nicht umfangreich	Ich verfüge über kein Expertenwissen in diesem Bereich
Bedarfsanalyse	○	○	○	○	○	○
Planung	○	○	○	○	○	○
Durchführung	○	○	○	○	○	○
Evaluation	○	○	○	○	○	○

Wo ordnen Sie Ihren Tätigkeitsbereich ein?

Mehrfachnennungen möglich

- ☐ Interne Weiterbildung
- ☐ Externe Weiterbildung

Wenn Sie Ihren Tätigkeitsbereich (bezogen auf die betriebliche Weiterbildung) näher präzisieren wollen, können Sie das hier tun:

Zurück Weiter

2.3 Filter Weiterbildungsträger:

Fakultät für Wirtschaftswissenschaften
Lehrstuhl für Betriebswirtschaftslehre, insb. Organisation, Personal und Unternehmungsführung
Prof. Dr. Fred G. Becker

Universität Bielefeld

Expertenbefragung

Lerntransfer in der betrieblichen Weiterbildung

Als wie umfangreich schätzen Sie Ihr Expertenwissen in den verschiedenen Bereichen der betrieblichen Weiterbildung ein?

	sehr umfangreich	umfangreich	durchschnittlich	weniger umfangreich	überhaupt nicht umfangreich	Ich verfüge über kein Expertenwissen in diesem Bereich
Bedarfsanalyse beim Kunden	○	○	○	○	○	○
Planung	○	○	○	○	○	○
Durchführung	○	○	○	○	○	○
Evaluation	○	○	○	○	○	○

Wenn Sie Ihren Tätigkeitsbereich näher präzisieren wollen, können Sie das hier tun:

Zurück Weiter

3. Weiterbildungssituation

Fakultät für Wirtschaftswissenschaften
Lehrstuhl für Betriebswirtschaftslehre, insb. Organisation, Personal und Unternehmungsführung
Prof. Dr. Fred G. Becker

Universität Bielefeld

Expertenbefragung

Lerntransfer in der betrieblichen Weiterbildung

Zum Zweck eines einheitlichen Blickwinkels auf die Forschungsfrage berücksichtigen Sie bitte bei der Beantwortung der nachfolgenden Fragen diese Weiterbildungssituation:

Ein Mitarbeiter eines Unternehmens nimmt an einer bewusst geplanten Weiterbildungsmaßnahme zur Veränderung seiner Qualifikation teil, welche **off-the-job** (d. h. außerhalb des Arbeitsplatzes, z. B. extern bei einem Weiterbildungsträger oder im Rahmen einer internen Weiterbildungsmaßnahme) stattfindet.

Es kann sich dabei um eine Maßnahme handeln, die jedwede Art von Qualifikationen, d. h.

- Wissen
- Fähigkeiten / Fertigkeiten
- Einstellungen

vermittelt.

Zurück Weiter

4. Ausfüllbeispiel

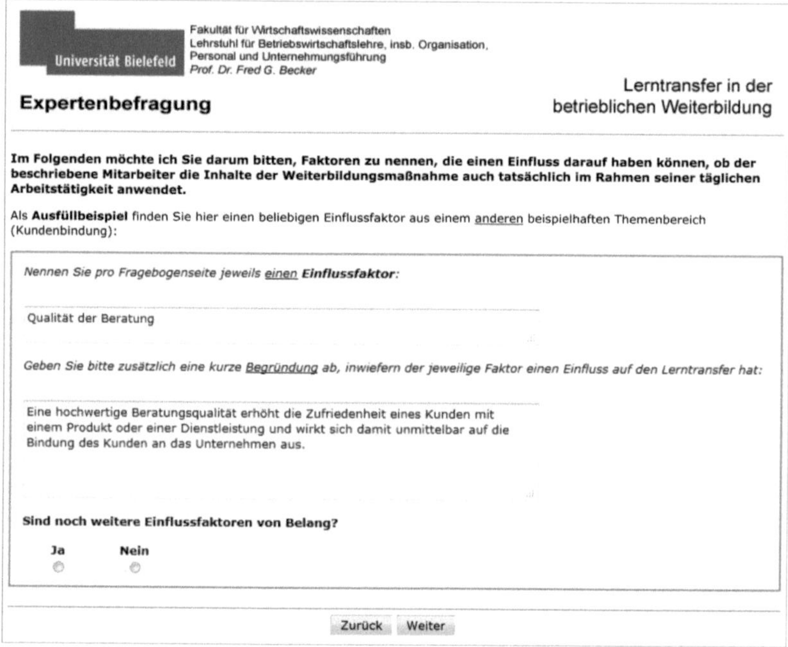

Fakultät für Wirtschaftswissenschaften
Lehrstuhl für Betriebswirtschaftslehre, insb. Organisation, Personal und Unternehmungsführung
Prof. Dr. Fred G. Becker

Universität Bielefeld

Expertenbefragung

Lerntransfer in der betrieblichen Weiterbildung

Im Folgenden möchte ich Sie darum bitten, Faktoren zu nennen, die einen Einfluss darauf haben können, ob der beschriebene Mitarbeiter die Inhalte der Weiterbildungsmaßnahme auch tatsächlich im Rahmen seiner täglichen Arbeitstätigkeit anwendet.

Als **Ausfüllbeispiel** finden Sie hier einen beliebigen Einflussfaktor aus einem anderen beispielhaften Themenbereich (Kundenbindung):

Nennen Sie pro Fragebogenseite jeweils einen ***Einflussfaktor:***

Qualität der Beratung

Geben Sie bitte zusätzlich eine kurze Begründung ab, inwiefern der jeweilige Faktor einen Einfluss auf den Lerntransfer hat:

Eine hochwertige Beratungsqualität erhöht die Zufriedenheit eines Kunden mit einem Produkt oder einer Dienstleistung und wirkt sich damit unmittelbar auf die Bindung des Kunden an das Unternehmen aus.

Sind noch weitere Einflussfaktoren von Belang?

Ja **Nein**

Zurück Weiter

5. Determinate 1

Universität Bielefeld

Fakultät für Wirtschaftswissenschaften
Lehrstuhl für Betriebswirtschaftslehre, insb. Organisation, Personal und Unternehmungsführung
Prof. Dr. Fred G. Becker

Expertenbefragung

Lerntransfer in der betrieblichen Weiterbildung

In dieser Runde werden die Einflussfaktoren **nur gesammelt**: Sie können pro Seite einen Einflussfaktor nennen und ihn anschließend präzisieren. Über die Beantwortung der Frage *"Sind noch weitere Einflussfaktoren von Belang?"* gelangen Sie - wenn Sie mit *"ja"* antworten - zu der nächsten freien Eingabeseite. Antworten Sie mit *"nein"* ist die erste Befragungsrunde beendet.

Das bedeutet, dass dieser Fragestellung keine weiteren Fragen folgen werden. Daher ist es von zentraler Bedeutung, dass Sie sich mit der folgenden Fragestellung intensiv auseinandersetzen und **jeden** möglichen Faktor (egal aus welchem Bereich und egal wie wichtig) benennen.

Welche Faktoren können Einfluss darauf haben, ob der Mitarbeiter die Inhalte, die er in der Weiterbildungsmaßnahme erlernt hat, auch tatsächlich im Rahmen seiner täglichen Arbeitstätigkeit dauerhaft anwendet (Lerntransfer)?

Nennen Sie pro Fragebogenseite jeweils einen ***Einflussfaktor:***

Geben Sie bitte zusätzlich eine kurze Begründung ab, inwiefern der jeweilige Faktor einen Einfluss auf den Lerntransfer hat:

Sind noch weitere Einflussfaktoren von Belang?

Ja **Nein**

Zurück Weiter

6. Filter „Sind noch weitere Faktoren von Belang?"

6.1 Falls „ja" → Determinante 2 – ggf. 25

Universität Bielefeld

Fakultät für Wirtschaftswissenschaften
Lehrstuhl für Betriebswirtschaftslehre, insb. Organisation, Personal und Unternehmungsführung
Prof. Dr. Fred G. Becker

Expertenbefragung

Lerntransfer in der betrieblichen Weiterbildung

Welche Faktoren können Einfluss darauf haben, ob der Mitarbeiter die Inhalte, die er in der Weiterbildungsmaßnahme erlernt hat, auch tatsächlich im Rahmen seiner täglichen Arbeitstätigkeit dauerhaft anwendet (Lerntransfer)?

Nennen Sie pro Fragebogenseite jeweils einen ***Einflussfaktor****:*

Geben Sie bitte zusätzlich eine kurze Begründung ab, inwiefern der jeweilige Faktor einen Einfluss auf den Lerntransfer hat:

Sind noch weitere Einflussfaktoren von Belang?

Ja	Nein
○	○

Zurück Weiter

6.2 Falls „nein"

Universität Bielefeld

Fakultät für Wirtschaftswissenschaften
Lehrstuhl für Betriebswirtschaftslehre, insb. Organisation, Personal und Unternehmungsführung
Prof. Dr. Fred G. Becker

Expertenbefragung

Lerntransfer in der betrieblichen Weiterbildung

Sie haben folgende Einflussfaktoren im Verlauf der Befragung identifiziert:

- Determinante 1
- Determinante 2
- Determinante 3

Fallen Ihnen noch weitere Einflussfaktoren ein, die Sie bisher noch nicht benannt haben?

Ja	Nein
○	○

Zurück Weiter

6.3 Falls „ja" (nach einem „nein") → Determinante n+1 – ggf. n+6

Universität Bielefeld

Fakultät für Wirtschaftswissenschaften
Lehrstuhl für Betriebswirtschaftslehre, insb. Organisation, Personal und Unternehmungsführung
Prof. Dr. Fred G. Becker

Expertenbefragung

Lerntransfer in der betrieblichen Weiterbildung

Welche Faktoren können Einfluss darauf haben, ob der Mitarbeiter die Inhalte, die er in der Weiterbildungsmaßnahme erlernt hat, auch tatsächlich im Rahmen seiner täglichen Arbeitstätigkeit dauerhaft anwendet (Lerntransfer)?

Nennen Sie pro Fragebogenseite jeweils einen ***Einflussfaktor****:*

Geben Sie bitte zusätzlich eine kurze Begründung ab, inwiefern der jeweilige Faktor einen Einfluss auf den Lerntransfer hat:

Sind noch weitere Einflussfaktoren von Belang?

Ja **Nein**

Zurück Weiter

6.4 Falls „ja" (nach einem „nein" und mind. einem „ja" und einem zweiten „nein")

Universität Bielefeld

Fakultät für Wirtschaftswissenschaften
Lehrstuhl für Betriebswirtschaftslehre, insb. Organisation, Personal und Unternehmungsführung
Prof. Dr. Fred G. Becker

Expertenbefragung

Lerntransfer in der betrieblichen Weiterbildung

Sollten Ihnen noch weitere Einflussfaktoren einfallen, so geben Sie diese bitte (mit Begründungen) in das folgende Eingabefeld ein:

Zurück Weiter

7. Schlussseite

Universität Bielefeld

Fakultät für Wirtschaftswissenschaften
Lehrstuhl für Betriebswirtschaftslehre, insb. Organisation, Personal und Unternehmungsführung
Prof. Dr. Fred G. Becker

Expertenbefragung

Lerntransfer in der betrieblichen Weiterbildung

Vielen Dank für Ihre Teilnahme an der 1. Runde des Expertendelphis!

Ihre Antworten wurden an das System übermittelt.

Nach Auswertung der Ergebnisse der 1. Runde werden Sie per E-Mail über den Start der 2. Runde informiert, welche voraussichtlich am 1. Juni 2011 starten wird. Sie erhalten dann die Ergebnisse der 1. Runde und werden erneut um Ihre Einschätzung zu der Thematik gebeten. Dazu werden Ihnen differenziertere Fragen auf Grundlage der Ergebnisse dieser Runde gestellt.

Sollten Sie Fragen, Anregungen oder Wünsche haben, stehe ich Ihnen selbstverständlich gerne zur Verfügung:

Astrid Meißner, Telefon 0170-7722541 oder E-Mail: ameissner@wiwi.uni-bielefeld.de

A.2.3 Feedbackhandout der ersten Befragungsrunde

Institut für Unternehmungsführung an der Universität Bielefeld e. V.

Abteilung: Personal, Organisation, Management
Prof. Dr. *Fred G. Becker*

Prof. Dr. Fred G. Becker · Fakultät für Wirtschaftswissenschaften
Universität Bielefeld · Postfach 10 01 31 · 33501 Bielefeld

Ruf: 0521 / 106-6937
Fax: 0521 / 106-6412
E-Mail: IUUB-Becker@wiwi.uni-bielefeld.de

Delphi-Studie zum „Lerntransfer in der betrieblichen Weiterbildung"

- Ergebnisse der ersten Befragungsrunde -

In der ersten Runde der Delphi-Studie wurden mögliche Einflussfaktoren auf den „Lerntransfer in der betrieblichen Weiterbildung" in einer offenen Form gesammelt. Es wurde dabei folgende Fragestellung untersucht:

„Welche Faktoren können Einfluss darauf haben, ob der Mitarbeiter die Inhalte, die er in der Weiterbildungsmaßnahme erlernt hat, auch tatsächlich im Rahmen seiner täglichen Arbeitstätigkeit dauerhaft anwendet (Lerntransfer)?"

Insgesamt haben sich 30 der 32 Experten aus den drei Befragungsgruppen (Wissenschaft, Wirtschaft und Weiterbildungsträger) an der ersten Runde beteiligt. Somit konnte auf eine breite, themenbezogene Expertise zurückgegriffen werden.

Die Antworten wurden mittels inhaltsanalytischer Auswertungsmethodik paraphrasiert, generalisiert und letztendlich reduziert. Dabei boten sowohl die explizit benannten Einflussfaktoren als auch die zugeordneten Begründungen ein breites Spektrum an Faktoren. Um der Heterogenität der Antworten gerecht zu werden, wurde versucht, alle Vorschläge und Hinweise aufzunehmen. Bedeutungsgleiche Antworten wurden jedoch zusammengefasst.

In der folgenden Übersicht finden Sie somit alle von Ihnen identifizierten Einflussfaktoren. Diese sind drei verschiedenen Bereichen zugeordnet, im Rahmen derer Einflüsse auf den Lerntransfer auftreten können (vgl. dazu auch **Abb. 1**):

- **Teilnehmer** (der Weiterbildungsmaßnahme)
- **Lernumgebung**
- (enge und weite) **Arbeitsumgebung**

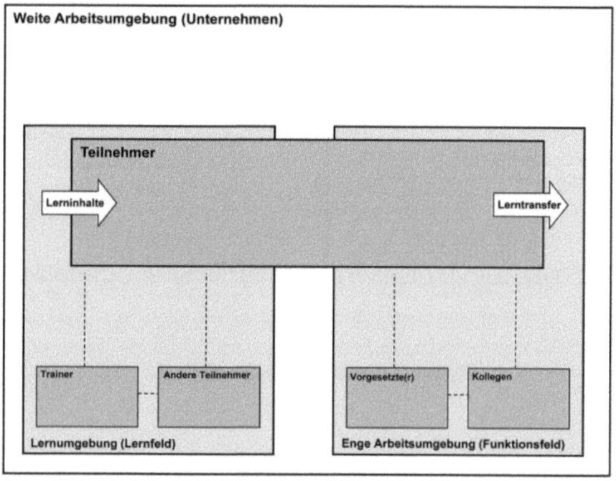

Abb. 1: Rahmenmodell des Lerntransfers

Die Einflussfaktoren sind darüber hinaus weiter untergliedert und in alphabetischer Reihenfolge aufgelistet. Zudem finden Sie dort als Annotation nähere Erläuterungen zu den Faktoren sowie praktische Beispiele, die ebenfalls aus der ersten Runde extrahiert wurden.

Für Fragen, Anregungen oder Wünsche stehe ich Ihnen selbstverständlich gerne zur Verfügung.

Astrid Meißner, Telefon ████ oder E-Mail: ████

Bereich „Teilnehmer“

Fähigkeiten

- **metakognitive und selbstregulative Fähigkeiten des Teilnehmers**
  d. h. die Fähigkeit des Teilnehmers, sein Verhalten und seine Lern- und Denkprozesse zu reflektieren und zu korrigieren
- **Lern- und Arbeitstechniken des Teilnehmers**
- **Transferfähigkeit des Teilnehmers**
  d. h. die Fähigkeit die Inhalte der Maßnahme zu generalisieren und auf veränderte Kontexte zu übertragen

Persönlichkeit

- **proaktive Persönlichkeit des Teilnehmers**
  d. h. der Teilnehmer möchte selber Veränderungen initiieren
- **Problembewusstsein des Teilnehmers**
  d. h. der Teilnehmer nimmt Probleme (in der Arbeitsumgebung) bewusst wahr
- **Teilnehmer setzt sich Lern- und Transferziele**

Einstellungen

- **Interesse des Teilnehmers an den Inhalten**
- **Intention mit der der Teilnehmer die Inhalte anwendet**
  bspw. aufgrund von Veränderungen am Arbeitsplatz, der Unsicherheit des Arbeitsplatzes

Wahrnehmungen

- **wahrgenommener Druck, die Inhalte anzuwenden**
- **wahrgenommener „persönlicher“ Nutzen der Maßnahme für den Teilnehmer**
- **wahrgenommener Nutzen, die Inhalte anzuwenden**
  u. a. die Verbesserung der Arbeitssituation durch Zeitersparnis, die Optimierung von Arbeitsabläufen usw.

Erwartungen

- **Ergebniserwartung des Teilnehmers**
  d. h. die Erwartungen des Teilnehmers bezogen auf die Ergebnisse, welche aus der Maßnahme bzw. der Anwendung der Inhalte resultieren (bspw. Gehaltserhöhungen o. Ä.)

Motivation

- **Lernmotivation des Teilnehmers**
  d. h. die Motivation des Teilnehmers, die Inhalte der Maßnahme zu lernen
- **Transfermotivation des Teilnehmers**
  d. h. die Motivation des Teilnehmers, die Inhalte der Maßnahme zu übertragen und anzuwenden

Biografische und situative Einflussfaktoren

- **Alter des Teilnehmers**
- **private Belastung des Teilnehmers**
- **Stand der beruflichen Entwicklung des Teilnehmers**
- **Teilnehmer hat die Inhalte verstanden**

Bereich „Lernumgebung“

Konzeptionelle und situative Einflussfaktoren

- **Abstimmung der Maßnahme auf die Zielgruppe**
- **Abstimmung der Ziele, Inhalte und Methoden der Maßnahme**
- (allgemeine) **Rahmenbedingungen der Maßnahme**
  bspw. Ausstattung des Seminarraums, Bereitstellung von Obst und Getränken in den Pausen usw.
- (zur Verfügung stehende) **Zeit während der Maßnahme**

Inhalte

- **Praxisbezug der Inhalte**
  d. h. Inhalte werden an die Anforderungen der Praxis angepasst bzw. ausgehend von diesen bestimmt, Inhalte müssen in der Praxis angewendet werden können
- **Umgang mit komplexen Inhalten**
  bspw. Aufteilung unter den Lernenden und Anregung eines gegenseitigen Austausches

Methoden

- **Ähnlichkeit von Lern- und Anwendungskontext**
- **Aktivierung des / Anknüpfung an das Vorwissen und die Erfahrungen des Teilnehmers**
- **Aktivierung des Teilnehmers**
  d. h. der Teilnehmer erarbeitet die Inhalte aktiv selbst (Aktivierung durch Fragetechniken, Partner- und Gruppenarbeit, Projektarbeit usw.)
- **Anpassung der Sprache**
  bspw. die sukzessive Angleichung der Unterschiede zwischen Fach- und Alltagssprache (narrative Einbindung)
- **Antizipation und Reflexion der Anwendungsmöglichkeiten sowie des praktischen Nutzens der Inhalte**
  bspw. durch Blitzlichter, Transferaufgaben, „Brief an mich selbst“, Checklisten, Reflexionsphasen, Seminartagebuch usw.
- **Anwendung und Übung der Inhalte** (während der Maßnahme)
  ggf. zusätzliche Hausaufgaben
- **Bearbeitung der Inhalte aus unterschiedlichen Kontexten und Perspektiven**
- **Berücksichtigung der Individualität des Teilnehmers**
  d. h. Berücksichtigung der individuellen Fähigkeiten, Lernweisen und Lernbedürfnisse
- **Einsatz von Lehrmaterialien**
  u. a. zur Begleitung der Maßnahme, aber auch zum späteren Wiederholen und Verfestigen der Inhalte
- (zeitnahes) **Feedback während der Maßnahme**
- **Praxisbezug der Methoden**
  d. h. Einbindung von Praxisbeispielen, praxisorientierten Übungen, Fallstudien, Planspielen, Simulationen, Praxisphasen
- **Problemorientierte Vorgehensweise**
  d. h. Aufgreifen von konkreten praktischen Problemen und Herauslösung aus dem betrieblichen Kontext (induktives Vorgehen) usw.
- **Situierung des Wissenserwerbs**
  d. h. das Wissen wird nicht fachlich strukturiert, sondern anhand der Anforderungen in der Praxis
- (didaktische) **Strukturierung und Sequenzierung des Unterrichts**
  u. a. Zeit und Häufigkeit der Wiederholung, überlegte Pausen, Abwechslung von Lern- und Übungsphasen, Praxisphasen zwischen den Trainingseinheiten usw.
- **Veranschaulichung der Inhalte**
  bspw. durch Beispiele, Bilder usw.
- **Vollständigkeit der Darstellung von Konzepten**

Trainer und andere Teilnehmer

- **Größe der Lerngruppe**
- (soziales) **Lernklima in der Lerngruppe**
  Förderung bspw. durch Lern- und Unterstützungspartnerschaften
- (fachliche und didaktische) **Qualifikation des Trainers**
  u. a. Glaubwürdigkeit des Trainers

Bereich „Arbeitsumgebung“

Rahmenbedingungen auf Unternehmensebene

- **Organisationsstruktur des Unternehmens**
  d. h. unterstützende Gestaltung der Aufbau- und Ablauforganisation
- **Regeln und Normen des Unternehmens**
  d. h. die Passbarkeit des Erlernten mit den Regeln und Normen des Unternehmens
- **Unternehmens- und Lernkultur**
  u. a. innovatives Denken, Veränderungskultur, Teilnahme an Weiterbildungsmaßnahmen wird geschätzt und unterstützt usw.

Konzeption der betrieblichen Weiterbildung

- **Analyse des Weiterbildungsbedarfs**
  d. h. Analyse der Arbeitszusammenhänge, Ermittlung des Bedarfs (Ziele, Inhalte, Zielgruppen, Teilnehmer, Zeitpunkte, usw.) in Absprache mit den Vorgesetzten und Mitarbeitern
- **Belohnungen für Anwendung des Erlernten**
  d. h. materiell und/oder immateriell
- **Beteiligung des Teilnehmers an der Planung der Maßnahme**
  bzgl. Zielen, Inhalten, Methoden, Zeitpunkten usw.
- **Einbettung der „betrieblichen Weiterbildung“ in den unternehmerischen Gesamtzusammenhang**
- **Follow-up-Veranstaltungen**
  z. B. Transfertag, Zusatzeinheiten zur Wiederholung, Erfahrungsaustausch bzgl. der Anwendung(sschwierigkeiten)
- **Freiwilligkeit der Teilnahme an der Maßnahme**
- **Materialien zur Begleitung und Überwachung des Anwendungsprozesses**
  z. B. Lern-/Transfertagebuch
- **Zeitspanne zwischen Maßnahme und Anwendungsmöglichkeit**
  d. h. die Maßnahme erfolgt nicht zu früh und nicht zu spät
- **Ziel der Maßnahme**
  bspw. Einsatz zur Deckung eines Bedarfs oder zur Motivation der Mitarbeiter

Anwendungsmöglichkeit

- **transferrelevante Arbeitsaufgaben**
- **Verfügbarkeit relevanter** (bspw. technischer) **Arbeitsmittel**
- **Weitergabe des Erlernten an die Kollegen**
  d. h. der Teilnehmer fungiert als Multiplikator
- **Zeit, die Inhalte anzuwenden**

Unterstützung des Teilnehmers

- **Aufbau von personalen Unterstützungsstrukturen**
  z. B. Transfercoach, Mentoring, Paten, Lernpartnerschaften, ggf. Aufrechterhaltung des Kontakts zur Lerngruppe und zum Trainer
- **Feedback durch den Vorgesetzten**
- (soziales) **Lernklima**
  Vorgesetzte(r), Kollegen, Personalabteilung usw. signalisieren Interesse, Anerkennung und Wertschätzung für die Maßnahme, Vorgesetzte(r) (und z. T. Kollegen) haben keine Angst vor eigenem Kompetenzverlust/stehen als Ansprechpartner zur Verfügung/unterstützen die Anwendung aktiv (Schaffung von Freiräumen, Aufzeigen von Anwendungsmöglichkeiten usw.)
- **Nachbereitungsgespräche mit dem Vorgesetzten**
- **Überprüfungen der Erreichung der Lern- und Transferziele**
  z. B. gemeinsame Reflexion der Zielerreichung, eigene Reflexion der Zielerreichung durch den Teilnehmer (bspw. durch Transfertagebücher)
- (partizipative) **Vereinbarung von Lern- und Transferzielen**
  d. h. in einem Vorgespräch werden die Lern- und Transferziele durch den Vorgesetzten und den Teilnehmer gemeinsam vereinbart
- **Vorbereitung des Teilnehmers auf die Maßnahme**
  bspw. im Rahmen von Vorbereitungsgesprächen: Bereitstellung von Informationen über Ziele und Inhalte der Maßnahme, Kommunikation der Erwartungen an den Teilnehmer, Motivation des Teilnehmers zu einem vorbereitenden Selbststudium

A.2.4 Fragebogen der zweiten Befragungsrunde

1. Begrüßung

Universität Bielefeld

Fakultät für Wirtschaftswissenschaften
Lehrstuhl für Betriebswirtschaftslehre, insb. Organisation, Personal und Unternehmungsführung
Prof. Dr. Fred G. Becker

Expertenbefragung

Lerntransfer in der betrieblichen Weiterbildung

9%

Sehr geehrte#u_title# #u_name#,

herzlichen Dank für Ihre Bereitschaft zur Teilnahme an der zweiten Runde des Expertendelphis zum Lerntransfer in der betrieblichen Weiterbildung.

- In der ersten Runde wurden **Einflussfaktoren auf den Lerntransfer** in einer offenen Form gesammelt.
- In der zweite Runde werden diese Faktoren einer **Bewertung und Priorisierung im Hinblick auf ihre Bedeutung für den Lerntransfer** unterzogen.

Einen Überblick über die ausgewerteten Ergebnisse finden Sie zusätzlich in dem beigefügten **Ergebnishandout**.

Bitte nehmen Sie sich für die Auseinandersetzung mit dem Fragebogen **ca. 30 Minuten** Zeit. Sollten Sie die Bearbeitung zwischendurch unterbrechen wollen, stellt dies kein Problem dar. Sie können über Ihren Zugangslink auf der zuletzt gesehenen Seite wieder einsteigen und die Befragung fortführen. Alle vorherigen Seiten wurden dann bereits an das System übermittelt.

Weiter

2. Weiterbildungssituation

Universität Bielefeld

Fakultät für Wirtschaftswissenschaften
Lehrstuhl für Betriebswirtschaftslehre, insb. Organisation, Personal und Unternehmungsführung
Prof. Dr. Fred G. Becker

Expertenbefragung

Lerntransfer in der betrieblichen Weiterbildung

18%

Zum Zweck eines einheitlichen Blickwinkels auf die Forschungsfrage berücksichtigen Sie bitte erneut bei der Beantwortung der nachfolgenden Fragen diese Weiterbildungssituation:

Ein Mitarbeiter eines Unternehmens nimmt an einer bewusst geplanten Weiterbildungsmaßnahme zur Veränderung seiner Qualifikation teil, welche **off-the-job** (d. h. außerhalb des Arbeitsplatzes, z. B. extern bei einem Weiterbildungsträger oder im Rahmen einer internen Weiterbildungsmaßnahme) stattfindet.

Es kann sich dabei um eine Maßnahme handeln, die jedwede Art von Qualifikationen, d. h.

- Wissen
- Fähigkeiten / Fertigkeiten
- Einstellungen

vermittelt.

Zurück Weiter

3. Transfermodell

Universität Bielefeld

Fakultät für Wirtschaftswissenschaften
Lehrstuhl für Betriebswirtschaftslehre, insb. Organisation, Personal und Unternehmungsführung
Prof. Dr. Fred G. Becker

Expertenbefragung

Lerntransfer in der betrieblichen Weiterbildung

27%

In dieser Runde werden Ihnen zunächst die **gesammelten Einflussfaktoren als Ergebnisse der ersten Runde** vorgelegt. Dabei sind - sofern möglich - alle Ihre Vorschläge und Hinweise berücksichtigt worden.

Die Faktoren sind **drei verschiedenen Bereichen** zugeordnet, im Rahmen derer Einflüsse auf den Lerntransfer auftreten können (**siehe Abb.**):

- **Teilnehmer** (der Weiterbildungsmaßnahme)
- **Lernumgebung**
- (enge und weite) **Arbeitsumgebung**.

Ergänzend wurden den Einflussfaktoren **nähere Erläuterungen** sowie praktische Beispiele beigefügt, welche ebenfalls aus der ersten Runde extrahiert wurden.

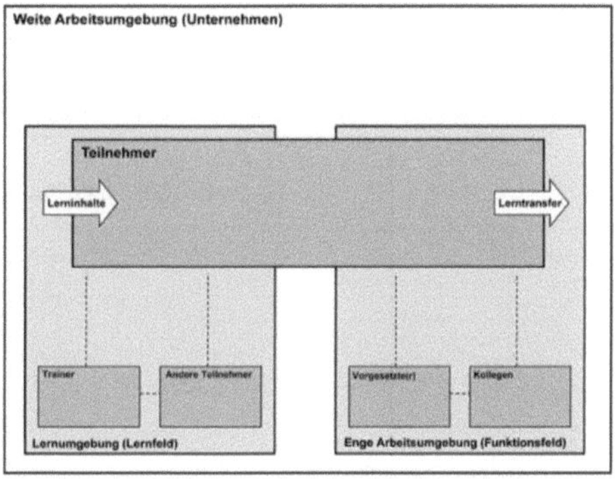

Zurück Weiter

4. Auswahl der Determinanten aus dem Bereich „Teilnehmer"

Universität Bielefeld

Fakultät für Wirtschaftswissenschaften
Lehrstuhl für Betriebswirtschaftslehre, insb. Organisation, Personal und Unternehmungsführung
Prof. Dr. Fred G. Becker

Expertenbefragung

Lerntransfer in der betrieblichen Weiterbildung

36%

Auf dieser- und auf den nächsten zwei Seiten - werden **alle in der ersten Runde identifizierten Einflussfaktoren** kategorisiert und in zufälliger Reihenfolge wiedergegeben. Die Reihenfolge der Faktoren sowie die Länge der Erläuterungen lassen nicht auf die Häufigkeit der Nennung in der 1. Runde schließen.

Wählen Sie bitte aus jedem Bereich ("Teilnehmer", "Lernumgebung" und "Arbeitsumgebung") **die 10 Einflussfaktoren** aus, die Ihrer Meinung nach **für den Lerntransfer die größte Bedeutung** haben. Im Anschluss an die Auswahl haben Sie die Möglichkeit, diese Bedeutung zu quantifizieren und dadurch Abstufungen in der Bedeutung der ausgewählten Faktoren vorzunehmen.

Bereich "Teilnehmer"

Wählen Sie bitte genau 10 Faktoren aus!

Fähigkeiten

- [x] metakognitive und selbstregulative Fähigkeiten des Teilnehmers
  d. h. die Fähigkeit des Teilnehmers, sein Verhalten und seine Lern- und Denkprozesse zu reflektieren und zu korrigieren
- [x] Transferfähigkeit des Teilnehmers
  d. h. die Fähigkeit die Inhalte der Maßnahme zu generalisieren und auf veränderte Kontexte zu übertragen
- [ ] Lern- und Arbeitstechniken des Teilnehmers

Persönlichkeit

- [x] Problembewusstsein des Teilnehmers
  d. h. der Teilnehmer nimmt Probleme (in der Arbeitsumgebung) bewusst wahr
- [ ] Teilnehmer setzt sich Lern- und Transferziele
- [x] proaktive Persönlichkeit des Teilnehmers
  d. h. der Teilnehmer möchte selber Veränderungen initiieren

Einstellungen

- [ ] Intention mit der der Teilnehmer die Inhalte anwendet
  bspw. aufgrund von Veränderungen am Arbeitsplatz, der Unsicherheit des Arbeitsplatzes
- [x] Interesse des Teilnehmers an den Inhalten

Wahrnehmungen

- [x] wahrgenommener Nutzen, die Inhalte anzuwenden
  u. a. die Verbesserung der Arbeitssituation durch Zeitersparnis, die Optimierung von Arbeitsabläufen usw.
- [x] wahrgenommener „persönlicher" Nutzen der Maßnahme für den Teilnehmer
- [ ] wahrgenommener Druck, die Inhalte anzuwenden

Erwartungen

- [ ] Ergebniserwartung des Teilnehmers
  d. h. die Erwartungen des Teilnehmers bezogen auf die Ergebnisse, welche aus der Maßnahme bzw. der Anwendung der Inhalte resultieren (bspw. Gehaltserhöhungen o. Ä.)

Motivation

- [x] Transfermotivation des Teilnehmers
  d. h. die Motivation des Teilnehmers, die Inhalte der Maßnahme zu übertragen und anzuwenden
- [x] Lernmotivation des Teilnehmers
  d. h. die Motivation des Teilnehmers, die Inhalte der Maßnahme zu lernen

Biografische und situative Einflussfaktoren

- [ ] Alter des Teilnehmers
- [ ] Stand der beruflichen Entwicklung des Teilnehmers
- [ ] private Belastung des Teilnehmers
- [x] Teilnehmer hat die Inhalte verstanden

Zurück Weiter

5. Auswahl der Determinanten aus dem Bereich „Lernumgebung"

Universität Bielefeld

Fakultät für Wirtschaftswissenschaften
Lehrstuhl für Betriebswirtschaftslehre, insb. Organisation, Personal und Unternehmungsführung
Prof. Dr. Fred G. Becker

Expertenbefragung

Lerntransfer in der betrieblichen Weiterbildung

45%

Bereich "Lernumgebung"

Wählen Sie bitte genau 10 Faktoren aus!

Konzeptionelle und situative Einflussfaktoren

- [ ] (allgemeine) Rahmenbedingungen der Maßnahme
  bspw. Ausstattung des Seminarraums, Bereitstellung von Obst und Getränken in den Pausen usw.
- [x] Abstimmung der Maßnahme auf die Zielgruppe
- [ ] (zur Verfügung stehende) Zeit während der Maßnahme
- [x] Abstimmung der Ziele, Inhalte und Methoden der Maßnahme

Inhalte

- [ ] Umgang mit komplexen Inhalten
  bspw. Aufteilung unter den Lernenden und Anregung eines gegenseitigen Austausches
- [x] Praxisbezug der Inhalte
  d. h. Inhalte werden an die Anforderungen der Praxis angepasst bzw. ausgehend von diesen bestimmt, Inhalte müssen in der Praxis angewendet werden können

Methoden

- [ ] Situierung des Wissenserwerbs
  d. h. das Wissen wird nicht fachlich strukturiert, sondern anhand der Anforderungen in der Praxis
- [x] Aktivierung des Teilnehmers
  d. h. der Teilnehmer erarbeitet die Inhalte aktiv selbst (Aktivierung durch Fragetechniken, Partner- und Gruppenarbeit, Projektarbeit usw.)
- [ ] Anpassung der Sprache
  bspw. die sukzessive Angleichung der Unterschiede zwischen Fach- und Alltagssprache (narrative Einbindung)
- [ ] Bearbeitung der Inhalte aus unterschiedlichen Kontexten und Perspektiven
- [x] Veranschaulichung der Inhalte
  bspw. durch Beispiele, Bilder usw.
- [x] Praxisbezug der Methoden
  d. h. Einbindung von Praxisbeispielen, praxisorientierten Übungen, Fallstudien, Planspielen, Simulationen, Praxisphasen
- [ ] Berücksichtigung der Individualität des Teilnehmers
  d. h. Berücksichtigung der individuellen Fähigkeiten, Lernweisen und Lernbedürfnisse
- [x] Problemorientierte Vorgehensweise
  d. h. Aufgreifen von konkreten praktischen Problemen und Herauslösung aus dem betrieblichen Kontext (induktives Vorgehen) usw.
- [x] Anwendung und Übung der Inhalte (während der Maßnahme)
  ggf. zusätzliche Hausaufgaben
- [ ] (didaktische) Strukturierung und Sequenzierung des Unterrichts
  u. a. Zeit und Häufigkeit der Wiederholung, überlegte Pausen, Abwechslung von Lern- und Übungsphasen, Praxisphasen zwischen den Trainingseinheiten usw.
- [x] Aktivierung des / Anknüpfung an das Vorwissen und die Erfahrungen des Teilnehmers
- [ ] Vollständigkeit der Darstellung von Konzepten
- [ ] Antizipation und Reflexion der Anwendungsmöglichkeiten sowie des praktischen Nutzens der Inhalte
  bspw. durch Blitzlichter, Transferaufgaben, „Brief an mich selbst", Checklisten, Reflexionsphasen, Seminartagebuch usw.
- [ ] Ähnlichkeit von Lern- und Anwendungskontext
- [ ] (zeitnahes) Feedback während der Maßnahme
- [ ] Einsatz von Lehrmaterialien
  u. a. zur Begleitung der Maßnahme, aber auch zum späteren Wiederholen und Verfestigen der Inhalte

Trainer und andere Teilnehmer

- [ ] Größe der Lerngruppe
- [ ] (soziales) Lernklima in der Lerngruppe
  Förderung bspw. durch Lern- und Unterstützungspartnerschaften
- [x] (fachliche und didaktische) Qualifikation des Trainers
  u. a. Glaubwürdigkeit des Trainers

Zurück Weiter

6. Auswahl der Determinanten aus dem Bereich „Arbeitsumgebung"

Universität Bielefeld

Fakultät für Wirtschaftswissenschaften
Lehrstuhl für Betriebswirtschaftslehre, insb. Organisation, Personal und Unternehmungsführung
Prof. Dr. Fred G. Becker

Expertenbefragung

Lerntransfer in der betrieblichen Weiterbildung

55%

Bereich "Arbeitsumgebung"

Wählen Sie bitte genau 10 Faktoren aus!

Rahmenbedingungen auf Unternehmensebene

- [ ] Organisationsstruktur des Unternehmens
  d. h. unterstützende Gestaltung der Aufbau- und Ablauforganisation
- [x] Unternehmens- und Lernkultur
  u. a. innovatives Denken, Veränderungskultur, Teilnahme an Weiterbildungsmaßnahmen wird geschätzt und unterstützt usw.
- [ ] Regeln und Normen des Unternehmens
  d. h. die Passbarkeit des Erlernten mit den Regeln und Normen des Unternehmens

Konzeption der betrieblichen Weiterbildung

- [ ] Belohnungen für Anwendung des Erlernten
  d. h. materiell und/oder immateriell
- [x] Zeitspanne zwischen Maßnahme und Anwendungsmöglichkeit
  d. h. die Maßnahme erfolgt nicht zu früh und nicht zu spät
- [x] Analyse des Weiterbildungsbedarfs
  d. h. Analyse der Arbeitszusammenhänge, Ermittlung des Bedarfs (Ziele, Inhalte, Zielgruppen, Teilnehmer, Zeitpunkte, usw.) in Absprache mit den Vorgesetzten und Mitarbeitern
- [ ] Follow-up-Veranstaltungen
  z. B. Transfertag, Zusatzeinheiten zur Wiederholung, Erfahrungsaustausch bzgl. der Anwendung(sschwierigkeiten)
- [x] Beteiligung des Teilnehmers an der Planung der Maßnahme
  bzgl. Zielen, Inhalten, Methoden, Zeitpunkten usw.
- [ ] Materialien zur Begleitung und Überwachung des Anwendungsprozesses
  z. B. Lern-/Transfertagebuch
- [ ] Freiwilligkeit der Teilnahme an der Maßnahme
- [ ] Ziel der Maßnahme
  bspw. Einsatz zur Deckung eines Bedarfs oder zur Motivation der Mitarbeiter
- [ ] Einbettung der „betrieblichen Weiterbildung" in den unternehmerischen Gesamtzusammenhang

Anwendungsmöglichkeit

- [ ] Weitergabe des Erlernten an die Kollegen
  d. h. der Teilnehmer fungiert als Multiplikator
- [x] Zeit, die Inhalte anzuwenden
- [ ] Verfügbarkeit relevanter (bspw. technischer) Arbeitsmittel
- [x] transferrelevante Arbeitsaufgaben

Unterstützung des Teilnehmers

- [ ] Vorbereitung des Teilnehmers auf die Maßnahme
  bspw. im Rahmen von Vorbereitungsgesprächen: Bereitstellung von Informationen über Ziele und Inhalte der Maßnahme, Kommunikation der Erwartungen an den Teilnehmer, Motivation des Teilnehmers zu einem vorbereitenden Selbststudium
- [x] Feedback durch den Vorgesetzten
- [x] Nachbereitungsgespräche mit dem Vorgesetzten
- [x] Aufbau von personalen Unterstützungsstrukturen
  z. B. Transfercoach, Mentoring, Paten, Lernpartnerschaften, ggf. Aufrechterhaltung des Kontakts zur Lerngruppe und zum Trainer
- [ ] Überprüfungen der Erreichung der Lern- und Transferziele
  z. B. gemeinsame Reflexion der Zielerreichung, eigene Reflexion der Zielerreichung durch den Teilnehmer (bspw. durch Transfertagebücher)
- [x] (soziales) Lernklima
  Vorgesetzte(r), Kollegen, Personalabteilung usw. signalisieren Interesse, Anerkennung und Wertschätzung für die Maßnahme, Vorgesetzte(r) (und z. T. Kollegen) haben keine Angst vor eigenem Kompetenzverlust/stehen als Ansprechpartner zur Verfügung/unterstützen die Anwendung aktiv (Schaffung von Freiräumen, Aufzeigen von Anwendungsmöglichkeiten usw.)
- [ ] (partizipative) Vereinbarung von Lern- und Transferzielen
  d. h. in einem Vorgespräch werden die Lern- und Transferziele durch den Vorgesetzten und den Teilnehmer gemeinsam vereinbart

Zurück | Weiter

7. Bewertung der Determinanten aus dem Bereich „Teilnehmer"

Universität Bielefeld

Fakultät für Wirtschaftswissenschaften
Lehrstuhl für Betriebswirtschaftslehre, insb. Organisation,
Personal und Unternehmungsführung
Prof. Dr. Fred G. Becker

Expertenbefragung

Lerntransfer in der betrieblichen Weiterbildung

64%

Sie haben nun die Möglichkeit, **die Bedeutung der ausgewählten Einflussfaktoren für den Lerntransfer** zu präzisieren:

- Dazu weisen Sie den Einflussfaktoren eine - ihrer Bedeutung entsprechende - **Punktzahl** zu.
- **Je mehr Punkte** Sie einem Einflussfaktor geben, **desto größer ist dessen Bedeutung** für den Lerntransfer.
- Geben Sie Faktoren die **gleiche Punktzahl**, bedeutet dies, dass sie die **gleiche Bedeutung** für den Lerntransfer besitzen usw.
- Ihnen stehen dabei insgesamt **100 Punkte** (je Bereich) zur Verfügung.
- Achten Sie bitte auch darauf, **alle 100 Punkte zu verteilen**!
- Geben Sie bitte zudem nur **ganze Zahlen** in das Eingabefeld ein.

Interdependenzen zwischen den verschiedenen Einflussfaktoren brauchen Sie bei Ihrer Bewertung nicht zu berücksichtigen. Diese werden im Rahmen der Studie ausgeblendet.

Bereich "Teilnehmer"

Weisen Sie bitte nun den Einflussfaktoren - je nach ihrer Bedeutung für den Lerntransfer - die entsprechenden Punkte zu (insg. 100):

Die Einflussfaktoren werden in zufälliger Reihenfolge angezeigt!

Transfermotivation des Teilnehmers
d. h. die Motivation des Teilnehmers, die Inhalte der Maßnahme zu übertragen und anzuwenden

proaktive Persönlichkeit des Teilnehmers
d. h. der Teilnehmer möchte selber Veränderungen initiieren

Teilnehmer hat die Inhalte verstanden

Interesse des Teilnehmers an den Inhalten

wahrgenommener Nutzen, die Inhalte anzuwenden
u. a. die Verbesserung der Arbeitssituation durch Zeitersparnis, die Optimierung von Arbeitsabläufen usw.

Transferfähigkeit des Teilnehmers
d. h. die Fähigkeit die Inhalte der Maßnahme zu generalisieren und auf veränderte Kontexte zu übertragen

Problembewusstsein des Teilnehmers
d. h. der Teilnehmer nimmt Probleme (in der Arbeitsumgebung) bewusst wahr

Lernmotivation des Teilnehmers
d. h. die Motivation des Teilnehmers, die Inhalte der Maßnahme zu lernen

metakognitive und selbstregulative Fähigkeiten des Teilnehmers
d. h. die Fähigkeit des Teilnehmers, sein Verhalten und seine Lern- und Denkprozesse zu reflektieren und zu korrigieren

wahrgenommener „persönlicher" Nutzen der Maßnahme für den Teilnehmer

Hatten Sie bei der Bewertung der Faktoren eine spezielle Weiterbildungsmaßnahme(*) vor Augen?
(*) bspw. interne/externe Weiterbildung oder eine Weiterbildungsmaßnahme die speziell die Vermittlung von Wissen, Fähigkeiten/Fertigkeiten oder Einstellung fokussiert

○ ja ○ nein

Falls ja, erläutern Sie bitte diese Weiterbildungsmaßnahme:

Begründen Sie bitte abschließend zusammenfassend die von Ihnen vorgenommene Bewertung:

Zurück Weiter

8. Bewertung der Determinanten aus dem Bereich „Lernumgebung"

Universität Bielefeld

Fakultät für Wirtschaftswissenschaften
Lehrstuhl für Betriebswirtschaftslehre, insb. Organisation, Personal und Unternehmungsführung
Prof. Dr. Fred G. Becker

Expertenbefragung

Lerntransfer in der betrieblichen Weiterbildung

73%

Bereich "Lernumgebung"

Weisen Sie bitte nun den Einflussfaktoren - je nach ihrer Bedeutung für den Lerntransfer - die entsprechenden Punkte zu (insg. 100):

Die Einflussfaktoren werden in zufälliger Reihenfolge angezeigt!

Abstimmung der Ziele, Inhalte und Methoden der Maßnahme

Problemorientierte Vorgehensweise
d. h. Aufgreifen von konkreten praktischen Problemen und Herauslösung aus dem betrieblichen Kontext (induktives Vorgehen) usw.

Praxisbezug der Methoden
d. h. Einbindung von Praxisbeispielen, praxisorientierten Übungen, Fallstudien, Planspielen, Simulationen, Praxisphasen

(fachliche und didaktische) Qualifikation des Trainers
u. a. Glaubwürdigkeit des Trainers

Aktivierung des Teilnehmers
d. h. der Teilnehmer erarbeitet die Inhalte aktiv selbst (Aktivierung durch Fragetechniken, Partner- und Gruppenarbeit, Projektarbeit usw.)

Praxisbezug der Inhalte
d. h. Inhalte werden an die Anforderungen der Praxis angepasst bzw. ausgehend von diesen bestimmt, Inhalte müssen in der Praxis angewendet werden können

Abstimmung der Maßnahme auf die Zielgruppe

Anwendung und Übung der Inhalte (während der Maßnahme)
ggf. zusätzliche Hausaufgaben

Veranschaulichung der Inhalte
bspw. durch Beispiele, Bilder usw.

Aktivierung des / Anknüpfung an das Vorwissen und die Erfahrungen des Teilnehmers

Hatten Sie bei der Bewertung der Faktoren eine spezielle Weiterbildungsmaßnahme(*) vor Augen?
(*) bspw. interne/externe Weiterbildung oder eine Weiterbildungsmaßnahme die speziell die Vermittlung von Wissen, Fähigkeiten/Fertigkeiten oder Einstellung fokussiert

○ ja ○ nein

Falls ja, erläutern Sie bitte diese Weiterbildungsmaßnahme:

Begründen Sie bitte abschließend zusammenfassend die von Ihnen vorgenommene Bewertung:

Zurück Weiter

9. Bewertung der Determinanten aus dem Bereich „Arbeitsumgebung“

Universität Bielefeld

Fakultät für Wirtschaftswissenschaften
Lehrstuhl für Betriebswirtschaftslehre, insb. Organisation, Personal und Unternehmungsführung
Prof. Dr. Fred G. Becker

Expertenbefragung

Lerntransfer in der betrieblichen Weiterbildung

82%

Bereich "Arbeitsumgebung"

Weisen Sie bitte nun den Einflussfaktoren - je nach ihrer Bedeutung für den Lerntransfer - die entsprechenden Punkte zu (insg. 100):

Die Einflussfaktoren werden in zufälliger Reihenfolge angezeigt!

(soziales) Lernklima
Vorgesetzte(r), Kollegen, Personalabteilung usw. signalisieren Interesse, Anerkennung und Wertschätzung für die Maßnahme, Vorgesetzte(r) (und z. T. Kollegen) haben keine Angst vor eigenem Kompetenzverlust/stehen als Ansprechpartner zur Verfügung/unterstützen die Anwendung aktiv (Schaffung von Freiräumen, Aufzeigen von Anwendungsmöglichkeiten usw.)

Analyse des Weiterbildungsbedarfs
d. h. Analyse der Arbeitszusammenhänge, Ermittlung des Bedarfs (Ziele, Inhalte, Zielgruppen, Teilnehmer, Zeitpunkte, usw.) in Absprache mit den Vorgesetzten und Mitarbeitern

Feedback durch den Vorgesetzten

Aufbau von personalen Unterstützungsstrukturen
z. B. Transfercoach, Mentoring, Paten, Lernpartnerschaften, ggf. Aufrechterhaltung des Kontakts zur Lerngruppe und zum Trainer

Nachbereitungsgespräche mit dem Vorgesetzten

Beteiligung des Teilnehmers an der Planung der Maßnahme
bzgl. Zielen, Inhalten, Methoden, Zeitpunkten usw.

Zeitspanne zwischen Maßnahme und Anwendungsmöglichkeit
d. h. die Maßnahme erfolgt nicht zu früh und nicht zu spät

Zeit, die Inhalte anzuwenden

transferrelevante Arbeitsaufgaben

Unternehmens- und Lernkultur
u. a. innovatives Denken, Veränderungskultur, Teilnahme an Weiterbildungsmaßnahmen wird geschätzt und unterstützt usw.

Hatten Sie bei der Bewertung der Faktoren eine spezielle Weiterbildungsmaßnahme(*) vor Augen?
(*) bspw. interne/externe Weiterbildung oder eine Weiterbildungsmaßnahme die speziell die Vermittlung von Wissen, Fähigkeiten/Fertigkeiten oder Einstellung fokussiert

○ ja ○ nein

Falls ja, erläutern Sie bitte diese Weiterbildungsmaßnahme:

Begründen Sie bitte abschließend zusammenfassend die von Ihnen vorgenommene Bewertung:

Zurück Weiter

10. Bewertung der Bereiche

Universität Bielefeld

Fakultät für Wirtschaftswissenschaften
Lehrstuhl für Betriebswirtschaftslehre, insb. Organisation, Personal und Unternehmungsführung
Prof. Dr. Fred G. Becker

Expertenbefragung

Lerntransfer in der betrieblichen Weiterbildung

91%

Lassen Sie nun noch einmal die drei Bereiche Revue passieren.

Wie bewerten Sie die Bedeutung der jeweiligen Bereiche Teilnehmer, Lernumgebung und Arbeitsumgebung für den Lerntransfer?

- Dazu gehen Sie wie bereits beschrieben vor.
- Ihnen stehen diesmal allerdings insgesamt **30 Punkte** zur Verfügung.

Weisen Sie bitte nun den Bereichen - je nach ihrer Bedeutung für den Lerntransfer - die entsprechenden Punkte zu (insg. 30):

Die Bereiche werden in zufälliger Reihenfolge angezeigt!

Teilnehmer

Arbeitsumgebung

Lernumgebung

Hatten Sie bei der Bewertung der Bereiche eine spezielle Weiterbildungsmaßnahme(*) vor Augen?
(*) bspw. interne/externe Weiterbildung oder eine Weiterbildungsmaßnahme die speziell die Vermittlung von Wissen, Fähigkeiten/Fertigkeiten oder Einstellung fokussiert

○ ja ○ nein

Falls ja, erläutern Sie bitte diese Weiterbildungsmaßnahme:

Begründen Sie bitte abschließend zusammenfassend die von Ihnen vorgenommene Bewertung:

Zurück Weiter

11. Schlussseite

Universität Bielefeld

Fakultät für Wirtschaftswissenschaften
Lehrstuhl für Betriebswirtschaftslehre, insb. Organisation, Personal und Unternehmungsführung
Prof. Dr. Fred G. Becker

Expertenbefragung

Lerntransfer in der betrieblichen Weiterbildung

100%

Vielen Dank für Ihre Teilnahme an der 2. Runde des Expertendelphis!

Ihre Antworten wurden an das System übermittelt.

Nach Auswertung der Ergebnisse der 2. Runde werden Sie per E-Mail über den Start der 3. und letzten Runde informiert, welche voraussichtlich am 1. Juli 2011 starten wird. Sie erhalten dann die Ergebnisse der 2. Runde und werden um Ihre Einschätzung zu der Thematik auf Grundlage der Ergebnisse der 2. Runde gebeten.

Sollten Sie Fragen, Anregungen oder Wünsche haben, stehe ich Ihnen selbstverständlich gerne zur Verfügung:

Astrid Meißner, Telefon 0170-7722541 oder E-Mail: ameissner@wiwi.uni-bielefeld.de

A.2.5 Feedbackhandout der zweiten Befragungsrunde

Institut für Unternehmungsführung an der Universität Bielefeld e. V.

Abteilung: Personal, Organisation, Management
Prof. Dr. *Fred G. Becker*

Prof. Dr. Fred G. Becker · Fakultät für Wirtschaftswissenschaften
Universität Bielefeld · Postfach 10 01 31 · 33501 Bielefeld

Ruf: 0521 / 106-6937
Fax: 0521 / 106-6412
E-Mail: IUUB-Becker@wiwi.uni-bielefeld.de

Delphi-Studie zum „Lerntransfer in der betrieblichen Weiterbildung"

- Ergebnisse der zweiten Befragungsrunde -

In der ersten Runde wurden Einflussfaktoren auf den Lerntransfer in einer offenen Form gesammelt und diese - in der zweiten Runde - einer **Bewertung und Priorisierung im Hinblick auf ihre Bedeutung für den Lerntransfer** unterzogen.

Dabei wurden in einem ersten Schritt aus den drei Bereichen

- **Teilnehmer** (der Weiterbildungsmaßnahme)
- **Lernumgebung**
- **Arbeitsumgebung**

jeweils durch jeden Experten diejenigen zehn Einflussfaktoren ausgewählt, welche für den Lerntransfer die größte Bedeutung besitzen. Diese Faktoren wurden dann - jeweils innerhalb des entsprechenden Bereichs - mit Hilfe des Konstantsummenverfahrens bewertet, wobei jeweils 100 Punkte je Bereich auf die zehn ausgewählten Faktoren verteilt werden konnten.

Interdependenzen zwischen den verschiedenen Einflussfaktoren wurden bei der Bewertung nicht berücksichtigt. Des Weiteren wurde die Möglichkeit gegeben, die Bewertung einzuschränken und zu begründen. Nach der Bewertung der jeweiligen Einflussfaktoren der drei Bereiche wurden abschließend die Bereiche noch einmal zusammenfassend bewertet (hier: Verteilung von insg. 30 Punkten).

Insgesamt haben sich **29 der nunmehr 31 Experten** an der zweiten Runde beteiligt. Somit konnte auch diesmal auf eine breite, themenbezogene Expertise zurückgegriffen werden.

Die Antworten wurden auf zweierlei Arten ausgewertet. Bei dem **ersten Fragenkomplex**, der die Auswahl der Faktoren mit der größten Bedeutung beinhaltete, wurden die absoluten Nennungen erfasst und aufsummiert. Insofern lässt die Häufigkeit der Auswahl eines Faktors bereits in Ansätzen auf seine Bedeutung schließen.

Der **zweite Fragenkomplex** ermöglicht eine Quantifizierung der Bedeutung eines Faktors in Relation zu den anderen Faktoren eines Bereichs. Vergleiche zwischen Faktoren verschiedener Bereiche sind jedoch nicht möglich.

Auch hier wurden die Bewertungen *über alle Experten je Einflussfaktor* aufsummiert (n = 29), d. h. Faktoren mit 0 Punkten bewertet, die nicht ausgewählt wurden. Insofern ist die Auswahl der Faktoren auch in die Auswertung der Bewertung eingeflossen. Diese Daten wurden dann auf die gängigen Lage- und Streuungsmaße hin untersucht, um fundierte Aussagen über die Daten treffen zu können.

Aufgrund der Codierung der nicht ausgewählten Faktoren mit 0 Punkten wiesen die Daten z. T. eine starke Streuung auf. Dies lässt einerseits auf eine inhomogene Bewertung schließen, ist andererseits allerdings auch der verwendeten Vorgehensweise geschuldet. Daher werden die zehn Einflussfaktoren mit der höchsten durchschnittlichen Punktzahl, in der dritten Runde einer erneuten Untersuchung unterzogen.

Auf den folgenden Seiten finden Sie je Bereich zunächst die Auswertung der *Faktorenauswahl* und danach die *Faktorenbewertung* (Abb. 1-6) mit den Lage- und Streuungsmaßen (Tab. 1-3) sowie abschließend die *zusammenfassende Bewertung* der drei Bereiche (Abb. 7) mit den Lage- und Streuungsmaßen (Tab. 4). Die Reihenfolge der Einflussfaktoren entspricht derjenigen aus der ersten Befragungsrunde. **Die zehn Faktoren mit der höchsten durchschnittlichen Bewertung sind in den Abbildungen jeweils dunkelgrau eingefärbt und in den Tabellen fett markiert.**

Bereich „Teilnehmer"

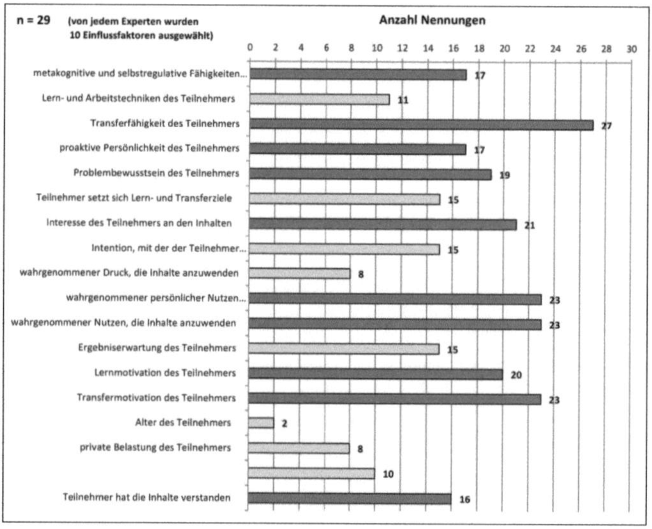

Abb. 1: „Ausgewählte" Faktoren aus dem Bereich „Teilnehmer"

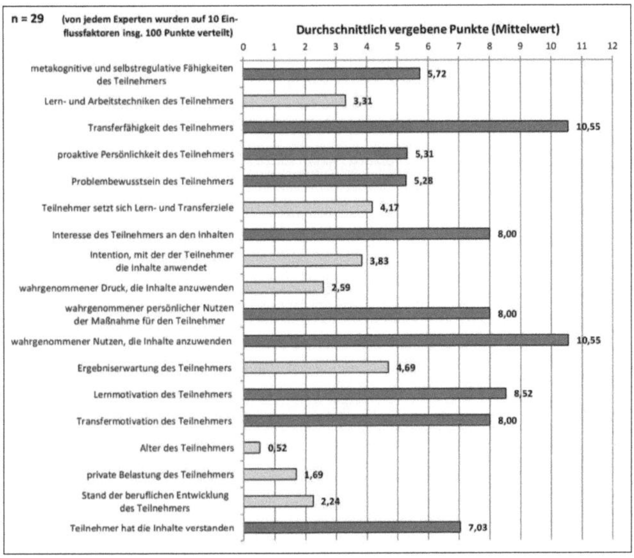

Abb. 2: Bewertung der Faktoren aus dem Bereich „Teilnehmer“

Tab. 1: Lage- und Streuungsmaße der Faktoren aus dem Bereich „Teilnehmer“

Determinanten	Mittelwert	Median	Standard-abweichung	Max[1]
metakognitive und selbstregulative Fähigkeiten des Teilnehmers	**5,72**	**5**	**6,39**	**20**
Lern- und Arbeitstechniken des Teilnehmers	3,31	0	4,70	15
Transferfähigkeit des Teilnehmers	**10,55**	**10**	**5,49**	**20**
proaktive Persönlichkeit des Teilnehmers	**5,31**	**5**	**5,66**	**20**
Problembewusstsein des Teilnehmers	**5,28**	**5**	**5,14**	**15**
Teilnehmer setzt sich Lern- und Transferziele	4,17	0	5,45	15
Interesse des Teilnehmers an den Inhalten	**8,00**	**10**	**6,59**	**20**
Intention mit der der Teilnehmer die Inhalte anwendet	3,83	5	4,41	15
wahrgenommener Druck, die Inhalte anzuwenden	2,59	0	5,28	20
wahrgenommener persönlicher Nutzen der Maßnahme für den Teilnehmer	**8,00**	**10**	**6,78**	**30**
wahrgenommener Nutzen, die Inhalte anzuwenden	**10,55**	**10**	**7,02**	**25**
Ergebniserwartung des Teilnehmers	4,69	0	6,44	20
Lernmotivation des Teilnehmers	**8,52**	**10**	**6,56**	**20**
Transfermotivation des Teilnehmers	**8,00**	**10**	**5,94**	**20**
Alter des Teilnehmers	0,52	0	2,05	10
private Belastung des Teilnehmers	1,69	0	3,32	10
Stand der beruflichen Entwicklung des Teilnehmers	2,24	0	4,55	20
Teilnehmer hat die Inhalte verstanden	**7,03**	**5**	**9,20**	**40**

[1] Das Minimum liegt bei allen Faktoren bei 0, da kein Faktor von allen Experten ausgewählt wurde.

Aus den Ergebnissen lassen sich in Bezug auf den **Teilnehmer** sechs, als besonders bedeutend eingestufte, Einflussfaktoren identifizieren:

- *die Transferfähigkeit des Teilnehmers,*
- *das Interesse des Teilnehmers an den Inhalten,*
- *der wahrgenommene persönliche Nutzen der Maßnahme für den Teilnehmer,*
- *der wahrgenommene Nutzen, die Inhalten anzuwenden,*
- *die Lernmotivation* sowie
- *die Transfermotivation des Teilnehmers.*

Bereich „Lernumgebung"

Abb. 3: „Ausgewählte" Faktoren aus dem Bereich „Lernumgebung"

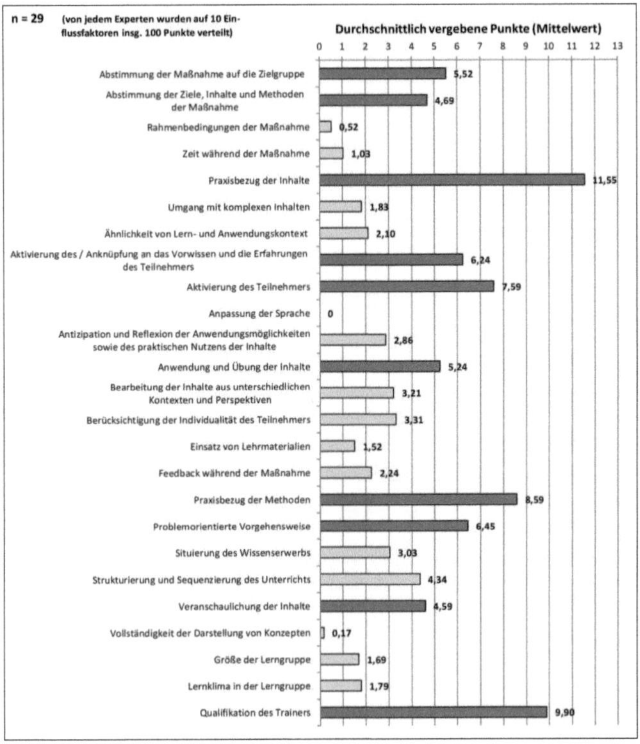

Abb. 4: Bewertung der Faktoren aus dem Bereich „Lernumgebung“

Tab. 2: Lage- und Streuungsmaße der Faktoren aus dem Bereich „Lernumgebung“

Determinanten	Mittelwert	Median	Standard-abweichung	Max
Abstimmung der Maßnahme auf die Zielgruppe	**5,52**	**10**	**5,23**	**15**
Abstimmung der Ziele, Inhalte und Methoden der Maßnahme	**4,69**	**0**	**5,33**	**15**
Rahmenbedingungen der Maßnahme	0,52	0	2,05	10
Zeit während der Maßnahme	1,03	0	3,87	15
Praxisbezug der Inhalte	**11,55**	**10**	**6,14**	**30**
Umgang mit komplexen Inhalten	1,83	0	3,74	10
Ähnlichkeit von Lern- und Anwendungskontext	2,10	0	3,99	12
Aktivierung des / Anknüpfung an das Vorwissen und die Erfahrungen des Teilnehmers	**6,24**	**5**	**8,52**	**40**
Aktivierung des Teilnehmers	**7,59**	**10**	**6,36**	**20**
Anpassung der Sprache	0	0	0,00	0
Antizipation und Reflexion der Anwendungsmöglichkeiten sowie des praktischen Nutzens der Inhalte	2,86	0	4,27	15
Anwendung und Übung der Inhalte	**5,24**	**5**	**5,91**	**20**
Bearbeitung der Inhalte aus unterschiedlichen Kontexten und Perspektiven	3,21	0	5,48	15
Berücksichtigung der Individualität des Teilnehmers	3,31	0	5,27	20
Einsatz von Lehrmaterialien	1,52	0	2,98	10
Feedback während der Maßnahme	2,24	0	4,93	20
Praxisbezug der Methoden	**8,59**	**10**	**6,05**	**20**
Problemorientierte Vorgehensweise	**6,45**	**5**	**6,27**	**20**
Situierung des Wissenserwerbs	3,03	0	5,12	18
Strukturierung und Sequenzierung des Unterrichts	4,34	0	5,63	20
Veranschaulichung der Inhalte	**4,59**	**0**	**6,06**	**20**
Vollständigkeit der Darstellung von Konzepten	0,17	0	0,93	5
Größe der Lerngruppe	1,69	0	3,32	10
Lernklima in der Lerngruppe	1,79	0	3,78	12
Qualifikation des Trainers	**9,90**	**10**	**7,27**	**30**

Da mehr **Einflussfaktoren aus der Lernumgebung** (und auch der Arbeitsumgebung) zur Auswahl standen, als aus dem Bereich des Teilnehmers, sind hier die Nennungen breiter verteilt. Dennoch stechen der

- *Praxisbezug der Inhalte* und der
- *Praxisbezug der Methoden*

unter allen Faktoren hervor. Dies betrifft die Anzahl der Nennungen, aber unmittelbar damit verbunden auch die Bewertung der Faktoren. Ähnliches gilt für die

- *Aktivierung des Teilnehmers* sowie die
- *Qualifikation des Trainers.*

Bereich „Arbeitsumgebung“

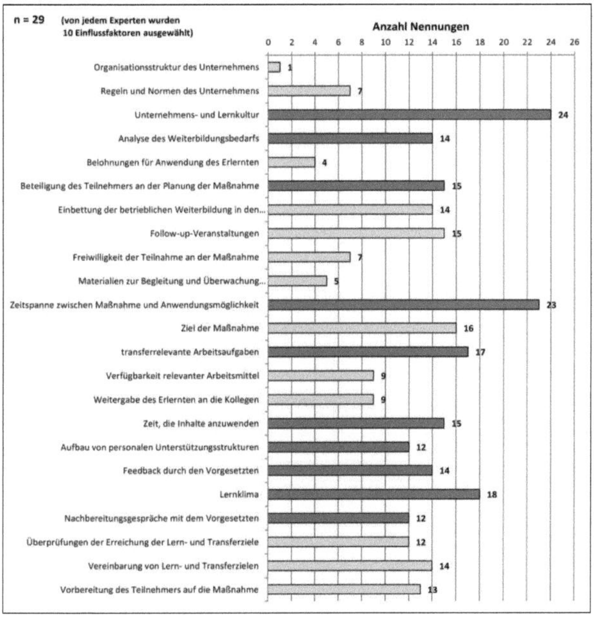

Abb. 5: „Ausgewählte“ Faktoren aus dem Bereich „Arbeitsumgebung“

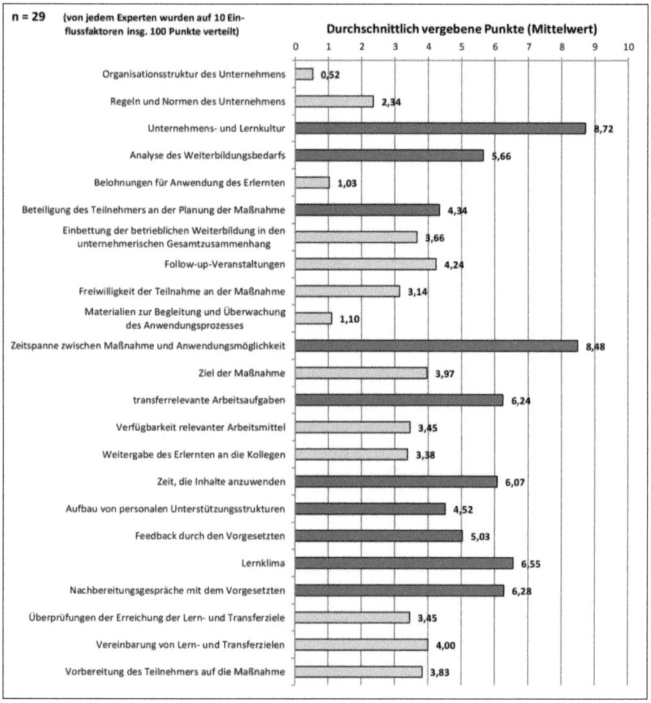

Abb. 6: Bewertung der Faktoren aus dem Bereich „Arbeitsumgebung“

Tab. 3: Lage- und Streuungsmaße der Faktoren aus dem Bereich „Arbeitsumgebung“

Determinanten	Mittelwert	Median	Standard-abweichung	Max
Organisationsstruktur des Unternehmens	0,52	0	2,79	15
Regeln und Normen des Unternehmens	2,34	0	4,65	15
Unternehmens- und Lernkultur	**8,72**	**10**	**6,83**	**30**
Analyse des Weiterbildungsbedarfs	**5,66**	**0**	**7,51**	**30**
Belohnungen für Anwendung des Erlernten	1,03	0	2,80	10
Beteiligung des Teilnehmers an der Planung der Maßnahme	**4,34**	**0**	**4,94**	**15**
Einbettung der betrieblichen Weiterbildung in den unternehmerischen Gesamtzusammenhang	3,66	0	5,80	20
Follow-up-Veranstaltungen	4,24	0	4,70	10
Freiwilligkeit der Teilnahme an der Maßnahme	3,14	0	6,23	20
Materialien zur Begleitung und Überwachung des Anwendungsprozesses	1,10	0	2,60	10
Zeitspanne zwischen Maßnahme und Anwendungsmöglichkeit	**8,48**	**10**	**6,00**	**20**
Ziel der Maßnahme	3,97	0	4,66	15
transferrelevante Arbeitsaufgaben	**6,24**	**5**	**6,37**	**15**
Verfügbarkeit relevanter Arbeitsmittel	3,45	0	5,84	20
Weitergabe des Erlernten an die Kollegen	3,38	0	5,62	15
Zeit, die Inhalte anzuwenden	**6,07**	**0**	**7,17**	**25**
Aufbau von personalen Unterstützungsstrukturen	**4,52**	**0**	**6,05**	**20**
Feedback durch den Vorgesetzten	**5,03**	**0**	**6,48**	**25**
Lernklima	**6,55**	**5**	**6,66**	**20**
Nachbereitungsgespräche mit dem Vorgesetzten	**6,28**	**0**	**8,66**	**30**
Überprüfungen der Erreichung der Lern- und Transferziele	3,45	0	4,84	15
Vereinbarung von Lern- und Transferzielen	4,00	0	4,77	12
Vorbereitung des Teilnehmers auf die Maßnahme	3,83	0	5,13	20

Im Rahmen der **arbeitsumgebungsspezifischen Einflussfaktoren** lassen sich insbesondere die

- *Unternehmens- und Lernkultur* sowie die
- *Zeitspanne zwischen Maßnahme und Anwendungsmöglichkeit*

hervorheben. Insgesamt verteilen sich die Bewertungspunkte hier jedoch gleichmäßiger, als dies bei der Lernumgebung der Fall ist.

Bereiche

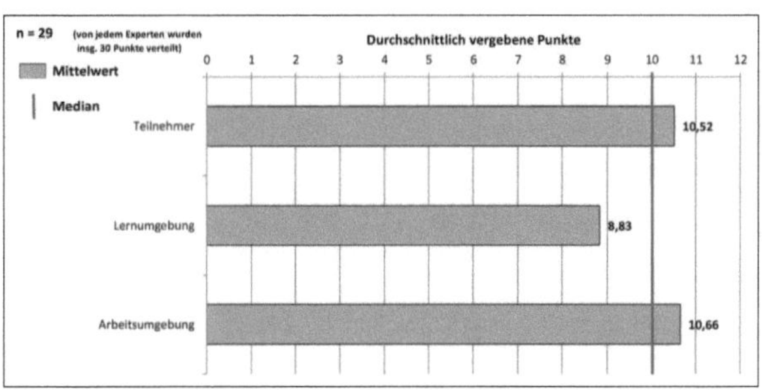

Abb. 7: Zusammenfassende Bewertung der Bereiche

- 9-

Tab. 4: Lage- und Streuungsmaße der Bereiche

Bereich	Mittelwert	Median	Standardabweichung	Max
Teilnehmer	10,52	10	3,20	16
Lernumgebung	8,83	10	2,27	15
Arbeitsumgebung	10,66	10	3,72	20

Betrachtet man die Bereiche als Ganzes, so zeigt sich, dass alle Bereiche als ähnlich bedeutsam eingestuft werden. Es ist jedoch eine leichte Tendenz zu erkennen, dass dem *Teilnehmer* und der *Arbeitsumgebung* eine größere Bedeutung zugesprochen wird, als der *Lernumgebung*.

Für Fragen, Anregungen oder Wünsche stehe ich Ihnen selbstverständlich gerne zur Verfügung.

Astrid Meißner, Telefon [redacted] oder E-Mail: [redacted]

A.2.6 Fragebogen der dritten Befragungsrunde

1. Begrüßung

Universität Bielefeld

Fakultät für Wirtschaftswissenschaften
Lehrstuhl für Betriebswirtschaftslehre, insb. Organisation, Personal und Unternehmungsführung
Prof. Dr. Fred G. Becker

Expertenbefragung

Lerntransfer in der betrieblichen Weiterbildung

10%

Sehr geehrte#u_title# #u_name#,

herzlichen Dank für Ihre Bereitschaft zur Teilnahme an der dritten und letzten Runde des Expertendelphis zum Lerntransfer in der betrieblichen Weiterbildung.

- In der ersten Runde wurden **Einflussfaktoren auf den Lerntransfer** in einer offenen Form gesammelt.
- In der zweite Runde wurden diese Faktoren einer **Bewertung und Priorisierung im Hinblick auf ihre Bedeutung für den Lerntransfer** unterzogen.
- In der dritten Runde werden nun - je Bereich ("Teilnehmer", "Lernumgebung" und "Arbeitsumgebung") - **die zehn Einflussfaktoren mit der höchsten Bewertung aus der zweiten Runde erneut bewertet und priorisiert.**

Einen Überblick über die ausgewerteten Ergebnisse der zweiten Runde finden Sie zusätzlich in dem beigefügten **Ergebnishandout**.

Bitte nehmen Sie sich für die Auseinandersetzung mit dem Fragebogen **ca. 20 Minuten** Zeit. Sollten Sie die Bearbeitung zwischendurch unterbrechen wollen, stellt dies kein Problem dar. Sie können über Ihren Zugangslink auf der zuletzt gesehenen Seite wieder einsteigen und die Befragung fortführen. Alle vorherigen Seiten wurden dann bereits an das System übermittelt.

Weiter

2. Weiterbildungssituation

Universität Bielefeld

Fakultät für Wirtschaftswissenschaften
Lehrstuhl für Betriebswirtschaftslehre, insb. Organisation, Personal und Unternehmungsführung
Prof. Dr. Fred G. Becker

Expertenbefragung

Lerntransfer in der betrieblichen Weiterbildung

20%

Zum Zweck eines einheitlichen Blickwinkels auf die Forschungsfrage berücksichtigen Sie bitte erneut bei der Beantwortung der nachfolgenden Fragen diese Weiterbildungssituation:

Ein Mitarbeiter eines Unternehmens nimmt an einer bewusst geplanten Weiterbildungsmaßnahme zur Veränderung seiner Qualifikation teil, welche **off-the-job** (d. h. außerhalb des Arbeitsplatzes, z. B. extern bei einem Weiterbildungsträger oder im Rahmen einer internen Weiterbildungsmaßnahme) stattfindet.

Es kann sich dabei um eine Maßnahme handeln, die jedwede Art von Qualifikationen, d. h.

- Wissen
- Fähigkeiten / Fertigkeiten
- Einstellungen

vermittelt.

Zurück Weiter

3. Bewertung der Determinanten aus dem Bereich „Teilnehmer"

Universität Bielefeld

Fakultät für Wirtschaftswissenschaften
Lehrstuhl für Betriebswirtschaftslehre, insb. Organisation, Personal und Unternehmungsführung
Prof. Dr. Fred G. Becker

Expertenbefragung

Lerntransfer in der betrieblichen Weiterbildung

30%

Im Folgenden werden Ihnen für jeden Bereich jeweils **die zehn Einflussfaktoren mit der höchsten durchschnittlichen Punktzahl** vorgelegt. Die Faktoren sind diesmal nach ihrer ermittelten Bedeutung sortiert. D. h. der Faktor mit der höchsten durchschnittlichen Punktzahl (hier: **10,55**) steht an erster Stelle usw.

Bitte bewerten Sie die Einflussfaktoren erneut im Hinblick auf ihre Bedeutung für den Lerntransfer.

Bereich "Teilnehmer"

Gehen Sie nun wie in der zweiten Runde vor:

- Dazu weisen Sie den Einflussfaktoren eine - ihrer Bedeutung entsprechende - **Punktzahl** zu.
- **Je mehr Punkte** Sie einem Einflussfaktor geben, **desto größer ist dessen Bedeutung** für den Lerntransfer.
- Geben Sie Faktoren die **gleiche Punktzahl**, bedeutet dies, dass sie die **gleiche Bedeutung** für den Lerntransfer besitzen usw.
- Ihnen stehen dabei insgesamt **100 Punkte** (je Bereich) zur Verfügung.
- Achten Sie bitte auch darauf, **alle 100 Punkte zu verteilen**!
- Geben Sie bitte zudem nur **ganze Zahlen** in das Eingabefeld ein.

Interdependenzen zwischen den verschiedenen Einflussfaktoren brauchen Sie bei Ihrer Bewertung nicht zu berücksichtigen. Diese werden im Rahmen der Studie ausgeblendet.

1.	**Transferfähigkeit des Teilnehmers** d. h. die Fähigkeit die Inhalte der Maßnahme zu generalisieren und auf veränderte Kontexte zu übertragen	**10,55**
2.	**wahrgenommener Nutzen, die Inhalte anzuwenden**	**10,55**
3.	**Lernmotivation des Teilnehmers** d. h. die Motivation des Teilnehmers, die Inhalte der Maßnahme zu lernen	**8,52**
4.	**Transfermotivation des Teilnehmers** d. h. die Motivation des Teilnehmers, die Inhalte der Maßnahme zu übertragen und anzuwenden	**8,00**
5.	**Interesse des Teilnehmers an den Inhalten**	**8,00**
6.	**wahrgenommener persönlicher Nutzen der Maßnahme für den Teilnehmer**	**8,00**
7.	**Teilnehmer hat die Inhalte verstanden**	**7,03**
8.	**metakognitive und selbstregulative Fähigkeiten** d. h. die Fähigkeit des Teilnehmers, sein Verhalten und seine Lern- und Denkprozesse zu reflektieren und zu korrigieren	**5,72**
9.	**proaktive Persönlichkeit des Teilnehmers** d. h. der Teilnehmer möchte selber Veränderungen initiieren	**5,31**
10.	**Problembewusstsein des Teilnehmers** d. h. der Teilnehmer nimmt Probleme (in der Arbeitsumgebung) bewusst wahr	**5,28**

Begründen Sie bitte abschließend zusammenfassend die von Ihnen vorgenommene Bewertung. Gehen Sie dabei insb. darauf ein, warum Sie sich bei Ihrer Bewertung ggf. an der Gruppenmeinung orientiert haben oder eine andere Bewertung gewählt haben:

Anmerkungen:

- Bitte beachten Sie, dass die durchschnittlichen Punktzahlen der letzten Runde sich nicht auf 100 Punkte aufsummieren!
- Wurden Faktoren mit der gleichen durchschnittlichen Punktzahl bewertet, so hat der Faktor mit einer geringeren Standardabweichung einen höheren Rang erhalten.

Zurück Weiter

Universität Bielefeld

Fakultät für Wirtschaftswissenschaften
Lehrstuhl für Betriebswirtschaftslehre, insb. Organisation,
Personal und Unternehmungsführung
Prof. Dr. Fred G. Becker

Expertenbefragung

Lerntransfer in der betrieblichen Weiterbildung

40%

Hatten Sie bei der Bewertung der Faktoren eine spezielle Weiterbildungsmaßnahme(*) vor Augen?
(*) bspw. interne/externe Weiterbildung oder eine Weiterbildungsmaßnahme, die speziell die Vermittlung von Wissen, Fähigkeiten/Fertigkeiten oder Einstellung fokussiert

○ ja ○ nein

Falls ja, erläutern Sie bitte diese Weiterbildungsmaßnahme:

Zurück Weiter

4. Bewertung der Determinanten aus dem Bereich „Lernumgebung"

Universität Bielefeld

Fakultät für Wirtschaftswissenschaften
Lehrstuhl für Betriebswirtschaftslehre, insb. Organisation, Personal und Unternehmungsführung
Prof. Dr. Fred G. Becker

Expertenbefragung

Lerntransfer in der betrieblichen Weiterbildung

50%

Bereich "Lernumgebung"

Analog zu dem Bereich "Teilnehmer", sind auch die folgenden Einflussfaktoren ihrer Bedeutung nach angeordnet. **Weisen Sie bitte nun auch diesen Einflussfaktoren - je nach ihrer Bedeutung für den Lerntransfer - die entsprechenden Punkte zu (insg. 100):**

1.	**Praxisbezug der Inhalte** d. h. Inhalte werden an die Anforderungen der Praxis angepasst bzw. ausgehend von diesen bestimmt, Inhalte müssen in der Praxis angewendet werden können	**11,55**
2.	**(fachliche und didaktische) Qualifikation des Trainers** u. a. Glaubwürdigkeit des Trainers	**9,90**
3.	**Praxisbezug der Methoden**	**8,59**
4.	**Aktivierung des Teilnehmers** d. h. der Teilnehmer erarbeitet die Inhalte aktiv selbst (Aktivierung durch Fragetechniken, Partner- und Gruppenarbeit, Projektarbeit usw.)	**7,59**
5.	**Problemorientierte Vorgehensweise** d. h. Aufgreifen von konkreten praktischen Problemen und Herauslösung aus dem betrieblichen Kontext (induktives Vorgehen) usw.	**6,45**
6.	**Aktivierung des / Anknüpfung an das Vorwissen und die Erfahrungen des Teilnehmers**	**6,24**
7.	**Abstimmung der Maßnahme auf die Zielgruppe**	**5,52**
8.	**Anwendung und Übung der Inhalte (während der Maßnahme)** ggf. zusätzliche Hausaufgaben	**5,24**
9.	**Abstimmung der Ziele, Inhalte und Methoden der Maßnahme**	**4,69**
10.	**Veranschaulichung der Inhalte** bspw. durch Beispiele, Bilder usw	**4,59**

Begründen Sie bitte abschließend zusammenfassend die von Ihnen vorgenommene Bewertung. Gehen Sie dabei insb. darauf ein, warum Sie sich bei Ihrer Bewertung ggf. an der Gruppenmeinung orientiert haben oder eine andere Bewertung gewählt haben:

Zurück Weiter

Universität Bielefeld

Fakultät für Wirtschaftswissenschaften
Lehrstuhl für Betriebswirtschaftslehre, insb. Organisation, Personal und Unternehmungsführung
Prof. Dr. Fred G. Becker

Expertenbefragung

Lerntransfer in der betrieblichen Weiterbildung

60%

Hatten Sie bei der Bewertung der Faktoren eine spezielle Weiterbildungsmaßnahme(*) vor Augen?
(*) bspw. interne/externe Weiterbildung oder eine Weiterbildungsmaßnahme, die speziell die Vermittlung von Wissen, Fähigkeiten/Fertigkeiten oder Einstellung fokussiert

○ ja ○ nein

Falls ja, erläutern Sie bitte diese Weiterbildungsmaßnahme:

Zurück Weiter

5. Bewertung der Determinanten aus dem Bereich „Arbeitsumgebung"

Universität Bielefeld

Fakultät für Wirtschaftswissenschaften
Lehrstuhl für Betriebswirtschaftslehre, insb. Organisation, Personal und Unternehmungsführung
Prof. Dr. Fred G. Becker

Expertenbefragung

Lerntransfer in der betrieblichen Weiterbildung

70%

Bereich "Arbeitsumgebung"

Analog zu den vorherigen Bereichen, sind auch die folgenden Einflussfaktoren ihrer Bedeutung nach angeordnet. **Weisen Sie bitte nun auch diesen Einflussfaktoren - je nach ihrer Bedeutung für den Lerntransfer - die entsprechenden Punkte zu (insg. 100):**

1. **Unternehmens- und Lernkultur** **8,72**
   u. a. innovatives Denken, Veränderungskultur, Teilnahme an Weiterbildungsmaßnahmen wird geschätzt und unterstützt usw.

2. **Zeitspanne zwischen Maßnahme und Anwendungsmöglichkeit** **8,48**
   d. h. die Maßnahme erfolgt nicht zu früh und nicht zu spät

3. **(soziales) Lernklima** **6,55**
   Vorgesetzte(r), Kollegen, Personalabteilung usw. signalisieren Interesse, Anerkennung und Wertschätzung für die Maßnahme, Vorgesetzte(r) (und z. T. Kollegen) haben keine Angst vor eigenem Kompetenzverlust/stehen als Ansprechpartner zur Verfügung/unterstützen die Anwendung aktiv (Schaffung von Freiräumen, Aufzeigen von Anwendungsmöglichkeiten usw.)

4. **Nachbereitungsgespräche mit dem Vorgesetzten** **6,28**

5. **transferrelevante Arbeitsaufgaben** **6,24**

6. **Zeit, die Inhalte anzuwenden** **6,07**

7. **Analyse des Weiterbildungsbedarfs** **5,66**
   d. h. Analyse der Arbeitszusammenhänge, Ermittlung des Bedarfs (Ziele, Inhalte, Zielgruppen, Teilnehmer, Zeitpunkte, usw.) in Absprache mit den Vorgesetzten und Mitarbeitern

8. **Feedback durch den Vorgesetzten** **5,03**

9. **Aufbau von personalen Unterstützungsstrukturen** **4,52**
   z. B. Transfercoach, Mentoring, Paten, Lernpartnerschaften, ggf. Aufrechterhaltung des Kontakts zur Lerngruppe und zum Trainer

10. **Beteiligung des Teilnehmers an der Planung der Maßnahme** **4,34**
    bzgl. Zielen, Inhalten, Methoden, Zeitpunkten usw.

Begründen Sie bitte abschließend zusammenfassend die von Ihnen vorgenommene Bewertung. Gehen Sie dabei insb. darauf ein, warum Sie sich bei Ihrer Bewertung ggf. an der Gruppenmeinung orientiert haben oder eine andere Bewertung gewählt haben:

Zurück Weiter

Universität Bielefeld

Fakultät für Wirtschaftswissenschaften
Lehrstuhl für Betriebswirtschaftslehre, insb. Organisation, Personal und Unternehmungsführung
Prof. Dr. Fred G. Becker

Expertenbefragung

Lerntransfer in der betrieblichen Weiterbildung

80%

Hatten Sie bei der Bewertung der Faktoren eine spezielle Weiterbildungsmaßnahme(*) vor Augen?

(*) bspw. interne/externe Weiterbildung oder eine Weiterbildungsmaßnahme, die speziell die Vermittlung von Wissen, Fähigkeiten/Fertigkeiten oder Einstellung fokussiert

○ ja ○ nein

Falls ja, erläutern Sie bitte diese Weiterbildungsmaßnahme:

Zurück Weiter

6. Adressfeld

Universität Bielefeld

Fakultät für Wirtschaftswissenschaften
Lehrstuhl für Betriebswirtschaftslehre, insb. Organisation, Personal und Unternehmungsführung
Prof. Dr. Fred G. Becker

Expertenbefragung

Lerntransfer in der betrieblichen Weiterbildung

90%

Vielen Dank, dass Sie mich bei diesem Projekt unterstützt haben!

Nach Abschluss der Auswertungen werde ich Ihnen die Ergebnisse der Studie per E-Mail zusenden. Wünschen Sie zusätzlich ein gebundenes Exemplar meiner Dissertation, so geben Sie bitte Ihre Kontaktdaten in die folgenden Felder ein:

Name
Institution
Straße u. Hausnummer
PLZ u. Stadt

Zurück Weiter

7. Schlussseite

Universität Bielefeld

Fakultät für Wirtschaftswissenschaften
Lehrstuhl für Betriebswirtschaftslehre, insb. Organisation,
Personal und Unternehmungsführung
Prof. Dr. Fred G. Becker

Expertenbefragung

Lerntransfer in der
betrieblichen Weiterbildung

100%

Ihre Antworten wurden an das System übermittelt.

Sollten Sie Fragen, Anregungen oder Wünsche haben, stehe ich Ihnen selbstverständlich gerne zur Verfügung:

Astrid Meißner, Telefon 0170-7722541 oder E-Mail: ameissner@wiwi.uni-bielefeld.de

A.2.7 Feedbackhandout der dritten Befragungsrunde

Institut für Unternehmungsführung an der Universität Bielefeld e. V.

Abteilung: Personal, Organisation, Management
Prof. Dr. *Fred G. Becker*

Prof. Dr. Fred G. Becker · Fakultät für Wirtschaftswissenschaften
Universität Bielefeld · Postfach 10 01 31 · 33501 Bielefeld

Ruf: 0521 / 106-6937
Fax: 0521 / 106-6412
E-Mail: IUUB-Becker@wiwi.uni-bielefeld.de

Delphi-Studie zum Lerntransfer in der betrieblichen Weiterbildung

- Ergebnisse der dritten Befragungsrunde -

In der ersten Runde wurden Einflussfaktoren auf den Lerntransfer in einer offenen Form gesammelt und diese - in der zweiten Runde - einer Bewertung und Priorisierung im Hinblick auf ihre Bedeutung für den Lerntransfer unterzogen. In der dritten Runde wurden abschließend - je Bereich („Teilnehmer", „Lernumgebung" und „Arbeitsumgebung") - **die zehn Einflussfaktoren mit der höchsten Bewertung aus der zweiten Runde erneut bewertet und priorisiert**.

Wie auch in der zweiten Runden wurden die Faktoren innerhalb ihres jeweiligen Bereichs mit Hilfe des Konstantsummenverfahrens bewertet, wobei jeweils 100 Punkte je Bereich auf die zehn Faktoren verteilt werden konnten. Interdependenzen zwischen den verschiedenen Einflussfaktoren wurden erneut bei der Bewertung nicht berücksichtigt. Des Weiteren wurde die Möglichkeit gegeben, die Bewertung einzuschränken und zu begründen.

Insgesamt haben sich **30 der 31 Experten** an der dritten Runde beteiligt. Somit konnte über alle drei Runden auf einen konstanten Expertenpool zurückgegriffen werden.

Die Antworten wurden in derselben Weise wie in Runde 2 ausgewertet, so dass die Bedeutung eines Faktors anhand seiner Punktzahl für sich selbst stehend, aber auch in Relation zu den anderen Faktoren eines Bereichs abgebildet werden kann. Vergleiche zwischen Faktoren verschiedener Bereiche sind allerdings nicht möglich.

Auf den folgenden Seiten finden Sie je Bereich die Faktorenbewertung (Abb. 1-3) und die zugehörigen Lage- und Streuungsmaße (Tab. 1-3). Zum Vergleich wurden auch die durchschnittlichen Bewertungen der zweiten Runde (hellgraue Balken) in die Abbildungen aufgenommen. Bitte beachten Sie, dass ein direkter Vergleich der absoluten Mittelwerte der beiden Runden jedoch nicht unmittelbar möglich ist, da die Anzahl der Determinanten von der zweiten auf die dritte Runde reduziert wurde.

Bereich „Teilnehmer“

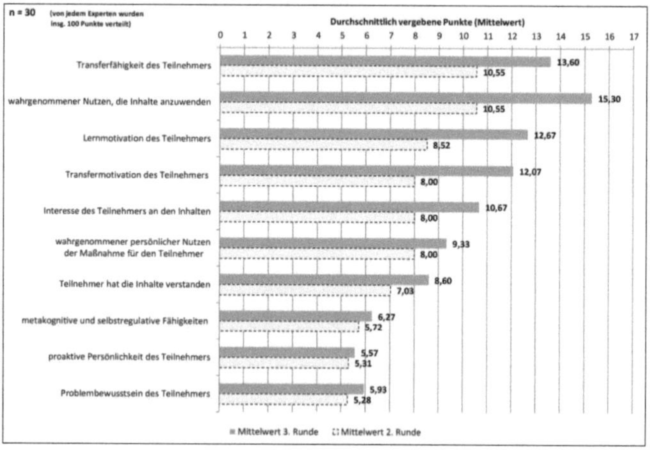

Abb. 1: Bewertung der Faktoren aus dem Bereich „Teilnehmer“

Tab. 1: Lage- und Streuungsmaße der Faktoren aus dem Bereich „Teilnehmer“

Determinanten	Mittelwert	Median	Standard-abweichung	Max	Min
Transferfähigkeit des Teilnehmers	13,60	13,50	4,99	25	0
wahrgenommener Nutzen, die Inhalte anzuwenden	15,30	13,00	6,98	40	5
Lernmotivation des Teilnehmers	12,67	10,00	5,80	30	0
Transfermotivation des Teilnehmers	12,07	10,00	6,40	30	0
Interesse des Teilnehmers an den Inhalten	10,67	10,00	5,98	30	0
wahrgenommener persönlicher Nutzen der Maßnahme für den Teilnehmer	9,33	10,00	3,89	15	0
Teilnehmer hat die Inhalte verstanden	8,60	8,50	5,78	30	0
metakognitive und selbstregulative Fähigkeiten	6,27	5,00	3,97	15	0
proaktive Persönlichkeit des Teilnehmers	5,57	5,00	4,02	12	0
Problembewusstsein des Teilnehmers	5,93	5,00	4,16	12	0

Die Tendenzergebnisse der dritten Runde decken sich in Bezug auf den **Teilnehmer** weitgehend mit denen der vorherigen Runde. Als besonders bedeutend für den Lerntransfer wurden bestätigt:

- *der wahrgenommene Nutzen, die Inhalte anzuwenden,*
- *die Transferfähigkeit des Teilnehmers,*
- *die Lernmotivation des Teilnehmers,*
- *die Transfermotivation des Teilnehmers,*
- *das Interesse des Teilnehmers an den Inhalten sowie*
- *der wahrgenommene persönliche Nutzen des Maßnahme für den Teilnehmer,*

wobei erstgenannter Faktor mit einer durchschnittlichen Bewertung von 15,3 Punkten besonders hervorsticht.

Bereich „Lernumgebung"

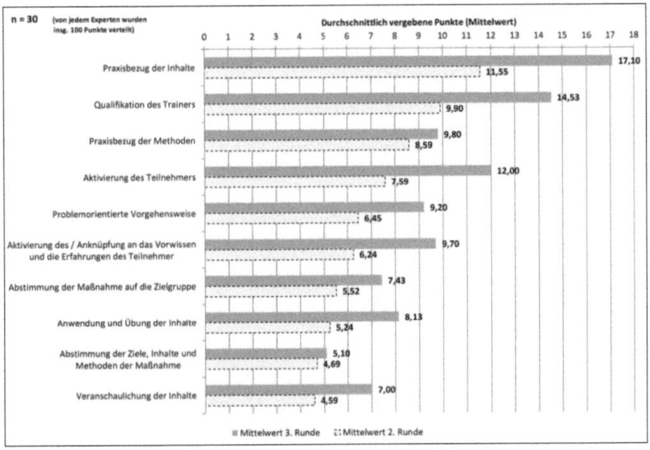

Abb. 2: Bewertung der Faktoren aus dem Bereich „Lernumgebung"

Tab. 2: Lage- und Streuungsmaße der Faktoren aus dem Bereich „Lernumgebung"

Determinanten	Mittelwert	Median	Standard-abweichung	Max	Min
Praxisbezug der Inhalte	17,10	15,00	7,57	40	10
Qualifikation des Trainers	14,53	12,00	6,68	30	7
Praxisbezug der Methoden	9,80	10,00	4,99	20	0
Aktivierung des Teilnehmers	12,00	10,00	3,52	20	7
Problemorientierte Vorgehensweise	9,20	10,00	4,11	20	0
Aktivierung des / Anknüpfung an das Vorwissen und die Erfahrungen des Teilnehmers	9,70	10,00	4,86	20	0
Abstimmung der Maßnahme auf die Zielgruppe	7,43	9,50	3,97	12	0
Anwendung und Übung der Inhalte	8,13	8,00	4,57	20	0
Abstimmung der Ziele, Inhalte und Methoden der Maßnahme	5,10	5,00	3,99	15	0
Veranschaulichung der Inhalte	7,00	7,00	4,54	20	0

Bei der Bewertung der **lernumgebungsspezifischen Einflussfaktoren** lassen sich eindeutige Abweichungen zwischen den Runden identifizieren. Zwar werden auch der

- *Praxisbezug der Inhalte* und die
- *Qualifikation des Trainers*

als besondere bedeutend hervorgehoben, allerdings tritt der

- *Praxisbezug der Methoden* in seiner Bedeutung hinter die
- *Aktivierung des Teilnehmers*

zurück. Außerdem relativ hoch bewertet wurden die *Aktivierung des / Anknüpfung an das Vorwissen und die Erfahrungen des Teilnehmers* sowie die *Problemorientierte Vorgehensweise.*

Bereich „Arbeitsumgebung“

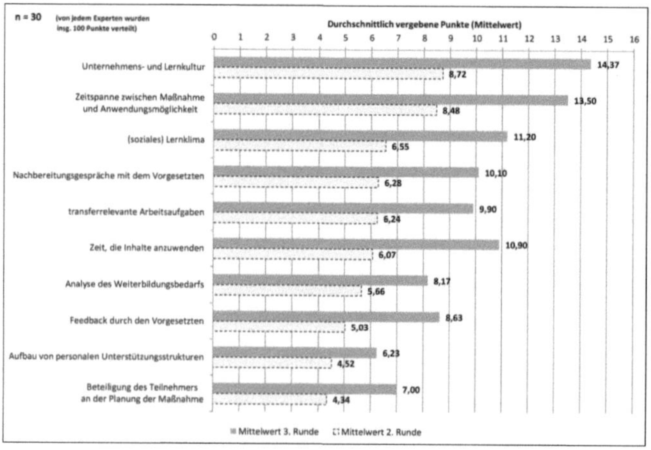

Abb. 3: Bewertung der Faktoren aus dem Bereich „Arbeitsumgebung“

Tab. 3: Lage- und Streuungsmaße der Faktoren aus dem Bereich „Arbeitsumgebung“

Determinanten	Mittelwert	Median	Standard-abweichung	Max	Min
Unternehmens- und Lernkultur	14,37	13,00	7,98	40	0
Zeitspanne zwischen Maßnahme und Anwendungsmöglichkeit	13,50	12,50	5,86	30	0
Lernklima	11,20	10,50	4,57	20	0
Nachbereitungsgespräche mit dem Vorgesetzten	10,10	10,00	5,52	30	0
transferrelevante Arbeitsaufgaben	9,90	10,00	4,69	20	0
Zeit, die Inhalte anzuwenden	10,90	10,00	4,76	25	5
Analyse des Weiterbildungsbedarfs	8,17	9,50	4,56	20	0
Feedback durch den Vorgesetzten	8,63	10,00	4,07	15	0
Aufbau von personalen Unterstützungsstrukturen	6,23	6,50	3,51	12	0
Beteiligung des Teilnehmers an der Planung der Maßnahme	7,00	6,00	4,67	16	0

Im Rahmen der **arbeitsumgebungsspezifischen Einflussfaktoren** ist die Bewertung im Rundenvergleich wiederum einheitlicher. Einen relativen Bedeutungszuwachs haben jedoch die Faktoren

- *Zeit, die Inhalte anzuwenden* und die
- *Beteiligung des Teilnehmers an der Maßnahme*

erhalten. Wie auch in Runde 2 stechen insbesondere die

- *Unternehmens- und Lernkultur* sowie die
- *Zeitspanne zwischen Maßnahme und Anwendungsmöglichkeit*

aus der Gesamtzahl der Faktoren hervor.

Eine hohe Bewertung weisen des Weiteren die Faktoren

- *(soziales) Lernklima,*
- *Zeit, die Inhalte anzuwenden,*
- *Nachbereitungsgespräche mit dem Vorgesetzten* sowie
- *transferrelevante Arbeitsaufgaben*

auf.

Für Fragen, Anregungen oder Wünsche stehe ich Ihnen selbstverständlich gerne zur Verfügung.

Astrid Meißner, Telefon [redacted] oder E-Mail: [redacted]

Literaturverzeichnis

ABELS, H. (2009): Einführung in die Soziologie (Bd. 2): Die Individuen in ihrer Gesellschaft. VS, Wiesbaden, 4. Aufl.

ACKERMAN, P. L. (1988): Determinants of individual differences during skill acquisition: Cognitive abilities and information processing. In: Journal of Experimental Psychology, 117 (3), S. 288–318.

ADAMS, M. J. (1989): Thinking skills curricula: Their promise and progress. In: Educational Psychologist, 24 (1), S. 25–77.

ADAMS, S. J. (1965): Inequity in social change. In: Advances in Experimental Social Psychology, o. Jg. (o. Nr.), S. 267–299.

AEBLI, H. (1951): Didactique psychologique: Application à la didactique de la psychologie de Jean Piaget. Delachaux & Niestlé, Neuchâtel.

AEBLI, H. (1963): Psychologische Didaktik: Didaktische Auswertung der Psychologie von Jean Piaget. Klett, Stuttgart.

AJZEN, I. (1991): The theory of planned behavior. In: Organizational Behavior and Human Decision Processes, 50 (2), S. 179–211.

AJZEN, I. (2002): Perceived behavioral control, self-efficacy, locus of control, and the theory of planned behavior. In: Journal of Applied Social Psychology, 32 (4), S. 665–683.

AJZEN, I. & MADDEN, T. J. (1986): Prediction of goal-directed behavior: Attitudes, intentions and perceived behavioral control. In: Journal of Experimental Social Psychology, 22 (5), S. 453–474.

ALBACH, H. (1970): Informationsgewinnung durch strukturierte Gruppenbefragung: Die Delphi-Methode. In: Zeitschrift für Betriebswirtschaft, 40 (Ergänzungsheft), S. 11–26.

ALBERS, S.; KLAPPER, D. ET AL. (Hrsg.) (2009): Methodik der empirischen Forschung. Gabler, Wiesbaden, 3., überarb. u. erw. Aufl.

ALBERT, H. (1967): Probleme der Wissenschaftslehre in der Sozialforschung (Bd. 1). In: KÖNIG, R. (Hrsg.), Handbuch der empirischen Sozialforschung, Enke, Stuttgart, 2., veränd. u. erw. Aufl., S. 38–64.

ALIOTH, A. (1980): Entwicklung und Einführung alternativer Arbeitsformen. Schriften zur Arbeitspsychologie (Bd. 27). Huber, Bern u. a.

ALLEN, D. G.; SHORE, L. M. & GRIFFETH, R. W. (2003): The role of perceived organizational support and supportive human resource practices in the turnover process. In: Journal of Management, 29 (1), S. 99–118.

ALLIGER, G. M. & JANAK, E. A. (1989): Kirkpatrick's levels of training criteria: Thirty years later. In: Personnel Psychology, 42 (2), S. 331–342.

ALLIGER, G. M.; TANNENBAUM, S. I. ET AL. (1997): A meta-analysis of the relations among training criteria. In: Personnel Psychology, 50 (2), S. 341–358.

ALLMENDINGER, K. (2005): Aufgabenorientierte Personalentwicklung: Konstruktivistische und computerbasierte Ansätze. In: RYSCHKA, J.; SOLGA, M. & MATTENKLOTT, A. (Hrsg.), Praxishandbuch Personalentwicklung: Instrumente, Konzepte, Beispiele, Gabler, Wiesbaden, S. 137–157.

AMES, C. (1992): Classrooms: Goals, structures, and student motivation. In: Journal of Educational Psychology, 84 (3), S. 261–271.

ANDERSON, J. R. (2000): Learning and memory: An integrated approach. Wiley, New York (NY) u. a., 2. Aufl.

ANTONI, C. H. (1994): Gruppenarbeit – mehr als ein Konzept: Darstellung und Vergleich unterschiedlicher Formen der Gruppenarbeit. In: ANTONI, C. H. (Hrsg.), Gruppenarbeit in Unternehmen: Konzepte, Erfahrungen, Perspektiven, Beltz, Weinheim, S. 19–48.

ANTONI, C. H. & BUNGARD, W. (2004): Arbeitsgruppen. In: SCHULER, H. (Hrsg.), Organisationspsychologie: Gruppe und Organisation, Enzyklopädie der Psychologie (Bd. 4): Themenbereich D, Serie III, Wirtschafts-, Organisations- und Arbeitspsychologie, Hogrefe, Göttingen u. a., S. 129–191.

ARGYRIS, C. (1967): On the future of laboratory education. In: Journal of Applied Behavioral Science, 3 (2), S. 153–183.

ARGYRIS, C. (1972): Do personal growth laboratories represent an alternative culture? In: Journal of Applied Behavioral Science, 4 (1), S. 7–28.

ARNOLD, R. (1997): Von der Weiterbildung zur Kompetenzentwicklung: Neue Denkmodelle und Gestaltungsansätze in einem sich verändernden Handlungsfeld. Gutachten für die Arbeitsgemeinschaft Betriebliche Weiterbildungsforschung e. V. In: ARBEITSGEMEINSCHAFT QUEM (Hrsg.), Kompetenzentwicklung '97: Berufliche Weiterbildung in der Transformation. Fakten und Visionen, Waxmann, Münster, S. 253–300.

ARNOLD, R. (2004): Lernen und Lerntheorien. In: GAUGLER, E. & OECHSLER, W. A. (Hrsg.), Handwörterbuch des Personalwesens, Schäffer-Poeschel, Stuttgart, 3., überarb. u. erg. Aufl., Sp. 1096-1103.

ARTHUR, W. J.; BENNETT JR., W. ET AL. (2003): Effectiveness of training in organizations: A meta-analysis of design and evaluation features. In: Journal of Applied Psychology, 88 (2), S. 234–245.

ARVEY, R. D.; CARTER, G. W. & BUERKLEY, D. K. (1991): Job satisfaction: Dispositional and situational influences. In: COOPER, C. L. & ROBERTSON, I. T. (Hrsg.), International review of industrial and organizational psychology (Vol. 6), Wiley, Chichester u. a., S. 359–383.

ARYEE, S. & TAN, K. (1992): Antecedents and outcomes of career commitment. In: Journal of Vocational Behavior, 40 (3), S. 288–305.

ASENDORPF, J. B. (2007): Psychologie der Persönlichkeit. Springer, Heidelberg, 4., überarb. u. akt. Aufl.

ASHFORTH, B. E. & MAEL, F. (1989): Social identity theory and the organization. In: Academy of Management Review, 14 (1), S. 20–39.

ATKINSON, J. W. (1957): Motivational determinants of risk-taking behavior. In: Psychological Review, 64 (6), S. 359–372.

ATKINSON, R. L.; ATKINSON, R. C. ET AL. (2001): Hilgards Einführung in die Psychologie. Spektrum, Berlin.

ATTESLANDER, P. (2003): Methoden der empirischen Sozialforschung. de Gruyter, Berlin u. a., 10., neu bearb. u. erw. Aufl.

ATTESLANDER, P. (2008): Methoden der empirischen Sozialforschung. ESV, Berlin, 12., durchges. Aufl.

AUTORENGRUPPE BILDUNGSBERICHTERSTATTUNG (Hrsg.) (2008): Bildung in Deutschland 2008: Ein indikatorengestützter Bericht mit einer Analyse zu Übergängen im Anschluss an den Sekundarbereich I. Bertelsmann, Bielefeld.

AUTORENGRUPPE BILDUNGSBERICHTERSTATTUNG (Hrsg.) (2010): Bildung in Deutschland 2010: Ein indikatorengestützter Bericht mit einer Analyse zu Perspektiven des Bildungswesens im demografischen Wandel. Bertelsmann, Bielefeld.

AWONIYI, E. A.; GRIEGO, O. V. & MORGAN, G. A. (2002): Person-environment fit and transfer of training. In: International Journal of Training and Development, 6 (1), S. 25–35.

AXTELL, C. M.; MAITLIS, S. & YEARTA, S. K. (1997): Predicting immediate and longer-term transfer of training. In: Personnel Review, 26 (3), S. 201–213.

BALDIN, K.-M. (2008): Employability für ältere Mitarbeiter: Eine neue Anforderung in der Personal- und Organisationsentwicklung. In: SPECK, P. (Hrsg.), Employability – Herausforderungen für die strategische Personalentwicklung: Konzepte für eine flexible, innovationsorientierte Arbeitswelt von morgen, Gabler, Wiesbaden, 3. Aufl., S. 383–402.

BALDWIN, T. T. & FORD, J. K. (1988): Transfer of training: A review and directions for future research. In: Personnel Psychology, 41 (1), S. 63–105.

BALDWIN, T. T.; FORD, J. K. & BLUME, B. D. (2009): Transfer of training 1988-2008: An updated review and agenda for future research. In: HODGKINSON, G. P. & FORD, J. K. (Hrsg.), International review of industrial and organizational psychology (Vol. 24), Chichester u. a., S. 41–70.

BALDWIN, T. T. & MAGJUKA, R. J. (1991): Organizational training and signals of importance: Linkin pretraining perceptions to intentions to transfer. In: Human Resource Development Quarterly, 2 (1), S. 25–36.

BALDWIN, T. T. & MAGJUKA, R. J. (1997): Training as an organizational episode: Pre-training influences on trainee motivation. In: FORD, J. K.; KOZLOWSKI, S. W. J. ET AL. (Hrsg.), Improving training effectiveness in work organizations, Erlbaum, Mahwah (NJ), S. 99–127.

BALDWIN, T. T.; MAGJUKA, R. J. & LOHER, B. T. (1991): The perils of participation: Effects of choice of training on training motivation and learning. In: Personnel Psychology, 44 (1), S. 51–65.

BALZER, W. K.; DOHERTY, M. E. & O'CONNOR JR., R. (1989): Effects of cognitive feedback on performance. In: Psychological Bulletin, 106 (3), S. 410–433.

BAMBERG, G.; COENENBERG, A. G. & KRAPP, M. (2008): Betriebswirtschaftliche Entscheidungslehre. Vahlen, München, 14., überarb. Aufl.

BANDURA, A. (1974): Analysis of modeling processes. In: BANDURA, A. (Hrsg.), Psychological modeling: Conflicting theories, Lieber-Atherton, New York (NY), S. 1–62.

BANDURA, A. (1976): Die Analyse von Modellierungsprozessen. In: BANDURA, A. (Hrsg.), Lernen am Modell: Ansätze zu einer sozial-kognitiven Lerntheorie, Klett, Stuttgart, S. 9–67.

BANDURA, A. (1977a): Self-efficacy: Toward a unifying theory of behavioral change. In: Psychological Review, 84 (2), S. 191–215.

BANDURA, A. (1977b): Social learning theory. Prentice Hall, Englewood Cliffs (NJ).

BANDURA, A. (1982): Self-efficacy mechanism in human agency. In: American Psychologist, 37 (2), S. 122–147.

BANDURA, A. (1986): Social foundations of thought and action: A social cognitive theory. Prentice-Hall, Englewood Cliffs (NJ).

BANDURA, A. (1998): Self-efficacy: The excercise of control. Freeman, New York (NY), Nachdruck von 1997.

BANDURA, A. (2001): Social cognitive theory of mass communication. In: Media Psychology, 3 (3), S. 265–299.

BANDURA, A. (2009): Social cognitive theory of mass communication. In: BRYANT, J. & OLIVER, M. B. (Hrsg.), Media effects: Advances in theory and research, Routledge, New York (NY), 3. Aufl., S. 94–124.

BANDURA, A. & SCHUNK, D. H. (1981): Cultivating competence, self-efficacy, and intrinsic interest through proximal self-motivation. In: Journal of Personality and Social Psychology, 41 (3), S. 586–598.

BARDECKI, M. J. (1984): Participants' response to the Delphi method: An attitudinal perspective. In: Technological Forecasting & Social Change, 25 (3), S. 281–292.

BARNARD, Y. F.; VELDHUISE, G. J. & VAN ROOIJ, J. C. G. M. (2001): Evaluation in practice: Identity factors for improving transfer of training in technical domains. In: Studies in Educational Evaluation, 27 (3), S. 269–290.

BARON, R. A. & BYRNE, D. E. (1997): Social psychology. Allyn and Bacon, Boston (MA) u. a., 8. Aufl.

BARRETT, G. V. & DEPINET, R. L. (1991): A reconsideration of testing for competence rather than for intelligence. In: American Psychologist, 46 (10), S. 1012–1024.

BARRICK, M. R. & MOUNT, M. K. (1991): The big five personality dimensions and job performance: A meta-analysis. In: Personnel Psychology, 44 (1), S. 1–26.

BARRICK, M. R.; MOUNT, M. K. & STRAUSS, J. P. (1993): Conscientiousness and performance of sales representatives: Test of the mediation effects of goal setting. In: Journal of Applied Psychology, 78 (5), S. 715–722.

BATES, R. & HOLTON III, E. F. (2004): Linking workplace literacy skills and transfer system perceptions. In: Human Resource Development Quarterly, 15 (2), S. 153–170.

BATES, R. A. (2003): Managers as transfer agents. In: HOLTON III, E. F. & BALDWIN, T. T. (Hrsg.), Improving learning transfer in organizations, Jossey Bass, San Francisco (CA), S. 243–270.

BATES, R. A.; HOLTON III, E. F. ET AL. (2000): The role of interpersonal factors in the application of computer-based training in an industrial setting. In: Human Resource Development International, 3 (1), S. 19–42.

BATES, R. A. & KHASAWNEH, S. (2005): Organizational learning culture, learning transfer climate and perceived innovation in Jordanian organizations. In: International Journal of Training and Development, 9 (2), S. 96–109.

BAUMANN, T. & EICHSTÄDT, H. (2010): Bildungsausgaben: Budget für Bildung, Forschung und Wissenschaft 2007/2008. Statistisches Bundesamt, Wiesbaden. Online im Internet: Statistisches Bundesamt, URL: http://www.destatis.de/jetspeed/portal/cms/Sites/destatis/Internet/DE/Content/Publikationen/Fachveroeffentlichungen/BildungForschungKultur/BildungKulturFinanzen/Bildungsausgaben5217108087004,property=file.pdf [Stand: Mai 2010; Abfrage: 27.10.2011].

BAUMGART, F. (Hrsg.) (2007): Entwicklungs- und Lerntheorien: Erläuterungen – Texte – Arbeitsaufgaben. Klinkhardt, Bad Heilbrunn, 2., durchges. Aufl.

BAUMGARTEL, H. & JEANPIERRE, F. (1972): Applying new knowledge in the back-home stetting: A study of Indian managers' adoptive effort. In: Journal of Applied Behavioral Science, 8 (6), S. 674–694.

BAUMGARTEL, H.; REYNOLDS, M. & PATHAN, R. (1984): How personality and organizational-climate-variables moderate the effectiveness of management development programmes: A review and some recent research findings. In: Management and Labour Studies, 9 (1), S. 1–16.

BAUMGARTNER, P. & PAYR, S. (1997): Erfinden lernen. In: STADLER, F. (Hrsg.), Konstruktivismus und Kognitionswissenschaft (Sonderband der Veröffentlichungen des Instituts Wiener Kreis), Springer, Wien u. a., S. 89–106.

BEAL, D. J.; COHEN, R. ET AL. (2003): Cohesion and performance in groups: A meta-analytic clarification of construct relation. In: Journal of Applied Psychology, 88 (6), S. 989–1004.

BECKER, F. G. (1993): Explorative Forschung mittels Bezugsrahmen: Ein Beitrag zur Methodologie des Entdeckungszusammenhangs. In: BECKER, F. G. & MARTIN, A. (Hrsg.), Empirische Personalforschung: Methoden und Beispiele (Sonderband der Zeitschrift für Personalforschung), Hampp, München u. a., S. 111–127.

BECKER, F. G. (1996): Personalentwicklung. In: KERN, W.; WEBER, J. & SCHRÖDER, H. (Hrsg.), Handwörterbuch der Produktionswirtschaft, Schäffer-Poeschel, Stuttgart, 2., vollst. neu bearb. Aufl., Sp. 1371-1381.

BECKER, F. G. (2004): Anleitung zum wissenschaftlichen Arbeiten. Eul, Lohmar u. a., 4., durchges. Aufl.

BECKER, F. G. (2005): Den Return on Development messen: Möglichkeiten und Grenzen der Evaluation. In: Personalführung, o. J. (4), S. 48–53.

BECKER, F. G. (2006a): Evaluations- und Transferproblematik der Personalentwicklung in der Praxis. In: Betriebswirtschaftliche Blätter, 55 (3), S. 169–173.

BECKER, F. G. (2006b): Explorative Forschung mittels Bezugsrahmen: Ein Beitrag zur Methodologie. In: OPPELLAND, H.-J. (Hrsg.), Deutschland und seine Zukunft: Innovation und Veränderung in Bildung, Forschung und Wirtschaft, Festschrift zum 75. Geburtstag von Prof. Dr. Dr. h. c. Norbert Szyperski, Eul, Lohmar u. a., S. 281–306.

BECKER, F. G. (2007): Organisation der Unternehmungsleitung. Kohlhammer, Stuttgart.

BECKER, F. G.; MEISSNER, A. & WERNING, E. (2008): Evaluation externer Weiterbildungsmaßnahmen: Ergebnisse einer Befragung unter Mitgliedsunternehmen der DGFP e.V. Praxispapiere, 2008 (6). DGFP, Düsseldorf.

BECKER, M. (1998): Kompetenzentwicklung für eine dynamische Arbeitswelt. In: SCHULZ, M.; STANGE, B. ET AL. (Hrsg.), Wege zur Ganzheit: Profilbildung einer Pädagogik für das 21. Jahrhundert, Deutscher Studien Verlag, Weinheim, S. 170–193.

BECKER, M. (1999): Aufgaben und Organisation der betrieblichen Weiterbildung. Hanser, München u. a., 2., vollst. überarb. Aufl.

BECKER, M. (2009): Personalentwicklung: Bildung, Förderung und Organisationsentwicklung in Theorie und Praxis. Schäffer-Poeschel, Stuttgart, 4., akt. u. überarb. Aufl.

BELL, S. T. (2007): Deep-level composition variables as predictors of team performance: A meta-analysis. In: Journal of Applied Psychology, 92 (3), S. 595–615.

BELLING, R.; JAMES, K. & LADKIN, D. (2004): Back to the workplace: How organisations can improve their support for management learning and development. In: Journal of Management Development, 23 (3), S. 234–255.

BENDORF, M. (2002): Bedingungen und Mechanismen des Wissenstransfers: Lehr- und Lern-Arrangements für die Kundenberatung in Banken. DUV, Wiesbaden.

BENNETT, J. B.; LEHMAN, W. E. K. & FORST, J. K. (1999): Change, transfer climate, and customer orientation: A contextual model and analysis of change-driven training. In: Group & Organization Management, 24 (2), S. 188–216.

BERGMANN, B. & SONNTAG, K. (1999): Transfer: Die Umsetzung und Generalisierung erworbener Kompetenzen in den Arbeitsalltag. In: SONNTAG, K. (Hrsg.), Personalentwicklung in Organisationen: Psychologische Grundlagen, Methoden und Strategien, Hogrefe, Göttingen u. a., 2., überarb. u. erw. Aufl., S. 287–312.

BERGMANN, B. & SONNTAG, K. (2006): Transfer: Die Umsetzung und Generalisierung erworbener Kompetenzen in den Arbeitsalltag. In: SONNTAG, K. (Hrsg.), Personalentwicklung in Organisationen: Psychologische Grundlagen, Methoden und Strategien, Hogrefe, Göttingen u. a., 3., überarb. u. erw. Aufl., S. 355–388.

BERTHEL, J. & BECKER, F. G. (2010): Personal-Management: Grundzüge für Konzeptionen betrieblicher Personalarbeit. Schäffer-Poeschel, Stuttgart, 9., vollst. überarb. Aufl.

BIEKER, C. & MERKENS, H. (1993): Unternehmenskultur und Weiterbildung im Spannungsfeld von Tradition und Innovation. In: LIEPMANN, D. (Hrsg.), Qualifizierungsmaßnahmen als Konzepte der Personalentwicklung, Lang, Frankfurt a. M. u. a., S. 159–167.

BIHLER, W. (2006): Weiterbildungserfolg in betrieblichen Lehrveranstaltungen: Messung und Einflussfaktoren im Bereich Finance & Controlling. DUV, Wiesbaden.

BIRDI, K.; ALLAN, C. & WARR, P. (1997): Correlates of perceived outcomes of four types of employee development activity. In: Journal of Applied Psychology, 82 (6), S. 845–857.

BLAKE, R. R. & MOUTON, J. S. (1964): The managerial grid. Gulf, Houston (TX).

BLAKE, R. R. & MOUTON, J. S. (1978): The new managerial grid: Strategic new insights into a proven system for increasing organization productivity and individual effectiveness-plus a revealing examination of how your managerial style can affect your mental and physical health. Gulf, Houston (TX).

BLAU, G. J. (1985): A multiple study investigation of the dimensionality of job involvement. In: Journal of Vocational Behavior, 27 (1), S. 19–36.

BLEICHER, K. (1994): Normatives Management: Politik, Verfassung und Philosophie des Unternehmens. Campus, Frankfurt u. a.

BLUME, B. D.; FORD, J. K. ET AL. (2010): Transfer of training: A meta-analytic review. In: Journal of Management, 36 (4), S. 1065–1105.

BLUMER, H. (1979): Methodologische Prinzipien empirischer Wissenschaft. In: GERDES, K. (Hrsg.), Explorative Sozialforschung: Einführende Beiträge aus „Natural Sociology“ und Feldforschung in den USA, Enke, Stuttgart, S. 41–62.

BODENMANN, G.; PERREZ, M. ET AL. (2004): Klassische Lerntheorien: Grundlagen und Anwendungen in Erziehung und Psychotherapie. Huber, Bern u. a.

BÖHM, W. (2005): Wörterbuch der Pädagogik. Kröner, Stuttgart, 16., vollst. überarb. Aufl.

BOHNER, G.; STAHLBERG, D. & FREY, D. (1999): Soziale Einstellungen. In: GRAF HOYOS, C. & FREY, D. (Hrsg.), Arbeits- und Organisationspsychologie: Ein Lehrbuch, Beltz, Weinheim, S. 373–384.

BOJE, D. M. & MURNIGHAN, J. K. (1982): Group confidence pressures in iterative decisions. In: Management Science, 28 (10), S. 1187–1196.

BORDENS, K. S. & ABOTT, B. B. (1988): Research design and methods: A process approach. Mayfield, Mountain View (CA).

BORGATTA, E. E. (1964): The structure of personality characteristics. In: Behavioral Science, 9 (1), S. 8–17.

BORTZ, J. & DÖRING, N. (2006): Forschungsmethoden und Evaluation für Human- und Sozialwissenschaftler. Springer, Heidelberg, 4., überarb. Aufl.

BOWER, G. H. & HILGARD, E. R. (1981): Theories of learning. Prentice-Hall, Englewood-Cliffs (NJ), 5. Aufl.

BRAND, S.; REIMER, T. & OPWIS, K. (2007): How do we learn in a negative mood? Effects of a negative mood on transfer and learning. In: Learning and Instruction, 17 (1), S. 1–16.

BRANDSTÄTTER, V. (1999): Arbeitsmotivation und Arbeitszufriedenheit. In: GRAF HOYOS, C. & FREY, D. (Hrsg.), Arbeits- und Organisationspsychologie: Ein Lehrbuch, Beltz, Weinheim, S. 344–357.

BRANSFORD, J. D.; BROWN, A. L. & COCKING, R. R. (Hrsg.) (1999): How people learn: Brain, mind, experience, and school. National Academy Press, Washington, DC.

BRETT, J. M. (1984): Job transitions and personal and role development. In: ROWLAND, K. M. & FERRIS, G. R. (Hrsg.), Research in Personnel and Human Resources Management: A research annual (Vol. 2), JAI, Greenwich (CT), S. 155–185.

BRINKERHOFF, R. O. & MONTESINO, M. U. (1995): Partnerships for training transfer: Lessons from a corporate study. In: Human Resource Development Quarterly, 6 (3), S. 263–274.

BROAD, M. L. (2003): Managing the organizational learning transfer system: A model and case study. In: HOLTON III, E. F. & BALDWIN, T. T. (Hrsg.), Improving Learning Transfer in Organizations, Jossey-Bass, San Francisco (CA), S. 97–116.

BROAD, M. L. & NEWSTROM, J. W. (1992): Transfer of training: Action-packed strategies to ensure high payoff from training investments. Addison-Wesley, Reading (MA).

BROCKNER, J. (1979a): The effects of self-esteem, success-failure, and self-consciousness on task performance. In: Journal of Personality and Social Psychology, 37 (10), S. 1732–1741.

BROCKNER, J. (1979b): Self-esteem, self-consciousness, and task performance: Replications, extensions, and possible explanations. In: Journal of Personality and Social Psychology, 37 (3), S. 447–461.

BROCKNER, J. & GUARE, J. (1983): Improving the performance of low self-esteem individuals: An attributional approach. In: Academy of Management Journal, 26 (4), S. 642–656.

BROEDLING, L. A. (1975): Relationship of internal-external control to work motivation and performance in an expectancy model. In: Journal of Applied Psychology, 60 (1), S. 65–70.

BRONNER, R. & SCHRÖDER, W. (1983): Weiterbildungserfolg: Modelle und Beispiele systematischer Erfolgssteuerung. Handbuch der Weiterbildung für die Praxis in Wirtschaft und Verwaltung (Bd. 6). Hanser, München u. a.

BROOKS, K. W. (1979): Delphi technique: Expanding application. In: The North Central Association Quarterly, 53 (3), S. 377–385.

BROSI, W.; KREKEL, E. M. & ULRICH, J. G. (1999): Delphi als ein Planungsinstrument der Berufsbildungsforschung? Erste Ergebnisse einer BIBB-Studie. In: Berufsbildung in Wissenschaft und Praxis, 1999 (6), S. 11–16.

BROSI, W.; KREKEL, E. M. & ULRICH, J. G. (Hrsg.) (2003): Sicherung der beruflichen Zukunft durch Forschung und Entwicklung: Ergebnisse einer Delphi-Befragung. Schriftenreihe des Bundesinstituts für Berufsbildung. Bertelsmann, Bielefeld.

BROWN, A. L.; BRANSFORD, J. D. ET AL. (1983): Learning, remembering, and understanding. In: FLAVELL, J. H. & MARKMAN, E. M. (Hrsg.), Handbook of child psychology (Vol. 3): Cognitive development, Wiley, New York (NY) u. a., 4. Aufl., S. 77–166.

BROWN, A. L. & CAMPIONE, J. C. (1984): Three faces of transfer: Implications for early competence, individual differences, and instruction. In: Advances in Developmental Psychology (Vol. 3), Erlbaum, Hillsdale (NJ), S. 143–192.

BROWN, B.; COCHRAN, S. W. & DALKEY, N. C. (1969): The Delphi method, II: Structure of experiments. RAND Corporation, Santa Monica (CA). Online im Internet: RAND Corporation, URL: http://www.rand.org/pubs/research_memoranda/2005/RM5957.pdf [Stand: Juni 1969; Abfrage: 27.10.2011].

BROWN, B. B. & HELMER, O. (1964): Improving the reliability of estimates obtained from consensus of experts. RAND Corporation, Santa Monica (CA).

BROWN, J. S.; COLLINS, A. & DUGUID, P. (1989): Situated cognition and the culture of learning. In: Educational Researcher, 18 (1), S. 32–42.

BROWN, S.; MCHARDY, J. ET AL. (2011): Workplace performance, worker commitment and loyalty. Discussion Paper No. 5447. Forschungsinstitut zur Zukunft der Arbeit, Bonn. Online im Internet: IZA, URL: http://ftp.iza.org/dp5447.pdf [Stand: Januar 2011; Abfrage: 27.10.2011].

BROWN, S. P. (1996): A meta-analysis and review of organizational research on the job involvement. In: Psychological Bulletin, 120 (2), S. 235–255.

BROWN, T. & MORRISSEY, L. (2004): The effectiveness of verbal self-guidance as a transfer of training intervention: Its impact on presentation performance, self efficacy and anxiety. In: Innovations in Education and Teaching International, 41 (3), S. 255–273.

BROWN, T. C. (2005): Effectiveness of distal and proximal goals as transfer-of-training interventions: A field experiment. In: Human Resource Development Quarterly, 16 (3), S. 369–387.

BROWN, T. C. & WARREN, A. M. (2009): Distal goal and proximal goal transfer of training interventions in an executive education program. In: Human Resource Development Quarterly, 20 (3), S. 265–284.

BROYLER, C. R.; THORNDIKE, E. L. & WOODYARD, E. (1927): A second study of mental discipline in high school studies. In: Journal of Educational Psychology, 18 (6), S. 377–404.

BRUNSTEIN, J. & HECKHAUSEN, H. (2006): Leistungsmotivation. In: HECKHAUSEN, J. & HECKHAUSEN, H. (Hrsg.), Motivation und Handeln, Springer, Berlin u. a., 3., überarb. u. akt. Aufl., S. 143–191.

BULLINGER, H. J. & GIDION, G. (1994): Zukunftsfaktor Weiterbildung. In: Refa Aus- und Weiterbildung, 6 (2), S. 6–9.

BUNCH, K. J. (2007): Training failure as a consequence of organizational culture. In: Human Resource Development Review, 6 (2), S. 142–163.

BUNK, G. P. (1994): Kompetenzvermittlung in der beruflichen Aus- und Weiterbildung in Deutschland. In: Europäische Zeitschrift für Berufsbildung, 1994 (1), S. 9–15.

BURKE, L. A. (1997): Improving positive transfer: A test of relapse prevention training on transfer outcomes. In: Human Resource Development Quarterly, 8 (2), S. 115–128.

BURKE, L. A. & BALDWIN, T. T. (1999): Workforce training transfer: A study on the effect of relapse prevention training and transfer climate. In: Human Resource Management, 38 (3), S. 227–242.

BURKE, L. A. & HUTCHINS, H. M. (2007): Training transfer: An integrative literature review. In: Human Resource Development Review, 6 (3), S. 263–296.

BURKE, L. A. & HUTCHINS, H. M. (2008): A study of best practices in training transfer and proposed model of transfer. In: Human Resource Development Quarterly, 19 (2), S. 107–128.

BURKE, M. J.; SARPY, S. A. ET AL. (2006): Relative effectiveness of worker safety and health training methods. In: American Journal of Public Health, 96 (2), S. 315–324.

BUTLER, D. L. & WINNE, P. H. (1995): Feedback and self-regulated learning: A theoretical synthesis. In: Review of Educational Research, 65 (3), S. 245–281.

BUTTERFIELD, E. C. & NELSON, G. D. (1989): Theory and practice of teaching for transfer. In: Educational Technology Research and Development, 37 (3), S. 5–38.

BUTTON, S. B.; MATHIEU, J. E. & ZAJAC, D. M. (1996): Goal orientation in organizational research: A conceptual and empirical foundation. In: Organizational Behavior and Human Decision Processes, 67 (1), S. 26–48.

CAMPBELL, J. P. (1988): Training design for performance improvement. In: CAMPBELL, J. P. & CAMPBELL, R. J. (Hrsg.), Productivity in organizations: New perspectives from industrial and organizational psychology, Jossey-Bass, San Francisco (CA) u. a., S. 177–216.

CAMPBELL, J. P. (1990): Modeling the performance prediction problem in industrial and organizational psychology. In: DUNNETTE, M. D. & HOUGH, L. M. (Hrsg.), Handbook of industrial and organizational psychology (Vol. 1), Consulting Psychologists Press, Palo Alto (CA), 2. Aufl., S. 687–732.

CAMPBELL, J. P. & KUNCEL, N. R. (2001): Individual and team training. In: ANDERSON, N.; ONES, D. S. ET AL. (Hrsg.), Handbook of industrial, work and organizational psychology, Sage, London, S. 278–313.

CAMPBELL, J. P.; MCCLOY, R. A. ET AL. (1993): A theory of performance. In: SCHMITT, N. & BORMAN, W. C. (Hrsg.), Personnel selection in organizations, Jossey-Bass, San Francisco (CA) u. a., S. 35–70.

CAMPBELL, J. P. & PRITCHARD, R. D. (1976): Motivation theory in industrial and organizational psychology. In: DUNNETTE, M. D. (Hrsg.), Handbook of industrial and organizational psychology, Rand McNally, Chicago (IL), S. 63–130.

CANNON-BOWERS, J. D.; SALAS, E. ET AL. (1995): Toward theoretically based principles of training effectiveness: A model and initial empirical investigation. In: Military Psychology, 7 (3), S. 141–164.

CANTRELL, R. P.; STENNER, A. J. & KATZENMEYER, W. G. (1977): Teacher knowledge, attitudes, and classroom teaching correlates of student achievement. In: Journal of Educational Psychology, 69 (2), S. 172–179.

CARNAP, R. & STEGMÜLLER, W. (1959): Induktive Logik und Wahrscheinlichkeit. Springer, Wien.

CARRAHER, T. H.; CARRAHER, D. W. & SCHLIEMANN, A. D. (1985): Mathematics in the streets and in schools. In: British Journal of Developmental Psychology, 3 (1), S. 21–29.

CARTER, S. D. (2002): Matching training methods and factors of cognitive ability: A means to improve training outcomes. In: Human Resource Development Quarterly, 13 (1), S. 71–87.

CATTELL, R. B. (1943): The description of personality: Basic traits resolved into clusters. In: Journal of Abnormal Social Psychology, 38 (4), S. 476–506.

CEPEDA, N. J.; PASHLER, H. ET AL. (2006): Distributed practice in verbal recall tasks: A review and quantitative synthesis. In: Psychological Bulletin, 132 (3), S. 354–380.

CHANDLER, P. & SWELLER, J. (1991): Cognitive load theory and the format of instruction. In: Cognition and Instruction, 8 (4), S. 293–332.

CHANG, A. & BORDIA, P. (2001): A multidimensional approach to the group cohesion-group performance relationship. In: Small Group Research, 32 (4), S. 379–405.

CHEN, H.-C. (2003): Cross-cultural construct validation of the learning transfer system inventory in Taiwan. Dissertation der Louisiana State University. Online im Internet: Louisiana State University, URN: etd-0406103-154007, URL: http://etd.lsu.edu/docs/available/etd-0406103-154007/unrestricted/Chen_dis.pdf [Stand: 6.4.2003; Abfrage: 27.10.2011].

Chen, H.-C.; Holton III, E. F. & Bates, R. (2005): Development and validation of the learning transfer system inventory in Taiwan. In: Human Resource Development Quarterly, 16 (1), S. 55–84.

Chen, H.-C.; Holton III, E. F. & Bates, R. A. (2006): Situational and demographic influences on transfer system characteristics in organizations. In: Performance Improvement Quarterly, 19 (3), S. 7–26.

Cheng, E. W. & Hampson, I. (2008): Transfer of training: A review and new insights. In: International Journal of Management Reviews, 10 (4), S. 327–341.

Cheng, E. W. & Ho, D. C. K. (1998): Transfer of training: Some practical thoughts from theoretical studies. In: International Journal of Management Reviews, 15 (1), S. 14–19.

Cheng, E. W. L. & Ho, D. C. K. (2001): The influence of job and career attitudes on learning motivation and transfer. In: Career Development International, 6 (1), S. 20–27.

Chiaburu, D. S. & Lindsay, D. R. (2008): Can do or will do? The importance of self-efficacy and instrumentality for training transfer. In: Human Resource Development International, 11 (2), S. 199–206.

Chiaburu, D. S. & Marinova, S. V. (2005): What predicts skill transfer? An exploratory study of goal orientation, training self-efficacy and organizational supports. In: International Journal of Training and Development, 9 (2), S. 110–123.

Chiaburu, D. S. & Tekleab, A. G. (2005): Individual and contextual influences on multiple dimensions of training effectiveness. In: Journal of European Industrial Training, 29 (8), S. 604–626.

Chiaburu, D. S.; Van Dam, K. & Hutchins, H. M. (2010): Social support in the workplace and training transfer: A longitudinal analysis. In: International Journal of Selection and Assessment, 18 (2), S. 187–200.

Chiou, H.; Lee, Y.-H. & Purnomo, S. H. (2010): The influences transfer of training on relationship between knowledge characteristic of work design model and outcomes. In: International Journal of Innovation, Management and Technology, 1 (2), S. 116–123.

Christoph, R. T.; Schoenfeldt Jr., G. A. & Tansky, J. W. (1998): Overcoming barriers to training utilizing technology: The influence of self-efficacy factors on multimedia-based training receptiveness. In: Human Resource Development Quarterly, 9 (1), S. 25–38.

Clancey, W. (1993): Situated action: A neuropsychological interpretation. Response to Vera and Simon. In: Cognitive Science, 17 (1), S. 87–116.

Clark, R. E. & Voogel, A. (1985): Transfer of training principles for instructional design. In: Educational Communication and Technology Journal, 33 (2), S. 113–123.

Clark, S. C.; Dobbins, G. H. & Ladd, R. T. (1993): Exploratory field study of training motivation: Influence of involvement, credibility, and transfer climate. In: Group and Organization Management, 18 (3), S. 292–307.

Clarke, N. (2002): Job/work environment factors influencing training transfer within a human service agency: Some indicative support for Baldwin and Ford's transfer climate construct. In: International Journal of Training and Development, 6 (3), S. 146–162.

Clauss, G.; Kulka, H. et al. (Hrsg.) (1986): Wörterbuch der Psychologie. Pahl-Rugenstein, Köln, 4., durchges. Aufl.

Coates, J. F. (1975): In defense of delphi: A review of delphi assessment, expert opinions, forecasting, and group process by H. Sackman. In: Technological Forecasting & Social Change, 7 (2), S. 193–194.

Cohen, D. J. (1990): What motivates trainees. In: Training & Development Journal, 44 (11), S. 91–93.

Cohen, M. D. (1991): Individual learning and organizational routine: Emerging connections. In: Organization Science, 2 (1), S. 135–139.

Collins, A.; Brown, J. S. & Newman, S. E. (1989): Cognitive apprenticeship: Teaching the craft of reading, writing and mathematics. In: Resnick, L. B. (Hrsg.), Knowing, learning and instruction: Essays in honor of Robert Glaser, Erlbaum, Hillsdale (NJ), S. 453–494.

Colquitt, J. A.; LePine, J. A. & Noe, R. A. (2000): Toward an integrative theory of training motivation: A meta-analytic path analysis of 20 years research. In: Journal of Applied Psychology, 85 (5), S. 678–707.

Colquitt, J. A. & Simmering, M. S. (1998): Conscientiousness, goal orientation, and motivation to learn during the learning process: A longitudinal study. In: Journal of Applied Psychology, 83 (4), S. 654–665.

Conradi, W. (1983): Personalentwicklung. Enke, Stuttgart.

Cormier, S. M. (1987): The structural processes underlying transfer of training. In: Transfer of learning: Contemporary research and applications, Academic Press, San Diego (CA), S. 151–181.

Cormier, S. M. & Hagman, J. D. (Hrsg.) (1987): Transfer of learning: Contemporary research and applications. Academic Press, San Diego (CA).

CROMWELL, S. E. & KOLB, J. A. (2004): An examination of work-environment support factors affecting transfer of supervisory skills training to the workplace. In: Human Resource Development Quarterly, 15 (4), S. 449–471.

CROWN, D. F. & ROSSE, J. G. (1995): Yours, mine, and ours: Facilitating group productivity through the integration of group and individual goals. In: Organizational Behavior and Human Decision Processes, 64 (2), S. 138–150.

CUHLS, K. (2009): Delphi-Befragungen in der Zukunftsforschung. In: POPP, R. & SCHÜLL, E. (Hrsg.), Zukunftsforschung und Zukunftsgestaltung: Beiträge aus Wissenschaft und Praxis, Springer, Berlin u. a., S. 207–221.

CUHLS, K.; BLIND, K. & GRUPP, H. (1998): Delphi '98: Studie zur globalen Entwicklung von Wissenschaft und Technik: Methodik und Statistik der Delphi-Befragung. Fraunhofer ISI, Karlsruhe. Online im Internet: Fraunhofer ISI, URL: http://isi.fraunhofer.de/isi-de/publ/download/isi98b07/delphi98-methodik.pdf [Stand: 1998; Abfrage: 27.10.2011].

CUHLS, K.; BLIND, K. & GRUPP, H. (2002): Innovations for our Future. Delphi '98: New foresight on science and technology. Physica, Heidelberg u. a.

CUMMINGS, L. L.; HUBER, G. P. & ARENDT, E. (1974): Effects of size and spatial arrangements on group decision making. In: Academy of Management Journal, 17 (3), S. 460–475.

DALKEY, N. C. (1969): The delphi-method: An experimental study of group opinion. RAND Corporation, Santa Monica (CA). Online im Internet: RAND Corporation, URL: http://www.rand.org/content/dam/rand/pubs/research_memoranda/2005/RM5888.pdf [Stand: Juni 1969; Abfrage: 27.10.2011].

DALKEY, N. C. (2002): Toward a theory of group estimation. In: LINSTONE, H. A. & TUROFF, M. (Hrsg.), The delphi method: Techniques and applications, o. O. Online im Internet: New Jersey Institute of Technology, URL: http://is.njit.edu/pubs/delphibook/delphibook.pdf [Stand: 15.10.2002; Abfrage: 27.10.2011], S. 231–256.

DALKEY, N. C.; BROWN, B. & COCHRAN, S. W. (1969): The Delphi method, III: Use of self-ratings to improve group estimates. RAND Corporation, Santa Monica (CA). Online im Internet: RAND Corporation, URL: http://www.rand.org/pubs/research_memoranda/2006/RM6115.pdf [Stand: November 1969; Abfrage: 27.10.2011].

DALKEY, N. C. & HELMER, O. (1963): An experimental application of the delphi method to the use of experts. In: Management Science, 9 (3), S. 485–467.

DAY, E.; ARTHUR, W. & GETTMAN, D. (2001): Knowledge structures and the acquisition of a complex skill. In: Journal of Applied Psychology, 86 (5), S. 1022–1033.

DECKER, R. & WAGNER, R. (2002): Marketingforschung: Methoden und Modell zur Bestimmung des Käuferverhaltens. Moderne Industrie, München.

DELBECQ, A. L.; VAN DE VEN, A. H. & GUSTAFSON, D. H. (1975): Group techniques for program planning: A guide to nominal group and delphi processes. Scott, Foresman and Co., Glenview (IL).

DELHEES, K. H. (1980): Die Bedeutung der Lernpsychologie für die betriebliche Ausbildung. In: Die Unternehmung, 80 (4), S. 293–306.

DETTERMAN, D. K. (1996): The case for prosecution: Transfer as an ephiphenomenon. In: DETTERMAN, D. K. & STERNBERG, R. J. (Hrsg.), Transfer on trial: Intelligence, cognition, and instruction, Ablex, Norwood (NJ), S. 1–24, Nachdruck von 1993.

DETTERMAN, D. K. & STERNBERG, R. J. (Hrsg.) (1996): Transfer on trial: Intelligence, cognition, and instruction. Ablex, Norwood (NJ), Nachdruck von 1993.

DEVOS, C.; DUMAY, X. ET AL. (2007): The learning transfer system inventory (LTSI) translated into French: Internal structure and predictive validity. In: International Journal of Training and Development, 11 (3), S. 181–199.

DIERDORFF, E. C.; BELL, S. T. & BELOHLAV, J. A. (2011): The power of „we“: Effects of psychological collectivism on team performance over time. In: Journal of Applied Psychology, 96 (2), S. 247–262.

DIETERICH, R. (1986): Transfer. In: SARGES, W. & FRICKE, R. (Hrsg.), Psychologie für die Erwachsenenbildung: Weiterbildung, Hogrefe, Göttingen u. a., S. 553–557.

DIETERICH, R. (Hrsg.) (1987a): Psychologische Perspektiven der Erwachsenenbildung. Klinkhardt, Bad Heilbrunn/Obb.

DIETERICH, R. (1987b): Transferwirksames Lernen und Lehren. In: DIETERICH, R. (Hrsg.), Psychologische Perspektiven der Erwachsenenbildung, Klinkhardt, Bad Heilbrunn/Obb., S. 23–38.

DIGMAN, J. M. (1990): Personality structure: Emergence of the five-factor model. In: Annual Review of Psychology, 41 (o. Nr.), S. 417–440.

DITTON, H. (2002): Unterrichtsqualität: Konzeptionen, methodische Überlegungen und Perspektiven. In: Unterrichtswissenschaft, 30 (3), S. 197–212.

DOLLHAUSEN, K. (2010): Einrichtungen. In: DEUTSCHES INSTITUT FÜR ERWACHSENENBILDUNG (Hrsg.), Trends der Weiterbildung: DIE-Trendanalyse 2010, Bertelsmann, Bielefeld, S. 35–74.

DONOVAN, J. J. & RADOSEVICH, D. J. (1999): A meta-analytic review of the distribution of practice effect: Now you see it, now you don't. In: Journal of Applied Psychology, 84 (5), S. 795–805.

DONOVAN, P.; HANNIGAN, K. & CROWE, D. (2001): The learning transfer system approach to estimating the benefits of training: empirical evidence. In: Journal of European Industrial Training, 25 (2/3/4), S. 221–228.

DOYLE, W. (1986): Classroom organization and management. In: WITTROCK, M. C. (Hrsg.), Handbook of research on teaching: A project of the American Educational Research Association, Macmillan, New York (NY) u. a., 3. Aufl., S. 392–431.

DÖRING, K. W. & RITTER-MAMCZEK, B. (2001): Lern- und Arbeitstechniken in der Weiterbildung: Erfolgreiches Selbstmanagement für Erwachsene. Deutscher Studien Verlag, Weinheim.

DRUMM, H. J. (2008): Personalwirtschaft. Springer, Berlin u. a., 6., überarb. Aufl.

DUBIN, R. (1976): Theory building in applied areas. In: DUNNETTE, M. D. (Hrsg.), Handbook of industrial and organizational psychology, Rand McNally, Chicago (IL), S. 17–39.

DUBS, R. (1990): Lernprozesse im Unternehmen beschleunigen. In: Die Unternehmung, 44 (3), S. 154–163.

DUBS, R. (1993): Stehen wir vor einem Paradigmenwechsel beim Lehren und Lernen? In: Zeitschrift für Berufs- und Wirtschaftspädagogik, 89 (5), S. 449–454.

DUBS, R. (1994): Management-Ausbildung: Ein altes Thema erneut betrachtet. In: HASENBÖHLER, R.; KIECHL, R. & THOMMEN, J. (Hrsg.), Zukunftsorientierte Management-Ausbildung, Versus, Zürich, S. 15–40.

DUFFIELD, C. (1993): The delphi technique: A comparison of results obtained using two expert panels. In: International Journal of Nursing Studies, 30 (3), S. 227–237.

DUFFY, T. M. & JONASSEN, D. (1992): Constructivism: New implications for instructional technology. In: DUFFY, T. M. & JONASSEN, D. (Hrsg.), Constructivism and the Technology of Instruction, Erlbaum, Hillsdale (NJ), S. 1–16.

DWECK, C. S. (1986): Motivational processes affecting learning. In: American Psychologist, 41 (10), S. 1040–1048.

EAGLY, A. H. & CHAIKEN, S. (1993): The psychology of attitudes. Harcourt Brace Jovanovich, Fort Worth (TX) u. a.

Eckert, J. & Schaaf, R. (2009): Verfahren zu Präferenzmessung: Eine Übersicht und Beurteilung existierender und möglicher neuer Self-Explicated-Verfahren. In: Journal für Betriebswirtschaft, 59 (1), S. 31–56.

Edelmann, W. (2000): Lernpsychologie. Beltz PVU, Weinheim, 6., vollst. überarb. Aufl.

Eden, D. & Ravid, G. (1982): Pygmalion versus self-expectancy: Effects of instructor- and self-expectancy on trainee performance. In: Organizational Behavior and Human Performance, 30 (3), S. 351–364.

Eden, D. & Shani, A. B. (1982): Pygmalion goes to boot camp: Expectancy, leadership, and trainee performance. In: Journal of Applied Psychology, 67 (2), S. 195–199.

Eder, F. (2002): Unterrichtsklima und Unterrichtsqualität. In: Unterrichtswissenschaft, 30 (3), S. 213–229.

Edmondson, A. (1999): Psychological safety and learning behavior in work teams. In: Administrative Science Quarterly, 44 (2), S. 350–383.

Egan, T. M.; Yang, B. & Bartlett, K. R. (2004): The effects of organizational learning culture and job satisfaction on motivation to transfer learning and turnover intention. In: Human Resource Development Quarterly, 15 (3), S. 279–301.

Ehrenberg, L. M. (1983): How to ensure better transfer of learning. In: Training & Development Journal, 37 (2), S. 81–83.

Ellis, H. C. (1969): The transfer of learning. Macmillan, New York (NY), 4. Aufl.

Enos, M. D.; Kehrhahn, M. T. & Bell, A. (2003): Informal learning and the transfer of learning: How managers develop proficiency. In: Human Resource Development Quarterly, 14 (4), S. 369–387.

Erffmeyer, R. C.; Erffmeyer, E. S. & Lane, I. M. (1986): The delphi technique: An empirical evaluation of the optimal number of rounds. In: Group Organization Studies, 11 (1/2), S. 120–128.

Ericsson, K. A. & Charness, N. (1994): Expert performance: Its structure and acquisition. In: American Psychologist, 49 (8), S. 725–747.

Erpenbeck, J. & Heyse, V. (2007): Die Kompetenzbiographie: Wege der Kompetenzentwicklung. Waxmann, Münster, 2., akt. u. überarb. Aufl.

Erpenbeck, J. & von Rosenstiel, L. (2003): Einführung. In: Erpenbeck, J. & von Rosenstiel, L. (Hrsg.), Handbuch Kompetenzmessung: Erkennen, verstehen und bewerten von Kompetenzen in der betrieblichen, pädagogischen und psychologischen Praxis, Schäffer-Poeschel, Stuttgart, S. IX–XI.

ERTMER, P. A. & NEWBY, T. J. (1996): The expert learner: Strategic, self-regulated, and reflective. In: Instructional Science, 24 (1), S. 1–24.

EULER, D. & HAHN, A. (2007): Wirtschaftsdidaktik. Haupt, Bern u. a., 2., akt. Aufl.

EVANS, C. R. & DION, K. L. (1991): Group cohesion and performance: A meta-analysis. In: Small Group Research, 22 (2), S. 175–186.

EVANS, M. G. (1970): The effects of supervisory behavior on the path-goal-relationship. In: Organizational Behavior and Human Performance, 5 (3), S. 277–298.

FACTEAU, J. D.; DOBBINS, G. H. ET AL. (1995): The influence of general perceptions of the training environment on pretraining motivation and perceived training transfer. In: Journal of Management, 21 (1), S. 1–25.

FARKAS, Z. A. & WHEELER, J. O. (1980): Delphi technique as forecaster of land use in Appalachian Georgia. In: Geographical Review, 70 (2), S. 218–226.

FESTINGER, L. (1957): A theory of cognitive dissonance. Row, Peterson & Co., Evanston (IL).

FIEDLER, F. E. (1974): The contingency model: New directions for leadership utilization. In: Journal of Contemporary Business, 3 (4), S. 65–79.

FIEDLER, F. E. (1987): Führungstheorien: Kontingenztheorie. In: KIESER, A.; REBER, G. & WUNDERER, R. (Hrsg.), Handwörterbuch der Führung, Schäffer-Poeschel, Stuttgart, S. 809–823.

FISHER, S. L. & FORD, J. K. (1998): Differential effects of learner effort and goal orientation on two learner outcomes. In: Personnel Psychology, 51 (2), S. 397–420.

FLAVELL, J. H. (1979): Metacognition and cognitive monitoring: A new area of cognitive-developmental inquiry. In: American Psychologist, 34 (10), S. 906–911.

FLEISHMAN, E. A. (1972): On the relation between abilities, learning, and human performance. In: American Psychologist, 27 (11), S. 1017–1032.

FLEISHMAN, E. A. & MUMFORD, M. D. (1988): The ability requirements scales. In: The job analysis handbook for business, industry, and government, Wiley, New York (NY) u. a., S. 917–935.

FLICK, U. (2002): Qualitative Sozialforschung: Eine Einführung. Rowohlt, Reinbek, 6., vollst. überarb. u. erw. Aufl.

FOPPA, K. (1965): Lernen, Gedächtnis, Verhalten: Ergebnisse und Probleme der Lernpsychologie. Kiepenheuer & Witsch, Köln, 9. Aufl.

FORD, J. K. (1997): Transfer of training: The criterion problem. In: Applied Psychology, 46 (4), S. 349–354.

FORD, J. K. & KRAIGER, K. (1995): The application of cognitive constructs and principles to the instructional systems model of training: Implications for needs assessment, design, and transfer. In: COOPER, C. L. & ROBERTSON, I. T. (Hrsg.), International review of industrial and organizational psychology (Vol. 10), Wiley, Chichester u. a., S. 1–48.

FORD, J. K. & NOE, R. A. (1987): Self-assessed training needs: The effects of attitudes toward training, managerial level, and function. In: Personnel Psychology, 40 (1), S. 39–53.

FORD, J. K.; QUIÑONES, M. A. ET AL. (1992): Factors affecting the opportunity to perform trained tasks on the job. In: Personnel Psychology, 45 (3), S. 511–527.

FORD, J. K.; SMITH, E. M. ET AL. (1998): Relationships of goal orientation, metacognitive activity, and practise strategies with learning outcomes and transfer. In: Journal of Applied Psychology, 83 (2), S. 218–233.

FORD, J. K. & WEISSBEIN, D. A. (1997): Transfer of training: An updated review and analysis. In: Performance Improvement Quarterly, 10 (2), S. 22–41.

FORSYTH, D. R. (1999): Group dynamics. Wadsworth, Belmont (CA) u. a.

FOSTER, J. & HOFF MACAN, T. (2002): Attentional advice: Effects on immediate, delayed, and transfer task performance. In: Human Performance, 15 (4), S. 367–380.

FRASER, B. J.; WALBERG, H. J. ET AL. (1987): Syntheses of educational productivity research. In: International Journal of Educational Research, 11 (2), S. 145–252.

FRAYNE, C. & LATHAM, G. P. (1987): Application of social learning theory to employee selfmanagement of attendance. In: Journal of Applied Psychology, 72 (3), S. 387–392.

FRAYNE, C. A. & GERINGER, J. M. (2000): Self-management training for improving job performance: A field experiment involving salespeople. In: Journal of Applied Psychology, 85 (3), S. 361–372.

FRIEDEWALD, M.; VON OERTZEN, J. & CUHLS, K. (2007): European Perspectives on the Information Society (EPIS): Delphi Report. Fraunhofer ISI, Karlsruhe. Online im Internet: Fraunhofer ISI (externer Link), URL: http://epis.jrc.es/documents/Deliverables/EPIS%202-3-1%20Delphi%20Report.pdf [Stand: 15.8.2007; Abfrage: 27.10.2011].

FRÖHLICH, W. D. (1987): Wörterbuch zur Psychologie. DTV, München, 15., bearb. u. erw. Aufl.

FRÖHLICH, W. D. (2010): Wörterbuch Psychologie. DTV, München, 27., überarb. u. akt. Aufl.

FURNHAM, A. (2008): Personality and intelligence at work. Routledge, London u. a.

GAGE, N. L. & BERLINER, D. C. (1996): Pädagogische Psychologie. Beltz PVU, Weinheim, 5., vollst. überarb. Aufl.

GAGNÉ, R. M. (1969): The conditions of learning. Holt, New York (NY) u. a.

GAGNÉ, R. M. (1985): The conditions of learning and theory of instruction. Holt, Rinehart and Winston, New York (NY) u. a., 4. Aufl.

GARLAND, H. (1984): Relation of effort-performance expectancy to performance in goal-setting experiments. In: Journal of Applied Psychology, 69 (1), S. 79–84.

GAUDINE, A. P. & SAKS, A. M. (2004): A longitudinal quasi-experiment on the effects of posttraining transfer interventions. In: Human Resource Development Quarterly, 15 (1), S. 57–76.

GECAS, V. (1989): The social psychology of self-efficacy. In: Annual Review of Sociology, 15 (o. Nr.), S. 291–316.

GEE, J. P. (1999): Review of the „learning paradox" manuscript. In: American Educational Research Journal, 36 (1), S. 87–95.

GEGENFURTNER, A.; VEERMANS, K. ET AL. (2009): Motivation to transfer training: An integrative literature review. In: Human Resource Development Review, 8 (3), S. 403–423.

GEORGENSON, D. L. (1982): The problem of transfer calls for partnership. In: Training & Development Journal, 36 (10), S. 75–78.

GERSTENMAIER, J. & MANDL, H. (1995): Wissenserwerb unter konstruktivistischer Perspektive. In: Zeitschrift für Pädagogik, 41 (6), S. 867–888.

GERSTENMAIER, J. & MANDL, H. (1999): Konstruktivistische Ansätze in der Erwachsenenbildung und Weiterbildung. In: TIPPELT, R. (Hrsg.), Handbuch Erwachsenenbildung/Weiterbildung, Leske + Budrich, Opladen, 2. Aufl., S. 184–192.

GERSTENMAIER, J. & MANDL, H. (2001a): Constructivism in cognitive psychology. In: SMELSER, N. J. & BALTES, P. B. (Hrsg.), International encyclopedia of the social and behavioural sciences, Pergamon, Amsterdam, 2. Aufl., S. 2654–2659.

GERSTENMAIER, J. & MANDL, H. (2001b): Methodologie und Empirie zum Situierten Lernen. Forschungsbericht Nr. 137. Ludwig-Maximilians-Universität, Lehrstuhl für Empirische Pädagogik und Pädagogische Psychologie, München. Online im Internet: Universitätsbibliothek der Ludwig-Maximilians-Universität München, URL: http://epub.ub.uni-muenchen.de/245/1/FB_137.pdf [Stand: Juni 2001; Abfrage: 27.11.2011].

GERSTENMAIER, J. & MANDL, H. (2010): Konstruktivistische Ansätze in der Erwachsenenbildung und Weiterbildung. In: TIPPELT, R. & VON HIPPEL, A. (Hrsg.), Handbuch Erwachsenenbildung/Weiterbildung, VS, Wiesbaden, 4., durchges. Aufl., S. 169–178.

GESCHKA, H. (1977): Delphi. In: BRUCKMANN, G. (Hrsg.), Langfristige Prognosen: Möglichkeiten und Methoden der Langfristprognostik komplexer Systeme, Physica, Würzburg u. a., S. 27–44.

GICK, M. L. & HOLYOAK, K. J. (1987): The cognitive basis of knowledge transfer. In: Transfer of learning: Contemporary research and applications, Academic Press, San Diego (CA), S. 9–46.

GILLEY, J. W. & HOEKSTRA, E. (2003): Creating a climate for learning transfer. In: HOLTON III, E. F. & BALDWIN, T. T. (Hrsg.), Improving learning transfer in organizations, Jossey-Bass, San Francisco (CA), S. 271–303.

GINSBURG, H. & OPPER, S. (1989): Piagets Theorie der geistigen Entwicklung. Klett-Cotta, Stuttgart, 5. Aufl.

GIST, M. & STEVENS, C. (1998): Effects of practice conditions and supplemental training method on cognitive learning and interpersonal skill generalization. In: Organizational Behavior and Human Decision Processes, 75 (2), S. 142–169.

GIST, M. E. (1987): Self-efficacy: Implications for organizational behavior and human resource management. In: Academy of Management Review, 12 (3), S. 472–485.

GIST, M. E. (1989): The influence of training method on self-efficacy and idea generation among managers. In: Personnel Psychology, 42 (4), S. 787–805.

GIST, M. E.; BAVETTA, A. G. & STEVENS, C. K. (1990): Transfer training method: Its influences on skill generalization, skill repetition, and performance level. In: Personnel Psychology, 43 (3), S. 501–523.

GIST, M. E. & MITCHELL, T. R. (1992): Self-efficacy: A theoretical analysis of its determinants and malleability. In: Academy of Management Review, 17 (2), S. 183–211.

GIST, M. E.; ROSEN, B. & SCHWOERER, C. (1988): The influence of training method and trainee age on the acquisition of computer skills. In: Personnel Psychology, 41 (2), S. 255–265.

GIST, M. E.; SCHWOERER, C. & ROSEN, B. (1989): Effects of alternative training methods on self-efficacy and performance in computer software training. In: Journal of Applied Psychology, 74 (6), S. 884–891.

GIST, M. E.; STEVENS, C. K. & BAVETTA, A. G. (1991): Effects of self-efficacy and post-training intervention on the acqusition and maintenance of complex interpersonal skills. In: Personnel Psychology, 44 (4), S. 837–861.

GLASER, B. G. & STRAUSS, A. L. (2005): Grounded Theory: Strategien qualitativer Forschung. Huber, Bern, 2., korr. Aufl.

GLÄSER, J. & LAUDEL, G. (2009): Experteninterviews und qualitative Inhaltsanalyse: Als Instrumente rekonstruierender Untersuchungen. VS, Wiesbaden, 3., überarb. Aufl.

GOLDSTEIN, I. L. (1991): Training in work organizations. In: DUNNETTE, M. D. & HOUGH, L. M. (Hrsg.), Handbook of industrial and organizational psychology (Vol. 2), Consulting Psychologists Press, Palo Alto (CA), S. 507–620.

GOLDSTEIN, I. L. & FORD, J. K. (2002): Training in organizations: Needs assessment, development, and evaluation. Wadsworth, Belmont (CA) u. a., 4. Aufl.

GOLDSTEIN, I. L. & MUSICANTE, R. (1986): The applicability of a training transfer model to issues concerning rater training. In: LOCKE, E. A. (Hrsg.), Generalizing from laboratory to field settings, Lexington Books, Lexington (MA), S. 83–98.

GOODMAN, C. M. (1987): The delphi technique: A critique. In: Journal of Advanced Nursing, 12 (6), S. 729–734.

GOODMAN, J. S. & WOOD, R. E. (2009): Faded versus increasing feedback, task variability trajectories, and transfer of training. In: Human Performance, 22 (1), S. 64–85.

GORDON, J. (1989): Transfer of Training. In: Training, 26 (11), S. 72–75.

GORDON, T. & PEASE, A. (2006): RT Delphi: An efficient, „round-less“ almost real time Delphi method. In: Technological Forecasting & Social Change, 73 (4), S. 321–333.

GORDON, T. J. (1968): New approaches to Delphi. In: BRIGHT, J. R. (Hrsg.), Technological forecasting for industry and government: Methods and applications, Prentice Hall, Englewood Cliffs (NJ), S. 134–143.

GORDON, T. J. & HELMER, O. (1964): Report on a long-range forcasting study. RAND Corporation, Santa Monica (CA).

GOSKA, R. E. & ACKERMANN, P. L. (1996): An aptitude-treatment interaction approach to transfer within training. In: Journal of Educational Psychology, 88 (2), S. 249–259.

GÖTZ, K. (2001): Lernerfolg versus Lerntransfer. In: GÖTZ, K. (Hrsg.), Zur Evaluierung betrieblicher Weiterbildung, Hampp, München u. a., 2., verb. Aufl., S. 10–17.

GREEN, P. E. & SRINIVASAN, V. (1990): Conjoint analysis in marketing research: New developments and directions. In: Journal of Marketing, 54 (4), S. 3–19.

GREENO, J. (1998): The situativity of knowing, learning, and research. In: American Psychologist, 53 (1), S. 5–26.

GREENO, J. G.; COLLINS, A. M. & RESNICK, L. B. (1996): Cognition and learning. In: BERLINER, D. & CALFEE, R. C. (Hrsg.), Handbook of educational psychology, Macmillan, New York (NY), S. 15–46.

GREENO, J. G.; SMITH, D. R. & MOORE, J. L. (1993): Transfer of situated learning. In: DETTERMAN, D. K. & STERNBERG, R. J. (Hrsg.), Transfer on trial: Intelligence, cognition, and instruction, Ablex, Norwood (NJ), S. 99–167.

GREGOIRE, T. K. (1994): Assessing the benefits and increasing the utility of addiction training for public child welfare workers: A pilot study. In: Child Welfare, 73 (1), S. 69–81.

GREGOIRE, T. K.; PROPP, J. & POERTNER, J. (1998): The superior's role in the transfer of training. In: Administration Social Work, 22 (1), S. 1–18.

GROCHLA, E. (Hrsg.) (1972): Unternehmungsorganisation. Rowohlt, Reinbek.

GROCHLA, E. (1978): Einführung in die Organisationstheorie. Poesch, Stuttgart.

GROEBEN, N. & WESTMEYER, H. (1975): Kriterien psychologischer Forschung. Juventa, München.

GROTE, S. & KAUFFELD, S. (2000): Haben flexible Unternehmen auch flexible Mitarbeiter? In: FRIELING, E.; KAUFFELD, S. ET AL. (Hrsg.), Flexibilität und Kompetenz: Schaffen flexible Unternehmen kompetente und flexible Mitarbeiter, Waxmann, Münster u. a., S. 261–276.

GRUPP, H. (1993): Deutscher Delphi-Bericht zur Entwicklung von Wissenschaft und Technik. BMFT, Bonn.

GULLY, S. M.; DEVINE, D. J. & WHITNEY, D. J. (1995): A meta-analysis of cohesion and performance: Effects of level of analysis and task interdependence. In: Small Group Research, 26 (4), S. 497–520.

GUTHRIE, E. R. (1935): The psychology of learning. Harper, New York (NY).

GUTHRIE, E. R. (1959): Association by contiguity. In: KOCH, S. (Hrsg.), Psychology: A study of a science, McGraw-Hill, New York (NY), 2, S. 158–195.

GUTHRIE, J. P. & SCHWOERER, C. E. (1994): Individual and contextual influences on self-assessed training needs. In: Journal of Organizational Behavior, 15 (5), S. 405–422.

HACKER, W. (1978): Allgemeine Arbeits- und Ingenieurpsychologie: Psychische Struktur und Regulation von Arbeitstätigkeiten. Huber, Bern u. a., 2., überarb. Aufl.

HACKER, W. (1994): Arbeitsanalyse zur prospektiven Gestaltung von Gruppenarbeit. In: ANTONI, C. H. (Hrsg.), Gruppenarbeit in Unternehmen: Konzepte, Erfahrungen, Perspektiven, Beltz, Weinheim, S. 49–80.

HACKER, W. (2005): Allgemeine Arbeitspsychologie: Psychische Regulation von Wissens-, Denk- und körperlicher Arbeit. Huber, Bern, 2., vollst. überarb. u. erg. Aufl.

HACKMAN, J. R. & OLDHAM, G. R. (1976): Motivation through the design of work: Test of a theory. In: Organizational Behavior and Human Performance, 16 (2), S. 250–279.

HACKMAN, J. R. & OLDHAM, G. R. (1980): Work redesign. Addison-Wesley, Reading (MA) u. a.

HÄDER, M. (2000a): Mobilfunk verdrängt Festnetz: Übersicht zu den Ergebnissen einer Delphi-Studie zur Zukunft des Mobilfunks. Arbeitsbericht 2000 (5). ZUMA, Mannheim. Online im Internet: GESIS, URL: http://www.gesis.org/fileadmin/upload/forschung/publikationen/gesis_reihen/zuma_arbeitsberichte/00_05.pdf [Stand: Juni 2000; Abfrage: 27.10.2011].

HÄDER, M. (2000b): Subjektiv sicher und trotzdem falsch? Methodische Ergebnisse einer Delphi-Studie zur Sicherung des Mobilfunks. In: ZUMA-Nachrichten, 24 (46), S. 89–116.

HÄDER, M. (2009): Delphi-Befragungen: Ein Arbeitsbuch. VS, Wiesbaden, 2. Aufl.

HÄDER, M. & HÄDER, S. (1994): Ergebnisse einer experimentellen Studie zur Delphi-Methode. Arbeitsbericht 1994 (5). ZUMA, Mannheim.

HÄDER, M. & HÄDER, S. (1995): Delphi und Kognitionspsychologie. Ein Zugang zur theoretischen Fundierung der Delphi-Methode. In: ZUMA-Nachrichten, 19 (37), S. 8–34.

HÄDER, M. & HÄDER, S. (1998): Neuere Entwicklungen der Delphi-Methode: Literaturbericht II. Arbeitsbericht 1998 (5). ZUMA, Mannheim.

HÄDER, M. & HÄDER, S. (Hrsg.) (2000a): Die Delphi-Technik in den Sozialwissenschaften: Methodische Forschungen und innovative Anwendungen. Westdeutscher Verlag, Wiesbaden.

HÄDER, M. & HÄDER, S. (2000b): Die Delpi-Methode als Gegenstand methodischer Forschungen. In: HÄDER, M. & HÄDER, S. (Hrsg.), Die Delphi-Technik in den Sozialwissenschaften: Methodische Forschungen und innovative Anwendungen, Westdeutscher Verlag, Wiesbaden, S. 11–31.

HAGEN, R. (1984): Transferanalyse des kundendienstlichen Verhaltens. In: Planung & Analyse, 11 (10), S. 427–433.

HAGMAN, J. D. & HAYES, J. F. (1986): Cooperative learning: Effects of task, reward, and group size on individual achievement. Technical Report No. 704. United States Army Research Institute for the Behavioral and Social Sciences, Alexandria (VA).

HAMPTON, J. M.; MOORE, P. G. & THOMAS, H. (1973): Subjective probability and its measurement. In: Journal of the Royal Statistical Society, 136 (1), S. 21–42.

HARP, S. F. & MAYER, R. E. (1998): How seductive details do their damage: A theory of cognitive interest in science learning. In: Journal of Educational Psychology, 90 (3), S. 414–434.

HARRISON, A. W.; RAINER JR., R. K. ET AL. (1997): Testing the self-efficacy-performance linkage of social-cognitive theory. In: Journal of Social Psychology, 137 (1), S. 79–87.

HASELOFF, O. W. & JORSWIECK, E. (1971): Psychologie des Lernens: Methoden – Ereignisse – Anwendungen. de Gruyter, Berlin u. a., 2. Aufl.

HASSELHORN, M. & MÄHLER, C. (2000): Transfer: Theorien, Technologien und empirische Erfassung. In: HAGER, W. & PATRY, J.-L. (Hrsg.), Evaluation psychologischer Interventionsmaßnahmen, Huber, Bern u. a., S. 86–101.

HATALA, J.-P. & FLEMING, P. R. (2007): Making transfer climate visible: Utilizing social network analysis to facilitate the transfer of training. In: Human Resource Development Review, 6 (1), S. 33–63.

HAWLEY, J. D. & BARNARD, J. K. (2005): Work environment characteristics and implications for training transfer: A case study of the nuclear power industry. In: Human Resource Development International, 8 (1), S. 65–80.

HAWRYLYSHYN, B. (1983): Management education: A conceptual framework. In: TAYLOR, B. & LIPPITT, G. L. (Hrsg.), Management development and training handbook, McGraw-Hill, London u. a., 2. Aufl., S. 245–256.

HECKHAUSEN, H. (1980): Motivation und Handeln. Springer, Berlin u. a.

HECKHAUSEN, H. (1989): Motivation und Handeln. Springer, Berlin u. a., 2., völlig überarb. u. erg. Aufl.

HECKHAUSEN, J. & HECKHAUSEN, H. (2006): Motivation und Handeln: Einführung und Überblick. In: HECKHAUSEN, J. & HECKHAUSEN, H. (Hrsg.), Motivation und Handeln, Springer, Berlin u. a., 3., überarb. u. akt. Aufl., S. 1–9.

HELM, R. & STEINER, M. (2008): Präferenzmessung: Methodengestützte Entwicklung zielgruppenspezifischer Produktinnovationen. Kohlhammer, Stuttgart.

HELMER, O. (1968a): Analysis of the future: The delphi method. In: BRIGHT, J. R. (Hrsg.), Technological forecasting for industry and government: Methods and applications, Prentice Hall, Englewood Cliffs (NJ), S. 116–122.

HELMER, O. (1968b): The delphi method: An illustration. In: BRIGHT, J. R. (Hrsg.), Technological forecasting for industry and government: Methods and applications, Prentice Hall, Englewood Cliffs (NJ), S. 123–133.

HELMER, O. & RESCHER, N. H. (1959): On the epistemology of the inexact sciences. In: Management Science, 6 (1), S. 25–52.

HELMER, O. & RESCHER, N. H. (1960): On the epistemology of the inexact sciences. RAND Corporation, Santa Monica (CA). Online im Internet: RAND Corporation, URL: http://www.rand.org/pubs/papers/2005/P1513.pdf [Stand: Februar 1960; Abfrage: 27.10.2011].

HENSGE, K. (1993): Schlüsselqualifikationen in der Berufsausbildung: Denkanstöße für die Ausbildung Benachteiligter. In: BUNDESINSTITUT FÜR BERUFSBILDUNG (Hrsg.), Umsetzung neuer Qualifikationen in die Berufsbildungspraxis: Entwicklungstendenzen und Lösungswege, Bildung und Wesen, Nürnberg, S. 97–100.

HENTZE, J. (2001): Personalwirtschaftslehre 1: Grundlagen, Personalbedarfsermittlung, -beschaffung, -entwicklung und -einsatz. UTB, Bern u. a., 7., überarb. Aufl.

HENTZE, J. & GRAF, A. (2005): Personalwirtschaftslehre 2: Grundlagen, Personalbedarfsermittlung, -beschaffung, -entwicklung und -einsatz. UTB, Bern u. a., 7., überarb. Aufl.

HERGENHAHN, B. R. & OLSON, M. H. (2001): An introduction to theories of learning. Pearson, Upper Saddle River (NJ), 6. Aufl.

HEROLD, D. M.; DAVIS, W. ET AL. (2002): Dispositional influences on transfer of learning in multistage training programs. In: Personnel Psychology, 55 (4), S. 851–869.

HERSEY, P. & BLANCHARD, K. H. (1977): Management of organizational behavior: Utilizing human resources. Prentice-Hall, Engelwood Cliffs (NJ), 3. Aufl.

HERSEY, P.; BLANCHARD, K. H. & JOHNSON, D. E. (2008): Management of organizational behavior: Leading human resources. Pearson, Upper Saddle River (NJ), 9. Aufl.

HERZBERG, F. (1968): One more time: How do you motivate employees? In: Harvard Business Review, 46 (1), S. 53–62.

HERZBERG, F. (1987): One more time: How do you motivate employees? In: Harvard Business Review, 87 (5), S. 109–120, Nachdruck von 1968.

HERZBERG, F.; MAUSNER, B. & SNYDERMAN, B. B. (1959): The motivation to work. Wiley, New York (NY) u. a.

HERZBERG, F.; MAUSNER, B. & SNYDERMAN, B. B. (1967): The motivation to work. Wiley, New York (NY) u. a., 2. Aufl.

HERZOG, W. (1984): Modell und Theorie in der Psychologie. Hogrefe, Göttingen u. a.

HESKETH, B. (1997): Dilemmas in training of transfer and retention. In: Applied Psychology, 46 (4), S. 317–339.

HEYSE, V. & ERPENBECK, J. (1997): Der Sprung über die Kompetenzbarriere: Kommunikation, selbstorganisiertes Lernen und Kompetenzentwicklung von und in Unternehmen. Bertelsmann, Bielefeld.

HICKS, W. D. & KLIMOSKI, R. J. (1987): Entry into training programs and its effects on training outcomes: A field experiment. In: Academy of Management Journal, 30 (3), S. 542–552.

HILL, T.; SMITH, N. D. & MANN, M. F. (1987): Role of efficacy expectations in predicting the decision to use advanced technologies: The case of computers. In: Journal of Applied Psychology, 72 (2), S. 307–313.

HILLNER, K. P. (1978): Psychology of learning: A conceptual analysis. Pergamon, Oxford u. a.

HOCHHOLDINGER, S. & SCHAPER, N. (2008): Die Bedeutung von Lernkultur und Transfermotivation für betrieblichen E-Learning-Erfolg. In: Zeitschrift für Personalpsychologie, 7 (2), S. 81–89.

HOF, C. (2007): Ein empirisch fundierter Vorschlag zur Typisierung von Lernumgebungen: Analyse der Seminare im Rahmen des Projekts VaLe. In: KAISER, A.; KAISER, R. & HOHMANN, R. (Hrsg.), Lernertypen – Lernumgebung – Lernerfolg: Erwachsene im Lernfeld, Bertelsmann, Bielefeld, S. 35–59.

HOFFMAN, F. O. (1983): Training technology's next frontier: On-the-job performance objectives. In: Training, 20 (9), S. 57–59.

HOFFMAN, L. R. (1959): Homogeneity of member personality and its effect on group problem-solving. In: Journal of Abnormal and Social Psychology, 58 (1), S. 27–32.

HOFFMAN, L. R. & MAIER, N. R. F. (1961): Quality and acceptance of problem solutions by members of homogeneous and heterogeneous groups. In: Journal of Abnormal and Social Psychology, 62 (2), S. 401–407.

HOFFMAN, L. R. & SMITH, C. G. (1960): Some factors affecting the behaviors of members of problem-solving groups. In: Sociometry, 23 (3), S. 273–291.

HÖFT, S. (2006): Erfolgsüberprüfung personalpsychologischer Arbeit. In: SCHULER, H. (Hrsg.), Lehrbuch der Personalpsychologie, Hogrefe, Göttingen u. a., 2., überarb. u. erw. Aufl., S. 761–796.

HOLDING, D. H. (1965): Principles of training. Pergamon, London.

HOLDING, D. H. (1991): Transfer of training. In: MORRISON, J. E. (Hrsg.), Training for performance: Principles of applied human learning, Wiley, Chichester u. a., S. 93–125.

HOLLADAY, C. L. & QUIÑONES, M. A. (2003): Practice variability and transfer of training: The role of self- efficacy generality. In: Journal of Applied Psychology, 88 (6), S. 1094–1103.

HOLLAND, J. G. & SKINNER, B. F. (1971): Analyse des Verhaltens. Urban & Schwarzenberg, München u. a.

HOLTBRÜGGE, D. (2007): Personalmanagement. Springer, Berlin u. a., 3., überarb. u. erw. Aufl.

HOLTON III, E. F. (1996): The flawed four-level evaluation model. In: Human Resource Development Quarterly, 7 (1), S. 5–21.

HOLTON III, E. F. (2003): What's really wrong: Diagnosis for learning transfer system change. In: HOLTON III, E. F. & BALDWIN, T. T. (Hrsg.), Improving learning transfer in organizations, Jossey-Bass, San Francisco (CA), S. 59–79.

HOLTON III, E. F. (2005): Holton's evaluation model: New evidence and construct elaborations. In: Advances in Developing Human Resources, 7 (1), S. 37–54.

HOLTON III, E. F. & BALDWIN, T. T. (2003): Making transfer happen: An action perspect on learning transfer systems. In: HOLTON III, E. F. & BALDWIN, T. T. (Hrsg.), Improving learning transfer in organizations, Jossey-Bass, San Francisco (CA), S. 3–15.

HOLTON III, E. F.; BATES, R. A. & RUONA, W. E. A. (2000): Development of a generalized learning transfer system inventory. In: Human Resource Development Quarterly, 11 (4), S. 333–360.

Holton III, E. F.; Bates, R. A. et al. (1997a): Final word: Reply to Newstrom and Tang's reactions. In: Human Resource Development Quarterly, 8 (2), S. 145–149.

Holton III, E. F.; Bates, R. A. et al. (1997b): Toward a construct validation of a transfer climate instrument. In: Human Resource Development Quarterly, 8 (2), S. 95–113.

Holton III, E. F.; Bates, R. A. et al. (2007): Convergent and divergent validity of the learning transfer system inventory. In: Human Resource Development Quarterly, 18 (3), S. 385–419.

Holton III, E. F.; Chen, H.-C. & Naquin, S. S. (2003): An examination of learning transfer system characteristics across organizational settings. In: Human Resource Development Quarterly, 14 (4), S. 459–482.

Holyoak, K. J. & Thagard, P. (1989): Analogical mapping by constraint satisfaction. In: Cognitive Science, 13 (3), S. 295–355.

House, R. J. (1996): Path-goal theory of leadership: Lessons, legacy, and a reformulated theory. In: Leadership Quarterly, 7 (3), S. 323–352.

House, R. J. & Mitchell, T. R. (1974): Path-goal theory of leadership. In: Journal of Contemporary Business, 3 (4), S. 81–97.

Hoyos, C. G. (1974): Arbeitspsychologie. Kohlhammer, Stuttgart u. a.

Huczynski, A. A. & Lewis, J. W. (1980): An empirical study into the learning transfer process in management training. In: Journal of Management Studies, 17 (2), S. 227–240.

Hull, C. L. (1943): Principles of behavior. Appleton, New York (NY).

Hull, C. L. (1952): A behavior system. Yale University Press, New Haven (CT).

Humphrey, S. E.; Morgeson, F. P. & Mannor, M. J. (2009): Developing a theory of the strategic core of teams: A role composition model of team performance. In: Journal of Applied Psychology, 94 (1), S. 48–61.

Hunter, J. E. (1986): Cognitive ability, cognitive aptitudes, job knowledge, and job performance. In: Journal of Vocational Behavior, 29 (3), S. 340–362.

Hunter, J. E. & Hunter, R. F. (1984): Validity and utility of alternative predictors of job performance. In: Psychological Bulletin, 96 (1), S. 72–98.

Hurtz, G. M. & Donovan, J. J. (2000): Personality and job performance: The big five revisited. In: Journal of Applied Psychology, 85 (6), S. 869–879.

HUTCHINS, H. M. & BURKE, L. A. (2006): Has relapse prevention received a fair shake? A review and implications for future transfer research. In: Human Resource Development Review, 15 (1), S. 8–24.

HUTCHINS, H. M. & BURKE, L. A. (2007): Identifying trainers' knowledge of training transfer research findings: Closing the gap between research and practice. In: International Journal of Training and Development, 11 (4), S. 236–264.

HUTCHINS, H. M.; BURKE, L. A. & BERTHELSEN, A. M. (2010): A missing link in the transfer problem? Examining how trainers learn about training transfer. In: Human Resource Management, 49 (4), S. 599–618.

ILGEN, D. R.; FISHER, C. D. & TAYLOR, M. S. (1979): Consequences of individual feedback on behavior in organizations. In: Journal of Applied Psychology, 64 (4), S. 349–371.

IVANCEVICH, J. M. (1976): Effects of goal setting on performance and job satisfaction. In: Journal of Applied Psychology, 61 (5), S. 605–612.

IVANCIC, K. & HESKETH, B. (2000): Learning from errors in a driving simulation: Effects on driving skill and self-confidence. In: Ergonomics, 43 (12), S. 1966–1984.

JACKSON, C. L.; COLQUITT, J. A. ET AL. (2006): Psychological collectivism: A measurement validation and linkage to group member performance. In: Journal of Applied Psychology, 91 (4), S. 884–899.

JACKSON, C. N. (1985): Training's role in the process of planned change. In: Training & Development Journal, 39 (2), S. 70–74.

JANISZEWSKI, C.; NOEL, H. & SAWYER, A. G. (2003): A meta-analysis of the spacing effect in verbal learning: Implications for research on advertising repetition and consumer memory. In: Journal of Consumer Research, 30 (1), S. 138–149.

JICK, T. (1983): Mixing qualitative and quantitative methods: Triangulation in action. In: VAN MAANEN, J. (Hrsg.), Qualitative methodology, Sage, London u. a., S. 135–148.

JOHNSON, D. W. & JOHNSON, R. T. (1998): Cooperative learning and social independence theory. In: TINDALE, R. S.; HEATH, L. ET AL. (Hrsg.), Theory and research on small groups: A project of the faculty and students, Plenum, New York (NY) u. a., S. 9–35.

JONAS, K. & BRÖMER, P. (2002): Die sozial-kognitive Theorie von Bandura. In: FREY, D. & IRLE, M. (Hrsg.), Theorien der Sozialpsychologie (Bd. 2): Gruppen-, Interaktions- und Lerntheorien, Huber, Bern u. a., 2., vollst. überarb. u. erw. Aufl., S. 277–300.

JUDD, C. H. (1908): The relation of special training and general intelligence. In: Educational Review, 36 (o. Nr.), S. 28–42.

JUDD, C. H. (1939): Educational psychology. Houghton Mifflin, Boston (MA) u. a.

JUDD, R. C. (1971): Delphi applications for decision making. In: Planning and Changing, 2 (3), S. 151–156.

JUDGE, T. A. & ILIES, R. (2002): Relationship of personality to performance motivation: A meta-analytic review. In: Journal of Applied Psychology, 87 (4), S. 797–807.

JUDGE, T. A.; THORESEN, C. J. ET AL. (2001): The job satisfaction – job performance relationship: A qualitative and quantitative review. In: Psychological Bulletin, 127 (3), S. 376 – 407.

JUNG, H. (2011): Personalwirtschaft. Oldenbourg, München, 9., akt. u. verb. Aufl.

KACMAR, K. M.; COLLINS, B. J. ET AL. (2009): Core self-evaluations and job performance: The role of the perceived work environment. In: Journal of Applied Psychology, 94 (6), S. 1572–1580.

KACMAR, K. M.; WRIGHT, P. M. & MCMAHAN, G. C. (1997): The effects of individual differences on technological training. In: Journal of Managerial Issues, 9 (1), S. 104–120.

KAISER, A. (2002): Auswirkungen des Lehr-/Lerndesigns auf den Lernerfolg. In: Grundlagen der Weiterbildung, 13 (6), S. 270–273.

KAISER, A. (2003): Selbstlernkompetenz, Metakognition und Weiterbildung. In: KAISER, A. (Hrsg.), Selbstlernkompetenz: Metakognitive Grundlagen selbstregulierten Lernens und ihre praktische Umsetzung, Luchterhand, München/Unterschleißheim, S. 11–34.

KALT, M. (2010): Lernprozesse von Gruppen begleiten. In: NEGRI, C. (Hrsg.), Angewandte Psychologie für die Personalentwicklung: Konzepte und Methoden für Bildungsmanagement, betriebliche Aus- und Weiterbildung, Springer, Berlin u. a., S. 225–249.

KAMITZ, R. (1980): Methode/Methodologie. In: SPECK, J. (Hrsg.), Handbuch wissenschaftstheoretischer Begriffe (Bd. 2), UTB, Göttingen, S. 429–433.

KANFER, R. (1990): Motivation theory and industrial and organizational psychology. In: DUNNETTE, M. D. & HOUGH, L. M. (Hrsg.), Handbook of industrial and organizational psychology (Vol. 1), Consulting Psychologists Press, Palo Alto (CA), 2. Aufl., S. 75–170.

KANFER, R. & ACKERMAN, P. L. (1989): Motivation and cognitive abilities: An integrative/aptitude-treatment interaction approach to skill acquisition. In: Journal of Applied Psychology, 74 (4), S. 657–690.

KANUNGO, R. N. (1979): The concepts of alienation and involvement revisited. In: Psychological Bulletin, 86 (1), S. 119–138.

KANUNGO, R. N. (1982): Measurement of job and work involvement. In: Journal of Applied Psychology, 67 (3), S. 341–349.

KAPLAN, A.; SKOGSTAD, A. & GIRSHICK, M. (1950): The prediction of social and technological events. In: The Public Opinion Quarterly, 14 (1), S. 93–110.

KARG, P. W. & STAEHLE, W. H. (1982): Analyse der Arbeitssituation: Verfahren und Instrumente. Haufe, Freiburg i. Br.

KARL, K. A. & UNGSRITHONG, D. (1992): Effects of optimistic versus realistic previews of training programs on self-reported transfer of training. In: Human Resource Development Quarterly, 3 (4), S. 373–384.

KATZ, D. & KAHN, R. L. (1951): Human organization and worker motivation. In: TRIPP, L. R. (Hrsg.), Industrial productivity: A social and economic analysis, Industrial Relations Research Association, Madison (WI), S. 146–171.

KATZELL, R. A. & THOMPSON, D. E. (1990): An integrative model of work attitudes, motivation, and performance. In: Human Performance, 3 (2), S. 63–85.

KAUFFELD, S. (2010): Nachhaltige Weiterbildung: Betriebliche Seminare und Trainings entwickeln, Erfolge messen, Transfer sichern. Springer, Berlin u. a.

KAUFFELD, S.; BATES, R. ET AL. (2008a): Das deutsche Lerntransfer-System-Inventar (GLTSI): Psychometrische Überprüfung der deutschsprachigen Version. In: Zeitschrift für Personalpsychologie, 7 (2), S. 50–69.

KAUFFELD, S.; KROL, A. & CLASES, C. (2008b): Das deutsche Lerntransfer-System-Inventar (GLTSI) zur Messung von Katalysatoren und Barrieren des Transfererfolgs in einem Blended Learning-Ansatz der betrieblichen Weiterbildung. In: CLASES, C. & SCHULZE, H. (Hrsg.), Kooperation konkret! 14. Fachtagung der Gesellschaft für Angewandte Wirtschaftspsychologie, 01. /02. Februar 2008, Pabst Science, Lengerich u. a., S. 136–145.

KEITH, N. & FRESE, M. (2005): Self-regulation in error management training: Emotion control and metacognition as mediators of performance effects. In: Journal of Applied Psychology, 90 (4), S. 677–691.

KHASAWNEH, S.; BATES, R. & HOLTON III, E. F. (2006): Construct validation of an Arabic version of the learning transfer system inventory for use in Jordan. In: International Journal of Training and Development, 10 (3), S. 180–194.

KIRBY, K. N. & HERRNSTEIN, R. J. (1995): Preference reversals due to myopic discounting of delayed research. In: Psychological Science, 6 (2), S. 83–89.

KIRCHHÖFER, D. (2004): Lernkultur Kompetenzentwicklung: Begriffliche Grundlagen. Arbeitsgemeinschaft Betriebliche Weiterbildungsforschung, Berlin.

KIRCHLER, E. & HÖLZL, E. (2005): Arbeitsgestaltung. In: KIRCHLER, E. (Hrsg.), Arbeits- und Organisationspsychologie, Facultas WUV, Wien, S. 199–316.

KIRKPATRICK, D. L. (1996): Evaluation. In: CRAIG, R. L. (Hrsg.), The ASTD training and development handbook: A guide to human resource development, McGraw-Hill, New York (NY) u. a., S. 294–312.

KIRKPATRICK, D. L. & KIRKPATRICK, J. D. (2006): Evaluating training programs: The four levels. Berrett-Koehler, San Francisco (CA), 3. Aufl.

KIRSCH, W. (1971): Entscheidungsprozesse (Bd. 3): Entscheidungen in Organisationen. Gabler, Wiesbaden.

KIRSCH, W. (1984): Bezugsrahmen, Modell und explorative empirische Forschung. In: Wissenschaftliche Unternehmensführung oder Freiheit vor der Wissenschaft? Studien zu den Grundlagen der Führungslehre (Hbd. 2), Kirsch, München, S. 751–772.

KIRWAN, C. & BIRCHALL, D. (2006): Transfer of learning from management development programmes: Testing the Holton model. In: International Journal of Training and Development, 10 (4), S. 252–268.

KLEIN, H. J. & MULVEY, P. W. (1995): Two investigations of the relationships among group goals, goal commitment, cohesion, and performance. In: Organizational Behavior and Human Decision Processes, 61 (1), S. 44–53.

KLEIN, S. B. (1987): Learning: Principles and applications. McGraw-Hill, New York (NY) u. a.

KLEINGELD, A.; VAN MIERLO, H. & ARENDS, L. (2011): The effect of goal setting on group performance: A meta-analysis. In: Journal of Applied Psychology. Advance online publication. doi: 10.1037/a0024315.

KLIMECKI, R. G. & GMÜR, M. (2001): Personalmanagement: Strategien – Erfolgsbeiträge – Entwicklungsperspektiven. Lucius & Lucius, Stuttgart.

KLIMOSKI, R. (1991): Theory presentation in human resource management. In: Human Resource Management Review, 1 (4), S. 253–271.

KLIMSA, P. (1993): Neue Medien und Weiterbildung. Anwendung und Nutzung in Lernprozessen der Weiterbildung. Deutscher Studien Verlag, Weinheim.

KLUG, A. (2011): Analyse des Personalentwicklungsbedarfs. In: RYSCHKA, J.; SOLGA, M. & MATTENKLOTT, A. (Hrsg.), Praxishandbuch Personalentwicklung: Instrumente, Konzepte, Beispiele, Gabler, Wiesbaden, 3., vollst. überarb. u. erw. Aufl., S. 35–91.

KLUGER, A. N. & DENISI, A. (1996): The effects of feedback interventions on performance: A historical review, a meta-analysis, and a preliminary feedback intervention theory. In: Psychological Bulletin, 119 (2), S. 254–284.

KNISPEL, K. L. (2008): Qualitätsmanagement im Bildungswesen: Ansätze, Konzepte und Methoden für Anbieter von E-Learning- und Blended Learning-Qualifizierungen. Waxmann, Münster.

KNUTH, R. A. & CUNNIGHAM, D. J. (1991): Tools for Constructivism. In: DUFFY, T. M.; LOWYK, J. & JONASSEN, D. H. (Hrsg.), Designing environments for constructive learning. NATO ASI Series, Series F: Computer and System Sciences, Springer, Berlin u. a., S. 163–188.

ZU KNYPHAUSEN-AUFSESS, D.; SMUKALLA, M. & ABT, M. (2009): Towards a new training transfer portfolio: A review of training-related studies in the last decade. In: Zeitschrift für Personalforschung, 24 (4), S. 288–311.

KOCHER, G. (1976): Ein zweckmäßiges Prognoseverfahren für die Unternehmungsplanung: Die Delphi-Umfrage. In: Industrielle Organisation, 45 (10), S. 362–664.

KÖHLER, G. (1992): Methodik und Problematik einer mehrstufigen Expertenbefragung. In: HOFFMEYER-ZLOTNIK, J. H. (Hrsg.), Analyse verbaler Daten: Über den Umgang mit qualtitativen Daten, Westdeutscher Verlag, Opladen, S. 318–332.

KÖHLER, H. (1978): Zur Prognosegenauigkeit der Delphi-Methode: Zugleich eine kritische Besprechung von H. Albach „Informationsgewinnung durch strukturierte Gruppenbefragung“. In: Zeitschrift für Betriebswirtschaft, 48 (o. Nr.), S. 53–60.

KOKAVECZ, I. & HOLLING, H. (1999): Fort- und Weiterbildung. In: GRAF HOYOS, C. & FREY, D. (Hrsg.), Arbeits- und Organisationspsychologie: Ein Lehrbuch, Beltz, Weinheim, S. 596–607.

KOLB, M. (1995): Personalmanagement. Berlin, Berlin.

KOLLAR, I. & FISCHER, F. (2010): Mediengestützte Lehr-, Lern- und Trainingsansätze für die Weiterbildung. In: TIPPELT, R. & VON HIPPEL, A. (Hrsg.), Handbuch Erwachsenenbildung/Weiterbildung, VS, Wiesbaden, 4., durchges. Aufl., S. 1017–1030.

KONRADT, U.; CHRISTOPHERSEN, T. & ELLWART, T. (2008): Erfolgsfaktoren des Lerntransfers unter computergestütztem Lernen: Der Einfluss von Lernstrategien, Lernmotivation und Lernorganisation. In: Zeitschrift für Personalpsychologie, 7 (2), S. 90–103.

KONTOGHIORGHES, C. (2001): Factors affecting training effectiveness in the context of the introduction of new technology: A US case study. In: International Journal of Training and Development, 5 (4), S. 248–260.

KONTOGHIORGHES, C. (2002): Predicting motivation to learn and motivation to transfer learning back to the job in a service organization: A new systemic model for training effectiveness. In: Performance Improvement Quarterly, 15 (3), S. 114–129.

KONTOGHIORGHES, C. (2004): Reconceptualizing the learning transfer conceptual framework: Empirical validation of a new systemic model. In: International Journal of Training and Development, 8 (3), S. 210–221.

KOPP, D. M. (2006): Trainer self-loathing? In: Human Resource Development Quarterly, 17 (3), S. 351–357.

KORMAN, A. K. (1970): Toward a hypothesis of work behavior. In: Journal of Applied Psychology, 54 (1), S. 31–41.

KORMAN, A. K. (1976): Hypothesis of work behavior revisited and an extension. In: Academy of Management Review, 1 (1), S. 50–63.

KORTE, R. F. (2007): A review of social identity theory with implications for training and development. In: Journal of European Industrial Training, 31 (3), S. 166–180.

KOZLOWSKI, S. W. J. & FARR, J. L. (1988): An integrative model of updating and performance. In: Human Performance, 1 (1), S. 5–29.

KOZLOWSKI, S. W. J.; GULLY, S. M. ET AL. (2001): Effects of training goals and goal orientation traits on multidimensional training outcomes and performance adaptability. In: Organizational Behavior and Human Decision Processes, 85 (1), S. 1–31.

KOZLOWSKI, S. W. J. & SALAS, E. (1997): An organizational systems approach for the implementation and transfer of training. In: FORD, J. K.; KOZLOWSKI, S. W. J. ET AL. (Hrsg.), Improving training effectiveness in work organizations, Erlbaum, Mahwah (NJ), S. 247–287.

KRAFT, S. (2010): Berufsfeld Weiterbildung. In: TIPPELT, R. & VON HIPPEL, A. (Hrsg.), Handbuch Erwachsenenbildung/Weiterbildung, VS, Wiesbaden, 4., durchges. Aufl., S. 405–426.

KRAIGER, K. (2003): Perspectives on training and development. In: BORMAN, W. C. & ILGEN, D. R. (Hrsg.), Handbook of psychology (Vol. 12): Industrial and organizational psychology, Wiley, Hoboken (NJ), S. 171–192.

KRAIGER, K.; FORD, K. J. & SALAS, E. (1993): Application of cognitive, skill-based, and affective theories of learning outcomes to new methods of training evaluation. In: Journal of Applied Psychology, 78 (2), S. 311–328.

KRAIGER, K.; SALAS, E. & CANNON-BOWERS, J. A. (1995): Measuring knowledge organization as a method for assessing learning during training. In: Human Factors, 37 (4), S. 804–816.

KRAPP, A. (1996): Die Bedeutung von Interesse und intrinsischer Motivation für den Erfolg und die Steuerung schulischen Lernens. In: SCHNAITMANN, G. W. (Hrsg.), Theorie und Praxis der Unterrichtsforschung: Methodologische und praktische Ansätze zur Erforschung von Lernprozessen, Auer, Donauwörth, S. 87–110.

KRAPP, A. (1999): Intrinsische Lernmotivation und Interesse. In: Zeitschrift für Pädagogik, 45 (3), S. 387–406.

KRAPP, A. & RYAN, R. M. (2002): Selbstwirksamkeit und Lernmotivation. In: JERUSALEM, M. & HOPF, D. (Hrsg.), Zeitschrift für Pädagogik (Beiheft 44): Selbstwirksamkeit und Motivationsprozesse in Bildungsinstitutionen, Beltz, Weinheim u. a., S. 54–82.

KRAPP, A. & WEIDENMANN, B. (1992): Entwicklungsförderliche Gestaltung von Lernprozessen: Beiträge der Pädagogischen Psychologie. In: SONNTAG, K. (Hrsg.), Personalentwicklung in Organisationen: Psychologische Grundlagen, Methoden und Strategien, Hogrefe, Göttingen u. a., S. 63–82.

KRATHWOHL, D. R.; BLOOM, B. S. & MASIA, B. B. (Hrsg.) (1964): Taxonomy of educational objectives: The classification of educational goals (Vol. 2): Affective domain. McKay, New York (NY), Nachdruck von 1971.

KRÜGER, W. (1994): Organisation der Unternehmung. Kohlhammer, Stuttgart u. a., 3., verb. Aufl.

KROMREY, H. (2003): Evaluierung und Evaluationsforschung: Begriffe, Modelle und Methoden. In: Psychologie in Erziehung und Unterricht, 50 (1), S. 11–26.

KROMREY, H. (2006): Empirische Sozialforschung: Modelle und Methoden der standardisierten Datenerhebung und Datenauswertung. Lucius & Lucius, Stuttgart, 11., überarb. Aufl.

KUBICEK, H. (1977): Heuristische Bezugsrahmen und heuristisch angelegte Forschungsdesigns als Elemente einer Konstruktionsstrategie empirischer Forschung. In: KÖHLER, R. (Hrsg.), Empirische und handlungstheoretische Forschungskonzeptionen in der Betriebswirtschaftslehre, Poeschel, Stuttgart, S. 3–36.

KUPRITZ, V. W. (2002): The relative impact of workplace design on training transfer. In: Human Resource Development Quarterly, 13 (4), S. 427–447.

LAKER, D. R. (1990): Dual dimensionality of training transfer. In: Human Resource Development Quarterly, 1 (3), S. 209–223.

LAMBERT, A. (2003): Mit Metakognition zu Transfererfolg? In: Selbstlernkompetenz: Metakognitive Grundlagen selbstregulierten Lernens und ihre praktische Umsetzung, Luchterhand, München, S. 119–162.

LAMNEK, S. (2005): Qualitative Sozialforschung. Beltz PVU, Weinheim u. a., 4., vollst. überarb. Aufl.

LANDAU, K. & ROHMERT, W. (1987): Aufgabenbezogene Analyse von Arbeitstätigkeiten. In: KLEINBECK, U. & RUTENFRANZ, J. (Hrsg.), Arbeitspsychologie, Enzyklopädie der Psychologie (Bd. 1): Themenbereich D, Serie III, Wirtschafts-, Organisations- und Arbeitspsychologie, Hogrefe, Göttingen u. a., S. 74–129.

LANDETA, J. (2006): Current validity of the delphi method in social sciences. In: Technological Forecasting & Social Change, 73 (5), S. 467–482.

LANGFRED, C. W. (1998): Is group cohessiveness a double-edged sword? An investigation of the effects of cohesiveness on performance. In: Small Group Research, 29 (1), S. 124–143.

LATHAM, G. P. (2004): The motivational benefits of goal-setting. In: Academy of Management Executive, 18 (4), S. 126–129.

LATHAM, G. P. & BUDWORTH, M.-H. (2006): The effect of training in verbal self-guidance on the self-efficacy and performance of Native North Americans in the selection interview. In: Journal of Vocational Behavior, 68 (3), S. 516–523.

LATHAM, G. P. & FRAYNE, C. A. (1989): Self-management training for increasing job attendance: A follow-up and a replication. In: Journal of Applied Psychology, 74 (3), S. 411–417.

LATHAM, G. P.; MITCHELL, T. R. & DOSSETT, D. L. (1978): Importance of participative goal setting and anticipated rewards on goal difficulty and job performance. In: Journal of Applied Psychology, 63 (2), S. 163–171.

LATHAM, G. P. & SAARI, L. M. (1979): Application of social-learning theory to training supervisor through behavioral modeling. In: Journal of Applied Psychology, 64 (3), S. 239–246.

LATHAM, G. P. & SEIJTS, G. H. (1999): The effects of proximal and distal goals on performance on a moderately complex task. In: Journal of Organizational Behavior, 20 (4), S. 421–429.

LATHAM, G. P. & YUKL, G. A. (1975): Assigned versus participative goal setting with educated and uneducated wood workers. In: Journal of Applied Psychology, 60 (3), S. 299–302.

LATHAM, G. P. & YUKL, G. A. (1976): Assigned versus participative goal setting on performance and job satisfaction. In: Journal of Applied Psychology, 61 (2), S. 166–171.

LAUX, H. (2007): Entscheidungstheorie. Springer, Berlin u. a., 7., überarb. u. erw. Aufl.

LAVE, J. (1988): Cognition in practice: Mind, mathematics and culture in everyday life. Cambridge University Press, Cambridge.

LAVE, J. (1991): Situating learning in communities of practice. In: RESNICK, L. B.; LEVINE, J. M. & TEASLEY, S. D. (Hrsg.), Perspectives on socially shared cognition, American Psychological Association, Washington, DC, S. 63–82.

LAWLER III, E. E. (1973): Motivation in work organizations. Wadsworth, Belmont (CA).

LEAVITT, H. J. (1978): Managerial psychology: An introduction to individuals, pairs, and groups in organizations. University Press, Chicago (IL), 4. Aufl.

LEE, K. & PUCEL, D. J. (1998): The perceived impacts of supervisor reinforcement and learning objective importance on transfer of training. In: Performance Improvement Quarterly, 11 (4), S. 51–61.

LEFRANÇOIS, G. R. (2006): Psychologie des Lernens. Springer, Heidelberg, 4. Aufl.

LEHMAN, S.; SCHRAW, G. ET AL. (2007): Processing and recall of seductive details in scientific text. In: Contemporary Educational Psychology, 32 (4), S. 569–587.

LEIFER, M. S. & NEWSTROM, J. W. (1980): Solving the transfer of training problems. In: Training & Development Journal, 34 (8), S. 42–46.

LEMKE, E. A.; RANDLE, K. & ROBERTSHAW, C. S. (1969): Effects of degree of initial acquisition, group size, and general mental ability on concept learning and transfer. In: Journal of Educational Psychology, 60 (1), S. 75–78.

LEMKE, S. G. (1995): Transfermanagement. Hogrefe, Göttingen.

LEONARD, D. (2002): Learning theories: A to Z. Oryx, Westport (CT).

LEPINE, J. A.; COLQUITT, J. A. & HREZ, M. (2000): Adaptability to changing task contexts: Effects of general cognitive ability, conscientiousness, and openness to experience. In: Personnel Psychology, 53 (3), S. 563–593.

LEVIN, I. & STOKES, J. P. (1989): Dispositional approach to job satisfaction: Role of negative affectivity. In: Journal of Applied Psychology, 74 (5), S. 752–758.

LEVINE, J. M. & MORELAND, R. L. (1990): Progress in small group research. In: Annual Review of Psychology, 41 (o. Nr.), S. 585–634.

LEWIN, K. (1963): Feldtheorie in den Sozialwissenschaften: Ausgewählte theoretische Schriften. Huber, Bern u. a.

LICHTENBERGER, Y. (1999): Von der Qualifikation zur Kompetenz: Die neuen Herausforderungen der Arbeitsorganisation in Frankreich. In: ARBEITSGEMEINSCHAFT QUEM (Hrsg.), Kompetenzentwicklung '99: Aspekte einer neuen Lernkultur. Argumente, Erfahrungen, Konsequenzen, Waxmann, Münster, S. 275–307.

LIEBERMANN, S. & HOFFMANN, S. (2008): The impact of practical relevance on training transfer: Evidence from a service quality training program for German bank clerks. In: International Journal of Training and Development, 12 (2), S. 74–86.

LIEVENS, F.; HARRIS, M. M. ET AL. (2003): Predicting cross-cultural training performance: The validity of personality, cognitive ability, and dimensions measured by an assessment center and a behavior description interview. In: Journal of Applied Psychology, 88 (3), S. 476–489.

LIKERT, R. (1967): The human organization: Its management and value. McGraw-Hill, New York (NY) u. a.

LIM, D. H. (2000): Training design factors influencing transfer of training to the workplace within an international context. In: Journal of Vocational Education and Training, 52 (2), S. 243–258.

LIM, D. H. & JOHNSON, S. (2002): Trainee perceptions of factors that influence learning transfer. In: International Journal of Training and Development, 6 (1), S. 36–48.

LIM, D. H. & MORRIS, M. L. (2006): Influence of trainee characteristics, instructional satisfaction, and organizational climate on perceived learning and training transfer. In: Human Resource Development Quarterly, 17 (1), S. 85–115.

LINSTONE, H. A. (1978): The delphi technique. In: FOWLES, J. (Hrsg.), Handbook of futures research, Greenwood Press, Westport (CN) u. a., S. 273–300.

LINSTONE, H. A. & TUROFF, M. (2002): Introduction. In: LINSTONE, H. A. & TUROFF, M. (Hrsg.), The delphi method: Techniques and applications, o. O. Online im Internet: New Jersey Institute of Technology, URL: http://is.njit.edu/pubs/delphibook/delphibook.pdf [Stand: 15.10.2002; Abfrage: 27.10.2011], S. 3–12.

LIPOWSKY, F. (2009): Unterricht. In: WILD, E. & MÖLLER, J. (Hrsg.), Pädagogische Psychologie, Springer, Heidelberg, S. 73–101.

LIPSMEIER, A. (1987): Berufliche Weiterbildung in West- und Osteuropa: Ein Arbeitsbuch. Nomos, Baden-Baden.

LOCKE, E. A. (1968): Toward a theory of task motivation and incentives. In: Organizational Behavior and Human Performance, 3 (2), S. 157–189.

LOCKE, E. A. (1975): Personnel attitudes and motivation. In: Annual Review of Psychology, 26 (o. Nr.), S. 457–480.

LOCKE, E. A. & LATHAM, G. P. (1990): A theory of goal-setting and task performance. Prentice Hall, Englewood Cliffs (NJ).

LOCKE, E. A. & LATHAM, G. P. (2002): Building a practically useful theory of goal setting and task motivation: A 35-year odyssey. In: American Psychologist, 57 (9), S. 705–717.

LOCKE, E. A.; SHAW, K. N. ET AL. (1981): Goal setting and task performance: 1969-1980. In: Psychological Bulletin, 90 (1), S. 125–152.

LODAHL, T. M. & KEJNER, M. (1965): The definition and measurement of job involvement. In: Journal of Applied Psychology, 49 (1), S. 24–33.

LOHMAN, M. C. & FINKELSTEIN, M. (2000): Designing groups in problem-based learning to promote problem-solving skill and self-directedness. In: Instructional Science, 28 (4), S. 291–307.

LUDLOW, J. D. (1970): The delphi method: A systems approach to the utilization of experts in technologica and environmental forecasting. Working Paper No. 3. University of Michigan, Bureau of Business Research, Michigan.

LUDWIG, T. D. & GELLER, E. S. (1997): Assigned versus participative goal setting and response generalization: Managing injury control among professional pizza deliverers. In: Journal of Applied Psychology, 82 (2), S. 253–261.

LUHMANN, N. (1987): Soziale Systeme: Grundriß einer allgemeinen Theorie. Suhrkamp, Frankfurt a. M.

MAAG MERKI, K. & GROB, U. (2003): Überfachliche Kompetenzen: Zur Validierung eines Indikatorensystems. In: Empirische Pädagogik (Themenheft), 17 (2), S. 123–147.

MACGRATH, J. E. (1964): Social psychology: A brief instruction. Holt, Rinehart and Winston, New York (NY) u. a.

MACHIN, M. A. (2002): Planning, managing, and optimizing transfer of training. In: KRAIGER, K. (Hrsg.), Creating, implementing, and managing effective training and development: State-of-the-art lessons for practice, Jossey-Bass, San Francisco (CA), S. 263–301.

MACHIN, M. A. & FOGARTY, G. J. (2003): Perceptions of training-related factors and personal variables as predictors of transfer implementation intentions. In: Journal of Business and Psychology, 18 (1), S. 51–71.

MACHIN, M. A. & FOGARTY, G. J. (2004): Assessing the antecedents of transfer intentions in a training context. In: International Journal of Training and Development, 8 (3), S. 222–236.

MACKINTOSH, N. J. (1984): Kognitive Lerntheorien. In: ZEIER, H. (Hrsg.), Lernen und Verhalten (Bd. 1): Lerntheorien, Beltz, Weinheim u. a., S. 153–181.

MAGJUKA, R. J. & BALDWIN, T. T. (1991): Team-based employee involvement programs: Effects of design and administration. In: Personnel Psychology, 44 (4), S. 793–812.

MALHOTRA, N. K. (2010): Marketing research: An applied orientation. Pearson, Boston (MA) u. a., 6. Aufl.

MANDL, H.; PRENZEL, M. & GRÄSEL, C. (1991): Das Problem des Lerntransfers in der betrieblichen Weiterbildung. Forschungsbericht Nr. 1. Ludwig-Maximilians-Universität, Lehrstuhl für Empirische Pädagogik und Pädagogische Psychologie, München.

MANDL, H.; PRENZEL, M. & GRÄSEL, C. (1992): Das Problem des Lerntransfers in der betrieblichen Weiterbildung. In: Unterrichtswissenschaft, 20 (2), S. 126–143.

MARCH, L. & OLSEN, J. (1975): The uncertainty of the past: Organizational learning under ambiguity. In: European Journal of Political Research, 3 (2), S. 147–171.

MARCH, L. & OLSEN, J. (1976): Organizational learning and the ambiguity of the past. In: Ambiguity and choice in organizations, Universitetsforlaget, Bergen, S. 54–67.

MARLATT, G. A. & GORDON, J. R. (1980): Determinants of relapse: Implications for the maintenance of behavior change. In: DAVIDSON, P. O. & DAVIDSON, S. M. (Hrsg.), Behavioral medicine: Changing health lifestyles, Brunner/Mazel, New York (NY), S. 410–452.

MARR, R. & STITZEL, M. (1979): Personalwirtschaft: Ein konfliktorientierter Ansatz. Moderne Industrie, München.

MARTENS, J.-U. (1987): Empirische Erprobung „objektivierter Lehrsysteme“. In: WILL, H.; WINTELER, A. & KRAPP, A. (Hrsg.), Evaluation in der beruflichen Aus- und Weiterbildung: Konzepte und Strategien, Sauer, Heidelberg, S. 89–107.

MARTIN, H. J. (2010): Workplace climate and peer support as determinants of training transfer. In: Human Resource Development Quarterly, 21 (1), S. 87–104.

MARTOCCHIO, J. J. (1992): Microcomputer usage as an opportunity: The influence of context in employee training. In: Personnel Psychology, 45 (3), S. 529–552.

MARTOCCHIO, J. J. (1994): Effects of conceptions of ability on anxiety, self-efficacy, and learning in training. In: Journal of Applied Psychology, 79 (6), S. 819–825.

MARTOCCHIO, J. J. & JUDGE, T. A. (1997): Relationship between conscientiousness and learning in employee training: Mediating influences of self-deception and self-efficacy. In: Journal of Applied Psychology, 82 (5), S. 764–773.

MARX, R. D. (1982): Relapse prevention for managerial training: A model for maintenance of behavior change. In: Academy of Management Journal, 37 (3), S. 433–441.

MASLOW, A. H. (1970): Motivation and personality. Harper & Row, New York (NY) u. a., 2. Aufl.

MATHIEU, J. E. & MARTINEAU, J. W. (1997): Individual and situational influences in training motivation. In: FORD, J. K.; KOZLOWSKI, S. W. J. ET AL. (Hrsg.), Improving training effectiveness in work organizations, Erlbaum, Hillsdale (NJ), S. 193–222.

MATHIEU, J. E.; MARTINEAU, J. W. & TANNENBAUM, S. I. (1993): Individual and situational influences on the development of self-efficacy: Implications for training effectiveness. In: Personnel Psychology, 46 (1), S. 125–147.

MATHIEU, J. E.; TANNENBAUM, S. I. & SALAS, E. (1992): Influences of individual and situational characteristics on measures of training effectiveness. In: Academy of Management Journal, 35 (4), S. 828–847.

MATHIEU, J. E. & ZAJAC, D. M. (1990): A review and meta-analysis of the antecedents, correlates, and consequences of organizational commitment. In: Psychological Bulletin, 108 (2), S. 171–194.

MAY, G. L. & KAHNWEILER, W. M. (2000): The effect of a mastery practice design on learning and transfer in behavior modeling training. In: Personnel Psychology, 53 (2), S. 353–373.

MAYER, R. E. & WITTROCK, M. C. (1996): Problem-solving transfer. In: BERLINER, D. & CALFEE, R. C. (Hrsg.), Handbook of Educational Psychology, Macmillan, New York (NY), S. 47–62.

MAYRING, P. (2002): Einführung in die qualitative Sozialforschung. Beltz, Weinheim u. a., 5., überarb. u. neu gest. Aufl.

MAYRING, P. (2010): Qualitative Inhaltsanalyse: Grundlagen und Techniken. Beltz, Weinheim u. a., 11., akt. u. überarb. Aufl.

MCCLELLAND, D. C. (1968): The achieving society. The Free Press/Collier-Macmillan, New York (NY) u. a.

MCCLELLAND, D. C. (1976): Toward a theory of motivation. In: The achievement motive, Irvington, New York (NY) u. a., S. 6–96.

MCCLELLAND, D. C. (1987): Human Motivation. Cambridge University Press, Cambridge u. a.

MCDOUGALL, W. (1932): Of the words character and personality. In: Character Personality, 1 (1), S. 3–16.

MCENRUE, M. P. (1989): Self-development as a career management strategy. In: Journal of Vocational Behavior, 34 (1), S. 57–68.

MCGEHEE, W. & THAYER, P. W. (1961): Training in business and industry. Wiley, New York (NY) u. a.

MCINTIRE, S. A. & LEVINE, E. L. (1984): Empirical investigation of self-esteem as a composite construct. In: Journal of Vocational Behavior, 25 (3), S. 290–303.

MEDNICK, S. A. (1964): Learning. Prentice Hall, Englewood Cliffs (NJ).

MEIER, R. (2008): Das Einzige, was stört, sind die Teilnehmer: Schwierige Seminarsituationen meistern. Gabal, Offenbach, 2. Aufl.

MEIFERT, M. T. (Hrsg.) (2008): Strategische Personalentwicklung: Ein Programm in acht Etappen. Springer, Berlin u. a.

MENTZEL, W. (1997): Unternehmenssicherung durch Personalentwicklung. Haufe, Freiburg i. Br., 7., akt. Aufl.

MENTZEL, W. (2005): Personalentwicklung: Erfolgreich motivieren, fördern und weiterbilden. DTV, München, 2., überarb. u. erw. Aufl.

MÄHLER, C. & STERN, E. (2006): Transfer. In: ROST, D. H. (Hrsg.), Handwörterbuch pädagogische Psychologie, Beltz, Weinheim u. a., 3., überarb. u. erw. Aufl., S. 782–793.

MÜHLER, K. (2008): Sozialisation: Eine soziologische Einführung. Fink, Paderborn.

MÜHLHOFF, W. R. (1978): Lerntransfer: Umsetzung überbetrieblicher Weiterbildung in innerbetriebliche Nutzung. In: Rationalisierung, 29 (3), S. 66–69.

MIELKE, R. (2001): Psychologie des Lernens: Eine Einführung. Kohlhammer, Stuttgart u. a.

MILLER, F. D. (1976): The problem of transfer of training in learning groups: Group cohesion as an end in itself. In: Small Group Research, 7 (2), S. 221–236.

MITCHELL, T. R.; HOPPER, H. ET AL. (1994): Predicting self-efficacy and performance during skill acquisition. In: Journal of Applied Psychology, 79 (4), S. 506–517.

MITCHELL, T. R. & SILVER, W. S. (1990): Individual and group goals when workers are interdependent: Effects on task strategies and performance. In: Journal of Applied Psychology, 75 (2), S. 185–193.

MITROFF, I. A. & TUROFF, M. (2002): Philosophical and methodological foundations of Delphi. In: LINSTONE, H. A. & TUROFF, M. (Hrsg.), The delphi method: Techniques and applications, o. O. Online im Internet: New Jersey Institute of Technology, URL: http://is.njit.edu/pubs/delphibook/delphibook.pdf [Stand: 15.10.2002; Abfrage: 27.10.2011], S. 231–256.

MÖLLER, C. (1975): Techniken der Klassifizierung und Hierarchisierung von Lernzielen. In: FREY, K. (Hrsg.), Curriculum-Handbuch, Piper, München, S. 411–420.

MONTADA, L. (1970): Die Lernpsychologie Jean Piagets. Klett, Stuttgart.

MONTESINO, M. U. (2002): Strategic alignment of training, transfer-enhancing behaviors, and training usage: A posttraining study. In: Human Resource Development Quarterly, 13 (1), S. 89–108.

MORGAN, R. B. & CASPER, W. J. (2000): Examining the factor structure of participant reactions to training: A multidimensional approach. In: Human Resource Development Quarterly, 11 (3), S. 301–317.

MORIN, L. & LATHAM, G. P. (2000): The effect of mental practice and goal setting as a transfer of training intervention on supervisors' self-efficacy and communication skills: An exploratory study. In: Applied Psychology, 49 (3), S. 566–579.

MORROW, P. C. (1983): Concept redundancy in organizational research: The case of work commitment. In: Academy of Management Review, 8 (3), S. 486–500.

MOWDAY, R. T.; PORTER, L. W. & STEERS, R. M. (1982): Employee-organization linkages: The psychology of commitment, absenteeism, and turnover. Academic Press, New York (NY) u. a.

MOWRER, R. R. & KLEIN, S. B. (2001): The transitive nature of contemporary learning theory. In: MOWRER, R. R. & KLEIN, S. B. (Hrsg.), Handbook of contemporary learning theories, Lawrence Erlbaum Associates, Mahwah (NJ), S. 1–21.

MUCK, P. M. (2006): Persönlichkeit und berufsbezogenes Sozialverhalten. In: SCHULER, H. (Hrsg.), Lehrbuch der Personalpsychologie, Hogrefe, Göttingen u. a., 2., überarb. u. erw. Aufl., S. 527–578.

MUCK, P. M. (2007): Führung. In: SCHULER, H. & SONNTAG, K. (Hrsg.), Handbuch der Arbeits- und Organisationspsychologie, Hogrefe, Göttingen u. a., S. 355–366.

MULLEN, B. & COPPER, C. (1994): The relation between group cohesiveness and performance: An integration. In: Psychological Bulletin, 115 (2), S. 210–277.

MULLEN, P. M. (1983): Delphi-type studies in the health services: The impact of the scoring system. Research Report 17. University of Birmingham, Health Services Management Centre, Birmingham.

MULLEN, P. M. (2003): Delphi: Myths and reality. In: Journal of Health Organization and Management, 17 (1), S. 37–52.

MURRY, J. W. & HAMMONS, J. O. (1995): Delphi: A versatile methodology for conducting quality research. In: The Review of Higher Education, 18 (4), S. 423–436.

MYERS, C. & JONES, T. B. (1993): Promoting active learning: Strategies for the college classroom. Jossey-Bass, San Francisco (CA).

MYERS, D. G. (2008): Psychologie. Springer, Heidelberg, 2., erw. u. akt. Aufl.

NAQUIN, S. S. & HOLTON III, E. F. (2002): The effects of personality, affectivity, and work commitment on motivation to improve work through learning. In: Human Resource Development Quarterly, 13 (4), S. 357–376.

NEISSER, U.; BOODOO, G. ET AL. (1996): Intelligence: Knowns and unknowns. In: American Psychologist, 51 (2), S. 77–101.

NETZER, O. & SRINIVASAN, V. (2007): Adaptive self-explication of multi-attribute preferences. Research Paper No. 1979. Stanford University Graduate School of Business, Online im Internet: Social Science Research Network, URL: http://ssrn.com/abstract=1077434 [Stand: 23.1.2008; Abfrage: 27.10.2011].

NEUBERGER, O. (1974): Theorien der Arbeitszufriedenheit. Kohlhammer, Stuttgart u. a.

NEUBERGER, O. (1994): Personalentwicklung. Enke, Stuttgart, 2., durchges. Aufl.

NIJMAN, D.-J. J. M.; NIJHOF, W. J. ET AL. (2006): Exploring differential effects of supervisor support on transfer of training. In: Journal of European Industrial Training, 30 (7), S. 529–549.

NIKANDROU, I.; BRINIA, V. & BERERI, E. (2009): Trainee perceptions of training transfer: An empirical analysis. In: Journal of European Industrial Training, 33 (3), S. 255–270.

NISTEP (1997): The sixth technology forecast survey: Future technology in Japan toward the year 2025. NISTEP Report No. 52. Online im Internet: National Institute of Science and Technology Policy, URL: http://www.nistep.go.jp/achiev/ftx/eng/rep052e/rep052fe.html [Stand: Juni 1997; Abfrage: 27.10.2011].

NISTEP (2005): Science and technology foresight survey: Delphi analysis. NISTEP Report No. 97. Online im Internet: National Institute of Science and Technology Policy, URL: http://www.nistep.go.jp/achiev/ftx/eng/rep097e/idx097e.html [Stand: Mai 2005; Abfrage: 27.10.2011].

NOE, R. A. (1986): Trainees' attributes and attitudes: Neglected influences on training effectiveness. In: Academy of Management Review, 11 (4), S. 736–749.

NOE, R. A. (2000): Invited reaction: Development of a generalized learning transfer system inventory. In: Human Resource Development Quarterly, 11 (4), S. 361–365.

NOE, R. A. & COLQUITT, J. A. (2002): Planning for training impact: Principles of training effectiveness. In: KRAIGER, K. (Hrsg.), Creating, implementing, and managing effective training and development: State-of-the-art lessons for practice, Jossey-Bass, San Francisco (CA), S. 53–79.

NOE, R. A. & SCHMITT, N. (1986): The influence of trainee attitudes on training effectiveness: Test of a model. In: Personnel Psychology, 39 (3), S. 497–523.

NOE, R. A. & WILK, S. L. (1993): Investigation of the factors that influence employees' participation in developmental activities. In: Journal of Applied Psychology, 78 (2), S. 291–302.

NORMAN, W. T. (1963): Toward an adequate taxonomy of personality attributes: Replicated factor structure in peer nomination personality ratings. In: Journal of Abnormal and Social Psychology, 66 (6), S. 574–583.

OECHSLER, W. A. (2006): Personal und Arbeit: Grundlagen des Human Resource Management und der Arbeitgeber-Arbeitnehmer-Beziehungen. Oldenbourg, München u. a., 8., grundl. überarb. Aufl.

O'LEARY-KELLY, A. M.; MARTOCCHIO, J. J. & FRINK, D. D. (1994): A review of the influence of group goals on group performance. In: Academy of Management Journal, 37 (5), S. 1285–1301.

OLIVERA, F. & STRAUS, S. G. (2004): Group-to-individual transfer of learning: Cognitive and social factors. In: Small Group Research, 35 (4), S. 440–465.

OLIVERO, G.; BANE, K. D. & KOPELMAN, R. E. (1997): Executive coaching as a transfer of training tool: Effects on productivity in a public agency. In: Public Personnel Management, 26 (4), S. 461–469.

OLSEN JR., J. H. (1998): The evaluation and enhancement of training transfer. In: International Journal of Training and Development, 2 (1), S. 61–75.

ONO, R. & WEDEMEYER, D. J. (1994): Assessing the validity of the delphi technique. In: Futures, 26 (3), S. 289–304.

OPP, K.-D. (2005): Methodologie der Sozialwissenschaften: Einführung in Probleme ihrer Theorienbildung und praktischen Anwendung. VS, Wiesbaden, 6. Aufl.

PARENTÉ, F. J. & ANDERSON-PARENTÉ, J. K. (1987): Delphi inquiry systems. In: WRIGHT, G. & AYTON, P. (Hrsg.), Judgmental forecasting, Wiley, Chichester u. a., S. 129–156.

PARSONS, T. (1972): Interaction: I. Social Interaction. In: SILLS, D. L. (Hrsg.), The International Encyclopedia of the Social Sciences, Collier-Macmillan, New York (NY), S. 429–441.

PATTNI, I.; SOUTAR, G. N. & KLOBAS, J. E. (2007): The impact of short self-management training intervention in a retail banking environment. In: Human Resource Development Quarterly, 18 (2), S. 159–178.

PAWLOW, I. P. (1926): Die höchste Nerventätigkeit (des Verhalten) von Tieren. Bergmann, New York (NY).

PAWLOWSKY, P. & BÄUMER, J. (1996): Betriebliche Weiterbildung: Management von Qualifikation und Wissen. Beck, München.

PERREZ, M. & PATRY, J.-L. (1981): Lernen und Lerntheorien. In: SCHIEFELE, H. & KRAPP, A. (Hrsg.), Handlexikon zur Pädagogischen Psychologie, Ehrenwirt, München, S. 231–239.

PERVIN, L. A.; CERVONE, D. & JOHN, O. P. (2005): Persönlichkeitstheorien. Reinhardt, München u. a., 5., vollst. überarb. u. erw. Aufl.

PETERS, L. H. & O'CONNOR, E. J. (1980): Situational constraints and work outcomes: The influences of a frequently overlooked construct. In: Academy of Management Review, 5 (3), S. 391–397.

PETERS, L. H.; O'CONNOR, E. J. & EULBERG, J. R. (1985): Situational constraints: Sources, consequences, and future considerations. In: Research in Personnel and Human Resources Management, 3, S. 79–114.

PETTIGREW, A. M. (1990): Organizational climate and culture: Two constructs in search of a role. In: SCHNEIDER, B. (Hrsg.), Organizational climate and culture, Jossey-Bass, San Francisco (CA) u. a., S. 413–433.

PFEFFER, J. (1981): Management as a symbolic action: The creation and maintenance of organizational paradigms. In: CUMMINGS, L. L. & STAY, B. M. (Hrsg.), Research in organizational behavior: An annual series of analytical essays and critical reviews, JAI, Greenwich (CN), 3, S. 1–52.

PFEFFER, J. (1982): Organizations and organization theory. Pitman, Boston (MA) u. a.

PHARES, E. J. (1976): Locus of control in personality. General Learning Press, Morristown (NJ).

PHILLIPS, J. J. (1996): Measuring the results of training. In: CRAIG, R. L. (Hrsg.), The ASTD training and development handbook: A guide to human resource development, McGraw-Hill, New York (NY) u. a., Kap. 15, S. 313–341.

PHILLIPS, J. M. & GULLY, S. M. (1997): Role of goal orientation, ability, need for achievement, and locus of control in the self-efficacy and goal-setting process. In: Journal of Applied Psychology, 82 (5), S. 792–802.

PIAGET, J. (1976): Die Äquilibration der kognitiven Strukturen. Klett, Stuttgart.

PIAGET, J. (2001): The origin of intelligence in the child. Routledge, London u. a., Nachdruck von 1953.

PIAGET, J. (2003): Meine Theorie der geistigen Entwicklung. Beltz, Weinheim u. a.

PICHLER, O. (1992): Selbstentwicklung und Identität. In: GAUGLER, E. & WEBER, W. (Hrsg.), Handwörterbuch des Personalwesens, Poeschel, Stuttgart, 2., neubearb. u. erg. Aufl., Sp. 2011-2024.

PIDD, K. (2004): The impact of workplace support and identity on training transfer: a case study of drug and alcohol safety training in Australia. In: International Journal of Training and Development, 8 (4), S. 274–288.

PIEZZI, D. (2002): Transferförderung in der betrieblichen Weiterbildung: Die Bedeutung der Arbeitsumgebung und der Integration der Weiterbildung in die Unternehmensführung. Eusl, Paderborn.

PLATH, H.-E. (2002): Erfahrungswissen und Handlungskompetenz: Konsequenzen für die berufliche Weiterbildung. In: KLEINHENZ, G. (Hrsg.), IAB-Kompendium: Arbeitsmarkt- und Berufsforschung. Beiträge zur Arbeitsmarkt- und Berufsforschung (250), IAB, Nürnberg, S. 517–529.

PODSAKOFF, P. M.; MACKENZIE, S. B. & AHEARNE, M. (1997): Moderating effects of goal acceptance on the relationship between group cohesiveness and productivity. In: Journal of Applied Psychology, 82 (6), S. 974–983.

PORTER, L. W.; BIGLEY, G. A. & STEERS, R. M. (Hrsg.) (2003): Motivation and work behavior. McGraw-Hill, New York (NY), 7. Aufl.

PORTER, L. W. & LAWLER III, E. E. (1968): Managerial attitudes and performance. Irwin, Homewood (IL).

PREBLE, J. F. (1984): The selection of delphi panels for strategic planning purposes. In: Strategic Management Journal, 5 (2), S. 157–170.

PUNNETT, B. J.; CORBIN, E. & GREENIDGE, D. (2007): Assigned goals and task performance in a Caribbean context: Extending management research to an emerging economy. In: International Journal of Emerging Markets, 2 (3), S. 215–235.

QUIÑONES, M. A. (1995): Pretraining context effects: Training assignment as feedback. In: Journal of Applied Psychology, 80 (2), S. 226–238.

RAAB, G.; UNGER, A. & UNGER, F. (2009): Methoden der Marketing-Forschung: Grundlagen und Praxisbeispiele. Gabler, Wiesbaden, 2., überarb. Aufl.

RACKHAM, N. (1979): The coaching controversy. In: Training & Development Journal, 33 (11), S. 12–16.

RANK, B. & WAKENHUT, R. (1998a): Das Problem des Praxistransfers in der beruflichen Fort- und Weiterbildung. In: RANK, B. & WAKENHUT, R. (Hrsg.), Sicherung des Praxistransfers im Führungskräftetraining, Hampp, München u. a., S. 5–10.

RANK, B. & WAKENHUT, R. (1998b): Ein Bedingungsmodell des Praxistransfers. In: RANK, B. & WAKENHUT, R. (Hrsg.), Sicherung des Praxistransfers im Führungskräftetraining, Hampp, München u. a., S. 11–29.

REE, M. J.; CARRETTA, T. R. & TEACHOUT, M. S. (1995): Role of ability and prior job knowledge in complex training performance. In: Journal of Applied Psychology, 80 (6), S. 721–730.

REE, M. J. & EARLES, J. A. (1991): Predicting training success: Not much more than g. In: Personnel Psychology, 44 (2), S. 321–332.

REEVES, L. M. & WEISBERG, R. W. (1994): The role of content and abstract information in analogical transfer. In: Psychological Bulletin, 115 (3), S. 381–400.

REICH-CLAASSEN, J. & VON HIPPEL, A. (2010): Angebotsplanung und -gestaltung. In: TIPPELT, R. & VON HIPPEL, A. (Hrsg.), Handbuch Erwachsenenbildung/Weiterbildung, VS, Wiesbaden, 4., durchges. Aufl., S. 1003–1015.

REICHERS, A. E. & SCHNEIDER, B. (1990): Climate and culture: An evolution of contructs. In: SCHNEIDER, B. (Hrsg.), Organizational climate and culture, Jossey-Bass, San Francisco (CA) u. a., S. 5–39.

REINMANN, G. & MANDL, H. (2006): Unterrichten und Lernumgebungen gestalten. In: KRAPP, A. & WEIDENMANN, B. (Hrsg.), Pädagogische Psychologie: Ein Lehrbuch, Beltz PVU, Weinheim u. a., 5., vollst. überarb. Aufl., S. 613–658.

REINMANN-ROTHMEIER, G. & MANDL, H. (1997): Lehren im Erwachsenenalter: Auffassungen vom Lehren und Lernen, Prinzipien und Methoden. In: WEINERT, F. E. & MANDL, H. (Hrsg.), Psychologie der Erwachsenenbildung, Enzyklopädie der Psychologie (Bd. 4): Themenbereich D, Serie I, Pädagogische Psychologie, Hogrefe, Göttingen u. a., S. 355–403.

RENKL, A. (1996): Träges Wissen: Wenn Erlerntes nicht genutzt wird. In: Psychologische Rundschau, 47 (2), S. 78–92.

RESNICK, L. B. (1989): Introduction. In: RESNICK, L. B. (Hrsg.), Knowing, learning and instruction: Essays in honor of Robert Glaser, Erlbaum, Hillsdale (NJ), S. 1–24.

RICHEY, J. S.; MAR, B. W. & HORNER, R. R. (1985): The delphi technique in environmental assessment: I. Implementation and effectiveness. In: Journal of Environmental Management, 21 (2), S. 135–146.

RICHMAN-HIRSCH, W. L. (2001): Posttraining interventions to enhance transfer: The moderating effects of work environments. In: Human Resource Development Quarterly, 12 (2), S. 105–120.

RIDDER, H.-G. (2007): Personalwirtschaftslehre. Kohlhammer, Stuttgart, 2., überarb. Aufl.

RIDDER, H.-G. (2009): Personalwirtschaftslehre. Kohlhammer, Stuttgart, 3., überarb. u. akt. Aufl.

ROBBINS, S. P. (2007): Organisation der Unternehmung. Pearson, München, 9. Aufl., Nachdruck von 2001.

ROBBINS, S. P.; JUDGE, T. A. & CAMPBELL, T. T. (2010): Organizational behaviour. Pearson, Harlow.

RODRÍGUEZ, C. M. & GREGORY, S. (2005): Qualitative study of transfer of training of student employees in a service industry. In: Journal of Hospitality & Tourism Research, 29 (1), S. 42–66.

ROGERS, W. A.; MAUER, T. J. ET AL. (1997): Training design, cognitive theory, and automaticity: Principles and a methodology. In: FORD, J. K.; KOZLOWSKI, S. W. J. ET AL. (Hrsg.), Improving training effectiveness in work organizations, Erlbaum, Hillsdale (NJ), S. 19–46.

ROKEACH, M. (1979): From individual to institutional values: With special reference to the value of science. In: ROKEACH, M. (Hrsg.), Understanding human values: Individual and societal, The Free Press/Collier-Macmillan, New York (NY) u. a., S. 47–70.

ROSENSHINE, B. & STEVENS, R. (1986): Teaching functions. In: WITTROCK, M. C. (Hrsg.), Handbook of research on teaching: A project of the American Educational Research Association, Macmillan, New York (NY) u. a., 3. Aufl., S. 376–391.

VON ROSENSTIEL, L. (2006): Persönlichkeit und berufsbezogenes Sozialverhalten. In: SCHULER, H. (Hrsg.), Lehrbuch der Personalpsychologie, Hogrefe, Göttingen u. a., 2., überarb. u. erw. Aufl., S. 353–383.

VON ROSENSTIEL, L. (2007): Kommunikation in Arbeitsgruppen. In: SCHULER, H. (Hrsg.), Lehrbuch Organisationspsychologie, Huber, Bern, 4., akt. Aufl., S. 387–414.

VON ROSENSTIEL, L.; MOLT, W. & RÜTTINGER, B. (2005): Organisationspsychologie. Kohlhammer, Stuttgart, 9., vollst. überarb. u. erw. Aufl.

VON ROSENSTIEL, L. & WEGGE, J. (2004): Führung. In: SCHULER, H. (Hrsg.), Organisationspsychologie: Gruppe und Organisation, Enzyklopädie der Psychologie (Bd. 4): Themenbereich D, Serie III, Wirtschafts-, Organisations- und Arbeitspsychologie, Hogrefe, Göttingen u. a., S. 493–558.

ROTTER, J. B. (1966): Generalized expectancies for internal versus external control of reinforcement. In: Psychological Monographs, 80 (1/609), S. 1–28.

ROUILLER, J. Z. & GOLDSTEIN, I. L. (1993): The relationship between organizational transfer climate and positive transfer of training. In: Human Resource Development Quarterly, 4 (4), S. 377–390.

ROWE, G.; WRIGHT, G. & BOLGER, F. (1991): Delphi: A reevaluation of research and theory. In: Technological Forecasting & Social Change, 39, S. 235–251.

ROWLANDS, D. G. (1991): Technological forecasting and the delphi-technique: A reply. In: Long Range Planning, 2 (2), S. 78–79.

ROWOLD, J. (2007): The impact of personality on training-related aspects of motivation: Test of a longitudinal model. In: Human Resource Development Quarterly, 18 (1), S. 9–13.

ROWOLD, J. (2008): Zum Zusammenhang von berufs-, organisations- und laufbahnbezogenen Einstellungen sowie Transfermotivation und -leistung. In: Zeitschrift für Personalpsychologie, 7 (2), S. 70–80.

ROYER, J. M. (1979): Theories of the transfer of learning. In: Educational Psychologist, 14 (1), S. 53–69.

ROYER, J. M.; MESTRE, J. P. & DUFRESNE, R. J. (2005): Introduction: Framing the transfer problem. In: MESTRE, J. P. (Hrsg.), Transfer of Learning: Form a modern multidisciplinary perspective, IAP, Greenwich (CT), S. VII–XXVI.

RUONA, W. E. A.; LEIMBACH, M. ET AL. (2002): The relationship between learner utility reactions and predicted learning transfer among trainees. In: International Journal of Training and Development, 6 (4), S. 218–228.

RUSS-EFT, D. (2002): A typology of training design and work environment factors affecting workplace learning and transfer. In: Human Resource Development Review, 1 (1), S. 45–65.

RUSSELL, T. S.; TERBORG, J. R. & POWERS, M. L. (1985): Organizational performance and organizational level training and support. In: Personnel Psychology, 38 (4), S. 849–863.

SAATY, T. L. (1980): The analytic hierarchy process: Planning, priority setting, resource allocation. McGraw-Hill, New York (NY) u. a.

SAAVEDRA, R.; EARLEY, P. C. & VAN DYNE, L. (1993): Complex interdependence in task-performing groups. In: Journal of Applied Psychology, 78 (1), S. 61–72.

SACKETT, P. R.; GRUYS, M. L. & ELLINGSON, J. E. (1998): Ability-personality interactions when predicting job performance. In: Journal of Applied Psychology, 83 (4), S. 545–556.

SACKMAN, H. (1974): Delphi assesment: Expert opinion, forecasting, and group process. RAND Corporation, Santa Monica (CA).

SADER, M. & WEBER, H. (1996): Psychologie der Persönlichkeit. Juventa, Weinheim u. a.

SAKS, A. M. (1995): Longitudinal field investigation of the moderating and mediating effects of self-efficacy on the relationship between training and newcomer adjustment. In: Journal of Applied Psychology, 80 (2), S. 221–225.

SAKS, A. M. (1997): Transfer of training and self-efficacy: What is the dilemma? In: Applied Psychology, 46 (4), S. 365–370.

SAKS, A. M. & BELCOURT, M. (2006): An investigation of training activities and transfer of training in organizations. In: Human Resource Management, 45 (4), S. 629–648.

SALANOVA, M.; AGUT, S. & PEIRÓ, J. M. (2005): Linking organizational resources and work engagement to employee performance and customer loyalty: The mediation of service climate. In: Journal of Applied Psychology, 90 (6), S. 1217–1227.

SALAS, E. & CANNON-BOWERS, J. (2001): The science of training: A decade of progress. In: Annual Review of Psychology, 52 (o. Nr.), S. 471–499.

SALIGER, E. & KUNZ, C. (1981): Zum Nachweis der Effizienz der Delphi-Methode. In: Zeitschrift für Betriebswirtschaft, 51 (5), S. 470–480.

SALOMON, G. & PERKINS, D. N. (1989): Rocky roads to transfer: Rethinking mechanisms of a neglected phenomenon. In: Educational Psychologist, 24 (2), S. 113–142.

SANTOS, A. & STUART, M. (2003): Employee perceptions and their influence on training effectiveness. In: Human Resource Management Journal, 13 (1), S. 27–45.

SATTLER, H. (2006): Methoden zur Messung von Präferenzen für Innovationen. Research Papers on Marketing and Retailing No. 032. Universität Hamburg, Online im Internet: Universität Hamburg, URL: http://www.uni-hamburg.de/fachbereiche-einrichtungen/fb03/ihm/D1.pdf [Stand: Februar 2006; Abfrage: 27.11.2011].

SATTLER, H.; GEDENK, K. & HENSEL-BÖRNER, S. (2002): Bandbreiten-Effekte bei multiattributiven Entscheidungen: Ein empirischer Vergleich von Verfahren zur Bestimmung von Eigenschaftsgewichten. In: Zeitschrift für betriebswirtschaftliche Forschung, 72 (9), S. 953–977.

SCADUTO, A.; LINDSAY, D. & CHIABURU, D. S. (2008): Leader influences on training effectiveness: Motivation and outcome expectation processes. In: International Journal of Training and Development, 12 (3), S. 158–170.

SCHANZ, G. (1988): Methodologie für Betriebswirte. Poeschel, Stuttgart, 2., überarb. u. erw. Aufl.

SCHANZ, G. (2000): Personalwirtschaftslehre: Lebendige Arbeit in verhaltenswissenschaftlicher Perspektive. Vahlen, München, 3., neu bearb. u. erw. Aufl.

SCHARPF, R. (1999): Training und Transfer: Lernen, Anwenden und die Bedeutung fähigkeitsbezogener Kognitionen. Hampp, München u. a.

SCHEIN, E. H. (1996): Culture: The missing concept in organization studies. In: Administrative Science Quarterly, 41 (2), S. 229–240.

SCHELTEN, A. (2004): Einführung in die Berufspädagogik. Steiner, Stuttgart, 3., vollst. neu bearb. Aufl.

SCHIEFELE, U. (1996): Motivation und Lernen mit Texten. Hogrefe, Göttingen u. a.

SCHLAG, B. (2009): Lern- und Leistungsmotivation. VS, Wiesbaden, 3. Aufl.

SCHMID, C. (2006): Lernen und Transfer: Kritik der didaktischen Steuerung. hep, Bern.

SCHMIDT, F. L. & HUNTER, J. E. (1998): The validity and utility of selection methods in personnel psychology: Practical and theoretical implications of 85 years of research findings. In: Psychological Bulletin, 124 (2), S. 262–274.

SCHMIDT, R. A. & BJORK, R. A. (1992): New conceptualizations of practice: Common principles in three paradigms suggest new concepts for training. In: Psychological Science, 3 (4), S. 207–217.

SCHMIDT, S. W. (2007): The relationship between satisfaction with workplace training and overall job satisfaction. In: Human Resource Development Quarterly, 18 (4), S. 481–498.

SCHNEIDER, B. (1975): Organizational climates: An essay. In: Personnel Psychology, 28 (4), S. 447–479.

SCHNEIDER, B. (1983): Work climates: An interactionist perspective. In: FEIMER, N. W. & GELLER, E. S. (Hrsg.), Environmental psychology: Directions and perspectives, Praeger, New York (NY), S. 106–128.

SCHNEIDER, P. (1988): Neuorientierung der Berufsausbildung in der Industrie. In: MEYER-DOHM, P.; TUCHTFELD, E. & WESNER, E. (Hrsg.), Der Mensch im Unternehmen. Festgabe für Karl-Heinz Briam zum 65. Geburtstag, Haupt, Bern u. a., S. 273–286.

SCHNELL, R.; HILL, P. B. & ESSER, E. (2005): Methoden der empirischen Sozialforschung. Oldenbourg, München u. a., 7., völlig überarb. u. erw. Aufl.

SCHOLL, A. (2003): Die Befragung: Sozialwissenschaftliche Methode und kommunikationswissenschaftliche Anwendung. UKV, Konstanz.

SCHRÖDER, H. (2001): Didaktisches Wörterbuch. Oldenbourg, München u. a., 3., erw. u. akt. Aufl.

SCHRÖDER, H. (2002): Lernen – Lehren – Unterricht: Lernpsychologische und didaktische Grundlagen. Oldenbourg, München u. a., 2., durchges. Aufl.

SCHREYÖGG, G. & GEIGER, D. (2003): Wenn alles Wissen ist, ist Wissen am Ende nichts? In: Die Betriebswirtschaft, 63 (1), S. 7–22.

SCHULTE-ZURHAUSEN, M. (2005): Organisation. Vahlen, München, 4., überarb. u. erw. Aufl.

SCHULZ, M. & RENN, O. (2009): Das Gruppendelphi: Konzept und Vorgehensweise. In: SCHULZ, M. & RENN, O. (Hrsg.), Das Gruppendelphi: Konzept und Fragebogenkonstruktion, VS, Wiesbaden, S. 11–21.

SCHUNK, D. H. (1996): Learning theories: An educational perspective. Prentice Hall, Englewood Cliffs (NJ), 2. Aufl.

SCHUNK, D. H. (2008): Learning theories: An educational perspective. Pearson, Upper Saddle River (NJ) u. a., 5. Aufl.

SCHWEER, M. K. & ROSEMANN, B. (1995): Qualität der Lehre: Bedingungsvariablen des studentischen Urteils. In: Zeitschrift für Pädagogische Psychologie, 9 (3/4), S. 189–196.

SCHWOERER, C. E.; MAY, D. R. ET AL. (2005): General and specific self-efficacy in the context of a training intervention to enhance performance expectancy. In: Human Resource Development Quarterly, 16 (1), S. 111–129.

SEEL, N. M. (2000): Psychologie des Lernens: Lehrbuch für Pädagogen und Psychologen. Reinhardt, München u. a.

SEIJTS, G. H.; LATHAM, G. P. ET AL. (2004): Goal setting and goal orientation: An integration of two different yet related literatures. In: Academy of Management Journal, 47 (2), S. 227–239.

SEYLER, D. L.; HOLTON III, E. F. ET AL. (1998): Factors affecting motivation to transfer training. In: International Journal of Training and Development, 2 (1), S. 2–16.

SHIFFRIN, R. M. & SCHNEIDER, W. (1977): Controlled and automatic human information processing: II. Perceptual learning, automatic attending, and general theory. In: Psychological Review, 84 (2), S. 127–190.

SILVER, W. S.; MITCHELL, T. R. & GIST, M. E. (1995): Responses to successful and unsuccessful performance: The moderating effect of self-efficacy on the relationship between performance and attributions. In: Organizational Behavior and Human Decision Processes, 62 (3), S. 286–299.

SINGLEY, M. K. & ANDERSON, J. R. (1989): The transfer of cognitive skills. Harvard University Press, Cambridge (MA) u. a.

SKINNER, B. F. (1978): Was ist Behaviorismus? Rowohlt, Reinbek.

SKINNER, N. & ROCHE, A. (2003): Goal setting with individuals and teams: Implications for transfer of training and evidence-based practice in the AOD field. National Centre for Education and Training on Addiction. Discussion Paper No. 1. Online im Internet: National Centre for Education and Training on Addiction, URL: http://www.nceta.flinders.edu.au/pdf/discussion-papers/DP-1.pdf [Stand: März 2003; Abfrage: 27.10.2011].

SMITH, E. M.; FORD, J. K. & KOZLOWSKI, S. W. J. (1997): Building adaptive expertise: Implications for training design strategies. In: QUIÑONES, M. A. & EHRENSTEIN, A. (Hrsg.), Training for a rapidly changing workplace: Applications of psychological research, American Psychological Association, Washington, DC, S. 89–118.

SMITH-JENTSCH, K. A.; JENTSCH, F. G. ET AL. (1996): Can pretraining experiences explain individual differences in learning? In: Journal of Applied Psychology, 81 (1), S. 110–116.

SMITH-JENTSCH, K. A.; SALAS, E. & BRANNICK, M. T. (2001): To transfer or not to transfer? Investigating the combined effects of trainee characteristics, team leader support, and team climate. In: Journal of Applied Psychology, 86 (2), S. 279–292.

SOFO, F. (2007): Transfer of training: A case-study of outsourced training for staff from Bhutan. In: International Journal of Training and Development, 11 (2), S. 103–120.

SOHN, Y. W.; DOANE, S. M. & GARRISON, T. (2006): The impact of individual differences and learning context on strategic skill acquisition and transfer. In: Learning and Individual Differences, 16 (1), S. 13–30.

SOLGA, M. (2005): Management des Lerntransfers. In: RYSCHKA, J.; SOLGA, M. & MATTENKLOTT, A. (Hrsg.), Praxishandbuch Personalentwicklung: Instrumente, Konzepte, Beispiele, Gabler, Wiesbaden, S. 269–291.

SOLGA, M. (2008): Förderung des Lerntransfers. In: RYSCHKA, J.; SOLGA, M. & MATTENKLOTT, A. (Hrsg.), Praxishandbuch Personalentwicklung: Instrumente, Konzepte, Beispiele, Gabler, Wiesbaden, 2., überarb. u. erw. Aufl., S. 303–331.

SOLGA, M. (2011a): Evaluation der Personalentwicklung. In: RYSCHKA, J.; SOLGA, M. & MATTENKLOTT, A. (Hrsg.), Praxishandbuch Personalentwicklung: Instrumente, Konzepte, Beispiele, Gabler, Wiesbaden, 3., vollst. überarb. u. erw. Aufl., S. 369–399.

SOLGA, M. (2011b): Förderung von Lerntransfer. In: RYSCHKA, J.; SOLGA, M. & MATTENKLOTT, A. (Hrsg.), Praxishandbuch Personalentwicklung: Instrumente, Konzepte, Beispiele, Gabler, Wiesbaden, 3., vollst. überarb. u. erw. Aufl., S. 339–368.

SOLGA, M.; RYSCHKA, J. & MATTENKLOTT, A. (2011): Personalentwicklung: Gegenstand, Prozessmodell, Erfolgsfaktoren. In: RYSCHKA, J.; SOLGA, M. & MATTENKLOTT, A. (Hrsg.), Praxishandbuch Personalentwicklung: Instrumente, Konzepte, Beispiele, Gabler, Wiesbaden, 3., vollst. überarb. u. erw. Aufl., S. 19–34.

SONNTAG, K. (1996): Lernen im Unternehmen: Effiziente Organisation durch Lernkultur. Beck, München.

SONNTAG, K. (2002): Personalentwicklung und Training: Stand der psychologischen Forschung und Gestaltung. In: Zeitschrift für Personalpsychologie, 1 (2), S. 59–79.

SONNTAG, K. (2006): Personalentwicklung: Ein Feld psychologischer Forschung und Gestaltung. In: SONNTAG, K. (Hrsg.), Personalentwicklung in Organisationen: Psychologische Grundlagen, Methoden und Strategien, Hogrefe, Göttingen u. a., 3., überarb. u. erw. Aufl., S. 17–35.

SONNTAG, K. & SCHAPER, N. (1999): Personale Verhaltens- und Leistungsbedingungen. In: GRAF HOYOS, C. & FREY, D. (Hrsg.), Arbeits- und Organisationspsychologie: Ein Lehrbuch, Beltz, Weinheim, S. 298–312.

SONNTAG, K. & SCHMIDT-RATHJENS, C. (2004): Kompetenzmodelle: Erfolgsfaktoren im HR-Management? In: Personalführung, 2004 (10), S. 18–26.

SONNTAG, K. & STEGMAIER, R. (2005): Lernkulturen verstehen, gestalten und messen: Das „Lernkulturinventar“ als organisationsdiagnostisches Verfahren zur Messung von Lernkultur. In: Personalführung, 2005 (1), S. 22–29.

SONNTAG, K. & STEGMAIER, R. (2008): Das Lernkulturinventar (LKI): Ermittlung von Lernkulturen in Wirtschaft und Verwaltung. In: FISCH, R.; MÜLLER, A. & BECK, D. (Hrsg.), Veränderungen in Organisationen: Stand und Perspektiven, VS, Wiesbaden, S. 227–247.

SONNTAG, K.; STEGMAIER, R. ET AL. (2004): Dem Lernen im Unternehmen auf der Spur: Operationalisierung von Lernkultur. In: Unterrichtswissenschaft, 32 (2), S. 104–127.

SPECTOR, P. E. (1982): Behavior in organizations as a function of employee's locus of control. In: Psychological Bulletin, 91 (3), S. 482–497.

SRINIVASAN, V. S. (1988): A conjunctive-compensatory approach to the self-explication of multiattributed preferences. In: Decision Sciences, 19 (2), S. 295–305.

STACHOWIAK, H. (1973): Allgemeine Modelltheorie. Springer, Wien u. a.

STAEHLE, W. H. (1999): Management: Eine verhaltenswissenschaftliche Perspektive. Vahlen, München, 8. Aufl.

STAJKOVIC, A. D.; LEE, D. & NYBERG, A. J. (2009): Collective efficacy, group potency, and group performance: Meta-analyses of their relationships, and test of a mediation model. In: Journal of Applied Psychology, 94 (3), S. 814–828.

STAJKOVIC, A. D. & LUTHANS, F. (1998): Self efficacy and work-related performance: A meta-analysis. In: Psychological Bulletin, 124 (2), S. 240–261.

STAJKOVIC, A. D. & LUTHANS, F. (2003): Social cognitive theory and self-efficacy: Implications for motivation theory and practice. In: PORTER, L. W.; BIGLEY, G. A. & STEERS, R. M. (Hrsg.), Motivation and work behavior, McGraw-Hill, New York (NY), 7. Aufl., S. 126–140.

STARK, R. & MANDL, H. (2000): Das Theorie-Praxis-Problem in der pädagogisch-psychologischen Forschung: Ein unüberwindbares Transferproblem? Forschungsbericht Nr. 118. Ludwig-Maximilians-Universität, Lehrstuhl für Empirische Pädagogik und Pädagogische Psychologie, München.

STAUDT, E.; KAILER, N. ET AL. (1997): Kompetenz und Innovation: Eine Bestandsaufnahme jenseits von Personalentwicklung und Wissensmanagement. Institut für angewandte Innovationsforschung, Bochum.

STAUDT, E. & KRIEGESMANN, B. (2000): Weiterbildung: Ein Mythos zerbricht. In: Grundlagen der Weiterbildung, 2000 (4), S. 174–176.

STAUDT, E. & KRIEGESMANN, B. (2002): Weiterbildung: Ein Mythos zerbricht (nicht so leicht!): Der Widerspruch zwischen überzogenen Erwartungen und Misserfolgen der Weiterbildung. In: STAUDT, E.; KAILER, M., N. KOTTMANN ET AL. (Hrsg.), Kompetenzentwicklung und Innovation: Die Rolle der Kompetenz bei Organisations-, Unternehmens- und Regionalentwicklung, Waxmann, Münster u. a., S. 71–125.

STEELE-JOHNSON, D.; BEAUREGARD, R. S. ET AL. (2000): Goal orientation and task demand effects on motivation, affect, and performance. In: Journal of Applied Psychology, 85 (5), S. 724–738.

STEERS, R. M. & PORTER, L. W. (1974): The role of task-goal attributes in employee performance. In: Psychological Bulletin, 81 (7), S. 434–452.

STEINDORF, G. (2000): Grundbegriffe des Lehrens und Lernens. Klinkhardt, Bad Heilbrunn/Obb., 5. Aufl.

STEINER, G. (2006): Lernen und Wissenserwerb. In: KRAPP, A. & WEIDENMANN, B. (Hrsg.), Pädagogische Psychologie: Ein Lehrbuch, Beltz PVU, Weinheim u. a., 5., vollst. überarb. Aufl., S. 137–202.

STERNBERG, R. J. & FRENSCH, P. A. (1996): Mechanisms of transfer. In: DETTERMAN, D. K. & STERNBERG, R. J. (Hrsg.), Transfer on trial: Intelligence, cognition, and instruction, Ablex, Norwood (NJ), S. 25–38, Nachdruck von 1993.

STEVENS, C. K. & GIST, M. E. (1997): Effects of self-efficacy and goal-orientation training on negotiation skill maintenance: What are the mechanisms? In: Personnel Psychology, 50 (4), S. 955–978.

STEWART, G. L. (2006): A meta-analytic review of relationships between team design features and team performance. In: Journal of Management, 32 (1), S. 29–55.

STEWART, J. (2001): Is the Delphi technique a qualitative method? In: Medical Education, 35 (10), S. 922–923.

STOGDILL, R. M. (1972): Group productivity, drive, and cohesiveness. In: Organizational Behavior and Human Performance, 8 (1), S. 26–43.

STOGDILL, R. M. (1974): Handbook of leadership: A survey of theory and research. The Free Press/Collier-Macmillan, New York (NY) u. a.

STOGDILL, R. M. & COONS, A. E. (Hrsg.) (1957): Leader behavior: Its description and measurement. Ohio State University, Columbus (OH).

TAJFEL, H. & TURNER, J. C. (1986): The social identity theory of intergroup behavior. In: WORCHEL, S. & AUSTIN, W. (Hrsg.), Psychology of intergroup relations, Nelson-Hall, Chicago (IL), S. 7–24.

TALLMAN, D. E. & HOLT, M. E. (1987): Moving learning from workshop to work. In: Continuing Higher Education Review, 51 (1), S. 15–31.

TAN, J. A.; HALL, R. J. & BOYCE, C. (2003): The role of employee reactions in predicting training effectiveness. In: Human Resource Development Quarterly, 14 (4), S. 397–411.

TANNENBAUM, S. (2002): A strategic view of organizational training and learning. In: KRAIGER, K. (Hrsg.), Creating, implementing, and managing effective training and development: State-of-the-art lessons for practice, Jossey-Bass, San Francisco (CA), S. 10–51.

TANNENBAUM, S. I.; CANNON-BOWERS, J. A. ET AL. (1993): Factors that influence training effectiveness: A conceptual model and longitudinal analysis. Technical Report No. 93-011. Naval Training Systems Center, Orlando (FL).

TANNENBAUM, S. I.; MATHIEU, J. E. ET AL. (1991): Meeting trainees' expectations: The influence of training fulfillment on the development of commitment, self-efficacy, and motivation. In: Journal of Applied Psychology, 76 (6), S. 759–769.

TANNENBAUM, S. I. & YUKL, G. (1992): Training and development in work organizations. In: Annual Review Psychology, 43 (3), S. 399–441.

TAYLOR, P. J.; RUSS-EFT, D. F. & CHAN, D. W. L. (2005): A meta-analytic review of behavior modeling training. In: Journal of Applied Psychology, 90 (4), S. 692–709.

TEICHLER, U. (1995): Qualitfikationsforschung. In: ARNOLD, R. & LIPSMEIER, A. (Hrsg.), Handbuch der Berufsbildung, Leske + Budrich, Opladen, S. 501–508.

TESLUK, P. E.; FARR, J. L. ET AL. (1995): Generalization of employee involvement training to the job setting: Individual and situational effects. In: Personnel Psychology, 48 (3), S. 607–632.

TETT, R. P.; JACKSON, D. N. & ROTHSTEIN, M. (1991): Personality measures as predictors of job performance: A meta-analytic review. In: Personnel Psychology, 44 (4), S. 703–742.

TEWES, U. & WILDGRUBE, K. (Hrsg.) (1999): Psychologie-Lexikon. Oldenbourg, München u. a.

THAYER, P. W. & TEACHOUT, M. S. (1995): A climate for transfer model. Technical Report No. AL/HR-TP-1995-0035. Brooks Air Force Base, Brooks (TX).

THE MILLENNIUM PROJECT (2009): Real-Time Delphi (RTD). Online im Internet: The Millennium Project, URL: http://www.millennium-project.org/millennium/RTD-general.html [Stand: 2009; Abfrage: 27.10.2011].

THOM, N. (1992): Personalentwicklung und Personalentwicklungsplanung. In: GAUGLER, E. & WEBER, W. (Hrsg.), Handwörterbuch des Personalwesens, Poeschel, Stuttgart, 2., neubearb. u. erg. Aufl., Sp. 1676-1690.

THORNDIKE, E. L. (1911): Animal intelligence: Experimental studies. Macmillan, New York (NY).

THORNDIKE, E. L. (1921): The influence of improvement in one mental function upon the efficiency of other functions. In: THORNDIKE, E. L. (Hrsg.), The psychology of learning, Columbia University, Teachers College, New York (NY), S. 350–433.

THORNDIKE, E. L. (1924): Mental discipline in high school studies. In: Journal of Educational Psychology, 15 (1/2), S. 1–22, 83–98.

THORNDIKE, E. L. (1933): A proof of the law of effect. In: Science, 77 (1989), S. 173–175.

THORNDIKE, E. L. (1963): The influence of improvement in one mental function upon the efficiency of other functions. In: GROSE, R. F. & BIRNEY, R. C. (Hrsg.), Transfer of learning: An enduring problem in psychology, van Nostrand, Princeton (NJ), S. 1–6.

THORNDIKE, E. L. & WOODWORTH, R. S. (1901): The influence of improvement in one mental function upon the efficiency of other functions (I.). In: Psychological Review, 8 (3), S. 247–261.

THORNDIKE, R. L. (1985): The central role of general ability in prediction. In: Multivariate Behavioral Research, 20 (3), S. 241–254.

THORNTON III, G. C. (1978): Differential effects of career planning on internals and externals. In: Personnel Psychology, 31 (3), S. 471–476.

TOLMAN, E. C. (1932): Purposive behavior in animals and men. Century, New York (NY).

TOLMAN, E. C. (1959): Principles of purposive behavior. In: KOCH, S. (Hrsg.), Psychology: A study of a science (Vol. 2), McGraw-Hill, New York (NY), S. 92–157.

TOWLER, A. J. (2003): Effects of charismatic influence training on attitudes, behavior, and performance. In: Personnel Psychology, 56 (2), S. 363–381.

TOWLER, A. J. (2009): Effects of trainer expressiveness, seductive details, and trainee goal orientation on training outcomes. In: Human Resource Development Quarterly, 20 (1), S. 65–84.

TOWLER, A. J. & DIPBOYE, R. L. (2001): Effects of trainer expressiveness, organization, and trainee goal orientation on training outcomes. In: Journal of Applied Psychology, 86 (4), S. 664–673.

TOWLER, A. J. & KRAIGER, K. (2008): The effects of seductive details on recognition tests and transfer tasks. Technical Report No. 1232. United States Army Research Institute for the Behavioral and Social Sciences, Arlington (VA).

TRACEY, J. B.; HINKIN, T. R. ET AL. (2001): The influence of individual characteristics and the work environment on varying levels of training outcomes. In: Human Resource Development Quarterly, 12 (1), S. 5–23.

TRACEY, J. B.; TANNENBAUM, S. I. & KAVANAGH, M. J. (1995): Applying trained skills on the job: The importance of the work environment. In: Journal of Applied Psychology, 80 (2), S. 239–252.

TRACEY, J. B. & TEWS, M. J. (2005): Construct validity of a general training climate scale. In: Organizational Research Methods, 8 (4), S. 353–374.

TRAUTNER, H. M. (1978): Lehrbuch der Entwicklungspsychologie (Bd. 1). Hogrefe, Göttingen u. a.

TRAUTNER, H. M. (1992): Lehrbuch der Entwicklungspsychologie (Bd. 1): Grundlagen und Methode. Hogrefe, Göttingen u. a., 2., überarb. u. erg. Aufl.

TRAUTNER, H. M. (2003): Allgemeine Entwicklungspsychologie. Kohlhammer, Stuttgart, 2., überarb. u. erw. Aufl.

TRAVERS, R. M. W. (1975): Grundlagen des Lernens. Oldenbourg, München.

TREML, A. K. (2000): Lernen. In: KRÜGER, H.-H. & HELSPER, W. (Hrsg.), Einführung in die Grundbegriffe und Grundfragen der Erziehungswissenschaft, Leske + Budrich, Opladen, 5., durchges. Aufl., S. 93–102.

TUBBS, M. E. (1986): Goal setting: A meta-analytic examination of the empirical evidence. In: Journal of Applied Psychology, 71 (3), S. 474–483.

TÜRK, K. (1973): Gruppenentscheidungen: Sozialpsychologische Aspekte der Organisation kollektiver Entscheidungsprozesse. In: Zeitschrift für Betriebswirtschaft, 43 (o. Nr.), S. 295–322.

TURNER, J. C. (1982): Towards a cognitive redefinition of the group. In: TAIFEL, H. (Hrsg.), Social identity and intergroup relations, Cambridge University Press, Cambridge, S. 15–40.

TVERSKY, A. & KAHNEMAN, D. (1981): The framing of decisions and the psychology of choice. In: Science, 211 (4481), S. 453–458.

TYSON, T. (1998): Working with groups. Macmillan, South Yarra, 2. Aufl.

TZINER, A. & FALBE, C. M. (1993): Training-related variables, gender and training outcomes: A field investigation. In: International Journal of Psychology, 28 (2), S. 203–221.

TZINER, A.; HACCOUN, R. R. & KADISH, A. (1991): Personal and situational characteristics influencing the effectiveness of transfer of training improvement strategies. In: Journal of Occupational Psychology, 64 (2), S. 167–177.

TZINER, A.; MEIR, E. I. & SEGAL, H. (2002): Occupational congruence and personal task-related attributes: How do they relate to work performance? In: Journal of Career Assessment, 10 (4), S. 401–412.

ULICH, E. (2005): Arbeitspsychologie. Schäffer-Poeschel, Stuttgart, 6., überarb. u. erw. Aufl.

ULRICH, H. (1970): Die Unternehmung als produktives soziales System: Grundlagen der allgemeinen Unternehmungslehre. Haupt, Bern u. a., 2., überarb. Aufl.

UNTERBRUNER, U. (2007): Multimedia-Lernen und Cognitive Load. In: KRÜGER, D. & VOGT, H. (Hrsg.), Theorien in der biologiedidaktischen Forschung: Ein Handbuch für Lehramtsstudenten und Doktoranden, Springer, Berlin u. a., S. 153–164.

VAN DE VEN, A. H. & DELBECO, A. L. (1971): Nominal versus interacting group processes for committee decision-making effectiveness. In: Academy of Management Journal, 14 (2), S. 203–212.

VAN DEN BOSSCHE, P.; SEGERS, M. & JANSEN, N. (2010): Transfer of training: The role of feedback in supportive social networks. In: International Journal of Training and Development, 14 (2), S. 81–94.

VAN DER KLINK, M.; GIELEN, E. & NAUTA, C. (2001): Supervisory support as a major condition to enhance transfer. In: International Journal of Training and Development, 5 (1), S. 52–63.

VAN EERDE, W. & THIERRY, H. (1996): Vroom's expectancy models and work-related criteria: A meta-analysis. In: Journal of Applied Psychology, 81 (5), S. 575–586.

VAN GRAMBERG, B. & BAHARIM, S. (2005): The influence of knowledge sharing on transfer of training: A proposed research strategy. Working Paper Series 2005 (2). Victoria University of Technology, Melbourne.

VAN MERRIENBOER, J. J. G.; KESTER, L. & PASS, F. (2006): Teaching complex rather than simple tasks: Balancing intrinsic and germane load to enhance transfer of learning. In: Applied Cognitive Psychology, 20 (3), S. 343–352.

VAN VELSOR, E. & MUSSELWHITE, C. W. (1986): The timing of training, learning and transfer. In: Training & Development Journal, 40 (8), S. 58–59.

VANDENPUT, M. A. E. (1973): The transfer of training: Some organisational variables. In: European Training, 2 (3), S. 251–263.

VANDEWALLE, D. (2001): Why wanting to look successful doesn't always lead to success. In: Organizational Dynamics, 30 (2), S. 162–171.

VELADA, R. & CAETANO, A. (2007): Training transfer: The mediating role of perception of learning. In: Journal of European Industrial Training, 31 (4), S. 283–296.

VOLPERT, W. (1987): Psychische Regulation von Arbeitstätigkeiten. In: KLEINBECK, U. & RUTENFRANZ, J. (Hrsg.), Arbeitspsychologie, Enzyklopädie der Psychologie (Bd. 1): Themenbereich D, Serie III, Wirtschafts-, Organisations- und Arbeitspsychologie, Hogrefe, Göttingen u. a., S. 1–42.

VORGRIMLER, D. & WÜBBEN, D. (2003): Die Delphi-Methode und ihre Eignung als Prognoseinstrument. In: Wirtschaft und Statistik, 2003 (8), S. 763–774.

VROOM, V. H. (1964): Work and motivation. Wiley, New York (NY).

VROOM, V. H. (2000): Leadership and the decision-making process. In: Organizational Dynamics, 28 (4), S. 82–94.

VROOM, V. H. & JAGO, A. G. (1974): Decision making as a social process: Normative and descriptive models of leader behavior. In: Decision Science, 5 (4), S. 743–769.

VROOM, V. H. & JAGO, A. G. (1988): The new leadership: Managing participation in organizations. Prentice Hall, Englewood Cliffs (NJ).

VROOM, V. H. & YETTON, P. W. (1973): Leadership and decision-making. University of Pittsburgh Press, Pittsburgh (PA).

WARR, P. & ALLAN, C. (1998): Learning strategies and occupational training. In: COOPER, C. L. & ROBERTSON, I. T. (Hrsg.), International Review of Industrial and Organizational Psychology (Vol. 13), Wiley, Chichester u. a., S. 83–121.

WARR, P. & BUNCE, D. (1995): Trainee characteristics and the outcomes of open learning. In: Personnel Psychology, 48 (2), S. 347–375.

WARR, P.; BUNCE, D. & BIRDI, L. (1999): Predicting three levels of training outcome. In: Journal of Occupational and Organizational Psychology, 72 (3), S. 351–375.

WATSON, D.; CLARK, L. A. & TELLEGEN, A. (1988): Development and validation of brief measures of positive and negative affect: The PANAS scales. In: Journal of Personality and Social Psychology, 54 (6), S. 1063–1070.

WATSON, J. B. (1913): Psychology as the behaviorist views it. In: Psychological Review, 20 (o. Nr.), S. 153–177.

WATSON, J. B. (1968): Behaviorismus. Kiepenheuer & Witsch, Köln u. a.

WEBER, M. (1980): Wirtschaft und Gesellschaft: Grundriß der verstehenden Soziologie. Mohr, Tübingen, 5., rev. Aufl.

WEBSTER, J. & MARTOCCHIO, J. J. (1993): Turning work into play: Implications for microcomputer software training. In: Journal of Management, 19 (1), S. 127–146.

WECHSLER, W. (1978): Delphi-Methode: Gestaltung und Potential für betriebliche Prognoseprozesse. Florentz, München.

WEGGE, J. (2000): Participation in group goal setting: Some novel findings and a comprehensive model as a new ending to an old story. In: Applied Psychology, 49 (3), S. 498–516.

WEGGE, J. (2006): Gruppenarbeit. In: SCHULER, H. (Hrsg.), Lehrbuch der Personalpsychologie, Hogrefe, Göttingen u. a., 2., überarb. u. erw. Aufl., S. 579–610.

WEGGE, J. & VON ROSENSTIEL, L. (2004): Führung. In: SCHULER, H. (Hrsg.), Lehrbuch Organisationspsychologie, Huber, Bern u. a., 3., vollst. überarb. u. erw. Aufl., S. 475–512.

WEINER, B. (1994): Motivationspsychologie. Beltz, Weinheim, 3. Aufl.

WEINERT, A. B. (2004): Organisations- und Personalpsychologie. Beltz, Weinheim u. a., 5., vollst. überarb. Aufl.

WEINERT, F. E. (1974): Lernübertragung. In: GRAUMANN, C. F.; HECKHAUSEN, H. ET AL. (Hrsg.), Funk-Kolleg. Pädagogische Psychologie (Bd. 2), Fischer, Frankfurt a. M., S. 685–709.

WEISS, E.; HUCZYNSKI, A. A. & LEWIS, J. W. (1980): The superior's role in learning transfer. In: Journal of European Industrial Training, 4 (4), S. 17–20.

WELDON, E.; JEHN, K. & PRADHAN, P. (1991): Processes that mediate the relationship between a group goal and improved group performance. In: Journal of Personality and Social Psychology, 61 (4), S. 555–569.

WELDON, E. & WEINGART, L. (1993): Group goals and group performance. In: British Journal of Social Psychology, 32 (4), S. 307–334.

WELFORD, A. T. (1968): Fundamentals of skill. Methuen, London.

WELTY, G. (1972): Problems of selecting experts for delphi exercises. In: Academy of Management Journal, 15 (1), S. 121–124.

WERNER, J. M.; O'LEARY-KELLY, A. M. ET AL. (1994): Augmenting behavior-modeling training: Testing the effects of pre- and post-training interventions. In: Human Resource Development Quarterly, 5 (2), S. 169–183.

WEXLEY, K. N. & BALDWIN, T. T. (1986): Posttraining strategies for facilitating positive transfer: An empirical exploration. In: Academy of Management Journal, 29 (3), S. 503–520.

WEXLEY, K. N. & LATHAM, G. P. (2002): Developing and training human resources in organizations. Prentice Hall, Upper Saddle River (NJ), 3. Aufl.

WEXLEY, K. N. & NEMEROFF, W. (1975): Effectiveness of positive reinforcement and goal setting as methods of management development. In: Journal of Applied Psychology, 60 (4), S. 446–450.

WEXLEY, K. N. & THORNTON, C. L. (1972): Effect of verbal feedback of test results upon learning. In: Journal of Educational Research, 66 (3), S. 119–121.

WHETTEN, D. A. (1989): What constitutes a theoretical contribution? In: Academy of Management Review, 14 (4), S. 490–495.

WIENDIECK, G. (1992): Teamarbeit. In: FRESE, H. (Hrsg.), Handwörterbuch der Organisation, Poeschel, Stuttgart, 3., völlig neu gest. Aufl., Sp. 2375-2384.

WILKENING, O. S. (1983): Kontrolle und Beurteilung der Personalentwicklung. In: congena texte, o. Jg. (3/4), S. 28–35.

WILKENING, O. S. (2002): Bildungs-Controlling: Erfolgssteuerungssysteme der Personalentwickler und Wissensmanager. In: RIEKHOF, H.-C. (Hrsg.), Strategien der Personalentwicklung: Mit Praxisberichten von Bosch, Gore, Hamburg-Mannheimer, Opel, Philips, Siemens, Volkswagen, Weidmüller und Weka, Gabler, Wiesbaden, 5. Aufl., S. 209–237.

WILKENS, U. (2005): Erfassung von Wirkungsbeziehungen zwischen Kompetenzebenen. In: QUEM-Bulletin, o. Jg. (6), S. 6–11.

WILLIAMS, T. C.; THAYER, P. W. & POND, S. B. (1991): Test of a model of motivational influences on reactions to training and learning. Paper presented at the Sixth Annual Conference of the Society for Industrial and Organizational Psychology. St. Louis (MO).

WINKEL, S.; PETERMANN, F. & PETERMANN, U. (2006): Lernpsychologie. Schöningh, Paderborn.

WINTERS, D. & LATHAM, G. (1996): The effect of learning versus outcome goals on a simple versus a complex task. In: Group and Organization Management, 21 (2), S. 236–250.

WISWEDE, G. (1980): Motivation und Arbeitsverhalten: Organisationspsychologische und industriesoziologische Aspekte der Arbeitswelt. Reinhardt, München u. a.

WOLLNIK, M. (1977): Die explorative Verwendung systematischen Erfahrungswissens: Plädoyer für einen aufgeklärten Empirismus in der Betriebswirtschaftslehre. In: KÖHLER, R. (Hrsg.), Empirische und handlungstheoretische Forschungskonzeptionen in der Betriebswirtschaftslehre, Poeschel, Stuttgart, S. 37–64.

WRIGHT, R. W. & RICKS, D. A. (1994): Trends in international business research: Twenty-five years later. In: Journal of International Business Studies, 25 (4), S. 687–701.

WUNDERER, R. (2009): Führung und Zusammenarbeit: Eine unternehmerische Führungslehre. Luchterhand, Köln, 8., akt. u. erw. Aufl.

XIAO, J. (1996): The Relationship Between Organizational Factors and the Transfer of Training in the Electronics Industry in Shenzhen, China. In: Human Resource Development Quarterly, 7 (1), S. 55–73.

XIAO, Y.; MILGRAM, P. & DOYLE, J. D. (1997): Capturing and modeling planning expertise in anesthesiology: Results of a field study. In: ZSAMBOK, C. E. & KLEIN, G. (Hrsg.), Naturalistic decision making, Erlbaum, Mahwah (NJ), S. 197–205.

YAGHI, A.; GOODMAN, D. ET AL. (2008): Validation of the learning transfer system inventory: A study of supervisors in the public sector in Jordan. In: Human Resource Development Quarterly, 19 (3), S. 241–262.

YAMKOVENKO, B. V.; HOLTON III, E. F. & BATES, R. A. (2007): The learning transfer system inventory (LTSI) in Ukraine: The cross-cultural validation of the instrument. In: Journal of European Industrial Training, 31 (5), S. 377–401.

YAMNILL, S. & MCLEAN, G. N. (2001): Theories supporting transfer of training. In: Human Resource Development Quarterly, 12 (2), S. 195–208.

YAMNILL, S. & MCLEAN, G. N. (2005): Factors affecting transfer of training in Thailand. In: Human Resource Development Quarterly, 16 (3), S. 323–344.

YELON, S. & FORD, J. K. (1999): Pursuing a multidimensional model of training transfer. In: Performance Improvement Quarterly, 12 (3), S. 58–78.

ZIMBARDO, P. G. & GERRIG, R. J. (2008): Psychologie. Pearson, München u. a., 18., akt. Aufl.

ZIMMERMANN, P. (2006): Grundwissen Sozialisation: Einführung zur Sozialisation im Kindes- und Jugendalter. VS, Wiesbaden, 3., überarb. u. erw. Aufl.

ZIPFINGER, S. (2005): Computer-aided Delphi: An experimental study of comparing round-based with real-time implementation of the method. Trauner, Linz.

PERSONAL, ORGANISATION UND ARBEITSBEZIEHUNGEN

Herausgegeben von Prof. Dr. Fred G. Becker, Bielefeld, und Prof. Dr. Walter A. Oechsler, Mannheim

Band 48
Nicolas Rohde
Disliked Practices – An Empirical Study on the Reverse Side of Organizational Practices
Lohmar – Köln 2010 • 268 S. • € 57,- (D) • ISBN 978-3-8441-0003-7

Band 49
Ekkehard Hermsdorf
Integrationsconsulting bei Unternehmenszusammenschlüssen unter Berücksichtigung des psychologischen Vertrages
Lohmar – Köln 2011 • 312 S. • € 62,- (D) • ISBN 978-3-8441-0026-6

Band 50
Christopher Paul
Personalrisikomanagement aus ressourcentheoretischer Perspektive
Lohmar – Köln 2011 • 316 S. • € 62,- (D) • ISBN 978-3-8441-0032-7

Band 51
Heidrun Kleefeld
Demografischer Wandel und Innovationsfähigkeit in der IT-Branche – Anforderungen an ein strategisches Human Resource Management
Lohmar – Köln 2011 • 344 S. • € 63,- (D) • ISBN 978-3-8441-0045-7

Band 52
Yves Ostrowski
Differentielles Mitarbeiterbindungsmanagement – Entwicklung eines Entscheidungsrahmens
Lohmar – Köln 2012 • 328 S. • € 62,- (D) • ISBN 978-3-8441-0166-9

Band 53
Astrid Meißner
Lerntransfer in der betrieblichen Weiterbildung – Theoretische und empirische Exploration der Lerntransferdeterminanten im Rahmen des Training off-the-job
Lohmar – Köln 2012 • 400 S. • € 66,- (D) • ISBN 978-3-8441-0168-3

JOSEF EUL VERLAG